U0038367

滄海叢刊

抗日戰史論集

——紀念抗戰五十周年——

劉鳳翰 著

1987

東大圖書公司印行

© 抗日戰史論集

—紀念抗戰五十周年—

作　者　劉鳳翰

發行人　劉仲文

出版者　東大圖書股份有限公司

總經銷　三民書局股份有限公司

印刷所　東大圖書股份有限公司

地址／臺北市重慶南路一段六十一號二樓

郵撥／〇一〇七一七五—〇號

初　版　中華民國七十六年七月

編　號　E 64033

基本定價　拾貳元貳角貳分

行政院新聞局登記證局版臺業字第〇一九七號

抗日戰史論集

編號 E 64033

東大圖書公司

序

一

七七抗戰，轉瞬已五十年，當時筆者僅十歲，今已年近花甲。憶戰事初起，人心惶惶，聞北方良鄉、涿州之砲聲隆隆，見門前絡繹不絕的逃亡人，沿大清河兩岸西走。鄉人三三兩兩，在街頭巷尾，耳語各方傳聞。先父在門前贈飲水（井水）與乾糧(窩窩頭)，同時以「小亂奔城，大亂避鄉」的哲理告誡晚輩。旋第五十三軍一個營進駐，修築碉堡、掩體與戰壕，日機臨空掃射，鄉民集合壯丁、民槍以防不測，大清河水暴漲，大家在抗日防空、修堤防洪，以及應付流亡過客與準備自己逃走忙成一團，所幸洪水決堤，將大清河北岸自新鎮至勝芳（下淀）之狹長地帶淹沒，阻止日軍通過，國軍亦相繼撤走，形成暫時的安定。

積水經過寒冬而乾涸，刼難跟著發生。民國二十七年二月五日（正月初六）晨，小部隊日軍，帶汽車十數輛，沿大清河南岸大堤西進，企圖強佔新鎮縣城，當到達縣城東北角時，被抗日士氣高昂的縣保衛團（自稱第十二路軍）所阻擊，河北岸由鄉民壯丁協擊，但兩者有勇氣，無訓練，一見傷亡，多自潰走，雖給日軍出其不意的殺傷，然未能將小股日軍殲滅，使其急速撤走。當日下午家兄個人騎自行車沿日軍被襲擊六華里長堤地區察看，見血跡與遺物，知日兵傷亡當有數十人之多。

三天後，二月八日（正月初九）晨，日軍爲報前仇，大部隊及戰車乘冰封之便自北面窪地掩至，造成保衛團及鄉民壯丁極大的傷亡，未及走避的人，多慘死在日軍刺刀之下，放火強姦，比比皆是。我村位置偏西，得信後村民皆西奔逃避。先父不肯離開，以其隱避得法，未被日軍發現，至晚日軍撤走時，所放之火，獨自撲滅，使全村損失，降到最低。

此後不久，日軍進佔縣城，游擊隊退避鄉村，白天是日軍搜查，夜晚則游擊隊活躍，常有零星的槍聲、砲聲或短暫的戰鬪。共產黨的思想與作法似已進入冀中地區，但看不到共產黨人。老百姓隨時隨地都有慘劇發生，這樣驚心動魄的經過一年多，到民國二十八年春，原縣保衛團擴充成的冀中游擊第二支隊（柴恩波），由政府官員及中國國民黨人員領導，先遭共軍賀龍部擊潰，再遭日軍毀滅性的打擊，在無路可走之際變爲僞軍，因「人傑地靈」，在此地區發展快速，成了文(安)新（鎮）兩縣治安的基石，在抗戰時期，維持此一地區安定繁榮達六年之久，被多數鄉親感念與讚美。抗戰勝利前，遭共軍進攻，經霸縣、固安撤至琉璃河，勝利時編爲河北省保安第六總隊，而家鄉則陷入共黨清算鬪爭恐怖統治，遭到另一個更大的刼難。

二

本《論集》共收論文十一篇，本司馬遷「論史在叙史之中」體例撰述。以排除降爲近代政爭之「政論文章」，僅代表筆者對抗日戰史的一個初步研究，希望能給對抗日戰史有興趣人士一些有系統的史實參考，更期望能對抗日戰史作拋磚引玉的刺激。

第一篇〈整編陸軍抗日禦侮〉。此篇主旨以蔣委員長整編陸軍之實際經過，來證明他與國民政府抗日的決心與計畫，以澄清九一八後，由中共、兩廣所指摘國民政府的不抗日、或不抵抗主義。此一錯誤指摘，至今不僅在大陸據爲眞史，卽在自由地區的海外與臺灣，仍被一些不明眞相，或被中共辯解所誤之學者引用。本文除前言、結論外，分爲 1. 蔣委員長手定六十師整軍計畫；2. 全國軍事整理會議之召開；3. 整編各師計畫作業；4. 實際整編情形，以說明爲抗日禦侮而整編陸軍。

第二篇〈抗戰前的序幕戰〉。抗戰有從民國二十年九一八起，或從民國二十六年七七起兩種說法，這兩種說法皆持之有故，言之成理，筆者認爲：從廣義方面說當從「九一八」起，故編〈抗日史事日誌〉時，卽由九一八起；然從狹義方面講，抗戰應從「七七」始，爲處理「九一八」至「七七」日本侵華史實，而撰寫此篇論文，重點包括 1.「一二八」淞滬戰役；2. 熱河長城作戰；3.「華北特殊化」與「內蒙問題」；4. 中國政府的軍事對策。在這些眞史中，可知國民政府以弱國應付強國之難處，亦絕非不抵抗主義。

第三篇〈評秦郁彥教授：盧溝橋事變與蔣中正先生的開戰決意——兼論「非法射擊」問題〉。這是民國七十五年十月在蔣中正先生與現代中國學術研討會宣讀之評論，因爲近來日本政府有修改侵略中韓等史實，希望一些學者在學術上找到根據。此文對七七時發生實況、 蔣委員長處理問題經過，以及射擊問題，在秦教授論文所據各點，作了眞實而有力的批駁。並附秦郁彥教授：〈盧溝橋事變與蔣中正開戰決意〉原文，以明言之所指，辯之所辯也。

第四篇〈論國軍與抗戰〉。此篇論文是對國軍抗戰的綜合論述，完全從大處著眼，內容：1. 前言；2. 陸軍作戰——(一) 戰前中日陸軍比較，(二) 華北戰場，(三) 華東戰場，(四) 華中戰場，(五) 華南戰場，(六) 滇緬戰場，(七) 陸軍作戰分析；3. 海軍作戰——(一) 戰前中日海軍比較，(二) 沿海作戰，(三) 沿江作戰、游擊布雷與陸戰隊，(四) 海軍作戰分析；4. 空軍作戰——(一) 戰前中日空軍比較，(二) 第一期作戰，(三) 第二期作戰，(四) 空軍作戰分析；5. 受降與遣俘——(一) 日軍投降時兵力與分布，(二) 國軍分區受降，(三) 收繳日軍主要武器，(四) 遣俘與遣僑，(五) 接收東北主權；6. 結論。簡單扼要，對國軍抗戰可作整體與概括認知。

第五篇〈陸軍與初期抗戰——從七七至黃河決堤〉。這是中國抗戰最艱難的時期，包括涿保會戰、太原會戰、淞滬特級大會戰、徐州會戰，以及平綏路作戰、平漢路作戰、津浦路作戰、豫北晉南作戰、魯西豫東作戰。中國可戰的陸軍——包括中央軍與各省軍隊，編入戰鬭序列約一百八十個師，不到一年時間，幾乎消耗殆盡，若非黃河決口，實難阻止訓練優良日軍西進與南下。這樣一個偉大的民族抗日戰爭，卻爲中共宣傳扭曲與淡化，爲追求史實眞相，以及辯證國軍作戰初期《抗日戰史》對日軍的不實記載與誇大報導，而撰述此文。

第六篇〈論太原會戰及其初期戰鬭——平型關作戰〉。中共常以平型關作戰誇張宣傳，以肯定他們眞的抗戰，而非游而不擊。本文是從太原會戰中，探討平型關作戰，尤其有關林彪第一一五師部分的眞相，從日本、國軍、共軍三方面記述，作綜合分析，給予一正確評估。歷史經過怎樣，就應怎樣記述，不論是誰，或在任何情況下，不允許任意擴大或有心淡化。

第七篇〈武漢保衛戰研究〉。研究日本企圖結束對華戰爭，而發動的武漢攻略戰，此一「會戰」慘烈進行五個月又九天，中日雙方都作拼死之鬭，國軍在長江兩岸，以攻擊爲防禦，參戰之三十多萬日軍損失在百分之四十以上，至攻佔武漢，始發現結束戰爭的目的無法達到，中國陸軍損失雖大，然補充甚快，士氣高昂，隨時隨地用「持久戰」、「消耗戰」、「以空間換取時間」與日軍周旋，迫得日軍將原訂「速戰速決」

戰略，改爲「以戰養戰」的打法。《抗日戰史》中，「會戰」有二十三個之多，本文提供一個對「會戰」研究取向與方法。

第八篇〈論百團大戰〉。「百團大戰」是中國在抗戰三年後，中共在晉察冀地區獨立發動的大規模攻擊作戰，斷斷續續達三個半月之久，包括鐵公路破壞、游擊戰、運動戰，及攻堅戰。此一作戰也是中共內部爭論最多的戰役，並且成爲後來毛澤東鬪爭朱德、彭德懷的藉口。本文從 1.「百團大戰」的背景——(一) 國內外重大的轉變，(二) 華北戰場的形勢，(三) 發動的動機與目的；2. 國民政府與日本接觸問題——㈠中共的錯誤指摘，㈡戰時中日雙方外交接觸。3.「百團大戰」的經過——(一) 共軍進攻宣傳，(二) 日軍防守反擊；4. 共軍作戰分析——(一) 共軍進攻研判，(二) 共軍戰術檢討，(三) 共軍戰鬪要領；5. 中共內部爭議——(一) 中共中央軍委會批准問題，(二)「擊敵和友」的指示，(三) 蔣委員長嘉獎電報，(四) 攻堅戰、進攻條件、敵情分析；6.「百團大戰」的影響——(一) 對中共的影響，(二) 對日軍的影響，(三) 對國軍的影響，(四) 輿論的一般；等多方面分析其史實眞相，並給予應得之評價。

第九篇〈抗戰期間冀察兩省國共日僞兵力的消長〉。研究抗戰期間，某一特定區域國、共、日、僞四種不同兵力的消長，是一種新的嘗試，希望通過研究，可以明瞭四種勢力在相生相剋下所表現的「智慧與力量」，及記取應有的敎訓。同時更可以看出：內爭的禍害、外鬪的技巧、彼死我生的生存發展條件，以及在艱苦惡劣的環境中，所表現出活命最高智力。在此一地區鬪爭中，日軍始終是主宰全局，共軍也佔了不少便宜，國軍卻徹底的失敗了。筆者生於斯地，長於斯時，目睹耳聞，歷歷如繪，呈現眼前，今據檔案與口述作此研究，仍多少有些心悸與不平。

第十篇〈抗戰史事日誌〉。歷史研究首須注重史事，方能瞭解它的意義，史事須以史時來聯貫，纔能正確，並可明白其前因後果。此一〈日誌〉，起自民國二十年九一八事變，止於民國三十四年底，前後共十四年。本 1.重要城鎮失陷與收復；2.重要戰鬪或會戰之開始，雙方參加主要兵力與人員，以及持續時間與重要結果，兩項原則記述。並附錄：一、日軍在華及緬甸作戰主要部隊簡表（東北關東軍除外）；二、抗戰時期國軍參戰主要部隊簡表。以備讀者查閱，亦可對整個抗戰全部歷程有所瞭解。

第十一篇〈中共參加抗戰與破壞抗戰活動紀要〉。此文完全根據最近兩年國共雙方所公布戰時檔案或資料摘記，將中共參加抗戰及破壞抗戰史實，以編年方法，一一抽出記錄。這是千眞萬確的史實，不應因其統治了大陸而任其湮沒，亦可使世人知道抗戰時期中共究竟作了些什麼，是否眞正抗日，以及共黨口是心非的作法，更給今天自由世界對中共存有幻想之人一種警惕與深思。

抗日戰史爲中國近代史上最重要、最光輝，也最悽慘的一部分，至今荒蕪散失，很少有人作整理研究，任憑中共出版品隨意扭曲，或假藉降將「回憶錄」（自白書）作某些重要史實的僞證。可惜這些「回憶錄」，一般讀史之人看不到，能看到之人，不是不懂歷史，就是視而不見，怕找麻煩、惹是非，任由它流傳，如此下去，眞是誤盡蒼生。

今逢抗戰五十周年，希望借此《論集》之出版，激起抗日戰史的研究，作開風氣之先的一點點破土工作，能爲軍史或戰史走向學術化、普遍化有所助益，使它衝出局限於簡陋、不實及不完整，或祇談戰略戰術而簡略史實之「軍中戰史」之外，讓不懂軍事的一般國人對抗日戰史有一新的認識與瞭解。

三

本《論集》爲筆者近三年來的著作，有些是硬逼出來的，祇算是一個初步試探，今彙編成集，已作大幅修正與增補，不過最初各文單獨成篇時，爲解釋或說明某一特定史實，有相同資料在不同的文章中使用，此時如刪削更改，勢將影響原文的內容與結構，祇好予以保留，敬請方家諒察。

本《論集》彙編時，承蒙錢珏、陶英惠兩位先生校改部分文稿，張聰明先生、鄭艷霞、林芝卿兩位小姐繕校，謹此致最深摯的謝意。

劉鳳翰

南港中央研究院

民國七十六年七月七日

抗日戰史論集

～紀念抗戰五十周年～

目　次

序……………………………………………………………1

整編陸軍抗日禦侮……………………………………………1

一、前言（1頁）

二、蔣委員長手定六十師整軍計劃（1頁）

三、全國軍事整理會議之召開（6頁）

四、整編各師計劃作業（11頁）

五、實際整編情形（29頁）

六、結論（中日陸軍編制人員比較說明）（39頁）

抗戰前的序幕戰 ……………………………………………43

一、前言（43頁）

二、「一二八」淞滬戰役（44頁）

三、熱河長城之戰（62頁）

四、「華北特殊化」與「內蒙問題」（76頁）

五、中國政府的軍事對策（87頁）

六、結論（96頁）

評秦郁彥教授〈盧溝橋事變與蔣中正先生的開戰決意〉……………………101

——兼論「非法射擊」問題

㈠（介紹秦郁彥教授及著作）（101頁）
㈡（前言）（101頁）
㈢（評秦文「盧溝橋事變」）（102頁）
一、偶然的命運（102頁）
二、七七夜間演習（102頁）
三、戰鬪詳報與清水手記（104頁）
四、在那兒徘徊（105頁）
五、失敗的擒俘行動（105頁）
六、中國的主張是僞證嗎？（106頁）
七、何基澧手記暗示什麼？（107頁）
八、愈益加深的謎（綜合「放第一槍」的說法）（109頁）
㈣（評「蔣中正先生的決斷」）（110頁）
㈤結語（113頁）

附秦郁彥：盧溝橋事變與蔣中正先生的開戰決意

論國軍與抗戰……………………………………………………131

一、前言（131頁）
二、陸軍作戰（133頁）
三、海軍作戰（162頁）

四、空軍作戰（170頁）
五、受降與遣俘（177頁）
六、結論（188頁）

陸軍與初期抗戰 ………………………………………… 191

一、前言（191頁）
二、華北戰場（196頁）
三、華東戰場（218頁）
四、雙方兵力調整與徐州會戰（232頁）
五、北戰場激戰（252頁）
六、結論（261頁）

論太原會戰及其初期戰鬪 ………………………………… 263

一、前言（263頁）
二、太原會戰的形成（266頁）
三、日軍侵略華北兵力（272頁）
四、太原會戰主要戰鬪（281頁）
五、國軍參戰兵力分析（285頁）
六、平型關作戰經過（295頁）
七、綜合分析（305頁）
八、結論（312頁）

武漢保衞戰研究 ………………………………………… 319

一、前言（319頁）
二、日軍進攻前的部署（325頁）

三、華中日軍攻勢兵力（334頁）
四、國軍防備體系（342頁）
五、緒戰時期（351頁）
六、前進陣地作戰（353頁）
七、長江兩岸主陣地作戰（358頁）
八、豫鄂邊區主陣地作戰（364頁）
九、日軍重新部署與進入廣東（368頁）
十、武漢放棄前後作戰（374頁）
十一、戰後分析（380頁）
十二、結論（390頁）

論「百團大戰」 …… 393

一、前言（393頁）
二、「百團大戰」的背景（394頁）
三、國民政府與日本接觸問題（406頁）
四、「百團大戰」的經過（414頁）
五、共軍作戰分析（429頁）
六、中共內部爭議（439頁）
七、「百團大戰」的影響（446頁）
八、結論（455頁）

抗戰期間冀察兩省國共日僞兵力的消長 …… 457

一、前言（457頁）
二、開戰前後的中日兵力分析（460頁）
三、國軍的撤出與調入（473頁）

四、共軍侵入與發展（492頁）

五、日僞軍的演變（509頁）

六、結論（528頁）

抗戰史事日誌……533

附錄一：日軍在華及緬甸作戰陸軍主要部隊簡表

附錄二：抗戰期間國軍參戰主要部隊簡表

中共參加抗戰與破壞抗戰活動紀要……813

整編陸軍抗日禦侮

一、前　　言

蔣委員長中正先生決心抗日起於濟南慘案。北伐完成後，即舉行國軍編遣會議，整軍經武，展開「安內攘外」的工作。

「九一八」事變後，政府採取「不撤兵、不宣戰」政策，必要時不惜在軍事上為壯烈之犧牲。因而有「一二八」之役。此役在　蔣中正先生指揮下，第十九路軍與第五軍，表現優異，以有限之兵力戰勝強大驕縱的日軍。此後又有長城浴血抗日之戰。

民國二十三年十二月，中共流竄到貴州，政府正調集大軍圍剿。「安內」工作，指日可成。為抗日禦侮，「攘外」工作即着手進行，　蔣委員長並規定六十師整軍計劃。奠定抗日禦侮之基礎。

二、蔣委員長手定六十師整軍計劃

「依照全國編成六十個師為標準，暫定三年至四年編練完成，約分六期至八期，順序施行，每期約編六師至十師。

民國二十四年編練六師至十師。二十五年編練二十師或十六師。二十六年編練二十師至三十師。二十七年編練四師或十六師。

自第一年起， 凡未編練之各師， 均照整理師編制， 即改為四團制師，充實兵額，其各師有餘或不足者，應互相裁補，以六團制之師改爲四團制爲標準。其中在六團制以上之九團制者，或照整理師編制改爲一師及一旅，容後互相撥補，須於一年以內均照整理師之編制一律充實。

茲先將中央直屬與原東北軍各部隊先行着手編練，以資倡導。預定中央直屬三十三個整理師，共一百三十五團，先充實四團制整理十八個師。其餘六十三團改爲新的八個師。卽以六十三團編併爲三十二團，假定以兩團整理師之編制編併爲新師之一團。

原東北軍十八個師（步兵）共約五十四團，改編整理師十個師，新師兩個師。

中央直屬未整理部隊，尙有三十七師，共爲一百八十六團，除剿匪部隊外，均一律改爲四團制之整理師。各軍師直屬之騎砲兵與工兵營通信隊，均分期分區集中訓練，待其訓練完畢，重新編屬於各師，而其各師騎砲工兵與通信隊經費均定期裁歸於整軍機關，以爲集中訓練之經費。此項籌備應十分周到，可由整軍機關會商訓練總監部與各軍事騎砲工通信專校協同訓練，或在各專校附設大規模之教導總隊分期訓練，每期以十個至十五個單位之人數爲標準，約以半年爲一期。

整軍機關之名稱，以避世人注目，故不特別設置，祇在武漢總部與南昌行營或綏靖署之下附設督練處或編練處，以武漢爲第一編練處，編練豫鄂皖未參加進剿之部隊，以南昌爲第二編練處，編練贛閩浙之部隊。

各編練處各設主任或處長一員，對軍事委員長直接負責，而受總部與綏靖主任之指揮。

整理師與新編師官兵編成之成分，整理師以原有官長爲基礎，新編師之各級軍官均在各師挑選混合編成，以免除新師再有派別系統之分。

新編師之士兵應分別籍貫編成，按照管區配置，以爲實施徵兵制之準備，至整理師之士兵，則暫仍其舊。

在編練期間，凡新編之各師爲統一事權計，所有人事、經理、教育、衞生、黨政等項，概由中央授權於編練處，一切決定由編練處核轉，而中央對於新編各師一切亦由編練處承轉，但新師編竣以後，其人事、經理、教育、衞生、黨政等卽由編練處呈報中央，飭令各機關直接負責。同時新編師所需之經費亦由編練處在其原有各部隊經費內劃定，或由中央扣回，逕發該新編師。但整理師未着手改編新師之前，其人事、教育、衞生、黨政等項亦由編練處負責整理。而其經理則仍由中央點名發餉，但歸編練處之監督。

新編部隊之方法，以指定有歷史之部隊且其全部官佐均可調換者整個編練爲原則。而以官兵均由各部隊挑選編成之方法爲試辦，此兩種方法可照陳總指揮（誠）在整理意見書之補充中之方法辦理（按陳誠之整理意見書，尙未見到）。

預定充任第一期六個至十個新師之團長以上軍官，挑選加倍之數，先行召集訓練研究一切，訓練完畢卽令其負各部隊點驗之責，此應限二月底、三月初召集完畢。籌備時期，預定二十四年一、二兩月籌備完畢，並選定應挑選團長以上各級長官如期召集訓練，三、四兩月分組點驗，五月召集幹部訓練，六月底新師編配完竣，七、八兩月非新編師之各師照整理師編制編配完成。

速卽組織各級軍官佐之教育機關，使教育如期進行，以免延誤時日，限三月初籌備完成。新師成立後，特須規定事項，可照陳總指揮意見書之補充內條陳辦理。

獨立砲兵旅、團等應卽照軍委會擬定方案，限期編練，其編練地點，應電張副司令（學良）商定，限本月杪確定。

自後凡直接帶兵官自軍長以下皆不得兼職。整理師以上之軍名應另行編配。

新師長人選：吳奇偉、羅卓英、湯恩伯、樊崧甫、桂永清、唐俊德、李延年、周渾元、黃杰、周碞。軍長人選：衞立煌、陳繼承、劉興、孫連仲、趙觀濤、薛岳、王均、譚道源。

新師駐地：南京、武漢、鄭洛、徐海、南昌、保定或南苑、開封、杭甬、漳福、蚌埠，同師設立師管區。獨立砲兵整理地點：湯山、江陰、嘉興或杭州、海州、歸德、信陽、滁州、保定或南苑、洛陽、武昌或孝感。

從速指定編練新編師之各部隊，先使之定期復員與移駐編練地點。

政訓人員改充爲士兵之教員，專任士兵之國民常識教育與社會教育，並令其考驗士兵之品性、學術成績，而政訓人員須大加整頓與訓練淘汰。

新師師長於其駐地指定後，卽令其在駐地籌備技術教導隊，以養成優秀之班長與軍士，此教導隊，新師成立後，亦應常設，禁止各部隊私自募補。在整理期間，絕對禁止各部隊私自募補，如查出士兵有與其相片不符者，卽以違抗命令論罪。

實行補官：

傷兵官與老弱幼年兵之分別安置，應一面設立工廠教養以爲根本之圖，一面由編練處設立專科，委派專員先行收容管理，以爲設立工廠之準備。

規定各部隊實驗辦法，在整理與編新師之前，各部隊舉行點驗士兵、伕役，皆須照相存中央查照。特別注重中下級軍官之品德思想，士兵之體格技能，先從贛閩鄂豫皖未參加進剿部隊入手。

編餘軍官之安置：

甲：軍長以上高級將領分任各地綏靖區要塞區等諸務。

乙：師長以下官長：一、不能服務者，不堪造就者，補官給俸，令其退役。二、分爲現職及候補兩種輪流調換訓練，一方作預備軍官之用，一方補充需要之學識。凡現役軍官在隊帶兵在兩年以上者，必須調入學術機關，依其資格就其學業。

速定軍士與兵卒編選之標準：

籌備軍官之職業學校，並附設士兵之職業技術教導隊。

新師官兵之教養，均應以軍校精神辦理，而視士兵爲學生，應特別注重國民教育、民族意識及其對國家民族應盡之義務與責任。而以禮義廉恥與食衣住行爲軍隊教育之基本。

試辦軍區制：先將豫鄂贛閩皖五省舉行試驗，以豫皖閩三省各劃成兩個軍區，贛省劃成四個軍區，鄂省劃成四個軍區，其餘各省再視情況先後推行」❶。

根據上項指示，軍事委員會於民國二十四年一月二十六日召開全國軍事整理會議。並對六十師整軍計畫，完成參謀作業，包括：(1) 配備要旨；(2) 配備順序；(3) 分年整編與駐地；(4) 各省兵力配備；(5) 兵役區計畫；(6) 軍官佐及士兵挑選辦法；(7) 武器配備與更換；(8) 自製兵器計畫；(9) 軍用糧秣計畫；(10) 各師編制與人員馬匹。

當時中國的敵人——日本帝國主義，常備兵僅十七個師團，平時二十五萬人，戰時增至四十萬人。除對朝鮮與僞滿鎭壓及防備蘇聯，對中國用兵最多不過十個師團❷。中國用整編三十個師防守各地，再以三師對日一師團，仍爲三與一之比，操絕對勝算。如此或可防患未然，迫日軍不敢冒然發動侵華戰爭，消除中日兩大民族之浩刼。又據蔣緯國將軍

---

❶ 中國國民黨中央委員會黨史委員會編印：≪中華民國重要史料初編≫——〈對日抗戰時期〉，<緒編（三）>，頁三二四～三二八。

❷ 參閱：（一）國防部史政編譯局檔案 570,31/8010，全國軍事整理草案各項方案；（二）國防部史政編譯局檔案 570,31/7421.3，陸軍整理實施案。（按此檔案約十册，無頁碼，無法詳細註出）

在民國七十三年五月二十五日，於中國歷史與文化研討會——國民革命史組——發表論文時稱：　蔣委員長曾親口告訴他，此項整軍六十師計畫，有德國軍事顧問協助，並由德國售予中國四十個師現代化的裝備，且已談妥，後遭某新興帝國主義破壞。

三、全國軍事整理會議之召開

1. 會議組織條例

（一）本會議係依據全國軍事整理方案，由軍事委員會召集議定該項方案實施辦法爲目的。

（二）本會議之職責在審定原有軍隊如何整理、新軍如何編練各方案及其他有關軍事上各項提案。

（三）本會議應召集下列人員出席（姓名詳後）。

(1) 各總司令、各總指揮、各軍長。

(2) 各綏靖主任。

(3) 各院部長。

(4) 中央委員（中國國民黨）三人至五人（由蔣委員長邀請）。

（四）出席人員除因剿匪或防務關係可派負責代表參加會議外，其餘人員均應親自到會，如因要務不能親到會時亦應事先請派代表奉准後方可缺席。

（五）本會議列席人員由委員長指派之。

（六）會議時以軍事委員會委員長爲主席，如因事缺席時由委員長預先派定代表主席。

（七）本會議爲便於處理議案起見，得設各組審查委員會。

（八）本會議於本年（民國二十四年）元月二十六日開會，暫定爲一星期，屆時視議案之繁簡得伸縮之。

（九）本條例如有未盡事宜得隨時修正之。

（十）本條例自公布日施行❸。

2. 召集令要旨

依照上述會議組織條例，即日下召集令，其要旨：「查我國陸軍龐雜早爲國人所注視，論國事者，咸以從整理軍事入手爲目前救國唯一之途徑。然以前整理方法未能盡善，故未有良好效果，爲今之計惟有就均與公二原則下，以求統一改革之辦法。現擬就全國軍隊原有官佐軍士中，順次平均挑選由中央各軍事學校施以短期訓練，並按籍貫挑選兵卒編成國防上必要之新軍，更按管區及國防上配置各師駐地，以開徵兵制度之先聲。茲訂於民國二十四年元月二十四日在京（南昌）舉行全國軍事整理會議，凡軍長以上各將領及各院部長均須參加會議，共策進行。除分電外，希屆期到會爲要❹。」

3. 被召出席人員

全國軍事會議被召出席人員：

軍事委員會：

委員長蔣中正；

北平分會委員長何應欽；

各總部：

贛粵閩湘鄂剿匪軍南路總司令：陳濟棠；

贛粵閩湘鄂剿匪軍南路副司令：白崇禧；

贛粵閩湘鄂剿匪軍西路總司令：何鍵；

贛粵閩湘鄂剿匪軍北路總司令：顧祝同；

---

❸ 同❷
❹ 同❷

贛粵閩湘鄂剿匪軍東路總司令：蔣鼎文；

贛粵閩湘鄂剿匪軍預備軍總司令：陳調元；

贛粵閩湘鄂剿匪軍預備軍副司令：張鈁；

鄂湘邊區剿匪軍總司令：徐源泉；

四川剿匪軍總司令：劉湘；

各綏靖公署：

南寧綏靖公署主任：李宗仁；

太原綏靖公署主任：閻錫山；

西安綏靖公署主任：楊虎城；

駐鄂綏靖公署主任：何成濬；

駐豫綏靖公署主任：劉峙；

駐甘綏靖公署主任：朱紹良；

各路：

第三路總指揮：韓復榘；

第十路軍總指揮：龍雲；

第十一路總指揮：劉茂恩；

第十五路總指揮：馬鴻逵；

第二十五路總指揮：梁冠英；

第二十六路總指揮：孫連仲；

贛粵閩湘鄂剿匪軍第一路軍副指揮：劉興；

贛粵閩湘鄂剿匪軍第二路軍總指揮：湯恩伯；

贛粵閩湘鄂剿匪軍第三路軍總指揮：陳誠；

贛粵閩湘鄂剿匪軍第三路軍副指揮：羅卓英；

贛粵閩湘鄂剿匪軍第五路軍總指揮：衞立煌；

贛粵閩湘鄂剿匪軍第六路軍總指揮：薛岳；

贛粵閩湘鄂剿匪軍第六路軍副指揮：吳奇偉；

贛粵閩湘鄂剿匪軍第七路軍總指揮：毛維壽；

贛粵閩湘鄂剿匪軍第七路軍副指揮：張炎；

四川剿匪軍第一路總指揮：鄧錫侯；

四川剿匪軍第二路總指揮：田頌堯；

四川剿匪軍第三路總指揮：李其相；

四川剿匪軍第四路總指揮：楊森；

四川剿匪軍第五路總指揮：唐式遵；

四川剿匪軍第六路總指揮：劉邦俊；

四川剿匪軍預備隊總指揮：潘文華；

川康邊防總指揮：劉文輝；

各軍：

第一軍軍長陳繼承；

第三軍軍長王均；

第七軍軍長馮欽哉；

第八軍軍長趙觀濤；

第九軍軍長郝夢齡；

第十二軍軍長孫桐萱；

第十六軍軍長李韞珩；

第十七軍軍長徐庭瑤，第十七軍副軍長邢震南；

第二二軍軍長譚道源；

第二五軍軍長王家烈；

第二六軍軍長蕭之楚；

第二七軍軍長李雲杰；

第二八軍軍長劉建緒；

第二九軍軍長宋哲元；

第三十軍副軍長李松崑；

第三二軍軍長商震，第三二軍副軍長高桂滋；

第三三軍軍長徐永昌；

第三四軍軍長楊愛源；

第三五軍軍長傅作義；

第三六軍軍長周渾元，第三六軍副軍長姚沌；

第三七軍軍長毛秉文，第三七軍副軍長許克祥；

第三八軍軍長孫蔚如；

第三九軍軍長劉和鼎；

第四十軍軍長龐炳勳；

第四二軍副軍長田鎭南；

第四三軍軍長郭汝棟；

第五一軍軍長于學忠；

第五三軍軍長萬福麟；

第五七軍軍長何柱國；

第六一軍軍長李服膺；

第六三軍軍長馮占海；

第六七軍軍長王以哲；

新編第一軍軍長鄧寶珊；

新編第二軍軍長馬步芳；

粵桂第一軍軍長余漢謀；

粵桂第三軍軍長李揚敬；

粵桂第七軍軍長廖磊，粵桂第七軍副軍長梁朝璣；

粵桂第十五軍副軍長夏威❺。

以上出席人員共計八十三員。各院部長及中央委員因非統兵人員，故從略。被召人員，除因剿匪或防務關係可派負責代表參加會議外，其餘人員均應親自到會。開會時間暫定一週，民國二十四年一月二十六日舉行❻。因屬對日抗戰之高度機密，外邊新聞傳播所知甚少，即史政局檔案中亦缺會議紀錄及會議舉行時間。上述時間是在《總統　蔣公大事長編初稿》內查出，可知防備日諜之嚴。

四、整編各師計劃作業

1. 配備要旨

（一）新編各師爲防備侵略保全國土起見，應按政略戰略地勢交通及其他各種關係，擁有適當兵力之配備。

（二）就國際情形而言，華北多事，預料將來主戰場似在平津綏察，除於該方面配置相當兵力外，並於津浦、平漢兩幹線擬配置較多兵力，以便向該方面集中容易。

（三）華北發生戰爭，山東半島、淞滬以及閩浙粵近海各處必同時受其侵擾。

（四）首都爲政治中心，武漢、南昌爲軍事重心，均擬配備相當兵力。

❺ 同❷

❻ 秦孝儀編著：《總統　蔣公大事長編初稿》卷三，頁一六八，民國六十七年十月，臺北出版。

（五）爲顧慮西北邊防起見，各該要地均擬配置相當兵力❼。

2. 配備順序

（一）第一年新編各師分駐於首都附近及軍事重心暨沿津浦、平漢、平綏、隴海鐵路線各重要地點。

（二）第二年新編各師分駐於各重要地點及沿海長江附近各要地。

（三）第三年新編各師分駐於正太鐵路沿線各要地及各重要地點。

（四）第四年新編各師分駐於西南及西北各要地及各重要地點。

（五）第五年新編各師分駐於西北各要地及其他各重要地點❽。

3. 各年整編與駐地

第一年第一期

第一師，南京；第二師，徐海；第三師，杭州；

第四師，南昌；第五師，武漢；第六師，開洛；

第一年第二期

第七師，蚌埠；第八師，濟南；第九師，馬廠；

第十師，北平；第十一師，保定；第十二師，鄭州；

第二年第三期

第十三師，宣化；第十四師，歸綏；第十五師，灤州；

第十六師，福州；第十七師，漳州；第十八師，廣州；

第二年第四期

第十九師，濰縣；第二十師，通州；第二一師，鎮江；

第二二師，蘇州；第二三師，九江；第二四師，岳州；

第三年第五期

---

❼ 同❷

❽ 同❷

第二五師，北平；第二六師，石家莊；第二七師，太原；

第二八師，長安；第二九師，德州；第三十師，濟寧；

第三年第六期

第三一師，荆州；第三二師，襄陽；第三三師，長沙；

第三四師，信陽；第三五師，彰德；第三六師，多倫；

第四年第七期

第三七師，衡州；第三八師，安慶；第三九師，贛州；

第四十師，衢州；第四一師，重慶；第四二師，成都；

第四年第八期

第四三師，高州；第四四師，潮州；第四五師，南寧；

第四六師，桂林；第四七師，昆明；第四八師，迪化；

第五年第九期

第四九師，寧夏；第五十師，蘭州；第五一師，天水；

第五二師，大理；第五三師，夔州；第五四師，潼關；

第五年第十期

第五五師，大同；第五六師，臨汾；第五七師，貴陽；

第五八師，伊犁；第五九師，西寧；第六十師，康定❾。

4. 各省兵力配備

江蘇省:

第一師，第一年第一期，南京。

第二師，第一年第一期，徐海。

第二一師，第二年第四期，鎭江。

第二二師，第二年第四期，蘇州。

浙江省:

---

❾ 同❷

第三師，第一年第一期，杭州。

第四十師，第四年第七期，衢州。

安徽省:

第七師，第一年第二期，蚌埠。

第三八師，第四年第七期，安慶。

江西省:

第四師，第一年第一期，南昌。

第二三師，第二年第四期，九江。

第三九師，第四年第七期，贛州。

湖北省:

第五師，第一年第一期，武漢。

第三一師，第三年第六期，荊州。

第三二師，第三年第六期，襄陽。

湖南省:

第二四師，第二年第四期，岳州。

第三三師，第三年第六期，長沙。

第三七師，第四年第七期，衡州。

四川省:

第四一師，第四年第七期，重慶。

第四二師，第四年第七期，成都。

第五三師，第五年第九期，夔州。

西康省:

第六十師，第五年第十期，康定。

福建省:

第十六師，第二年第三期，福州。

第十七師，第二年第三期，漳州。

廣東省:

第十八師，第二年第三期，廣州。

第四三師，第四年第八期，高州。

第四四師，第四年第八期，潮州。

廣西省:

第四五師，第四年第八期，南寧。

第四六師，第四年第八期，桂林。

雲南省:

第四七師，第四年第八期，昆明。

第五二師，第五年第九期，大理。

貴州省:

第五七師，第五年第十期，貴陽。

河北省:

第九師，第一年第二期，馬廠。

第十師，第一年第二期，北平。

第十一師，第一年第二期，保定。

第十五師，第二年第三期，灤州。

第二十師，第二年第四期，通州。

第二五師，第三年第五期，北平。

第二六師，第三年第五期，石家莊。

河南省:

第六師，第一年第一期，開洛。

第十二師，第一年第二期，鄭州。

第三四師，第三年第六期，信陽。

第三五師，第三年第六期，彰德。

山東省:

第八師，第一年第二期，濟南。

第十九師，第二年第四期，濰縣。

第二九師，第三年第五期，德州。

第三十師，第三年第五期，濟寧。

山西省:

第二七師，第三年第五期，太原。

第五五師，第五年第十期，大同。

第五六師，第五年第十期，臨汾。

陝西省:

第二八師，第三年第五期，長安。

第五四師，第五年第九期，潼關。

甘肅省:

第五十師，第五年第九期，蘭州。

第五一師，第五年第九期，天水。

青海省:

第五九師，第五年第十期，西寧。

寧夏省:

第四九師，第五年第九期，寧夏。

綏遠省:

第十四師，第二年第三期，歸綏。

察哈爾省:

第十三師，第二年第三期，宣化。

第三六師，第三年第六期，多倫。

新疆省：

第四八師，第四年第八期，迪化。

第五八師，第五年第十期，伊犂⑩。

5. 兵役區計劃

江蘇省：軍管區駐地徐州。

第一師管區：清江。以舊淮陽道所屬各縣爲轄區。

第二師管區：徐州。以舊徐海道所屬各縣爲轄區。

第二一師管區：鎭江。以舊金陵道及蘇常道之江陰、無錫、武進、清江、泰興等縣爲轄區。

第二二師管區：蘇州。以舊滬海道及蘇常道之吳縣、吳山、崑山、常熟、南通、如皐等縣爲轄區。

浙江省：軍管區駐地衢州。

第三師管區：杭州。以舊錢塘道及會稽道之新昌、寧海、象山、奉化、嵊縣、諸曁、蕭山、紹興、上虞、餘姚、鄞縣、慈谿、鎭海、定海等縣爲轄區。

第四十師管區：衢州。以舊金華道及會稽道之仙居、臨海、黃岩、溫嶺、天臺、南田等縣爲轄區。

第二五師管區：溫州。以舊甌海道各縣爲轄區。

安徽省：軍管區駐地蚌埠。

第七師管區：蚌埠。以舊淮泗道各縣爲轄區。

第三八師管區：安慶。以舊安慶道各縣爲轄區。

第二十師管區：徽州。以舊蕪湖道各縣爲轄區。

湖北省：軍管區駐地荆州。

第五師管區：武昌。以舊江漢道各縣爲轄區。

---

⑩ 同②

第三一師管區：宜昌。以舊荆宜道及施鶴道各縣爲轄區。

第三二師管區：襄陽。以舊襄陽道各縣爲轄區。

江西省：軍管區駐地贛州。

第四師管區：南昌。以舊豫章道及潯陽道之餘干、萬年、德興、樂平、鄱陽、都昌、浮梁、湖口、彭澤等縣爲轄區。

第二三師管區：九江。以舊潯陽道、廬陵道之九江、星子、瑞昌、德安、永修、安義、武林、修永、奉新、高安、宜豐、上高、清江、新喩、分宜、銅鼓、萬載、宜春、萍鄉等縣爲轄區。

第三九師管區：贛州。以舊贛南道及廬陵道之新淦、永豐、吉水、峽江、吉安、泰和、萬安、遂川、安福、永新、寧岡、蓮花等縣爲轄區。

湖南省：軍管區駐地岳州。

第二四師管區：辰州。以舊辰沅道各縣爲轄區。

第三三師管區：長沙。以舊湘江道各縣爲轄區。

第三七師管區：衡州。以舊衡陽道各縣爲轄區。

四川省、西康省：軍管區駐地重慶。

第四一師管區：萬縣。以舊東川道各縣爲轄區。

第四二師管區：成都。以舊西川道各縣爲轄區。

第五三師管區：瀘州。以舊永陵道及建昌道各縣爲轄區。

第五八師管區：保寧（閬中縣）。以舊嘉陵道各縣爲轄區。

第六十師管區：康定。以西康省各縣爲轄區。

福建省：軍管區駐地延平。

第十六師管區：福州。以舊建安道、閩海道各縣爲轄區。

第十七師管區：漳州。以舊厦門道、汀漳道各縣爲轄區。

廣東省：軍管區駐地肇慶。

第十八師管區：廣州。以舊嶺南道及粵海道之龍門、佛岡、從化、花縣、增城、番禺、南海、東莞、寶安、順德、香山、新會、清遠、德慶、四會、三水、高安、高明、鶴山、新興、開平、思平、臺山、赤溪等縣爲轄區。

第四三師管區：高州。以舊高雷道、欽廉道及粵海道之開建、封川、德慶、雲浮、鬱南、羅定等縣爲轄區。

廣西省：軍管區駐地武鳴。

第四五師管區：南寧。以舊南寧道、鎭南道、田南道各縣爲轄區。

第四六師管區：桂林。以舊桂林道、蒼梧道、柳江道各縣爲轄區。

雲南省、貴州省：軍管區駐地蒙自。

第四七師管區：昆明。以舊滇中道及蒙自道各縣爲轄區。

第五二師管區：大理。以舊騰越道及普洱道各縣爲轄區。

第五七師管區：貴陽。以貴州全省各縣爲轄區。

河北省：軍管區駐地保定。

第九師管區：滄州。以舊津海道之新鎭、文安、大成、故城、任邱、青縣、滄縣、鹽山、肅寧、河間、獻縣、交河、南皮、慶雲、東光、阜城、景縣、吳橋、寧津及大名道之武夷、衡水、冀縣、新河、棗強、淸河等縣爲轄區。

第十師管區：北平。以舊京兆及口北道各縣爲轄區。

第十一師管區：保定。以舊保定道各縣爲轄區。

第十五師管區：灤州。以舊津海道之天津、靜海、寧河、盧龍、遷安、撫寧、昌黎、灤縣、樂亭、臨榆、遵化、豐潤、玉田等縣爲轄區。

第二六師管區：順德。以舊大名道各縣（除武夷、衡水、冀縣、新河、棗強、淸河等縣）爲轄區。

山東省：軍管區駐地曹州。

第八師管區：濟南。以舊濟南道各縣爲轄區。

第十九師管區：膠州。以舊膠東道各縣爲轄區。

第二九師管區：東昌。以舊東臨道各縣爲轄區。

第三十師管區：兗州。以舊濟寧道各縣爲轄區。

山西省：軍管區駐地大同。

第二七師管區：太原。以舊翼寧道各縣爲轄區。

第五五師管區：大同。以舊雁門道各縣爲轄區。

第五六師管區：臨汾。以舊河東道各縣爲轄區。

河南省：軍管區駐地鄭州。

第六師管區：開封。以舊開封道之河陰、汜水、滎陽、滎澤、鄭縣、密縣、新鄭、禹縣、襄城、郾城、許昌、臨潁、鄢陵、長葛、洧川、尉氏、中牟、通許、陳留、開封及汝南道之葉縣、舞陽等縣爲轄區。

第十二師管區：洛陽。以舊河洛道各縣爲轄區。

第十三師管區：歸德。以舊開封道之考城、蘭封、杞縣、睢縣、扶溝、太康、西華、商水、淮陽、項城、沈邱、鹿邑、柘城、寧陵、商邱、虞城、夏邑、永城及汝陽道之西平、遂平、上蔡等縣爲轄區。

第三四師管區：信陽。以舊汝陽道各縣（除葉縣、舊陽、遂平、西平、上蔡等縣）爲轄區。

第三五師管區：彰德。以舊河北道各縣爲轄區。

陝西省：軍管區駐地潼關。

第二八師管區：長安。以舊關中道及榆林道各縣爲轄區。

第五四師管區：漢中。以舊漢中道各縣爲轄區。

甘肅省、寧夏省：軍管區駐地隴西。

第五十師管區：蘭州。以舊蘭山道之導河、臯蘭、靖遠等縣以西各縣爲轄區。

第五一師管區：天水。以舊蘭山道之寧定、洮河、金城、海源等縣以東各縣爲轄區。

第四九師管區：寧夏。以寧夏全省各縣爲轄區。

綏遠省、察哈爾省：軍管區駐地平地泉。

第十四師管區：歸綏。以綏遠全省各縣爲轄區。

第三六師管區：張家口。以察哈爾全省各縣爲轄區。

青海省、新疆省：軍管區駐地伊犂。

第五九師管區：西寧。以青海全省各縣爲轄區。

第四八師管區：廸化。以新疆全省各縣爲轄區。

軍管區平時無指揮現役部隊之權，其主要任務（一）各師現役兵之徵集補充；（二）各兵役召集教育；（三）動員計畫實施；（四）管區戶口調查及綏靖事務。

遼吉黑熱各師管區暫設於直、魯、豫、晉等省⓫。

6. 軍官佐士兵挑選辦法

(1) 原有部隊挑選軍官佐辦法：

中將，每師一人，六〇師六〇人，中央領餉部隊四五人，地方領餉部隊一五人。

少將，每師四人，六〇師二四〇人，中央領餉部隊一八〇人，地方領餉部隊六〇人。

上校，每師一二人，六〇師七二〇人，中央領餉部隊五四〇人，地方領餉部隊一八〇人。

⓫ 同❷

中校，每師二〇人，六〇師一、二〇〇人，中央領餉部隊九〇〇人，地方領餉部隊三〇〇人。

少校，每師五六人，六〇師三、三六〇人，中央領餉部隊二五二〇人，地方領餉部隊八四〇人。

上尉，每師二二一人，六〇師一三、二六〇人，中央領餉部隊九、九四五人，地方領餉部隊三、三一五人。

中尉，每師二四二人，六〇師一四、五二〇人，中央領餉部隊一〇、八九〇人，地方領餉部隊三、六三〇人。

少尉，每師三一三人，六〇師一八、七八〇人，中央領餉部隊一四、〇八五人，地方領餉部隊四、六九五人。

准尉，每師三九八人，六〇師二三、八八〇人，中央領餉部隊一七、九一〇人，地方領餉部隊五、九七〇人。

官佐總計，每師一、二六七人，六〇師七六、〇二〇人，中央領餉部隊五七、〇一五人，地方領餉部隊一九、〇〇五人。

(2) 原有部隊挑選軍士辦法:

上士，每師六四二人，六〇師三八、五二〇人，中央領餉部隊二八、八九〇人，地方領餉部隊九、六三〇人。

中士，每師九六三人，六〇師五七、七八〇人，中央領餉部隊四三、三三五人，地方領餉部隊一四、四四五人。

下士，每師八〇七人，六〇師四八、四二〇人，中央領餉部隊三六、三一五人，地方領餉部隊一二、一〇五人。

軍士總計，每師二、四一二人，六〇師一四四、七二〇人，中央領餉部隊一〇八、五四〇人，地方領餉部隊三六、一八〇人。

(3) 原有部隊挑選列兵辦法:

上兵，每師二、三一三人，六〇師一三八、七八〇人。

一兵，每師四、一六八人，六〇師二五〇、〇八〇人。

二兵，每師四、三〇五人，六〇師二五八、三〇〇人。

列兵總計，六四八、二四〇人，中央領餉部隊四八六、一八〇人，地方領餉部隊一六二、〇六〇人。

軍官佐士兵，每師一四、四八三人，六〇師八六八、九八〇人⓬。

7. 武器配備與更換:

(1) 武器配備: 每師: 步槍七、八三一，馬槍(野砲)一、三九五，（山砲）一、五〇三，駁壳槍（俗稱自來得或盒子砲，作衝鋒槍之用）二、九四〇，手槍一〇八，重機槍九二，輕機槍二九四，八二迫擊砲（步砲）二〇，山砲三六，野砲三六，二生的小砲三〇，十五生榴彈砲四。

(2) 武器更換，六〇師（一）製造: 步槍四六、九八六枝，馬槍七一、〇八四枝，重機槍五五二挺，八二迫擊砲（步砲）一二〇門。

（二）訂購: 七六三駁壳槍一四一、七一七枝，手槍六四八把，輕機槍九、六二〇挺，二生的小砲一、六九七門，七五山砲七二門，七五野砲一、七一六門，十五生的榴彈砲二四〇門⓭。

8. 自製兵器計畫與實施:

當時全國開工的兵工廠有: 太原、天水、廣東、福建、開封、大沽、華陰、上海、德州、金陵、濟南、漢陽、四川、鞏縣，以及上海煉鋼廠、漢陽火藥廠、鞏縣兵工分廠等⓮。茲按國家財力與國防上之需要，擬將原有兵工廠分期改革。

第一期

(1) 將上海、華陰、開封、德州、大沽各兵工廠停辦，所有機器分發金陵、鞏縣、濟南、漢陽各兵工廠利用。

⓬ 劉鳳翰: ≪戰前的陸軍整編≫，頁六三七～六四一所列三表。
⓭ 劉鳳翰: ≪戰前的陸軍整編≫，頁六四四～六四五兩表。
⓮ 鞏縣兵工分廠爲毒氣及化學工廠。

第一期整理後各兵工廠每月最大出品數量表：

出品名稱 ＼ 每月出品數量 ＼ 廠別	金陵兵工廠	鞏縣兵工廠	濟南兵工廠	漢陽兵工廠	漢陽火藥廠	鞏縣兵工分廠	上海煉鋼廠	合計
八二迫擊砲（門）	30							30
馬克沁機(重)關槍（挺）	50							50
八二迫擊砲彈（顆）	20,000	3,000						23,000
七九槍彈（粒）	3,000,000	7,000,000	3,000,000	4,300,000				17,300,000
鋼心彈（粒）	700,000							700,000
各種信號彈（粒）	50,000							50,000
黃色炸藥（公斤）	30,000							30,000
氯化批克林（公斤）	30,000							30,000
七九步槍（枝）		3,200		4,700				7,900
各式砲彈（顆）		9,000						9,000
十五公分迫擊砲彈（顆）		1,200						1,200
二生的小砲彈（顆）		130,000						130,000
木柄手榴彈（顆）		80,000	60,000	22,000				162,000

十四號飛機炸彈引信(門)			6,000					6,000
克式十五野砲(門)				4				4
卅節機關槍(挺)				35				35
槍砲藥(公斤)					20,000			20,000
發烟流酸(噸)						420		420
各種毒氣(噸)						546		546
各種藥(公斤)						19,500		19,500
活性炭(公斤)						1,300		1,300
面具(個)						6,500		6,500
發烟罐(個)						7,800		7,800
各種鋼料毛坯(磅)							583,674	583,674
十八公斤飛機鑄鋼炸彈壳(個)							4,000	4,000
備考								

(2) 依據槍砲制式，劃一各廠製造。

(3) 派員調查天水、太原、四川、廣東、福建各兵工廠狀況，以備整理。

(4) 調查民間工廠臨時可供改爲製造軍用品者。

(5) 調查各地之各種器具機器廠，仿歐美辦法，加以補助指導，使其可於戰時改作兵器製造廠。

(6) 選派專門學校畢業之優秀學生，入各兵工廠學習一至三年後派赴歐美規模宏大之兵工廠學習，課目以專一爲貴，切忌泛而不精。

(7) 於民間各工廠選擇優秀工徒入兵工廠實習，授以專門訓練。

(8) 從優奬勵發明武器及勤於工作造兵人員。

(9) 從速調查國內可造兵器之原料，並收集必需之數量或必須向外購買者儘量購存。

第二期

(1) 於西安、南昌、株州等處，設置大規模之兵工廠及煉鋼廠、火藥廠各一個，並將鞏縣兵工廠加以整理擴大，所需機器除利用舊有各兵工廠良好機器一部分外，其餘專購。

(2) 將上海煉鋼廠、漢陽火藥廠及金陵、濟南、漢陽等兵工廠改爲農工或軍用器具製造廠；所有機器選良好者分發西安、南昌、株州、鞏縣各兵工廠利用，其餘卽留作農工器具製造廠之用。

爲應付國防之需要，按照六十個師武器配備務於五年內準備應戰時兩年之械彈補充，但查現有各兵工廠最大出品之補充六十個師戰時損耗械彈數相差甚鉅，應增設槍砲修理廠、彈藥製造廠，至應設之個數，俟第一期第三項調查完竣後另擬詳細計畫⓯。

9. 軍用糧秣計畫:

⓯ 同❷。

糧秣爲軍隊所必須，原有糧秣倉庫之建設。而所儲存之糙米穀麥，保存殊感不易，日久益屬困難，故宜推陳出新相繼碧磨，以免陳舊霉壞，藉可調濟部隊軍食，而戰時供軍需之補給尤爲其唯一之目的；罐頭乾糧亦戰時所必備，故爲充實軍備，統籌糧食起見，準備設糧秣廠如后：

中央第一糧秣廠：設於洛陽，第一期建設。此廠之規模以一日碾製之麥，足供國軍十七萬人份一日之食用爲標準。

中央第二糧秣廠：設於蕪湖，第一期建設。此廠之規模以一日碾製之米，足供國軍十七萬人份一日之食用爲標準。

中央第三糧秣廠：設於南昌，第二期建設。此廠之規模與第二廠同。

中央第四糧秣廠：設於武昌，第二期建設。此廠之規模與第二廠同。

中央第五糧秣廠：設於岳州，第三期建設。此廠之規模以一日碾製之米，足供國軍十六萬人份一日之食用爲標準。

中央第六糧秣廠：設於西安，第三期建設。此廠之規模以一日碾製之麥，足供國軍十六萬人份一日之食用爲標準。

以上各廠所產糠稭麥麩等類副品，作騾馬蒭秣之需⑯。

上列計畫僅舉其建設大綱，至各廠建築之設計以及應購之機械品種、數量，俟於計畫核准，再行按照各倉庫儲存之種類及應製造之糧秣數量，另派專門人員設計辦理之。

10. 各師編制與人員馬匹

有關各師編制、人員馬匹，列表如下⑰：

---

⑯ 同❷

⑰ 詳劉鳳翰：≪戰前的陸軍整編≫，頁六四九～六六〇等九表。

新編陸軍步兵師編制人員馬匹標準表

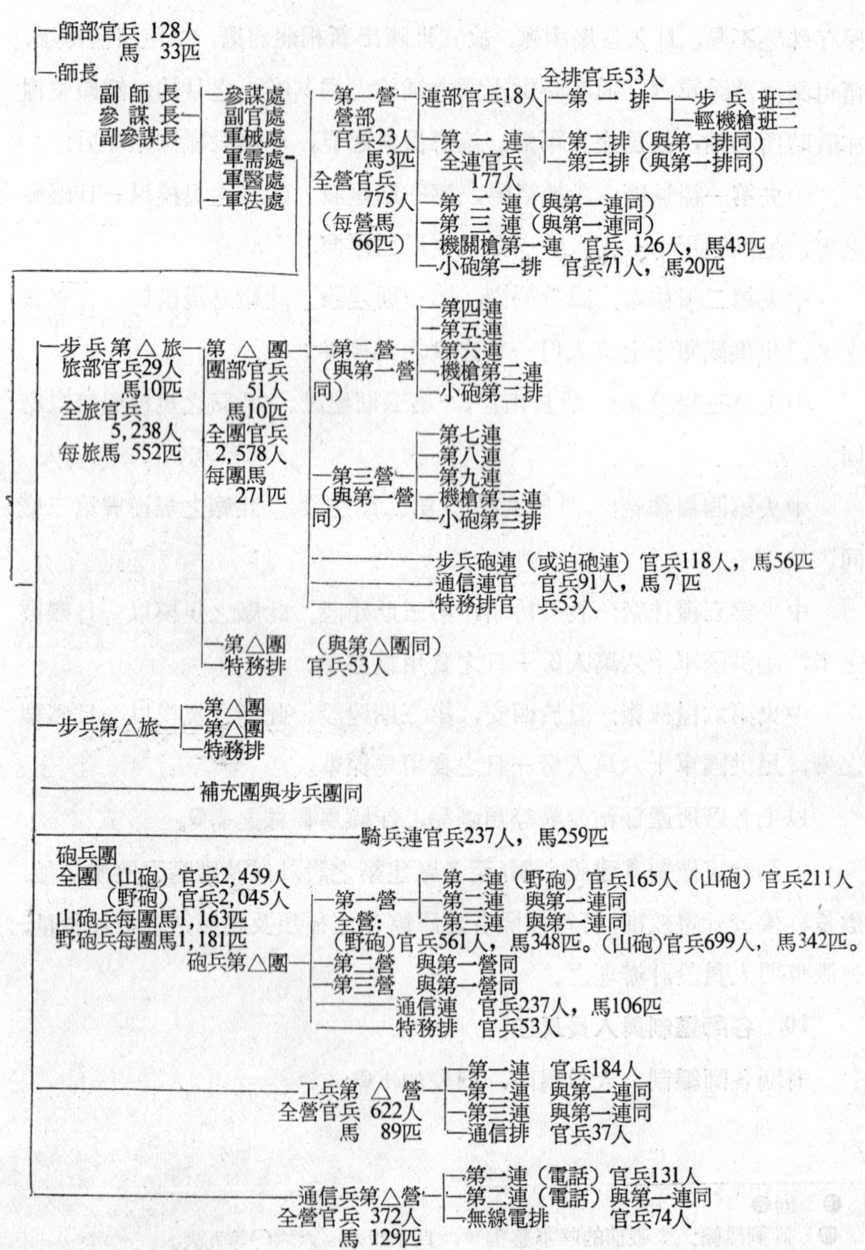

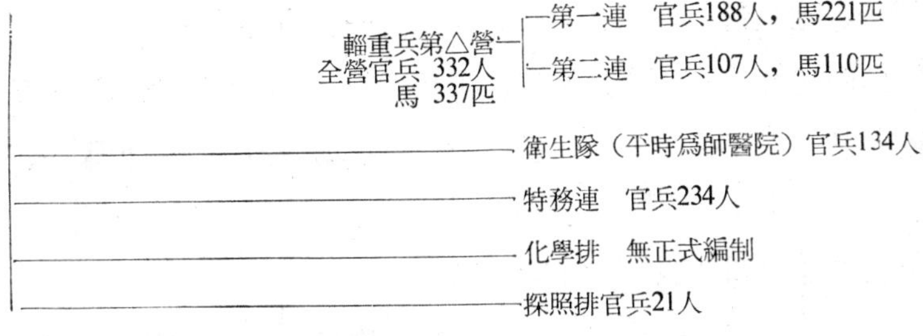

附　記：（一）全師官兵（山砲團）17,584人，（野砲團）17,170人

（二）全師馬匹（山砲團）3,387匹，（野砲團）3,405匹

（三）師轄化學排一排（俟人員訓練後組設之）

五、實際整編情形

1. 第一次整編

根據前節所擬計畫，自民國二十四年下半年，開始第一期整編十個師。但因德國現代化裝備不到，無法照原計畫編制整編，祇從原有編制、武器，略作調整，等新武器購入，再事增補。

第一次整編（調整充實）十個師。

教導總隊：總隊長桂永清，駐南京。

原有編制（特定）：總隊部一、步兵團三、軍士營一、砲兵營一、騎兵營一、騎兵連一、工兵連一、通信連一、自動車隊一、衞生隊一、特務連一、軍官教育隊一、軍樂排一、修械所一⑱。

新編制與原有編制相同。

陸軍第二師：師長黃杰，駐徐州。

原有編制（整理師）：師司令部一、步兵旅二、步兵團四、補充團

⑱ 「教導總隊」爲特定編制，據知卽爲德國現代化裝備師的初步編制，「自動車隊」及「修械所」一般整編師所無。

一、騎兵連一、砲兵營一、工兵營一、通信連一、特務連一。

新編制：師司令部一、步兵旅二、步兵團四（每團小砲連一）、騎兵連一、砲兵營一、工兵營一、通信營一、輜重第一連一、衞生隊一、特務連一、

陸軍第二五師，師長關麟徵，駐洛陽。

原有編制（整理師）：師司令部一、步兵旅二、步兵團四、補充團一、騎兵連一、工兵營一、輜重營一、衞生隊一、特務連一。

新編制：師司令部一、步兵旅二、步兵團四（每團小砲連一）、騎兵連一、工兵營一、通信營一、輜重第一連一、衞生隊一、特務連一。

陸軍第三六師：師長宋希濂，駐南京。

原有編制（整理師）：師司令部一、步兵旅二、步兵團四、工兵連一、通信連一、輜重營一、衞生隊一、特務連一。

新編制：師司令部一、步兵旅二、步兵團四（每團小砲連一）、工兵連一、通信連一、輜重第一連一、衞生隊一、特務連一。

陸軍第八七師：師長王敬久，駐溧陽。

原有編制（整理師）：師司令部一、步兵旅二、步兵團四、工兵營一、通信營一、輜重營一、軍樂隊一、特務連一。

新編制：師司令部一、步兵旅二、步兵團四（每團小砲連一）、工兵連一、通信連一、輜重第一連一、衞生隊一、特務連一。

陸軍（第十八軍）第十一師：師長黃維，駐浙江。

陸軍（第十八軍）第十四師：師長霍揆彰，駐浙江。

陸軍（第十八軍）第六七師：師長羅卓英，駐金華。

陸軍（第十八軍）第九四師：師長李樹森，駐浙江。

以上第十一、十四、六七、九四師皆爲改編師（三團制剿匪師），原有編制均爲：師司令部一、步兵團三、工兵連一、通信連一、輜重連

一、特務營一。經整編成第十一、十四、九四等三師，其新編制均爲：師司令部一、步兵旅二、步兵團四、工兵營一、通信營一、輜重第一連一、衞生隊一、特務連一。

陸軍第十八特務團，駐浙江，撤消。分別編入第十一、十四、九四師之中。

陸軍第五七師：師長阮肇昌，駐嘉興。爲民國十九年頒布之乙種師。

原有編制：師司令部一、步兵旅二、步兵團六、騎兵連一、砲兵營一、輜重營一、補充營一、特務連一。

新編制：師司令部一、步兵旅二、步兵團四、各特種部隊就現有經費範圍酌量編組報核。

第二師補充旅：旅長鍾松。

原有編制：步兵團三。

新編制：步兵團三，相機與他師或連合併成整理師⑲。

2. 第二次整編

第二次整編（調整充實）十個師。

陸軍第三師：師長李玉堂，駐福建浦城。

原有編制（整理師）：師司令部一、步兵旅二、步兵團四、補充團一、特務連一、砲兵連一、工兵營一、通信營一、輜重營一、衞生隊一。

新編制：師司令部一、步兵旅二、步兵團四、特務連一、砲兵營一、通信營一、輜重第一連一、衞生隊一。

陸軍第四師：師長王萬齡，駐湖北陽新。

原有編制（整理師）：與陸軍第三師同。

新編制：師司令部一、步兵旅二、步兵團四（每團小砲連一）、特

---

⑲ 同⑫。

務連一、砲兵營一、工兵營一、通信營一、輜重第一連一、衞生隊一。

陸軍第九師：師長李延年，駐福建泉州。

陸軍第十師：師長李默庵，駐福建龍岩。

陸軍第八三師：師長劉戡，駐江西寧都。

陸軍第二七師：師長馮安邦，駐湖北公安。

以上四師原有編制（整理師）：與陸軍第三師同。新編制：亦與陸軍第三師同。

陸軍第七九師：師長樊崧甫，駐湖南臨澧。

原有編制（整理師）：師司令部一、步兵旅二、步兵團四、補充團一、特務連一、砲兵營一、工兵營一、通信連一、輜重營一、兵站一。

新編制：師司令部一、步兵旅二、步兵團四、特務連一、砲兵連一、工兵連一、通信連一、輜重第一連一、衞生隊一。

陸軍第十八師：師長陳琪，駐福建龍溪。

原有編制（整理師）：師司令部一、步兵旅二、步兵團四、補充團一、特務連一、騎兵連一、砲兵營一、工兵營一、通信連一、輜重營一、衞生隊一。

新編制：師司令部一、步兵旅二、步兵團四、特務連一、騎兵連一、砲兵連一、工兵營一、通信營一、輜重第一連一、衞生隊一。

陸軍第八八師：師長孫元良，駐四川萬縣。

原有編制（整理師）：師司令部一、步兵旅二、步兵團四、補充團一、特務連一、砲兵營一、工兵營一、通信營一、輜重營一、軍樂隊一。

新編制：與陸軍第四師同。

陸軍第八九師：師長王仲廉，駐湖北通城。

原有編制（整理師）：師司令部一、步兵旅一、步兵團四、補充團

一、特務連一、砲兵營一、工兵營一、通信連一、輜重營一、軍樂隊一。

新編制：與陸軍第三師同⑳。

3. 兩次整編二十師限期完成

以上第一、二兩次整編之第二十個師，於二十五年七月至九月分別檢討後，限於二十五年度完成整編，其應增革單位如後：

陸軍第二師：師長鄭洞國，二十五年八月十三日檢討。

實增單位：戰車防禦砲連一。

應增單位：輜營部一、輜第二連一、輜第三連一、步榴砲連四、高射砲營一。

應減單位：小砲連四。

陸軍第十一師：師長彭善，二十五年八月十八日檢討。

實增單位：工營部一、工兵連二、通營部一、通信連一、高射砲營部一、小砲連二、戰車（防禦）砲連一。

應增單位：騎兵連一、砲兵營一、輜營部一、輜第二連一、輜第三連一、步榴砲彈連四、高射砲營一。

陸軍第十四師：師長霍揆彰，二十五年八月十八日檢討。

實增單位：工營部一、工兵連二、通營部一、通信連一、小砲連二。

應增單位：騎兵連一、砲兵營一、輜營部一、輜第二連一、步榴砲連四、高射砲營一。

陸軍第二五師：師長關麟徵，二十五年七月二十九日檢討。

實增單位：戰車（防禦）砲連一。

應增單位：砲兵營一、輜營部一、輜第二連一、輜第三連一、步榴

---

⑳ 同②。

砲連四、高射砲營一。

應減單位：小砲連四。

陸軍第三六師：師長宋希濂，二十五年八月二十八日檢討。

實增單位：騎兵連一、工兵連一、戰車（防禦）砲連一。

應增單位：砲兵營一、輜營部一、輜第二連一、輜第三連一、步榴砲連四、高射砲營一。

應減單位：小砲連四。

陸軍第五七師：師長阮肇昌，二十五年八月十八日檢討。

實增單位：輜重第一連一、小砲連一。

應增單位：騎兵連一、工營部一、工兵連一、通營部一、通信連一、輜重營一、步榴砲連四、高射砲營一。

陸軍第九四師：師長李樹森，二十五年八月十八日檢討。

實增單位：工營部一、工兵連一、通營部一、高射砲營部一、小砲連二、戰車（防禦）砲連一。

應增單位：騎兵連一、砲兵營一、輜營部一、輜第二連一、輜第三連一、步榴砲連四、高射砲營一。

陸軍第八七師：師長王敬久，二十五年八月十八日檢討。

實增單位：工兵連一、戰車（防禦）砲連一。

應增單位：砲兵營一、輜營部一、輜第二連一、輜第三連一、步榴砲連四、高射砲營一。

應減單位：小砲連四。

陸軍第三師：師長李玉堂，二十五年九月二十八日檢討。

實增單位：騎兵連一、高射砲營部一、小砲兵連二、戰車（防禦）砲連一。

應增單位：輜營部一、輜第二連一、輜第三連一、步榴砲連四、高射砲營一。

陸軍第四師：師長王萬齡，二十五年八月十三日檢討。

實增單位：戰車（防禦）砲連一。

應增單位：輜營部一、輜第二連一、輜第三連一、步榴砲連四、高射砲營一。

應減單位：小砲連四。

陸軍第六師：師長周磐，二十五年九月三日檢討。

實增單位：工兵連一、通營部一、通信連一、高射砲營部一、小砲連二、戰車（防禦）砲連一。

應增單位：砲兵營一、輜營部一、輜第二連一、輜第三連一、步榴砲連四、高射砲營一。

陸軍第九師：師長李延年，二十五年九月十八日檢討。

實增單位：高射砲營部一、小砲連二、戰車（防禦）砲連一。

應增單位：騎兵連一、輜營部一、輜第二連一、輜第三連一、步榴砲連四、高射砲營一。

陸軍第十師：師長李默庵。二十五月七月二十九日檢討。

實增單位：高射砲營部一、小砲連二、戰車（防禦）砲連一。

應增單位：砲兵營一、輜營部一、輜第二連一、輜第三連一、步榴砲連四、高射砲營一。

陸軍第二七師：師長馮安邦，二十五年七月二十九日檢討。

實增單位：騎兵連一、小砲連一。

應增單位：砲兵營一、輜營部一、輜第二連一、輜第三連一、步榴砲連四、高射砲營一。

陸軍第十八師：師長陳琪。

實增單位：高射砲營部一、小砲連二、戰車（防禦）砲連一。

應增單位：砲兵營一、輜營部一、輜第二連一、輜第三連一、步榴砲連四、高射砲營一。

陸軍第三八師：師長劉戡，二十五年七月二十九日檢討。

實增單位：同第八十師。

應增單位：同第八十師。

陸軍第八八師：師長孫元良，二十五年八月十八日檢討。

實增單位：戰車（防禦）砲連一。

應增單位：輜營部一、輜第二連一、輜第三連一、步榴砲連四、高射砲營一。

應減單位：小砲連四。

陸軍第八九師：師長王仲廉，二十五年八月十五月檢討。

實增單位：戰車（防禦）砲連一。

應增單位：輜營部一、輜第二連一、輜第三連一、步榴砲連四、高射砲營一。

應減單位：小砲連二。

教導總隊：總隊長桂永淸。特種部隊已充實完成，不再增減。

陸軍第二師補充旅：旅長鍾松。

實增單位：：高射砲營部一、小砲連二、戰車（防禦）砲連一。

應增單位：騎兵連一、砲兵營一、工兵營一、通信營一、輜重營一、衞生連一、特務連一、步榴砲連三、高射砲營一㉑。

4. 第三次整編：

第三次整編（調整充實）十個師。

陸軍第一師：師長李鐵軍。

原有編制（整理師）：師司令部一、步兵旅二、步兵團四、騎兵連

㉑　國防部史政編譯局檔案570,31/8010，完成二十五年調整二十個師檢討意見。

一、砲兵營一、工兵營一、通信營一、輜重營一、特務連一、衞生隊一。

新編制：與原有編制同。

陸軍第五師：師長謝溥福。

原有編制（改編師）：師司令部一、步兵團三、特務營一、輸送營一、通信連一、工兵連一。

新編制：師司令部一、步兵旅二、步兵團四、騎兵連一、砲兵連一、工兵營一、通信營一、輜重營一、特務連一、衞生隊一。

陸軍第十三師：師長萬耀煌。

原有編制（十九年頒布之乙種師）：師司令部一、步兵旅二、步兵團六、騎兵連一、砲兵營一、工兵營一、輜重營一、輸送營一、特務連一、衞生隊一。

新編制：師司令部一、步兵旅二、步兵團四、砲兵營一、工兵營一、通信連一、無線電排一、輜重營一、特務連一、衞生隊一。

陸軍第十六師：師長章亮基。

原有編制（整理師）：師司令部一、步兵旅二、步兵團四、工兵連一、通信連一、無線電排一、輜重連一、特務連一、衞生隊一。

新編制：與原有編制同。

陸軍第五十一師：師長王耀武。

原有編制（改編師）：師司令部一、步兵團三、特務營一、砲兵連一、工兵營一、通信營一、輜重營一、衞生隊一。

新編制：師司令部一、步兵團三、砲兵連一、工兵營一、輜重營一、特務連一、衞生隊一。

陸軍第五十六師：師長劉尚志。

原有編制（整理師）：師司令部一、步兵旅二、步兵團四、騎兵連一、砲兵營一、工兵營一、通信營一、輜重營一、特務連一、衞生隊一。

新編制：與原有編制同。

陸軍第五十八師：師長俞濟時。

原有編制（整理師）：師司令部一、步兵旅二、步兵團四、補充團一、工兵連一、通信營一、軍醫院一。

新編制：師司令部一、步兵旅二、步兵團四、騎兵連一、工兵營一、通信營一、輜重營一、特務連一、衞生隊一。

陸軍第七十八師：師長丁德隆。

原有編制（整理師）：師司令部一、步兵旅二、步兵團四、騎兵連一、工兵營一、通信營一、輜重營一、特務連一、衞生隊一。

新編制：與原有編制同。

陸軍第八十五師：師長陳鐵。

原有編制（整理師）：師司令部一、步兵旅二、步兵團四、砲兵連一、工兵連一、通信連一、無線電排一、輜重連一、特務連一、衞生隊一。

新編制：與原有編制同。

陸軍第九十八師：師長夏楚中。

原有編制（整理師）：師司令部一、步兵旅二、步兵團四、騎兵連一、砲兵營一、工兵營一、輜重營一、通信連一、特務連一、衞生隊一。

新編制：師司令部一、步兵旅二、步兵團四、工兵連一、通信連一、無線電排一、特務連一、衞生隊一㉒。

民國二十六年原擬上半年調整（整編）十師，下半年調整十師，然後檢討限期完成，但上半年提出後，下半年尙未提出，七七事變發生，各整編師編入戰鬪序列，從事抗日戰爭。六十師整軍計畫，未成其半，

㉒　同❷。

卽告中止，誠屬可嘆!

六、結　　論

中國計畫中新編陸軍師與日本陸軍師團平時比較㉓。

（一）皆爲兩步兵旅（日稱旅團），四步兵團（日稱聯隊），人員額數、武器裝備（如果德國供中國成功）相近。祇是國軍基本軍事訓練較日稍差，應加強。

（二）中國新編陸軍師之補充團，與日本陸軍師團「後備步兵」大隊（營）（多爲四個大隊）相同，皆隨師（團）行動與作戰。惟中國補充團僅三營，較日軍「後備步兵大隊」少一營。

（三）在師團直屬部隊，雙方差異頗大：⑴砲兵（山砲或野砲）中國爲團，日爲聯隊，中日相同；⑵工兵、輜重兵，中國爲營，日爲聯隊(團)，日本較中國強大二——三倍。且日本工兵訓練特佳，裝備齊全，爲國軍所不及；⑶日軍每一師團有一騎兵聯隊（團）編入，維持部隊快速機動，中國新編陸軍師則僅騎兵一連（中國另有騎兵師或騎兵旅，日本亦有騎兵旅團之建制）；⑷日師團直屬部隊——騎、砲、工、輜各聯隊皆編有「後備」騎、砲、工、輜重兵各二中隊（連），隨師團行動，中國新編陸軍師無騎、砲、工、輜補充部隊。

（四）其他附設機構：(1)中國新編陸軍師之通信營，與日本陸軍師團通信隊相近；(2)中國新編陸軍師衞生隊與日陸軍師團衞生隊相近；惟日本分四個野戰醫院，中國祇一個師醫院；(3)中國師或團部特務連；與日師團兵器勤務隊相近；(4)中國新編陸軍師有化學排（毒氣），探

㉓ (1) 有關日本陸軍編制：參閱≪日本戰史叢書≫≪陸軍軍備戰≫、及≪支那事變陸軍作戰(1)(2)(3)≫等書。(2) 有關中國陸軍編制，參閱國防部史政局所存抗戰檔案。

照排之編制，惟前二者祇是理想，化學兵尚未訓練完成，各師未建立。此二種編制，日軍則編入野戰部隊（詳後）。

（五）中國新編陸軍師全部員額爲一七、一七〇——一七、五八四人。日本陸軍師團約二二、〇〇〇人。日軍戰時主攻師團配備野戰重砲旅團或重砲聯隊，及特種兵，可超過三萬人。開戰後日本陸軍除保持二步兵旅團、四兵步聯隊、四特種（騎、砲、工、輜）聯隊之師團外，有五種不同編制：(1) 三步兵聯隊和砲、工、輜三特種聯隊、及搜索隊（騎兵）師團，約一萬五千人上下（如第 26. 27等師團）。(2)二步兵旅團、每旅四個大隊及師團砲、工、輜、機槍、通信等隊之師團，兵力一一、九八二名(如59、69 等師團)；(3)獨立警備隊，轄六個獨立步兵大隊,每大隊五個步兵步中隊、一個砲兵中隊,兵力八、八五七人。(4) 獨立混成旅團，轄五個獨立大隊，兵力五、〇四八人。⑸獨立步兵旅團，此是抗戰晚期日軍缺特種兵之編制,有三個步兵聯隊,兵力約五千人。中國除緬甸遠征軍每師約一萬三千人外，國內戰地各師多在六千人上下。

戰時日本各主力師團增加配屬部隊：（一）陸軍航空兵團。（日空軍分屬陸海軍）；（二）野戰高射砲隊（稱某師團野戰高射砲隊，編制爲一至十隊），並經常配屬需要師團或駐地使用；（三）野戰照空隊（稱某師團野戰照空隊，編制一至六隊），亦配屬需要師團及駐地使用；（四）野戰重砲旅團，或野戰重砲聯隊；（五）獨立機關槍大隊；（六）獨立戰車大隊或聯隊（抗戰晚期有戰車師團)；（七）獨立裝甲車大隊；（八）獨立攻城重砲大隊；（九）獨立汽球中隊（連）(重砲觀測用)；（十）野戰通信、野戰鳩（鴿）小隊（排）；（十一）野戰氣象隊；（十二）野戰測量隊；（十三）野戰瓦斯（毒氣）中隊；（十四）野戰化學實驗部（化學戰、細菌戰）。

另外兵站部隊：兵站監理部、輜重兵隊、兵站汽車隊、陸（水）上運輸監視隊、野戰鑿井隊、鐵路構築隊、手押輕便鐵道隊、鐵甲車隊、預備馬廠、野戰砲兵工廠、野戰工兵工廠、野戰衞生材料廠、野戰衣糧廠、野戰瓦斯（毒氣）廠、野戰給水部、野戰建築部、野戰物質蒐集部、野戰防疫部等。

有關配屬部隊及兵站部隊。中國工業比較落後，故更遜於日本。中國陸軍雖尚未達到計畫中新編師的標準。但由於　蔣委員長領導正確、士氣高昂，官兵與民眾同心協力「執干戈以衞社稷」，所以終能戰勝日本。

抗戰前的序幕戰

——「九一八」至「七七」

一、前　　言

民國二十年（一九三一）「九一八」事變後，日本少壯軍人橫行，日本海陸軍成爲武力侵略工具。先於民國二十一年一月在上海引發「一二八」淞滬之戰，遭國軍強烈抵抗。又於民國二十二年一月製造山海關事件；繼派兵侵入熱河、長城各口，國軍浴血奮戰，歷兩月之久。五月，日軍進入灤東、冀東與察東，侵佔中國領土，殘殺中國軍民。中國政府爲爭取準備時間，在不撤兵、不宣戰、一面交涉、一面抵抗政策下，忍辱負重，民國二十二年五月三十一日忍痛與日本訂立停戰協定於塘沽，華北戰場因而獲得二十個月的喘息，全國上下因此而多了二十個月的準備。民國二十四年五月以後，日軍又繼續在冀、察兩省與平、津兩市製造事端，策動「華北特殊化」。在察綏組織僞「內蒙軍政府」，對中國蠶食分化。民國二十五年十一月，又嗾使僞蒙軍進侵綏遠，終引起二十六年之「七七事變」，形成全面戰爭。

本文以中國實際軍事措施與抗日行動作爲立論與分析基礎，從「一二八淞滬戰役」；「熱河長城之戰」；「華北特殊化與內蒙問題」；「中國政府的軍事對策」等四方面加以討論。但對國內錯綜複雜的政治因素，與多項管道外交交涉的經過，以及「國際聯盟」的參與，皆約予省略。雖然如此，亦可以看出中央政府與華北地方當局應付日軍無理要求的愼重，與全國上下一致抗日的決心。

本文資料以國防部史政編譯局檔案及《抗日戰史》、總統府機要檔案（大溪檔案）、及日本防衞廳所編《戰史叢書》爲主，並參閱有關此段時期之外交檔案、專書與論文。但由於日本人多係海外部隊特別行動，未得日本政府或內閣同意，爲掩飾其侵略罪行，在官兵傷亡的數字上以多報少；中國戰地指揮官判斷誤差，對日軍損失數字以少報多，筆者盡可能的作了合理解釋與說明。

本文主旨，是使用第一手資料，將此段抗日經過，作扼要眞實的重現，糾正某些錯誤記載，駁斥一些有意的扭曲說法，以維護歷史的眞相與學術的尊嚴。

二、「一二八」淞滬戰役

（一）日本陰謀挑釁

「九一八」事變後，日本海軍艦隊蓄意尋釁，紛紛開往中國口岸示威，尤以上海及長江一帶爲最多。當時上海民眾愛國情緒熱烈，組織抗日救國會，抵制日貨。住上海日本僑民亦舉行大會及遊行，並請日本政府迅速用斷然手段，解決中日懸案，根本制止排日運動。十月十八日，日本陸戰隊在勞勃生路毆傷演講青年，紗廠日人亦傷華人❶。十二月十五日，國民政府主席兼行政院長、陸海空軍總司令蔣中正辭職❷，中樞

---

❶ 郭廷以編著：《中華民國史事日誌》，第三册，頁九四。中央研究院近代史研究所，民國七十三年六月出版。

❷ 秦孝儀編著《總統　蔣公大事長編初稿》，卷二，頁一五九～一六〇：「公爲團結禦侮，曾委曲求全，力謀與廣東商談合作，並一再電促廣東方面人士來京共商國是。而胡漢民等堅持要公下野，拒不赴京，公爲促成內部團結，共赴國難，故毅然引退也。」

領導乏人，日本海軍以有機可乘，亦躍躍欲試。

民國二十一年一月十八日，有日本和尚五人，被日本間諜川島芳子故意收買之流氓毆傷❸，日本遂以此爲藉口，於二十日集合兩千多日僑，在預先安排下，搗毀閘北地區中國商店，並毆打行人。第二天，日人又放火燒楊樹浦三友毛巾廠❹。日本海軍出動陸戰隊參加，且增派航空母艦「能登呂」(一四、〇五〇噸水機母艦)號趕來上海❺。日本駐上海總領事村井倉松向上海市長吳鐵城提出取締抗日團體之無理要求，日本第一遣外艦隊司令海軍少將鹽澤幸一企圖以武力脅迫吳鐵城立即執行。二十六日，村井發出最後通牒，要求上海市政府：⑴正式道歉；⑵賠償損失；⑶懲辦兇手；⑷制止反日行動，限四十八小時答覆。二十七日，日陸戰隊在浦東登陸；二十八日下午二時，吳鐵城通知日方，對其要求全部接受❻。詎日軍陸戰隊突於晚十一時三十分，開始向閘北與吳淞進攻。駐滬第十九路軍總指揮蔣光鼐、軍長蔡廷鍇、及淞滬警備司令戴戟遂起而應戰。

（二）初期作戰(1.28～2.7)

初期作戰，以閘北爲主，另吳淞要塞、江灣、八字橋皆有接觸。日軍取攻勢，國軍採守勢。

日軍指揮官爲第一遣外艦隊司令官鹽澤幸一（指揮部設在公共租界公大紗廠），以海軍陸戰隊三、五〇〇人爲主，陸戰隊指揮官爲鮫島大

---

❸ (1) 吳相湘著，≪第二次中日戰爭史≫，上册，頁一〇一。
(2) 黑羽淸隆著：≪日中戰爭前史≫，頁一〇三～一〇五，（日文，一九八三年十一月出版，作者靜岡大學教授。）

❹ 上海時事新報：民國二十一年一月二十三日。

❺ 民國二十一年一月二十四日淞滬警備司令戴戟呈中央電。原電：「密，㈠日飛機母艦能登呂號（水上飛機）已進口。現在上海日艦有敷設艦一、巡洋艦二、驅逐艦五、砲艦一、飛機母艦一，共十艘」。外交部檔案。≪中華民國重要史料初編≫——<對日抗戰時期>，<緒編㈠>，頁四二〇轉載。中央黨史委員會編印，民國七十年九月初版。

❻ ≪中日外交史料叢編㈢≫：日軍侵犯上海與進攻華北，頁一。中華民國外交問題研究會印行，民國五十四年出版。

佐❼。出動裝甲車約十輛，飛機約二十架，軍艦十艘，另日本在鄉軍人若干人❽。

國軍指揮官爲第十九路軍總指揮蔣光鼐（指揮部設在南翔）。所轄陸軍第七十八師（師長區壽年），第一五五旅（旅長黃固）第一團（團長雲應霖）駐龍華南市，第二團（團長謝瓊生）駐北新涇河，第三團（團長楊富強）駐眞茹；第一五六旅（旅長翁照垣）第四團（團長鐘經瑞）駐吳淞、寶山，第五團（團長丁榮光）駐大場，第六團（團長張君嵩）駐閘北❾。

二十八日晚，翁旅張團在閘北天通庵路、虹江路燬日陸戰隊鐵甲車六輛，獲裝甲車三輛，日軍敗退。是晚日軍艦砲轟吳淞要塞，江灣亦有零星槍聲❿。

二十九日，日機炸閘北，商務印刷廠及東方圖書館被毀⓫。十九路軍總動員：所轄陸軍第六十師（師長沈光漢）由蘇州、無錫等地，集中南翔，第一一九旅（旅長劉占雄）第一團（團長黃茂權）到眞茹，並派第一營加入閘北寶興路戰鬪。陸軍第六十一師（師長毛維壽）原任南

---

❼ 開戰之時，日陸戰隊人數記載頗有出入：(1) 國防部史政編譯局編印：≪抗日戰史≫<一二八淞滬作戰>挿表一及頁十五記載爲六千人。(2)日本防衛廳防衛研修所戰史室著：≪陸軍軍備戰≫(頁一二四～一二六)記載爲一千人。(3)黑羽清隆著：≪日中戰爭前史≫（頁一六〇）引用芳澤(外相）回想錄：「我海軍陸戰隊爲一千八百名。」(4) 日本參謀本部≪滿洲事變機密作戰日誌≫中關於淞滬事變記載(≪革命文獻≫第三十六輯頁一六七三～一七一六)爲三千五百人，由鮫島大佐指揮。此處採用第(4)之記載。

❽ 當時日本僑民在上海爲二〇、二四二人（公共租界年報），其年輕力壯者，組成在鄉軍人，對付中國便衣隊偷襲，亦爲日軍作情報，或以便衣隊偷襲國軍。≪抗日戰史≫記載爲三千人。

❾ 淞滬抗日戰役第十九路軍戰鬥簡報，原刊<十九路軍抗日血戰史料>。≪中華民國重要史料初編≫，<對日抗戰時期>，<緒編(一)>，頁五〇三～五一五。

❿ 當晚國軍應戰者，僅有八十七師一五六旅第六團千餘人。而日本≪陸軍軍備戰≫記載國軍爲三萬三千人。

⓫ 同❼(3) 書，有受炸後之照片。

京、鎮江警戒，正向上海運輸中。陸軍第七十八師第一五五旅第三團（楊富強）調大場，第一五六旅第五、六兩團（丁榮光、張君嵩）加入閘北之戰⓬。

三十日，吳鐵城、區壽年與村井、鹽澤、及英美駐上海防軍司令商定，自下午六時起，停戰三天⓭。

下午四時，日增援驅逐艦四艘，及巡洋艦「龍田」號（三、二三〇噸），先後到達黃浦碼頭，載陸戰隊一千餘人及大批軍火。

三十一日，日機炸眞茹電臺。日航空母艦「加賀」（二六、〇〇〇噸）、「鳳翔」（七、四七〇噸）兩艘，巡洋艦「那珂」（五、一九五噸）、「由良」（五、一〇〇噸）、「阿武隈」（五、一〇〇噸）等三艘，及水雷艦四艘抵滬，集結軍艦三十餘艘，並載陸戰隊二千人，分批登陸⓮。

中國陸軍第六十師第一一九旅第二、三兩團（團長劉漢忠、黃廷）在大場附近警戒。

二月三日，陸軍第六十師第一二〇旅（旅長鄧志才）率第一、四、六等三團接陸軍第七十八師翁旅閘北陣地。第一團（團長黃茂權，屬一一九旅）自新閘橋往寶山路至虹江路口；第四團（團長楊昌璜）自虹江路口至天通庵路；第六團（團長華兆東）自天通庵路至八字橋。翁旅全部集中增援吳淞要塞。

同日，國軍便衣隊進入租界，或藏匿民房，或攀登屋頂，用手槍向

⓬ 同❾書，頁五〇四。

⓭ 一月三十一日，上海市長吳鐵城致外交部羅文幹報告。同❺書頁五二二。

⓮ (1) 國防部史政編譯局編印：《抗日戰史》，<一二八淞滬作戰>，頁十七。(2)兩次日陸戰隊登陸人數，據《抗日戰史》<一二八淞滬作戰>爲七千餘人，而日本參謀本部《滿洲事變機密作戰日誌》中關於淞滬事變記載爲三千多人，由鮫島大佐指揮。前者爲判斷，後者爲作戰日誌，故採後者。(3)日海軍軍艦數字，亦據日本《機密作戰日誌》。

日本哨兵射擊，日本在鄉軍人，亦著便衣，以機槍抗拒，並挨戶搜查，及縱火焚燒民房⓯。

原訂休戰期限至二月三日下午六時，然日本援軍到達三千餘人，戰艦十四艘，飛機二十餘架，及裝甲兵車與大批軍火。故於上午八時以裝甲車爲前導，飛機任掩護，用陸戰隊，分向閘北、八字橋、江灣陸軍第六十師陣地發動總攻擊，入夜後攻勢益猛。同時集結軍艦十餘艘，在優勢空軍支援下，於十一時起，進攻吳淞砲臺，後不支退去。

四日，雨雪交加，閘北、八字橋、江灣皆有激戰，毀日裝甲車兩輛，陸軍第一二〇旅傷亡亦甚重。

吳淞方面，日陸戰隊數百人強行登陸，經守軍要塞司令譚啟秀奮戰，陸軍第七十八師一五六旅第四團（鍾經瑞）適時增援，擊退日軍。

五日，上午九時，中國空軍第六、七兩中隊，由南京飛滬參戰，在眞茹上空發生空戰，擊中日機兩架，墜毀南翔附近。中國空軍黃毓全亦陣亡⓰。

國軍第六十師第一一九旅（劉占雄）在通天庵陣地，激戰竟日，俘裝甲車兩輛。有一股日軍竄至邢家橋，被上海救國義勇隊包圍殲滅。

六日，日陸戰隊四千人，裝甲車四十輛，再向閘北、八字橋、江灣陣地進犯，鏖戰數小時，不支退去。

本日，由日本陸軍第十二師團(師團長長木原清中將)步兵第二十四旅團爲主幹所編組的「久留米」混成旅團，及陸戰隊一營到達上海⓱。

七日，日以飛機、軍艦，掩護裝甲車十四輛，陸戰隊二千人，攻吳

⓯ 上海國聯調查報告。同⓬(1)書附錄二，頁七九。

⓰ ≪抗日戰史≫＜一二八淞滬作戰＞，無中國空軍陣亡記載，此據❶書頁一三五。又總統府機要檔（同❺書頁四四八～四四九），記此機爲自燬。

⓱ 久留米混成旅團組成，與陸戰隊一營抵滬之時間，據日本參謀本部≪機密作戰日誌≫。≪革命文獻≫，第三十六輯，頁一六七三～一七一六。

淞，另四千人以江灣爲目標，深入國軍第六十師第一二〇旅（鄧志才）陣地，雙方肉搏，傷亡慘重，皆未得逞。

（三）第二期作戰(2.8～15)

日軍在上海初期作戰，連戰皆北，日本內閣決議將上海以南及長江流域之所有海軍組成第三艦隊，集中使用，調海軍中將野村吉三郎，代鹽澤爲日軍總指揮官。在滬之日海軍陸戰隊司令則改由海軍少將植松鍊磨充任。兩人分別於六、七兩日抵達上海。

此時日本海軍爲第三艦隊⑱，及陸戰隊約八千人，裝甲車四十餘輛，另有戰車隊、飛機隊。陸軍爲久留米混成旅團，及擔任租界防衛的日本在鄉軍人若干人。

國軍十九路軍除參戰的七十八師與六十師外，陸軍第六十一師，亦加入作戰。第一二一旅（旅長張厲）集中大場、江灣；第一二二旅（旅長張炎）集中在劉家行。同時，陸軍第八十七師（缺二五九旅，旅長孫元良）、第八十八師（師長兪濟時）及八十八師獨立旅（旅長王賡，由第二團團長古鼎華指揮，原爲稅警團）⑲，分別佈防於江橋、南翔、及虹橋。另憲兵第一、六兩團（團長金德洋、齊學啟）⑳在南市、龍華防衛。皆分別編入陸軍第十九路軍戰鬪序列。

---

⑱ 日本海軍第三艦隊編組：旗艦出雲號（九、一八〇〇噸），第一遣外艦隊，第三戰隊，第一航空隊，第一水雷隊，及能登呂水母艦（共軍艦三十餘艘）。

⑲ 陸軍第八十八師獨立旅，由財政部稅警團改組，時王賡任旅長。但王賡未赴前線，第一、二團，初由第二團團長古鼎華指揮，後第三團到達，改配屬十九路軍第六十、六十一、七十八三師（每師一個團）作戰。

⑳ 當時國軍有憲兵二旅六團，第一旅旅長呂學書，副旅長鄧樹仁；第二旅旅長張鼎銘，副旅長（缺）；第一團團長金德洋，第二團團長羅友勝，第三團團長蔣孝先，第四團團長吉章簡，第五團團長蔣其遠，第六團團長齊學啟，另特務團團長張鎭。第一團原駐上海，第六團（欠一營）二月二日調閘北參戰，參閱（1)≪抗日戰史≫<一二八淞滬作戰>；(2) 史政局檔案，陸海空軍總司令部人字二八三號任令。民國二十年十一月十五日。

八日拂曉，日軍以初到新銳久留米混成旅團，裝甲車數十輛，主攻吳淞，掩護日本陸軍第九師團登陸，且有八百人迂迴蘊藻濱北岸紀家橋，企圖切斷吳淞對外連絡線，被守軍擊退，殲日軍過半，奪獲裝甲車二十餘輛，造成開戰以來國軍第一次大捷㉑。

在江灣、閘北方面，中國守軍佯作敗退，誘日軍進入預設陣地，然後伏兵四起，奮起肉搏，分別殲日軍數百人。

九日至十一日，因日軍遭受重創，急待增援裝備，除九日，日軍偷渡蘊藻濱被擊退，十日，日艦砲擊吳淞要塞，及零星砲擊與飛機活動外，無激烈戰爭。

十二日，西方傳教士發起閘北區停戰四小時(上午八時至十二時)，以救難民出險。

是日，日軍僞裝難民，暗藏武器，向北四川路增援，賴國軍有備，計未得逞。晚九時，青雲路、天通庵、八字橋有一小時激烈戰鬪。

十二日上午八時，當閘北停戰之際，日軍千餘人進攻蘊藻濱北岸之曹家橋、紀家橋，十三日，雨雪交加，曹家橋一度失守，由一五六旅（翁照垣）、一二二旅（張炎）、及二六一旅（宋希濂）將日軍層層包圍，至十三日晚，全部殲滅。

（四）第三期作戰(2. 16～28)

二月八日，日軍在吳淞外圍受重創後，日本參謀本部繼派第九師團登陸後，再調陸軍第二十師團（師團長室兼次中將）率步兵第三十九旅團（旅團長嘉村達次郎少將）及師團騎砲各聯隊增援上海㉒。並以第九師團長陸軍中將植田謙吉，指揮上海戰事。第九師團與二十師團步兵第

㉑ (1) 同⑪書，頁一三六。(2) 日本陸軍第九師團及第二十師團步兵第三十九混成旅團登陸後，第二十四混成旅團，即撤返日本。

㉒ 黑羽淸隆著:《日中戰爭前史》，頁一二七。

三十九旅團及特種部隊，於十一日至十五日登陸完畢。除原有海軍陸戰隊外，飛機已增到百餘架，惟陸軍久留米混成旅團撤回日本。

國軍總指揮蔣光鼐：左翼軍第十九路軍軍長蔡廷鍇（指揮部南翔），轄三師六旅十八個團兵力全部投入戰場，及八十八師獨立旅三個團配屬左翼軍（每師一個團）。右翼軍第五軍軍長張治中（指揮部劉家行），轄二師四旅八個團，及中央陸軍軍官學校教導總隊（欠一營，總隊長唐光霽），另吳淞要塞，與上海救國義勇軍等。十八日部署完成。

十八日晚九時，植田謙吉向蔡廷鍇提出中止戰鬪，東西兩線各撤二十公里等六項通牒。十九日晚九時，蔡拒絕㉓。

二十日，日軍發動總攻擊：(1) 步兵第三十九旅團主攻江灣車站，激戰竟日，國軍以地雷與手榴彈炸燬日軍戰車六輛。(2) 在日艦砲掩護下，二千步兵猛撲吳淞砲臺，要塞砲（舊式）還擊十餘發，擊沉日艦一艘，傷兩艘。(3) 閘北八字橋附近最爲劇烈，朱家宅一度失守，經一一九旅第三團（團長黃廷）增援奪回，燬日軍戰車四輛。

二十一日，日軍在烟幕掩護下，猛攻閘北、江灣、及吳淞。入夜，國軍放棄江灣車站，轉移八字橋。一一九旅第三團（黃廷）、一二一旅第二團（田與璋）損失慘重。

二十二日，日軍以連日猛攻江灣，皆未得逞，於是改變計畫，企圖一舉攻佔廟行鎮，直取大場，切斷吳淞與閘北之連絡。

凌晨三時，日軍數千進攻八字橋，另以數千人猛攻江灣，其第九師團主力約二萬人，配備戰車三十餘輛，由江灣北梅園直攻廟行鎮，國軍第八十八師（俞濟時），陣地全毀。幸副師長李延年率二九五旅（孫元良）第五一八團一部（團長石祖德，屬八十七師）增援。而十九路軍各

㉓ 有關日軍植田通牒全文及蔡廷鍇之答文，見❺書，頁四五六～四五七。

師及第五軍八十七師（張治中（兼）、王敬久（副））亦奉命全面反攻，向廟行鎭方面出擊，或策應廟行鎭之戰鬭。激戰至晚十一時，日軍傷亡約三千人，退去，爲國軍第二次大捷㉔。

此役迫使日軍全線動搖，日本僑民極端惶恐，國軍如有援軍及時到達，則不難將日軍消滅於黃浦江中。二十六日，軍事委員會蔣中正委員電蔣光鼐總指揮及各軍師長云：「自經廟行鎭一役，我國軍聲譽，在國際上頓增十倍，連日各國輿論，莫不稱讚我軍英勇，而倭寇聲譽則一落千丈也」㉕。

二十三日凌晨一時許，日軍配合戰車三十餘輛，裝甲車二十餘輛，分由梅園及張華濱向金母宅進犯，企圖解救該地被圍之日軍，衝鋒十餘次，至下午六時退去，國軍疲憊，使金母宅日軍突圍成功。

本日，八十八師由於傷亡過重，自廟行鎭至胡家莊一線防務，分由六十一師及八十七師二五九旅接替。

二十四日下午四時，風雨交作，日軍二千人，攻擊八十八師獨立旅第二團（團長古鼎華）小場廟陣地，日軍第二聯隊長百海實男陣亡㉖，至九時退去。

二十五日晨，日機九架、野山砲近百門對江灣至廟行鎭陣地集中猛

㉔ (1) 參閱⑭書頁二十三，頁五七～五九；(2) 兪濟時將軍著：≪八十盧度追憶≫，頁一九～二四；(3) 兪濟時著：≪一二八淞滬抗日戰役經緯回憶≫；(4)淞滬抗日戰後第五軍戰鬥要報。原中央黨史會庫藏史料，≪中華民國重要史料初編≫——<對日抗戰時期>，<緒編㈠>，頁四六七～五〇三轉載。

㉕ 總統府機要檔案（卽大溪檔案），同⑤書，頁四六三轉載。

㉖ 此據≪抗日戰史≫——<一二八淞滬作戰>，頁六二。按日本陸軍第二聯隊，屬第十四師團（師團長松木直亮），步兵第二十七旅團（旅團長平松英雄）。但據日本參謀本部≪滿洲事變機密作戰日誌≫中關於淞滬事變記載：第十四師團無確實登陸時間。國軍第十九路軍情報，三月六日第十四師團仍在船上待命。時間不對，是番號誤記，或日本陸軍第十四師團步兵第二聯隊，偸偸到滬，秘密參戰（當時日本怕國聯干涉，多秘密運兵，並以多報少），待查。此師團四月三十日，調到東北。

轟，僅小場廟一地，落彈即逾千發。旋日軍千人，猛攻全家塘，激戰三小時。十時日軍再攻小場廟，古團第一營，死傷慘重，退至黃宅。蔡廷鍇軍長獲知，即令一五五旅第二團（謝瓊生），一二一旅第二團（田與璋）及古團第一、三兩營，三面全力反攻，遂克復小場廟，斃日軍一千七百餘人。爲國軍第三次大捷㉗。

二十六日，日機偷襲杭州筧橋中央航空學校。

二十七日晨，日軍砲轟八字橋國軍陣地與民房，旋步兵向前挺進，在有效射程內，國軍以重輕火器猛擊，日軍倉皇撤退。

（五）第四期作戰(2.28～3.4)

日軍全線總攻擊，歷時六日，傷亡頗重，二月二十四日，日本臨參命第一五號，再調其陸軍第十一、第十四兩師團來滬增援㉘。改任前陸相白川義則大將爲海外派遣軍司令，指揮上海戰事。第十一師團於二十八日抵滬，白川義則二十九日到達上海。

國軍以原有兵力嚴陣以待。

二十九日上午八時，日軍集中火砲近百門，以硫磺彈轟擊八字橋民房及陣地。九時，第一波日軍在裝甲車六輛掩護下，衝入國軍陣地，國軍以刺刀大刀肉搏，至十一時，燬裝甲車一輛，日軍退回。十二時，第二波裝甲車八輛，導日軍再衝入國軍陣地，國軍以猛烈火力及手榴彈迎擊，相持僅半小時，燬裝甲車兩輛，日軍又退回。下午二時，第三波日軍又攻入陣地，再被擊退。三時，國軍反攻，入日軍陣地肉搏，晚七時，日軍第四波又攻八字橋，相持至夜十一時始退去。

本日，日艦砲轟吳淞要塞。江灣方面，拂曉與上午八時，日軍兩波

㉗ 同⑭書，頁六二～六三。

㉘ 日本防衛廳防衛研修所戰史室著《陸軍軍備戰》，頁一二四～一二六。昭和五十四年（一九七九）東京朝雪新聞社出版。

進攻，皆未得逞。另股日軍進攻廟行鎮，相持至下午三時退去。

三月一日八時，日以陸海空軍全力發動總攻擊，以竹園墩附近最為猛烈。至十二時，楊家橋、竹園墩被突破，由七十八師（區壽年）預備隊逆襲恢復。下午二時，日陸軍第十一師團主力在七丫口強行登陸，搶佔瀏河，同時陸軍六十一師與七十八師由楊家橋至廟行鎮陣地部分被攻破。下午四時，蔣光鼐總指揮乃下令於晚十一時全軍總撤退。

右翼軍撤至黃渡、方泰之線，左翼軍撤至嘉定、太倉之線，佔領陣地。

1. 八十八師獨立旅（一、二、三團）及憲兵第一、六兩團，撤曹鎮、錢家衖；
2. 六十師撤黃渡；
3. 七十八師主力撤陸家巷；
4. 六十一師撤方泰；
5. 八十八師（附七十八師翁旅）撤嘉定、婁塘；
6. 八十七師撤太倉；
7. 放棄吳淞要塞；
8. 總指揮部，由南翔撤至崑山㉙。

各師撤退時，以一團兵力佯攻，掩護主力脫離戰場。二日晨四時，撤退完畢，秩序井然。日軍全然不知。

國軍撤退之際，瀏河日軍第十一師團已大增，續向國軍陣地攻擊，二六一旅（宋希濂）及軍校教導總隊（唐光霽）接觸後，拂曉前脫離戰場，撤至太倉。

二日，國軍撤退完畢，團長以上各級軍官，聯名通電繼續作戰到底

㉙ 同⑨。

㉚。同日，中國外交部為日軍在瀏河及吳淞發動總攻擊事，發表宣言。

三日，國軍第二線防禦部署完成。

四日，國聯決議，中日雙方停戰㉛。

（六）停戰後的日軍進攻

淞滬之戰，日本在天時、地利、人和三方面，都處於劣勢，最後雖發動陸軍三個半師團，連同海軍陸戰隊，總數約八萬人，企圖捕捉中國守軍（約六萬人）主力，但國軍指揮靈活，安全的脫離戰場，使氣度狹窄的日本軍人內心不平，而造成停戰後的一連串的騷擾戰。

四日，日砲射擊南翔，並進攻嘉定、太倉。五日攻黃渡、嘉定。六日，佔嘉定，攻安亭，日機炸蘇州、常熟。七日攻鹿河。八日攻陸渡河、朱家橋，日機再炸蘇州、崑山。是日，日軍司令白川向路透社宣布，曾於三日下令自動停止軍事行動㉜。

九日，日軍再攻黃渡，蔣光鼐總指揮電上海市政府及外交部，指日軍一面進兵，一面對外宣布停戰，陰謀欺騙國聯㉝。十日攻太倉、焚嘉定。十一日攻婁塘、蘭閬、黃渡。十二日攻安亭。十三日佔黃渡。

十五日，國聯調查團到滬，日偽裝撤兵。十六日至三十一日，雙方在太倉、虹廟、牌樓市激戰。四月一日至十日，雙方在岳王市、浮橋、葛隆、張家涇等地有接觸。十二日，方泰、外岡日軍撤嘉定。十六日，太倉附近日軍撤瀏河。

此後，日軍劃定瀏河至嘉定為第一防線；嘉定至南翔為第二防線；

㉚ 原文刊民國二十一年三月四日上海時事新報。

㉛ 同⑭書，頁八五～八六，三月四日國聯大會停戰決議案。

㉜ 同❻書，頁七一～七二。日全權公使重光葵致蔣總指揮、蔡軍長等電，轉引「路透社電稿」。

㉝ ≪革命文獻≫，第三十六輯，頁一四七一。

南翔至閘北爲第三防線。雙方終止戰鬭。

（七）停戰協議與日本撤兵

三月十一日，國聯大會通過和平解決遠東爭端之決議案，授權十九國委員會監視日本撤兵及過去各決議案之實行。十四日，中、日、英、美、法、義之代表在上海英領事館作初步協商，二十四日卽正式在上述地點舉行會議。中國首席代表爲外交部次長郭泰祺，軍事代表爲淞滬警備司令戴戟、第十九路軍參謀長黃強。日本首席代表爲駐華全權公使重光葵，惟由日陸軍第九師團長植田謙吉代理；軍事代表爲陸軍參謀長田代皖一郎、海軍參謀長島田繁太郎。及英、美、法公使與義代表：藍溥森、詹森、韋禮德、齊亞諾。會議分大會與軍事小組委員會，分別舉行，前者談原則問題，後者談停戰撤兵的實際措施。

自正式會議舉行，至四月十二日，因日軍完全撤退期限未獲解決，呈現停頓狀態。中國要求國聯召開十九國委員會，促日本開誠談判，確定撤兵期限。十九日「十九國委員會」通過協議草案十四條㉞。日本代表以侵犯日皇統帥權，堅決反對。四月二十八日，十九國委員會修改十四條決議案，至三十日由大會通過。主要內容：(1) 日本撤兵，恢復一二八事變以前之原狀；(2) 必須日軍完全撤退，始符合三月四日，及十一日的決議案；(3) 組織共同管理委員會，監督撤兵及接收事務㉟。

在國聯通過上述決議之前一天，上海日本軍民舉行其所謂「天長節」慶祝大會，在虹江公園閱兵。有朝鮮獨立黨員尹奉吉者，突向閱兵臺投擲炸彈，白川義則、重光葵、植田謙吉皆被炸傷。此時日本政府雖感到大失體面，但鑑於因「侵略」而引發的在國際間之「孤立」，外相芳澤

㉞　同⑭書，附錄十，頁八八～八九。

㉟　參閱③(1)書，頁一一〇，共五條。

乃訓令重光葵：停戰會議，不以炸彈案而停頓。

五月五日，重行召開大會，中日雙方達成協議五條㊱：

第一條：中國及日本當局，既經下令停戰，茲雙方協定，自中華民國二十一年五月五日起，確定停戰。雙方軍隊盡其力之所及，在上海周圍，停止一切及各種敵對行爲。關於停戰情形，遇有疑問發生時，由與會友邦代表查明之。

第二條：中國軍隊，在本協定所涉及區域內之常態恢復，未經決定辦法以前，留駐其現在地位。此項地位，在本協定附件第一號內列明之。

第三條：日本軍隊撤退至公共租界，暨虹口方面之越界築路，一如中華民國二十一年一月二十八日事變之前。但鑑於須待容納之日本軍隊人數，有若干部隊，可暫時駐紮於上述區域之毗連地方。此項地方，在本協定附件第二號內列明之。

第四條：爲證明雙方之撤退起見，設立共同委員會，列入與會友邦代表爲委員。該委員會並協助佈置撤退之日本軍隊與接管之中國警察間移交事宜，以便日本軍隊撤退時，中國警察立卽接管。該委員會之組織及其辦事程序，在本協定附件第三號內訂明之。

第五條：本協定自簽字之日起，發生效力。

本協定用中、日、英三國文字繕成，如意義上發生疑義時，或中、日、英三文間發生有不同意義時，應以英文本爲準。

中華民國二十一年五月五日訂於上海

中華民國外交部次長郭泰祺

陸軍中將淞滬警備司令戴戟

陸軍中將第十九路軍參謀長黃強

㊱ 民國二十一年五月，中央政治會議檔案。同❻書頁五三九～五四三轉載。

日本陸軍第九師團長陸軍中將植田謙吉

日本駐華特命全權公使重光葵

海軍少將海軍參謀長島田繁太郎

陸軍少將陸軍參謀長田代皖一郎

見證人: 依據國際聯合會大會中華民國二十一年三月四日決議案協助談判之友邦代表

駐華英國公使藍溥森

駐華美國公使詹森

駐華法國公使韋禮德

駐華義國代辦使事伯爵齊亞諾

五月六日，日軍自嘉定、南翔、羅店、瀏河撤兵。十二日中國首都保安隊接管閘北。十九日接管江灣。二十三日接管眞茹，翌日京滬鐵路恢復全線通車。二十四日，接管吳淞砲臺。三十日，日軍全部撤離上海，中國調北平保安隊一千人由瑞士教練統帶赴上海維持治安，另派陸軍第二軍精銳步兵兩營駐淞滬警備司令部所在地龍華。六月十七日，完全恢復上海市區的行政權與警察權。

（八）雙方兵力分析

淞滬之戰，是日本海軍繼日本陸軍在東北侵略行爲之一部分，引起國際的重視，亦形成日本的孤立。因此在用兵與傷亡方面，都採取保守的說法，並隱藏兵力，使此一戰史，中日雙方的記載，出入頗大。玆舉例說明:

一二八戰役發動時，日本海軍陸戰隊在上海參戰人數，日本防衞廳防衞研修所戰史室著:《陸軍軍備戰》（一二四頁）記載爲一千人，日外相芳澤回憶錄則爲一千八百人，日本參謀本部《滿洲事變機密作戰日誌》中國淞滬事變的記載為三千五百人。中國《抗日戰史》記載為六千人。多少有一點軍事常識的人都知道，一千人或一千八百人，不可能發動一個國外戰爭。故本文採用當時日本參謀本部《機密作戰日誌》的記載。

至於此一戰役日軍傷亡數字，根據國軍戰報與所獲武器、屍首統計：約在一萬二千人至一萬五千人之間，然日本《陸軍軍備戰》（一二五頁）祇記載傷亡一千三百八十一人。國軍在巷戰或陣地內取守勢，又有三百六十多萬的中國人民協助作戰，傷亡失踪共為一萬二千五百二十六人。日軍似不應少於國軍，但無確實記載，祇好存疑。

現根據所公開之史料，分析考證雙方使用兵力與參戰時間說明於後：

淞滬作戰日軍指揮系統與使用兵力及參戰時間：（民國二十一年一月二十八日至三月十四日）

初期作戰（一月二十八日——二月七日），指揮官海軍第一遣外艦隊司令官海軍少將鹽澤幸一。主力：(1) 海軍陸戰隊三千五百人，由海軍大佐鮫島統領（一月三十日後又增援四千人）；(2) 第一外遣艦隊軍艦十餘艘，飛機約二十架，裝甲車十餘輛。另外由上海日僑組成在鄉軍人若干人，擔任日本租界防守任務。

第二期作戰（二月八日至十五日），指揮官海軍第三艦隊司令官海軍中將野村吉三郎。主力：(1) 海軍第三艦隊，旗艦出雲號，第一遣外艦隊（鹽澤幸一），第三戰隊，第一航空隊，第一水雷隊，能登呂水機母艦等軍艦三十餘艘㊲；(2) 海軍陸戰隊約七千人，配屬裝甲車隊，由海軍少將植松鍊磨統領。(3) 陸軍第二十四（久留米）混成旅團（由陸軍第十二師團——師團長木原清，步兵第二十四旅團為基礎所組成，旅

㊲ 日本參謀本部《滿洲事變機密作戰日誌》中關於淞滬戰事記載，《革命文獻》第三十六輯，頁一六七九。

團長姓名待查）轄步兵第四十六、四十八兩聯隊，騎兵第十二聯隊，野砲第二十四聯隊，獨立山砲第三聯隊，工兵第十八大隊，輜重兵第十八大隊。另外飛機約五十架及在鄉軍人。兵力約二萬人。

第三期作戰（二月十六日至二十七日），指揮官陸軍第九師團師團長陸軍中將植田謙吉。主力：(1) 海軍第三艦隊及海軍陸戰隊(詳前)。(2) 海軍第二艦隊（司令官海軍中將末次）負責運兵工作。(3) 陸軍第九師團，轄步兵第六、十八兩旅團，步兵第七、三十五、十九、三十六四個聯隊，第九騎兵聯隊，第九山砲聯隊，第九工兵大隊，第九輜重兵大隊。(4) 陸軍第二十師團（師團長陸軍中將室兼次）所統步兵第三十九旅團（旅團長陸軍少將嘉村達次郎）轄步兵第七十七、七十八兩聯隊，騎兵第二十八聯隊，野砲第二十六聯隊，工兵第二十大隊，電信第六聯隊，及原有之飛機、戰車、裝甲車等。兵力約四萬人。其陸軍第二十四（久留米）混成旅團於第九師團，與第二十師團第三十九旅團登陸完成後，即隨第二艦隊撤回日本㊳。

第四期作戰（二月二十八日至三月十四日），指揮官海外派遣軍司令官陸軍大將白川義則。主力：(1) 陸軍第九師團（詳前）；(2) 陸軍第二十師團步兵第三十九旅團（詳前）；(3) 陸軍第十一師團（師團長原東，三月一日，在七丫口登陸）轄第十、二十二兩旅團，步兵第十二、二十二、四十三、四十四聯隊，第十一騎兵聯隊，第十一山砲聯隊，第十一工兵大隊，第十一輜重大隊。(4) 陸軍第十四師團（師團長松木直亮），轄第二十七、二十八兩旅團，步兵第二、五十九、十五、五十聯隊，第十八騎兵聯隊，第二十野砲聯隊，第十四工兵大隊，第十四輜重兵大隊㊴。(5) 海軍第三艦隊及陸戰隊（詳前），第二艦隊負責

㊳ 同㊲書頁一六八一。

㊴ 日本陸軍第十四師團無登陸日期，可能在十一師團之前，參閱㉖，至四月三十日，由上海調往東北。

海上運輸工作，及原有之飛機、戰車與在鄉軍人。計三個半師團，連同海軍陸戰隊兵力約八萬人。

淞滬作戰國軍指揮系統與使用兵力及參戰時間[40]：

淞滬戰區總指揮蔣光鼐

淞滬警備司令戴戟：憲兵第一團(團長金德洋)一月二十九日參戰；憲兵第六團（團長齊學啟，欠一營）二月二日參戰。

右翼軍，第十九路軍軍長蔡廷鍇，參謀長黃強：

第六十師師長沈光漢：第一一九旅劉占雄（一月三十一日參戰），第一團黃茂權，第二團劉漢忠，第三團黃廷；第一二〇旅鄧志才（二月三日參戰），第四團楊昌璜，第五團梁佐勳，第六團華兆東；第八十八師獨立旅第一團□□□（二月七日參戰）。

第六十一師師長毛維壽：第一二一旅張厲（二月十二日參戰），第一團梁世驥，第二團田興璋，第三團廖起榮；第一二二旅張炎（二月十二日參戰），第四團謝鼎新，第五團黃鎭，第六團鄭爲楫；第八十八師獨立旅第二團古華鼎（二月七日參戰）。

第七十八師師長區壽年：第一五五旅黃固（二月四日參戰），第一團雲應霖，第二團謝瓊生，第三團楊富強（一月二十九日參戰）；第一五六旅翁照垣（一月二十九日參戰），第四團鍾經瑞，第五團丁榮光，第六團張君嵩（一月二十八日晚參戰）；第八十八師獨立旅第三團□□□（二月十二日參戰）。

左翼軍，第五軍軍長張治中（三月十四日組成）：

第八十七師師長張治中（兼），副師長王敬久，參謀長徐培根：第二五九旅孫元良（二月二十二日參戰），第五一七團張世希，第五一八團石祖德；第二六一旅宋希濂（二月十二日參戰），第五二一團劉安

[40] 參閱≪抗日戰史≫，並根據其他史料加以更正補充。

祺，第五二二團沈發藻。

第八十八師師長兪濟時，副師長李延年，參謀長宣鐵吾：第二六二旅楊步飛（二月二十日參戰），第五二三團馮聖法，第五二四團何凌霄；第二六四旅錢倫體（二月二十日參戰），第五二七團施覺民，第五二八團黃梅興。

中央陸軍軍官學校教導總隊總隊長唐光霽（三月一日參戰）。

上海救國義勇軍第三大隊（二月五日參戰）。

吳淞要塞——譚啟秀（二月四日參戰）。

空軍第六、七兩中隊（二月五日參戰）。

附記：

1. 各師直轄特務營、工兵營各一，未列入。
2. 作戰初期，警察兩中隊，一併參加戰鬪，亦未列入。

三、熱河長城之戰

（一）山海關事件（民國22.1.1～10）

民國二十一年初，日軍佔領錦州，國軍自東北退入關內。是年年底，日軍以東北境內義勇軍實力已弱，無後顧之憂，遂發動進一步侵略，而有山海關事件之發生。

民國二十一年五月至年底，日軍先唆使僞滿警察多次向國軍挑釁㊶。十二月八日晚十時日軍鐵甲車開入長城缺口，向城內砲轟。三日後日軍二百人向九門口推進，並派飛機兩架低飛偵查。雙方遂展開交涉㊷，拖

㊶ (1)《革命文獻》，第三十八輯，《日本侵華史料(六)》，頁二〇五七～二〇六六，朱慶瀾在北平致外交部長羅文幹電。(2) 同❻書，頁九五～一〇一。

㊷ (1)同㊶書，頁二〇七一～二〇七三。(2)同❻書，頁一〇一～一〇六。

延至民國二十二年一月一日上午，日山海關守備隊長落合携同憲兵隊長宇野，至國軍西富店臨永警備司令部賀年，夜十一時三十分，日軍乘中國守軍（臨永警備司令兼步兵第九旅旅長）何柱國赴平請示之際，向城門射擊，二日上午十時，日軍開到鐵甲車二列，向國軍提出要求撤退南關駐軍，又扣留南門警察分局長。再派兵兩百，用木梯爬城，守城國軍第九旅第六二六團石世安團長下令自衛，雙方展開激戰，二小時內，日軍兵車三列，載兵二千餘人，大砲二十餘門（日陸軍第八師團第四旅團——旅團長鈴木美通）參加戰鬪，午後三點，日空軍軍機六架在城內投彈掃射。翌日十時，日空軍軍機八架，陸軍坦克數輛聯合向南門守軍展開猛攻，而日海軍軍艦兩艘在南海用巨砲支援。國軍血戰三日，守門石團第一營安德馨營長以下，幾全部身殉。石團官兵傷亡過半，民眾死傷尤多，至四日，卒以眾寡懸殊，兵器不敵，援軍（步兵第二十旅旅長常經武）未到，而退出榆關城外㊸。四日，日軍攻五里臺。事後日軍以不願事態擴大而派人會晤中國政府外交部次長劉鍇㊹。十日佔九門口，十八日卽進攻熱河。

此一事件，自一月一日至十日，日方參戰爲第四旅團派出的八個中隊（連），飛行第二中隊（中隊長藤田大尉）飛機八架，鐵道守備隊二個中隊（鐵甲車兩列），及秦皇島派來軍艦數艘，總數約三千人，其傷亡人員，據《陸軍軍備戰》記載僅七十人㊺。國軍在臨永警備司令何柱

㊸ (1) 參閱國防部史政編譯局編印：≪抗日戰史≫——<榆關及熱河作戰>，頁九～一四，頁二三～三二。(2) 國史館印行：≪第二次中日戰爭各重要戰役史料彙編≫——<長城戰役>，頁一五～八八。(3) 同㊷書，頁二〇七三～二〇八六。(4) 同❺書，頁五六六～五七七。

㊹ 同㊷書，頁二一四五～二一四六，劉鍇次長與日本駐華公使館二等參贊上村一月八日之談話。（錄自外交部檔案）

㊺ 日本防衛廳防衛研修所戰史室著，≪戰史叢書≫≪陸軍軍戰備≫，頁一二五。惟此書數字可能以多報少，故存疑。

國中將指揮下，步兵第九旅（旅長何柱國兼）第六二五、第六二六團參加楡關作戰，第六二七團參加九門口作戰。步兵第十五旅（旅長姚東藩）在北戴河至平山營，陣地警戒，派兵一營參加九門口之戰鬪。步兵第二十旅（旅長常經武），警戒南大寺至公富莊及秦皇島陣地。騎兵第三旅（旅長王奇峯）第四十、四十一團參加九門口作戰。另砲兵第十五團第一營，工兵第七營，鐵甲車第六中隊。總數約二萬餘人，實際參戰約八千人，國軍傷亡無正式記載。

（二）日軍攻佔熱河（民國22.2.23～3.4）

日軍侵據東三省之時，已定下攻取熱河計畫。上海停戰協定成立，日本軍部卽準備進兵，惟關東軍受中國義勇軍的牽制，無力大舉入侵，故先佔領山海關，斷絕東北與關內聯絡。

民國二十一年七月十八日至八月十九日，雙方在朝陽寺、南嶺等地衝突。

民國二十二年一月二十七日至二十九日，日本關東軍司令官武藤信義連發攻擊熱河三道命令，說明作戰方針，但嚴戒侵犯河北省境：「熱河爲滿洲國之領域，本軍在此領域內可以行動自由，隔一長城卽河北則係中華民國之領土，本軍無行動自由。」㊻

二月十八日，代理行政院長宋子文與張學良到承德發表演說，斷不放棄東北與熱河，縱令敵人佔領南京，亦不作城下之盟。三天後，日軍以第六師團（師團長板木政右）和第八師團（師團長西義一）主力，不足兩萬人，分三路進兵：北由通遼向開魯；中由義縣向朝陽；南由綏中向凌源。二月二十三日，日軍下總攻擊令。熱河省主席湯玉麟所統東北

㊻ 見關東軍參謀本部作戰機密日誌，關東軍作戰命令第四七三號。梁敬錞：《日本侵略華北史述》（<傳記文學>第十卷，第五期）轉載。

軍第五軍團，連同進入熱河東北軍萬福麟第四軍團，張作相收容第六軍團及挺進軍約八萬人，有些稍戰而退，部分不戰降敵。是日，日軍佔北票，次日下開魯，第三天佔朝陽，三路並進，勢如破竹。三月三日，再下赤峯、平泉。湯玉麟假說去前線督戰，徵集了很多車輛，滿載財寶、鴉片，棄城而逃。三月四日，一百二十八名日軍進入承德，八萬大軍不戰而走，七萬四千二百多萬方哩的河山在七天之中就淪陷敵手，全國上下，尤其平津兩市、冀察兩省的人們，大爲震驚，當時北方學人丁文江、胡適、傅斯年、蔣廷黻等，對張學良提出責難㊼。後國民政府明令湯玉麟撤職查辦。

1. 凌南、凌源作戰：二月二十五日至三月五日。日軍第八師團（師團長西義一）步兵第十六旅團（旅團長川原侃），及第十四混成旅團（由第七師團抽出）第二十七、二十八兩聯隊（聯隊長賴能、佐藤）約萬人。國軍爲第四軍團萬福麟（五十三軍軍長），轄一〇六師（沈克）、一〇八師（丁喜春）、一一六師（繆澂流）、一〇九師（孫德荃）、一二九師（王永盛）、一三〇師（于兆麟）、及砲兵第十一團（欠第二營）、工兵第六營。三萬人，除楊杖子山地有激戰外，多不戰而退。

2. 朝陽、赤峯作戰：二月二十三日至三月五日。日軍第六師團（師團長板木政右），及騎兵第四旅團（旅團長茂木謙之助）約萬人，及僞軍張海鵬、李壽山、程國瑞等。國軍爲第五軍團湯玉麟（五十五軍軍長）轄第三十六師（湯秉）之第一〇六旅（張從雲）、第一〇七旅（董福亭）、一〇八旅（劉香九）；騎兵第三十六團（湯玉書）；砲兵第三十六團（湯玉銘）、與第三十一旅（富春），另騎兵暫編第一旅（趙國增）、騎兵第七旅（崔新五）、騎兵第十旅（石文華）。第六軍團張作

㊼ 參閱≪獨立評論≫：傅斯年：<日寇與熱河平津>；丁文江：<給張學良將軍一封公開信>；蔣廷黻：<熱河失守以後>。

相，轄第四十一軍（孫魁元），所屬第一一七旅（丁練庭）、第一一八旅（劉月亭）、第一一九旅（邢預籌）；第六十三軍（馮占海、義勇軍改編）；與挺進軍劉翼飛，所屬一、二、三、四、五路（李思義、鄧文、部斌山、劉震東、檀自新），約五萬人，湯軍久居熱河，無戰力，孫軍爲收編之土匪，其他多義勇軍，甚爲疲憊，多不戰而去。日軍熱河之戰傷亡人數，與長城作戰一併統計（詳後）。國軍無傷亡記載。

（三）**長城浴血抗戰**（民國22.3.5～5.12）

長城各口戰役，始於民國二十二年三月五日冷口之爭奪，終於五月十二日南天門新開嶺陣地之轉移。日本關東軍侵華以來，遭到國軍最堅強之抵抗。

1. 冷口作戰：三月四日，日軍第十四混成旅團第二十八聯隊佔冷口並抵達建昌營，國軍第三十二軍（商震）令一三九師（黃光華）於七日收復，並推進至蕭家營。三月二十一日，雙方激戰。商軍長率一四一師（高鴻文）及一四二師（李杏村）增援，雙方形成拉鋸戰。至四月十一日，國軍退出冷口。

2. 界嶺口作戰：三月初，日軍第十師團第三十三旅團向界嶺口前進。國軍一一六師（繆澂流）及一二〇師（常經武）守界嶺口至青山口陣地。十一日至十四日，雙方激戰。十六日界嶺口及羅漢洞失而復得。三月十八日至二十五日，雙方激戰。四月十一日，國軍轉進㊽。

3. 古北口作戰：三月五日晚，國軍六十七軍（王以哲）第一〇七師（翁照垣）在古北口外老虎山、馬圈子、黃土梁與日軍第八師團、第十六旅團（川原）接戰，歷經四晝夜，後撤北甸子。十日，日軍猛攻一一二師（張廷樞）將軍樓陣地，同時以主力向龍兒峪二十五師（關麟徵）

㊽　同㊸(1) 書，頁三九～四六。

陣地進犯。關師長親率預備隊增援，一度將日軍擊退，終以日軍兵力甚大，國軍乃放棄原陣地，向撤河右岸及南天門轉移，古北口被日軍佔領㊾。

4. 喜峯口、羅文峪大捷：熱河失守，軍事委員會委員長蔣中正，立卽調派第二師黃杰、第二十五師關麟徵赴古北口，第二十九軍宋哲元、秦德純赴喜峯口、羅文峪。三月九日十二點二十九軍抵喜峯口，卽與日軍第十四混成旅團遭遇，三十七師（馮治安）、三十八師（張自忠）在喜峯口作戰，暫編第二師（劉汝明）在羅文峪與日軍第四旅團，早川聯隊作戰，戰況慘烈，三日三夜，在喜峯口陣前高地山峯，形成拉鋸戰，得而復失，失而復得者數次。最後決定出奇兵，派趙登禹、王治邦兩旅，分由喜峯口左右的董家口與潘家口摸出，夜襲日軍側背，用大刀猛砍日軍。以山地崎嶇，穿越行軍甚難，出敵不意，正面鐵門關國軍三十八師主攻配合，王長海團擊斃日軍砲兵指揮官，造成喜峯口大捷。是役計殲滅日軍步兵兩聯隊（第十四旅團第二十七、二十八兩聯隊），騎兵一大隊（騎兵第四旅團第三聯隊），並破壞野砲十八門。經此夜襲後，日軍攻勢頓挫，自認爲侵華以來最大的失敗與恥辱。同時劉汝明在羅文峪，亦擊退入侵日軍，戰果甚豐㊿。三月十七日，國軍退守阮家峪、孩兒嶺、桃山、潘家口至龍井關一帶陣地。四月十五日退撤河防線。然此役給予全國民心士氣很大的鼓勵。

5. 灤東作戰：三月十七日，國軍灤東前方司令一一五師師長姚東藩與騎兵第三師（王奇峯），從秦皇島、石門寨至義院口部署，主力在石門寨附近。三月二十六日，日軍第八師團第四旅團（鈴木）由九門口進攻，激戰至四月一日，一一五師石門寨陣地及騎三師水炸峪陣地皆被

㊾ 同㊸(1) 書，頁一三～二二。
㊿ 同㊸(1) 書，頁二三～三八。

突破，國軍退海陽。四日，海陽失守。七日拂曉，五十七軍軍長何柱國率全軍反攻收復海陽，日軍退石門寨及山海關，國軍乘勝追擊，將海陽以東日軍肅清。時冷口、界嶺口失守，日軍南下，四月十三日，國軍主力轉移昌黎，並以一二〇師（常經武）在灤河右岸任各莊至瓦龍山。一一五師（姚東藩）集中灤西陀子頭。六十七軍到達瓦龍山以北陣地。由冷口撤回之三十二軍在麻官營、馬遼莊陣地。四月十六日，昌黎失陷，騎三師轉移樂亭。二十二日，日軍自安山抵團山。後日軍增援古北口南天門，攻勢緩和，國軍全力反攻，一度克昌黎、撫寧、遷安，王以哲軍一一七師（翁照垣）進入北戴河。及日軍回撲，國軍再撤回原有陣地[51]。

6. 血戰南天門：古北口撤守後，國軍十七軍（徐庭瑤）以八十三師（劉戡）、第二師（黃杰）及騎二師（黃顯聲）與騎一旅（李家鼎）擔任曹家路口、司馬臺、南天門至白馬關一帶之守備。以二十五師集結九松嶺。四月二十一日，日軍第八師團主力猛攻南天門、八道樓子第二師陣地，同時攻龍潭溝騎一旅陣地。國軍拚血抵抗，損失慘重，二十六日，由八十三師接替第二師陣地，以二十五師補八十三師防地，騎一旅血戰數日後退至香水峪及豐城子。二十八日，南天門工事全燬，國軍主力移新開嶺。五月十日，日軍陷南天門，並攻國軍左翼陣地，八十三師受損嚴重，再由第二師換替。十二日國軍在新開嶺血戰後退石匣[52]。

7. 興隆作戰：國軍爲策應喜峯口與古北口之戰，以二十六軍（蕭之楚）、獨立第四旅（王金鏞）、一三二旅（于兆龍）、騎五師（李福和）四月二十七日由馬蘭關、黃崖關、將軍關分四縱隊進攻興隆，將日軍第八師團、第四旅團第三十一聯隊第一大隊包圍，後以新開嶺戰事危

---

[51] 同[43](1) 書，頁四七～六九。

[52] 同[43](1) 書，頁七一～八四。(2) 同[43](2) 書，〈古北口南天門浴血戰〉，頁二七五～三六七。

急，五月十一日退守穆家峪、南北城廠、南北石駱駝一帶(53)。

此一戰役，日本指揮官爲關東軍司令官武藤信義大將，參謀長小磯國昭中將。轄：第六師團——師團長陸軍中將板木政右衞門，參謀長佐佐木吉良大佐，轄步兵第十一旅團（陸軍少將松田國三）：步兵第十三聯隊（鷲津松平大佐）、步兵第四十七聯隊（常崗寬治大佐）；步兵第三十六旅團（陸軍少將高田美名）：步兵第二十三聯隊（志道保亮大佐）、步兵第四十五聯隊（迎專八大佐）；騎兵第四旅團（陸軍少將茂木謙之助）：騎兵第五聯隊（黑谷大佐）、騎兵第二十五聯隊（山岡潔大佐）、騎兵第二十六聯隊（黑谷正中大佐）、機關槍中隊（江木晉大尉）。暨師團直屬部隊：騎兵第六聯隊（神代菊雄中佐），野砲第六聯隊（城島榮興大佐），工兵第六大隊（細目四郎少佐）第一中隊（高島直大尉），騎兵第十聯隊（松田仁三郎大佐），及臨時配屬戰車隊。

第八師團，師團長陸軍中將西義一，參謀長小林角太郎大佐，轄步兵第四旅團（陸軍少將鈴木美通）：步兵第五聯隊（谷儀一大佐）、步兵第三十一聯隊（早川正大佐）；步兵第十六旅團(陸軍少將川原侃)：步兵第十七聯隊（長瀨武平大佐）、步兵第三十二聯隊（田中清一大佐）；騎兵第三旅團（陸軍少將飯田固貞）：騎兵第二十二聯隊（田彌三郎大佐）、騎兵第二十四聯隊（盧見茂大佐）；暨師團直屬部隊：騎兵第八聯隊（三宅忠強中佐）、砲兵第八聯隊（應野太吉大佐）、工兵第八大隊（上原建市少佐）第一中隊（小泉於菟彌大尉）、輜重兵第八大隊（中村貞治少佐）。臨時派遣：第一戰車隊（百武俊吉大尉）、重砲兵中隊（山村新中佐）、列車重砲兵隊、關東軍自動車隊。

第三十三混成旅團（由第十師團步兵第三十三旅團擴大編成）——旅團長陸軍少將中村馨，轄步兵第十聯隊（人見順士大佐），步兵第六

---

(53) 同㊸(1) 書頁八五～九〇。

十三聯隊（飯塚朝吉大佐），步兵第三十九聯隊混合大隊（北澤貞治中佐），步兵第四十聯隊（岡村元大佐），野砲兵第十聯隊（谷口元治郎大佐）。

第十四混成旅團（由第七師團各聯隊抽調編成）——旅團長陸軍少將服部兵次郎，轄：步兵第二十五聯隊第二大隊（戀江正太郎少佐），步兵第二十六聯隊第二大隊（宮本德一少佐），步兵第二十七聯隊第一大隊（板野尾勝少佐），步兵第二十八聯隊第二大隊（米山米鹿少佐），騎兵第七聯隊第二中隊（高椋佐太郎大尉），野砲第七聯隊第二大隊（高森孝少佐）。

飛行隊（牧野正迪大佐）——轄：飛行第十大隊（偵察，辻邦助大佐），飛行第十一大隊（戰鬪，長澤賢二郎大佐），飛行第十二大隊（轟炸，岩下新太郎大佐）。

鐵道第一聯隊：內田壯一大佐。

電信隊：大津和郎中佐[54]。

以上日軍約八萬人，多次集中使用，並配合僞滿軍、僞蒙軍：張海鵬、劉桂堂、李壽山、程國瑞、邰本良等。日軍傷亡數字，連同熱河作戰在內，在其《陸軍軍備戰》內，記載爲二千四百人[55]，實在令人懷疑。

國軍被動應戰，由北平軍分會何應欽上將主持。使用部隊：

東北軍：第五十一軍（于學忠），轄：第一一一師（董英斌）、第一一三師（李振唐）、第一一四師（陳貴羣）、第一一八師（杜繼武）、騎兵第一師（張誠德）、砲兵第六旅（王和華）、砲兵第十七團、工兵第八營、裝甲車大隊。第五十三軍（萬福麟），轄：第一〇六師（沈

---

[54] (1) 日本每日新聞社印刷發行，≪日本の戰史≫，頁一四六。(2) ≪抗日戰史≫——<戰前世界大勢及中日國勢概要㈠>，挿表六，「九一八事變後侵略東北日兵力駐地調查表」。(3) ≪日本戰史叢書≫≪陸軍軍備戰≫，頁一二〇～一三〇。

[55] 同[54] (3)。

克）、第一〇八師（楊正治）、第一一〇師（何立中）、第一一六師（繆澂流）、第一一九師（孫德荃）、第一二九師（周福成）、第一三〇師（朱鴻勳）、騎兵第二師（黃顯聲）、砲兵第七旅（喬方）、砲兵第十一團、工兵第六營。第五十七軍（何柱國），轄：第一〇九師（何柱國）、第一一五師（姚東藩）、第一二〇師（常經武）、騎兵第三師（王奇峯）、砲兵第十五團、工兵第七營、鐵甲車第六中隊。第六十七軍（王以哲），轄：第一〇七師（張政枋）、第一一二師（張廷樞）、第一一七師（翁照垣）、砲兵第八旅（劉福東）、工兵第一團、砲兵第十一團。以上計四個軍，十七個步兵師，三個騎兵師，二個砲兵旅，四個砲兵團，一個工兵團，三個工兵營，一個裝甲車大隊，一個鐵甲車中隊。

晉軍：第三十二軍（商震），轄：第八十四師（高桂滋）、第一三九師（黃光華）、第一四一師（高鴻文）、第一四三師（李杏村）、騎兵第四師（郭希鵬）、砲兵第十六、十八團各一營、工兵第五營。計一個軍，四個步兵師，一個騎兵師，砲兵兩營，工兵一營。

西北軍：第二十九軍（宋哲元），轄：第三十七師（馮治安）、第三十八師（張自忠）、暫編第二師（劉汝明）。第四十軍（龐炳勳），轄：第三十九師（龐炳勳）、騎兵第五師（李福和）。以上二個軍，四個步兵師，一個騎兵師。

中央軍：第十七軍（徐庭瑤），轄：第二師（黃杰）、第二十五師（關麟徵）、第八十三師（劉戡）、騎兵第一旅（李家鼎）。第二十六軍（蕭之楚），轄：第四十四師（蕭之楚）、獨立第四旅（王金鏞）。以上計兩個軍、四個步兵師、一個獨立步兵旅、一個騎兵旅[56]。

總計九個軍，二十九個步兵師，一個獨立步兵旅，五個騎兵師，一個騎兵旅，二個砲兵旅，四個砲兵團，及各軍師直屬特種部隊，總數約

---

[56] 參閱：《抗日戰史》——<灤東及長城抗戰>，插表二、四、五及參戰經過。

二十五萬人。其中以十七軍與二十九軍編制完整，裝備精良，人員充足，戰力特強，然在士氣方面，各軍表現甚英勇，以血肉之軀和日軍飛機、坦克、重砲等現代化武器作殊死戰，苦鬬三月餘，傷亡亦重，計：第十七軍（連同石匣作戰）傷亡六千八百二十五人；第二十九軍傷亡四千六百三十一人；第三十二軍傷亡三千九百三十六人；第六十七軍傷亡一千七百三十五人；第五十三軍傷亡一千一百九十八人(57)，總共一萬八千三百三十五人，其他四個軍無傷亡資料，但知五十七軍傷亡亦甚重。

（四）冀東察東作戰

1. 石匣作戰：五月十二日國軍撤離新開嶺陣地後，翌日拂曉，日軍第八師團猛攻瑤亭、芹菜嶺、五里莊，及南香峪、團山子、豐城子國軍第二師陣地，下午六時，第二師退兵馬營、居連峪。十三日下午一時，國軍第二十五師奉命守石匣，正運輸中，石匣未經戰鬬，即被日軍佔領，二十五師乃移金溝。十四日上午四時，日軍從石匣出擊，第二十五師退守營房、密雲縣城；第二師退陳各莊、范各莊、宰相莊；第八十三師退田家莊、偉家莊。十五日國軍第二十六軍在九松山與日軍保持接觸。十八日日軍第八師團攻密雲，是日進入。國軍十七軍三個師全部調守北平城防(58)。此役國軍第十七軍除騎兵第一旅無傷亡資料，餘第二、二十五、八十三等師與砲兵兩團，已計算在長城（南天門）戰役之內。二十六軍傷亡一千五百二十二人(59)。

---

(57) 參閱：(1)《抗日戰史》——<灤東及長城抗戰>，冀東作戰我軍傷亡統計表（民國二十二年五月十一日製）；(2)《抗日戰史》——<冀東察東作戰>，插表四，陸軍第十七、二十六軍南天門、石匣附近戰鬬人馬傷亡統計表（民國二十二年五月二十日製）。十七軍採用(2)，其他各軍採用(1)。

(58) 《抗日戰史》——<冀東察東作戰>，頁二十～三十。

(59) 同(57)(2)，二十六軍傷亡統計表。

2. 懷柔作戰：日軍第八師團陷密雲，國軍第五十九軍（傅作義）守懷柔，五月二十一日，雙方在王化莊接觸，二十三日早四時，日軍在長園堡向東峪、北莊進攻，八時，前攻懷柔東關，又攻石廠，戰況激烈，國軍士氣高昂，十時日軍再進攻口頭村，至下午五時，傷亡慘重，卒被擊退。時奉到軍事委員會北平分會何應欽委員長令，限五十九軍於二十四日六時，撤至高麗營附近，國軍遂撤退，而戰鬪終止。五十九軍傷亡六百六十人⑥⓪。

3. 遵化作戰：喜峯口撤退後，國軍第三軍團——第二十九軍與第四十軍——以撤河西岸撤河橋、關莊、王家圈、龍井關、馬蹄峪爲第一線，主力在景忠山、景隆寺、房山溝。並增派第一〇六師（沈克）在高臺子、忍子口、小黑汀布陣。五月十二日，日軍第六師團突破一〇六師高臺子、忍子口防線，十三日再破二十九軍王家圈、龍井關陣地。十四日第一〇六師在新集激戰後退興城鎮、救駕嶺、崖口。二十九軍暫二師佔鐵廠鎮，四十軍佔石門鎮，主力在景忠山、官廳陣地激戰。十五日鐵鎮、景忠山皆激戰。第一〇六師由雙泉寺退遵化、洪水川、南營、姚各莊。暫二師退顏各莊。第二十九軍主力移向石門以西地區。十六日下午五時，日軍佔遵化。國軍無傷亡資料⑥①。

4. 灤西作戰：五月十二日，國軍第四軍團，第五十七軍（何柱國）自石梯子莊向南，經灤縣、馬城鎮、任各莊至樂亭，第六十七軍向北經龐官營、張官營、前裴莊至高臺子，沿灤河右岸據守。第一一九師與第一二九師在沙河驛、王家店第二線陣地。十二日日軍第六師團攻石梯子莊，高臺子第一〇六師陣地破後，迂迴第六十七軍，該軍第一一〇師退七家嶺。十三日雙方在龐官營激戰。是日第五十三軍向豐潤以南撤退，

⑥⓪ 同⑤⑧書，頁五七～六一。
⑥① 同⑤⑧書，頁三一～三九。

第五十七軍向唐山撤退，第六十七軍向豐潤以西退卻。十四日，日軍攻豐潤、開平。十五日，日軍佔大王莊、狼山關。十六日，第五十七軍放棄開平，移胥各莊、蘆臺；第六十七軍移寧河以北、楊家嶺、高莊子、彩高橋至燕子口。塘沽協定，雙方對持蘆臺、寧河、燕子口之線。國軍亦無傷亡資料62。

5. 多倫作戰：三月上旬，國軍第七軍團騎兵第一軍（趙承綬）防守多倫。四月二十八日，少數日軍與僞軍劉桂堂、崔新五、索化成等約數千人，分向前舖、白土窰子、紅旗營房進攻，國軍全線迎戰。二十九日拂曉，三道窪、磴口橋被突破，下午五時，日軍進入多倫，雙方巷戰，晚多倫陷落，國軍退邊牆、哈叭橋。三十日，日僞軍追至，被擊退。此役國軍騎兵第一軍傷亡三十九人，失蹤二十五人63。

冀東之戰，是長城戰役的延續，日軍仍以第六、八兩師團爲主力，其傷亡數字據《陸軍軍備戰》爲八百九十人64。國軍以十七軍、二十六軍、五十七軍、六十七軍、二十九軍、四十軍、五十九軍及一〇六師爲主。其中五十九軍（傅作義）第一次參戰，故表現特佳，餘皆久戰疲兵，多在轉移中與日軍周旋。

察東之戰，爲日軍借僞軍擴大地盤，國軍兵力不足，故暫時回退。

（五）塘沽停戰協定

長城、冀東戰役，日軍恃利器，國軍憑熱血，各部傷亡極眾，而陣地工事，幾被日軍砲火飛機轟炸燬壞無遺，各軍疲憊之餘，應付極爲艱難。至五月二十二日，灤東、冷口、喜峯口方面：國軍已退至通州、富豪莊、馬頭鎮、白河之線。古北口方面：撤至九松山、牛欄山一帶。日

---

62 同58書，頁四一～五五。
63 同58書，頁六三～六四。
64 同54（3）。

軍迫近北平，情況危急；而齊燮元、白堅武、石友三等軍系餘孽，正獲得日方資助，有組織華北聯合自治政府之陰謀，形勢惡劣。政府權衡輕重利害，經日使館代辦中山詳一、日本陸軍副武官永津佐比重中佐與北平政務整理委員會黃委員長郛（膺白）晤談，由日方提出休戰之接洽。在何代委員長應欽、內政部黃部長紹竑、張羣、蔣伯誠等委員詳密商議，遵照中央意旨，派總參議熊斌、參謀徐祖詒（燕謀）與日方進行停戰談判。並發表「停戰協定」文：

關東軍司令官武藤信義，五月二十五日於密雲接受何應欽之軍使參謀徐祖詒（燕謀）所陳正式停戰提議。據此五月三十一日上午十一時十分，關東軍代表陸軍少將岡村寧次（關東軍副參謀長），與華北中國軍代表陸軍中將熊斌，在塘沽簽定停戰協定，其概要如下：

1. 中國軍卽撤至延慶、昌平、高麗營、順義、通州、香河、寶坻、林亭口、寧河、蘆臺所連之線以西以南地區，不再前進。又不行一切挑戰擾亂之舉動。

2. 日本爲確悉第一項實行之情形，可用飛機或其他方法，以行視察，中國方面應行保護，並予以便利。

3. 日本軍確認中國軍已撤至第一項協定之線時，不超越該線續行追擊，且自動一概歸還至長城之線。

4. 長城線以南，第一項協定之線以北及以東地域內之治安維持，由中國警察機關任之。

5. 本協定簽字後卽發生效力。

中國華北駐軍代表　熊　斌印

日本關東軍代表　岡村寧次印[65]

---

[65] 見外交部檔案。≪中華民國重要史料初編≫——〈對日抗戰時期〉，＜緒編㈠＞，頁六五五轉載。

除此之外，日方還要求四項：一、豐寧西面之騎兵第二師，望卽撤去；二、平津附近之四十師華軍，望卽他調；三、白河河口之防備，實違背案約，速卽撤去以示誠意；四、中日紛爭禍根之排日，望卽徹底取締。一、二、三項熊斌口頭應允，第四項允代轉達(66)。

此一談判，自四月廿七日，軍政部政務次長陳儀向日本駐上海武官根本博中佐提出，後由日本駐北平副武官永津佐比重中佐與我北平軍分會高級參謀徐祖詒接觸。日本恐重蹈「上海撤兵談判」交涉之覆轍，堅決反對第三者參加，否則絕不停戰。五月十八日，停止上海交涉，全力移向北平，再由黃郛奔走斡旋，永津與徐祖詒於五月二十五日在密雲與關東軍第八師團長西義一中將會晤而達成(67)。

四、「華北特殊化」與「內蒙問題」

（一）察哈爾（東棧子）事件

塘沽停戰協定之後，日軍撤至長城之線，長城遂於事實上成爲中國與僞滿之邊界。但長城每多傾圮或雙重之處，因此在冀察兩省糾紛時起，而日軍與僞滿又蓄意製造事端，策動「華北特殊化」與「內蒙獨立」。最先發生察哈爾事件。

察哈爾省沽源縣和熱河省的豐寧縣毗連，因此僞軍常到沽源刼掠，而與沽源國軍第二十九軍（張自忠師，劉自珍旅）衝突。民國二十四年一月十五日，有四十多名僞滿自衞隊被第二十九軍繳械。十八日，日本關東軍發表「斷然掃蕩」第二十九軍聲明。北平何代委員長應欽，卽通

(66) ≪太平洋戰爭之路(3)≫，頁五〇。
(67) 昭和八年六月，關東軍司令部：＜華北停戰交涉經過概要＞。≪革命文獻≫，第三十八輯，頁二二七九～二三一三轉載。

知宋哲元將軍後撤讓步。二十三、二十四兩日，日軍第七師團谷壽夫旅團以大砲、飛機輪番向東棲子、獨石口攻擊，軍民頗有傷亡。東棲子東方爲高地陣地，待日軍攻到國軍陣前三百公尺處，國軍猛烈迎擊，予日軍重創。日軍以二十餘輛卡車將傷亡官兵運走。二月二日召開大灘會談，國軍張樾亭（第三十七師參謀長）、日軍谷壽夫旅團長口頭約定解決辦法。二月四日雙方發表公報，惟內容不盡相同。約爲：(1) 第二十九軍不再侵入石頭城子、南石柱子、東棲子（長城東側之村莊）之線以及其以東之地域；(2) 第二十九軍所收熱河民團之步槍三十七枝、子彈一千五百發，準定本月七日由沽源縣長如數送到大灘，發還熱河民團。此一口約，美國報紙指爲中國對日之「新割讓」。此後僞熱河省豐寧縣開始接收永安堡、四海溝、三岔等六、七村莊，而察省長城線外七百餘平方里地區劃出中國軍隊保衛範圍，實在是一大讓步[68]。

（二）河北事件

民國二十四年五月三日，天津日本租界兩名親日份子白逾桓（僞滿中央通訊社記者、天津振報社長）、胡恩溥（天津國權報社長）被日本關東軍派人暗殺。同時熱河義軍孫永勤部竄擾遵化、遷安徵糧，並要求接濟彈藥，被縣長拒絕。日軍藉口指爲「河北事件」，引起交涉。

自五月十一日至六月九日，日本天津駐屯軍參謀長酒井隆少將與日本大使館輔佐武官高橋坦少佐，與北平何代委員長應欽口頭交涉三次，且已同意河北省政府于學忠主席、天津市張廷諤市長、憲兵團長蔣孝先、政訓處長曾擴情他調，國民黨天津市黨部停止工作。最後日方提出四點：(1) 河北省內一切黨部完全取消；(2) 第五十一軍（于學忠）撤退，並

---

[68] (1)《秦德純回憶錄》（此爲中央研究院近代史研究所口述歷史稿，爲筆者所訪問紀錄），頁一六四。(2) 同[6]書，頁二一九～二五六，日關東軍侵擾察哈爾及大灘會議。

將全部撤離河北日期告知日方；(3) 第二師（黃杰）、第二十五師（關麟徵）他調；(4) 排日行爲之禁止。經中央決定，六月十日下午何應欽告之高橋垣：(1) 河北省境內各黨部自動結束；(2) 第五十一軍向河南省境移動；(3) 第二師、第二十五師分別調豫皖與陝西剿匪；(4) 關於排日之禁止，由國民政府重申明令。高橋垣表示無異詞而去(69)。六月十一日高橋忽以其代擬「覺書」一件，託人送交何代委員長，請照繕一份，蓋章送交日方。何以交涉純係口頭，此枝節要求，不合情理，嚴詞拒絕。六月二十八日，日本天津駐屯軍司令官梅津美治郎正式聲明，不擴大事態，干涉中國內政。事後，日本報紙往往將此次中日雙方之諒解，稱爲「何梅協定」。其實「何梅協定」有實質內容，但無正式簽字(70)。

（三）張北事件

民國二十四年六月五日，日本尉官二人、士官二人（皆特務機關人員）共乘一輛汽車，由多倫赴張家口，行至張北縣北城門時，國軍（陸軍第二十九軍一三二師，師長趙登禹）衞兵檢查入境護照。察哈爾省政府和日本領事曾有規定，日人出入察省，必須由領事致函省府，批准發照。此次日人未帶護照，且要強行通過，被國軍將四日人送到師部軍法處，並向察省主席宋哲元請示，此時宋正在北平開會，延遲十多小時，宋姑准放行，以後不可援例，引起日本天津駐屯軍嚴重抗議。中央免去宋哲元省主席職，派秦德純代理察哈爾省主席，幾經交涉，六月二十七日成立所謂「秦（德純）土（肥原）協定」。其內容略爲：(1) 張北縣

---

(69) (1) 同❻書河北事件，頁二五七～二八九。(2) 總統府機要檔案，同❺書頁六六五～六八四。

(70) 當時何應欽致梅津美治郎函：「逕啟者：六月九日酒井參謀長所提各事項均承諾之，並自主的期其遂行，特此通知。此致梅津司令官閣下。何應欽，民國二十四年七月六日」。總統府機要檔。見❺書頁六九二。此即日人指爲「何梅協定」之文件。

北門駐軍第一三二師一〇九旅（旅長王長海）二一八團（團長石振綱）及一三二師軍法處處長田□□免職；(2)陸軍第二十九軍部隊撤出沽源、寶昌、康保、商都，以地方保安隊維持秩序；(3) 中國政府不向察省屯田移民；(4) 撤退察省境內中國國民黨黨部；(5) 禁止察省境內的反日組織與反日活動(71)。

（四）所謂「廣田三原則」

民國二十四年八月十日，經日本外務、陸軍、海軍三省一致同意，提出「廣田三原則」，其原文主要內容:

「關於對支（中國）政策文件:

以帝國爲中心之日滿支三國提携互助，確保東亞安寧並謀發展，是日本對外基本政策，也是日本對支政策的目的。

1. 中國應先徹底取締排日，並應拋棄倚賴歐美政策，採取親日政策。

2. 中國終應正式承認滿洲國，暫時可對滿洲國作事實上的默認。反滿政策自應廢棄，華北與滿洲接壤的地區應實行經濟、文化融通與提携。

3. 來自外蒙的赤化是日滿支三國的共同威脅，中國應依日本排除威脅的希望，在與外蒙接壤地區作各種合作設施。

日本確認中國有誠意實行上述各點時，再與中國建立親善提携關係。日滿支的新關係亦依此辦理」。

「附屬文:

1. 利用中國地方政權牽制中央，以及分化中國統一，並非本政策

(71) (1)≪秦德純回憶錄≫，頁三十～四十，張北事件及其他。(2)總統府機要檔案，蔣委員長致何應欽代委員長指示對察事件之處理等文件，見⑤書頁六八四～六九三。

之主旨。

2. 實施本政策時，外務省、陸軍省、海軍省應保持密切聯絡。

3. 昭和九年（一九三四年）十二月七日，陸軍、海軍和外務三省同意的覺書與本件併行有效」[72]。

「廣田三原則」提出後兩天，日本陸軍省軍務局長永津鐵山被刺殺，陸相林銑十郎引咎去職。川島義一任陸相，與急進派的關東軍司令南次郎，副參謀長板垣征四郎，瀋陽特務機關長土肥原賢二及新任天津駐屯軍司令多田駿（八月十九日到任）與日本參謀本部第二廳廳長岡村寧次，內外勾結，煽動「華北特殊化」更加積極。九月二十四日，多田駿發表「對華政策的基本觀念」，強調華北五省自治，人民自救[73]。同時廣田外相用密電通令在華使館說：「操縱華北地方政府，使它昇華，是一九三四年十二月七日閣議的成案，各有關使領人員，應在交涉時，使三原則與鼓勵華北自主案相輔相成[74]。」以迎合急進軍方意旨。故美國駐華大使謂廣田三原則乃全面控制中國之工具[75]。當時德文報紙報導：「日本對華政策是：外交官倡水鳥外交，軍人卻執行老虎政策。」

（五）香河事件

民國二十四年十月十八日，河北省香河縣民武宜亭和日本浪人勝見、福田霞等同謀，藉口反對田畝附稅，要求實行自治，在香河東門外安撫寨胡承武家召開「國民自救會」，二十日又糾眾請願，推派代表向縣長

[72] (1) ≪中日外交史料叢編㈣≫：<盧溝橋事變前後的中日外交關係>，頁十四～三九。(2) 日本防衛廳防衛研修所戰史室著，≪戰史叢書≫，≪支那事變≫，<陸軍作戰>(1)，頁四四～四七。(3) 梁敬錞：<廣田三原則>（≪傳記文學≫第十二卷第五期）。

[73] 同[1]書，頁五〇九。

[74] 日本外務省檔案，≪帝國大事記≫卷四，<各大臣瞭解證件>。

[75] Foreign Relations, 1935(3) pp. 461-462.

趙忠璞交涉，要求交出政權，同時散發「香河縣人民自救自決宣言」、「縣民自救自決理由及辦法」、「縣民自治自救傳單」與天津日本駐屯軍司令官多田駿所撰「對華之基礎觀念」等反中央政府反國民黨文件。縣長將代表拘留，並向省政府報告。二十一日，武宜亭糾眾闖城不果，翌日日本憲兵一隊要求入城，掩護武等入城騷擾。趙縣長逃出城外，亂民佔領縣城，釋放被拘代表，並推安厚齋爲縣長，實行「自治」。二十三日又將省府派來的調查參議劉耀東拘留，再強迫維持秩序的特警隊撤退。河北省政府主席商震以局勢嚴重，決定派軍隊鎮壓，日本駐天津領事館武官晴氣慶印、小尾哲三等阻止不可，並以中日軍事衝突威脅。後經商震與日本駐屯軍參謀長多田駿交涉一個月始獲解決，由中國派保安隊（總隊長張慶餘）接管，此事後經證明是日本天津特務機關長大迫通貞所策動進行[76]。

（六）僞冀東防共自治委員會

日軍在冀察兩省製造許多事件，當時主要目的是要「華北特殊化」。將冀、察、綏、晉、魯五省與平、津兩市，造成第二僞滿洲國，他們用威迫重於利誘的方式，向宋哲元、商震等人交涉，宋、商得中央政府有力支持，佈置數十萬大軍於魯、豫兩省，不惜一戰，故對日人要求嚴予拒絕。日本此計受挫，其代表關東軍參謀長土肥原賢二少將就去煽動河北省灤渝區行政督察專員殷汝耕。

民國二十四年十一月二十三日，殷汝耕、土肥原賢二，和專田盛壽在天津日租界舉行酒會慶祝，宣佈停戰區自治。第二天僞「冀東防共自治委員會」在通縣正式成立，殷爲委員長，通電脫離中央，爲日人在河北省內樹立的第一個傀儡組織。僞會設民政、財政、建設、教育、實業

[76] 同[72](1) 書，頁一五六～一六五。

五廳，秘書長池宗墨，民政廳長張仁蠡，財政廳長趙從懿，教育廳長劉雲笙，建設廳長王厦材，實業廳長殷體新，秘書處長陳曾栻，外交處長王潤貞，保安處長劉宗紀。參事葉爾衡，禁煙局長劉友惠，貨物查驗所長李垣，保安第一、二、三、四總隊長張慶餘、張硯田、李允聲、韓則信。竊據二十二縣，在其蹂躪下之民眾近五百萬人(77)。

兩天後，行政院會正式決定：（1）撤消軍事委員會北平分會，其職務由軍事委員會直接處理；（2）特派何應欽爲行政院駐平長官；（3）特派宋哲元爲冀察綏靖主任；（4）令河北省政府將灤榆區行政督察專員殷汝耕免職拿辦；（5）灤榆、薊密兩區專員公署著卽撤消，其職務由河北省政府直接處理(78)。同一天，國民政府以殷汝耕「勾結奸徒、企圖叛國」，明令通緝(79)。

（七）冀察政務委員會的誕生

民國二十四年十二月十一日，國民政府令：特派宋哲元、萬福麟、王揖唐、劉哲、李廷玉、賈德耀、胡毓坤、高凌霨、王克敏、蕭振瀛、秦德純、張自忠、程克、門致中、周作民、石敬亭、冷家驥爲冀察政務委員會委員，以宋哲元爲委員長。翌日中央調整華北人事：調商震爲河南省政府主席，宋哲元爲河北省政府主席，張自忠爲察哈爾省政府主席，蕭振瀛爲天津市長。而秦德純在三天前（十二月九日）已就任北平市長(80)。

---

(77) （1）北平軍政部鮑文樾轉報殷逆汝耕宣布實行「自治」決定組織「冀東防共自治委員會」電，外交部檔案。同⑤書頁七二一～七二二轉載。（2）≪冀東防共自治政府成立週年紀念專刊≫。

(78) 同①書，頁五三二。

(79) 國民政府飭將河北省灤渝區行政督察專員殷汝耕免職懲令。外交部檔案，同⑤書頁七二三轉載。

(80) （1）同①書頁五四〇。（2）總統府機要檔，同⑤書頁七三四～七四一。（3）≪中日外交史料叢編㈤≫，＜日本製造僞組織與國聯的制裁侵略＞，頁四一八～四二四。

冀察政務委員會是政府所設之特殊行政機構，管轄冀察二省與平津兩市，同時也是爲緩和與日軍大規模正面衝突，以準備長期抗戰之措施，亦得日本軍方之默許。其人選：宋、張、秦、蕭、石、門六人屬第二十九軍（西北軍）系統；萬、劉、胡、程四人屬東北軍系統，皆爲抗日的實力派。賈與二王屬舊皖系；高爲舊直系；周爲金城銀行總經理；李、冷爲天津與北平紳士，此七人與日本人有來往，被視爲親日派。此爲中央有意的安排，也是宋哲元堅持的原則。

冀察政務委員會成立後，宋曾圖要求日方取消僞「冀東防共自治政府」，並收回察東沽源六縣，但未作到[81]。民國二十五年七月十日，宋聘石友三爲冀察政務委員會委員，時石率保安隊駐北平及近郊。十月十六日，宋以齊燮元、秦德純、賈德耀爲冀察政務委員會駐會辦事委員，戈定遠爲秘書長，齊爲日方推薦。此一機構至二十六年七月盧溝橋事變後撤消。而王揖唐、王克敏、齊燮元都作了華北的大漢奸。

（八）日本增强華北駐軍

民國二十五年四月十七日，廣田內閣決定增強在華駐軍，翌日陸軍省以陸甲第六號令擴大編制，編制定員不明，六月一日原有駐軍一千七百七十一人，六月十日增加爲五千七百五十四人。其編制體系與駐地如后：

支那（華北）駐屯軍司令部，天津。

支那（華北）駐屯步兵旅團司令部，北平。

支那（華北）駐屯步兵第一聯隊，北平。

支那（華北）駐屯步兵第二聯隊，天津。

支那（華北）駐屯砲兵聯隊，天津。

支那（華北）駐屯戰車隊，天津。

---

[81] 《中日外交史料叢書㈤》，頁四二八～四三二，宋哲元對「冀東」的態度。

支那（華北）駐屯工兵隊，天津。

支那（華北）駐屯通信隊，天津、北平。

支那（華北）駐屯憲兵隊，天津、北平。

支那（華北）駐屯軍病院，天津。

支那（華北）駐屯軍倉庫。

其兵力分配：新任司令官田代皖一郎中將五月十九日到津，參謀長橋本羣少將。天津駐兵：一個步兵聯隊部、三個大隊、二個砲兵中隊及戰車隊、騎兵隊、工兵隊、通信隊、軍病院、軍倉庫。

北平駐軍：步兵旅團司令部（旅團長河邊正三少將）、一個步兵聯隊部、一個大隊。另電信所、憲兵分隊、軍病分院。

豐臺駐一步砲混合大隊，山海關駐一步兵大隊部及一中隊，塘沽、唐山、灤州各駐一中隊，昌黎、通州、秦皇島各駐一小隊。

同時指揮華北各地「日本陸軍特務機關」，包括：北平（松井太久郎大佐、輔佐官寺平忠輔大尉、國軍第二十九軍顧問中島弟四郎中佐、櫻井德太郎少佐、笠井半藏少佐）；天津（茂川秀利少佐）；通州（細木繁中佐、甲裴厚少佐）；太原（河野悅次郎中佐）；張家口（大本四郎少佐）；濟南（石野秀男中佐）；青島（谷荻那華雄中佐），及北平駐在武官輔佐官（今井武夫少佐），與陸軍運輸部塘沽出張所[82]。

此一駐軍，有三大任務：(1) 積極策動「華北特殊化」；(2) 從事分化、諜報、宣傳及作戰工作；(3) 負責擬定日本陸軍在華北侵略作戰計畫[83]。

日軍所分化策動者，統兵的有宋哲元、閻錫山；無兵軍人：吳佩孚、孫傳芳、石友三、齊燮元、白堅武等多人。宋、閻以保持聯絡而拖

---

[82] 同[72](2) 書，頁七一～七二，頁一三八～一三九。
[83] 同[82]書，頁一三九～一四〇。

延時間。吳、孫嚴拒，並向報界表明心跡。石、齊皆被宋哲元網羅，石以冀察政委會委員統率冀省保安隊駐平郊，齊爲駐會委員。祇有白堅武（原吳佩孚政務處長）於六月二十八日晨在豐臺叛亂，自稱「正義自治軍總司令」，聲言組織「華北國」，率日韓浪人與中國土匪三百餘人，威脅駐豐臺鐵甲車開至永定門，砲轟北平，被萬福麟部繆澂流師，及冀省保安隊擊退，十時，收復永定門與豐臺車站，捕日韓十五人，土匪逃入冀東戰區內，白走天津，造成一場鬧劇[84]。

（九）豐臺事件

自冀察政務委員會成立，日本卽企圖華北自治、或冀察特殊化。至二十五年四月，相迫尤烈。然第二十九軍將領宋哲元、與馮治安（河北省政府主席）、劉汝明（察哈爾省政府主席）、秦德純（北平市長）、張自忠（天津市長）則誓言與平津共存亡。遂自六月至九月，三個月中，發生兩次豐臺事件。

第一次：六月二十六日晨，第二十九軍三十七師一小部分部隊，由張家口調豐臺，一軍馬脫逃，跑入日本軍營，雙方交涉，如臨大敵，經國軍軍官說明，未釀成大禍。次日一韓人跑至國軍馬廐，指一馬爲其所有，並出短刀動武，且召來武裝日兵助陣，雙方發生械鬪。日軍以此爲藉口向宋交涉，宋以忍辱負重接受：(1) 道歉；(2) 賠償；(3) 懲戒肇事軍官；(4) 駐軍換防四條而結束[85]。

第二次：是年七月下旬，日兵在豐臺增至兩千人，第二十九軍僅有一營。八月三十一日，日僑森川太郎無故闖入第二十九軍營房，被毆刺受傷，日軍交涉，宋承諾賠款懲兇，但日軍已顯露「豐臺日軍，受二十

---

[84] 同[1]書，頁四八五～四八六。
[85] 李雲漢著：≪宋哲元與七七抗戰≫。頁一四九～一五〇。

九軍威脅，必須讓防」。九月十八日，雙方演習回營時，狹路相逢，互不相讓。國軍孫香亭連長出而交涉被擄，雙方遂成對峙局面，北平日軍增援，過豐臺大井村，與駐軍發生槍戰。彼此對峙一整夜，戰機一觸卽發。宋得知，令國軍不得先開火。派第三十七師副師長許長林與天津市政府顧問甄銘章與日方交涉。十九日晨達成協議：(1) 中日雙方互相表示道歉；(2) 第二十九軍一營撤退趙家莊。豐臺重鎭遂被日軍控制(86)。二十日，宋告冀察同胞書，鄭重聲明，決不喪權辱國(87)。

（十）百靈廟大捷

民國二十五年五月二日，在日軍策動下，僞「內蒙軍政府」在嘉卜寺（化德縣）成立。德王任總裁，分設外交、內政、教育、司法、總務、建設、實業、財政八公署，另設參謀、參議兩部，各署部皆由日本顧問掌握實權，實爲內蒙的傀儡組織。其軍有「興亞聯合軍團」、「邊防自治軍」、「西北防共軍」等。又招收土匪，擴充實力，日本運大批武器在察北裝備，七月三十日、八月六日兩次進擾綏東，皆被擊退。十月中雙方在綏東開始作戰，十一月十五日，在飛機、砲兵掩護下，以騎兵展開總攻擊，企圖攻興和、陶林，再奪歸綏、平地泉等地。十六日綏遠省政府主席傅作義到平地泉指揮。中央政府派亞洲司司長高宗武與日本駐華大使川越茂交涉，日本外務省發表聲明：「綏東戰事純係中國國內事件，與日方無關」。同日，蔣委員長電閻錫山：應卽令傅作義主席向百靈廟積極佔領(88)。二十日，中國政府發布聲明，嚴正表示決不姑息僞蒙軍的堅決立場。此時陳誠（第三路軍）駐軍晉北，湯恩伯（第十三軍）駐軍平地泉。

---

(86) 同(85)書，頁一五〇～一五一。
(87) 同❶書，頁六二五。
(88) 《總統　蔣公大事長編初稿》，卷三，頁三五三。

十一月二十三日，僞蒙軍從百靈廟分兩路向武川、固陽進犯，傅作義派其所統之第三十五軍副軍長曾延毅趕到武川指揮，又派騎兵第二師長孫長勝、步兵第二〇一旅旅長孫蘭峯爲正副指揮官，率所部及第七十師補充團從固陽、武川分途迎擊；另派騎兵團長張成義、劉景新、劉應凱等星夜向百靈廟繞襲。晚十時，在百靈廟附近和僞蒙軍接觸。這時在武川、固陽的國軍已將僞蒙軍擊潰，且跟踪追擊至百靈廟附近，兩面夾擊，激戰終夜，二十四日上午九時光復百靈廟，造成空前之大捷。二十八日，中國外交部發表聲明：「此次蒙僞軍大舉犯綏，政府負有保衞疆土戡亂安民之責，不問其背景與作用如何，自應痛剿⑧⑨」。

收復百靈廟的第二天，陳誠總指揮就奉命飛到了歸綏，和傅作義商討進一步攻取察西商都計畫，蔣委員長認爲商都勢在必得。在整個外交籌算中，國軍攻下商都無問題，卽使攻張北，日人亦不致正式啟釁。如果收復張北，辦外交更有力量。十二月四日，陳、傅飛西安向委員長請示。十日，國軍攻克大廟，僞蒙軍紛紛反正⑨⓪。這時，國軍的形勢是最爲有利。不幸兩天後發生「西安事變」，綏遠前線只得改爲守勢。

五、中國政府的軍事對策

（一）淞滬作戰時期

滬戰發生，蔣中正先生以在野之身於南京擬定作戰原則：(1) 積極抗戰；(2) 預備交涉。並決定退讓至不能忍受之防線時，卽與之決戰，雖至戰敗而亡，亦在所不惜。必具此決心與精神，而後方可言交涉⑨①。

⑧⑨ 同⑧⑧書，頁三五七～三五九。
⑨⓪ 同⑧⑧，頁三六四。
⑨① 總統府機要檔，蔣中正手定對日交涉之原則與方法，同❺書，頁四三一轉載。

一月二十九日，軍事委員會公推蔣中正、馮玉祥、閻錫山、張學良爲委員，負責調動軍隊，並指揮滬戰。是日國民政府決定遷都洛陽。蔣中正委員日記記載：「決心遷移政府，與倭長期作戰，將來結果不良，必歸罪於余一人，然而兩害相權，當取其輕，政府倘不遷移，則隨時遭受威脅，將來必作城下之盟，此害之大，遠非余一人獲罪之可比[92]」。翌日，蔣中正委員發表告全國將士電：「淬厲奮發、敵愾同仇、枕戈待命、以救危亡[93]」。

三十日，軍事委員會留南京，前方軍隊由軍政部長何應欽與參謀總長朱培德共同指揮。

二月二日，日艦砲轟南京。

二月四日，軍事委員會劃分全國爲四個防衞區：第一防衞區，黃河以北，張學良爲司令長官；第二防衞區，黃河以南，長江以北，蔣中正爲司令長官；第三防衞區，長江以南及浙閩兩省，何應欽爲司令長官；第四防衞區兩廣，陳濟棠爲司令長官。同時令川、湘、贛、黔、鄂、陝、豫各省出兵作總預備隊[94]。

二月五日，知日本陸軍由本土調滬，蔣中正委員從洛陽電何應欽，如日本派陸軍登陸，中國空軍即參戰[95]。並電慰十九路軍蔣光鼐、蔡廷鍇、戴戟：「兄等惡戰苦鬪，已經一週，每念將士犧牲之大，效命之忠，輒爲悲痛。……必要時，中正親來指揮[96]」。八日，將第八十八師、第八十七師編爲第五軍，調歸十九路軍指揮。以十九路軍名義，加入作戰。

---

[92] 同[2]書，卷二，頁一六八。轉載總統府機要檔：籌思長期抗戰之策。
[93] 中華民國二十一年二月一日，中央週報，第一九一期。
[94] 總統府機要檔，軍事委員會劃分全國爲四個防衞區通電。同[5]書，頁四三八。
[95] 同[2]書，卷二，頁一七三。二月五日轉載總統府機要檔。
[96] 總統府機要檔，蔣中正致十九路軍作戰計劃。同[5]書，頁四四七。

二月九日，蔣中正調動陸軍第一師（胡宗南）、第七師（王均）準備增援。十日，急電濟南韓復榘、漢口何成濬、開封劉峙、新鄉劉鎮華、安慶陳調元、清江浦梁冠英、徐州王均：「密，奉軍事委員會令，規定黃河以南，長江以北爲第二防衞區，任中正爲第二防衞區司令長官，所有屬於本防衞區各部隊，應聽候本司令長官指揮，特電知照㊼」。

時因準備將江西剿共軍隊調浙轉滬，又遷都洛陽，皆需款甚急，二月十六日蔣中正電財政部長宋子文：「日既在滬不肯撤兵，我方只有抵抗到底。而江西與河南伙食必日緊一日。請兄能在南昌運存一千萬元，鄭州運存二千萬元之中央鈔票，則政府尙可活動，軍隊亦可維持，或能渡此難關，望兄設法助成之㊽」。

同時，自上官雲相、梁冠英、劉峙等處，運徒手兵二千名，以補充十九路軍之傷亡。當第五軍與十九路軍爲「爭戰功」而不愉快時，蔣中正十月八日電張治中、俞濟時：「抗日爲民族存亡所關，決非個人或某一部隊之榮辱問題，十九路軍之榮譽，卽爲我國民革命軍全體之榮譽。此次第五軍加入戰線，固爲敵人之所畏忌，且亦必爲反動派（指反中央政府者）之誣衊，苟能始終以十九路軍名義抗戰，更足以表現我國民革命軍戰鬬力之強。望以此意切實曉諭第五軍各將士，務與我十九路軍團結奮鬬，任何犧牲，均所不惜㊾」。

二月二十二日，調第十師（衞立煌）、第八十三師（蔣伏生）入浙增援滬戰。

三月六日，中央政治會議推選蔣中正爲軍事委員會委員長兼參謀總

㊼ 總統府機要檔，蔣中正致第二防衞區各將領電。同❺書，頁四三八。

㊽ 總統府機要檔，蔣中正電宋子文接濟江西河南政軍費用。同❷書，卷二，頁一七七。

㊾ 總統府機要檔，同❺書，頁四五八。同❷書卷二，頁一七七～一七八，亦轉載。

長。馮玉祥、閻錫山、張學良、李宗仁、陳銘樞、李烈鈞爲委員⑩⓪。十日，軍委會決定第二期作戰方案⑩①，十八日蔣中正就職⑩②。四月十四日，任蔣光鼐爲京滬路總指揮，負責戰略指導⑩③，準備對日軍周旋。二十六日，蔣委員長在杭州召集蔣鼎文、衛立煌等軍師長會議，布置與日本協議後之軍事。

（二）熱河長城作戰時期

滬戰結束後，蔣委員長中正卽開始注意熱河問題。七月七日，電蔣伯誠要張學良派兵三旅入熱，並準備將熱河省主席湯玉麟調察哈爾。三天後再直接電張學良，催其以五旅兵力進佔熱河。但張受人包圍，遲遲不敢行。二十三日，蔣委員長再電張催促⑩④。八月九日並爲張擬三策：(1) 不辭職而入熱抗日，(2) 辭職而帶兵入熱抗日，(3) 辭職而改組北平綏靖公署，且告張收復熱河實爲最上策⑩⑤。

九月一日，軍事委員會北平分會成立，十二月二十五日，蔣委員長再電張學良：「倭寇北犯侵熱，其期不遠。已密備六個師，隨時可運輸北援，甚望吾兄照預定計畫，火速布置」。並決定調第二（黃杰）、四（王金鏞）、二十五（關麟徵）、三十二（梁冠英）、五十六（劉和鼎）、八十三（劉戡）各師北上⑩⑥。三天後，韓復榘、宋哲元、商震、沈鴻烈、龐炳勳、楊虎城、孫魁元先後到北平，蔣委員長電張：「各將領會集北平，趁此時機，請決定整個抗日計畫，分配任務，並望兄表示

---

⑩⓪ 中華民國二十一年三月六日，中央政治會議，第三〇二次會議紀錄。
⑩① 總統府機要檔，同⑤書，頁五一六～五一七。
⑩② 中華民國二十一年三月二十一日，中央週報第一九八期。
⑩③ 總統府機要檔，同⑤書，頁五一八。
⑩④ 總統府機要檔，參閱⑤書，頁五五九～五六一各電文。
⑩⑤ 同②書，卷二，頁二一六。
⑩⑥ 總統府機要檔，同⑤書，頁五六二～五六三電文。

決心，以爲表則」。三十日商震電蔣，張已與各將領分頭談話，極表決心，並擬各部隊之配備。蔣卽指示，要在榆關駐重兵⑩⑦。

民國二十二年一月三日，日軍佔山海關。五日張學良以北平軍分會常務委員代委員長指揮對日作戰。閻錫山、韓復榘通電願爲抗日前驅。時東北軍入熱爲第一一九旅（孫德荃）、第一一六旅（繆徵流）、第一〇八旅（丁喜春）、第一三〇旅（于兆麟）、第一二九旅（王永盛），十七日再調第一〇六旅（沈克）（各旅後皆改爲師），及孫魁元四十一軍，並派張作相指揮馮占海之義勇軍（後改爲六十三軍）。中央政府派楊杰協助張學良指揮作戰⑩⑧。二十四日，宋哲元、馮治安、張自忠、劉汝明、商震、龐炳勳等電蔣委員長北上指揮作戰，以安將士之心。蔣委員長答：南方布置後，必北上與共生死⑩⑨。二月五日晉軍三十二軍軍長商震率步兵四師，騎兵兩師，及砲兵兩團東出，增援冷口線⑪⓪。十一日代行政院長宋子文北上，負責籌款。二十八日，中央軍開始向北運輸，限三月五日到達⑪①。

熱河局勢逆轉，三月五日長城血戰開始，蔣委員長指示宋、萬兩軍出冷口，取凌源、平泉，反攻承德⑪②。七日蔣委員長從漢口到石家莊，和閻錫山會商軍事。九日到保定，召見張學良、韓復榘，勸張辭職⑪③。

---

⑩⑦ 總統府機要檔，同❺書，頁五六四～五六六，三電文。

⑩⑧ 總統府機要檔，同❺書，頁五八〇～五八一，兩電文。

⑩⑨ 總統府機要檔，同❺書，頁五八五。

⑪⓪ 總統府機要檔，楊杰報告赴晉與閻錫山談出兵問題電。同❺書，頁五九二。

⑪① 總統府機要檔，蔣委員長致楊杰及曹浩森告中央部隊二十八日開始輸送等電文，同❺書，頁六〇五～六〇六。

⑪② 同❷書，卷二，頁二七七～二七八。

⑪③ 時各界輿論對張學良不利，中央政府欲將張免職懲辦，張學良亦以處置後事相問。蔣中正日記：「此時情形，固使余心難堪，而此後之事，又不能不直說，更感遺憾，然處此公私得失成敗關頭，非斷然決策不可，利害相權，惟有重公輕私，無愧於心而已」。同時電中央解釋：「對張（學良）僅免職而未加查辦者，實有顧全當前事實之苦衷，務請鑒納愚忱，卽日明令發表，以應事機，大局幸甚」。同❷書，卷二，頁二七八～二七九。

並自己負責北方軍事。十日何應欽暫代北平軍分會委員長。十一日張離平飛滬。十三日，蔣委員長在保定接見丁文江、胡適等人，商北方戰事。十五日何應欽編成灤東長城國軍戰鬪序列，並告蔣委員長。

總司令：軍事委員會委員長蔣中正，由北平軍分會代委員長何應欽代理。

第一軍團總指揮于學忠，轄第五十一軍（于學忠兼）：步兵四師、騎兵一師、砲兵一旅一團，防守天津、大沽，及津浦路警備。

第二軍團總指揮商震，轄第三十二軍（商震兼）：步兵四師、騎兵一師、砲兵兩營；第五十七軍（何柱國）：步兵三師、騎兵一師、砲兵一團。擔任灤河以東，固守冷口附近。

第三軍團總指揮宋哲元，轄第二十九軍（宋哲元兼）：步兵三師；第四十軍（龐炳勳）：步兵一師、騎兵一師。負責喜峯口、馬蘭谷之作戰。

第四軍團總指揮萬福麟，轄第五十三軍（萬福麟兼）：步兵七師、騎兵一師、砲兵一旅一團。此乃熱河退軍，故分別處理。第一一六師（繆澂流，抬頭營）、第一一九師（孫德荃，桃林營）、第一〇八師（楊正治，盧龍），原地整理，並協助何柱國軍守冷口以東長城要隘；第一〇六師（沈克）、第一二九師（王永盛）、第一三〇師（于兆麟）在玉田、寧河、蘆臺整理；第一二一師（張廷樞）在宣化、南口間整理；騎兵第二師（黃顯聲）交王以哲指揮。

第五軍團總指揮湯玉麟，轄第五十五軍（湯玉麟兼）步兵四旅；騎兵第二軍（孟昭月）騎兵三旅。（此皆係熱河潰軍，初在花子營、上黃旗等地停留，後退察省沽源，未參加長城作戰，五月底多投降日軍。何應欽報告未列入。但國防部史政局所編《抗日戰史》乃列入。）

第六軍團總指揮張作相，轄第六十三軍（馮占海）：步兵一師（第九十一師）三旅（義勇軍改編）；第四十一軍（孫魁元）：步兵三旅。何之報告，孫軍調察東，馮軍大力整理。（孫軍五月中後編爲第九軍團）。

第七軍團總指揮傅作義，轄第五十九軍（傅作義兼）：步兵三旅；騎兵第一軍（趙承綬）：騎兵兩旅，擔任察東作戰。

第八軍團總指揮楊杰，轄第十七軍（徐庭瑤）：步兵三師、騎兵一師、砲兵一團；第二十六軍（蕭之楚）：步兵一師一旅；第六十七軍（王以哲）：步兵三師、砲兵一旅。擔任古北口作戰。五月十五日後，第八軍團撤消，第二十六軍交第二軍團，第六十七軍交第四軍團。第十七軍與新到之第十三軍由軍分會直接指揮。

由翁照垣（第一一七）師、劉多荃（第一〇五）師守北平及近郊。

各部隊以軍或師爲單位，相互支援調配⑭。

長城浴血抗戰時，四月十二日至十六日，蔣委員長電何應欽在北平、通州、三河、以及天津以西加速構築工事。同時準備調李服膺（第六十一軍）、梁冠英（第二十五路軍）、上官雲相（第四十七師）、馮欽哉（第四十二師）等四部增援。南天門、新開嶺失守後，國軍作三項準備：(1) 通知各國公使遷移駐地；(2) 不在陣前談和；(3) 決心死守南口、北平、天津⑮。同時再調十三軍錢大鈞率八十七師（王敬久，欠一旅）、八十九師（湯恩伯，一個旅）、第三師（李玉堂，一個旅）北上參加戰鬪。而後有塘沽協定。

---

⑭ 參閱 (1) 何應欽、黃紹竑、楊杰等擬定戰鬪序列及各軍任務呈蔣委員長電，同❻書，頁一七一～一七四。(2)《抗日戰史》——<灤東及長城作戰>，插表二、四、五各戰鬪序列表。

⑮ 參閱總統府機要檔，同❺書，頁六三一～六四三，第三十八、四〇、四十一、四十二、四十三、四十四、四十五、四十六、五十五、五十六、五十八、五十九各電文。

（三）「華北持殊化」時期

民國二十三年六月，日軍違反停戰協定，開入戰區十一次，九月十六日並用飛機在張家口投傳單⑯。二十四年元月九日，日軍在察東大壩活動，察省主席宋哲元急報中央。蔣委員長覆電：今春日軍必向我察東或華北高壓威脅，望對於察東應積極增加兵力，鞏固防務，以戢其擾亂之心，並發察省補助費五萬元⑰。

察哈爾事件發生後，蔣委員長、汪兆銘、黃郛共同給駐北平何應欽處理原則：(1) 務求速了，勿使遷延以免擴大；(2) 察東方面，如能亦明定一條停戰線，以示限制，或可免其進無止境；(3) 停戰線祇作軍事處置，萬不可有「國境」字樣；(4) 停戰線不妨延長，但沽源、獨石口兩處爲必守之據點，萬不可劃入；(5) 此事作軍事處置，應避免外交政治方式⑱。終於按此原則解決。

河北事件發生後，日軍提出要求，中央原不接受，並準備作戰。指定劉峙籌備黃河北岸防線，同時又怕廣東陳濟棠受日本松本橋木之縱悉，發動開府，並對中央政府大事攻擊⑲。後經何應欽電呈分析：「萬一開戰，頃刻之間，即將平津斷送，且將牽動京滬及長江一帶，國內立致崩潰。況黃（杰）師大部駐保，南苑僅駐二團，關師（麟徵）二團亦演習在外，僅三團駐黃寺，于（學忠）軍與商（震）軍正在換防，決非短時可能部署，且後方毫無準備，戰守皆自爲難，目前之計，惟有照汪先生（兆銘）迭電共同負責之主張，即下令將中央軍自動調駐豫省，期

⑯　外交部檔案，同❻書，頁一八六～一八八。日軍開往戰區行動表，及北平何應欽來電。
⑰　總統府機要檔，同❺書，頁六六三。
⑱　總統府機要檔，同❺書，頁六六四。
⑲　總統府機要檔，同❺書，頁六七九～六八〇。

能保全平津及國家元氣，留作持久抗戰之基礎⑳」。故達成口頭協議。後為交換文件事，歷經三周，最後由何應欽給梅津一便函：「逕啟者：六月九日酒井參謀長所提各事項，均承諾之，並自主的期其遂行，特此通知，此致梅津司令官。何應欽，民國二十四年七月六日㉑」即結案。

張北事件之交涉，與河北事件同時，中央政府採取主動，先免宋哲元省主席職，使其專整軍事，改由秦德純代理，六月二十三日國防會議決議，察事由察省與日方商議解決，而有「秦土協定㉒」。

八月二十八日，北平軍分會改組，政府任命宋哲元為平津衞戍司令，以應付日本「華北特殊化」之要求㉓。十月十九日，蔣委員長電宋哲元：「北方諸事請兄本此意圖處理一切，不必過慮，中必代兄負責㉔」。十一月十七日，宋哲元拒絕日方所提「地方自治」及「脫離中央」，並呈蔣委員長報備㉕。十一月二十日，蔣委員長約晤日本有吉大使，告華北本無「自治」問題，並將派大員代表中央政府坐鎮北平㉖。二十五日，日軍派便衣隊闖入天津市政府擾亂㉗，同日偽「冀東防共自治委員」成立。蔣委員長派劉健羣北上，協助宋哲元處理問題，日本派兵佔豐臺車站，並在長城各口增兵。後經何應欽自北平與中央幾經措商，成立冀察政務委員會。十二月十日，中央政府將此決定電告陳濟棠與李宗仁。十一日發佈命令，十二日提中央政治會議。暫時安定華北局勢㉘。此後兩

⑳ 總統府機要檔，同❺書，頁六八一。
㉑ 總統府機要檔，同❺書，頁六九二。「何應欽為河北糾紛事件經斟酌考慮決以一普通信送達天津日本駐屯軍司令梅津電」。
㉒ 同❷書，卷三，頁二〇五～二〇六。
㉓ 同❷書，卷三，頁二一九。
㉔ 總統府機要檔，同❺書，頁七〇五。
㉕ 總統府機要檔，同❺書，頁七一一～七一二。
㉖ 外交部檔案，同❺書，頁七一七～七一八，<蔣委員長晤有吉大使談話紀錄>。
㉗ 總統府機要檔，同❺書，頁七二〇。
㉘ 總統府機要檔，同❺書，頁七三三～七四一，其中第六十一～七十一等電文及文件。

次豐臺事件，宋哲元皆以忍讓處理。

民國二十五年九月二十三日，華北日軍司令官田代皖一郎向宋哲元提出：(1)「中日經濟提攜原則」四條；(2)「經濟開發要項」八條。中央政府認爲「原則」極爲空泛，「要項」所包甚廣，而對適用地域無明白規定，而予拒絕[129]。民國二十六年一月二十日宋發表告冀察同志書：(1)擁護國家統一，不參加內戰；(2)盡軍人天職，保衞國家主權；(3)剿匪剿共[130]。終使日本「華北特殊化」而成爲泡影。

六、結論

（一）「攘外」與「安內」：此一序幕戰，長達五年五個月，有熱戰，有冷戰，有嚴重交涉，有激烈談判，在日本少壯軍人鐵蹄淫威下，中國政府「不宣戰，不撤兵，不喪權辱國」，在「攘外」的過程中，完成了「安內」的工作。

（二）「一二八」之戰：此一戰役是日本海軍陸戰隊挑釁所引發，蔣中正先生以在野之身，毅然負起全責，遷都、籌款、指揮第五軍加入戰鬪。日本初以輕敵，繼則「陸續增兵」之不當，以及「國聯」的干涉，雖發動八萬精兵（陸軍三個半師團，海軍陸戰隊七千人），但並沒有討到便宜，而國軍第十九路軍與第五軍僅六萬人，士氣高昂，戰鬪英勇，給日軍很大的殺傷後，又作了有計畫的撤退，使日本帝國主義遭到「外交孤立」與「戰場受挫」雙重打擊。

（三）滬戰經驗檢討：「一二八」戰後，經驗所得，在此一河流縱

---

[129] (1)《中日外交史料叢書（五）》，<日本製造僞組織與國聯的制裁侵略>，頁四八四～四八七，「日續迫宋獨立及其反應」。(2)同[2]書，卷三，頁三三〇～三三一。

[130] 同[1]頁六六九。

橫多湖泊地區，不但可以與日軍一戰，且可戰勝日軍，更可引起國際人士明視日本對中國的侵略。此種經驗有正負雙面影響。(1) 正面影響：堅定中國與日本不可避免的一戰，有必勝的信念，並在此一地區修築國防工事，七七事變後，引日軍到此地區決戰，血戰四閱月，使日軍精銳損失慘重。(2) 負面影響：如無此經驗，或能多忍辱負重二、三年，等歐戰爆發後，再視情況而動，或可引導日本陸海空軍精銳用於蘇聯，中國能避其鋒頭，免去重大的犧牲。

(四) 張學良辭職出國：「九一八」後，張因受部屬包圍，想維持北平苟安局面，對熱河之戰無信心，又怕日軍暗殺他，不敢親赴熱河督戰，湯玉麟貪污無能，兵無戰力，造成熱河的淪陷，張被迫「辭職」出國，東北軍羣龍無首，又失去蟠踞多年的東北地盤，士氣影響甚大，後調豫鄂皖剿匪，再轉西北剿共，經中共挑撥年輕軍官，引發「西安事變」。

(五) 商震與晉軍：熱河作戰之前，商震率晉軍東出支援，且對華北各將領會商抗日實況，多由商震向蔣委員長報告。冷口之戰，晉軍與日軍纏鬪多日，這是商震及晉軍與中央政府改善關係的關鍵。

(六) 長城、冀東、灤東、察東之役：此一戰鬪，有東北軍四個軍，十七個步兵師，三個騎兵師，二個砲兵旅，四個砲兵團，一個工兵團；晉軍一個軍，四個步兵師，一個騎兵師；西北軍兩個軍，四個步兵師，一個騎兵師；晉綏軍兩個軍（陸軍、騎兵各一個軍）；中央軍兩個軍，四個步兵師，獨立步兵騎兵各一旅。日軍主攻目標為中央軍，希望給中央軍有力打擊，以瓦解其抗日精神武裝，故有南天門血戰。不過各軍作戰英勇，給日軍很大阻力與殺傷，是一小型全面戰爭，更促成國軍團結與抗日。

(七) 塘沽協定：「塘沽協定」在國軍固屬「城下之盟」，但日本因內閣堅決反對日軍再戰，日關東軍亦不敢冒險挑起中日全面戰爭，故在無第三國參與下，決定停戰，而有「塘沽協定」的簽字。

（八）「何梅協定」：此一有實質內容而無形式簽字記錄之「協定」，今何應欽將軍雖盡力否認，但達成口頭協議，並給梅津一便函：「逕啟者，六月九日酒井參謀長所提各事，均承諾之，並自主的期其遂行，特此通知，此致梅津司令官，何應欽，民國二十四年七月六日」，卻是眞的。不過此次「河北事件」，中央準備作戰，經何將軍電呈分析所化解，是國家不幸中之大幸，並可看出何將軍當時的高瞻遠矚。

（九）胡適對蔣委員長領導全國的肯定：民國二十四年八月，胡適贊譽蔣委員長說：「全國人民心目中都覺到只有他一個人在那裏埋頭苦幹，」「不辭勞苦，不避怨謗，並還能容納異己的要求，尊重異己的看法，蔣先生成爲全國公認的領袖，是一個事實，因爲更沒有別人能和他競爭這領導的地位。」胡適之言，的確代表當時多數人的心聲。

（十）宋哲元與冀察政局：長城之戰，宋統二十九軍在喜峯口及羅文峪有英勇的戰績，民國二十四年底宋承中央之命與日本軍方之認可，成立冀察政務委員會主持冀察軍政，與日本作第一線之接觸與交涉。宋及其智囊採雙管道制：(1) 對中央政府，絕對服從，部隊接受中央所派的政訓人員，保證不會喪權辱國；(2) 對日本外交人員與天津駐屯軍，作某種程度的妥協，任用日方推薦的人員，亦聘用日人（屬日本陸軍特務機關）作軍事顧問，含混或無指明地應允日本某些較重大的要求，當此要求不能完全兌現時，日本知受宋之愚弄，故七七事變初期，日軍主要任務是擊潰宋軍。

（十一）西安事變：西安事變發生，舉國惶惶，日本幸災樂禍，認爲中國一定大亂，後蔣委員長脫險消息傳出，全國歡聲雷動，此一事變促成全國大團結，局勢對日本不利，即加緊壓迫冀察與綏遠，不令華北

「中央化」，並有驅除第二十九軍之說。

（十二）全面抗戰：若不是中國與蔣委員長百般忍讓，中日全面戰爭早就發生；若不是日本得隴望蜀，定要在華北製造「華北國」，中日全面戰爭或將延遲相當時日。民國二十四年與二十五年，中國為了保衛華北，兩度不惜一戰。民國二十六年六月，日本大使川越茂發表談話：謂中國須認清日本生存與發展的權利，及「滿洲國」生存與華北的必然聯繫。且自河北事件後，日軍更肆行無忌，任意作實彈演習，製造事端，使中國政府與駐軍無法忍受。宋哲元雖委屈交涉，終在盧溝橋的演習中，引發全面抗戰。

評秦郁彥教授〈盧溝橋事變與蔣中正先生的開戰決意〉

——兼論「非法射擊」問題

～蔣中正先生與現代中國學術研討會宣讀之評論～

(一)

秦郁彥教授，著作頗豐，執筆勤嚴，先後讀過他的：1.《日中戰爭史》（一九六一，河出書房新社，其中第四章約二萬五千字討論盧溝橋事變）；2.《（日）軍法西斯運動史》（一九六二，河出書房新社）；3.《戰前期日本官僚制度組織與人事》（一九八一，東京大學出版會）；秦教授是東京大學法學院畢業，應該是學經濟的，曾在日本經濟企劃廳經濟研究所工作，不知何種因素，引導秦教授有興趣研究軍事史或人事制度史，而且成就非凡。

(二)

秦教授的大文是：〈盧溝橋事變與蔣中正先生的開戰決意〉。中日兩國教授討論這「侵略與被侵略」的問題，因資料與看法不同，多少有些不同的見解，不過我們本著「歷史法則」，心平氣和的討論，只要不各說各話，所得的共識，應該對學術尊嚴、歷史眞象、以及中日學者的溝通，都是有益的。

秦教授之大文共分爲九節，前八節約一萬三千字是討論盧溝橋事變當天槍聲之事，第九節約一千字，討論蔣中正先生的決斷。這個結構給人有頭重脚輕的感覺。或許「大會」限制了秦教授論文的字數，不然有關蔣中正先生的決斷，可用的資料與討論的地方比盧溝橋事變還多。起碼可以使之均衡。不知秦教授以爲然否?

（三）

現在先按秦教授之次序討論盧溝橋事變，此點屬於歷史眞相的探討，必須謹嚴的說實話，有問題地方卽提出討論，請秦教授諒解:

一、偶然的命運:

敍述日人志村菊次郎在豐臺入伍，編入支那駐屯軍，河邊旅團，步兵第一聯隊（牟田口），第二大隊（一木），第八中隊（清水）之經過，與同隊人對他之印象。此節有文學感人的筆法，史實亦無問題。

二、七七夜間演習: 分六點討論:

1. 根據辛丑和約第九條，各國駐兵，除東交民巷使館區外，沿北寧路爲黃村、廊房、楊村、天津、軍糧城、塘沽、蘆臺、唐山、灤州、昌平、秦皇島、山海關等十二處。豐臺並不包括在內。民國二十五年（一九三六）六月一日至十日，日本駐軍自一、七七一人增至五、七五四人，原有營舍不足，日軍當局不顧辛丑和約限制與中國當局的反對，派兵侵佔豐臺。因此與第二十九軍先後發生二次（6.26， 9.18）豐臺事件。秦教授文說依據辛丑條約，日軍擁有駐軍（及演習）的權利，顯然是與事實不符。

2. 日本侵略中國，自甲午戰爭、二十一條、濟南慘案、九一八、一二八、進攻熱河長城，製造「華北特殊化」及「內蒙獨立」。長久以來，幾乎永無休止，侵略的脚步又一天比一天的快，所以造成中國全國上下反日情緒的高漲。有是可忍孰不可忍之勢。此時日軍又在強佔的地方實兵演習,當然是存心挑釁,秦教授文卻用:「其被指責爲反應遲鈍或存心挑釁,是在所難免的」,語意不明,主觀扭曲史實。有失歷史筆法。

3. 當晚十點半,日軍先射發空砲彈,十分鐘有來自堤防(永定河堤)上實彈步槍聲數發,稍後又有實彈輕機槍聲十數發(按十八發)。此兩次槍聲,經第二十九軍駐地營長金振中,團長吉星文,旅長何基灃、副軍長代軍長秦德純調查證實非其部隊所爲。秦教授考證一萬三千字,也沒有定論。但決不是第二十九軍所爲,除何基灃調查過子彈數量外,還有最大的理由,就是第二十九軍自宋哲元以下高級將領絕不想打仗的,打起來不但損兵折將,如果失掉地盤,吃虧的是第二十九軍整個團體。故要官兵對日軍忍人之所不能忍!

4. 秦教授此節有槍聲帶閃光及喇叭聲,秦教授因年輕不曾當過軍人,對當時中日雙方所使用之武器一知半解。原文:「這次射擊可能是以輕機槍射出的閃光及喇叭聲作爲標的而攻擊的。」當時二十九軍裝備陳舊,只有捷克式(近中正式)七九步槍及輕機關槍。無此新式機關槍及曳光彈裝備。如此節記載不假,那是日軍配備(日稱:十一年式輕機關銃,俗稱歪把)之六五輕機槍,槍托自槍身由一鋼管向外(右)歪出約十公分,以便用右臂瞄準之用,在槍身右側有一長方型子彈槽,裝五排(每排五發)三八式六五子彈,用一伸縮壓夾壓好,子彈自右側進入槍管,即可點放或連發,較使用彈夾之輕機槍裝彈快速,火力強大。日軍常用它發射曳光彈指揮步砲射擊對方機槍陣地,此種進步武器,當時二十九軍、地方團隊、中共(中共無武裝在河北)、土匪及民間都沒有,只日軍有此配備。論至此,突然想到秦教授所提日方所爲的說法,日駐屯軍:特務機關——茂川秀和大尉(日特務機關),專田盛壽少佐、鈴木京大尉(皆日駐屯軍參謀)及浪人,爲「華北特殊化」,替日軍立不世之功？且用曳光彈，夜黑有所鑑證。希望秦教授參考日本資料，詳加考證，當有所突破。

5. 七月八日早晨五點之戰，根據中國《抗日戰史》記載：「八日五時，即首先向我盧溝橋鐵橋守兵猛烈進襲，大井村日砲兵亦對該點行急襲射擊，橋東端我守兵一排全部犧牲，該處遂被日軍佔領；同時日軍另一部約三百人，由龍王廟偷渡永河，企圖進襲我長辛店駐軍，我軍不得已，乃扼守盧溝橋西端及其以北地區，實行抵抗。」此乃中國國軍守土有責之舉動。然秦教授捨中國資料不參考，卻用日本駐屯軍第一聯隊不實之戰報說：「遭受來自龍王廟附近的全面射擊，一木大隊立即予以反擊」。按在一文字山附近日軍一木大隊，四點二十分獲得聯隊長牟田口作戰命令，經一個小時調動及砲兵部署，五點二十分左右前進至盧溝鐵橋（平漢鐵路用橋，與盧溝橋平行，在盧溝橋——公路用——西北約數百公尺）附近展開攻擊。如果按秦教授所說，「中國軍隊全面攻擊」，戰場應在日軍布陣區一文字山、五里店及豐臺，但眞正的戰場卻在宛平縣北西中國軍防守區，永定河堤及盧溝鐵橋，日軍前進數公里，多少懂一點軍事或戰史的人，就知道誰攻擊誰了。

6. 據上述1——5的討論，秦文本節附表可修正二點：（1）七月七日二十二點四〇分：「遭來自龍王廟附近中國軍陣地射出的子彈攻擊」，改爲：「據清水中隊長所記，有來自龍王廟附近中國軍陣地數聲（步槍）及十數聲（輕機槍）實彈槍聲，經考證，可能是日方所爲，但需進一步查證」。(2) 七月八日五點三十分：「遭受中國軍隊攻擊，第三大隊發動攻擊」，改爲：「第三大隊發動攻擊盧溝鐵橋及永定河堤防，中國軍隊還擊」。

三、戰鬪詳報與清水手記：分兩點說明：

1. 提出兩個問題：(1) 開第一槍的犯人是誰？(2) 爲何以它會擴

大成爲中日全面戰爭？在此節中秦教授未討論到，我們也留到下邊再說；

2. 秦教授指「日本戰鬪詳報」爲「官方文書，有重形式，省記載，而微妙之處則敷衍表達傾向」。此處我完全同意秦教授的看法。並在前二、3. 4. 5 中予以證明。

四、在那兒徘徊？

此節考證志村失踪又歸隊的經過，指明淸水函覆爲「相當含糊曖昧」，及失踪的四個可能：1. 傳令迷路；2. 掉入沙坑；3. 躲入窪地；4. 被俘。因與本題關係不大，不再討論，惟其中說：「由高文斌領導的冀東保安隊騎兵（原爲東北馬賊）捉捕到迷路的日本兵，隨卽加以釋放」。此處因冀東保安隊屬殷汝耕，殷已於民國二十四年十一月二十三日組僞冀東自治政府，投降日軍，其冀東保安隊——教導及第一、二、三、四總隊，殷汝耕、張慶餘、張硯田、李允聲、韓則信——約一萬人，與二十九軍關係密切，部分爲五十一于學忠部隊改編，駐冀東及通縣，此保安隊不會在通縣以西宛平出現，疑爲冀北保安隊（石友三，負責北平城防），經查秦教授文註九，與七月二十九日通縣事件有關，仍爲冀東保安隊。或許所引中島辰次郎（中島辰次郎爲日本浪人，由日本陸軍北平特務機關直接指揮，在平津豐臺等地製造事端）：「盧溝橋事件與通州事件的眞相」（未發表原稿）弄錯，但無法查對，此點待本人查明後設法補入。

五、失敗的擒俘行動：

此節考證日軍想擒中國兵作「非法射擊」——放第一槍證人的失敗經過，也是日軍處心積慮「製造事端」的反證。尤其是七月八日晨，作戰尙未結束，日本朝日就斷言「第二十九軍第三十七師第二一九團」是「非法射擊犯人」的說法，關於此點，我在二、3. 中已詳論，此處不再贅述。

六、中國的主張是僞證嗎?

此節標題雖用? 號表示疑惑，但在討論過程中用「寺平忠輔: 盧溝橋事件」（一九七〇年版），引日本陸軍駐北平特務機關長松井太久郎大佐之話作結語: 「可見這一點還是勝利者（應指秦德純）向東京裁判提出的僞證無疑。」此點本人曾作過深入研究，秦教授處理方法有些草率，且受民族意識及愛國立場影響。現分析如後:

1. 秦教授所引用之秦德純回憶錄，是本人於民國四十九年（一九六〇）在近史所隨沈雲龍教授所作的口述歷史訪問稿，由本人紀錄。因秦將軍已交「傳記文學」排印，故近史所不再列入口述歷史叢刊。因當時與美國紐約哥倫比亞大學合作，沈教授及本人非常謹愼，追問了秦將軍許多問題，也更正一些他記憶錯誤（曾蒙秦之感謝），關於事變眞相再三研究，不會作僞。

2. 寺平忠輔，時任日本陸軍北平特務機關陸軍大尉輔導官，是松井部下，他的著述用作松井對彼等野蠻暴行之辯說，是可以理解；此點希望秦教授再深入理解。

3. 此節關鍵在討論「非法射擊」第一槍的問題，秦教授把日軍強佔豐臺及實兵演習，並發射空砲彈(聲音類同)，眞正的非法射擊放過不討論，卻以莫須有的兩次零星的槍聲，以松井特務機關長的同一說法，指爲「非法射擊」。就算此射擊爲眞，應該研判槍聲（按備戰部隊對敵方槍聲是很熟習的——一般來說，使用何類武器，即可研判敵方的兵力），再交涉查對。然在兩軍陣前，冒然進行調查，槍隨人動，非第二十九軍所射擊，如何能查得出來，強行執行，不是挑釁是什麼?

4. 七七事變時，中國北平第二十九軍當局，與南京中央政府，在處理問題方面有或多或少的距離，前者希望妥協，談判解決，暫維持現有之局面；後者主張，不妥協、不撤兵，任何談判解決必須獲得中央核准。秦教授文指「華北日報」七月九日所報導七七事變消息與東京證言相符合，也是七月八日冀察當局指導輿論和對外宣傳而作。此種自由心證串連手法，爲「政論文章」所慣用，缺乏邏輯基礎，不是歷史學者求眞的方法，也無說服讀者的力量。其眞相爲：(1)七七晚發生事變；(2)七八中日交涉開始；(3)七九「華北日報」據所採訪眞實新聞報導；(4)秦德純於戰爭結束後，據實作證。

此處本人特別提醒秦教授，中日全面作戰，不在七月八、九兩日之交涉，且七月十一日，第二十九軍秦德純、張自忠與日軍參謀長橋本羣少將談判之「停戰約定」，已經達成，且由張自忠與松井久太郎當晚簽字。後經南京中央政府七月二十二日核准。但日本軍人不以此爲滿足，日本參謀本部於七月十一日以臨參命字第五十六號調日關東軍獨立混成第一旅團（酒井鎬次郎）集結順義，獨立混成第十一旅團（鈴木重康）集結高麗營，關東軍飛行集團——偵察、戰鬪、重轟炸各二中隊，高砲二中隊，鐵路第三聯隊，及汽車隊支援作戰。同時再以臨參命字第五十七號，在朝鮮緊急動員第二十師團（川岸文三郎），開往天津、唐山、山海關，歸天津駐屯軍司令部指揮。七月二十七日，再以臨參命字第六十五號，派第五師團（板垣征四郎，豐臺以南），第六師團（谷壽夫，楊村、落岱），第十師團（磯谷廉介，馬廠），日本決意全面侵略中國，中國只好被迫應戰。

七、何基灃手記暗示什麼？分五點討論：

1. 何基灃當時不是中共黨員，民國二十六年九月升陸軍第一七九師師長，武漢保衞戰後，屬第五戰區（李宗仁），第三十三集團軍（張自忠），第七十七軍（馮治安），第一七九師，駐新野，開始同情中共，向李先念捐錢，送槍。共黨稱爲「非黨籍布爾什維克」。卽非共產黨員，執行共黨任務。後加入中共，戡亂時期徐蚌會戰時，陣前倒戈，使國軍損失頗重。

2. 何之「七七事變大事記」，沒有暗示什麼，但指明兩點：(1) 他聽到數次——包括日本軍演習的空砲彈——槍聲；(2) 第二十九軍絕沒有射擊。

3. 吉星文團長訓示：「日軍假裝演習，近日意圖奪取宛平縣城，該地守軍應日夜嚴加警戒，期能做好完善的防務。」此處亦分二點說明：

(1) 可能是「北支憲兵與支那事變」作者荒木和夫憲兵大尉，資料或來自不可告人之處(如不光明獲得之情報等)，不便直接寫在著作內，故說是由中國陣亡列兵身上發現的。殊不知中國軍隊行文到連爲止，連以下之命令多爲口頭傳達。排無文書人員之設置，當時之中國兵多不識字，要它何用。再說團長的命令，絕不會放在一個列兵的身上；所以秦教授據此演繹法推論「可能是心存恐懼排長以下人員突發行爲」，無法成立。

(2) 即使眞有此命令，不管荒木如何得到，只能證明第二十九軍做好完善的防守，與射擊無關。

4. 秦德純當晚與日本陸軍特務機關派駐第二十九軍顧問櫻井德太郎少佐之談話，眞正代表他大事化小，小事化無，盡快解決的心情，秦在第二十九軍屬客卿，此人聰明絕頂，手腕高超，爲第二十九軍之智囊人物，絕不想在自己代理期間出事，所想到的「盜賊、便衣隊員（此四字含意不明，是土匪，民眾，或有所屬——包括中日雙方及附屬機關或第三者之便衣持槍人員，以秦的聰明機智，在中日辦交涉時，不會說出這種有問題的話，其回憶錄無此說法）或西瓜園的看守人」，這是很正常的想法，即使有「『難道會是……』的不安情緒」，正是懷疑爲日軍所爲，因爲他確是掌握非中國第二十九軍所爲也。

5. 再談一個中日輕兵器的常識問題，中國第二十九軍所用捷克式七九輕機槍彈夾，規定可裝二十發子彈，如果是中國製造的，彈簧過硬，根本裝不進去，最多裝十五發子彈，原裝進口，實可裝二十發子彈，但時間過久，彈簧會鬆，子彈頂不上來，為了保護其壽命，習慣上也多裝十五發子彈，與秦教授考證，機槍聲為十八發子彈一次連發數量不符。再用曳光彈及喇叭聲判斷，當時當地只有日軍有此裝備。秦教授不妨去訪問當時中日老兵，即知我此言不假。

八、愈益加深的謎:

綜合「放第一槍」在日本之說法有五種。現分析如後:

1. 中方所為:

(1) 冀察當局內西北軍馮玉祥系份子，或石友三、陳覺生等人為之。此點可能性不大，冀察當局為西北軍馮系蛻變新生團體。宋哲元對老團體照顧的很週到，且將石友三——西北軍善變者與日軍有某種連繫，加派為冀察政務委員會委員（二五、七、一〇），並要他帶冀北保安隊，駐北平及黃寺。陳覺生為北寧鐵路局局長，與日軍有連繫，他早就知道日軍要發動戰爭。

(2) 藍衣社所為: 中國政府或私人無「藍衣社」組織，如指「力行社」、「復興社」，或中央政府某特定組織——例如中國國民黨中央調查統計局、軍事委員會軍事調查統計局，或第二十九軍政訓處等。但此一舉動百分之百違反中央政府政策（詳後）。絕不可能。

(3) 中共所為: 中共確有黨員如劉少奇（化名胡服）等人，潛伏在東交民巷使館區，並在民國二十四年十二月九日與美記者史諾夫婦製造北平「一二九事件」，不過他們可能有手槍，或許可能有步槍（攜帶不方便），但不可能有日式六五輕機槍及曳光彈，故機會不大。

(4) 偶發性的說法，此點本人在前邊已說過，不可能。金振中營長八十歲的回憶錄，只能代表駐軍的防備，如日軍侵略進攻挑釁，決定抵抗，執行中央政府政策，不可能解釋成過度緊張而亂放槍，且經何基灃旅長檢查過子彈數量，絕不是第二十九軍所爲。

2. 日方所爲:

指駐屯軍、特務機關或日本浪人出自個人的陰謀。本人同意此說，以雙方輕武器配備、機槍喇叭聲、發射數量、閃光，及彈夾爲證，更加增強此說之可能性。

根據以上分析：日方所爲概數爲最高，尤其是六五輕機槍槍聲、曳光彈，及一次連發十八顆子彈數量，件件證明，非日本正規軍別無所有。故在此「大膽假設」，日駐屯軍參謀專田盛壽少佐，鈴木京大尉及日本陸軍北平特務機關茂川秀和大尉配合，在日本軍「謀略機關」（秦教授文所提，但未指明名稱，是否參謀本部控制之「東亞同文社」？）及浪人策劃下之舉動。駐屯軍司令官田代皖一郎中(生病)，參謀長橋本羣少將，步兵旅團長河邊正三少將，及第一、二與砲兵、戰車各聯隊長，牟田口廉也、萱嶋高、鈴木率道、福田峯雄等四位大佐與所有隊職官皆被矇蔽。不過日本陸軍駐北平特務機關長松井太久郎大佐一定知道此事，看他在宛平縣外調查「非法射擊」的蠻横態度，卽可證明。當時他卽知「進城尋找城外演習失踪士兵是毫無道理」，但查證中國方面射擊的士兵，豈不更爲渺茫，更無道理嗎？其一心製造事端，可想而知。

（四）

最後討論「蔣中正先生的決斷」，此點屬於歷史解釋問題，本人對秦教授之解釋不能苟同，尤其是說「蔣中正似乎過早下決心」，纔引起中日全面戰爭，更不能接受。秦教授引用中國資料，斷章取義，結論：『吾人對盧溝橋事變處理覺得是一項「不幸又不幸的錯誤」的重複，這是日中雙方共同的責任』。把日本侵略中國的責任，部分推到中國，似乎稍失公正。本人願爲此一問題，作扼要說明·

一、蔣中正先生留學日本學陸軍，對日本有某種程度的感情存在。在抗戰勝利後，保存了日本君主立憲政體，快速遷俘，這是全世界都知道的，但有一些不爲人知的史實，即日本部分軍人戰時在中國境內（包括臺澎）爲非作歹，作惡多端，戰後皆列入戰犯，除極少數幾個人作象徵性懲處外，幾乎全部（東北日俘，蘇聯交中共手中，被中共奴役打內戰）遷回，所以日本對蔣中正先生感恩報德，歷久不衰。

二、蔣中正先生決心抗日，起於「濟南慘案」，因日軍表現殘暴，沒有人性。無視國民政府及國民革命軍，他當時是「北伐全軍總司令」，想到日本將來一定侵略中國，中日難免一戰。

三、九一八事變後，中國政府訴諸於「國聯」，「國聯」無實力，最後，祇得到李頓調查報告，證明日軍侵略中國。

四、一二八淞滬之戰，中國以第十九路軍（十八個團），及第五軍（十一個團）——共二十九個步兵團，另憲兵四個營，約六萬裝備不佳的步兵，抵抗日本四個師團——第二十四混成旅團，第九師團（植田謙吉）、第二十師團（室次兼）第三十九旅團（嘉村達次郎）、第十一師團（原東）、第十四師團（松木直亮）機械化的部隊，附飛機、戰車、裝甲車，及海軍第二、三艦隊及其陸戰隊，約八萬人精兵。靠地形，國聯干擾，及國軍奮勇，戰成平手，使蔣中正先生對日軍作戰信心大增，並在此一地區作國防永久工事。抗戰初，八一三起，引日軍入此一陣地，雙方鏖戰四閱月，造成日軍重大傷亡，中國軍隊損失更大。

五、熱河長城作戰時，蔣中正先生及中國政府政策爲：不撤兵，不宣戰，一面交涉，一面抵抗，終有「塘沽協定」。

六、民國二十三年十二月，中共殘軍流竄到貴州，蔣中正先生親定陸軍六十師整編計畫，得到德國軍事顧問的協助。期望完成此現代化的六十整編師，可與日本軍事平衡而避免中日衝突。當時日本有二十個常備師團，每師團約二萬二千人，作戰時日本、朝鮮及東北，需留十個師團，侵略中國出兵爲十個師團。中國六十師，每師一萬八千人，三十個師鎮守各地，三十個師防備日本。如此三與一之比，使日本知難而退。不過現代化之德國裝備因故未到，改用中國舊有武器。至七七事變時，祇編成二十個師，另十個師纔開始整編，蔣中正先生此時絕沒有下決心對日作戰，秦教授所引用《蔣介石秘錄》(12) 頁二一，是日本人一定要侵略中國，他被迫應戰的心聲。

七、民國二十四年（一九三五）是中日雙方緊張的一年：一月十五日，察哈爾東楂子事件；五月三日河北事件，幾乎造成全面戰爭；六月五日張北事件；八月十日所謂「廣田三原則」的提出；十月八日香河事件；十一月二十三日日軍製造「僞冀東防共自治委員會」；十二月十一日冀察政務委員會在日軍默許下成立，經南京中央政府任命發表。日軍希望通過它——冀察政務委員會——快速達到「華北特殊化」的目的，但第二十九軍將領個個愛國，經一年半或明或暗的地方交涉，日軍由一、七七一人增至五、七五四人，引發兩次豐臺事件，日軍大失所望，所以才由其謀略機構（詳前），製造事件，而有盧溝橋事變。

八、民國二十四年十一月中國國民黨在南京召開第五次全國代表大會。蔣中正先生發表外交政策性演講有：「和平未到絕望時期，決不放棄和平，犧牲未到最後關頭，決不輕言犧牲」。翌年七月，中國國民黨第五屆第二次中央全會，蔣先生對「最後關頭」有明確的界說：「我們如遇有領土主權再被侵害，如果用盡政治外交而仍不能排除這種侵害，就是要危害到我們國家民族之根本生存；這就是爲我們不能容忍的時候，我們一定作最後之犧牲。所以我們最低限度，就是如此」。這些皆證明蔣先生是應戰，而不求戰。

九、七七事變後，日本主張地方談判，藉此揀些便宜，中國主張任何諒解或協定，須經中國中央政府核准始爲有效。此事經北平、南京兩地談判，雙方亦調動軍隊，中國政府爲了避免戰爭爆發，乃於七月十六日商請英駐華大使許閣森 (Sir Hughes Knatchbull-Hugessen) 轉達日本外務省，中國蔣委員長準備自十七日起停止調動軍隊，但希望日本亦採取同樣行動。中國政府準備預作安排，以便雙方捲入衝突的軍隊各回原防。但日本當局通知許閣森：盧溝橋事變之解決，完全在華北地方當局職權範圍內，日本政府不能接受蔣介石的提議。七月十七日，蔣中正先生在廬山對全國高級知識份子發表政策演說，對盧溝橋的立場是「希望和平而不求苟安，準備應戰而決不求戰。」

十、日本參謀本部七月十八日策定完成對華北作戰計畫，同日日軍飛機三度炸射平津火車。陸軍省指示新上任（七月十二日）天津駐屯軍司令官香月淸司中將，以七月十九日爲期，可以自由以武力解決平津地區之糾紛。七月二十五日，日軍攻佔廓房，二十六日有「廣安門事件」，晚向第二十九軍宋哲元提出最後通牒，限二十八日正午以前，將馮治安第三十七師由長辛店撤至保定以南。二十七日，最後通牒未到期前，日軍開始攻擊通州、團河之中國軍隊，當晚宋哲元通電決心抵抗，惜十餘萬大軍，未進入備戰狀態，翌日晨日軍陸空及機械化部隊，大舉進攻南苑、北苑、西苑，第二十九軍遭受慘重的損失。中日全面戰爭開始。

（五）

日本誤信其三中隊(三連)步兵卽可征服中國，故一直求戰。卽使談判經雙方簽字，中國中央政府核定，皆視之無物。總以製造「華北國」爲該段之目標，史實俱在，如此說蔣中正先生「過早下決心」，或要中國方面負全面戰爭的一半責任，非史學求眞之原意，亦失歷史學家公正立場了。

盧溝橋事變與蔣中正先生的開戰決意

日本拓殖大學
教　　　授　秦　郁　彥

～蔣中正先生與現代中國學術研討會宣讀之論文

一、偶然的命運

戰前三月間是日本陸軍徵召新兵入伍的季節，在家人及左鄰右舍親朋的歡呼聲下，踏進鄉土團（Regiment）大門的情景，全國各地均可見著；然而，一九三七年（昭和十二年）二月，被裝進停靠東京車站待發的七節臨時列車上的一批年輕人們，他們對這種不尋常的入伍方式都無法掩飾住迷惑的神情。

他們被預定送往位於北京、天津地區的中國駐屯步兵第一團，在當地入伍，是湊合關東一帶年滿二十歲的合格役男和十八歲的志願兵編成的。因到達現地之前他們仍爲預備員，故人人服裝不同，據說在門司(Moji Harbor)上船後才會發放軍服。

向來，派往外地駐屯部隊的兵員，均在鄉土團受訓完畢後才分發的；然而此次直接將新兵送往現地入伍的新嘗試，謠傳與「二・二六事件」具有關連。也就是說，把新兵交由叛亂軍的第一師團那批問題將校帶領隊，編入中國駐屯軍以示左遷。

這批新兵中，有位出身東京商業區名叫志村菊次郎（Shimura Kikujiro）者。他生於本所，長在下谷（Honjo）的志村，在下谷龍泉寺唸小學時成績優異，不是第一名就是第二名，然而家境貧寒，小學畢業後卽開始做事，先後幹過見習厨師、裝訂廠的配送員及徵信社職員等等，職業輾轉不定，後來因善於繪畫，住進陶瓷家板谷波山（Itaya Hazan）的畫室，同時也上夜校唸書。另有一說，他一度想成爲小說家，成了著名作家林不忘（Hayashi　Fubo）的弟子。然而在年滿二十歲被徵召的那年，他是在松山（Motsuyama）的一家報館服務❶。

三月一日在豐臺（北京近郊）完成入伍儀式，被分發至第三大隊第八中隊服務的同期士兵福島忠義（Fukushima Tadayoshi）和斧窪聖行（Onokabo Kiyoyuki）兩人，相繼談到對志村的印象時說：「他是位認眞老實，但不很引人注目的男人，大概是肥胖的緣故，動作稍顯遲鈍，但腦筋不錯」。

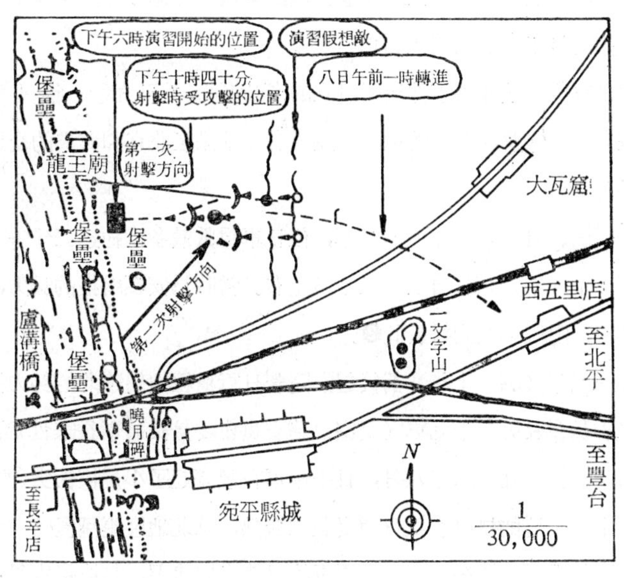

附圖：第八中隊夜間演習簡圖（七月七日夜）

戰友說：「要不遇上那事件，說不定誰也記不得他了！」，如此一位不顯眼的人物——志村菊次郎，卻在偶然的命運安排下，一夜之間被推上歷史的舞臺。

二、七七夜間演習

一九三七年（昭和十二年）七月七日傍晚，中國駐屯步兵第一聯隊第三大隊所屬第八中隊中隊長清水節郎（Shimizu Setsuro）大尉，爲進行夜間演習訓練自豐

❶ 志村イトヱ(Shimura Itoye)（菊次郎之妹）的談話。

臺的軍營出發，開往盧溝橋附近的演習地點。

盧溝橋位於北京西南方十八公里處，是座横跨永定河上的美麗石橋，橋旁豎立著刻有乾隆皇帝御筆題字「盧溝曉月」的石碑，爲風雅之士流連忘返的名勝之地。十三世紀偉大的旅行家馬可孛羅（Marco Polo）經造訪此地，因而歐美人士亦稱它爲馬可孛羅橋。橋的東南方是擁有二千人口的宛平縣城，沿河東岸所築堤防朝北行八百公尺處，有座小廟，叫做龍王廟。廟的東側有採過沙礫的明顯痕跡，已成一片荒地，豐臺的日軍拿它做爲演習地。

中國駐屯軍依據義和團事件後所訂立的辛丑條約（一九〇一年〔明治三十四年〕），擁有駐軍（及演習）的權利，並負有「確保至北京和海港的交通通訊及保護日僑」任務。

英、美、法、義等國也都派有駐軍，但日軍爲數最多，約達二千一百名，一九三六年（昭和十一年）五月增派至五千名左右。當時爲安頓增援的兵力，遂於豐臺構築新的營房，配置第三大隊於此❷。

自一九三五年（昭和十年）前後起，隨著日軍積極地對華北的勢力擴張，北平的冀察政務委員會及第二十九軍（冀察政務委員會委員長兼軍長宋哲元）之間，反日情緒日趨高漲。一九三六年八月，日中兩軍在豐臺起了小規模衝突（豐臺事件）。翌年，漫延中國全境的排日、抗日運動益加熾熱，華北地區更瀰漫著一觸卽發的緊張氣氛。日軍無視這種情勢，竟在中國軍的跟前實施演習，其被指責爲反應遲鈍或存心挑釁，是在所難免的。

且說，當第八中隊於下午四時半左右抵達演習地點一看，發現永定河堤防上有二百多名身著白襯衫的中國士兵正使勁地在構築工事。清水中隊長在其記事簿上寫著：他們作業完畢後，發現向來無防備的堤防上舊的堡壘被掘起，而做起了新的散兵坑，給人一種不祥的預感❸。

由於堤防上的作業一時難以結束，清水中隊遂改變演習計畫以龍王廟爲起點，

❷ 島田俊彥（Shimada Toshihiko）：＜華北工作と國交調整＞（一九三三～一九三七年）《太平洋戰争への道》，第三卷，頁一八三～一八七，朝日新聞社，一九六二年。
❸ ＜清水節郎手記＞，秦郁彥：《日中戰爭史》，第四章載。原書房，一九六一年。

把假想敵配置在東北方，由靠宛平縣城的位置朝東開始演習。當日全無風浪，是個晴朗、無月色的寂靜夜晚。

下午十時半左右，完成前半段訓練，預定到翌日黎明在野外過夜，然而當帶了中止演習及集合命令的傳令兵出發後不久，突然假想敵方面的輕機槍開始發射了空砲彈。清水大尉心想可能對方不知演習中止，而把傳令兵誤認爲斥候吧！正在注視時，突然遭受來自堤防方面用步槍射出的數發子彈的攻擊，直接感受到那是實彈。

因此命令號兵吹集合號，此時又遭受稍爲偏南同一方向射來的十數發子彈的攻擊。這次射擊可能是以輕機槍射出的閃光及喇叭聲做爲標的而攻擊的。當集合部隊清點人數時，發現派出去的傳令兵一名不見了，大尉立即命騎馬的傳令兵岩谷（Iwaya）軍曹馳往豐臺向一木（Ichiki）大隊長告急請示，同時動員中隊（定員一三五名）的全部兵力，移動至西五里店附近集結❹。

一木大隊長接到報告後，以電話向北京的牟田口（Mutaguchi）聯隊長報告，承指示「朝現場急行軍，完成戰備後，呼叫大隊長（盧溝橋的）交涉之❺」，緊接著出動大隊的主力。一木於凌晨二時左右與清水中隊的部隊會合，在西五里店至一文字山之間佈陣。所謂大隊長，是指中國衛戍宛平縣（盧溝橋）城的第二一九團第三營營長金振中。可是在見到中隊長時，得悉行蹤不明的兵士已經被發現，返回了隊伍❻。

其後，三時二十五分在龍王廟方向傳來三發槍聲，而五時半旭日東昇稍前，這回是在一文字山附近完成戰鬥隊形的一木大隊，遭受來自龍王廟附近的全面射擊❼。一木大隊立即予以反擊，冒著來自堤防及縣城兩方面的交叉砲火前進，佔領了龍王廟附近陣地後，渡永定河追擊、掃蕩中國兵，於十二時左右撤回一文字山。

---

❹ 同前註。
❺ <盧溝橋事件に於ける支那駐屯步兵第一聯隊戰鬪詳報>，頁一五。
❻ 同前註，頁一七。
❼ 防衛廳戰史室：《支那事變陸軍作戰（1）》（《戰史叢書》），頁一四六所載：<支那駐屯步兵第一聯隊戰鬪詳報>。

附　表

七月七日夜——八日晨第三中隊的行動	
時　間	行　動
19：30	第八中隊開始夜間演習
22：40	遭來自龍王廟附近中國軍陣地射出的子彈攻擊
23：57	岩谷曹長向一木大隊長報告事件經緯
24：00	一木大隊長向牟田口聯隊長報告
00：07	第三大隊緊急集合
00：20	第三大隊奉命出動
02：03	與一木大隊長及清水中隊長會合
03：20	第三大隊主力進入一文字山
04：20	聯隊長核准一木開槍
05：30	遭受中國軍射擊，第三大隊發動攻擊

三、戰鬪詳報與清水手記

在檢討被視為昭和史上最大疑案之一的盧溝橋事件時，主要的爭論點有二：其一為開第一槍的犯人是誰？其二為何以它會擴大成日中全面戰爭？首先擬就前者，即七月七日深夜十時四十分左右，清水中隊所遭受數發、及其後的數發（一說為十八發）子彈的開槍者加以探討。

關於此，必須掌握七月七日夜晚至翌日清晨之間，盧溝橋四周到底發生了何事，這是先決要件。筆者以事件發生後不久，由清水大尉為中心作成的第三大隊戰鬪詳報為主要依據，概觀事件的整個過程，其目的就在此。

有關盧溝橋事變一事，到目前為止已有許多，包括根據怪誕的傳聞與誤解在內的文獻和回憶錄被介紹過。在這些資料中，第三大隊的戰鬪詳報是唯一近乎第一手資料者，是當今研究者應視爲出發點的基礎文獻。

不過戰鬪詳報爲官方文書之一種，有重形式、省記載，而微妙之處則敷衍表達的傾向。尤其習慣地不談指揮官下決定前的判斷、迷惘以及兵士們的情緒等。

這些缺點，可依賴當事者手記和回憶錄加以彌補。有關鳴第一槍當時周遭狀況的記述，以故清水節郎於一九五六年（昭和三十一年）應筆者之邀撰寫的所謂〈清水手記〉（收錄於拙著：≪日中戰爭史≫，包含與筆者之間質疑）最爲突出。

其次，以北京特務機關補佐官身份曾參與處理事件，從當時以至戰後，執意究明事件眞相，而完成≪盧溝橋事件≫（一九七〇年〔昭和四十五年〕）一書的寺平忠輔（Teradaira Chusuke）（原任中佐）的研究成果也是值得參考的。

那麼就如清水手記爲中心，舉出若干戰鬪詳報漏列的要點，該文對於射擊的子彈非爲空砲（尤其中國軍通常不裝空砲彈），判斷其爲實彈，其理由說明得很詳細。七日夜晚第一發實彈與我方扮演的假設敵擊出的空砲彈交錯在一起，包括清水在內的老兵都分辨出那是實彈的槍擊聲與飛行聲。

清水大尉當年三十四歲，其細緻的思維和札實的個性早爲大家所公認。他意識到事態嚴重，處理不當，則有引發重大事件的危險，故瞬間不知所措。爲掌握開火證據，希望擒拿俘虜或派遣斥候前去偵察，但卻擔心引發無法預料的戰鬪。如果將部隊撤回駐紮地，又恐怕被宣傳成日軍怕事中止演習被驅走。

經考慮後，清水決定把部隊後退至西五里店附近，等待一木大隊長下判斷。俗語說：「無的放矢」，清水樂觀地認爲那位行蹤不明的兵士該不會被害，過不多久當會回來，事實果如那樣，所以並不怎麼重視士兵的失蹤及其被發現的經過。此類事情是常有的，可以說是置身於前方與後方者感受的差異。

四、在那兒徘徊？

第三大隊的戰鬪詳報記載：「行蹤不明士兵過不久被發現」，而清水手記僅記：「這名士兵約二十分鐘後被發現平安無事」，至於士兵的名字爲志村菊次郎及其返回部隊前在那兒徘徊，則未加以說明。

不過，筆者向作者探詢：「也有風聲說這位士兵是爲解手，一時離隊的。」清水來函答覆說：

「記憶也不十分清楚，但有可能是爲傳令斥候，出去後走錯了路，而回來時，所屬的隊伍已由原來的位置移動他處，因而在漆黑的夜裏延遲來到中隊的位置；或躺著睡覺；或未經許可去如厠時聽到號角聲，認爲是演習中止而漫不經心地就地休息。

縱然這些是事實，但不可能像詳報那樣載入文件，留存於後世，以免造成對其本人終生的恥辱。……（該士兵）並非故意或偷懶做出此事，而且在翌日的戰鬪中也極賣力，故未加以處分。」

一讀此文馬上可以明白那是相當含糊曖昧的記述，也許是清水的腦海裏未留有足以斷定事實的記憶吧！在事件發生後，清水本人或透過部下，可能都未曾向志村責問此事。中隊於八日的一場戰鬪過後依然繼續守著陣地，自七月末起才轉戰華北各地。在忙於戰鬪之際，也有各種風言風語入耳。這麼一來，倒反而沖淡了追究的心情亦難說。

但北平特務機關的寺平大尉（當時），如後文所說，他在與中國方面進行折衝時，體認到該士兵行蹤不明問題是重大的爭論點，所以事後，看了分隊長野地的手記，並向清水中隊長查詢而獲得結論說：「（志村）被中隊長派去傳令，歸途在廣濶的原野上迷失方向」，並斷言：「這個事實絕對沒錯❽。」

寺平更進而說明有關志村迷路一節說：「他完成傳令任務後欲返回野地分隊長處而朝東行走，但找不著，一直到了一文字山麓後又折回，途中聞槍聲及集合號才返回到營區」。寺平的說法與戰鬪詳報及清水手記有許多吻合之處，具有說服力，但並非全無異論。在事件經過四十多年後的一九八四年（昭和五十九年），筆者向第八中隊生存者再度查詢此事，其中佐藤一男（Sato Kazuo）軍曹（小隊長）支持寺平的說法，但隊友間持異論者居多數。茲介紹二、三例於後：

㈠ 福島忠義二等兵：

志村於傳令的歸途上迷路掉進沙礫坑裏失去神智，天明時才返回。

---

❽ 寺平忠輔：《盧溝橋事件》，頁四三七，讀賣新聞社，一九七〇年。

㈡ 斧窪聖行二等兵:

由於志村行蹤不明，而出去找，心疑是否掉進取水用的井裏，查遍了四口井，但漆黑看不見而作罷。其後由於忙亂而忘了此事。翌日黃昏，在戰鬪時發現他已返回。

㈢ 高桑彌一郎 (Takakawa Yaichiro) 上等兵:

聽其本人說是弄錯了方向，走近永定河堤防，遭到中國軍的射擊而躲進附近的窪地，俟凊晨才返回。但實際上恐怕是被俘了吧！

且說這些證言都僅止於記憶而已，而且內容或是從志村本人聽來的；或是隊裏的謠傳；或是本人的推測，出處不明，混淆不淸。再者，戰後在第一聯隊的戰友會上，志村的行動常成爲話題，但確實持有記憶者闕如，同時推論、看法也互異。如果說不可思議，誠然是不可思議，終究它是一個解不開的盲點。

其中高桑的主張，聽說被戰友們視爲異端。但「馬賊一代」作者中島辰次郎(Nokajima Tatsujiro) 說：由高文斌領導的冀東保安隊騎兵（原爲東北馬賊）捉捕到迷路的日本兵，隨卽加以釋放。這個新說法與高桑的主張一脈相通❾。

如果被俘是事實的話，志村歸隊後也是難以自白，所以才會始終含糊其辭的說明。隊上的幹部們明知派遣傳令是以複數爲原則，竟糊塗地只派志村一人，因有這種弱點，分隊長及中隊長了解個中原委，乃避開追究，而加以掩飾，這也是可能的。說是「其本人終生之恥……」、「在翌日的戰鬪中也極賣力……」云云，淸水這種誇大其辭又含蓄的回答，顯然有其暗示的意義。然而當事人志村後來戰歿，旣無法得確鑿證據，只好存疑。

五、失敗的擒俘行動

疑點並不僅止於志村的行蹤一項，淸水曾經在寫給我的信函中表示：「此外也有一些細微小事，但感到無列入詳報的必要。」正因爲漏列詳報的內容僅以「細微小事」一筆帶過，故筆者總覺得那兒不對勁，心存懷疑。

其一爲八日近黎明時，淸水大尉挑選六名部屬，爲了取得「非法射擊」的證

❾ 中島辰次郎：<盧溝橋事件と通州事件的眞相>。（未發表原稿）

據，欲生擒俘虜而潛入龍王廟附近，然未達成目的就撤退。這件事在寺平的著作中首次被提及❿。此項行動並不是清水個人的獨斷，而是凌晨二時，在西五里店同一木大隊長會合後研商的計畫。一木下令：「堤防上的敵情偵察連同擒俘任務交給你辦。」此事當可記入戰鬪詳報中，但卻見不著。約在同一時間內，野地少尉、高橋(Takahashi) 准尉等一行潛入一文字山方面偵察的行動卻有詳細的記載。

據寺平說：清水一行人備了擒俘用的繩索，著輕裝自西五里店出發，接近龍王廟南側的堡壘時，為四時左右。以手電筒照射，發現堡壘空蕩蕩無一物，走近堤防邊，發現移動的哨兵，正欲上前擒捕時，從壕中冒出數名中國士兵向來者盤問。

清水卽刻以中國話問說：「你們這裏，有一個日本兵來了沒有？他在這一帶迷失了。」中國兵端著槍回答說：「沒有來！」「沒看見過。」就在你一語他一語說著說著的時候，十數名伙伴以為發生情況而圍了上來。

「這樣不行……要是反被俘虜的話……」，心中亂了方寸的清水放棄原先的企圖，結束對話後退離而去⓫。這段秘密長期未被公開，而清水中隊尚存者也無所記憶，所以筆者對其眞實性頗感懷疑。然而，是夜中國駐於盧溝橋北側白衣庵的排長祁國軒，在向產經新聞古屋記者表示時說：「為了晚上十點時稍前，沒有脫卸軍服，正想和衣而睡，來了一個日軍使者，用中國話發問：『有我們的人來過這裏嗎？』答說：『沒有！』那人便回去了⓬」。雖然時間稍有出入，但我想該是事實。

據佐藤一男 (Sato Kacuo) 的回憶，佐藤軍曹也率領三、四名部下出去找尋「非法射擊」的證物——卽實彈的彈夾，但中途掉進沙礫坑，胸部受傷，於是中止搜尋折回。這項行動也未被記入戰鬪詳報。由此可見，清水中隊長似乎執意追尋「非法射擊」的證物。

結果，活捉俘虜當證人的計畫雖然未能成功，然到了翌日黃昏，獲得幾項狀況證據，綜合判斷後，日方結論為「非法射擊」的「犯人」準是永定河堤防戰壕裏的第二十九軍兵士沒錯。其中一點，卽翌日早晨激戰後，在堤防陣地那兒收拾屍體時，

---

❿ 前揭寺平書，頁八三～八四。
⓫ 同前註。
⓬ 《蔣介石秘錄》(12)，頁一五，サンケイ出版，一九七六年。

發現著二十九軍制服的兵士持有命令書及身分證明，據此似乎更加深了可信度⓭。

關於此一事件，日方傳播界最先報導的是七月八日發出的朝日新聞特電，很快就斷言下手的人爲「二十九軍第三十七師第二一九團的一部。」其後的報導或軍方的正式見解也都當然似的因襲第二十九軍是「犯人」的說法。

六、中國的主張是僞證嗎？

接著擬就中國方面的說法提出說明。不過應該與日方主張對照，否則便不公平。說起中國方面，有(A)中華民國政府和(B)北京中共政權兩方代表性的記述各二件。

一、㈠ 「（七月七日）深夜十一時許，日軍演習隊伍忽然宣稱……有一個日本兵失蹤了，要求進入宛平縣城搜查，日本人說失蹤的日本兵一定是被中國駐軍或土匪殺害了。」（吳相湘編：≪第二次中日戰爭史≫，上册，頁三六三。臺北，一九七三年出版。）

㈡ 日軍的目的顯然是意圖向中國軍挑釁，「兵士行蹤不明」是揑造的，其企圖不外乎是製造武力攻擊的口實，……該兵士於二十分鐘後卽歸隊，所謂應加處理的「事件」等並不存在。（≪蔣介石秘錄≫，十二册，頁一六，一九七六年。）

二、㈠ 日軍宣稱一名兵士失蹤，或爲中國方面所殺害，以此爲藉口，要求搜查宛平縣。（≪盧溝橋事變≫，頁一四，中華書局出版，一九五九年。）

㈡ 七月七日夜，日軍以一名兵士失蹤爲藉口，欲進入宛平縣城內搜查，現地駐軍拒絕這種不合理的要求。（現行初等中學用中國教科書，ほるぷ社(Holp) 版，一九八二年。）

其他文獻的記述也都大同小異。在某些事物上中共與臺灣的出版的解釋互異，然對這事件的見解卻出奇的一致。雙方都採用秦德純和王冷齋（宛平縣長）向東京裁判提出的證言內容⓮。順便要加以說明者，該證言的內容好像是事件後兩日（七月九日）「華北日報」等所報導的消息。

⓭ 荒木和夫 (Araki Kazuo) (原憲兵大尉)：≪北支憲兵と支那事變≫，頁二八八，金剛出版，一九七七年。

⓮ ≪秦德純回憶錄≫，傳記文學出版社，民國五十六年；參照王冷齋：≪盧溝橋事件始末記≫，盧溝橋紀念館所藏。

然而這段新聞報導，乃是依據以秦爲主導，王亦是其中一員，以冀察外交委員會所提供的情報撰寫的。說極端一點，有關盧溝橋事件中國方面雙方的官方見解，不過是承繼七月八日冀察當局鑒於日中外交交涉卽將開始，爲指導輿論和對外宣傳而作的內容罷了。

因此，以現在觀之，立卽可以發現幾點僞證或與事實相顚倒的論點。日本的北平特務機關(機關長松井太久郎〔Matsui Takuro〕大佐)與冀察當局的外交折衝，是從七日深夜十二時過後開始，依日方的提案，於三時左右由日中雙方委員組成的調查團赴現場察看。其間，日方始終堅持追究「非法射擊」責任的態度，而中國方面的理解是日方的搜查行蹤不明的兵士爲口實，要求進入宛平縣城檢查乃至佔據。

這裏特地用「理解」這字眼來表達，乃是因爲中國方面的現地部隊及報導機構，有可能完全相信當局所指示的報導內容。那麼，爲何產生如此重大論點的出入呢？

松井特務機關長在聽了中國方面的言辭後，憤怒地說：「士兵是在城外演習失踪的，儘管那樣以武力進城搜查等，這種蠻橫的事用常識來想也知道是毫無道理的，……是秦德純自己揑造的……。」

寺平也強調：松井向機關全體人員指示「不擴大，現地解決」的方針後，開始調查「非法射擊」的眞相。同時爲防止更進一步的衝突，他只提議共同調查而已，要求搜查，必是林耕宇委員所編造的話⑮。

王冷齋的證言上說，二時過後接到行蹤不明的士兵已被發現的報告，這時松井說：「有必要調查行跡不明的原因」，王則反駁說：「問其本人該可以明白。」以松井的常識，他該不會說出這種愚昧的話。可見這一點還是勝利者向東京裁判提出的僞證無疑。

七、何基灃手記暗示什麼?

一九八二年五月筆者走訪開館不久的盧溝橋紀念館，爲的是尋找官方論調以外的資料。紀念館剛開始著手收集資料，故只能看到王冷齋遺稿等數件而已。值得注意的是第一一〇旅長何基灃所編≪七・七事變大事記≫這份未曾出版的回憶錄。以

---

⑮ 前揭寺平書，頁四三九。

下介紹其要點。

七日夜晚，據報日軍異於常日的裝備正進行演習，我向保定的馮師長報告……十一時左右在宛平縣城東門外聽到數次槍聲，城內的守軍嚴密加以注意。十二時過後，秦德純市長拒絕日軍爲尋找行蹤不明士兵而要求入城之舉，同時下令調查眞相。調查結果，判明中國軍並沒有開槍射擊的事實，所屬部下的彈藥也未曾動用過。

何基灃屬於第二十九軍（宋哲元）——第三十七師（馮治安）——第一一〇旅（何基灃）——第二一九團（吉星文）——第三營（金振中）的系統，屬於直接指揮金營長（宛平）、吉團長（長辛店）的地位。

何手記的執筆時間不明，其特點是，與其他文獻不同，承認七日夜晚所謂第一槍的存在，但特別強調開槍者不是他的部屬。同時他也未主張開槍者爲日軍，對從秦處獲悉的行蹤不明兵士也未寄予關心。

換言之，在前方單位的層次，可以說十分自覺事件的核心是擺在「非法射擊」的責任追究問題上。其結論正確與否姑且不論，報告中連兵士的彈藥也調查，從這一點看來，可知做了相當徹底的調查，並提出了恰如其分的結論。

在八日的戰鬪中，日軍赤藤(Sekido)憲兵少佐自中國兵屍體上拿到的資料中，有吉星文團長依據國民政府何應欽軍政部長於六月二十一日拍給二十九軍的電報，對其部屬的訓示:「日軍假裝演習，近日意圖奪取宛平縣城，該地守軍應日夜嚴加警戒，期能做好完善的防務⑯。」

與何手記相對照，亦可肯定在盧溝橋附近的中國軍，眼見日軍演習，是夜一定是處於最高度的緊張狀態。因此開槍事件發生時，不待日方抗議，也會主動的追究開槍者及其理由。

結論只有二點: 其一是，如果不是日軍亦不是二十九軍便是第三者；其二是，二十九軍的士兵。如果是後者，可以想像出幾個變數，卽基層士兵的偶發性誤射，或是由上級指令開槍者等。縱然究明了事實，但要確定責任所在，可能需要相當程度的時間和手續。所以在確定責任之前，乃避開爭論或先加以否定，以免惹麻煩。

儘管如此，或許是在特務機關被追究，中國方面乃極盡苦心地試加辯解。譬如

---

⑯ 前揭荒木書，頁一一三。

加入共同調查團的第二十九軍顧問櫻井德太郎（Sakurai Tokutaro）少佐，在其出發前拜會秦德純，秦要求說：「第二十九軍在城外未配置兵力，所以非法射擊可能爲盜賊、便衣隊員或西瓜園的看守人。如果是二十九軍士兵的話，就是那些不服從上級命令的壞事者，日軍可任意加以討伐，不過希望不要攻擊城內。」稍前金營長送來的報告，稱「開槍者不是二十九軍」，但秦的內心或許有著一種「難道會是……」的不安情緒。

上午五時左右，在宛平縣城內共同調查團的寺平向金振中營長追問說：「子彈是從城外射來的，而城外堤防上的確有你的部下。」金否認說：「不，絕對沒有配置兵員。」雙方爭論得很激烈。

途中一木大隊的攻擊已開始，這時看到金營長登上城牆挺身制止部下射擊的寺平，綜合所得的印象而下結論說：第一槍下手人，極可能是心存恐懼心的排長以下人員的突發性行爲，同時做了以下的推測：

「（有何應欽、吉星文的訓令）……現地指揮官突然下令開始加強堤防上的戰壕，通宵在此配置兵力（每一個小時交班、僅夜間配置），顯然是由於這份訓令的結果。

七日黃昏，發現清水中隊時——今晚那個中隊說不定會攻上來呢！——士兵徹夜未離陣地。可是完全看不出清水中隊要攻上來的迹象。——奇怪！難到今夜的攻擊取消了？想著想著緊張心情稍爲和緩下來。突然，下午午時四十分假想敵的機關槍開始射擊。——攻上來了—— 就在這麼想的瞬間，不知不覺地扣了板機，射出了子彈……接著不久開始響起集合號。『這回該是開始攻擊信號的喇叭、開槍！開槍！』瞬間射出了十八發子彈⓱。」

八、愈益加深的謎

盧溝橋事件至今已經過近五十年的歲月。這期間有各種說法出現又消逝，然而「第一槍的『犯人』」依然是個謎。每年七月七日舉行的事件關係者集會上，也僅是反覆那些毫無根據的論議罷了。

⓱ 前揭寺平書，頁四三〇。

在此，把截至目前爲止被列舉出來的各種「犯人」說法，就其主要者整理於後。

（一）日方所爲的說法:

這一說法是指該事件爲中國駐屯軍、特務機關、浪人等出自個人的陰謀。至目前爲止有幾個人的名字被提到，但都不出推測的範圍，而現地的關係者殆加以否認⑱。

（二）中方所爲的說法:

（a） 西北軍閥所爲的說法：

此說是指反蔣運動失敗，意圖恢復華北實權的西北軍閥巨頭馮玉祥連同石友三、陳覺生等人所爲的陰謀。冀察政權內也有馮系份子⑲。

（b） 藍衣社所爲的說法:

是國民政府的謀略機構藍衣社第四總隊，意圖製造日軍與第二十九軍衝突所爲的陰謀⑳。

（c） 中國共產黨所爲的說法:

此說自當時起卽廣被採信。據說是潛伏在北京大學圖書館的中國共產黨北方局第一書記劉少奇（後爲中共「國家主席」）所下的命令，但沒有證實證據。

（d） 偶發性事件的說法:

第二十九軍的下級幹部或是兵士，因眼見日軍在自己面前演習，由於錯覺乃至恐懼而開槍的。如果是這樣的話，那批士兵便是自宛平縣城派駐堤防陣地的金振中指揮下的正規軍。

每一種說法都有其長短，難以取捨。也有可能是（c）加上（d）的折衷說法。若列以順位，（二）的（a）、（b）、（c）、（d）之順序的可能性大。

「追查下手者」困難的理由之一爲: 當時不論那個團體，或多或少都有期待日中兩軍起衝突擴大戰爭的份子；日本方面，強硬派對居於南京國民政府與日本之間

---

⑱ 到目前爲止被提及的人物有茂川秀和大尉(茂川機關長)、専田盛壽(Senda Moritoshi)少佐（支那駐屯軍參謀）、鈴木京（Suzuki Takashi）大尉（同上）等。

⑲ 今井武夫（Imai Tukeo）:《支那事變の回想》，頁四四～四五，みすず書房，一九六四年。

⑳ 載北平特務機關日誌，七月十六日冀察要人談。防衛廳戰史部藏。

而搖擺不定的宋哲元態度感到焦慮，因而意圖以武力解決陷於停頓的華北工作；西北軍閥方面也有想利用日中兩軍的衝突圖漁翁之利者。

中國共產黨認爲把國民政府拉進抗日戰爭是將來奪權的最佳戰略。實際上，從事件發生的翌日起，中共便向各方面發出呼籲立即開戰的急促電文。又第二十九軍之中，也有與清華大學、北京大學學生組成的「中華民族解放先鋒隊」有所交流的份子。抗日份子增加這件事，前面所引用的中共刋物「盧溝橋事變」也有所強調。總之，可說所有團體都各懷「動機」。

不過，把這種「動機」的存在事實與「第一槍『犯人』」相混淆的傾向是要注意的，如前所述，七月八日的戰鬪告一段落後，日中兩軍在盧溝橋周邊彼此相對峙著，其間一再進行停戰交涉，最後在二十八日的南苑總攻擊時才演變爲正式的戰爭。而十二日至二十三日之間，每晚都有欲使兩軍擴大衝突的挑撥事件發生。具體言之，在兩軍據點間，有某些份子在策動向雙方射擊或鳴放爆竹等。其中確實包含受中共北方局指揮的學生團體㉑和受日本軍謀略機關茂川秀和（Shigekawa Hidekazu）少佐驅使的浪人㉒。另謠傳石友三亦有關連。儘管如此，把他們指爲開「第一槍」者是相當牽強的。

最近，中共所爲的說法經常出現，其原因之一是，人民解放軍兵士用的教材中，有斷言中共挑起事件的記述㉓。另北京要人也公開表示過同樣的見解。然而，這些也有與事件後的挑撥行爲相混淆的疑慮。

要解開這個結，除非由日中專家進行共同調查，並找出七月七日夜晚，在永定河堤防上的二十九軍兵士的生存者作證，否則別無良策，筆者於一九八二年走訪盧溝橋紀念館時，曾試圖向北京中共當局探詢，但沒有反應。

盧溝橋事變四十七周年的一九八四年七月七日，北京日報刋載訪問住於河南省，現年八十歲的金振中營長的記錄。翌日，讀賣新聞亦介紹其要旨，金氏的談話原文

㉑ 七月二十二日日軍憲兵在現場逮捕作案的學生。前揭荒木書，頁二〇六。
㉒ 茂川秀和氏的談話。前揭秦書，頁二〇九。
㉓ 中共政治部發行：初級事務戰士政治課本（一九四七年版），其中載曰：「七七事變是劉少奇同志指揮下的一個抗日學生隊伍，以決死的行動，遂行黨中央的指示。在黑暗的盧溝橋向日中兩軍開槍，導發了宋哲元的第二十九軍與日本駐屯軍間歷史性大戰爭。」此一文件近年在日本流傳，但原件未被確認。

如下:

「到七月初，日軍演習似更加繁，形勢日趨緊張。六日，一一〇旅何基澧旅長又命令二一九團監視日軍行動，並命令該團全體官兵，如遇日本侵略軍挑衅，一定堅決回擊。三營全體官兵目睹日軍的挑衅活動，極爲憤慨，都表示準備誓死抵抗，願與盧溝橋共存亡。」

這項命令是出自反日派的馮治安師長呢？或是來自更上層的何應欽乃至蔣介石呢？其可能性無法知曉。然而若相信金氏的記憶，則「第一槍」可能是中國正規軍遵照命令的反擊行動。因爲中國方面把日軍的演習行動稱是一種「挑釁行爲」。如果這個推論是正確的話，先前所述諸說都將全被推翻；不過僅憑片斷的新聞報導而急下結論還是謹愼爲要。

九、蔣中正先生的決斷

在廬山聞盧溝橋事變發生的蔣中正先生，於七月八日日記上如下寫著:

「倭寇已在盧溝橋挑釁矣，彼將乘我準備未完之時使我屈服乎？……倭已挑戰，決心迎戰，此其時乎！㉔」

六年前，九一八事變之際，蔣先生一方面向國際聯盟及非戰公約控訴，一方面向國內指示「忍耐到無可容忍的地步，才採取最後的自衞行動㉕」。（一九三一年九月二十一日）

產生這兩種不同的對策，原因何在？第一，九一八事變之後，不知止境的日本侵略政策，其舞臺不是邊疆的東北，而是中國本土一部分的華北地區。其次，就當時環境條件而言，一九三一年正忙於征討中共軍的蔣先生，因進行第二次國共合作，於一九三七年形成抗日統一戰線以對付日本。

七月九日，蔣先生命令部署全面抗戰的準備，更指示孫連仲率中央軍二個師向華北移動。

當時日本政府公開表示不擴大方針；然握有實權的陸軍中央內部分裂成擴大與

㉔ 《蔣介石秘錄》(12)，頁二一。
㉕ 《蔣介石秘錄》(9)，頁五二。

不擴大兩派。不擴大派的中心人物，是恐導致與中國全面戰爭的參謀本部作戰部長石原莞爾（Ishihara Kanji）少將。他對擴大派部下起草派遣三個師團赴中國的提案感到苦惱。正在此時駐南京武官大城戶（Okido）送達中央軍北上的情報，他擔心兵力有限的中國駐屯軍與日僑有被包圍的危險，乃於七月十日夜裁決派兵案，並於翌（十一日）的內閣會議中獲得同意。向華北派兵的政府聲明從而成爲大新聞而被報導出來。十一日傍晚，中國駐屯軍與宋哲元之間成立現地停戰協定。參謀本部應石原的要求，發出延期動員的命令，但大勢已定。此後兩個星期，在盧溝橋的日中兩軍繼續對峙著，其間擴大派壓倒不擴大派，至七月二十八日，由於南苑總攻擊遂導致日本與中國的全面戰爭㉖。

七月十七日，蔣中正先生在廬山發表所謂「最後的關頭」演說，表明與日決戰的意志。（十九日公開發表）蔣先生在日記上寫道：「政府對和戰表示決心，此其時矣！人以爲危，我以爲安。立意旣定，無論安危成敗，在所不計，對倭最後之方劑，唯此一著耳！書告旣發，祇有一意應戰，不再作廻旋之想矣！㉗」

如此觀之，吾人對盧溝橋事變處理覺得是一項「不幸又不幸的錯誤」的重複，這是日中雙方共同的責任。蔣先生似乎過早下決心抗戰的最大因素，是因九一八事變後日本的行動所累積起來的，對日不信任，這是無可否認的。

㉖ 關於擴大、不擴大兩派對立的過程，參照秦郁彥：《日中戰爭史》，第五章。
㉗ 《蔣介石秘錄》(12)，頁三〇。

論 國 軍 與 抗 戰

一、前　　言

國民革命軍自黃埔建校建軍以來，東征、北伐、剿共、抗戰，其中尤以抗戰十四年最爲艱巨，不僅擊敗強鄰日本，且因而廢除自遜清以來與帝國主義所簽訂之不平等條約，使中國列入世界四強之林。

日本侵略中國，蓄意已久，「九一八」事變後，又在淞滬和長城進行武裝侵略，復在華北製造「特殊化」，當時一般不明中日虛實及國際情勢之人士，曾僅憑一腔熱血，高呼對日宣戰，惟有蔣委員長深知我國力量尚不能與日本抗衡，不願罔顧國家安危，貿然宣戰而陷國家民族於萬刼不復之境地! 乃決定在軍事戰略上，延緩敵之進攻，以獲得建設時間，中國政府卽積極準備抗戰，整備國防，充實軍備，以舉國之力從事持久戰、消耗戰，爭取最後勝利。

自「九一八」至「七七」，中國政府本「和平未至絕望時期，決不放棄和平；犧牲未到最後關頭，決不輕言犧牲」之基本國策，忍辱負重，委曲求全，以獲得建設國力時間。同時整編國軍六十個師，充實軍備，加強教育訓練，構築國防工事，布置江防要塞，實行徵兵制度，加強國民軍訓，提倡新生活運動，以生聚教訓，培育國民戰鬬精神。

七七事變後，中國以廣大國土，採取持久消耗戰，一面消耗日軍，一面培養國力，隨戰況轉移，劃分三個時期:

(1) 守勢作戰：確保重要陣地與地區，消耗疲憊日軍有限之兵力，粉碎其「速戰速決」戰略，而迫日軍於平津、津浦、平綏、平漢、太原等地會戰，並且強使日軍增兵上海，改變日軍由北向南之作戰線改爲自東向西，乃有四個月的京滬會戰，三個月又二十五天的徐州會戰，四個月又二十三天的武漢會戰，完全達成用守勢作戰以消耗日軍之目的。

(2) 持久作戰：武漢會戰後，日軍「速戰速決」戰略失敗，乃改用「以華制華」、「以戰養戰」。國軍採用有限度之反擊，以消耗日軍，但中國陸軍損失慘重。民國三十年十二月八日，瘋狂的日本發動太平洋戰爭，中國乃由堅持「抗戰到底」獨力抗日演進爲聯合盟國對日作戰，主動攻擊，以牽制日軍，使其無法抽調陸軍南進，中國並派軍進入緬甸，協助盟軍作戰，打通中印公路，獲得新裝備，增強國軍戰力。

(3) 反攻作戰：民國三十四年夏，經由美國租借法案，國軍獲得大量美造軍械，並大部改裝完成，國軍戰力大量提高，乃全力配合盟軍作戰，拘束了約六十萬日軍在中國大陸，並相機發動攻勢，收復失地，終於獲得最後勝利。

本文係以陸、海、空三軍堅苦作戰爲主，並概述中日兵力部署與戰果，對戰略得失亦略作檢討，至政工作戰涵蓋面甚廣，本文則從略。

本文所使用資料，除國防部史政編譯局各種《抗日戰史》及檔案外，並參閱：㈠秦孝儀編：《總統　蔣公大事長編初稿》；㈡中央黨史會編：《中華民國重要史料初編——對日抗戰時期》，第二編，〈作戰經過〉；㈢蔣緯國將軍著：《抗日禦侮》十册及《蔣委員長如何戰勝日本》；㈣參謀總長陳誠將軍編：《八年抗戰經過概要》；㈤何應欽將軍編著：《何上將抗戰期間軍事報告》及《日軍侵華八年抗戰史》；㈥國防部第二廳編印：《日本侵華八年概要》；㈦空軍總司令部情報署編印《空軍抗日戰史》（九册）；㈧海軍總司令部編印《海軍戰史》；㈨海軍總司令部編:《海軍抗戰史蹟》與《海軍大事誌》。(十)日本《戰史叢書》一〇〇册，其中:《支那事變陸軍作戰》(1)(2)(3)（三册）、《中國方面陸軍航空作戰》（一册）、《中國方面海軍作戰》(1)(2)（二册）、《昭和二十年支那の派遣軍》(1)(2)（二册）、《一號作戰》(1)(2)(3)河南、《湖南、廣西の會戰》（三册）、《陸軍軍備戰》（一册）、《關東軍》(1)(2)（二册)、《北支治安戰》(1)(2)（二册)、《陸海軍年表》(一册)。

二、陸軍作戰

（一）戰前中日陸軍的比較

七七事變時，中國陸軍，計有步兵師一百八十三師（其番號以次一——一七七排列），獨立步兵旅五十八旅，獨立步兵團四十三團，騎兵師九師，騎兵旅五旅，騎兵團三團，砲兵旅二旅，砲兵團十五團，砲兵營十三營，工兵團二團，交通兵團三團，通信兵團二團，憲兵團十一團，憲兵營二營，官佐一三六、〇〇〇餘人，士兵一、八九三、〇〇〇餘人，總計二、〇二九、〇〇〇餘人❶。

以上中央直轄部隊，調整爲三十五個師，其他整編二十四個師，裝備訓練較佳❷。一般裝備比較差，缺乏重兵器，無力攻堅，在野戰方面處於劣勢。又因中國地面遼濶，而上述軍隊，實際能用於戰場者，僅步兵八十個師，九個旅，騎兵九個師，砲兵二個旅，又十六個砲兵團，總計尚不到一百萬人❸。

戰事爆發後，因日軍誤認被宋哲元之謀略所愚，故蓄意消滅宋軍，

---

❶ ≪抗日戰史≫——<戰前世界大勢及中日國勢概要（二）>，頁六二，此一數字，與何應欽著:≪日軍侵華八年抗戰史≫，頁二四～二七，及參謀總長陳誠:≪八年抗戰經過概要≫，開戰前敵我兵力比較表，三書不盡相同，應以此書爲準。

❷ 劉鳳翰著:≪戰前的陸軍整編≫，頁六一八～六六九。

❸ 何應欽著:≪日軍侵華八年抗戰史≫，頁二七。

在平津、廊坊、張家口、津浦展開激戰。八月十二日，中央常務委員會暨國防會議決定：以軍事委員會爲抗戰最高統帥部，推蔣委員長爲陸海空軍大元帥。又通過軍委會設秘書廳，及第一、二、三、四、五、六部，分掌軍令、軍政、經濟、政略、宣傳、組訓。改國防會議爲國防最高會議，另設國防參議會，爲政府諮詢機關❹。並先後將全國劃分爲九個戰區，及直轄部隊，江防總司令部，以展開對日軍之作戰：

第一戰區，程潛，河北及河南北部，津浦、平漢兩線作戰。

第二戰區，閻錫山，山西、察南、晉北與太原作戰。

第三戰區，蔣中正（兼），顧祝同（副），江蘇南部及浙江，淞滬會戰。

第四戰區，何應欽（兼），廣東、閩粵邊區作戰。

第五戰區，李宗仁，山東南部，江蘇北部，臺兒莊、徐州會戰及武漢保衛戰。

第八戰區，蔣中正（兼），綏遠、寧夏作戰。

第九戰區（原武漢衞戍總司令部），陳誠，安徽、江西、湖北、長江以南及湘東，武漢保衛戰。

閩綏靖公署，陳儀，福建、閩粵邊區作戰。

西安行營，蔣鼎文，陝西。

江防總司令部，劉興，長江沿岸，沿江作戰。

軍事委員會直轄部隊，蔣中正，支援各地作戰❺。

日本方面：（民國二十五年五月，日本陸軍編制）

軍司令部三——朝鮮、臺灣、關東。

師團司令部十七——近衞師團，第一、二、三、四、五、六、七、

---

❹ 秦孝儀編著：≪總統　蔣公大事長編初稿≫，卷四（上），頁九八。

❺ 國防部作戰參謀次長室編：≪國軍歷屆戰鬬序列表彙編≫，第一輯，頁三。

八、九、十、十一、十二、十三、十四、十六、十九、二十師團。

步兵旅團司令部三十四——近衞第一，近衞第二，第一至十六，第十八、十九、二十一、二十二、二十四、二十七、二十八、二十九、三十、三十二、三十三、三十六、三十七、三十八、三十九、四十。

步兵聯隊六十八個（番號略）

戰車聯隊四個（番號略）

騎兵旅團司令部四——第一、二、三、四。

騎兵聯隊二十五個（番號略）

野砲兵聯隊十四個（番號略）

山砲兵聯隊三個（番號略）

獨立山砲兵聯隊二個（番號略）

騎砲兵聯隊一個（番號略）

野戰重砲兵旅團司令部五個——第一、二、三、四、五。

野戰重砲兵聯隊九個（番號略）

重砲兵聯隊九個（番號略）

高射砲聯隊六個（番號略）

氣球聯隊（砲兵觀察用）一個（番號略）

工兵聯隊十七個（番號略）

輜重兵聯隊十六個（番號略）

陸軍教化隊一個（番號略）

以上編制內約二十五萬人，其他航空、守備及軍事教育單位:

陸軍航空司令部一個，飛行團司令部三個，飛行聯隊十一個(略)。

臺灣守備司令部一個，臺灣守備步兵聯隊二個，臺灣山砲兵聯隊一個。臺灣高射砲聯隊一個，基隆、馬公重砲聯隊各一個。

關東軍——獨立守備司令部一個，獨立守備大隊六個，旅順重砲聯隊一個。

防衛司令部三個，要塞司令部十八個，聯隊區司令部五十七個，陸軍大學以下各軍事學校二十五所❻。

七七事變後，日本大量增兵，至民國二十七年武漢保衛戰時，其動員兵力約七十三萬人，連同原有兵力，爲九十八萬人。野戰部隊三十四個師團，六個獨立混成旅團。

其分布如後:

日本本土: 近衛師團，第十一師團（此師團後調東北）。

朝鮮: 第十九師團。

臺灣: 原臺灣守備軍，無師團進駐。

東北: 第一、二、四、七、八、十二、二十三師團，獨立混成第一旅團。

華北（包括察綏）: 第十、二十、二十一、二十六、百八、百九、百十、百十四師團，獨立混成第二、三、四、五旅團。

華中: 第三、六、九、十三、十四、十五、十六、十七、二十二、二十七、百一、百六、百十六師團。

華南: 第五、十八、百四師團。

另外東北省獨立守備隊十五隊❼。

至民國三十三年十二月底，日軍在隊者計四、〇七九、〇〇〇人。編制定員三、九七九、〇〇〇人，另一〇萬人爲配屬各方面軍者。其分布如後:

南洋——緬甸: 二十五萬人; 菲律賓: 三十五萬五千人。

澳洲北部: 三〇萬四千人，馬來亞、印尼: 十八萬一千人。合計一

❻ 日本防衛廳防衛研修所戰史室著: ≪日本戰史叢書≫——≪陸軍軍備 戰 ≫，頁一四五。朝雲新聞社，昭和五十四年七月出版。

❼ 同❻書，頁二三二。

〇九萬人。

中部太平洋：十四萬人。

東南（越南）：九萬四千人。

中國大陸：七十六萬六千人。

中國東北：四十五萬六千人。

朝鮮：五萬七千人。

臺灣：五萬七千人。

日本——小笠原：二萬四千人，沖繩：九萬七千人，東北部：十四萬八千人，東中西部：四十五萬六千人，官署學校十四萬三千人。計八十六萬八千人。

航空：三十三萬五千人。

船舶：十一萬八千人。

總計：三九八萬一千人❽。可見其動員之快速，陸軍之龐大。

兩相比較，中國陸軍在抗戰初期，數量雖較日本爲多，但裝備陳舊，缺乏戰車、裝甲車、重砲、毒氣、汽球（觀察用）等利器及優良工兵，更少機動力強之汽車、快艇等機械化配備，作戰行軍幾全用步行。軍事訓練不足，師以下戰術訓練，及營、連、排之戰鬥訓練磨練較少。且海空軍（詳後）亦居劣勢。在抗戰八年中，中央戰略指導正確，全國陸海空軍及民眾以高昂士氣，血肉之軀，與日軍拼鬪。

（二）華北戰場

日軍爲製造「華北特殊化」，而發動盧溝橋事變，故戰爭初期，華北戰場最烈，現將抗戰八年華北地區較大戰鬪分析於後：

1. 平津作戰（民 26. 7. 7～8. 1）：經通縣、廊坊、北平廣安門、

❽ 同❻書，頁四五二。

大沽、天津等戰鬪，陸軍第二十九軍宋哲元之四師六萬人與日軍華北駐屯軍香月淸司中將所部作戰。國軍傷亡約五千人，日軍傷亡四七五人，又通縣日特務機關及日僑被殺二二三人❾。

2. 平綏路東段作戰（民 26. 8. 8～10. 16）：經南口、張家口、大同、集寧、包頭等戰鬪。陸軍第十三軍湯恩伯、十七軍高桂滋、三十五軍傅作義、六十八軍劉汝明、十四軍衛立煌等與日軍華北派遣軍寺內壽一大將作戰。國軍傷亡三七、〇九〇人，日軍傷亡八、五六二人❿。

3. 平漢路北段作戰（民26. 8. 21～11. 11）：經涿州、保定、石家莊、安陽、大名等戰鬪。第一集團軍　宋哲元、第二集團軍　劉峙及孫連仲　與日軍華北派遣軍　寺內壽一大將、第一軍香月淸司中將作戰。國軍傷亡二八、三二一人，日軍傷亡無正式記載⓫。

4. 太原會戰（民 26. 9. 11～11. 8）：經廣靈、靈邱、平型關、崞縣、原平、沂口、太原等戰鬪。第二戰區閻錫山率第二、六、七、十四等四個集團軍與日軍華北派遣軍寺內壽一大將作戰。國軍傷亡一二九、七三七人，日軍傷亡二七、四七二人⓬。

5. 津浦路北段作戰（民 26. 8. 21～27. 1. 10）：經姚官屯、泊頭鎭、德縣、徒駭河、濟南、泰安、濟寧等戰鬪。第六戰區馮玉祥、韓

---

❾ 1. ≪抗日戰史≫──〈「七七」事變與平津作戰〉，頁三五～四三。
2. ≪日本戰史叢書≫：≪支那事變陸軍作戰(1)≫，頁二一三～二二九。

❿ 1. ≪抗日戰史≫──＜平綏路沿線作戰＞，頁九～五九。
2. ≪支那事變陸軍作戰(1)≫，頁二四〇～二四四，頁三一二～三一九，頁三七二～三七五。

⓫ 1. ≪抗日戰史≫──〈平漢鐵路北段沿線作戰〉，頁三五～八一。
2. ≪支那事變陸軍作戰（1)≫，頁三一九──三二九，此書稱涿保會戰，係抗戰史第一次會戰。

⓬ 1. ≪抗日戰史≫──〈太原會戰〉，頁二一～一〇一。
2. ≪支那事變陸軍作戰（1)≫，頁三六七～三七二。

復榘與日軍第二軍西尾壽造中將作戰。雙方皆無傷亡記載⓭。

6. 徐州會戰（民27. 2. 3～5. 28）：經滕縣、臨城、嶧縣、臨沂、邳縣、臺兒莊、禹王山、合肥、蒙城、瓦子口、蕭縣、徐州等戰鬪。第五戰區李宗仁、第二集團軍孫連仲、五十九軍張自忠與日軍華北方面軍寺內壽一大將作戰，有臺兒莊大捷，臨沂獲勝。國軍傷亡估計約一〇萬人，日軍傷亡估計約六萬人⓮。

7. 隴海、平漢兩路中段作戰民(27. 5. 9～6. 10)：經鄆城、菏澤、金鄉、魚臺、碭山、商邱、亳縣、蘭封、開封、新鄉等戰鬪。第一戰區薛岳兵團與日軍第二軍第十四師團土肥原作戰，雙方傷亡併入徐州會戰。

8. 晉中南作戰（民27. 2. 13～3. 8）：經東陽關、臨汾、孝義、汾陽等戰鬪。第二戰區閻錫山與日軍華北方面軍小磯岡昭大將作戰，雙方皆無傷亡統計資料⓯。

9. 第一次魯南作戰（民 28. 6. 3～9）：日軍第三軍尾高龜長中將攻擊魯蘇戰區于學忠魯南游擊根據地蒙陰、沂水⓰。

10 第一次晉東作戰（民 28. 5. 21～10. 6）：日軍第一軍篠塚義男中將所部襲擊晉南衞立煌軍中條山游擊根據地，雙方無傷亡資料⓱。

11. 淶源、阜平地區作戰（民 28. 11. 3～25)：日軍華北方面軍多田駿大將所轄百十師團桑木崇明中將及獨立混成第二旅團，自易縣西進，

⓭ 1. ≪抗日戰史≫——〈津浦路北段沿線作戰〉，頁二五～七八。
2. ≪支那事變陸軍作戰（1)≫，頁三二九～三三四。

⓮ 1. ≪抗日戰史≫——＜徐州會戰＞，頁七三～二五一；＜運河垣曲間黃河兩岸作戰＞，頁六五～一二九。
2. ≪支那事變陸軍作戰(2)≫，頁二四～八二。

⓯ 國防部第二廳編印，民國三十七年出版，≪日本侵戰八年概要≫，頁二六，附圖。

⓰ 同⓯書，頁二二～二三，附圖。

⓱ 1. ≪抗日戰史≫——〈晉綏游擊戰〉，頁一一七～一三七。
2. 同⓯書，頁二三～二四，附圖。

與冀察戰區鹿鍾麟部九十七軍作戰。雙方無傷亡記載⑱。

12. 吕梁山作戰（民28. 10. 7～11. 18）：第二戰區第六集團軍陳長捷部與日軍第百八師團谷ロ元治郎在吕梁山附近鄉寧、蒲縣、大甯、隰縣、石ロ鎭等地作戰，國軍傷亡六八七人，日軍傷亡四、三八九人⑲。

13. 五臨作戰（民 29. 1. 21～4. 1）：日駐蒙軍岡部直三郎中將，指揮第二十六師團黑田重德中將及獨立混成第二旅團，從包頭犯五原、臨河，與國軍三十五軍傅作義作戰。四月一日國軍收復五原，日軍退回原防地。雙方無傷亡記載⑳。

14. 第二次晉東南戰鬪（民 29. 4. 16～6. 30）：日第一軍篠塚義男中將，指揮六十三（野副昌德）、三十七（安達二十三）、四十一（清水規矩）各師團向晉南茅澤、陸平，晉東沁水、陽城進犯，與國軍四、五、十四集團軍孫蔚如、曾萬鍾、劉茂恩作戰。五月二十日國軍反攻，除晉城等一、二日本據點外，此一地區，全部被國軍控制。雙方無正式傷亡記載㉑。

15. 阜平作戰（民29. 11. 10～19）：日華北方面軍多田駿大將，抽調二十六、百十師團及第二、三、四、八各獨立混成旅團，分由定縣、井陘、五臺、靈邱、淶源五方向冀察戰區阜寧鹿鍾麟部進犯，十一月九日，國軍自動放棄阜寧。日軍無所獲，退回原防㉒。

16. 豫南會戰（民30. 1. 25～2. 5）：日軍第十一軍園部和一郎中將指揮第三（豐嶋房太郎中將）、第十七（平林盛人）、第四十師團（天

---

⑱ 1. ≪抗日戰史≫——<二十八年冬季攻勢（七）>，頁四九三。
2. 同⑮書，頁二五～二六。

⑲ 1. ≪抗日戰史≫——<晉綏游擊戰（二）>，頁一〇三～一一七。
2. 同⑮書，頁二六～二七。

⑳ 同⑮書，頁二七～二八，附圖。

㉑ 同⑮書，頁二八～二九。

㉒ 同⑮書，頁三〇。

谷直次郎）主力，第一十三、二十一等師團（內山英太郎、田中久一）一部及僞軍，兵力十五萬人與第五戰區李宗仁，所轄三十三、二十九、二十二、二、二十一、三十一集團軍二十一萬六千人作戰，經明港、汝南、駐馬店、保安、砦尙店、西平、上蔡、南陽、桐柏、皖北、襄河東西兩岸激烈戰鬪。二月八日，日軍返回原防地。國軍傷亡：一三、九七〇人；失踪：三、五七〇人。日軍傷亡約九千人㉓。

17. 垣曲以北地區作戰（民30. 3. 9～15）：日第一軍篠塚義男指揮第三十七、四十一師團主力各一部，由翼城、絳縣向曹家山、苗家山，企圖殲滅國軍第五、十四兩集團軍，直下垣曲。國軍奮勇抵抗，日軍退回原防，雙方無傷亡記載㉔。

18. 晉南（中條山）會戰（民 30. 5. 7～6. 7）：日華北方面軍多田駿大將，指揮第二十一、三十三、三十五、三十六師團（田中久一、櫻井省三、原田熊吉、井關仞）主力，三十七、四十一師團（詳前）及第三、四、九獨立混成旅團各一部，約十萬人。與第一戰區衞立煌所指揮第三、四、五、一十四、二十四、三十六等集團軍十八萬五千人作戰，經沁陽、孟縣、濟源、陽城、沁水、翼城、絳縣、垣曲、聞喜、夏縣、張店、茅津及太岳山區重要戰鬪，及陵川、高平、安陽、湛縣、壺關、中條山西段之游擊戰。國軍傷亡七五、六〇〇人。日軍戰死六七三人，傷二、二九二人㉕。

19. 鄭州中牟作戰（民 30. 10. 1～11. 5）：日軍第三十五師團原田熊吉中將，指揮第三十五師團主力及百十師團一部，與第一戰區第三集團軍孫桐萱所轄第二十、二十二、八十一等三師作戰，十月四日鄭州放

㉓ ≪抗日戰史≫——〈豫南會戰〉，頁四七～一七三。
㉔ 同⑮書，頁三一。
㉕ ≪抗日戰史≫——〈晉南會戰〉，頁二七～一四五。日文≪北支治安治戰(1)≫頁四七二。

棄，三十日收復。國軍傷亡：七、八九〇人。日軍傷亡無統計㉖。

20. 濮縣戰鬪（民31. 4. 29～6. 4）：日軍第十二軍喜多誠一中將指揮第三十二（井手鐵藏）、三十五、十七、二十三（西原貫治）各師團，連同僞軍，企圖摧毀魯西游擊根據地，由濮陽、菏澤、東明等地，向濮縣進攻，與地方游擊隊激戰。雙方無傷亡記載㉗。

21. 第二次魯南作戰（民31. 6. 6～24）：日軍第十二軍喜多誠一中將指揮第一十七、三十二師團及第五、六獨立混成旅團各一部，企圖擴大佔領區，打擊游擊隊，進犯沂山東南地區，與于學忠部五十一軍、新四師作戰。雙方傷亡不詳㉘。

22. 第一次太行山作戰（民31. 6. 11～7. 1）：日第一軍岩松義雄中將，指揮第三十六師團、第四獨立混成旅團主力及三十五師團（祟田德松）與第八混成旅團各一部，與國軍太行山第三十四軍及游擊隊作戰。七月初日軍退回，雙方無傷亡記載㉙。

23. 第二、三次太行山作戰（民32. 4. 16～9. 8）：日軍華北方面軍岡村寧次大將，企圖消滅國軍野戰軍與游擊隊，抽調第三十五、三十六、三十七、百十師團（坂西一良、岡本保之、長野祐一郎、鈴木貞次）及獨立混成第一、四、八旅團各一部，約四萬人，與太行山游擊區總司令龐炳勛，新五軍孫魁元，四十軍龐炳勛（兼）作戰。孫被俘，四十軍損失慘重，龐亦被俘。九月八日戰鬪結束，雙方無傷亡記載㉚。

24. 第三次魯南作戰（民 32. 5. 12～19）：日第十二軍喜多誠一中將，指揮第三十二師團（石井嘉穗），獨立混成第五、六旅團及僞軍，

㉖ ≪抗日戰史≫——＜各地游擊戰（四）＞，頁四四五～四四九。
㉗ 同⑮書，頁三七～三八，附圖。
㉘ 同⑮書，頁三八～三九。
㉙ ≪抗日戰史≫——＜晉綏游擊戰（三）＞，頁二五一～二五二。
㉚ 同㉙書，頁二五二～二五四。

企圖佔沂蒙山區，與魯蘇戰區于學忠作戰。佔沂蒙山區後，交僞軍駐守，日軍退回原防地。雙方無傷亡記載㉛。

25. 豫中會戰（民 33.4.17～6.17）：日軍華北方面軍岡村寧次大將爲打通平漢線，並擊潰中國野戰軍，指揮第十二軍（內山英太郎）、第六十三（野副昌德）、百十（林芳太郎）、三十七（長野祐一郎）、六十二（本鄉義男）、六十九（三浦忠次郎）師團主力約十三萬人。與國軍第一戰區蔣鼎文所轄第十五、十九、二十八、三十一、十四、四、三十六、三十九等集團軍、及第五戰區第二集團軍，第八戰區第三十四集團軍作戰。經中牟、邙山、登封、汜水、許昌、禹縣、魯山、臨汝、龍門、洛陽、澠池、新安、宜陽、洛寧、盧氏等地激烈戰鬪。中國陸軍得空軍大力支援，然損失亦重。據國軍統計日軍傷亡：四三、三四四人。六月十五日戰事結束㉜。

26. 豫西鄂北會戰（民 34.3.21～5.31）：日本中國派遣軍岡村寧次大將指揮，豫西方面——日軍第十二軍鷹森孝，指揮第百十、百十五師團主力、百十七師團（木村經廣、杉浦英吉、鈴木啟久），第九十二獨立混成旅團，第十一步兵旅團各一部；鄂北方面——日軍第三十九師團長佐佐眞之助指揮第三十九師團主力，獨立第五步兵旅團一部，約十萬人。與第五戰區劉峙第二、二十二、三十三集團軍，第一戰區陳誠第四、三十一集團軍，第十戰區李品仙第十一集團軍、及冀察戰區高樹勛，河南警備總司令劉茂恩作戰。經南陽、老河口、襄陽、樊城、南漳、南峽口、重陽店、官道口等重要戰鬪，得空軍有力支援。國軍無傷亡記載。國軍記載：日軍傷亡一五、七六〇人㉝。

㉛ 《抗日戰史》——<魯蘇游擊戰>，頁八九～九五。
㉜ 《抗日戰史》——<豫中會戰>，頁七九～二五七。
㉝ 《抗日戰史》——<豫西鄂北會戰>，頁一三三～一九一。

（三）華東戰場

華東戰場最主要決戰爲淞滬會戰與浙贛會戰。中國陸軍根據「一二八」作戰經驗，可以在京滬湖沼地區殲滅日軍，故預爲部署，引日軍進入。八年抗戰，華東戰場主要戰鬥，分析如下:

1. 淞滬會戰（民26. 8. 13～12. 13）：歷時四個月， 蔣委員長於戰事發生之初，即令在後方各省之部隊向淞滬地區增加，甚至原已北上增援華北作戰，其先頭已到達鄭州之第十八軍，再以鐵運轉用於淞滬方面。國軍投入戰場多達七十五個步兵師，九個步兵旅及稅警團、教導總隊與特種部隊，總數超過六十萬人。日軍指揮官上海派遣軍松井石根大將，參戰部隊約二十七萬人。初期國軍採攻勢作戰，九月十五日改爲陣地戰。至十一月五日，日軍第十軍在金山衞登陸後，開始轉移作戰，十二月十三日南京棄守。國軍損失慘重，老兵多犧牲，無奈缺正式資料記載，日軍在金山衞登陸之前，其傷亡已達四〇、六七二人，此後無記載。南京陷落時，日軍屠殺中國軍民十九萬九千人[34]。

2. 宣城、蕪湖作戰（民26. 11. 30～12. 9）：國軍由淞滬轉進時，日軍迂迴，十一月三十日廣德失守，十二月八日宣城又陷，九日蕪湖放棄，國軍薛岳、唐式遵兩集團軍在寧圓、南陵建新陣地。

3. 杭州作戰（民 26. 12. 19～25）：南京陷落後，日軍擴大佔領區，抽調三個師團進攻杭州，十二月二十五日佔領。第三戰區第十集團軍劉建緒守錢塘江以南陣地。

4. 蚌埠臨淮關作戰（民 27. 1. 27～2. 10）：日軍第十三師團荻洲立兵中將與第五戰區第八集團軍李品仙，第三集團軍于學忠作戰，二月

---

[34] 1. ≪抗日戰史≫——＜淞滬會戰＞，頁一五～二六四。
2. ≪支那事變陸軍作戰（1）≫，頁二五七～二八〇，頁四一六～四三七。

九日陷蚌埠，十日陷臨淮關。

5. 第一次蘇北作戰（民27. 4. 24～5. 7）：徐州會戰時，日軍百一師團齊藤彌平太中將自東臺北上，與國軍第二十四集團軍韓德勤、第五十七軍繆澂流作戰，五月七日佔阜寧而停止，六月底撤回東臺。雙方無傷亡記載。

6. 第二次蘇北作戰（民28. 10. 1～19）：日第十五師團岩松義雄中將指揮第十五、十七、二十二等師團（岩松義雄、廣野太吉、土橋一次）及獨立混成第十三旅團各一部，企圖打通運河，掠奪物資，與魯蘇戰區副總司令韓德勤所部第八十九軍作戰。先後佔高郵、寶應、鹽城。十一月後，國軍開始反攻，大小戰鬪九十一次，雙方無傷亡記載。

7. 蘇浙皖邊區作戰（民29. 10. 4～28）：日軍打擊中國游擊根據地及掠奪物資，由第十三軍司令官藤田進中將，指揮第十五、十七、二十二、百十六師團（熊谷敬一、平林盛人、土橋一次、篠原誠一郎）各一部約四萬人，在皖南、太湖地區，及富春江方面，與第三戰區顧祝同將軍所屬各軍作戰，雙方無傷亡記載。

8. 蘇浙邊區作戰（民 30. 3. 20～25）：日軍爲打擊第三戰區游擊基地，由第十三軍澤田茂中將指揮十五（熊谷敬一）、十七（平林盛人）、二十二（大城戶三郎）師團各一部約二萬人，分三路進犯太湖西南郎溪、溧陽、泗安等地，與陸軍第六十三師作戰。二十五日後，日軍退回㉟。

9. 浙閩沿海作戰(民30. 4. 16～9. 4)：日軍企圖封鎖沿海交通，打擊中國野戰軍，由第十三軍澤田茂中將指揮第五(神田正種)、十五（熊谷敬一——酒井直次）、二十二（太田勝海）、四十八（土橋勇逸）等

㉟ 以上二～八參閱：≪抗日戰史≫——＜淞滬會戰＞、＜徐州會戰＞、＜魯蘇游擊戰＞、＜各地游擊戰＞各章，及⑮書，頁四七～五七。

師團及海軍陸戰隊約四萬人，在諸暨、寧波、溫州、福州四地區，與第三戰區第二十一軍、八十六軍作戰。雙方纏鬪四月又二十天，各地失而復得，九月三日，國軍收復福州而恢復原狀。

10. 浙贛會戰（民 31. 5. 15～8. 30）：日軍企圖佔浙贛路並打擊中國野戰軍，由中國（支那）派遣軍總司令烟俊六大將指揮——東段第十三軍澤田茂中將，兵力十萬人，西段第十一軍阿南惟幾中將，兵力七萬人，與第三戰區顧祝同將軍之第十集團軍王敬久、二十三集團軍唐式遵、三十三集團軍上官雲相等十二個軍，經金華、蘭谿、衢州、麗水、青田、永嘉，及信河、撫河、贛江等地重要戰鬪。國軍傷亡：四九、六四一人，日軍無正式記載，約在二至三萬人㊱。

11. 第三次蘇北作戰（民 32. 2. 14～25）：日軍獨立混成第十二旅團長南部襄吉，指揮日軍七千人及僞軍二十五、二十六、三十二、三十三師各一部進入蘇淮地區——阜寧、東坎，打擊國軍韓德勤所屬八十九軍（顧錫九）。二月底日軍退回原防地。雙方無傷亡記載。

12. 太湖西南作戰（民 32. 10. 1～11. 3）：日軍爲掠奪物資並佔中國空軍前進基地廣德，由第十三軍今村定中將，指揮二十二（磯田三郎）、百十六（岩永汪）、六十（小林信夫）各師團約二萬人。分由餘杭、長與、天王寺、蕪湖等四路進佔孝豐、廣德、宣城，十二月二日國軍第二十八軍反攻佔孝豐，雙方卽在孝豐、廣德間對峙。國軍傷亡千餘人。

13. 衢州作戰（民33. 6. 2～30）：日軍爲策應湘鄂作戰，由第七十師團（內田孝行）第六十二旅團長橫山武房少將指揮，兵力約萬人。與國軍第三戰區第四十九軍作戰，六月二十六日佔衢州，三天後被國軍反攻收復，日軍退回原防。此役國軍傷亡失踪三千三百人。日軍傷亡橫山武房少將以下約三千人。

㊱ ≪抗日戰史≫——＜浙贛會戰＞，頁八五～一八〇。

14. 閩浙沿海作戰（民 34. 5. 10～6. 29）：日軍爲防止盟軍登陸，獨立混成第八十九、六十二兩旅團長——梨岡壽男少將、長嶺熹少將，在福州、溫州、寧波、紹興與國軍游擊隊作戰。福州日軍集中於馬尾，連江日軍集中於溫州。日軍傷亡約二百五十人，國軍無記載㊲。

（四）華中戰場

華中作戰自武漢會戰始，此一會戰，日本發傾國之兵，計六十五萬人，投入武漢戰場約在四十萬以上，企圖一舉而佔中國心臟地區——武漢三鎭，將國民政府驅逐於中原以外，以摧毀中國軍民之抗戰意志，而使中國屈服。然此戰結束，國軍愈戰愈勇，日本始知中國在蔣委員長領導下決不屈服，日本更無法戰勝中國，故改變「速戰速決」戰略爲「以戰養戰」。因此，南昌、隨棗、棗宜、上高、第一、二、三次長沙、鄂西、常德、長衡、桂柳、湘西等十二次重大會戰，皆在此一地區拼鬪，其中桂柳會戰，及邕柳（桂西南）作戰，及湘桂反攻作戰，皆在華南地區，但日軍屬華中——武漢地區指揮用兵範圍內，故亦列入。今就華中戰場重要戰鬪，分述如後：

1. 武漢會戰（民 27. 6. 3～11. 11）：第九戰區陳誠所轄第二十、九、三十、三、三十一集團軍，三十二、三十、二十六軍團與武漢警備軍、及江防部隊，第五戰區李宗仁所指揮之第二、二十九、十一、二十六、二十一、二十四、二十七集團軍，第十九、二十七、十七軍團及二十六、五十五、八十七、六十八、八十六、五十一、七十一、四十五各軍，與日軍華中派遣軍（畑俊六），第十一軍岡村寧次中將所轄第六、第百一、第二十七、第九等師團（稻葉四郎、伊東政喜、本間雅晴、吉住良輔）及田波、高品、鈴木、石原支隊，第二軍東久邇宮、稔彥王所

㊲ 參閱《抗日戰史》——<各地游擊戰>，及⑮書，頁六二～六六。

轄第十、十三、十六、三師團（篠塚義男、荻洲立兵、藤江惠輔、藤田進）及特種兵在舒城、懷寧、潛山、太湖、馬當、彭澤、湖口、姑塘、九江、小池口、宿松、黃梅、六安、霍山、瑞昌、廣濟、武穴、田家鎮、蘭溪、黃岡、黃陂、陽新、固姑、商城、潢川、信陽、痲城、金牛、鄂城、武勝關、平靖關、德安、通山、岳陽、武漢等地作戰，國軍傷亡約為二五四、六二八人，日軍傷亡約十二萬人左右㊳。

2. 鍾祥作戰（民28. 2. 19～3. 15)：第五戰區第七十七軍馮治安，與日軍第十六師團藤江惠輔在襄河以東激戰。國軍傷亡：二、六一八人，日軍傷亡約八百人㊴。

3. 南昌會戰（民 28. 3. 17～5. 12）：第九戰區薛岳指揮第一、十九、三十、三十一等集團軍與日軍第十一軍岡村寧次中將指揮第六、百一、百十六等師團（稻葉四郎、齊藤彌平太、清水喜重）激戰，經粵城、涂家埠、永修、虬津、南昌、武寧、奉新一帶戰鬪，國軍傷亡五萬餘人，日軍傷亡約三萬餘名㊵。

4. 隨棗會戰（民28. 5. 1～6. 10）：第五戰區李宗仁指揮張自忠、李品仙、王纘緒、廖磊、孫連仲、孫震、湯恩伯各集團軍與日軍第十一軍岡村寧次中將所轄第三（藤田進）、十三（荻洲之兵）、十五（岩松義雄）、十六（藤江惠輔）等師團及騎兵第四旅團激戰，經郝家店、徐家店、塩兒灣、高城、天河口、厲山、江家河、鍾祥、棗陽、南陽等地戰鬪，國軍死傷二八、〇三七人，日軍傷亡二一、四五〇人㊶。

5. 第一次長沙會戰（民28. 9. 14～10. 13）：第九戰區薛岳指揮第

㊳ 1. 參閱《抗日戰史》——<武漢會戰>（十册）；
2. 《支那事變陸軍作戰（2)》，頁八四～二一八。

㊴ 《抗日戰史》——<各地游擊戰（二）>，頁一四五～一四八。

㊵ 《抗日戰史》——<南昌會戰>，頁二一～一四三。

㊶ 《抗日戰史》——<隨棗會戰>，頁二七～一〇一。

一、十三、十五、十九、二〇、二十七等集團軍與日軍第十一軍岡村寧次中將所轄第三、四、六、十三、三十三、四〇、百一、百六（藤田進、山下奉文、稻葉四郎、田中靜壹、甘粕重太郎、天谷直次郎、齊藤彌平太、中井良太郎）等師團激戰，經高安、上富、銅鼓、修水、武寧、通城、新墻河、汨羅江、長沙一帶戰鬪，國軍傷亡三〇、八五八人，失踪四、八八三人，日軍傷亡三三、四八〇人㊷。

6. 棗宜會戰（民 29. 5. 1～7. 4）：第五戰區李宗仁指揮第二、二十二、二十九、三十三、三十一等集團軍與日軍第十一軍園部和一郎中將所轄第三、十三、三十九、六、四〇、十五（山脇正隆、田中靜壹、村上啟作、町尻量基、天谷直次郎、熊谷敬一）師團及獨立混成十七、二〇旅團激戰，經信陽、唐河、棗陽、泌陽、南瓜店、襄陽、宜昌、雙溝、呂堰、滾河兩岸、大洪山區等地戰鬪，五月十六日，第三十三集團軍總司令張自忠殉國。國軍傷亡八七、四九二人，失踪二三、一一八人，日軍傷亡無統計㊸。

7. 鄂中作戰（民29. 11. 25～民30. 2. 1）：第五戰區第四十五軍陳鼎勳與日第十一軍園部和一郎中將所轄十七、三十九師團（平林盛人、村上啟作）各部在隨縣以西之均川店、安居、何家店一帶激戰，十二月戰事停止。國軍傷亡：一、一五八人，日軍約六百人㊹。

8. 鄂西作戰（民30. 3. 3～13）：第六戰區陳誠，第七十五軍施北衡與日軍第十一軍園部和一郎中將所轄第十三師團（內山英太郎）激戰，經譚家臺子、長嶺岡、太平橋、石牌要塞等地作戰。國軍傷亡：一七六人。日軍不詳㊺。

㊷ 《抗日戰史》——<第一次長沙會戰>，頁二五～一〇八。
㊸ 《抗日戰史》——<棗宜會戰>，頁八七～一六六。
㊹ 《抗日戰史》——<各地游擊戰（三）>，頁三二七～三三〇。
㊺ 《抗日戰史》——<各地游擊戰（三）>，頁三六五～三六七。

9. 上高會戰（民30. 3. 15～4. 4）：第十九集團軍羅卓英指揮四十九、七〇、七十二、七十四各軍與日第十一軍園部和一郎（前）阿南惟幾（後）中將所轄第三十三、三十四（櫻井省三、大賀茂）師團及第十四、二〇獨立混成旅團激戰，經奉新、來春嶺、猪頭山、上漆家、石洪橋一帶戰鬪，雙方無傷亡記載㊻。

10. 第二次長沙會戰(民 30. 9. 7～10. 19)：第九戰區薛岳指揮第十九、三〇集團軍羅卓英、王陵基，及二〇、四、五十八、七十二、二十六、三十七、九十九、一〇、七十九、七十四、暫二等軍與日第十一軍阿南惟幾中將所轄第六、四〇、三十四、三十三、十三、三(神田正種、青木成一、大賀茂、櫻井省三、喜多誠一、豐嶋房太郎）等師團，及第八、十四獨立混成旅團激戰。經大雲山、港口、新墻河附近楊林街、關王橋、汨羅江沿線之黃棠、長樂街、甕江、浦新市、金井、栗橋、脫甲橋、麻峯咀、沙市街、長沙、青山、茅林潭、路口畬、福臨鋪、湘陰、武寧、咸寧戰鬪，國軍傷亡五九、〇七八人，日軍傷亡四八、三七二人㊼。

11. 第三次長沙會戰（民30. 12. 24～民 31. 1. 15）：第九戰區薛岳令預先控留於瀏陽以南地區之三個軍及原撤向兩側之部隊與日第十一軍阿南惟幾中將所轄第三、四、六、三十四、四〇（高橋多賀二、北野憲造、神田正種、大賀茂、青木成一）等師團，獨立混成第十一、十四旅團激戰。經新墻河南岸—— 關王橋、陳家橋，汨羅江以南——長樂街、福臨鋪、春華山等地，國軍並於一月一日夜向長沙城郊作向心之攻擊。國軍傷亡二七、九〇〇人，日軍三六、九四四人，被俘一三九人㊽。

12. 大別山作戰（民 31. 12. 19～民32. 1. 12）：第五戰區第二十一

㊻ 《抗日戰史》——＜上高會戰＞，頁五五～八八。
㊼ 《抗日戰史》——＜第二次長沙會戰＞，頁三七～一八一。
㊽ 《抗日戰史》——＜第三次長沙會戰＞，頁三七～七一。

集團軍李品仙指揮第四十八、七、八十四各軍支援鄂西會戰與日軍高橋多賀二所轄第三師團主力及百十六、四〇（武內俊三郎、青木成一）師團、獨立混成第十四旅團各一部激戰，經桐城、灊山、太湖、宿松、黃梅、浠水、英山、羅田、麻城、商城、潢川等地戰鬪，雙方無傷亡記載。

13. 高安作戰（民 32. 2. 14～17）：第九戰區爲配合鄂西會戰，第一集團軍、新三、五十八軍與日軍第三十四師團秦彥三郎所轄一部於高安附近戰鬪，國軍傷亡：五九七人，日軍傷亡：七百餘人。

14. 江漢三角洲作戰(民32. 2. 9～4. 10)：日第十一軍橫山勇中將所轄第四十師團(青木成一)主力，第十三、三十九、五十八（赤鹿理、澄田賚四郎、下野一霍）師團各一部先攻佔第五戰區一二八師防區沔陽，第四十五、五十五、六十八軍所指揮之一二五、一二七、一二二、二十九、一一九師展開沿江截擊作戰，支援鄂西會戰。四月十日各歸原防。

15. 鄂西會戰（民 32. 2. 14～6. 30）：第六戰區孫連仲（代）指揮第十、二十九、三十三等集團軍及長江上游江防軍（王敬久、周碞、王纘緒、馮治安、吳奇偉）與日第十一軍橫山勇中將所轄第三、六、十三、三十四、三十九、四〇、五十八（山本三男、神田正種、赤鹿理、伴健雄、澄田賚四郎、青木成一、下野一霍）師團，及第十四、十七獨立混成旅團激戰，經華容、南縣、安鄉、大堰壋、劉家場、漁洋關、石牌、宜都一帶戰鬪，空軍有力支援作戰。國軍傷亡：四一、八六三人，失踪七、二七〇人。日軍傷亡：一六、〇七五人，被俘一二人㊾。

16. 常德會戰(民32. 11. 2～12. 30)：第六戰區孫連仲指揮鄂西會戰各軍，第九戰區薛岳指揮第二十七（楊森）、三〇（王陵基）集團軍，

㊾ ≪抗日戰史≫——<鄂西會戰>，頁二二五～二五〇，及二五一～三一六：第九、五戰區策應作戰。

及歐震、李玉堂兩兵團，與日第十一軍橫山勇中將所轄第三、十三、三十九、五十八、六十八、百十六（山本三男、赤鹿理、澄田睞四郎、下野一霍、佐久間爲人、岩永汪）師團，及佐佐木、戶田、炳田等三支隊激戰。經南縣、安鄉、公安、煖水街、澧水沿岸、津市、澧縣、石門、慈利、桃源、德山、常德城及郊區等地作戰，中國空軍有力支援，國軍傷亡約四〇、七九五人，日軍傷亡三萬人，被俘七十八人[50]。

17. 長衡會戰（民33. 5. 26～9. 8）：第九戰區薛岳指揮第一、二十四、三〇、二十七集團軍，及第四、一〇、三十七、四十四、九十九、暫二各軍，與日第十一軍橫山勇中將所轄第三、十三、二十七、三十四、三十七、四〇、五十八、六十四、六十八、百十六（山本三男、赤鹿理、落合甚九郎、伴健雄、長野佐一郎、宮川淸三、毛利末廣、船引正之、堤三樹男、岩永汪）師團，及第五、七、十二、十七獨立混成旅團激戰，經古港、瀏陽、長沙、益陽、寧鄉、萍鄉、醴陵、衡陽各地作戰。中國空軍大力支援。國軍死傷：八六、七五二人，失踪二一、五三一人。俘日軍官兵四四七人。日軍無傷亡記載[51]。

18. 桂柳會戰（民33. 9. 8～12. 15）：第四戰區張發奎所指揮第二十七（楊森）、十六（夏威）、三十五（鄧龍光）、二十七（李玉堂）集團軍，第六戰區孫連仲所指揮二十四（王耀武）集團軍，及湯恩伯兵團與日第六方面軍岡村寧次大將所轄第十一軍橫山勇中將——第三、十三、三十七、四〇、五十八、百十六（皆同前）師團，及戰車、重砲聯隊；第二十三軍田中久一中將——第二十二、百四（平田正判、鈴木貞次）師團，第二十二、二十三獨立混成旅團；越南駐軍第二十一師團（三國直福）激戰。經湘桂路沿線：黃沙河、全縣、興安、松江、大溶

---

[50] 《抗日戰史》——<常德會戰>，頁七五～一六四。
[51] 《抗日戰史》——<長衡會戰>，頁八九～一五八。

江、桂林、平南、桂平、蒙墟、永福、柳城、修仁、柳州、宜山、懷遠、河池、南丹等地戰鬪，中國空軍有力支援。國軍傷亡二五、二五八人，日軍約一三、四〇〇人，被俘八人[52]。

19. 湘西會戰（民34. 4. 9～6. 7）：陸軍總司令何應欽上將指揮第四方面軍王耀武、第十集團軍王敬久、第二十七集團軍李玉堂與日第二十軍坂西一良中將所轄三十四、六十八、百十六、四〇、四十七、六十四（伴健雄、堤三樹男、菱田元四郎、宮川清三、渡邊洋、船引正之）師團，及獨立混成第六十八旅團激戰，經新寧、武陽、武岡、瓦屋塘、黃土塘、高沙、梅口、邵陽、龍潭司、寧鄉、益陽、茶舖子、藍田、新化、山門、桃花江等地作戰，國軍傷亡二〇、六〇一人，日軍傷亡：二八、三二〇人，被俘二一三人[53]。

20. 邕柳（桂西南）作戰（民34. 5. 21～6. 14）：第二方面軍張發奎所指揮第四十六、六十四兩軍與第三方面軍湯恩伯所指揮第二〇、二十六、九十四、七十一、二十九軍與日第十一軍笠原幸雄中將所轄第十三（吉田峯太郎）、二十二（同前）、五十八（川侯雄人）師團及獨立混成第二十二、八十八旅團，經南寧、宜山、柳州一帶作戰[54]。

21. 湘桂反攻作戰（民34. 6. 8～日軍投降）：此爲桂西南作戰之持續，陸軍總司令何應欽上將指揮第二、三方面軍與日第十一軍笠原幸雄中將所轄三、十三、五十八、二十七（皆同前）師團，及獨立混成第八十八旅團，經永福、桂林、全縣、義寧一帶作戰，至日軍投降停戰。國軍傷亡：八、二三七人，日軍傷亡約六、〇〇〇人，被俘五十六人[55]。

---

[52] ≪抗日戰史≫——＜桂柳會戰＞，頁三三～八八。
[53] ≪抗日戰史≫——＜湘西會戰＞，頁二九～一四三。
[54] ≪抗日戰史≫——＜南戰場追擊戰＞，頁二九～三六。
[55] 同[54]書，頁三七～六四。

（五）華南戰場

武漢會戰時，日軍登陸大亞灣，進佔廣州，展開華南作戰，惟日軍在華南用兵較少，除桂南會戰外，無重大會戰。然一般作戰卻不少，現分析如後:

1. 廣州作戰（民 27. 10. 12～21）：第十二集團軍余漢謀指揮第六十二、六十三、六十五、六十六、二十九軍與日第二十一軍古莊幹郎中將所轄第五、十八、百四師團（安藤利吉、久納誠一、三宅俊雄）及特種部隊激戰。經大亞灣登陸，淡水、虎門、惠陽、博羅、增城、廣州、江門、新會、三水等地戰鬭。國軍傷亡八、五九九人，失踪二、五四三人，日軍傷亡無數字[56]。

2. 海南島作戰（民28. 2. 10～5. 7）：廣東省保安第五旅王毅與日第五師團飯田旅團在海口、安仁、澄邁、定安、瓊山、瓊東、文昌、樂會、嘉禎、陵水、厓縣等地戰鬭，國軍傷亡一八九人，失踪七十三人，日軍傷亡數字不詳[57]。

3. 潮汕作戰（民28. 6. 21～9. 4）：國軍獨九旅華振中及粵省保五團與日粵東派遣軍近藤支隊激戰，經新津港登陸，汕頭、菴埠、梅溪、潮安等地戰鬭，國軍傷亡一、二二一人，失踪一、二五八人，日軍無傷亡記錄[58]。

4. 桂南會戰（民 28. 11. 15～民 29. 2. 26）：第四戰區張發奎指揮第十六（夏威）、三十五（李漢魂）、十二（余漢謀）、九（吳奇偉）等集團軍與日華南方面軍（第二十一軍）安藤利吉中將所轄五、十八、二十八（同前）師團、臺灣旅團、獨立混成第十五旅團，及陸戰隊激

---

[56] 《抗日戰史》——<閩粵邊區作戰>，頁三七～四八。
[57] 同[56]書，頁四九～五六。
[58] 同[56]書，頁一三一～一五四。

戰，經欽丹、邕江沿岸、陸屋、崑崙關、綏淥、鎮南、防城、南寧、賓陽、甘棠、黎塘戰鬪。雙方無傷亡記載[59]。

5. 第一次粵北作戰（民 28. 4. 5～9. 5）：第十六集團軍夏威指揮第六十四、六十三、六十二、六十六軍與粵省保安隊反攻粵北，與日守軍第二十一軍安藤利吉作戰，經四次出擊，收效不大，國軍傷亡：三、〇七四人，俘日軍六人，日軍無傷亡記載。

6. 第二次粵北作戰（民 28. 12. 22～民 29. 1. 16）：第五十四軍陳烈與日第二十一軍安藤利吉所轄激戰，經從化、良口、英德一帶作戰。雙方無傷亡記載。

7. 粵北良口作戰（民 29. 5. 13～6. 12）：第四戰區黃濤指揮第一五二、一五七、六十二師與日三十八師團（藤井洋治）、百四師團（濱本喜三郎）（一部）在從化、花懸、良口、米埗一帶作戰。國軍傷亡：三、四五一人，失踪九四二人，日軍無記載。

8. 粵境沿岸作戰（民 30. 3. 3～5. 4）：第七戰區余漢謀指揮第六十二、六十三、六十五各軍與日軍第三十八師團(同前)在北海、合浦、電白、水東、海康、太平市、徐聞、北津、陽江、汕尾、海豐、廣海等地作戰。雙方無傷亡記載。

9. 四邑作戰（民 30. 9. 20～30）：第四戰區第十六集團軍夏威與日第三十八、十八、百四(佐野忠義、牟田口廉也、菰田康一)師團各一部在廣海、臺山、單水口、那扶圩、新昌等地戰鬪，日軍傷亡約二千。國軍無記載。

10. 第一次惠博作戰（民30. 5. 12～25)：第七戰區第六十五軍黃國樑與日軍第十八、三十八（同前）師團各一部在惠陽、博羅一帶激戰，國軍傷亡：二九三人，失踪：四六九人。日軍無記載。

---

[59] ≪抗日戰史≫──<桂南會戰>，頁八七～二三〇。

11. 第二次惠博作戰（民31. 1. 25～2. 9）：第七戰區獨七旅與日第二十三軍酒井隆中將所轄第五十七（楠本實隆）師團在福田、龍華、錫場、蓀蘭、龍溪、博羅、惠陽一帶戰鬪。國軍傷亡：一、二四〇人，失踪八十三人，日軍被擊斃千餘人。

12. 第三次粵北作戰（民31. 5. 30～12. 29）：第七戰區第六十三軍張瑞貴，指揮第一五二、一五三、一八六師與日軍第百四師團長鈴木貞次主力在增城、從化、梳杆市、花縣、軍田、蘆苞一帶戰鬪。國軍傷亡：二八四人，失踪四四人。日軍無傷亡記載。

13. 第四次粵北作戰（民33. 7. 1～28）：第七戰區第六十三軍一二五師與日第二十三軍田中久一中將所轄第百四師團（同前）及獨立混成第十九、二十二、八十一旅團各一部在增城、從化、龍門、清遠、高田、石馬圩、臺山、新會一帶戰鬪。國軍傷亡三三〇餘人，失踪七十餘人，日軍無傷亡記錄[60]。

14. 湘粵贛邊區作戰（民 34. 1. 11～2. 14）：軍委會贛州行轅主任顧祝同上將、第七戰區余漢謀指揮第十二、三十五集團軍，第九戰區薛岳指揮第一、二十七、三〇集團軍，與日第六方面軍岡村寧次大將所轄第二〇（坂西一良）、二十三軍（田中久一），第一（片岡董）、二十七（落合甚久郎）、四〇（宮川清三）、六十八（堤三樹男）師團（一部）、百四師團（鈴木貞次）（主力）、獨立混成第十九旅團（一部）、步兵獨立第八旅團（主力）在粵漢鐵路沿線、粵南沿海、及高隴、永新、遂川、贛州、郴州、宜章、坪石、樂昌、曲江、南雄、英德、博羅、惠陽、平山、稔山、海豐等地戰鬪，國軍傷亡，七、〇三八人，失踪：一、九五一人。日軍傷亡無記載[61]。

---

[60] 以上五～一三參閱：≪抗日戰史≫——<各地游擊戰>各節，及⑮書頁一二六～一三九。

[61] ≪抗日戰史≫——<湘粵贛邊區之作戰>，頁一八～三六。

15. 贛江追擊戰鬪（民 34.6.12～7.28）：日第二十三軍由田中久一中將所轄第二十七師團（主力）、四〇、五十八（皆同前）師團（一部）及獨立混成第十七旅團一部在南雄、南康、贛州集結，準備退南昌，與第七戰區第三十七軍羅奇激戰，經大庾、新城、南康、遂川、贛州、萬安、吉安、豐城戰鬪，雙方無傷亡記載[62]。

（六）滇緬戰場

自民國三十一年一月一日，軍事委員會公布，中國陸軍開入緬甸協防，而開緬印滇戰場。國軍有英勇優越之表現，今將主要戰役分析如後：

1. 滇緬路作戰（民31.3.19～6.6）：中國遠征軍第一路羅卓英統第五軍杜聿明、第六軍甘麗初、第六十六軍張軫與日第十五軍飯田祥二郎中將所轄第十八（牟田口廉也）、三十三（櫻井省三）、五十五（竹內寬）、五十六（太田米雄）師團在緬北——鄂克春、同古、尋達西、斯瓦河、平滿納、毛奇、羅衣考、普羅美、仁安羌、棠古、細泡、臘戍、曼德勒、密支那、阿恰布、蘇拉瓦、荷馬林、昔董、雷列姆及滇西——惠通橋、龍陵、騰衝、畹町、孫布拉蚌等地戰鬪，國軍無傷亡記載，日軍傷亡約三萬人[63]。

2. 緬北會戰（民 32.10.24～民 34.3.30）：中國駐印軍由史迪威統新三十八師孫立人、新二十二師廖耀湘、第十四師龍天武、第五〇師潘裕昆與日緬甸方面軍河邊正三中將所轄第十八、二、四十九、五十六（田中新一、岡崎清三郎、竹原三郎、坂口靜夫（前）、森茂樹（後））師團在孟關、太洛、于邦、瓦魯班、拉班、迦邁、西通、密支那、孟

[62] 《抗日戰史》——<南戰場追擊戰>：贛江兩岸追擊戰鬪，頁六五～七五。
[63] 《抗日戰史》——<滇緬路之作戰>，頁二三～七八。

拱、八莫、平保、南坎、新維、臘戍、猛崖等地戰鬪，國軍無傷亡記載，日軍傷亡二七、六四九人，被俘三九五人。

3. 滇西作戰（民33. 5. 11～民34. 1. 19）：中國遠征軍衞立煌統第十一、二〇集團軍、第六、八軍與日第三十三軍本多政材中將所轄五六師團（主力）與十八（同前）、二（同前）、五十三（武田馨）師團各一部在松山、龍陵、騰衝、臘猛、平戞、芒市、遮放、畹町、猛育等地戰鬪，國軍無傷亡記載，日軍傷亡三四、〇一七人[64]。

4. 緬甸作戰（民33. 7～民34. 6）：中國駐印軍第一軍孫立人會同英印盟軍與日緬甸方面軍木村兵太郎所轄第二、十五、十八、三十一、三十三、四十九、五十三、五十四、五十五（馬奈木敬信、山本清衞、中永太郎、河田槌太郎、田中信男、竹原三郎、林義秀、宮崎繁三郎、佐久間亮三）等師團在緬甸中南部作戰，日軍逐次抵抗掩護主力撤退，傷亡頗重[65]。

（七）陸軍作戰分析

陸軍作戰八年一個月又七天，重要會戰二十三次，各地主要游擊戰一七五次，大戰鬪一、一一七次，小戰鬪三八、九三一次，傷亡官兵三、二一一、四一八人[66]，除太原會戰有中共三師兵力參加外，餘皆無中共人員參加。現分析於後:

第一期作戰：自七七事變至武漢會戰

第一階段：民國二十六年七月七日至同年十二月十三日（盧溝橋事變起至南京陷落止）。

---

[64] 《抗日戰史》——＜緬北及滇西之作戰＞，頁六五～二六〇。

[65] 同[15]書，頁一六六～一六七。

[66] 綜合《抗日戰史》，並參閱何應欽上將著：《日軍侵華八年抗戰史》，附表二，抗戰期間我陸軍大小戰鬪次數統計表。

1. 平津作戰，戰場：北平、天津、盧溝橋、廊坊，民國二十六年七月七日至八月四日，作戰指揮官宋哲元，四個師參戰。

2. 平綏鐵路沿線作戰，戰場：南口、天鎮，民國二十六年八月八日至十月中旬，作戰指揮官蔣委員長（兼），九個師一個旅參戰。

3. 津浦鐵路北段沿線作戰，戰場：第五、六戰區，民國二十六年八月十日至十二月上旬，作戰指揮官馮玉祥、宋哲元，十八個師參戰。

4. 淞滬會戰，戰場：第三戰區，民國二十六年八月十三日至十二月十三日，作戰指揮官蔣委員長（兼），七十五個師八個旅參戰。

5. 涿保會戰及平漢鐵路北段沿線作戰，戰場：第一戰區，民國二十六年八月二十日至十一月十一日，作戰指揮官　蔣委員長（兼），十五個師五個旅參戰。

6. 太原會戰，戰場：第二戰區，民國二十六年九月十二日至十一月十二日，作戰指揮官閻錫山，三十三個師十五個旅參戰，其中有中共三個師。

第二階段：民國二十七年一月至同年五月（南京淪陷至徐州會戰止）。

徐州會戰，戰場：第五戰區，民國二十七年二月三日至五月二十八日，作戰指揮官李宗仁，六十二個師三個旅參戰。

第三階段：民國二十七年十二月至二十八年九月（自徐州棄守至武漢會戰止）。

1. 閩粵邊區作戰，戰場：第四戰區，民國二十六年八月二十四日至二十七年九月十三日，作戰指揮官余漢謀，七個師兩個旅參戰。

2. 武漢會戰，戰場：第三、五、九戰區，民國二十七年六月一日至十一月中旬，作戰指揮官李宗仁、陳誠，一百零六個師二個旅參戰。

第二期作戰：自武漢淪陷至日軍受降。

第一階段：民國二十七年十二月至二十九年二月（自岳陽失陷後至二十八年冬季攻勢止）。

1. 南昌會戰，戰場：第九戰區，民國二十八年三月十七日至五月十二日，作戰指揮官陳誠，五十個師參戰。

2. 隨棗會戰，戰場：第五戰區，民國二十八年五月一日至五月二十日止，作戰指揮官李宗仁，三十九個師二個旅參戰。

3. 第一次長沙會戰，戰場：第九戰區，民國二十八年九月十二日至十月十三日，作戰指揮官陳誠，五十一個師參戰。

4. 桂南會戰，戰場：第四戰區，民國二十八年十一月十五日至民國二十九年二月二十六日，作戰指揮官白崇禧，二十五個師參戰。

第二階段：民國二十九年五月至三十年十一月底（自五原克復至太平洋戰爭爆發止）。

1. 棗宜會戰，戰場：第五戰區，民國二十九年五月一日至七月上旬，作戰指揮官李宗仁，五十三個師兩個旅參戰。

2. 豫南會戰，戰場：第五戰區，民國三十年一月二十二日至二月十一日，作戰指揮官李宗仁，二十三個師參戰。

3. 上高會戰，戰場：第九戰區，民國三十年三月十五日至四月九日，作戰指揮官羅卓英，十一個師參戰。

4. 晉南會戰，戰場：第一戰區，民國三十年五月七日至六月十七日，作戰指揮官衞立煌，十八個師參戰。

5. 第二次長沙會戰，戰場：第九戰區，民國三十年九月十七日至十月八日，作戰指揮官薛岳，三十六個師參戰。

第三階段：民國三十年十二月至三十四年九月（太平洋戰爭爆發至日軍受降止）。

1. 第三次長沙會戰，戰場：第九戰區，民國三十年十二月十四日至三十一年一月十五日，作戰指揮官薛岳，三十六個師參戰。

2. 滇緬路作戰，戰場：緬甸及滇西，民國三十一年三月十九日至六月六日，作戰指揮官羅卓英，十個師參戰。

3. 浙贛會戰，戰場：第三戰區，民國三十一年五月十五日至九月六日，作戰指揮官顧祝同，四十一個師參戰。

4. 鄂西會戰，戰場：第六戰區，民國三十二年二月十三日至六月三十日，作戰指揮官陳誠，四十一個師參戰。

5. 緬北、滇西反攻作戰，戰場：緬北及滇西，民國三十二年五月至三十四年一月，作戰指揮官衞立煌，十六個師參戰。

6. 緬北、滇西作戰，戰場：緬北及滇西，民國三十二年十月二十四日至三十四年二月底，作戰指揮官史迪威，五個師參戰。

7. 常德會戰，戰場：第五、六、九戰區，民國三十二年十二月二日至三十三年一月五日，作戰指揮官孫連仲、薛岳、李宗仁，四十三個師參戰。

8. 豫中會戰，戰場：第一戰區，民國三十三年四月十七日至六月十七日，作戰指揮官蔣鼎文，四十九個師三個旅參戰。

9. 長衡會戰，戰場：第九戰區，民國三十三年五月二十七日至八月八日，作戰指揮官薛岳，四十七個師參戰。

10. 桂柳會戰，戰場：第四、九戰區，民國三十三年九月十日至三十四年一月一日，作戰指揮官張發奎，三十九個師參戰。

11. 湘鄂贛邊區作戰，戰場：第三、七、九戰區，民國三十四年元月十日至二月十四日，作戰指揮官顧祝同、余漢謀、薛岳，三十一個師參戰。

12. 豫西鄂北會戰，戰場：第一、五、六戰區，民國三十四年三月二十一日至七月十八日，作戰指揮官胡宗南、劉峙，五十個師參戰。

13. 湘西會戰，戰場：第九戰區，民國三十四年四月九日至六月七日，作戰指揮官何應欽，二十三個師參戰。

14. 桂柳反攻作戰，戰場：第三戰區，民國三十四年五月二十日至八月二十二日，作戰指揮官張發奎、湯恩伯，二十個師參戰[67]。

日軍損失慘重，但日方無正式統計資料。

三、海軍作戰

（一）戰前中日海軍之比較

抗戰開始時，中國軍艦五七艘，總噸位五九、〇三四噸，對日本海軍而言，兵力顯屬劣勢，火力與速度尤然，其編制如後：

1. 第一艦隊司令官陳季良中將

(1) 巡洋艦——海容、海籌、寧海、平海、逸仙、大同、自強。

(2) 砲艦——永健、永績、中山艦。

(3) 砲艇——海鷗、海鳧、海鴻、海鵠。

(4) 運輸艦——定安。

2. 第二艦隊司令官曾以鼎少將

(1) 砲艦——楚有、楚泰、楚同、楚謙、楚觀、江元、江貞、永綏、咸寧、民權、民生、江鯤、江犀。

(2) 飛機母艦——德勝、威勝。

3. 第三艦隊司令官謝剛哲少將

(1) 砲艦——定海、永翔、楚豫、江利。

(2) 練習艦——鎮海。

---

[67] 綜合《抗日戰史》各重要戰役而作成。

(3) 驅逐艦——同安。

(4) 砲艇——海鷗、海鶴、海清、海燕、海駿、海蓬。

4. 廣東艦隊司令官（民國二十五年秋始歸中央指揮）

(1) 巡洋艦——海圻、海琛、肇和。

(2) 運輸艦——福安。

（其他輔助艦隻不列入）

5. 練習艦隊——應瑞、通濟、靖安。

另海軍魚雷游擊隊、測量隊、巡防隊等小艇多艘未計入內[68]。

七七事變時，日本有軍艦二八五艘，總噸位一、一五三、○○○噸。另建造中三十七艘。其編制如後:

1. 聯合艦隊

(1) 第一艦隊

①第一戰隊——長門、陸奥、日向。

②第三戰隊——榛名、霧島。

③第八戰隊——鬼怒、名取、由良。

④第一水雷戰隊——川內、第二驅逐隊、第九驅逐隊、第二十一驅逐隊。

⑤第一潛水戰隊——五十鈴、第七潛水隊、第八潛水隊。

⑥第一航空隊——鳳翔、龍驤、第三十驅逐隊。

(2) 第二艦隊

①第四戰隊——高雄、摩耶。

②第五戰隊——那智、羽黑、足柄。

③第二水雷戰隊——神通、第七驅逐隊、第八驅逐隊、第十九驅逐隊。

---

[68] 行政院新聞局編印:《中國新海軍》，頁一〇～一三，民國三十六年九月出版。

④第二潛水戰隊——迅鯨、第十二潛水隊、第二十九潛水隊、第三十潛水隊。

⑤第二航空隊——加賀、第二十二驅逐隊。

⑥第十二戰隊——沖島、神威、第二十八驅逐隊。

2. 第三艦隊（此艦隊長駐中國，旗艦出雲號，駐上海），抗戰時卽以此艦隊爲侵略主力。

(1) 第十戰隊司令官——華北警備指揮官，主力艦：天龍、龍田。抗戰後增設第十四驅逐隊，轄：菊、葵、荻三艦（由旅順要港派遣），歸第十戰隊指揮，警備長江以北中國沿海。以青島、旅順爲中心，並兼顧渤海及山東沿岸。

(2) 第十一戰隊司令官——長江警備指揮官，主力艦：八重山、安宅、鳥羽、勢多、堅田、比良、保津、熱海、二見、栗、栂、蓮、小鷹。警備長江流域，分駐上海、南京、九江、漢口、長沙、宜昌、重慶。

(3) 第五水雷戰隊司令官——華南警備指揮官，旗艦夕張號。第十三驅逐隊轄：吳行、若行、早苗三艦；第十六驅逐隊轄：芙蓉、刈萱、朝顏三艦。警備長江以南中國沿海，分駐福州、厦門、汕頭。抗戰後增設第五驅逐隊，轄：春風、松風、朝風、旗風四艦(由馬公要港派遣)。與第五水雷隊嵯峨艦組編。分駐廣東沿海。

(4) 上海海軍特別陸戰隊司令官——上海陸上警備指揮官，上海二、二〇〇人，漢口三〇〇人。

3. 練習艦隊

八雲、磐手。

兩相比較，中艦較舊，日艦較新，中艦噸位小、火力弱、速度慢；日艦噸位重、火力強、速度快。以數量比中艦爲日艦（連同新造三十七艘）百分之十七・七，以噸位比中艦爲日艦百分之五・一二。可知其作戰之艱苦，不但無法從事海戰，有效打擊日本海軍，甚至遭受日海軍攻擊時，亦乏招架之力，然中國海軍發揮了戰術海軍內河艦隊之戰略效用，在堅苦情況下達成：(1) 封鎖江陰水域，打破日本陸、海軍統合戰力之發揮，(2) 阻塞馬當水域，粉碎日軍「速決」企圖[69]。

（二）沿海作戰

民國二十六年七月十六日，中國海軍部命分防各地艦艇準備作戰，以楚泰、正寧、肅寧、撫寧協防閩江要塞，公勝協防珠江要塞，誠勝警戒山東，普安、永健留守上海及高昌廟。其他各艦均開入長江，集中力量，以保衞南京。

閩浙沿海戰鬪：八月二十四日，日參謀本部下令第三艦隊對長江以南中國海灣封鎖。九月三日以機艦進攻金厦等地，與海岸砲臺激戰。十月二十六日，日海軍陸戰隊佔金門。民國二十七年五月十日佔厦門。六月一日，中國協防閩江之正寧、肅寧、撫寧三艦被炸沈，楚泰重傷，馬尾中國海軍各機構亦遭轟炸。民國三十年四月，日軍展開閩浙沿海作戰。中國海軍在甌江水道布雷，並在韋家渡觸毀日軍小輪乙艘。後日輪時有觸毀事件發生。十九日鎮海、寧波、海門相繼失陷，中國設於丹行嶺海軍砲隊轉進。二十二日福州失守，馬尾中國海軍突圍。

粵桂沿海戰鬪：淞滬戰起，廣東省江防司令部命各航道布雷，並以肇和、海周、海虎、海鷗四艦警戒虎門至伶仃洋面，堅如、湖山、廣澄三艦守潭州口，江大、飛鵬、光華、江平四艦防横門口，江鞏、舞鳳、廣安、廣源四艦守磨刀門，安北、海繼、平西、靖東四艦防崖門。另以

---

[69] 1. 蔣緯國著：《蔣委員長如何戰勝日本》。2. 《日本戰史叢書》：《中國方面海軍作戰(1)》，頁二三。

快艇四艘協防横門口。

民國二十六年九月十四日，日艦在伶仃洋面初次與中國軍艦接觸，被肇和、海周及岸上各砲臺所擊退。此後日機對中國船艦陸續轟炸，肇和、海周、海虎、江大、舞鳳、海維、堅如七艦相繼遇難。民國二十七年十月十二日，日軍在大亞灣登陸後，日機更分批狂炸，至二十一日廣州失守，海軍船艦損失更大。退守江門、西江、三水、肇慶之線，日第五師團進攻三水，中國砲艦執信、仲元、仲愷、飛鵬、湖山、平西等艦與日軍激戰。此役除平西艦外，餘皆沈沒[70]。

（三）沿江作戰

淞滬江陰戰鬪：八一三滬戰爆發，十六日晚，中國海軍一〇二快艇僞裝繞過日軍封鎖，在上海南京路外灘，以魚雷擊中日海軍第三艦隊旗艦出雲號。一〇二快艇亦被擊沈。同時中國海軍在黃埔江以三道防線布雷，阻擊日艦。九月七日，中國海軍以自製水雷炸毁浦東三井碼頭及停靠碼頭躉船。二十八日炸毁日軍鐵殼駁船四艘，小輪兩艘。十一月十二日，中國一八一號快艦執行任務時不幸被擊沈。

中國海軍爲破除江陰下游各地航道標誌，八月十一日派靑天、暾日、甘露三測量艦，及綏寧、咸寧兩砲艇執行。靑天、暾日兩艦被日機炸沈。同時爲封鎖江陰，海軍抽調通濟、大同、自強、德勝、咸勝、武勝、辰字、宿字等八艦，與招商局徵用商船二十二艘，沈於江陰航道，旋再續徵商船，並由蘇、浙、皖、贛、鄂各省徵用石子、民船、鹽船，經兩閱月，終在江內築成江陰封鎖線。並以平海、寧海、應瑞、逸仙四艦扼守最前線。自八月十六日至九月二十五日，平海、寧海、逸仙、建

---

[70] 1. 海軍總司令部編：≪海軍戰史≫，頁五三～六一。
2. 中央黨史會編：≪中華民國重要史料初編≫——<對日抗戰時期>，第二編，<作戰經過>，頁四五～四八。

康四艦扼守最前線。自八月十六日至九月二十五日，平海、寧海、逸仙、建康四艦相繼被炸沈沒。乃調第二艦隊增援，至二十九日，第二艦隊旗艦楚有艦重傷沈沒，海軍乃改變戰術，以艦砲裝於江岸——巫山、六助港、蕭山、長山、黃山等險要地區——側擊日艦，先後擊中日艦兩艘，然中國海軍自十月三日至二十三日，湖鵬、江寧、綏寧、江貞、順勝、應瑞六艦，或傷或沈，損失頗重。

馬當湖口戰鬪：江陰雖陷，但江心沈船堅固，日艦不能暢通。民國二十六年十二月中國海軍部署馬當第二道封鎖線，民國二十七年三月二十七日，義勝砲艇被炸沈，六月三日，武漢保衞戰開始，二十一日，日艦艇進窺馬當砲臺。二十四日，咸寧砲艇被炸傷。中國海軍在大通、馬當、東流、湖口水域大量布雷，二十六日，日陸軍迂迴迫近馬當，中國海軍奉令毀砲轉進。六月底七月初，長寧、咸寧、崇寧三砲艇在田家鎭、九江、北港等地布雷遭炸沈。七月四日，日艦攻擊湖口砲臺，並以空軍炸射，遂告不守。七月十四日，中國海軍改變戰術，以快艇偸襲日艦，雙方互有損傷。八月一日後，在九江以上各重要水道，及鄱陽湖水域布雷。因日機炸射頻繁，中國艦艇損失慘重。

田家鎭葛店戰鬪：田家鎭爲江防第三線，葛店爲武漢門戶，中國海軍在兩地之間半壁山、蘄春、風頭磯、黃石港、石灰窰、黃岡、鄂城等地，布雷一千五百具。漂雷別動隊在新洲附近炸沈日艦兩艘。九月十五日，日軍攻廣濟，十八日，日艦沿江西進，二十三日富池口失陷，二十五日，日海陸空猛攻田家鎭，中國海軍二十八日晚奉命撤退，翌日田家鎭失守。此時江中布雷甚多，日艦未敢直入，乃用迂迴手段，包圍葛店。十月二十二日，日艦泝江而上，艦艇觸雷頗有損失，二十五日中國放棄葛店與武漢。

荆河湘河戰鬪：武漢上游，中國海軍編成洞庭區砲隊，分防臨湘磯、白螺磯、洪家洲、楊林磯、道人磯，各水道劃定布雷區，並於金口、城陵磯、岳州、長沙等地配備艦艇。七月二十一日，日機炸岳州，中國民生、江員兩艦受重創，安定艦及砲艇二艘受損，十月二十一日永績、江元兩艦被炸傷，同月二十四日，中山、楚同、楚謙、勇勝四艦，分別與日機作戰。楚同、中山兩艦不幸沈沒。

湘北作戰：中國海軍在洞庭湖區設有七個布雷隊，在琴祺望、白玉坼、營田灘、老鼠夾等處布雷一百九十具。又在營田灘附近江面，以順勝、江平、 僉大猷及附艇與鐵駁、民船， 下沈阻塞，阻日海軍南下。民國二十八年九月，第一次長沙會戰，中國海軍在湘江之磊石山、老閘口、濠河口、霞凝港、營田、湘潭等處，布雷兩千具，日海軍無法通過雷區，後雖沿預留民船進出之水道，竄到白玉坼，再入古湖登陸。但終因中國海軍布雷成功，使日艦無法支援陸軍作戰，而有長沙大捷。民國三十年九月，第二次長沙會戰時，中國海軍分別在白螺磯、營田灘、注滋口，及鹿角上游加布水雷多具。日海軍所調掃雷艇亦在營田灘觸雷沈沒，使海陸兩軍無法會合而有第二次長沙大捷[71]。

（四）游擊布雷與陸戰隊

游擊布雷：游擊布雷是在非雷區，或日海軍掃清水道上布雷，布雷艇萬分危險，但在日海軍不預期狀況下，戰果豐碩。粵江水域：民國二十八年二月二十四日，日千噸軍械運輸輪若茶丸觸雷全毀。民國二十九年三月二十二日，日運輸汽艇兩艘觸雷沈沒。民國三十年四月五日，日運輸輪海剛丸觸雷重傷。民國三十一年一月十一日，日運輸輪海運號觸雷受傷，十一月，日運輸艦南海丸觸雷受傷。民國三十二年一月二十四

[71] 參閱：1. 海軍總司令部編：《海軍抗戰史》、《海軍抗戰史蹟》；2. 陳紹寬：《海軍抗戰紀事》；3. 包遵彭：《中國海軍史》；4. 《抗日戰史》——全戰爭經過概要各書。

日，日砲艦六〇九號觸雷全毀。三月十九、二十七兩日，僞艦江權、協力兩艘，先後觸雷沈沒。民國三十三年三月十九日，日運輸艦南海丸觸雷全毀。四月二十八日，日大型汽艇一艘觸雷全毀。長江水域，游擊布雷與漂雷，日海軍艦艇沈傷三百六十九艘，及徵用商船數十艘，多傷沈在長江水域，此處不再詳述[72]。

陸戰隊作戰：中國海軍陸戰隊，僅三旅，分駐各地。抗戰初期中國海軍第三艦隊駐防青島。並抽調各艦官兵組成砲兵一大隊，民國二十六年十月參加禹城、惠民作戰。與日軍隔徒駭河對峙，並擊毀日軍鐵甲車兩列。青島撤退後，駐青島陸戰隊第三旅配合張自忠(陸軍第五十九軍)作戰， 有臨沂大捷。 其第一旅三個團， 自民國二十七年夏， 即擔任粵漢線紙坊（武昌南）至石渡間，約七百公里護路任務。翌年五月，該旅第一、二團轉任湘黔路護路工作。第三團任衡陽、寶慶之公路護衛。後再調常德任特種工作，至三十年初，該旅始併入水道防護工作，而閩海海面，除對日艦艇阻擊外，有海盜出沒，第二旅先後在琅歧（島）港、陳塘港（長樂）、尤溪等地，剿平海盜，綏靖海域[73]。

（五）海軍作戰分析

中國以劣勢裝備，老舊少量的海軍艦艇在沿海沿江作戰，損失慘重，所剩無幾。然其英勇表現與布雷的成功，致能遲滯日軍沿江西進並造成輝煌的戰果：

一、沈毀日艦艇分年數量與噸位：

民國二十六年，兩艘，二千噸。

民國二十七年，一四艘，二萬零四百噸。

---

[72] 同[71]。
[73] 同[71]。

民國二十八年，二九艘，一萬二千五百噸。

民國二十九年，一〇九艘，十一萬八千四百噸。

民國三十年，八艘，一萬四千八百噸。

合計一六二艘，總噸位十六萬八千一百噸（商船、汽艇、駁船不計算在內）。

二、沈毀日艦艇類別與數量:

沈沒: 一九七艘，計中型艦二七艘、小型艦十九艘、運輸艦二十六艘，合計七十二艘。另商船三艘、汽艇一一八艘、駁船八艘。

毀傷: 一八二艘，計中型艦二十四艘，小型艦四十三艘，運輸艦二十三艘，合計九〇艘。另商船七艘、汽艇八十七艘、駁船四艘[74]。

民國三十年一月後，中國已退入內陸。海軍改用游擊布雷戰術，在川江漂雷，給日艦艇很大威脅，亦有相當戰果，惟乏正式統計，故從略。

四、空軍作戰

（一）戰前中日空軍比較

民國二十六年七月，中國空軍有九個大隊及一直屬隊，建軍雖略具規模，然與日軍相比，仍居一比九之顯著劣勢。其編制及演進如後:

第一大隊（轟炸），轄第一、二中隊（每中隊飛機九架），民國二十六年十二月第四中隊調入，三十二年八月增第三中隊。

第二大隊（轟炸），轄第九、十一、十四中隊，民國二十六年十二月十四中隊調出，三〇中隊調入。民國三十三年第六中隊調入。

---

[74] 海軍總司令部製: 海軍抗戰戰蹟統計表，民國三十二年製成。

第三大隊（驅逐），轄第七、八、十七三中隊（每中隊飛機九架）。民國二十六年十二月，十七中隊調出，二十五中隊調入。二十七年四月，二十五中隊再調出，五月，三十二中隊調入，十月二十八中隊調入。

第四大隊（驅逐），轄二十一、二十二、二十三中隊，民國二十七年九月，二十四中隊調入。

第五大隊（驅逐），轄二十四、二十五、二十八中隊，民國二十六年十一月二十五中隊調出，十七中隊調入，十二月二十九中隊調入。民國二十七年五月，二十四中隊調出，十月，二十六、二十八兩中隊調入，二十七中隊調出。

以上五個大隊各轄四個中隊至抗戰勝利後無變化，惟抗戰期間中國損失頗重，各中隊飛機架數不定，且機種亦不盡相同，勝利前始補充完整。

第六大隊（偵察），轄第三、四、五、十五中隊（每中隊飛機九架），該隊所屬中隊調動頗大。民國二十七年十月第三、五中隊撤消。民國三十一年一月，大隊部及十三、三十一、十九中隊皆撤消。

第七大隊（偵察），轄第六、十二、十六、三十一中隊，民國二十七年五月十二中隊調出，十月，各中隊皆調出，大隊部撤消。

第八大隊（轟炸），轄第十、十九、三〇中隊，民國二十六年十二月第三〇中隊調出。民國二十七年十月第十四中隊調入。民國二十八年九月第十九中隊調出。民國二十九年五月第六中隊調入。民國三十二年九月改轄，第六、十、十五、十六中隊。

第九大隊（攻擊），轄第二十六、二十七中隊（每中隊飛機九架）。民國二十六年九月大隊部撤消。二十六、二十七兩中隊調爲直屬隊。

直屬隊，轄第十三、十八、二〇、二十九、三十三中隊。該隊抗戰中所屬中隊調出、調入變化頻繁，至民國二十九年十二月直屬隊與二十五、十五、十八、三十四中隊皆撤消。

運輸隊四個中隊，各型運輸機六十架，民國二十七年改名空運大隊。

民國二十九年十二月十六日成立第十一（轄四十一、四十二、四十三、四十四中隊）、十二大隊（轄四十五、四十六、四十七中隊）。第十二大隊民國三十三年十月撤消，民國三十四年一月恢復，至抗戰勝利㊷。

開戰前總計三十二個中隊，可用飛機（運輸機除外）共三〇五架。

日本空軍分屬陸軍與海軍，七七事變前，其兵力如後:

1. 陸軍航空兵團: 區分飛行團、聯隊、大隊、中隊。其中大隊爲虛報，每大隊轄二中隊或三中隊，三個中隊以內之聯隊，大隊長由聯隊長兼任，四個中隊以上之聯隊分爲二大隊，由聯隊長或聯隊副分別兼任。

第一飛行團: 轄第一聯隊——驅逐機四中隊(每中隊十二架); 第二聯隊——搜索（偵察）機二中隊（每中隊十二架）; 第七聯隊——輕轟炸機兩中隊（每中隊十二架），中型轟炸機三中隊（每中隊一〇架）。

第二飛行團: 轄第六聯隊——驅逐機一中隊，搜索（偵察）機三中隊; 第九聯隊——編組不詳。

獨立飛行團: 轄第三聯隊——驅逐機三中隊; 第四聯隊——驅逐機二中隊，搜索（偵察）二中隊; 第五聯隊——搜索（偵察）機三中隊; 第八聯隊——驅逐機、搜索機各一中隊。該聯隊駐臺灣，七七事變前增編爲四個大隊，編組待查。

關東軍飛行團: 第十聯隊——搜索機、中型轟炸機各二中隊; 第十一聯隊——戰鬬機四中隊; 第十二聯隊——中轟炸機四中隊; 第十五聯

㊷ 《空軍抗日戰史》，第二册（上），附表一二，我空軍兵力編組概況表。

隊——戰鬪機五中隊；第十六聯隊——輕轟炸機二中隊，戰鬪機二中隊。

以上驅逐機十一中隊（一三二架），搜索機十三中隊（一五六架）、輕轟炸機四中隊（四十八架）、中轟炸機九中隊（九十架）、戰鬪機十一中隊（一三二架），總計飛機五五八架。

抗戰開始後，日陸軍航空兵團有二十一個聯隊，後增編九個聯隊，合計三十個聯隊。計搜索機十七個中隊、戰鬪驅逐機三十六個中隊，輕轟炸機三十六個中隊，中轟炸機三十六個中隊，重轟炸機三個中隊。總計一二八個中隊，各式飛機一、四四三架。

2. 海軍航空隊

陸上飛機：共十三個航空隊、飛機三六〇架，分歸橫須賀、吳、佐世保三基地指導。

艦上飛機：分屬加賀、赤城、鳳翔、龍驤、蒼龍五艘航空母艦，能登呂、神威、千歲三艘水上飛機母艦，及神川丸、香久丸、衣笠丸三艘輔助母艦，飛機三七〇架。陸艦合計七三〇架。

開戰後，華北戰場：日陸軍飛機組成臨時航空兵團，由陸軍中將德川好敏（男爵）指揮，轄第一飛行團，由第一、二、三、五、六、八、九等七個大隊，及獨立飛行第三、四、九三個中隊組成，飛機約一九六架，另配屬二十八個野戰高射砲隊。

淞滬戰場：陸軍飛機爲第三飛行團，由陸軍少將賀忠次指揮，轄獨立第四、六、十等三個中隊，飛機三十六架，及十一個野戰高射砲隊。金山衞登陸時又增加八個野戰高射砲隊。海軍陸上飛機抽調木更津、農屋、大村、舘山四個基地，組成兩個聯合航空隊，飛機一〇三架。艦上飛機抽調龍驤、鳳翔、加賀、神威、能登呂、香久丸、神川丸、衣笠丸等母艦，編爲四個航空戰隊，飛機一四四架。海軍陸艦飛機二四七架，連同陸軍飛機總計二八三架[76]。

兩相比較，中國空軍機種複雜，訓練時間較短，數量遠較日本為少，然士氣高昂，表現英勇，戰績尤佳。

（二）第一期作戰

自七七事變，至武漢失守，中國以劣勢飛機，出動機數三、二八一架次，投彈數量五一九噸，包括：迎擊日機，炸射船艦與陸軍陣地計四四六次，偵察情況六六次，防空及制空掩護截擊一一五次，合計六二七次。擊落日機二二七架，傷日機四四架，炸毀日機一四〇架，合計四一一架。炸沈日艦十六艘，傷日艦六十一艘（包括一艘航空母艦），船舶九十六艘，合計一七三艘。炸毀各種車輛四二五輛。橋樑碼頭七十六處，傷毀建築物二〇〇處。中國損失飛機二〇二架，傷毀飛機一一二架，飛行陣亡軍官一二二人，飛行受傷軍官一五二人，飛行失踪軍官一〇人，其他陣亡官兵一一五員，受傷官兵一一八員。尤其在南京失守前後，中國原有飛機消耗殆盡，新機未到達前，各地作戰，相當艱苦。

（三）第二期作戰

此期作戰，自武漢失守，至抗戰勝利，因俄援飛機與美援飛機相繼到達，中國空軍又恢復戰力，尤其在太平洋戰爭爆發後，中國空軍已趨優勢，蔣委員長乃令空軍轉為攻勢作戰，更有優異的表現，現統計於後：

出動機數：一六、二六一架次。投彈數量一九六噸。包括出擊三、二〇七次，偵察一五三次，防空及制空掩護二三一次，投送四二次，

[76] 參閱1.《空軍抗戰史》，第二册；2.《日本戰史叢書》：《中國方面陸軍航空作戰》、《中國方面海軍（空軍）作戰》。

合計三、六三三次。

作戰成果:

飛機方面——擊落日機三六五架，擊傷及可能擊落日機五十一架，炸燬日機四〇〇架，炸傷及可能炸燬日機一二五架，合計九四一架。

艦船方面——炸燬艦艇汽船一七四艘，炸傷艦艇汽船一一八艘。炸燬輪船木船六、九九三隻，炸傷輪船木船三三三隻。其他渡船、舢板五九四隻。合計八、二一二艘（隻）。

車輛方面——炸燬機車（火車頭）五三八輛，炸傷機車九八輛，炸傷車廂（大車箱）一、八八四輛，炸燬大汽車、砲車、坦克四、六七〇輛，炸傷大汽車、砲車、坦克九〇九輛，炸燬其他車輛三五七輛，合計八、四五六輛。

車站倉庫人馬方面——炸燬火車站六十七處、傷七處，炸燬油庫六十八處，破壞碉堡及陣地六二二處，炸燬機場五處，炸燬汽車站及停車場八〇處，炸燬工廠二十一處，炸燬橋樑及浮橋碼頭二五八處，炸燬倉庫兵站八〇七處，炸傷倉庫兵站五十九處，炸傷燬營房三二二所（五、〇九七棟），傷燬建築物四〇四處，炸燬電臺十九所，燬城市村落四八〇處，燬日軍司令部三十三所，焚汽油一、一九九桶，協助陸軍作戰炸死日軍官兵三〇、一四六人，炸死日軍騎兵一、三二〇人，炸死馬匹五、四三一匹。

中國空軍損失飛機二五六架，受傷飛機三五五架，飛行陣亡軍官一一九員，飛行失踪軍官四員，飛行受傷軍官九十一員，其他受傷官兵七十一員[77]。

---

[77] 參閱 1.《空軍抗戰史》；2. 陳誠：《八年抗戰經過概要》，第一、二期空軍作戰經過；3. 何應欽：《日軍侵華八年抗戰史》，空軍作戰次數，飛機補充，消耗數量。（數字以（1）書為準）。

（四）空軍作戰分析

抗戰八年，中國空軍執行任務共四、二六〇次，其中出擊三、六五三次，偵察二一九次，防空及制空掩護三四六次，出動飛機一九、五四二架次，達成戰略任務如下:

1. 遲滯日軍南下，並迫誘其轉移主作戰於華東地區。

2. 以空中攻擊阻日軍對徐州之國軍實施包圍。

3. 遠征日本本土，獲得戰略奇襲效果，振奮我民心士氣。

4. 主力轉移至華中，支援第九及第五兩戰區之作戰並支援海軍阻止日軍之運補及地面攻勢。

5. 嚴重威脅日軍之交通線並維護國際補給線之安全。其具體戰果如下:

炸燬地面日機五四〇架，重創及可能炸燬日機一二五架，空戰擊落日機五九二架，重創及可能擊落日機九十五架；燬舢板駁船三九四艘，創二〇六艘；燬木船七、〇六三隻，創三一九隻；燬貨輪一六一艘，創十八艘；燬軍艦二十七艘，創四十二艘；燬汽艇一七四艘，創一六九艘；燬渡輪五艘，創九艘；燬油船十艘，創一艘；燬碼頭十八處；躉船一隻；渡船六隻。燬火車頭五四三個，創九十八個；燬車廂一、七九八輛，創二二八輛；燬油車四〇輛，創五輛；燬卡車、馬車、砲車、坦克車共五、〇九七輛，創一、〇七二輛；燬橋樑二四五座，創六十二座；燬機槍陣地一六〇處，創三十九處；燬高射砲陣地八十四處，創二十一處；燬砲兵陣地一一六處，創十一處；燬砲四門，燬日軍陣地八十四處，創二處；傷燬營房三二一所（五、〇九七棟）；燬工廠二〇座，創一座；燬房屋五、二〇〇棟，創三〇〇棟；燬各種倉庫、兵站八〇七處，傷五十九所；燬油彈庫七十七所，創四所；燬建築物四九三所，創一一一所；燬日軍司令部二十二所，創十一所；燬碉堡三〇座，帳篷一〇頂。擊斃日軍官兵三一、四六六名，擊斃馬五、四三一四。轟炸城市一八八次，燬村落一五六處，創七十三處，燬院落三〇處，創三十三處，炸燬機場五處。燬電臺十九座，燬火車站及汽車站八〇處，創十六處，燬停車場五十四處，創四處，燬修車廠十六處，燬堆棧九十一處，創十三處，焚汽油一、一九九桶，創水塔一座，防空塔一座。投送通信袋二十四次、軍款七〇萬元，地圖八包[78]。

以上所記皆中國空軍之戰果，美空軍與第十四航空隊之戰果，請參閱國防部史政編譯局譯印之《中美空軍混合團英勇戰鬪紀實》（民國七十二年九月出版）。

五、受降與遣俘

（一）日軍投降時兵力與分布

支那派遣軍，岡村寧次大將，投降時之兵力。

華北方面軍：三二六、二四四人；

（華中）第六方面軍：二九〇、三六七人；

（華東）第六軍、第十三軍：三三〇、三九七人；

（華南）第二十三軍：一三七、三八六人；

（越南）第三十八軍：二九、八一五人（非支那派遣軍所統轄）；

（臺灣）第十方面軍：一六九、〇三一人（非支那派遣軍所統轄）。

總計兵力：一、二八三、二四〇人[79]。

其指揮單位：派遣軍總司令部一個，方面軍司令部三個；軍司令部

[78] 同[77]。

[79] ≪日本戰史叢書≫：≪昭和二十年の支那派遣軍≫（2），≪經戰未ベ≫，頁五六九～五八三。

十個，師團司令部三十六個（內戰車師團一個，飛行師團二個），獨立混成（或步兵）旅團四十一個（內騎兵旅團一個），獨立警備隊十九個（含守備隊、支隊等），海軍陸戰隊六個（含特別根據地隊）。其主要兵力分布如後:

華北地區由北支那方面軍司令官下村定大將指揮，駐北平。直轄部隊——第六十三師團，北平郊區；獨立混成第一旅團，小松崎力雄少將，邯鄲；獨立第八混成旅團，行內安守少將，撫寧；獨立第九混成旅團，的也憲三郎少將，天津；第三獨立警備隊，北平；獨立步兵第一旅團，淺見敏彥少將，莒縣；北支特別警備隊，唐山。

第四十三軍，細川忠康中將，濟南，轄：四十七師團，濟南郊區；獨立混成第五旅團，長野榮二少將，青島；獨立步兵第二旅團，服部直臣少將，石家莊；第七、十一、十二獨立警備隊，保定、兗州、青島。

駐蒙軍，根本博中將，張家口，轄：第百十八師團，內田銀之助中將，由上海太倉調張家口附近，再調天津；獨立混成第二旅團，渡邊渡少將，張家口；第四獨立警備隊，大同；獨立混成第九十二旅團，瓦田隆根少將，由郾城調開封。

第十二軍，鷹森孝中將，由南陽移鄭州，轄：第百十師團，木村經廣中將，西峽口轉洛陽；第百十五師團，杉浦英吉中將，老河口、鄧縣；第百十七師團，鈴木啟久中將，新鄉郊區；戰車第三師團，山路秀男中將，內鄉，後調北平；騎兵第四旅，加藤源之助少將，南陽。第六、十、十三、十四獨立警備隊，分駐新鄉、洛陽、郾城、南陽。

第一軍，澄田睞四郎中將，太原，轄：第百十四師團，三浦三郎中將，臨汾；獨立混成第三旅團，山田三郎少將，原平鎮；獨立混成第十旅團，板津直俊少將，陽泉；獨立混成第十四旅團，元泉馨少將，潞安；第五獨立警備隊，陝州。

華東地區由支那派遣軍司令官岡村寧次大將指揮，南京。

第十三飛行師團，南京。

第十三軍，松井太久郎中將，上海，轄：第六十師團，落合松二郎中將，蘇州；第六十一師團，田中勤中將，上海；第六十五師團，森茂樹中將，徐州；第百六十一師團，高橋茂壽慶中將，由松江調上海。獨立步兵第六旅團，安慶；獨立混成第九十旅團，山本源右衛門少將，泰縣；獨立第一警備隊，南京；第六十九師團，三浦忠次郎中將，由山西調嘉定。

第六軍，十川次郎中將，杭州，轄：第七十師團，內田行孝中將，嘉興；第百三十三師團，野地嘉平中將，杭州；獨立混成第八十九旅團，梨剛壽南少將，溫州；獨立混成第六十二旅團，長岑喜一少將，福寧；獨立混成第九十一旅團，宇野節少將，寧波。

華中地區，由第六方面軍岡部直三郎大將指揮，漢口。

第三十四軍，櫛淵鍹一中將，漢口（六月一日後第三十四軍撤消，改第六方面軍直轄）。轄：第百三十二師團，柳川悌中將，當陽；第三十九師團，佐佐眞之助中將，漢口附近；獨立混成第十七旅團，谷實夫少將，岳州；獨立步兵第五旅團，村上宗治少將，沙市；獨立步兵第七旅團，生田寅雄，南昌；獨立步兵第十二旅團，安永篤次郎少將，咸寧；獨立混成第八十三旅團，田鹽鼎三少將，漢口；獨立混成第八十四旅團，中尾小六少將，九江；獨立混成第八十五旅團，松井節少將，應城；獨立步兵第十一旅團，加藤勝藏少將，應山。

第二十軍，坂西一良中將，由衡陽移長沙。轄：第六十四師團，船引正之中將，長沙；第六十八師團，堤三樹男中將，衡陽；第百十六師團，菱田元四郎中將，寶慶；獨立混成第八十一旅團，專田盛壽中將，湘潭；獨立混成第八十二旅團，櫻庭千郎少將，株州；獨立混成第八十六旅團，上野源吉少將，寶慶；第二獨立警備隊，長沙。

第十一軍，笠原幸雄中將，柳州移南昌，轄：第三師團，辰己榮一中將，由桂南移南京；第十三師團，吉田峯太郎中將，由柳州移九江；第三十四師團，伴健雄中將，由湘西移南京；第五十八師團，川俣雄人中將，由桂林移南昌；第二十二、三十七兩師團，二月調入越南；獨立混成第八十七旅團，小山義已少將，郴縣；獨立混成第八十八旅團，皆藤喜代志少將；全縣；獨立混成第二十二旅團，米山米鹿少將（其中一大隊駐雷州半島），由來濱調全縣轉九江。

華南地區，由第二十三軍司令官田中久一中將指揮，廣州。轄：第百四師團，末籐知文中將，海豐；第二十七師團，落合甚九郎中將；第四十師團，宮川淸三中將，分由廣東移濟南、南京；第百三十一師團，小倉達次中將，韶州；第百二十九師團，鵜澤尙信中將，淡水；第百三十師團，近藤新八中將，新會；獨立步兵第八旅團，加藤章少將，廣州；獨立步兵第十三旅團，川上護少將，三水。獨立混成第二十三旅團，下河邊憲三少將（其中一大隊駐雷州半島），海南島三亞，移廣州。海南島警備隊，海口。

臺灣地區，非支那派遣軍指揮系統，由第十方面軍，安藤利吉大將指揮，駐臺北。轄：第九師團，新竹；第十二師團，臺南；第五〇師團，潮州；第六十六師團，臺東；第七十一師團，臺中；獨立步兵第七十五、七十六、一百、百二、百三、百十二旅團，分駐豐原、善化、高雄、花蓮、嘉義、蘇澳等地；第八飛行師團，嘉義；澎湖守備隊，澎湖。

越南地區，非支那派遣軍指揮系統，由第三十八軍司令官土橋勇逸指揮，轄：第二十二師團，平田正判中將；第三十七師團，伴健雄中將；第二十一師團三國直福中將⑳。

---

⑳ 1. 蔣緯國著：《抗日禦侮（十）》，頁一一二～一一九。2. 同⑲。

（二）國軍分區受降

民國三十四年八月十五日，日本無條件投降，國民政府主席蔣中正即電南京日軍最高司令官岡村寧次，指示其六項投降原則，並作受降部署，派中國陸軍總司令何應欽上將，代表中國戰區接受其投降。

九月三日，日本投降代表重光葵、梅津美治郎，在東京灣美國米蘇里艦上向盟國最高統帥麥克阿瑟將軍簽定降書，中國派徐永昌上將代表參加。九月九日上午九時，何應欽上將代表中國戰區最高統帥蔣委員長，在南京原中央軍官學校禮堂內，主持中國戰區日本無條件投降簽字典禮。日軍駐華派遣軍總司令官岡村寧次代表日本政府簽字，正式向中國戰區最高統帥投降，分布全國各地日軍，亦分區向國軍投降。

第一方面軍司令官盧漢為受降主官，受降地點河內，投降日軍指揮官為第三十八軍司令官土橋勇逸，九月三十日受降。投降日軍第三十八軍司令部、第二十一師團、第二十二師團一部，在越南北部集中。

第二方面軍司令官張發奎為受降主官，受降地點廣州，投降日軍指揮官第二十三軍司令官田中久一，九月十六日受降。投降日軍第二十三軍司令部、第百四、百二十九、百三十師團、獨立混成第二十三旅團、獨立步兵第八旅團在廣州集中；雷州支隊在雷州半島集中；海關警備隊（海軍陸戰隊）在瓊山集中。

第三方面軍司令官湯恩伯為受降主官，受降地點分上海、南京兩地。上海：投降日軍指揮官第十三軍司令官松井太久郎，九月十一日受降；投降日軍第十三軍司令部、第二十七、第六十、第六十九、第百三十三各師團、獨立混成第六十二、八十九、九十各旅團在上海集中。南京：投降日軍指揮官第六軍司令官十川次郎，投降日軍第六軍司令部、第三、第三十四、第四十、第百六十一各師團在南京集中。

第四方面軍司令官王耀武爲受降主官，受降地點長沙，投降日軍指揮官第二十軍司令官坂西一良，九月十五日受降，投降日軍第二十軍司令部、第六十四、第百十六師團、獨立混成第八十一、八十二旅團、第二獨立警備隊在長沙集中，第十三、五十八、六十八師團、獨立混成第二十二、八十六、八十七、八十八旅團在衡陽集中。

第一戰區長官胡宗南爲受降主官，受降地點鄭州，投降日軍指揮官第十二軍司令官鷹森孝，九月二十日受降。投降日軍第百十師團、第十獨立警備隊向鄭州集中；獨立騎兵第四旅團在開封集中；第六警備隊在新鄉集中。

第二戰區長官閻錫山爲受降主官，受降地點太原，投降日軍指揮官第一軍司令官澄田賚四郎，十月十三日受降，投降日軍第一軍司令部、第百十四師團、獨立步兵第十、十四旅團、獨立混成第三旅團、第四、五獨立警備隊，分向山西省太原集中。

第三戰區長官顧祝同爲受降主官，受降地點杭州，投降日軍指揮官第十三軍司令官松井太久郎，九月二十七日受降；投降日軍第百三十三師團、獨立混成第九十一、六十二旅團在杭州集中；厦門方面特別根據地隊在厦門集中。

第五戰區長官劉峙爲受降主官，受降地點郾城，投降日軍指揮官第十二軍司令官鷹森孝，九月二十二日受降，投降日軍第十二軍司令部、第百十五師團、獨立混成第九十二旅團、第十三、十四獨立警備隊在郾城集中。

第六戰區長官孫蔚如爲受降主官，受降地點漢口，投降日軍指揮官第六方面軍司令官岡部直三郎，九月十八日受降。投降日軍第六方面軍司令部、第百三十二師團、獨立混成第八十三、八十五旅團、獨立步兵第五、十一旅團、揚子江方面特別根據地隊向漢口集中；第百十六師團、獨立步兵第十二旅團、獨立混成第十七、八十六、八十八旅團在武昌集中。

第七戰區長官余漢謀爲受降主官，受降地點汕頭，投降日軍指揮官第二十三軍司令官田中久一兼任，九月二十八日受降，投降日軍第百四師團、百三十師團之一部向汕頭集中。

第九戰區長官薛岳爲受降主官，受降地點南昌，投降日軍指揮官第十一軍司令官笠原幸雄，九月十四日受降。投降日軍第十一軍司令部、第十三、五十八師團、獨立混成第二十二、八十四、八十七旅團在九江集中；獨立步兵第七旅團在南昌集中。

第十戰區長官李品仙爲受降主官，受降地點徐州，九月二十四日受降，投降日軍指揮官第六軍司令官十川次郎。投降日軍第六十五師團在徐州集中；第七十師團在蚌埠集中；第百三十三師團、獨立混成第六旅團在安慶集中。

第十一戰區長官孫連仲爲受降主官，受降地點北平，投降日軍指揮官華北方面軍司令官根本博，十月十日受降，投降日軍華北方面軍司令部、駐蒙軍司令部、戰車第三師團、獨立混成第二、八旅團、第三、五獨立警備隊在北平集中；第百十八師團、獨立混成第九旅團、華北特別警備隊在天津集中；第七獨立警備隊在保定集中；獨立混成第一旅團、獨立步兵第二旅團在石家莊集中。

第十一戰區副長官李延年爲受降主官，受降地點濟南，投降日軍指揮官第四十三軍司令官細川忠康，十月二十五日受降。投降日軍第四十三軍司令部、第四十七師團、第九、十一獨立警備隊在濟南集中；獨立步兵第一旅團、獨立混成第五旅團、第十二獨立警備隊在青島集中。

第十二戰區長官傅作義爲受降主官，受降地點歸綏，投降日軍指揮官華北方面軍司令官根本博，九月二十四日受降。投降日軍第百十八師團一部、獨立混成第二旅團在包頭集中。

臺灣行政長官公署長官陳儀爲受降主官，受降地點臺北，投降日軍指揮官第十方面軍司令官安藤利吉，十月二十五日受降。投降日軍第九、十二、五十、六十六、七十一師團、獨立步兵第七十五、七十六、百、百三、百五、百二十旅團以及澎湖守備隊[81]。

（三）收繳日軍主要武器

1. 主要武器:

各式飛機: 一、〇六八架，內可用者僅二九一架。

各式砲（艇）艦: 一、五八八艘。補充戰後中國海軍。

戰車: 四六二輛。

火砲: 一〇、三六九門。

機槍: 二、八七二挺。多遭破壞。

步（騎手）槍: 六六六、〇八四枝，多遭破壞不堪使用。

手槍: 三、一四七枝。

手榴彈: 二四一、九五〇枚，各種雷彈多潮濕不堪使用。

地雷: 一一、四三九枚。

魚雷: 二〇二枚。

爆雷: 一、一三五枚。

水雷: 八五枚。

深水雷: 三、八一八枚。

2. 主要器材:

有線電話機: 三五、六五七架。

---

[81] (1)《抗日戰史》——<受降與復員>，第二節，「接收紀要」，頁七五～一九六。
(2) 何應欽著:《日軍侵華八年抗戰史》，頁三六二～三六六。

有線電報機：一一四架。

無線電報機：三、六〇九架。

無線電話機：四四三架。

收發報機：九二九架。

發電機：八二四架。

掃雷器材：五一、一二二件。

電信器材：二六、〇三二件。

衞生器材：一、五〇一件。

其他機件：一一、五〇〇架。

3. 主要車輛：

汽車：一、五八四輛。

卡車：一二、七二六輛。

乘用車：二、二二三輛。

自行車：一、一一二輛。

三輪車：四六五輛。

輜重車：七、三一三輛。

山砲車：一九〇輛。

其他各種車輛：五、四九四輛。

4. 兵工廠與倉庫：

兵工廠：一四所。

交通通信工廠：二〇所。

衞生工廠：一〇所。

被報糧食工廠：五五所，內十七所尚未開工。

造船廠：一三所，內六廠戰前原有現收回。

倉庫：一八二座。

冷存庫：二〇座82。

（四）遣俘與遣僑

據中國國防部依受降報告所列數字統計，中國戰區日韓臺俘僑如後：

日俘：一、二四〇、四七一人（包括臺灣日俘一八三、〇七九人），日僑：七七九、八七四人（包括臺灣日僑三二九、三七七人），合計二、〇二〇、三四五人。

韓俘：一四、四二八人（被日本徵兵者），韓僑：五〇、九三五人，合計六五、三六三人。

臺俘：一七、一二四人（被日本徵兵者），臺僑：二六、九九四人，合計四四、一一八人。

以上總計二、一二九、八二六人83。

據日本《戰史叢書》《昭和二十年の支那派遣軍(2)》上所記：自民國三十四年至四十三年（昭和二十至二十九年）共遣俘僑一、五二八、八八三人。其中軍人及眷屬約一〇五萬人，其餘則爲日僑。其上船地點如後：

華北塘沽，民國三十四年十月起，至三十五年六月止；

青島，民國三十五年二月至五月；

連雲港，民國三十五年三月至四月；

華中（上海），民國三十四年十二月至三十五年六月；

厦門，民國三十五年六月；

汕頭，民國三十五年二月至三月；

華南（廣州），民國三十五年二月至三月；

---

82 參閱陳誠：《八年抗戰經過概要》，<收繳日陸海空軍主要武器>（附表一二）。

83 同81書(2)，中國戰區日韓俘僑數目統計表。

84 同79書，頁五八三～五八四。

海南島，民國三十五年四月[84]。

臺灣省遣送實況:

基隆: 民國三十四年十二月至三十五年二月，遣送日俘八七、七七一人，日俘眷屬男二、〇九六人，女二一、二四八人。運入臺胞二〇、二七七人。

花蓮: 民國三十五年四月一日至八日，遣送日僑七、七七一人。

高雄: 民國三十四年十二月至三十五年二月，遣送日俘、僑二四、七三五人。運入臺胞一七、二〇〇人。

留用日技術人員七、一七四人，家屬二〇、八二一人。共二七、九九五人。

所留遺族，留守家族及日僑，由日僑管理委員會及日僑遣送處辦理管理遣送。至民國三十五年三月底，全部完成[85]。

中國分年遣回實際數字:

民國三十四年至三十五年: 一、四九二、三九七人;

民國三十六年，三、七五八人;

民國三十七年，四、四〇一人;

民國三十八年，七二〇人;

民國三十九年，一五一人;

民國四十年，九一人;

民國四十一年，二一四人;

民國四十二年，二六、〇五一人;

民國四十三年，一、一一八人[86]。

按民國三十九年後，所遣日僑（俘），爲被中共利用及所遣回者。

---

[85] ≪抗日戰史≫——<受降與復員>，第十五款臺灣，頁一七九～一九三。

[86] 同[84]書。

（五）接收東北主權

中國東北行政區分，原爲遼寧、吉林、黑龍江、熱河四省。民國二十年「九一八」，被日本關東軍先後佔領。同盟國對日本作戰時，劃分中國戰區：除中國領土外，包括東北四省、臺灣、澎湖羣島、香港、越南與朝鮮。中國軍事委員會 蔣委員長任最高統帥。民國三十四年八月六日，美國向日本廣島投第一顆原子彈，兩天後蘇聯見有機可乘向日本宣戰。十日，日軍投降，蘇軍強佔中國東北四省，收繳日軍武器，廠房設備，提交中共，裝配林彪百萬部隊以擴大叛亂。

中國政府於民國三十四年八月三十一日明令，特派熊式輝爲軍事委員會東北行營主任，處理東北各省收復事宜。並將原東北三省（熱河除外）行政區重劃爲九省。各省主席：遼寧省——徐箴；安東省——高惜水；遼北省——劉翰東；吉林省——鄭通儒；松江省——關吉玉；合江省——吳翰濤；黑龍江省——韓駿傑；嫩江省——彭濟羣；興安省——吳煥章。再以莫德惠、朱霽青、萬福麟、馬占山、鄒作華、馮庸爲東北行營委員，張家璈爲經濟委員會主任委員，杜聿明爲東北保安司令長官。派十三軍石覺，五十二軍梁愷爲先頭部隊入東北收復國土，無奈中共在蘇聯裝備支持下，留用日本關東軍砲兵，阻礙接收，擴大叛亂。

六、結　　論

（一）「抗日戰爭」爲中國近代史上最重要、最光輝、犧牲也最慘烈的一頁，是在中央卓越之政略與戰略指導下，全國陸、海、空軍及社會各階層人士爲救亡圖存，以最大的犧牲所換取的成果，史蹟斑斑，絕不容任何人有意的扭曲或篡奪。

（二）抗戰初期，政府將投降之中共殘餘部隊，編爲第十八集團軍，下轄三個師（一一五、一二〇、一二九），編入第二戰區戰鬪序列，新成立之「新四軍」則編入第三戰區指揮，除民國二十六年九月二十五日，一一五師在平型關參加對日作戰，消滅日本第五師團一個運輸中隊（連）外，就整個「國軍與抗戰」而論，貢獻不大，且自平型關作戰以後，卽抗命自由發展。襲擊友軍，破壞抗戰，打著抗日旗號，吸收青年，吞併地方游擊隊與疲憊的正規軍，以擴充其實力，蓄意擴大勢力。

（三）日本原以戰爭爲手段，而達成分期分區蠶食中國之終極目的，遠者甲午戰爭如此，近者「九一八」、熱河、長城、察綏之戰皆如此，並在侵略的每一地區內分別製造傀儡政權，聽其指使，七七事變之初，日本想藉侵佔平津而成立「華北國」，但被中國全面抗戰所粉碎。

（四）中國陸軍表現英勇，忻口之戰，國軍軍長郝夢齡、師長劉家麒陣亡殉國而陣地不爲之動。淞滬激戰四個月，各地將士聞義赴難，朝命夕至，前線官兵以血肉之軀，築成壕塹，有死無退，陣地雖化爲灰燼，軍心卻仍如金石，陷陣之勇，死事之烈，實足昭示民族獨立之精神，奠定中華復興之基礎。

（五）中國以劣勢海軍，高昂戰鬪意志及犧牲精神，與日海軍相抗衡，在上海、江陰、馬當、葛店，偷襲、布雷、岸砲射擊，皆有優越的表現，遲滯日海軍西進，使其海陸軍之間無法發揮統合戰力，而達到消耗戰、持久戰之戰略目的。

（六）中國空軍雖成立較晚，機數有限，且機種來自義、美、英、法、俄等國，但駕駛員智慧高超，抗戰之初卽在京滬上空創造「八一四」、「八一五」大捷，後在武漢上空，又有「二一八」「四二九」等戰績及遠征日本的壯舉。及太平洋戰爭爆發，中國空軍裝備獲得改善，在支援陸軍作戰、維護國際航道、鼓舞民心士氣各方面，皆有莫大的助益，圓滿達成前述許多戰略任務。

（七）七七事變後，中國獨力抗日達四年五個月，使日本陸海空軍之精華，多所消耗，及太平洋戰爭爆發，中國配合盟國作戰，牽制日軍二十七個師團、二十二個獨立混成旅團，兵力六八二、二四四人，使日軍無法轉用於其他地區。然中國除陸海空三軍損失慘重外，人民所付出的代價，更是無法估計，全國民窮財盡，經濟崩潰，中共乘機擴大，眞是貽禍無窮，終使大陸淪陷。

（八）抗戰期間，日人初期企圖速戰速決，過分輕敵，其軍部計畫與判斷，均不能與其政略配合，又犯逐次增兵之兵家大忌，輕率廣闢戰場，圖逞一時之威風，以致兵力分散，備多力分，坐失戰機；而中國則在中央高瞻遠矚之綿密策劃下，以「持久」對「速決」，以空間換時間，迫日本改南北作戰線爲自東向西，使日軍益陷入泥淖而不可收拾；國軍則利用時間，整編部隊，培養戰力，繼續予敵重創。然而，「前事不忘，後事之師」，當時日軍之訓練確屬精良，裝備亦相當完整，戰術運用得當，戰鬪勇猛堅強，在中國各個戰場，無論山地、平地、湖泊、河川、沼澤、沿江、沿海，均能以少數兵力，靈活運用，大有攻無不克，守無不固之勢；尤其小部隊（分隊、小隊、中隊、大隊）之戰鬪，表現更爲優異，此點當爲國軍參戰官兵所共識。願國軍今後之軍事教育與訓練，能因日爲師，視爲借鑑，從而健全組織，嚴訓精練，擷取歐美戰略戰術與科技新知，講求攻勢與機動之優勢作爲，發揮三軍聯合作戰之統合戰力；發展高性能武器，精誠團結，淬勵奮發，發揚抗戰精神，以迎接將來任何挑戰。

陸 軍 與 初 期 抗 戰

從七七抗戰至黃河決堤

一、前　　言

民國二十六年（一九三七）七月七日夜，日本平津駐軍按著預定計畫在盧溝橋附近，以演習爲名，藉口調查失踪士兵眞象，向宛平縣城襲擊，第二十九軍吉星文團，以守土有責，奮起抵抗。八日，雙方協議，軍隊各退返原防❶。九日晨六時，日軍又向宛平駐軍攻擊。十一日有第二次協議，國軍撤退盧溝橋與龍王廟附近駐軍，懲罰負責官員❷。而日本政府則命朝鮮的第二十師團與東北關東軍第一、十一兩旅團開往平津❸。

日本參謀本部十二日擬定作戰計畫，決擊潰平津附近的宋哲元軍。新任天津駐屯軍司令官香月淸司十四日提出要求：(一)撤退北平駐軍、冀察中央機構、藍衣社、CC團；（二）鎭壓共黨活動；（三）罷黜排日要人；（四）取締排日言論機關，與學生民眾運動，及學校軍中排日教育。宋哲元十九日接受❹，並由天津到北平，下令撤除北平市內的防

---

❶ ≪秦德純回憶錄≫，頁一七八～一七九，傳記文學叢書之七，按此＜海澨談往＞爲筆者民國四十九年在中研院近史所訪問秦德純先生之訪問稿。又王冷齋：≪七七回憶錄≫亦有記述。

❷ 李雲漢：≪宋哲元與七七抗戰≫，頁一九〇～一九一。秦德純、張自忠與日本駐屯軍參謀長橋本羣停戰約定。傳記文學社，民國六十七年出版。

❸ ≪日本戰史叢書≫：≪支那事變陸軍作戰（1)≫：頁一六七～一六八，北支への派兵下令。日本防衛廳防衛研修所戰史室著，昭和五十年七月發行。

❹ 同❸書，頁二〇三～二〇四，由第二十九軍代表張自忠、張允榮簽字。

禦設施，電請中央停止北上的孫連仲、龐炳勳、高桂滋軍前進。

盧溝橋事變發生時，蔣委員長正準備在廬山與社會領袖舉行國事談話會，為應付華北緊急事件，電南京軍委會參謀總長程潛、辦公廳主任徐永昌，通令全國戒嚴，準備全部動員應變，以防事態繼續擴大。並電宋哲元全力抗戰，勿為日人所欺❺。至十一日，編入戰鬪序列部，第一線為一百師，預備軍為八十師。同時聲明：「任何諒解或協定，未經中央核准者，一律無效❻。」十四日，設行營於石家莊。十七日發表廬山談話，申明四點：（一）任何解決，不得侵害中國主權與領土完整；（二）冀察行政組織，不容任何不法之改變；（三）中央政府所派地方官吏，如冀察政務委員會委員長宋哲元等，不能任人要求撤換；（四）第二十九軍現在所駐地區，不能受任何約束。」並說：「我們希望和平而不求苟安，準備應戰而決不求戰❼。」

日本忽視與華北政務委員會雙方三次「協定」，且派關東軍獨立混成第一、十一旅團及駐朝鮮第二十師團向關內運輸。二十二日，中央密派熊斌赴平，告宋哲元中央抗戰決策，宋決定抗日作戰。二十六日廊坊失守，但進攻北平的日軍卻被擊退。是日，天津日駐軍司令官香月清司發出最後通牒，要求第二十九軍二十九日退往永定河以西。二十七日，日本再調第五師團、第六師團、第十師團，及關東軍第二混成旅團開往華北❽。同日，日軍進逼北平四郊。二十八日，猛攻南苑，第二十九軍副軍長佟麟閣，第一三二師師長趙登禹陣亡。二十九日，宋哲元撤離，北平失守。同時天津、大沽激戰開始，三十日陷落。

---

❺ (1) 秦孝儀編著：《總統　蔣公大事長編初稿》，卷四（上），頁六七，民國二十六年七月八日。(2) 中國國民黨史委員會編：《中華民國重要史料初編》——〈對日抗戰時期〉，第二編，〈作戰經過〉，頁三一～四二。

❻ 同❺ (1) 書，頁七四，民國二十六年七月十一日。

❼ 同❺ (1) 書，頁七八～七九。民國二十六年七月十七日。

❽ 同❸書，頁二二一～二二二。

蔣委員長八月一日召見平津教育學術人員：張伯苓、胡適、蔣夢麟、梅貽琦等，宣示抗日戰略：「日人企圖不戰而取，速戰速決；吾人隨時隨地抵抗，使其戰而不取，戰而不決，最後勝利，必屬於我❾」。同時各地軍事領袖，閻錫山、白崇禧、劉湘、余漢謀、龍雲、何健以及中共的朱德等多人，會集南京，共赴國難❿。十二日，中央決設置國防最高會議，推 蔣委員長爲陸海空軍大元帥，以軍事委員會爲抗戰最高統帥部⓫。

奪取冀察兩省，組織「華北國」是日本現階段的作戰目標。以爲攻佔平津後，中國勢必屈服。八月八日，曾擬有「停戰條件」及「國交調整綱要」，準備談判⓬，然中國已展開全面抗戰，並準備在淞滬開闢華東戰場，因有一二八作戰經驗，河流縱橫，湖沼密布，地形複雜的太湖地區，對日本機械化的部隊運動不便，且有國防工事的構築。又上海爲世界性的通商大都市，更能促起國際的注意。並計畫封鎖江陰要塞，使長江日本船艦無法脫逃⓭，在戰略上改日本由北而南征爲由東向西戰。日本上海艦隊司令官谷川清亦建議東京，不宜將戰場侷限於華北，應同時攻取上海、南京，分散中國兵力，置中國於死地。上海虹橋機場八月九日發生衝突。十三日上午九時十五分，淞滬大戰揭幕。

中國國民政府八月十四日聲明：「此次抗戰，實迫於日本侵略，而不得不實行自衞⓮。」十五日，日本下令全國總動員，設置大本營，編組上海派遣軍，華北方面軍。此後中國劃分南北兩戰場，戰事在各地慘烈

---

❾ 同❺(1)書，頁九四，民國二十六年八月一日。

❿ 郭廷以著：《近代中國史綱》，頁六八五。香港中文大學出版。

⓫ 同❺(1)書，頁九八。民國二十六年八月十二日。

⓬ 同❸書，頁二五一～二五五。

⓭ 此一計畫，因當時行政院秘書黃濬受日本收買，而洩漏消息，使漢口一帶日艦、日僑先期退出，甚爲可惜。

⓮ 同❺(1)書，頁九九，民國二十六年八月十四日。

進行。

華北日軍佔北平後，八月八日由第五師團長板垣征四郎指揮沿平綏線北攻南口，察哈爾日本關東軍由東條英機統領南攻張家口，激戰十六天，二十五日南口陷落，翌日張家口失守。而後分兵進攻天鎭、大同。同時在平漢線國軍與日軍主力有涿州、保定第一次會戰，在津浦線有馬廠、姚官屯、大城之戰，國軍表現英勇，敗而不餒。

察南晉北作戰日軍，東條進犯集寧、歸綏，板垣南犯太原，國軍大破日軍於平型關、忻口，第九軍軍長郝夢麟、第五十四師師長劉家麒、第一六九旅旅長姜玉貞、第二〇三旅旅長梁鑑堂、獨立第五旅旅長鄭廷珍戰歿，而陣地不爲之動。日軍改由石家莊攻晉東，十一月八日，太原陷落。

淞滬會戰初期，國軍採取攻勢，日軍大量增兵後，九月十五日後改爲陣地戰，給日軍很大的殺傷，參戰軍多達七十八個師，除中央軍外，桂軍、粵軍、湘軍、川軍先後加入戰鬪，能戰可用之兵，幾乎全部投入，傷亡極爲慘重。十月二十六日，主要陣地失陷，暫退滬西。十一月五日，日第十軍在金山衞登陸，十一月九日，國軍全部西撤。

國民政府爲遷都重慶，十一月二十日，發表宣言，昭告中外：「將以更廣大之規模，從事更持久之戰鬪⑮。」淞滬國軍血戰三月，「各地將士，聞義赴難，朝命夕至，其在前線以血肉之軀，築成壕壍，有死無退。」「陣地化爲灰燼，軍心仍如金石，陷陣之勇，死事之烈，實足昭示民族獨立之精神，奠定中華復興之基礎⑯。」外國輿論對中國軍隊英勇智謀，備極讚譽。不只軍人甘於犧牲，視死如歸，卽一般老幼男女，無不爭爲軍隊服務，苦戰之後，十二月十三日南京陷落，日軍報復，有

⑮ 同⑤(1)書，頁一四〇～一四一，民國二十六年十一月二十日。
⑯ 同⑤(1)。

近二十萬人之大屠殺。

津浦線南下之日軍，十月初四陷德州，經徒駭河南岸激戰後，因南京失守，第三集團軍總司令山東省主席韓復榘，心理動搖，十二月二十七日，不戰而放棄濟南，青島陷於孤立，青島市長沈鴻烈下令炸燬紗廠後，率海軍陸戰隊及魯省保安隊，轉移臨沂。此後蔣委員長拿辦韓復榘，處以極刑，這是抗戰初期受到最嚴厲懲處的一位高級將領。

經過半年的時間，裝備與訓練皆不佳的中國陸軍，與世界上裝備精良、訓練完善的日軍激戰，損失慘重，但在蔣委員長堅定指揮與全國人民支持下愈戰愈勇之勢，日軍乃進一步策劃「徐州會戰」，以打通津浦路，消滅中國野戰軍，擊潰全國軍心民氣，而達成其「速戰速決」的目的。然在民國二十七年二月初至五月底「徐州會戰」進行中，臨沂戰鬪，浴血八日，日軍傷亡頗重。臺兒莊攻守作戰，為時四週，激戰尤烈，國軍以四倍兵力截斷日軍補給，殲日軍一萬六千人，所餘被國軍困於魯南山區。南京失守後，士氣為之重振，人心尤為興奮。逼著日本大本營急派高級參謀橋本羣少將，參謀西村敏雄中佐；華北方面軍派參謀下山琢磨大佐，第一軍派參謀友近美晴中佐，第二軍派參謀長鈴木率道少將，參謀岡本清福大佐；華中派遣軍派副參謀長武藤章大佐，臨時航空兵團派參謀田中友道大佐，召開緊急協調會議，決定由華北方面軍、華東派遣軍、日本關東軍三方調兵增援⑰，迫國軍放棄徐州。

徐州會戰結束後，戰事轉移豫東，五月二十四日，蘭封陷落，六月六日開封失守，國軍河防部隊決鄭州以東花園口黃河堤防，洪水向南泛濫，三師團日軍——第十四、第十六、第十——被困洪水中。我地方百

⑰ ≪日本戰史叢書≫，≪支那事變陸軍作戰(2)≫，頁四八～四九，日本防衛廳防衛研修所戰史室著，昭和五十一年二月初版。

姓損失亦重⑱。但日軍北攻鄭州，南窺武漢之企圖爲之阻滯。亦使日本急欲結束戰事落空。

本文所使用的資料：（一）秦孝儀編：《總統　蔣公大事長編初稿》；（二）黨史會編：《中華民國重要史料初編》——〈對日抗戰時期〉，第二編，〈作戰經過〉；（三）國防部史政編譯局編印：《抗日戰史》（一〇一册）；（四）國防部史政編譯局有關抗戰檔案；（五）《日本戰史叢書》（一〇〇册）：1.《支那事變陸軍作戰》(1)、(2)、(3)（三册），2.《陸海軍年表》，3.《陸軍軍備戰》，4.《北支治安戰》(1)(2)（二册），5.《支那事變海軍作戰》(1)(2)（二册）；及其他相關專書與論文。

中日戰史記載出入頗大，本文已盡可能的作了考訂。又國防部史政局所修《抗日戰史》，對參戰日軍記述重覆不清，本文作一正確完整的整理。

本文主旨，在論述抗戰初期陸軍的英勇表現，這一段史實，是任何人所不能抹殺或曲解的。

二、華北戰場

（一）戰前雙方兵力

國軍——第二十九軍，軍長宋哲元，副軍長秦德純、佟麟閣，參謀長張樾亭，軍部南苑。特務旅（孫玉田，官兵四、五〇〇名）隨軍部駐防。

陸軍第三十七師，馮治安，特務團（張振華）駐淸苑（保定）。一〇九旅

⑱　此次黃河決口，總計淹沒四十餘縣，河南民宅沖毀一百四十餘萬家，水淹旱地八百餘萬畝，安徽、江蘇耕地被淹一千一百餘萬畝，傾家蕩產者四百八十餘萬人。

（陳春榮，駐清苑）；一一〇旅（何基澧，駐西苑）；一一一旅（劉自珍，駐北平）；獨立第二十五旅（張凌雲，駐西苑），官兵約一五、七五〇名。

陸軍第三十八師，張自忠，特務團（安克敏，駐南苑）。一一二旅（黃維綱，駐小站）；一一三旅（劉振三，駐廊坊）；一一四旅（董升堂，駐韓家墅）；獨立第二十六旅（李九思，駐馬廠、任邱），官兵約一五、四〇〇名。

陸軍第一三二師，趙登禹，特務團（李豐瑞，駐河間）。第一旅（劉景山，駐大名）；第二旅（王長海，駐河間）；獨立第二十七旅（石振綱，駐任邱）；獨立第二十八旅（柴建瑞，駐河間），官兵約一五、〇〇〇名。

陸軍第一四三師，劉汝明，特務團（閻尚元，駐張家口）。第一旅（李金田，駐張家口）；第二旅（李曾志，駐宣化）；獨立第二十九旅（田溫其，駐張家口、蔚縣）；獨立第三十一旅（駐赤城）；保安旅（駐張家口），官兵約一五、一〇〇員名。

騎兵第九師，鄭大章，駐南苑。第一旅（張德順，駐涿州），第二旅（李殿林，駐南苑），官兵約三、〇〇〇人。

獨立第三十九旅（阮玄武，駐北苑，附一特務團，約三、五〇〇人）；獨立第四十旅（劉汝明兼，駐張家口、宣化，約三、四〇〇人）；獨立騎兵第十三旅（姚景川，駐宣化，約一、五〇〇人）；冀省保安隊（石友三，駐黃寺，約二、五〇〇人）。

以上二十九軍計步兵四師三旅（共十九旅）、騎兵一師一旅（共三旅）、保安隊二旅。總計兵力約十萬人⓳。

⓳ （1）參閱拙著《戰前的陸軍整編》，頁六七五～六九九，陸軍主力部隊——各陸軍師——第三十七師、第三十八師、第一三二師、第一四三師、騎兵第九師等資料；（2）同❸書頁一四一，日本情報對第二十九軍之調查。（3）參閱《抗日戰史》——＜七七事變與平津作戰＞，第二十九軍指揮系統表。

日軍：天津部隊：軍司令部（司令官田代皖一郎中將病逝。七月十二日，由香月淸司中將接任，參謀長橋本羣少將），步兵第一聯隊第二大隊，步兵第二聯隊（萱嶋高大佐，欠第三大隊與第一大隊第三中隊），戰車隊（福田峯雄大佐），騎兵隊（野口欽一少佐），砲兵聯隊（鈴木率道大佐）——第一大隊山砲兩中隊，第二大隊十五榴砲兩中隊，工兵隊，通信隊，憲兵隊，軍醫院，軍倉庫。

北平部隊：步兵旅團（河邊正三少將），步兵第一聯隊（牟田口廉也大佐——欠第二大隊），電信所，憲兵分隊，軍醫分院。

分遣隊：豐臺，步兵第一聯隊第三大隊，步兵砲隊；山海關，步兵第二聯隊第三大隊，暨第九中隊；塘沽，步兵第二聯隊第三中隊；唐山，步兵第二聯隊第七中隊；灤縣，步兵第二聯隊第八中隊（欠一小隊）；通州、昌黎、秦皇島各一小隊。暨北平、通州、太原、天津、張家口、濟南、青島等地陸軍特務機關，及陸軍運輸部塘沽出張所。總兵力爲五、七七四員名⑳。

（二）平津戰鬪（民國26.7.7～8.1）

盧溝橋事變發生，十一日，日以臨參命字第五十六號：派關東軍獨立混成第一旅團集結順義：旅團長酒井鎬次少將，獨立步兵第一聯隊（谷川美代次大佐），輕戰車二中隊，輕裝甲車一中隊，獨立野砲兵一大隊，獨立工兵一中隊。兵力二、五〇〇人左右。

獨立混成第十一旅團，集結高麗營。旅團長鈴木重康中將，參謀船引正之大佐，獨立步兵第十一聯隊（麥倉俊三郎大佐），獨立步兵第十二聯隊（奈良晃大佐），獨立騎兵第十一聯隊（森澤虎龜少佐），獨立野砲兵第十一聯隊（入江莞爾中佐），獨立山砲兵第十二聯隊（塚本

⑳ 同❸書，頁一三八～一四〇。

善太郎中佐），獨立工兵第十一中隊，獨立輜重兵第十一中隊。兵力四、〇九五人。

關東軍飛行集團(偵察、戰鬪、重轟炸各二中隊)，高射砲二中隊，鐵路第三聯隊主力(裝甲列車)，電信第三聯隊，關東軍汽車隊各一部，關東軍防疫部支部㉑。

同時以臨參命字第五十七號令，在朝鮮緊急動員第二十師團，歸天津駐屯軍司令部指揮。師團長川岸文三郎中將，參謀長杵村久藏大佐，步兵第三十九旅團（高木義人少將），步兵第七十七聯隊（鯉登行一大佐），步兵第七十八聯隊（小林恆一大佐）；步兵第四十旅團（山下奉文少將），步兵第七十九聯隊（森木伊市郎大佐），步兵第八十聯隊（鈴木謙二大佐），騎兵第二十八聯隊（岡崎正一中佐），野砲兵第二十六聯隊（細川忠康大佐），工兵第二十聯隊（南部薰大佐），兵力九、八〇四人，集結天津、唐山、山海關㉒。

原河邊旅團集中豐臺、通縣。

僞冀東保安隊——殷汝耕，五個總隊（敎導及第一、二、三、四總隊，殷汝耕，張慶餘，張硯田，李允聲，韓則信）約一萬二千人㉓。

以上日軍約二萬五千人，僞軍一萬二千人，僞軍不被日人所用。但日軍在戰車、裝甲車、野砲、山砲方面，裝備優良，且有空軍支援，故占優勢。

經通縣(冀東保安隊第一、二總隊長張慶餘，張硯田反正攻日軍)、廓坊、廣安門、大沽、天津等戰鬪，七月二十九日，北平失守，翌日天

㉑ 同❸書，頁一六七～一六八，一八七～一八八，一九〇。
㉒ 同㉑書，頁一六七，一九〇。
㉓ (1) 國防部史政編譯局編印，≪抗日戰史≫——<七七事變與平津作戰>第四篇第五章第一節插表一——冀東僞保安隊，(2) ≪冀東防共自治政府成立週年紀念專刊≫頁一～三。

津陷。

此一戰鬭，《抗日戰史》——〈平津作戰記載〉：國軍傷亡五千餘人，日軍傷亡爲數相同㉔。據日本《支那事變——陸軍作戰(1)》記載：華軍戰死約五千人，日軍戰死一二七人，傷三四八人，合計四七五人。另冀東保安隊通縣反正，日軍通縣特務機關及守備人員全部被殺。日僑三八五人中被殺二二三人㉕。

（三）日本大量增兵

七月二十七日，日本臨參命第六十五號，派第五、六、十等三師團增援華北：

第五師團，板垣征四郎中將，參謀長西村利溫大佐。步兵第九旅團（國崎登少將），步兵第十一聯隊（長野祐一郎大佐），步兵第四十一聯隊（山田鐵二郎大佐）；步兵第二十一旅團（三浦敏事少將），步兵第二十一聯隊（粟飯原秀大佐），步兵第四十二聯隊（大場四平大佐）；騎兵第五聯隊（小堀是繁大佐），野砲兵第五聯隊（武田馨大佐），工兵第五聯隊（和田孝次中佐），輜重兵第五聯隊（原口貞一大佐），第五師團通訊隊、衞生隊，第一——四野戰醫院。佔豐臺以南地區。

第六師團，谷壽夫中將，參謀長下野一霍大佐。步兵第十一旅團（板井德太郎少將），步兵第十三聯隊（岡本保之大佐），步兵第四十七聯隊（長谷川正憲大佐）；步兵第三十六旅團（牛島滿少將），步兵第二十三聯隊（岡本鎭臣大佐），步兵第四十五聯隊（神田正種大佐）；騎兵第六聯隊（猪木近太大佐），野砲兵第六聯隊（藤村謙中佐），工兵第六聯隊（中村誠一大佐），輜重兵第六聯隊（川眞田國衞大佐），第

㉔ 同㉖書，頁四二。
㉕ 同❸書，頁二二七～二二八。

六師團通訊隊、衞生隊，第一～四野戰醫院。佔揚村、落岱。

第十師團，磯谷廉介中將，參謀長梅村篤郎大佐。步兵第八旅團（長瀨武平少將），步兵第三十九聯隊（沼田多稼藏大佐），步兵第四十聯隊（長野義雄大佐）；步兵第三十三旅團（田嶋榮次郎少將），步兵第十聯隊（赤柴八重藏大佐），步兵第六十三聯隊（福榮眞平大佐）；騎兵第十聯隊（桑田貞三中佐），野砲兵第十聯隊（谷口春治中佐），工兵第十聯隊（須磨學之大佐），輜重兵第十聯隊（前野四郎大佐），第十師團通信隊、衞生隊，第一～四野戰醫院。佔馬廠。

以上三師團，兵力約七萬五千人㉖。

七月二十九日，日本再以臨參命第七十一號，由關東軍第一師團抽調編組：獨立混成第二旅團，旅團長關龜治少將（八月一日改爲本多政材少將），步兵第一聯隊（欠第三大隊）十川次郎大佐，步兵第三聯隊（欠第二大隊）湯淺政雄大佐，步兵第五十七聯隊第三大隊（朝生平四郎少佐），騎兵第一聯隊第二中隊，野砲兵第一聯隊第四大隊，工兵第一聯隊第一中隊。兵力約三、五〇〇人。初佔獨流鎮㉗。

（四）平綏路作戰（民國26. 8 . 8 ～10.16）

國軍：南口方面：第七集團軍前敵總指揮湯恩伯：第十三軍軍長湯恩伯（兼），轄第四師王萬齡，第八九師王仲廉；第十七軍高桂滋，轄第八四師高桂滋（兼），第二一師李仙洲。另第七二師陳長捷，第九四師朱懷冰，獨立第七旅馬延守，砲兵第二十七團張映啟（兼），共二軍六師一旅一團，兵力五萬人。

張家口方面：第七集團軍總司令傅作義，副劉汝明：第三五軍傅作

㉖ 同❸書，頁二三八～二三九。

㉗ 同❸書，頁二二七。

義（兼），轄第一〇一師李俊功，第二〇〇旅劉譚馥，第二一一旅孫蘭峯。第一四三師劉汝明，獨立第四十旅夏子明，第二七旅劉汝珍（從北平退張家口），第二九旅，三一旅，騎兵第十三旅，騎兵第三團，保安第一、二旅。騎兵第一軍趙承綬，騎兵第一師彭毓斌，騎兵第二師孫長勝，騎兵第七師門炳岳，騎兵新編第二旅石玉山，步兵第二一八旅董其武，步兵新編第五、六旅安榮昌、王子修，另步兵十團，砲兵兩團。共二軍，步兵二師九旅十團，騎兵三師二旅一團，砲兵兩團。兵力約六萬三千人㉘。

日軍，南口方面：指揮官支那駐屯軍司令香月清司中將，參戰部隊，第五師團（板垣征四郎），關東軍獨立混成第一（酒井）旅團，獨立混成第十一（鈴木）旅團，獨立混成第二（本多）旅團（各師旅團編制人員詳前）。兵力約五萬人㉙。

張家口方面：日軍指揮官關東軍參謀長東條英機：所組成之「察哈爾派遣兵團」，包括：先編成第三獨立守備隊，八月五日佔多倫，後由第二師團抽調步兵一大隊（大泉基少佐）組成「大泉支隊」在沽源、林西警戒。八月十七日再由第二師團編組：獨立第十五混成旅團（篠原誠一郎少將），步兵第十六聯隊（後藤十郎大佐），步兵第三十聯隊（欠第一大隊，猪鹿倉徹郎大佐），騎兵第二聯隊（木多武男中佐），野砲兵第二聯隊（高橋確郎大佐），工兵第二聯隊（伊藤精大佐），輜重兵中隊（千葉松太郎少佐），通信隊（濱地喜代太少佐），關東軍第二衞生班（十川昌夫中佐）。從承德經張北，二十六日參加多倫之戰，兵力一萬二千人。

㉘ 參閱《抗日戰史》——<平綏鐵路沿線之作戰>，頁九～三二，國軍參戰部隊。

㉙ 同❸書，頁二三六～二三八。

日空軍第二飛行集團，安藤三郎少將，指揮偵察四中隊（飛機四十八架），戰鬥二中隊(飛機二十四架)，輕轟炸二中隊（飛機二十四架)，重轟炸六中隊（飛機六十架），共十四中隊，飛機一五六架㉚。

僞蒙軍第一～九師，僞滿軍第一師㉛。

八月八日南口戰鬥開始，十二日第一四三師進攻張北，雙方戰爭激烈，日軍使用毒氣。二十五日居庸關、南口失守，二十六日張家口陷落。

九月三日，天鎮附近——盤山、張西河、夏家堡——戰鬥開始，日本關東軍東條英機所指揮的「察哈爾派遣兵團」改為「蒙疆兵團」。惟此時日軍「華北戰鬥序列」編成（詳後），原調華北之關東軍獨混成第一（酒井）旅團，獨立混成第十一（鈴木）旅團，獨立混成第二(本多)旅團皆歸還關東軍建制，由東條英機指揮，以酒井旅團（機械化部隊)為主攻，陸空聯合作戰，且使用毒氣，至九月十一日，國軍第六十一軍陳長捷(原軍長李服膺不戰而退，被正法㉜)，所統一〇一師(李俊功)，二〇一旅（王丕榮），二〇三旅（梁鑑堂），獨立第七旅（馬延守)，二〇〇旅（劉譚馥）經八日苦戰，突出天鎮。

天鎮失守後，第七集團軍傅作義決心於大同附近與日軍決戰。以第十九軍王靖國：一九六旅姜玉貞、二〇三旅梁鑑堂、二〇五旅田汝梅、二〇九旅段樹華守大同。第二戰區司令長官閻錫山以大同地形不宜決戰，且廣靈、靈邱正被攻擊，後路堪虞，十二日放棄大同㉝。

集寧附近戰鬥九月六日開始，騎一軍趙承綬，統騎一師彭毓斌，騎

㉚ 同③書，頁二四〇～二四四。

㉛ 僞滿軍為中、日、韓混合部隊，中上級軍官多為日人，下級軍官及士兵為中、韓人，編制完整。僞蒙軍一師祇有四百人，不如國軍之一營兵力。

㉜ 當時山西執法分監張培梅為閻錫山老友，鐵面無私，將李服膺正法。王靖國同樣作戰不利，呈請閻錫山繩之以法，閻不同意，張培梅自戕以謝國人。

㉝ 同㉘書，頁三三～四一。

二師孫長勝，騎七師門炳岳，新騎師井得泉，新騎二旅石玉山，新騎五旅安榮昌，新騎六旅王子修，及綏遠國民兵袁慶曾與馬占山挺進軍（騎六師），何柱國騎二軍等參戰。九月二十四日集寧陷落，守軍潰亂衝出，翌日涼城、陶林棄守。日軍指向歸綏、包頭㉞。

十月十二日，日軍將原獨立混成第十一旅團，擴編爲第二十六師團，暫歸東條英機指揮，並參加平綏線作戰。

第二十六師團，師團長後宮淳中將，參謀長白銀重二中佐，第二十六師團步兵團司令官黑田重德少將，轄：獨立步兵第十一聯隊（千田貞雄大佐），獨立步兵第十二聯隊（原口啟之助大佐），獨立步兵第十三聯隊（久野村桃代大佐）；第二十六師團搜索隊（岩田文三中佐）；獨立砲兵第二十六聯隊（入江莞爾大佐）；工兵第三十六聯隊（吉岡善四郎中佐）；輜重兵第二十六聯隊（椎橋侃三中佐）；通信隊（船戶東大尉）；獨立山砲第十二聯隊（塚本善太郎中佐），爲三步兵聯隊師團，約一五、〇〇〇人㉟。

十月十三日歸綏失守，十六日包頭陷落——平綏線戰鬪結束。

此一戰役，國軍參戰人員，官：七、四三二員，兵：一二二、九一〇名，其中受傷，官：一、六八〇員，兵三二、四〇〇名；陣亡，官：一、五二七員，兵：一、四八三名。另一九六旅（姜玉貞）、二〇三旅（梁鑑堂）、二〇五旅（田樹梅）、二〇九旅（段樹華）、二七旅（劉汝珍）、二八旅、獨立第二旅（方克猷）、獨立第四十旅（夏子明）、察省保安第一、二旅，雖參加作戰，但無參戰及傷亡人員資料呈報，故不在上述統計數字之內㊱。

㉞ 同㉘書，頁四一～五九。

㉟ 同③書，頁三七五。

㊱ 參閱⑧書第四篇第六章第五節插表十三——平綏鐵路沿線之作戰國軍人馬傷亡統計表。民國二十六年十月十一日製。

日軍參戰人員，計二個師團，三個旅團，約六萬人。僞蒙軍，僞滿軍不計算在內。其傷亡人員，《據抗日戰史》記載約爲一一、〇〇〇人。日本記載併入華北戰場：至九月二十九日（涿保會戰結束），全華北戰場，死二、三〇〇人，傷六、二六二人。總計爲八、五六二人[37]。

（五）日華北方面軍戰鬪序列

八月三十一日，日臨參命第八十二號，「華北（北支那）方面軍戰鬪序列」：

方面軍司令官，陸軍大將（伯爵）寺內壽一，參謀長岡部直三郎少將，副參謀長河邊正三少將。方面軍司令部分第一、二、三課。第一課（作戰）參謀：下山琢磨大佐等六人；第二課（情報）參謀：大城戶三治大佐等五人；第三課（後勤）參謀：橋本秀信中佐等八人[38]。轄：

1. 第一軍司令官，香月淸司中將，參謀長橋本羣少將，分三課，第一課（作戰）參謀：矢野音三郎大佐等四人；第二課（情報）參謀：木下勇大佐等三人；第三課（後勤）參謀：板花義一大佐等三人[39]。轄：

第六師團（詳前）。

第二十師團（詳前）。

第十四師團，土肥原賢二中將，參謀長佐野忠義大佐，步兵第二十七旅團（館余惣少將），步兵第二聯隊（石黑貞藏大佐），步兵第五十九聯隊（板西一郎大佐）；步兵第二十八旅團（酒井隆少將），步兵第十五聯隊（森田範正大佐），步兵第五十聯隊（遠山登大佐）；騎兵第十八聯隊（安田銻人中佐）；野砲兵第二十聯隊（宮川淸三大佐）；工兵第十四聯隊（岩倉夘門大佐）；輜重兵第十四聯隊（石原章三中佐）；

[37] 同[3]書，頁三八七。
[38] 同[3]書，頁二八九～二九二。
[39] 同[3]書，頁二九〇～二九二。

第十四師團通訊隊；衛生隊；第一～四野戰醫院；兵器勤務隊；馬醫院㊵。

獨立機關槍第四、五、九大隊；

獨立輕裝甲車第一、二、五、六中隊；

戰車第一、二大隊；

野戰重砲兵第一、二旅團；獨立山砲第一、三聯隊；獨立野戰重砲第八聯隊；迫擊砲第三、五大隊；第一軍砲兵情報班。

第一軍通信隊本部：野戰電信第二十八（馱）、三十至三十二、四十二等（五個）中隊，無線電信第十至十二（自），第二十三、二十五、三十（車）、第四十二、四十三（馱）等（八個）小隊，第一軍野戰鳩（鴿）本部暨野戰鳩（鴿）第十五、十六小隊。

獨立氣球第一中隊（砲兵觀測用）；

近衞師團第一、二，第三師團第一、二、三野戰高射砲隊；

獨立工兵第四聯隊；

野戰瓦斯（毒氣）第十三中隊，及第六小隊；

第二師團第一、二架橋中隊，第十四師團架橋中隊㊶。

2. 第二軍司令官，陸軍中將西尾壽造，參謀長鈴木率道少將，分三課，第一課（作戰）參謀：岡本清福中佐等四人；第二課（情報）參謀：山田國太郎中佐等三人；第三課（後勤）參謀：田板專一中佐等三人㊷。轄：

第十師團（詳前）。

第十六師團，中島今朝吾中將，參謀長中澤三夫大佐。步兵第十九旅團（草場辰巳少將），步兵第九聯隊（片桐護郎大佐），步兵第二十

㊵ 同❸書，頁二七三。

㊶（1）同❸書，頁二九〇，（2）參閱附表第二，各方面軍，軍戰鬭序列表。

㊷ 同㊴。

聯隊（大野宣明大佐）；步兵第三十旅團（佐佐木到一少將），步兵第三十三聯隊（野田謙吾大佐），步兵第三十八聯隊（助川靜二大佐）；騎兵第二十聯隊（笠井敏松中佐）；野砲兵第二十二聯隊（三國直福大佐）；工兵第十六聯隊（今中武義大佐）；輜重兵第十六聯隊（柄澤畔夫中佐）；第十六師團通信隊；衞生隊，第一～四野戰病院；兵器勤務隊㊸。

第百八師團，下元熊彌中將，參謀長鈴木敏行大佐，步兵第二十五旅團（中野直三少將），步兵第百十七聯隊（高樹嘉一大佐），步兵第百三十二聯隊（海老名榮一大佐）；步兵第百四旅團（苦米地四樓少將），步兵第五十二聯隊（中村喜代藏大佐），步兵第百五聯隊（工藤鎮孝大佐）；騎兵第百八大隊（後藤甲子郎中佐）；野砲兵第百八聯隊（今井藤吉郎中佐）；工兵第百八聯隊（江島常雄少佐）；輜重兵第百八聯隊（粕谷留吉中佐）；第百八師團通信隊；衞生隊；兵器勤務隊；第一～四野戰病院；馬醫院㊹。

獨立機關槍第六、十大隊；獨立輕裝甲車第七、十、十二中隊；野戰重砲兵第六旅團；及獨立野戰重砲兵第十聯隊；獨立氣球第二、三中隊；近衞師團第三、四、五、六野戰高射砲隊；第二軍通信隊隊本部，野戰電信第十、三十一、四十三等三中隊，無線電信第一、二、二十四、二十六、二十八、二十九等七小隊，野戰鳩（鴿）第七、八小隊；野戰瓦斯（毒氣）第八小隊；第五、六、八師團架橋中隊；第十六師團第一、二渡河中隊㊺。

3. 方面軍直轄部隊：

第五師團（詳前）。

㊸ 同❸書，頁二九三。
㊹ 同㊸。
㊺ 同㊶。

支那駐屯混成（河邊）旅團（詳前）。

第百九師團，山岡重厚中將，參謀長倉茂周藏大佐。步兵第三十一旅團（谷藤長英少將），步兵第六十九聯隊（佐佐木勇大佐），步兵第百七聯隊（長澤子郎大佐）；步兵第百十八旅團（本川省三少將），步兵第百十九聯隊（石田金藏大佐），步兵第百三十六聯隊（松井節大佐）；騎兵第百九聯隊（山崎清中佐）；山砲兵第百九聯隊（黑澤正三中佐）；工兵第百九聯隊（中村儀三中佐）；輜重兵第百九聯隊（緒方俊夫少佐）；第百九師團通信隊；衞生隊；第一～四野戰病院；兵器勤務隊；馬醫院㊻。

臨時航空兵團：陸軍中將（男爵）德川好敏。第一飛行團司令部，轄：飛行第一、二、三、五、六、八、九等七個大隊。獨立飛行第三、四、九中隊。飛機場勤務第一、二中隊。第一師團第九、十野戰高射砲隊，第十二師團第一、二、三野戰高射砲隊。兵站汽車第一、六十四、六十五中隊。第二、三、四野戰航空廠。第九師團第三、四、五陸上運輸隊。

直屬防空部隊：近衛師團第七至十，第一師團第五至八，第四師團第一至四，第五師團第一至八，第十二師團第四，第二十師團第一、二等二十三個野戰高射砲隊；近衛師團第五、六，第三師團第一至六等八個野戰照空（探照燈）隊㊼。

獨立攻城重砲兵第一、二大隊。

第三牽引汽車隊。

第六、七無線情報隊。

北支方面軍通信隊：支那駐屯通信隊，野戰電信第二十二、二十三

㊻　同㊸。

㊼　(1) 同❸書，頁一八七～一八九，(2) 同㊶(2)。

中隊，無線電信第三、八、九、十三、五十三小隊，第三、九、十、十一固定無線電信隊，野戰鳩（鴿）第十七小隊。

第一、四野戰氣象隊。

第一、三野戰測量隊。

第一野戰化學實驗部。

支那駐屯憲兵隊。

北支那方面軍鐵道隊：第一鐵道監理部，鐵道第一、二聯隊，第一鐵道材料廠，第四十二至四十八停車場司令部，第三師團第四、五陸上運輸隊，第七師團第二至五陸上運輸隊，第十二師團第一至五陸上運輸隊，近衛師團第二，第十一師團第一、二修路運輸隊。

北支那兵站部隊：

北支那方面軍第一、二、三兵站監理部。

近衛師團第一、二，第二師團第一、二，第三師團第一、二，第五師團第一、二，第七師團第一，第九師團第一，第十六師團第一、二等（十二個）兵站司令部。

北支那方面軍第一、二兵站電信隊本部：兵站電信第三、四(車)、七、九（車）、十二、十五等（六個）中隊。

第一、二、五、六、七、八、十一、十二兵站輜重兵隊本部。

第二師團第一至四，第三師團第一至四，第四師團第一、二，第七師團第三、四，第八師團第一、二，第九師團第一、二，第十一師團第一至四，第十二師團第三、四，第十四師團第三、四，第十六師團第三、四等（二十六個）兵站輜重兵中隊。

第一、二、三、四、五、六汽車隊本部。

兵站汽車第十五至十九；三十三至三十九；四十四至五十八；七十一至七十二；七十八至八十；八十七至九十一等（三十二個）中隊。

第二師團第七、八，第四師團第一至六，第九師團第七至九，第十師團第一至三，第十二師團第一、二、三、七、八，第十四師團第七、八等（二十一個）輸送監視隊。

北支那方面軍第一、二預備馬廠。第一、二、三野戰砲兵工廠。第一、二、三野戰工兵廠。第一、二、三野戰汽車廠。第一、二野戰瓦斯（毒氣）廠。第一、二、三野戰衣糧廠。第一、二、三野戰衞生材料廠。第一、二野戰預備醫院（包括第七、十、十一、十二、十九、二十二、二十七、二十八、二十九、三十等十個野戰預備班。）第一、二傷患輸送部隊（包括第七、十、十一、十六、十八、二十一、二十六、二十七、二十八、三十等十個班。）第一、二、三、四兵站醫院。第一、二、三馬醫院。

近衞師團後備步兵第五大隊，第六師團後備步兵第一至四大隊，第七師團後備步兵第一至六大隊，第十一師團後備步兵第一至四大隊（共步兵十五大隊）

近衞師團後備騎兵第三、四中隊。

第六、八師團，後備野砲兵各第一、二中隊。

第二師團，後備山砲兵第一、二中隊，第十二師團，後備山砲兵第一中隊。

近衞第七、十二師團後備工兵第一中隊、第二師團後備工兵第一、二中隊。

第一至四手押輕便鐵道隊。

第三師團第一至三，第四師團第一至五，第五師團第三至四，第七師團第一，第八師團第一至四，第九師團第一至二、六至十，第十師第二、第六至九，第十一師團第一至五（共三十三個）陸上運輸隊。

第二師團第二至四，第八師團第一、二，第九師團第一，第十四師團第一、二，第十六師團第一、二等（十個）水上運輸隊。

近衛師團第一，第二師團第一、二，第七師團第一，第八師團第一、二，第九師第二等（共七個）建築運輸隊。

第一、二、三、六、七野戰鐵路構築隊。

第一、四野戰鑿井隊本部，野戰鑿井第一、二、十二、十三、十四、十五等（五個）中隊。

第二野戰建築部。

第一物資蒐集部。

第一、二、三、四野戰防疫部。

支那駐屯軍倉庫。

支那駐屯軍醫院㊽。

以上作戰主力部隊八個師團，一個混成旅團，後備步兵十五個大隊（日本後備兵參加戰鬪），一個航空兵團，及大批特種部隊，連同關東軍所派出之部隊——獨立混成第一、第二、第十一（後擴編爲第二十六師團）、第十五等四個旅團及第三獨立守備隊，大泉支隊（詳前），已超過二十八萬人，眞是精銳盡出，並在華東——上海地區，也集中大批精銳，想一鼓作氣，速戰速決，而解彼等所謂「中國問題」。但被中國陸軍堅決抵抗，以空間爭取時間而粉碎。

（六）平漢路北段作戰(民國26. 8. 21～11. 11)

日軍——華北派遣軍寺內壽一大將：第一軍司令官香月淸司中將，統第六師團（谷壽夫），第十四師團（土肥原賢二），第二十師團（川岸文三郎），第百八師團（下元熊彌），河邊旅團，與第十六師團（中

㊽ (1) 同❸書，頁二九〇～二九一。(2) 參閱附表第二，各方面軍戰鬪序列表。

島今朝吾）一部，及裝甲車四中隊，戰車二大隊，鐵道兵第三聯隊，野戰重砲第一旅團，及第三聯隊，野戰高砲五隊，及各師團特種兵。兵力約十餘萬人，準備擊潰平漢路正面國軍主力，佔領交通線，以晉北及津浦路北段作戰為策應，而使中國政府屈服。

永固房涿附近戰鬪：國軍指揮官第二集團軍劉峙。參戰部隊：第二十六路軍孫連仲——二七師馮安邦，三一師池峯城，三十師張金照，獨四四旅張華棠佔易縣、房山、涿縣，四七師裴會昌佔柳河營，騎十師檀自新佔據馬河右岸。騎九師鄭大章與五十三軍萬福麟——一三〇師朱鴻勛，一一六師周福成，九一師馮占海，騎四師王奇峯，佔永清、固安、霸縣、雄縣、新鎮等地與津浦線連結。第三軍曾萬鍾——第七師李世龍，十二師唐淮源，佔新城、高碑店。自八月二十一日國軍第二七師攻房山縣始，至九月十九日全線撤退止。

保定戰鬪：國軍第五十二軍關麟徵——第二師鄭洞國、第十七師趙壽山、第二五師張耀明守郊區，第一六九師武士敏、四七師裴會昌守城防。九月二十四日保定失守。

以上戰鬪，日本《戰史叢書》《支那事變陸軍作戰（1）》稱為「涿州保定會戰」，為中日開戰以來第一次會戰，戰況激烈。日本自承參戰為八八、五〇〇人，戰死一、四八八人，重傷四、〇〇〇人㊾。

正定石家莊戰鬪：保定失守，第二集團軍改編為二十集團軍，由商震指揮：第三十二軍商震(兼)——一四二師呂濟，第五十三軍萬福麟，第十七師趙壽山，第四七師裴會昌，騎四軍檀自新（原騎十師），獨立砲兵第六旅黃永安任右翼。第二十七路軍馮欽哉——第四二師柳彥彪，第一六九師武士敏，第三軍曾萬鍾任左翼。第三十二軍第一四一師宋肯

㊾ (1) 參閱：《抗日戰史》——<平漢鐵路北段沿線之作戰>，頁三五～六四。
(2) 同❸書，頁三一九～三二九。

堂，獨立第四六旅鮑剛守正定，第三十二軍第一三九師黃光華守石家莊，第六十七軍吳克仁——第一〇七師金奎璧、第一〇八師張文清、第八九師王仲廉，在南宮、新河警戒。經激烈戰鬪，十月八日正定失守，十月十日石家莊陷落。

安陽大名戰鬪：右翼：第一集團軍宋哲元，第五九軍宋哲元（兼）——第三八師李文田（代）；第六八軍劉汝明——第一一九師李金田、第一四三師李曾志；第七七軍馮治安——第三七師劉自珍、第一七九師何基灃、第一三二師王長海、第一八一師石友三。中央：三二軍商震。左翼：第五二軍關麟徵——第二師鄭洞國，第二十五師張耀明，第十三軍湯恩伯——第四師王萬齡，第八九師王仲廉（原屬五二軍）。日軍除原有部隊外，第百九師團（山岡重厚），及第十六師團主力從衡水、寧晉南下，在漳河北岸激戰，十一月五日安陽失守，十一日大名淪陷。

此一作戰，國軍參戰約二十四萬人。傷亡人數（第二、一七、二五、二七、四七、八九、九一、一一六、一三〇、一三九、一四一、一四二、一七九師，騎四師，及五二、五三軍直屬部隊），受傷官：五八五員，兵：一三、三三六名，陣亡官：四六七員，兵、一三、九三二名，其他各師旅皆無傷亡資料[50]。日軍參戰人數約二十萬人，亦缺傷亡記載。

（七）津浦路北段作戰(民國26. 8. 21～27. 1. 11)

日軍，華北方面軍第二軍司令官西尾壽造中將，統第十師團（磯谷廉介），第百九師團（山岡重厚），第十六師團（中島今朝吾）主力，及特種部隊，約七萬人。

---

[50] (1) 參閱《抗日戰史》——＜平漢鐵路北段沿線之作戰＞，頁五三～八〇。
(2) 同[3]書，頁三五九～三六七，頁三七五～三七九。安陽、大名戰役，日軍稱「宋哲元軍掃蕩戰」。

德縣以北作戰：國軍第二九軍宋哲元（後改第一軍團）——第三八師李文田代（後改五九軍）、第一三二師王長海代，佔馬廠陣地，第三七師馮治安（兼）（後改七七軍）佔大城，第六七軍吳克仁，佔姚官屯及大城，第四十軍龐炳勳——第三九師馬法五，佔滄縣。日軍第十師團八月二十一日進攻，九月十日馬廠陷落。大城之戰歷時半月，二十二日棄守，時國軍第四十九軍劉多荃——第一〇五師高鵬雲，第一〇九師趙毅增援姚官屯，激戰四晝夜，二十四日姚官屯、滄縣失守。二十九日日軍佔東光，十月一日，佔泊頭鎭。德縣爲第三集團軍韓復榘，第十二軍孫桐萱——第八一師展書堂防守。德縣作戰之際，韓復榘到第一線視察，見日戰車操作靈活，銳不可當，引起「恐日症」。十月四日德縣失守(51)。

黃河以北作戰：十月九日，軍委會派徐祖詒到濟南晤第三集團軍總司令韓復榘，宣示中央作戰旨意。十一日韓以第五五軍曹福林——第二九師曹福林（兼）守樂陵、德平，第五六軍谷良民——第七四師李漢章守平原，第二二師谷良民（兼）守濟陽，第十二軍孫桐萱——第八一師展書堂守徒駭河南岸禹城。另第五九軍李文田——第一八〇師劉振三守平陰。並令游擊隊第一、二、三、四、五路（劉耀廷、張步雲、范築先、趙仁泉、趙明遠）向德縣、南皮襲擊。十一月八日，日軍進攻臨邑，韓以第二十師孫桐萱（兼）——第五九旅趙心德援第二九師曹福林（兼），與第八一師展書堂夾擊清涼店。十三日，日軍陷濟陽，國軍退守黃河以南。

濟南泰安濟寧青島之撤退：十二月十三日，南京失守，韓復榘有「恐日症」，且心理動搖，十二月二十七日放棄濟南，移泰安。第五五軍曹福林——第二九師曹福林(兼)，第十二軍孫桐萱——第八一師展書堂

---

(51)　(1) 參閱《抗日戰史》——<津浦路北段沿線之作戰>（一）（二），頁二五～七四。(2) 同❸書，頁三二九～三三四。

守濟寧，三十一日韓再棄泰山，走濟寧。民國二十七年一月三日，日軍陷曲阜、兗州，五日韓由濟寧移鉅野。第二十師孫桐萱（兼）、第二二師谷良民（兼）退城武、曹縣。十日濟寧失守。

濟南放棄時，青島已孤懸海隅，原守青島第五一軍于學忠已調往徐州。十二月二十九日沈鴻烈市長率海軍陸戰隊兩團兵力退諸城、莒縣、沂水。兩天後，留青島維持治安之警察亦撤出。二十七年一月十日，日海軍陸戰隊佔青島。後第五師團（板垣征四郎）在青島登陸。

此一作戰：日軍參戰連青島登陸第五師團在內，約九萬人。日軍無傷亡資料。國軍德縣以北參戰約十萬人，戰事較爲激烈。黃河以北，約六萬人，祇徒駭河有激戰，餘皆撤退。《抗日戰史》記載：馬廠姚官屯之戰，國軍傷亡一萬二千人，日軍遺屍二千餘具，大城之戰國軍傷亡二千多人，徒駭河之戰國軍傷亡五千四百餘人[52]。日軍無記載。

（八）太原會戰(民國26.9.11～11.8)

日軍，華北方面軍寺內壽一大將。晉東，石家莊：第一軍司令官香月清司中將，統第二十師團，第百九師團，第百八師團——第百四旅團，第十四師團步兵二十七旅團第五十九聯隊，及特種部隊，約七萬人。

晉北：第五師團（板垣征四郎）（蔚縣），關東軍「蒙疆兵團」（東條英機）——獨立混成第一、二、十五等旅團（大同），第二十六師團及特種部隊，約五萬五千人。另僞滿靖安軍（滕井興五郎），從晉北南下。

國軍第二戰區司令長官閻錫山。

廣靈、靈邱戰鬭：九月十二日，日第五師團與國軍第十七軍高桂滋——第八四師（高桂滋兼），第二一師李仙洲；第三三軍孫楚——第七

[52] 同[51]書，頁四六、頁五四，及頁七四。

三師劉奉濱，獨立第三旅章拯宇，在廣靈接觸，十四日日軍陷廣靈，十七日陷渾源。十九日攻國軍第十五軍劉茂恩——第六四師武庭麟、第六五師（劉茂恩兼）及第三四軍楊澄源——第二〇三旅梁鑑堂之凌雲口、茹越口陣地。

平型關戰鬪：國軍第六集團軍楊愛源，轄第三三軍孫楚、第十七軍高桂滋、十五軍劉茂恩爲右翼。第七集團軍傅作義，轄六一軍陳長捷——一〇一師李俊功、獨七旅馬延守；第三五軍傅作義（兼）——第二一一旅孫蘭峯、第二一八旅董其武；第三四軍楊澄源——第七一師郭宗汾、新編第二師金憲章、第一九六旅姜玉貞、第二〇三旅梁鑑堂爲左翼，以第七一師守平型關，第十九軍王靖國——第七十師(王靖國兼)、第七二師段樹華爲預備隊。

九月二十三日在平型關口、團城口、蔡家峪展開激烈戰鬪。二十五日，國軍以第七一師、新編第二師、第一一五師(林彪，屬十八集團軍)反攻團城口、蔡家峪。是日一一五師在小寨山溝內伏擊日一補給部車隊（約二百人，數十輛汽車，一百枝步槍，無自動火器，亦無日軍被俘）獲勝，佔蔡家峪。七一師亦攻佔鷂子澗高地。此一戰鬪持續到二十九夜，因國軍茹越口、鐵角嶺被突破，二十七日，第二〇三旅長梁鑑堂陣亡。三十日各部隊轉移五臺山、代縣、雁門關陣地[53]。

崞縣原平作戰：國軍第十九軍王靖國——第七二師段樹華、第七十師王靖國(兼)、第一九六旅姜玉貞正面作戰。十八集團軍朱德——一一五師林彪、一二〇師賀龍在向明堡、寧武擾擊；獨立第七旅馬延守在陽方口堵擊，十月八日崞縣失守。兩天後原平陷落；守軍第一九六旅旅長

---

[53] (1) 參閱≪抗日戰史≫——＜太原會戰＞，頁二一～三七。(2) ≪日本戰史叢書≫——≪北支の治安戰(1)≫，頁三七～四〇。日防衞廳防衞研修所，戰史室著，昭和四十八年八月初版。

姜玉貞壯烈成仁[54]。

忻口作戰：國軍中央集團軍衞立煌——右翼第十五軍劉茂恩；中央第九軍郝夢齡——第五四師劉家麒，第二一師李仙洲，獨立支隊——第九四師朱懷冰；左翼第十四軍李默庵——第十師彭杰如，第八三師劉戡，第八五師陳鐵。砲兵指揮官劉振蘅——二團一營，裝甲車隊延毓琪。總預備隊第十七軍、第十九軍、獨立第五旅鄭廷珍。飛行隊司令陳棲霞（飛機四隊）。右集團軍朱德——第一一五師、第七三師、第一〇一師、新編第二師。左集團軍楊澄源——第六八師（原獨八旅孟憲吉）、第七一師、第一二〇師、獨立第七旅。總預備隊第三四軍、第三五軍。此役(十月十一日至十一月五日)戰況空前，十月十六日第九軍軍長郝夢齡、第五四師師長劉家麒、獨立第五旅旅長鄭廷珍陣亡[55]。至十一月二日，因娘子關、平定、陽泉先後失守，國軍轉移太原。

正太線戰鬪：十月十一日至二十五日，在娘子關附近作戰。國軍指揮官黃紹竑。參戰部隊：第二六路軍孫連仲轄第三十軍田鎭南——第三十師張金照、第三一師池峯城；第四二軍馮安邦——第二七師（馮安邦兼）、第四四旅張華棠；第二七路軍馮欽哉轄第七軍馮欽哉（兼）——第四二師柳彥彪、第一六九師武士敏、第十七師趙壽山。第三軍曾萬鍾

---

[54] (1)《抗日戰史》——<太原會戰（二）>，頁三九～四六。(2)姜玉貞，山東菏澤人，陸軍第六六師一九六旅旅長守原平陣亡，褒揚、追贈陸軍中將，史政局檔案三八三、一／六〇一五號。

[55] (1)郝夢齡，河北藁城，民前十三年生，保定軍校六期步科，民初入西北軍，民國十六年任國民革命軍第三十軍第二師師長，兼副軍長，民國十七年縮編後任第十一師三十二旅旅長，升五十四師師長，民國二十年升第九軍軍長。民國二十六年九月十五日陣亡，追贈陸軍上將。史政局檔案三八三、一／六〇一五號。(2)劉家麒，湖北武昌人，民前十七年生，保定軍校六期步科，邊防軍教導團重砲科，初入邊防軍，改東北軍連長、營長、團長，民國十六年任陸軍官校砲兵科科長，十八年調五四師一六一旅副旅長，師參謀長，一六二旅少將旅長，五十四師師長。民國二十六年九月十七日陣亡。追贈陸軍中將。史政局檔案三八三、一／六〇一五。

——第七師曾萬鍾（兼）、第十二師唐淮源。雪花山之戰，趙壽山十七師傷亡慘重，其第五一旅（張駿京）一〇二團團長張世俊貽誤戎機就地正法。舊關之戰，日第二十師團步兵第三十九旅團第七七聯隊長鯉登行一大佐陣亡。十月二十六日，國軍放棄娘子關，轉向移穰鎮，至壽陽線，川軍第四一軍孫震（歸孫連仲指揮）——第一二二師王銘章、第一二四師孫震（兼）。十八集團軍朱德——一一五師林彪、一二九師劉伯承先後加入戰鬪。十一月二日壽陽失守。太原城郊戰鬪展開，八日，第七集團軍傅作義率軍突圍，日軍第五師團入太原(56)。

此一會戰：日軍參戰約十二萬五千人。日本無傷亡資料，國防部史政局編《抗日戰史》記載日軍傷亡爲二七、四七二人。國軍參戰爲二十八萬人，傷亡一二九、七三七人，犧牲甚大(57)。

三、華東戰場

（一）日本上海派遣軍戰鬪序列

日本以佔領中國政治經濟重心——京滬地區，截斷海上補給線，以達其速戰速決的目的，於二十六年八月十三日爆發上海之戰，以松井石根大將爲上海派遣軍司令，率第三師團，第十一師團侵入上海，經上海附近戰鬪後，至九月十一日以臨參命字第一百號組成「上海派遣軍戰鬪序列」：

上海派遣軍司令官，松井石根大將，參謀長飯沼守少將，副參謀長上村利道大佐，第一課（作戰）參謀西原一第大佐等四人，第二課（情

---

(56) 按：正太線壽陽失守後，晉東日軍卽可進入太原，但經方面軍參謀協調，將進入太原之光榮給在晉北作戰損失慘重的第五師團。

(57) 《抗日戰史》——<太原會戰（一）>，第四篇第九章第二節插表四。

報）参謀長勇中佐等四人，第三課（後勤)參謀寺垣忠雄等四人[58]。轄:

第三師團，師團長藤田進中將，參謀長田尻利雄大佐：步兵第五旅團（片山理一郎少將）——步兵第六聯隊(倉永辰治大佐)、步兵第六十八聯隊（鷹森孝大佐）；步兵第二十九旅團（上野勘一郎少將）——步兵第十八聯隊（石井嘉穗大佐)、步兵第三十四聯隊（田上八郎大佐)。騎兵第三聯隊（星喜太郎中佐）、野砲兵第三聯隊（武田精一大佐）、工兵第三聯隊（中島三栖夫大佐)、輜重兵第三聯隊（栗岩尙治中佐)。第三師團通信隊、衞生隊，第一～四野戰醫院，兵器勤務隊[59]。

第九師團，師團長吉住良輔中將，參謀長中川廣大佐：步兵第六旅團（秋山義允少將）～步兵第七聯隊（伊佐一男大佐）、步兵第三十五聯隊（富士井末吉大佐）；步兵第十八旅團（井出宣時少將）——步兵第十九聯隊（人見秀三大佐)、步兵第三十六聯隊（胁坂次郎大佐)。騎兵第九聯隊（森吾六大佐）、山砲兵第九聯隊（芹川透大佐）、工兵第九聯隊（野中利貞大佐）、輜重兵第九聯隊（三田村正之助大佐）。第九師團通信隊、衞生隊、第一～四野戰醫院[60]。

第十一師團，師團長山室宗武中將，參謀長片村四八大佐：步兵第十旅團（天谷直次郎少將）——步兵第十二聯隊（安達二十三大佐）、步兵第二十二聯隊（永津比佐重大佐）；步兵第二十二旅團（黑岩義勝少將）——步兵第四十三聯隊（淺間義雄大佐）、步兵第四十四聯隊（和知鷹二大佐）。騎兵第十一聯隊（田邊勇中佐）、山砲兵第十一聯隊（山內保大佐）、工兵第十一聯隊（山內章大佐）、輜重兵第十一聯隊（大河原定中佐）。第十一師團通信隊、衞生隊、第一～四野戰醫

---

[58] 同[3]書，頁二六六～二六八。
[59] 同[3]書，頁二七〇。
[60] 同[3]書，頁二九八。

院[61]。

第十三師團，師團長荻洲立兵中將，參謀長畑勇三郎大佐：步兵第百三旅團（山田栴二少將）——步兵第百四聯隊（田代元俊大佐）、步兵第六十五聯隊（兩角業作大佐）；步次第二十六旅團（沼田德重少將）——步兵第百十六聯隊（添田孚大佐）、步兵第五十八聯隊（倉森公任大佐）。騎兵第十七大隊（小野良三中佐）、山砲兵第十九聯隊（橫尾闊中佐）、工兵第十三聯隊（岩淵經夫少佐）、輜重兵第十三聯隊（新村理市少佐）。第十三師團通信隊、衞生隊、第一～四野戰醫院[62]。

第百一師團，師團長伊東正喜中將、參謀長西山福太郎大佐：步兵第百一旅團（佐滕正三郎少將）——步兵第百一聯隊（初加納治雄大佐，後飯塚國五郎大佐）、步兵百四十九聯隊（津田辰彥大佐）；步兵第百二旅團（工藤義雄少將）——步兵百三聯隊（谷川幸造大佐）、步兵第百五十七聯隊（福井浩太郎大佐）。騎兵第百一大隊（大島久忠大佐）、野砲兵百一聯隊（山田秀之助中佐）、工兵第百一聯隊（八隅錦三郎中佐）、輜重兵第百一聯隊（鳥海勝雄中佐）。第百一師團通信隊、衞生隊、第一～四野戰醫院[63]。

特種部隊：

獨立機關槍第一、二、七大隊；

戰車第五大隊；

獨立輕裝甲第八中隊；

野戰重砲第五旅團，野戰重砲第十聯隊，獨立野戰重砲第十五聯隊，獨立野戰重砲第二、三大隊；

---

[61] 同[59]。
[62] 同[3]書，頁二九八～二九九。
[63] 同[3]書，頁二九九。

迫擊砲第一、四大隊;

攻城重砲第一聯隊第一大隊，獨立攻城重砲第五大隊，獨立攻城重砲隊;

第五牽引汽車隊;

攻城砲兵、工兵分廠;

第三飛行團,陸軍少將值賀忠次——獨立飛行第四、六十等三中隊;

近衞師團第七至十，第五師團第三，第十六師團第五至十等（十一個）野戰高射砲隊;

近衞師團第一至四，第三師團第七至九等(七個)野戰探照燈隊;

獨立工兵第一聯隊（欠第一中隊）、第八聯隊、第十二聯隊。

上海派遣軍通信隊: 野戰電信第十一、二十九（馱）、四十四等三中隊; 無線電信第三十一至三十七、四十（馱)、五十、五十一（自)，五十二等（十一個）小隊; 第四固定無線電信隊，野戰鳩（鴿）第十八小隊，兵站電信第八、十等（二個）中隊。

野戰瓦斯（毒氣）第一、二中隊，及第七小隊;

第三師團架橋材料中隊，第九師團第一、二架橋材料中隊，第十師團架橋材料中隊;

近衞師團渡河材料中隊，第一師團渡河材料中隊;

第二野戰化學實驗部。

直屬兵站部隊:

第八師團第一、二兵站司令部;

第十五、十八、十九等兵站輜重兵隊本部。

上海派遣軍兵站汽車本部: 第七兵站汽車隊，兵站汽車第四十、四十一、八十至八十四、八十六等（八個）中隊;

上海派遣軍預備馬廠、野戰砲兵廠、野戰工兵廠 野戰汽車廠、野戰衣糧廠、野戰衞生料材廠。

上海派遣軍野戰預備醫院本部，暨第六、十三、十五、二十五、三十一等（五個）班；

上海派遣軍傷患運輸隊本部，暨第六、十二、十四、二十四、三十一等（五個）班；

上海派遣軍兵站醫院，第一兵站病馬廠，第二兵站病馬廠；

第六師團第一至四，第七師團第五、六，第十一師團第一至四大隊（共十個大隊）後備步兵大隊；

第六師團後備野砲第一、二中隊，第十一師團後備山砲第一中隊；

第二師團第一、二，第十一師團第一、二，第十二師團第一等（五個）後備工兵第一中隊；

第十一師團第六至八，第十四師團第一至五，第十六師團三至五等（十一個）陸上運輸隊；

第五師團第一，第六師團第一，第十一師團第二、三等（四個）水上運輸隊。

第七師團第二，第十四師團第一至三等（四個）建築運輸隊；

第五野戰鑿井隊本隊，及野戰鑿井第十六中隊；

第一野戰建築部；

第六野戰防疫部64。

以上五個師團，後備步兵十大隊及大量特種部隊，兵站供應部隊，約十六萬人，加上日本海軍第一、三艦隊，及其特別陸戰隊，投入華東戰場。

---

64 同3書頁二六六～二七〇；頁二九八～三〇〇。及附表第二，各方面軍，軍戰鬭序列表。

（二）淞滬會戰(民國26.8.13～11.9)

淞滬會戰，歷時四個月，國軍投入戰場，多達七十五師（第一、三、六、八、九、十一、十三、十四、十五、十六、十八、十九、二十三、二十六、三十二、三十三、三十六、四十、四十一、四十四、四十五、四十八、五十一、五十二、五十三、五十五、五十六、五十七、五十八、五十九、六十、六十一、六十二、六十三、六十七、七十六、七十七、七十八、七十九、八十七、八十八、九十、九十八、一〇二、一〇三、一〇五、一〇六、一〇七、一〇八、一一一、一一二、一二一、一二八、一三三、一三四、一三五、一四四、一四五、一四六、一四七、一四八、一五四、一五五、一五六、一五九、一六〇、一七〇、一七一、一七二、一七三、一七四、一七六、一九五、預十一、新三十四師）、稅警團（約兩師）、教導總隊（約一師），及獨立二十、三十四、三十七、四十五、二〇一旅，暫十一、十二、十三旅，及特種部隊，吳淞、江陰、鎮江要塞，與地方團隊，總兵力在六十萬人以上。日軍亦增援第十軍參加戰鬥（詳後），總兵力約二十七萬人，戰況空前，現扼要述後:

國軍上海附近攻勢戰鬥（8.13～9.11）第三戰區司令長官馮玉祥、副顧祝同。以虹口、楊樹浦、張華濱、吳淞、上海市區、寶山、劉河、羅店爲戰場。中國淞滬警備軍（後改第九集團軍）張治中：第三六師（後擴編爲七八軍）宋希濂，第五七師（後擴編爲六九軍）阮肇昌，第八七師(後擴編爲七一軍）王敬久，第六一師鍾松，第八八師(後擴編爲七二軍）孫元良，獨立第二十旅，及上海市保安總隊吉章簡，警察總隊龍驤，保衞團姜懷素，另砲兵第三、八兩團。第十五集團軍陳誠：右翼第十八軍羅卓英——第十一師彭善、第六七師李樹森，第九八師夏楚中，砲兵第十六團；左翼第三九軍劉和鼎，第十四師（後擴編爲五四軍）霍揆彰，第五六師劉尚志；預備隊第七四軍俞濟時——第五一師王耀武、第五八師俞濟時（兼），第六師周喦。同時杭州灣浦東之防禦：由第八集團軍張發奎、第二八軍陶廣——第六二師陶柳、第六三師陳光中；第十六師彭松齡（後調六九軍）、第四五師戴民權、第五五師李松山、第五七師阮肇昌（由上海龍華調浦東）、獨立第四五旅張鑾基擔任[65]。

劉河鎮至上海北站之間陣地戰(9.15～11.8)：第三戰區司令官蔣中正（兼），副顧祝同指揮，砲兵指揮官劉翰東。初在羅店劉家行作戰，繼在江濤、蘊藻濱沿岸，大場、陳家行戰鬪。國軍調動變化甚大。中央軍總司令朱紹良（兼），第九集團軍朱紹良：第七二軍孫元良（原八八師）、第七一軍王敬久（原八七師）、第七八軍宋希濂（原三六師）雖皆擴編爲軍，然仍僅原有一師兵力，及六一師鍾松，獨二十旅。因長期作戰，增派第十八師朱耀華，稅警總團黃杰（後黃杰編爲第八軍，指揮稅團與第六一師），第三師李玉堂參戰，後將第一軍胡宗南——第一師李鐵軍，第七八師李文等二師編入，再將第六七師黃維，第四六師戴嗣夏撥歸第七一軍指揮。並增派第二六師劉雨卿，第二十軍楊森——第一三三師楊漢域，第一三四師楊漢忠，及教導總隊桂永清參戰。第二十一集團軍廖磊；原統第一軍——第一師李鐵軍、第七八師李文、與第三二師王修身：第四八軍韋雲淞——第一七三師賀維珍、第一七四師王贊斌、第一七六師區壽年，及第一七一師楊俊昌，第十九師李覺，第二六師劉雨卿，十月十五日參加中央軍戰鬪序列。十月二十七日廖改統第四八軍、第三九軍（第五六師、獨立第三四旅羅啟疆）參加左翼軍作戰。

左翼軍總司令陳誠：(1) 第十五集團軍陳誠（兼）：第十八軍羅卓

[65] (1)《抗日戰史》，<淞滬會戰(一)>，頁一五～六五。(2) 參閱《中華民國重要史料初編》——〈對日抗戰時期〉，第二編，<作戰經過(二)>，淞滬附近作戰，頁一六八～一七九。中央黨史會編，民國七十四年五月初版。

英——第十一師彭善、第六七師黃維、第六十師陳沛；第三九軍劉和鼎——第五六師劉尚志；第七四軍俞濟時；第五四軍霍揆彰——第十四師陳烈、第九八師夏楚中原部隊外，增加第四軍吳奇偉——第九十師歐震；第五九師韓漢英；第一軍胡宗南（三師）；第四八軍韋雲淞（三師）；第十五師王東原；第一五九師譚邃；第七七師羅霖；第八師陶峙岳；第十六師彭松齡；第二六軍蕭之楚——第四四師陳永、第七六師王凌雲。(2) 第十九集團軍薛岳：九月二十一日組成，第六九軍阮肇昌——第十六師彭松齡、第五七師阮肇昌（兼）、第八師陶峙岳。第六六軍葉肇——第七七師羅霖、第一五九師譚邃、第一六〇師葉肇（兼）。第七五軍周碞——第六師周碞（兼）。第十一軍團上官雲相：第三三師馮興賢、第四十師劉培緒，獨立第三四旅。第四軍吳奇偉——第五九師韓漢英、第九十師歐震。第二十五軍萬耀煌——第十三師萬耀煌（兼）。第二軍李延年——第九師李延年（兼）、第一〇五師高鵬雲；第七三軍王東原——第十九師李覺、第十五師王東原（兼）、第十六師彭松齡、第一五四師巫劍雄。

右翼軍總司令張發奎（兼）：(1) 第八集團軍張發奎，原第二八軍陶廣（二師）及第五五師李松山、第十六師何平、獨立第四五旅張鑾基、砲兵第二旅蔡忠笏，並增加第十二軍團張鈁——第七六師王凌雲。(2) 第十集團軍劉建緒：九月二十一日組成，轄第七十軍李覺——第十九師李覺（兼）、第四五師戴民權、第五二師盧興榮、第一二八師顧家齊、預備第十一師胡達、獨立第三七旅陳德法、及暫編第十一、十二、十三旅[66]。

[66] (1)≪抗日戰史≫，<淞滬會戰（二）>，頁六五～一八七。(2)參閱≪中華民國重要史料初編≫——<對日抗戰時期>，第二編，<作戰經過(二)>，淞滬附近作戰，頁一八八～二〇八。

（三）日軍第十軍金山衞登陸

日軍第十軍參戰與金山衞登陸：十月二十日，日臨參命字第百二十號組成第十軍戰鬪序列：

司令官柳川平助中將，參謀長田邊盛武少將，第一課（作戰）參謀藤本鐵熊大佐等七人，第二課（情報）參謀井上靖大佐等五人，第三課（後勤）參謀谷田勇大佐等四人(67)。轄：

第六師團（由華北派遣軍第一軍抽調，詳前）。

第十八師團，師團長牛島貞雄中將，參謀長小藤惠大佐：步兵第二十三旅團（上野龜甫少將）——步兵第五十五聯隊（野副昌德大佐）、步兵第五十六聯隊（藤山三郎中佐）；步兵第三十五旅團（手塚省三少將）——步兵第百十六聯隊（片岡角次中佐）、步兵第百二十四聯隊（小堺芳松中佐）；騎兵第二十二大隊（小池昌次中佐），野砲兵第十二聯隊（淺野末吉中佐）、工兵第十二聯隊（井澤新大佐），輜重兵第十二聯隊（川內益實大佐）。第十八師團通信隊、衞生隊、第一～四野戰醫院(68)。

第百十四師團，師團長末松茂治中將，參謀長磯田三郎大佐：步兵第二十七旅團（秋山充三郎少將）——步兵第百二聯隊（千葉小太郎大佐）、步兵第六十六聯隊（山田常太中佐）；步兵第二十八旅團（奧保夫少將）——步兵第十五聯隊（矢ケ崎節三中佐）、步兵第百五十聯隊（山本重省中佐）；騎兵第十八大隊（天城幹七郎少佐）、野砲兵第百二十聯隊（大塚昇中佐）、工兵第百十四聯隊（野口勝之助少佐）、輜重兵第百十四聯隊（中島秀次少佐）。第百十四師團通信隊、衞生隊、

---

(67) 同❸書，頁三九〇～三九一。
(68) 同❸書，頁三九一。

第一四～野戰醫院[69]。

國崎支隊：支隊長（步兵第九旅團長）國崎登少將（由第五師團抽調）——步兵第九旅團——步兵第四十一聯隊、獨立山砲兵第三聯隊（欠第二大隊）、騎兵一小隊、工兵二小隊、輜重兵一中隊、師團無線通信分隊、衞生分隊、第四野戰醫院。歸第六師團指揮[70]。

特種部隊：

獨立機關槍第八大隊，獨立輕裝甲車第九中隊，獨立山砲兵第二聯隊；

野戰重砲第六旅團（由華北派遣第二軍抽調）；

第一防空隊：第一野戰高射砲司令部，第三師團第二十五至二十八、第十六師團第一至四等（八個）野戰高射砲隊；

獨立工兵第二、三（馱）聯隊；

第十軍通信隊隊本部：野戰電信第一（車）、八、九（馱）、三十三（馱）等（四個）中隊；無線電信四十四至四十八、五十六至五十九等（九個）小隊（馱）；第二固定無線電信隊；野戰鳩（鴿）第十一、十二小隊（車）；兵站電信第一中隊（車）。

野戰瓦斯（毒氣）第六中隊，及第八小隊。

第四師團第一，第七師團第一，第十二師團第一，第十一師團第一、二等（五個）架橋材料中隊。

第十六師團第一渡河材料中隊。

第一野戰化學實驗部（由華北派遣軍抽調）。

第十軍兵站部隊：第三、五、七師團兵站司令部；第十六兵站輜重兵隊；第九師團第三、四兵站輜重兵中隊（馱）；兵站汽車第三至七等

---

[69] 同[68]。
[70] 同[68]。

（五個）中隊；第十軍野戰預備馬廠、野戰砲兵廠、野戰工兵廠、野戰汽車廠、野戰瓦斯（毒氣）廠、野戰衣糧廠、野戰衞生材料廠、野戰預備病院曁第一、八、二十三班，野戰傷患運輸部曁第一、八、二十二班，第一、二兵站醫院，兵站病馬廠。

第一、二後備步兵團司令部，近衞、第二、第三師團各一至四大隊（共十二大隊）後備步兵。

第十二師團後備山砲兵第一、二中隊，第十四師團後備工兵第一、二中隊。

第五手押輕便鐵道隊，近衞師團第六至十一，第三師團第一、二，第四師團第二、三，第九師團第六、十等（十二個）陸上運輸隊，第一師團第二、三、四水上運輸隊，第五師團第一、二、三建築運輸隊，第四野戰道路構築隊，野戰鑿井第八至十一中隊，第五野戰防疫隊[71]。

以上三師團、一支隊、二個後備兵團——十二個大隊，及大量特種部隊，兵力約十一萬人，其中約四萬人由華北派遣軍抽調，亦知其兵力動員不足。此支日軍十一月五日在金山衞、全公亭登陸成功，與國軍第六二師陶柳、第七九師陳安寶、獨立第四五旅張鑾基作戰，進展迅速，國軍杭州灣沿岸部隊第二八軍，及增援之第一〇七師劉建緒(兼)、第一〇八師張文清不支。八日，日軍迫近松江縣城，中國大軍九日轉移[72]。

（四）轉移戰鬬與南京棄守

轉移戰鬬（11.9～12.11）：（1）常熟謝家橋之戰：第二十一集團軍廖磊——第四八軍、第十六師、第一七一師、第一七三師、第一七四

[71] 同[3]書，頁三八八～三九六。附表第二，各方面軍，軍戰鬬序列。
[72] ≪中華民國重要史料初編≫——<對日抗戰時期>，第二編，<作戰經過（二）>，頁二〇九～二一一，國軍由上海實行戰略撤退全國繼續抗戰等重要宣示。

師、第一七六師；第十五集團軍羅卓英——第十一師、第十三師、第三二師、第四四師、第六七師、第九八師參加作戰。(2) 吳興之戰：第八集團軍張發奎指揮，由徐州新增援之第七軍周祖晃——第一七〇師徐啟明、第一七二師程樹芬參戰。(3)廣德之戰：國軍新增援之第二十三集團軍劉湘——第二四軍團唐式遵、第二五軍團潘文華，統第一四四師郭勳祺、第一四五師饒國華、第一四六師范紹增、第一四七師楊國楨、第一四八師陳萬仞。第一四五師師長饒國華陣亡[73]。(4) 宜興沙塘口之戰：第二十三集團軍新編成之第五十軍——郭勳祺(原一四四師師長)，郭負傷。(5)江防軍：第十五軍團劉興——第一〇二師柏輝章、第一〇三師何知重、第五三師李韞珩、第二三師李必蕃。第五七軍繆澂流——第一一一師常恩多、第一一二師霍守義。江陰要塞許康，鎮江要塞林顯揚[74]。

南京保衞戰：司令長官唐生智，副羅卓英、劉興，第二軍團——第十軍——徐源泉——第四一師丁治磐、第四八師徐繼武。第八三軍鄧龍光——第一五四師梁世驥、第一五六師李江，及參加淞滬會戰之第六六軍葉肇、第七一軍王敬久、第七二軍孫元良、第七四軍俞濟時、第七八軍宋希濂、教導總隊桂永清、第一〇二師柏輝章、第一一二師霍守義、警備司令谷正倫、憲兵副司令蕭山令（約二團），江寧要塞司令邵百昌。十二月六日，日軍展開進攻，八日，日軍第六師團陷宣城，九日陷蕪湖，守城高級將領唐生智、宋希濂、徐源泉、邵百昌等人先後棄城逃走[75]，十三日南京棄守。

京滬會戰，國軍損失之大，無法估計，番號雖僅七十五師，但老兵

---

[73] 饒國華，四川資陽人，陸軍第一四五師中將師長，反攻泗安時殉國。褒卹，史政局檔案三八三、一／六〇一五號。

[74] (1) 同[72]書，頁二〇九～二一四。(2)≪抗日戰史≫——<淞滬會戰（三）>，頁一八七～二四五。

[75] 丁治磐將軍訪問紀錄，丁任陸軍第四十一師師長，最後一師由烏龍山南京渡船北撤。

損失後，由有淵源的相關部隊老兵補充，被抽走老兵部隊再徵募新兵訓練[76]，故遠超過七十五師兵力。因各軍師傷亡資料多未報軍政部，至今無正式傷亡統計。日軍爲記取戰事慘烈，其傷亡分五段記載：(1) 八月底，戰死：二三四名，傷：一、一一二名，合計一、三四六名；(2) 九月二十九日累計，戰死：二、五二八名，傷：九、八〇六名，合計一二、三三四名；(3) 十月十四日累計，戰死：三、九〇八名，傷：一五、八四三名，合計一九、三五一名；(4) 十月二十三日累計，戰死：五、一七二名，傷：二〇、一五一名，合計二五、三二三名；(5) 十一月八日累計，戰死：九、一一五名，傷：三一、三五七名，合計四〇、六七二名[77]。十二月八日後無記載。即以此計算，已是日軍參戰總人數之五分之一。故南京城攻下後，對我軍民展開近二十萬人之大屠殺。

據日「戰史」記載日軍當時發表戰果：中國南京守軍死傷約八萬人，遺屍五三、八七四具。又幼童被殺一萬二千人，掃蕩戰殺害二萬人，被捕後殺害三萬人以上，計六萬二千人。近郊市民被殺害者爲五萬七千人。以上總計被殺十九萬九千人[78]。

（五）**杭州戰鬪**(民國26. 12. 19～25)

南京陷落後，日軍爲擴大佔領區，鞏固京滬外圍，抽調第九、十八、百一等三個師團分由泗安、吳興、崇德等地犯杭。國軍爲第三戰區第十集團軍劉建緒所屬各部隊。日軍二十日陷吉安，二十一日陷孝豐、清德，二十四日陷筧橋、餘杭、富陽，二十五日佔杭州。國軍退守錢塘

---

[76] (1) 同[72]，淞滬附近之作戰，頁一七四～一七五、一七八、一八九～一九〇、一九五、二〇〇、二〇八，皆有抽調老兵上前線之命令，而另募新兵補充。又據丁治磐將軍談，其防衞南京時，原統老兵已撥淞滬作戰損失，守南京時多爲新兵。

[77] 同[3]書，頁三八七。

[78] 同[3]書，頁四三六～四三八。

江以南陣地(79)。

（六）蚌埠臨淮關戰鬪(民國27.1.27～2.10)

民國二十七年一月下旬，日軍第十三師團分爲三個縱隊：右縱隊——步兵第二十六旅團長沼田重德少將率步兵四大隊，山砲兵兩大隊；左縱隊——師團長荻洲立兵中將率師團主力；前衛縱隊——第百三旅團長山田梅二少將率步兵三大隊，迫砲一大隊及左側支隊步兵第六十五聯隊（兩角業作大佐）率步兵三大隊，山砲一大隊，並師團配屬獨立機關槍大隊，戰車大隊，輕裝甲車中隊，十五榴砲聯隊，十加農砲大隊，獨立工兵聯隊，及後備兵一個半大隊，渡河、架橋各二中隊，飛行一大隊，鐵道（甲）車一大隊，高砲一隊，汽車兩隊。國軍第十一集團軍李品仙，第三一軍韋雲淞各師，及第三集團軍于學忠，第五一軍于學忠各師展開攻擊。二月二日日軍陷鳳陽、定遠，四日陷懷遠，九日陷蚌埠，十日陷臨淮關，即採取守勢(80)。華東抗戰遂告一段落。

綜合華北、華東——初期作戰，中國陸軍參戰約一百七十萬人，傷亡爲四四七、一一四人(81)，約占總數四分之一，且多爲精銳部隊。日軍參戰約爲五十一萬人，僞滿軍、僞蒙軍及新收編僞軍不計，其傷亡在《支那事變陸軍作戰(1)》中，缺乏正式統計。中國統計或許不足採信（參謀本部統計日軍——連同僞軍——參戰爲七十萬人，死傷二四五、〇〇〇人，此數或因各野戰軍戰報誇大不實，似乎高估(82)。），但僅日軍本身應在十萬人左右。

---

(79) 國防部第二廳編印，≪日本侵戰八年概況≫，頁五〇，<杭州戰鬪>。中華民國三十七年四月初版。

(80) 同❸書，頁四九三～四九六——日軍第十三師團淮河河畔作戰。

(81) 參謀總長陳誠：≪八年抗戰經過概要≫，附表第五：抗戰第一期敵我使用兵力及傷亡人數一覽表。

(82) 同(81)。

四、雙方兵力調整與徐州會戰

(一)中國陸軍重新部署

民國二十七年一月十七日，國民政府修正軍事委員會組織大綱共十五條，委員會轄軍令部、軍政部、軍訓部、政治部、軍法執行總監部、航空委員會、銓敍廳、軍事參議院及各戰區司令長官。國軍戰鬪序列：最高統帥　蔣中正，參謀總長何應欽。

第一戰區：程潛，平漢路，轄：

第一集團軍宋哲元：第五三軍萬福麟——第九一師馮占海、第一三〇師朱鴻勛、第一一六師周福成；第七七軍馮治安——第三七師張凌雲、第一三二師王長海、第一七九師何基灃；騎兵第三軍鄭大章——騎兵第九師鄭大章（兼）、騎兵第十三旅姚景川；第一八一師石友三；第十七師趙壽山；第一七七師五二九旅楊覺天。

第二十集團軍商震：第三二軍商震——第一三九師黃光華、第一四一師宋肯堂、第一四二師呂濟；騎兵第十四旅張占魁。

戰區直轄：第九二軍李仙洲——第二一師李仙洲（兼）、第九五師羅奇；第六八軍劉汝明——第一四三師李曾志、第一一九師李金田、第二三師李必蕃；第一〇六師沈克；第一一八師張硯田；新編第八師蔣在珍；新編第三五師王勁哉；騎兵第四師王奇峯；第一戰區游擊總司令鹿鍾麟。

豫西軍事督練劉峙：第九十軍彭進之——第一九五師梁愷、第一九六師胡伯翰；第九一軍郜子舉——第一六六師馬勵武；第七一軍王敬久——第八七師沈發藻、第八八師龍慕韓。計二十六個步兵師，二個騎兵師，二個騎兵旅。

第二戰區閻錫山，山西，轄:

南路軍衞立煌: 第三軍曾萬鍾——第七師李世龍、第十二師唐淮源；第九軍郭寄嶠——第四七師裴會昌、第五四師孔繁瀛、獨立旅高增級；第十四軍李默庵——第八五師陳鐵、第十師彭杰如；第九三軍劉戡——第八三師陳武、第九四師朱懷冰；第十五軍劉茂恩——第六四師武庭麟、第六五師劉茂恩（兼）；第十七軍高桂滋——第八四師高桂滋（兼）；第十九軍王靖國——第六八師孟憲吉、第七十師杜堃；第四十七軍李家鈺——第一〇四師李青廷、第一七八師李宗昉；第六一軍陳長捷——第六九師呂瑞英、第七二師段樹華；第十四軍團馮欽哉——第四二師柳彥彪、第一六九師武士敏。

北路軍傅作義: 第七集團軍傅作義（兼），第三五軍傅作義——第七三師劉奉濱、第一〇一師董其武；騎兵第一軍趙承綬——騎兵第一師彭毓斌、騎兵第二師孫長勝；騎兵第二軍何柱國——騎兵第三師徐梁；新編第二師金憲章；新編第五旅安榮昌；新編第六旅王子修。

戰區直轄: 第十八集團軍（原中共軍改編）朱德——第一一五師陳光（原爲林彪）、第一二〇師賀龍、第一二九師劉伯承。第六集團軍楊愛源——第三三軍孫楚；第三四軍楊澄源——第六六師杜春沂、第七一師郭宗汾。砲兵司令周玳（砲兵九團）。計二十七個步兵師，二個步兵旅，三個騎兵師。

第三戰區顧祝同，江蘇、浙江，轄:

第十集團軍劉建緒: 第二八軍陶廣——第六二師陶柳、第六三師陳光中、第十六師何平；第七十軍李覺——第一九二師胡達、第一二八師顧家齊、第十九師李覺（兼）；寧波防守軍王皞南，第一九四師陳德法；溫臺防守軍徐旨乾（後段珩）；暫編第十二旅李國鈞；第一〇七師劉建緒（兼、後段珩）；第七九師陳安寶；暫編第十三旅楊永淸。

第十九集團軍吳奇偉：第四軍吳奇偉（兼）——第五九師張德能、第六十師陳沛、第九十師歐震、第一〇五師高鵬雲、暫編第十一旅周爕卿；第十八軍羅卓英——第十一師彭善、第六七師黃維；第七九軍夏楚中——第九八師莫與碩、第一〇八師張文淸；第二五軍萬耀煌——第六一師鍾松；第七三軍王東原——第十五師汪之斌、第七六師王凌雲。

第二十三集團軍唐式遵：第二一軍唐式遵（兼）——第一四五師佟毅、第一四六師劉兆黎；獨立第十四旅周紹軒；第五十軍郭勛祺——第一四四師范子英、新編第七師田鍾毅。

第二十八集團軍潘文華：第二三軍潘文華（兼）——第一四七師楊國楨（後陳萬仞）、第一四八師潘左。

戰區直轄：獨立第六旅周志羣、新編第四軍葉挺（三個支隊，中共收編部隊）、游擊總司令黃紹竑。計二十四個步兵師，五個步兵旅。

第四戰區何應欽（兼），兩廣，轄：

第十二集團軍余漢謀：第六二軍張達——第一五一師莫希德、第一五二師陳章；第六三軍張瑞貴——第一五三師張瑞貴（兼）、第一八六師李振；第六四軍李漢魂——第一五五師李漢魂（兼）、第一八七師彭林生；第六五軍李振球——第一五七師黃濤、第一五八師曾友仁；第八軍團夏威——第一七五師莫樹杰；獨九旅李振良；獨立第二十旅陳勉吾；虎門要塞陳策。計九個步兵師，二個步兵旅。

第五戰區李宗仁，津浦路（山東、江蘇），轄：

第三集團軍于學忠：第五一軍于學忠（兼）——第一一三師周光烈、第一一四師牟中珩；第十二軍孫桐萱——第二十師孫桐萱（兼）、第八一師展書堂；第五六軍谷良民——第二二師谷良民（兼）、第七四師李漢章；第五五軍曹福林——第二九師曹福林（兼）；獨立第二八旅吳化文。

第十一集團軍李品仙：第三一軍韋雲淞、第一三一師覃連芳、第一三五師蘇祖馨、第一三八師莫德宏。

第二十一集團軍廖磊：第七軍周祖晃——第一七一師楊俊昌、第一七〇師徐啟明、第一七二師程樹芬；第四八軍廖磊（兼）——第一七三師賀維珍、第一七四師張光瑋、第一七六師區壽年。

第二十二集團軍孫震：第四一軍孫震(兼)——第一二二師王銘章、第一二四師孫震（兼）；第四五軍鄧錫侯——第一二五師陳鼎勳、第一三七師陳離。

第二十四集團軍顧祝同（兼）：第五七軍繆澂流——第一一一師常恩多、第一一二師霍守義。

第二十七集團軍楊森：第二十軍楊森(兼)——第一三三師楊漢域、第一三四楊漢忠。

戰區直轄：第三軍團龐炳勳——第三九師馬法五；第五九軍張自忠——第三八師黃維綱、第一八〇師劉振三；騎兵第十三旅姚景川。計二十八個步兵師，二個步兵旅。

第八戰區，蔣中正（兼），副朱紹良，甘、寧、青，轄：

第十七集團軍馬鴻逵：第八一軍馬鴻賓——第三五師馬騰蛟；第一六八師馬鴻逵（兼）；騎兵第十旅馬全忠、騎兵第一旅馬光忠、騎兵第二旅馬光義；獨立第十旅馬全良；寧夏警備第一旅馬寶琳、寧夏警備第二旅馬得貴。

戰區直轄：第八十軍孔令恂——第九七師韓錫侯、補充旅陳夢庚；第八二軍馬步芳——第一〇〇師馬步芳(兼)、騎兵旅馬楪、補充旅馬全義；騎兵第五軍馬步青——騎兵第五師馬步青(兼)、補充旅王棠祥；挺進軍馬占山——騎兵第六師劉桂五、新編騎兵第三師井得泉；騎兵第六軍門炳岳——騎兵第七師門炳岳(兼)、新編騎兵第四師石玉山；第一九一師楊德亮。計五個步兵師、五個步兵旅、五個騎兵師、四個騎兵旅。

武漢衞戍總部陳誠（七月二日改爲第九戰區），轄:

第二軍李延年——第三師李玉堂、第九師鄭作民;第七五軍周碞——第六師張珙、第五七師施中誠; 第六十軍盧漢——第一八二師安恩溥、第一八三師高蔭槐、第一八四師張冲; 第五四軍霍揆彰——第十四師陳烈、第五五師柳際明; 第四九軍劉多荃——第一〇九師趙毅、第十三師吳良琛、第一八五師郭懺、第七七師彭位仁。

江防司令劉興——第一六七師薛蔚英，第五七師施中誠，馬當要塞王錫燾，九江警備司令陳雷，田家鎭要塞蔣必。計十五個步兵師，二個要塞，一個警備部隊。

西安行營蔣鼎文，陝西，轄:

第十一軍團毛炳文: 第三七軍毛炳文（兼）——第二四師李英、第四三師周祥初。第十七軍團胡宗南: 第一軍胡宗南（兼）——第一師李鐵軍、第七八師李文; 第八軍黃杰——第四十師黃杰（兼）、第一〇二師柏輝章; 第四六軍樊崧甫——第一四〇師王文彥、第二八師董釗、第四九師李及蘭; 第三八軍孫蔚如——第一七七師李興中; 陝西警備第一、二、三旅王竣、孔從周、王振華。第二十一軍團鄧寶珊: 新編第一軍——第十旅劉桂清、第十一旅劉寶堂、第一六五師魯大昌、第八六師高雙成。計步兵十二個師，五個步兵旅。

閩綏靖公署陳儀，福建，轄:

第八十師陳琪，第七五師宋天才，福建保安第一、二、三旅陳佩玉、李樹棠、趙琳，海軍陸戰隊第二旅，馬尾、厦門要港。計步兵二師四旅。

軍委會直轄兵團:

第二十軍團湯恩伯: 第五二軍關麟徵——第二師鄭洞國、第二五師張耀明; 第十三軍湯恩伯（兼）——第一一〇師張軫; 第八五軍王仲廉——第四師陳大慶、第八九師張雪中。

第二集團軍孫連仲：第四二軍馮安邦——第二七師黃樵松、第三一師池峯城；第三十軍田鎭南——第三十師張金照、第三一師張華棠。

第二十六集團軍徐源泉：第十軍徐源泉（兼）——第四一師丁治磐、第四八師徐繼武；第八七軍劉膺古——第一九八師王育瑛、第一九九師羅樹甲。

第八集團軍張發奎：第二二軍譚道源——第五十師成光耀、第三六師蔣伏生、第九二師黃國樑、第九十三師甘麗初、第一六七師薛蔚英。計步兵十七師。

預備第一～十四師：謝輔三、馮劍飛、周開勳、傅正模、吉章簡、曹日暉、凌兆堯、張言傳、宣鐵吾、趙定昌、羅啟疆、謝輔三。

未經調動後方部隊：第三六軍姚純——第五師謝溥福、第九六師趙錫光、第八二師張剛、第九九師傅仲芳、第一二三師曾憲棟；第四五軍鄧錫侯——第一二六師黃隱、獨立第十八旅謝無圻、獨立第十九旅楊曬軒；第二四軍劉文輝——第一三六師唐英、第一三七師劉元塘；第四四軍王纘緒——第一四九師郭昌明、第一五〇師廖震。第一六一師許紹宗、第一六二師彭誠孚、第一六三師陳蘭亭、第一六四師張邦本。獨立第十一旅鄧國璋，獨立第十二旅范楠煊，獨立第十五旅陳良基，獨立第十六旅劉樹成，獨立第十七旅劉若弼。計步兵十四師，七個旅。

全國總兵力：步兵一百九十四個師，三十二個旅。騎兵十個師，六個旅。砲兵第二戰區九個團，其他戰區十八個團四個營。及特種部隊[83]。

（二）侵華日軍新戰鬪序列

民國二十六年十二月一日，日大陸命第七號組成「華中（中支那）

---

[83] ≪國軍歷屆戰鬪序列表彙編≫，第一輯，頁四～九四，國防部作戰參謀次長室編訂——民國二十七年三月十五日至七月二日。

方面軍戰鬪序列」，由陸軍大將松井石根任司令官，參謀長塚田攻少將、副參謀長武藤章大佐。所指揮部隊：

(1)上海派遣軍司令官，陸軍中將鳩彥王。轄第三、第九、第十三、第十六、第百一師團、步兵第十旅團；(2)第十軍司令官陸軍中將柳川平助。轄第六、第十八、第百十四師團。合攻南京[84]。

民國二十七年二月十四日，華中（中支部）方面軍，上海派遣軍，第十軍戰鬪序列解除。十八日組成「華中(中支那)派遣軍」戰鬪序列：

司令官陸軍大將畑俊六，參謀長河邊正三少將，副參謀長武藤章大佐。第一課（作戰）參謀大坪一馬中佐等五人，第二課（情報）參謀高橋坦大佐等七人，第三課（後勤）參謀谷田勇大佐等五人。轄：

第三師團——藤田進中將（鎭江、江陰、無錫）；

第六師團——稻葉四郎中將（蕪湖，嘉興）；

第九師團——吉住良輔中將（蘇州、常熟、崑山）；

第十三師團——荻洲立兵中將（蚌埠、鳳陽、臨淮關）；

第十八師團——牛島貞雄中將（杭州）；

第百一師團——伊東政喜中將（上海）；

步兵第十旅團——天谷直次郎少將（二月二十六日歸十一師團建制（楊州））；

波田支隊——波田重一少將（二月二十二日撥入中支那派遣軍）；

第三飛行團——値賀忠治少將。配屬陸軍——偵察機二中隊（十八架），戰鬪機三中隊（三十六架），轟炸二中隊（十五架）；海軍——艦上戰鬪機三隊（三十六架），艦上攻擊機一隊（十二架），中型攻擊機二隊（二十四架）。

---

[84] 同[3]書，頁三九七～四〇六。

計六個師團，一個支隊，一個飛行團，及大批特動隊、後備隊、兵站供應部隊，總兵力在十八萬人以上[85]。

同時，日本「華北（北支那）方面軍」戰鬪序列亦重新編組：

北支那方面軍司令官陸軍大將寺內壽一（北平）。

第一軍司令官陸軍中將香月清司(石家莊)，轄第十四師團——土肥原賢二中將(大名、彰德）；第二十師團——川岸文三郎中將（榆次）。

第二軍司令官陸軍中將西尾壽造（濟南），轄第十師團——磯谷廉介中將（濟南)；第百八師團——下元熊彌中將（順德，後調第一軍)。

方面軍直轄：第五師團——板垣征四郎中將(青島，後調第二軍)；第十六師團——中島今朝吾中將（由上海調石家莊，轉臨清，歸第二軍指揮）；第百九師團——山岡重厚（太原，後歸第一軍指揮）；第百十四師團——末松茂治中將（由湖州、上海調山東，撥第二軍參加作戰）；支那駐屯混成旅團——山下奉文中將（天津）；獨立混成第三旅團、獨立混成第四旅團、獨立混成第五旅團（皆新增）；臨時航空兵團——德川好敏中將。

計八個師團，四個旅團，一個航空兵團，及大量特種、後備、兵站部隊，總兵力約二十七萬人[86]。

在華中、華北日軍戰鬪序列重組之前，民國二十六年十二月七日，日軍以大陸命第十八號組成「第五軍戰鬪序列」：由臺灣軍司令官陸軍中將古莊幹郎兼任第五軍司令官，所指揮部隊：

第十一師團（欠步兵第十旅團，由上海派遣軍抽調）。

重藤支隊——臺灣守備隊——陸軍少將重藤千秋：臺灣步兵第一聯

---

[85] 日本《戰史叢書》，《支那事變陸軍作戰(2)》頁六～八，防衞廳防衞研究所，戰史室著，昭和五十一年出版。

[86] 同[85]書，頁八～一〇。

隊，臺灣步兵第二聯隊，臺灣山砲兵聯隊，臺灣第一、二衛生隊，臺灣臨時汽車隊，臺灣第一、二運輸監視站。

第四飛行團（陸軍少將藤田朋）：飛行第五大隊（欠第二中隊），獨立飛行第六、十四、十五中隊，第二野戰飛行場設定隊。

第一師團第八，第五師團第二、八，第十二師團第一、二（五個）野戰高射砲隊。

近衛師團第五，第三師團第二、六（三個）探照燈隊。

獨立攻城重砲兵第十大隊。

野戰電信第十七中隊，第六十二、六十三小隊（車），第五、六、七固定電信隊。

第三師團第一兵站司令部：兵站汽車第九十二、九十三中隊，第三野戰航空廠，野戰預備醫院第十班，傷兵運輸部第十六班，第五軍兵站醫院。第十四師團第六至十一，第十六師團第六（七個）陸上運輸隊，第四師團第一水上運輸隊，近衛師團第一建築運輸隊，野戰鑿井第三中隊。總兵力約三萬人(87)。

日第五軍原訂十二月二十五日在海軍支援下於平海半島（香港東北約八十公里）登陸(88)。佔航空基地後，即向粵漢、廣九，及珠江水道進攻。然十二月二十日發生蕪湖、南京美英軍艦沈傷事件，日軍爲避免過分刺激美英政府，暫緩執行，重藤支隊屏東待命。二月十五日第五軍戰鬪序列解除(89)。

民國二十七年一月四日，日大陸命字第四十二號，日軍「駐蒙兵團」編組完成，駐蒙兵團司令官陸軍中將蓮沼蕃，參謀長石本寅三少將。駐

---

(87) 同❸書，頁四四五，附表第二、第五軍戰鬪序列表。
(88) 按即大亞灣。
(89) 同❸書，頁四四五～四四六。

晉北、察南及內蒙。支持僞「蒙古聯盟自治政府」及「蒙疆聯合委員會」。轄:

第二十六師團: 後宮淳中將。(詳前)

第一師團第六野戰高射砲隊。

第九師團第二兵站司令部、兵站電信第三中隊、駐蒙兵團第三野戰砲兵廠,工兵廠,衣糧廠,衞生材料廠,野戰預備病院第十七、二十九班,傷患運輸第十班,第七師團第二,第八師團第四、五,第十師團第六(四個)陸上運輸隊。

近衞師團後備步兵第五大隊,第八師團後備步兵第一大隊,第八師團後備野戰砲兵第二中隊,第七師團後備工兵第一中隊(90)。

以上兵力約二萬五千人,直屬日本天皇,以協調日本關東軍與華北方面軍之不合作。

當時日本在中國(東北除外)兵力共十五個師團,四個獨立混成旅團,一個支隊,一航空兵團,一飛行集團,及大量特種部隊與兵站部隊,約四十七萬五千人。

(三) 徐州會戰(民國27.2.3～5.28)

1. 日軍南北夾攻

日軍爲打通津浦路,截斷隴海路,包圍國軍主力於徐州(魯南蘇北)地區而殲滅之。

日軍最高指揮官——華北方面軍司令官寺內壽一大將。

津浦路北段指揮官——第二軍司令官西尾壽造中將: 指揮第五師團——步兵第二十一旅團編成板本(板本順少將)支隊;第十師團——步兵第三十三旅團編成瀨谷(瀨谷啟少將)支隊;及獨立機關槍第六、十大

---

(90) 同❸書,頁四四九～四五二,附表第二,駐蒙兵團編組。

隊；獨立輕裝甲車第十、十二中隊；野戰重砲第一旅團（野戰重砲第二、三聯隊），及臨時航空兵團支援，在津浦路北段採取攻勢[91]。

津浦路南段日軍——由華中（中支那）派遣軍第十三師團長荻州立兵在蚌埠、臨淮關採守勢[92]。

國軍指揮官第五戰區李宗仁，津浦路北段第二十二集團軍第四五軍鄧錫侯，第一二五師陳鼎勳，第三軍團龐炳勳第三九師馬法五。津浦路南段第三集團軍第五一軍于學忠，第二十一集團軍李品仙，第三一軍韋雲淞[93]。

2. 北戰場阻殲日軍

(1) 滕縣臨城嶧縣戰鬪（2. 12～3. 19）：一月十日濟寧失守後，第五戰區調第四五軍鄧錫侯增援第十二軍孫桐萱作戰，三月初再調第五九軍張自忠於滕縣附近。此時中國空軍已失去支援陸軍作戰能力，中國陸軍在日本陸空攻擊中，頗為不利。三月十四日，日第十師團攻佔界河陣地，翌日圍滕縣，湯恩伯軍團派第五二軍關麟徵增援被阻，守軍一二二師師長王銘章守城殉職[94]。十七日滕縣失陷，十八日臨城失守，第四師師長陳大慶一團殉城。十九日嶧縣陷落，守軍第八五軍王仲廉退出[95]。

(2) 臨沂附近及邳縣以北戰鬪(3. 14～5. 14)：青島陷日，日第五師團及獨立混成第五旅團，步兵第十七、二十大隊，及百十四師團，步兵百十五聯隊一大隊，二月二十一日佔莒縣、日照，龐炳勳軍及山東保安隊退守臨沂，張自忠率第五九軍增援，並與沈鴻烈所統海軍陸戰隊聯合

---

[91] 同[85]書，頁二四～三二。

[92] 同[80]。

[93] 《抗日戰史》，<徐州會戰（一）>，頁一九～二二。

[94] 王銘章，陸軍第一二二師師長，四川新都人，民國二十七年三月十七日在山東滕縣陣亡，追贈陸軍上將，史政局檔案第三八三、一／六〇一五號。

[95] 《抗日戰史》——<徐州會戰（一）>，頁三五～五一。

反攻[96]，在沂河左岸湯頭鎭，臨沂附近九曲店、韋家屯，及朱陳地區戰鬪，使日軍傷亡慘重。四月五日第十三師吳良琛，十四日騎兵第九師張德順等歸張自忠指揮加入戰鬪。同日，日國崎支隊（步兵第九旅團主力，配備野戰砲兵兩大隊、山砲兵一聯隊、工兵一聯隊組成），攻臨沂縣城及義堂集，遭國軍強烈抵抗，十九日城一角突破，日人爲報復傷亡，屠臨沂縣城及附近村莊。國軍南撤，轉入邳縣以北地區作戰，國軍湯恩伯軍團加入作戰。日第十師團板本支隊亦參加戰鬪。四月二十八日，日國崎支隊在北溝遭反擊，損失頗重。自四月二十六日至五月十五日國崎支隊自己記載：傷亡爲一、四〇一人。連同臨沂作戰，日軍死傷當在五千人以上。國軍無確實傷亡記載，應較日軍爲多[97]。

(3) 臺兒莊附近戰鬪(3. 17～4. 19)：日軍第五、十兩師團爲主力，配備特種部隊。國軍第二集團軍孫連仲在韓家寺，第三一師池峯城守臺兒莊，第二七師守陶溝橋，第一一〇師守金家莊，獨立第四四旅在胡家溝。三月二十四日待日軍包圍臺兒莊後，第二十軍團第五二軍關麟徵，第八五軍王仲廉攻擊嶧縣、棗莊日軍。孫連仲集團軍與第七五軍周碞將進佔臺兒莊三分之二日軍反包圍，雙方展開巷戰。日軍第五師團以板本支隊（步兵第二十一旅主力）增援，被阻禹王山。三月二十七日第二七師黃樵松衝入臺兒莊血戰。至四月七日，臺兒莊附近日軍及莊內殘軍退守嶧縣以東獐山、九山陣地，與國軍曹福林軍在該地區作戰。此役日軍損失慘重，在其《支那事變陸軍作戰 (2)》承認第五師團戰死：一、二八一人，傷：五、四七八人。第十師團戰死：一、〇八八人，傷：四、一三七人。總計一一、九八四人。其眞正傷亡，可能在一七、七〇〇人

[96] 參閱中研院近史所珍藏，<沈鴻烈先生訪問記錄>（未刊稿）。
[97] 同[72]書，頁二五七～二五九，張自忠之兩分報告。

左右。國軍一般資料則稱殲日軍三萬餘人，亦似乎主觀誇大(98)。

(4) 禹王山附近戰鬪 (4.20～5.13)：臺兒莊戰鬪後，國軍第二集團軍孫連仲指揮，第六十軍盧漢——第一八二師安恩溥、第一八三師高蔭槐、第一八四師張沖，與日軍第十師團長瀨支隊（步兵第八旅團長長瀨武平少將主力）戰於禹王山以北地區，五月四日國軍第三師李玉堂，第五十師成光耀亦參加戰鬪。至五月十四日國軍爲集中兵力，轉移運河南北岸珈口圩至韓莊線，此役國軍損失頗重(99)。

臺兒莊作戰後，四月十八日，日本大本營派橋本羣少將、西村敏雄中佐與北支那方面軍——下山琢磨大佐，第一軍——友近美晴中佐，第二軍——鈴本率道少將、岡本清福大佐；中支那派遣軍——武藤章大佐，臨時航空兵團——田中友道大佐會議，決定「徐州會戰」計畫，以消滅中國野戰軍主力，並由雙方派軍參加(100)。

3. 日軍南北增援與多方進攻

A. 日華中派遣軍增援作戰：司令官畑俊六大將，轄：

第六師團（稻葉四郎中將）：步兵第十一旅團（板井德太郎少將）——步兵第十三、四十七聯隊；步兵第三十六旅團（牛島滿少將）——步兵第二十三、四十五聯隊；騎兵、野砲兵、工兵、輜重兵各第六聯隊。第九師團（吉住良輔中將）：步兵第六旅團（秋山義允少將）——步兵第七、三十五聯隊；步兵十八旅團（井出宣時少將）——第十九、三十六聯隊；騎兵、山砲兵、工兵、輜重兵各第九聯隊。

第十三師團（荻洲立兵中將）：步兵第二十六旅（沼田重德少將）——步兵第五十八、百十六聯隊；步兵第百三旅團（山本源右衞門少將）

(98) (1) 同(72)書，頁二六二～二六四，孫連仲、李宗仁等報告臺兒莊大捷。(2) 同(85)書頁二四～四三。
(99) ≪抗日戰史≫，＜徐州會戰（三）＞，頁一八一～一九三。
(100) 同(85)書，頁四八～四九。

——步兵第六十五、百四聯隊；騎兵十七大隊；山砲兵第十九聯隊；工兵、輜重兵各第十三聯隊。

第百一師團（伊東正喜中將）：步兵第百一旅團（佐藤正三郎少將）——第百一、百四十九聯隊；步兵百二旅團（佐枝義重少將）——第百三、百五十七聯隊；騎兵百一大隊；野砲兵、工兵、輜重兵各第百一聯隊。

以上三個師團（五月十三日，增派第三師團——藤田進中將——參戰），連同特種、航空、後備、兵站等部隊及第三師團，約十三萬人，於五月二日結集完成，參加徐州會戰[101]。

(1) 淮河南北與蕭縣戰鬪 (5. 4～18)：(A) 淮南戰鬪：國軍第二十七集團軍楊森第一三三師楊漢域、一三四師楊漢忠守江北，第二十六集團軍徐源泉第十軍徐源泉（兼）、第八十七軍第一九九師羅樹甲爲右翼軍，第二十一集團軍廖磊第七軍周祖晃、第三一軍韋雲淞、第四八軍廖磊(兼)爲左翼軍。日軍第六師團板井支隊，四月三十日佔巢縣，五月十四日佔合肥。另日軍十三師團五月六日至十二日在考城、上窰與第四八軍廖磊（兼）作戰。(B) 淮北戰鬪：國軍爲第七軍周祖晃、第三一軍韋雲淞與日軍第十三、第九師團戰於蒙城，五月九日，蒙城陷落。第七七軍馮治安、第六八軍劉汝明增援，與日軍第三（五月十一日參戰）、九、十三師團戰於澮河沿岸，瓦子口[102]。劉汝明軍曾在瓦子口附近伏擊日軍，給日第九師團騎兵百餘人之傷亡[103]。五月十二日日軍佔永城。國軍激戰至十九日，徐州失陷，始轉移陣地。(C) 蕭縣戰鬪：國軍守軍第六八軍劉汝明之第一三九師李兆鍈。日軍第九師團五月十五日

---

[101] 同[85]書，頁五〇～五二。
[102] ≪抗日戰史≫——<徐州會戰（三）>，頁一九三～二四七。
[103] ≪劉汝明回憶錄≫，頁一二六，<瓦子口擊敵>。

從瓦子口開始進攻。第五戰區派二一師李仙洲（兼）、第一八〇師黃維綱增援。副參謀總長白崇禧以五萬元賞金，要求第一三九師守到十七日晨，守軍至十八日十時巷戰後退出(104)。

(2) 蘇北戰鬪（4.24～5.7）：日軍第百一師團佐藤支隊四月二十四日由東臺出發，與國軍二十四集團軍韓德勤、第五十七軍繆澂流作戰，四月二十六日佔鹽城，二十八日佔新興城，五月七日佔阜寧，六月底撤至東臺一線(105)。

B. 華北方面軍第一軍支援作戰：香月清司中將指揮。日軍第十六師團，從濟寧南下，並派一支部隊到魯西，配合日軍第十四師團渡黃河參加徐州會戰。第十四師團於五月九日渡河準備完成。

日軍第十四師團（土肥原賢二中將）：步兵第二十七旅團（豐嶋房太郎少將）——第二、五十九聯隊；步兵第二十八旅團（酒井隆少將）——步兵第十五、五十聯隊；騎兵第十八聯隊；野砲兵二十聯隊；工兵、輜重兵各十四聯隊。配屬獨立機關槍第五大隊，獨立野砲第二旅團，獨立重砲兵第八聯隊，迫擊砲第五大隊及工兵、架橋、渡河等特種部隊(106)。

掩護渡河部隊酒井支隊（步兵二十八旅團）及第十六師團一部，十一日攻入鄆城與國軍第二十三師（李必蕃）巷戰。十二日第十四師團由范縣、濮縣渡河成功，十四日佔菏澤，十五日佔曹州。同時騎兵第十八聯隊率獨立輕裝甲車第一中隊在內黃、考城間爆破隴海鐵路。十七日，日第十四師團由內黃攻蘭封，遭國軍第七八師李文、第八八師龍慕韓、第一〇六師沈克、第一九五師梁愷、第四六師李良榮、第五一師王耀武

(104) 《抗日戰史》——<徐州會戰（四）>，頁二四七～二五一。
(105) 同(85)書，頁六九～七〇。
(106) 同(85)書，頁六五～六八。

強烈反擊，日第十四師團陷入苦戰，損失慘重[107]，二十四日國軍放棄蘭封。

C. 日關東軍支援作戰：華北日軍以徐州會戰損失慘重，需兵甚急，日大本營五月十日命關東軍集結兩混成旅團，撥入華北方面軍第二軍，參加正面作戰，其集結部隊：

混成第三旅團（田村元一少將，由第二師團抽出）轄步兵第四、二十九聯隊，野砲兵第二聯隊一個大隊，工兵第二聯隊一個中隊，及師團通信隊二分之一。總兵力四、九〇〇人。

混成第十三旅團（森田正範少將，由第七師團抽出）轄步兵二十五、二十六聯隊，野砲第七聯隊一個大隊，工兵第七聯隊一個中隊，師團通信隊二分之一，臨時馬醫班，總計五、二〇〇人。

關東軍配撥汽車第十一、十二中隊，第三、四衞生班，第二、七臨時馬醫班。

同日，華北方面軍亦抽調平山支隊（支那駐屯兵團抽調）步兵三大隊，山砲一中隊爲主力[108]。

以上二混成旅團及一支隊，皆歸第二軍第十六師團指揮參加濟寧、胡家集、金鄉、魚臺、豐縣、向碭山、商邱以東徐州近郊作戰，十八日佔謝場、沛縣，十九日陷九里山，並攻入徐州。

日本第一軍第十四師團渡河作戰，與第十六師團及增援部隊從濟寧南下，國防部史政局所編：《抗日戰史》編入——〈運河垣曲間黃河兩岸作戰〉——魯西豫東之戰（詳後）。而《日本戰史》叢書——《支那事變陸軍作戰（2）》，則視爲徐州會戰重要增援的兩環，攻蘭封以確保商邱，而便於徐州會戰。本文爲求徐州會戰完整，故併入徐州會戰。

---

[107] （1）同[85]書，頁六七～六八；（2）參閱≪抗日戰史≫——＜運河垣曲間黃河兩岸作戰（二）＞頁八三～八八。

[108] 同[85]書，頁六〇～六一。

4. 徐州失陷與檢討

(1) 徐州失陷：五月十二日，第五戰區李宗仁將參加徐州會戰軍隊區分。

魯南兵團——孫連仲，轄：第四六軍樊崧甫、第六十軍盧漢、第五一軍于學忠、第七五軍周碞、第二集團軍主力——第三十軍田鎮南、第四二軍馮安邦，第二十二集團軍鄧錫侯殘部，及第五十師成光耀、第十三師吳良琛、第一三二師王長海、第一一〇師張軫、第一四〇師王文彥，與日軍第五、十、百十四師團等組成之革場支隊(嶧縣西白西山天柱山)、瀨谷支隊（嶧縣南蘭城店、張樓）、長瀨支隊（禹王北山、鍋山）、板本支隊（邳縣北泥溝、陳家場）、國崎支隊（邳縣東北勞溝）、片桐支隊（北勞溝東范村、狼子湖）等地激戰[109]。

淮北兵團——廖磊，轄：第三一軍劉士毅、第七軍周祖晃、第七七軍馮治安、第四八軍廖磊（兼）（一部）、第六八軍劉汝明、第九五師羅奇，與日軍第十三師團、第九師團、第三師團於淮北、蒙城、澮河沿岸、瓦子口、永城、蕭縣等地激戰[110]。

淮南兵團——李品仙，轄：第四八軍韋雲淞主力、第十軍徐源泉、第二十軍楊森（附二三集團軍之一旅）、第一九九師羅樹甲，與日軍第六師團在巢縣、合肥等地對峙，並無戰鬪[111]。

蘇北兵團——韓德勤，轄：第五七軍繆澂流、第八九軍韓德勤（兼）、第八游擊隊，於蘇北與日軍第百一師團在阜寧等地對峙[112]。

預備兵團——湯恩伯，轄：第二軍李延年、第九二軍李仙洲、第五

---

[109] 《抗日戰史》，<徐州會戰（一）>，頁六一～七二。
[110] 《抗日戰史》，<徐州會戰（四）>，頁二一三～二四五。
[111] 《抗日戰史》，<徐州會戰（三）>，頁一九三～二一二。
[112] 《抗日戰史》，<徐州會戰（一）>，頁六三。

九軍王仲廉、第四師陳大慶，原調商邱整理，旋集結徐州(113)。

魯西、豫東之戰，屬第一戰區——程潛指揮：

魯西，第三集團軍總司令孫桐萱——第五五軍曹福林、第二二師谷良民，守萬福河陣地、曹縣、商邱。另豫東兵團第三二軍商震第二三師李必蕃守鄆城。

豫東兵團——薛岳，參加蘭封之戰部隊：第八七師、第八八師、第四六師、第一〇六師、第一九五師（詳後）。

五月十六日，日軍第十六師團及配屬部隊，砲擊徐州城，第五戰區司令長官部移駐城南段家花園，當時以隴海路徐鄭間被截斷，大軍補給困難，決定放棄徐州，將各軍向豫皖間山地轉移。由張自忠指揮第五九軍，及第二一師李仙洲，第一三九師黃光華，第二七師黃樵松在郝寨、蕭縣掩護主力轉移。十七日戰區長官部駐宿縣。時淮北第七七軍馮治安朱家口陣地，及徐州西郊鳳凰山、霸王山陣地被突破。日便衣隊抵徐州城廂活動。十八日九里山第二七師黃樵松陣地與臥牛山第一一四師牟中珩陣地間，出現廣大空隙，午夜宿縣失守。國軍一七一師楊俊昌及第五戰區長官部被衝散，通信器材盡失。十九日，臥牛山陣地陷落，日軍直迫徐州，並迂迴九里山陣地背後。十時，徐州失陷，國軍第三十師張金照、第二七師黃樵松向西南突圍，徐州會戰結束(114)。

(2) 日海軍登陸連雲港：五月十日，海軍航空母艦能登呂號，在坪島設飛行基地協攻徐州。五月二十日，以十三艘兵艦在連雲港之孫家山登陸，經國軍第五七軍繆澂流阻擊。又日陸、海軍不合，在蘇北阜寧日陸軍第百一師團，奉華中派遣軍命南撤，使日海軍無力深入(115)。

---

(113) 同(112)。

(114) 同(72)書，頁二六五～二七三，徐州附近之戰鬭。

(115) 同(85)書，頁六九。

(3) 此一會戰，爲時三個月又二十六天。國軍參加部隊，第五戰區全部：第十二軍孫桐萱——第二二師、第二〇師、第八一師、獨立第二八旅；第五五軍曹福林——第二九師、第七四師；第五七軍繆澂流——第一一一師、第一一二師；第八九軍韓德勤——第三三師、第一一七師；第四一軍孫震——第一二二師、第一二四師；第四五軍陳鼎勳——第一二五師、第一二七師；第四十軍龐炳勳——第三九師；第三一軍劉士毅——第一三一師、第一三五師、第一三八師；第七軍周祖晃——第一七〇師、第一七一師、第一七二師；第四八軍韋雲淞——第一七三師、第一七四師、第一七六師；第二十軍（第二十七集團軍）楊森——第一三三師、第一三四師；第十軍（第二十六集團軍）徐源泉——第四一師、第四八師；第八七軍劉膺古——第一九九師；第七七軍馮治安——第三七師、第一七九師、第九五師；第六八軍劉汝明——第一一九師、第一四三師；第五一軍于學忠——第一一三師、第一一四師；第四六軍樊崧甫——第二八師、第四九師、第九二師；第五二軍關麟徵——第二師、第二五師；第八五軍王仲廉——第四師、第八九師；第五九軍張自忠——第三八師、第一八〇師；第九二軍李仙洲——第二一師、第十三師；第二二軍譚道源——第五十師；第二軍李延年——第三師、第九師；第三十軍田鎮南——第三十師、第三一師；第四二軍馮安邦——第二七師、獨立第四四旅；第六十軍盧漢——第一八二師、第一八三師、第一八四師；第七五軍周碞——第六師、第九三師；第六九軍石友三——第一八一師、新編第六師、騎兵第九師、騎兵第十三旅。及第一一〇師、第一四〇師、第一二二師（配屬第二集團軍孫連仲）。計二十八個軍，七十四個步兵師，一個騎兵師，二個步兵旅，一個騎兵旅。另外魯省保安隊，海軍陸戰隊，及蘇北游擊隊。

第一戰區參戰部隊，豫東兵團薛岳：第三二軍商震——第二三師、第一四一師；第七四軍俞濟時——第八五師、第五一師；第八軍黃杰——第一〇二師、第四十師；第六四軍李漢魂——第一八七師、第一五五師；第二七軍桂永清——第三六師、第四六師；第七一軍宋希濂——第八七師、第八八師，及第一〇六師、第一九五師、第二四師，計十五個步兵師。

總計三十四個軍，八九個步兵師，一個騎兵師，二個步兵旅，一個騎兵旅，及魯省保安隊、海軍陸戰隊、蘇北游擊隊，兵力約五十五萬人[116]。其中以張自忠第五九軍及海軍陸戰隊，龐炳勳第四十軍及魯省保安隊，孫連仲所指揮之第三十軍，第四十二軍，劉汝明第六八軍，李必蕃第二三師，李漢章第七四師，宋希濂第七一軍，及第六一師、第一〇六師、第四六師，分別在臨沂、臺兒莊、及蕭縣、鄆城、金鄉、魚臺、蘭封皆有英勇表現，及豐碩戰果。第四一軍第一二二師師長王銘章守滕縣，第三二軍第二三師師長李必蕃守鄆縣皆殉城，亦稱悲壯。

國軍傷亡：(1)津浦路南段：一二九人；(2)滕縣（津浦路北段）：二、四一五人；(3) 臨沂附近：一一、九二一人；(4) 臺兒莊（連同嶧縣以東，邳縣以北，魯南地區）：七、五六〇人；(5) 禹王山附近：一八、八四二人；(6) 淮北（兵團）作戰（五月一日至十九日），一七、〇〇一人；(7) 蕭縣附近：二、三八四人；(8) 蘇北、鄆城、菏澤、金鄉、魚臺、碭山、商邱、蘭封，缺人員傷亡資料。但知守鄆城之第二三師巷戰後，突圍之部隊又被日戰車所衝散，全師瓦解，蘭封附近作戰傷亡亦大。前七項統計六〇、二五二人，實際應在十萬人以上[117]。

日軍參戰部隊：華北方面軍第一軍——第十四師團、第百八師團、

---

[116] 徐州會戰時，國軍使用之部隊，多為新訓練部隊，每師平均約五千至六千人。楊森一三三、一三四之兩師，實領薪餉祇六千餘人。

[117] 參閱≪抗日戰史≫——<徐州會戰(二)>，頁八九、一〇八、一二九。〈徐州會戰(三)〉，頁一六五、一九二。<徐州會戰(四)>、頁二四五二四九。

第百九師團、第十六師團；第二軍——第五師團、第十師團、第百十四師團；方面軍直屬——支那駐屯旅團、獨立混成第三、四、五旅團及臨時航空兵團；華中派遣軍：第十三師團、第六師團、第九師團、第百一師團、第三師團；關東軍增援部隊：獨立混成第三旅團、獨立混成第十三旅團。總計十二個師團，五個旅團，及大批特種、航空、後備、兵站部隊及海軍，總兵力約三十萬人。除特殊情況外(詳前)，無傷亡記載。國軍估計資料，認爲日軍傷亡二十萬人(118)，當不足採信。實際估計，約在六萬人左右。

五、北戰場激戰

(一) 豫北晉南作戰(民國27.2.7～3.8)

此一戰役，日本戰史稱「河北(黃河以北)戡定作戰」。中國《抗日戰史》將冀南、豫北、魯西、豫東之戰，編爲〈運河垣曲間黃河兩岸作戰〉。但時間並不連貫，從二月二十八日新鄉垣曲戰鬬後，跳到五月八日鄆城、菏澤之戰，且缺晉中南之抗日作戰之編入。實際上魯西、豫東之戰爲徐州會戰之重要二環，本文前已述及。豫北之戰與晉中南之戰，在日軍一指揮官，同時發動作戰，相互呼應，實爲一系列作戰，不可分割。故本文單列一節申論。

日軍：華北方面軍第一軍香月淸司，統第十四師團，第十六師團，第二十師團，第百八師團，第百九師團，及臨時航空兵團，與特種，後備，兵站部約十四萬人，在晉中南與豫北同時發動攻擊(119)。

(118) 參謀總長陳誠：《八年抗戰經過概要》，附表五，抗戰第一期敵我使用兵力及傷亡人數一覽表，自南京失守至徐州會戰。
(119) 同③書，頁四八八～四九三。

國軍：豫北，第一戰區程潛；晉中南，第二戰區閻錫山，參戰部隊約三十萬人。分在各戰場敍述。

1. 湯陰附近戰鬪（2.9～12）：二月十日，日第十四師團從安陽攻擊前進，在田溝、馬裕澗與新編第六師高樹勛接觸，同時大名日第十六師團亦向道口攻擊前進，十一日經激烈戰鬪後，日軍突破國軍第五三軍萬福麟第一一六師周福成、第一三〇師朱鴻勛杜谷屯主陣地，再破馬官屯、王官屯第二線陣地。新六師馬裕澗陣地亦失，萬福麟卽命各師退淇河左岸，西高村、龍王廟、亘楊莊、裏河屯。十二日日軍追至，攻破新六師浮山陣地，國軍退塔崗、黃山村。湯陰、淇縣失守。此一戰鬪國軍三師兵力，損失約三團[120]。

2. 新鄉垣曲一帶戰鬪（2.14～28）：日第一軍佔湯陰、淇縣後，二月十三日繼向南進，有包圍汲縣、新鄉之勢。翌日與國軍第一八一師石友三、新六師高樹勳、第一七九師何基灃在汲縣以東陣地激戰。國軍傷亡頗重，十五日宋哲元電軍事委員會，「所轄第七七軍（馮治安）——三七師張凌雲、第一三二師王長海、第一七九師何基灃、及第一八一師，轉戰半載，損失極重，雖經補充，新兵過多，戰力薄弱[121]」。同時日軍（尤其土肥原，在「華北特殊化」時被宋阻礙）以宋軍戰力強，且多次遭受其襲擊，必欲消滅宋軍而後止。十六日山彪鎮陷落，日軍圍潞王墳，國軍第三七師張凌雲與日軍肉搏後失守。同日放棄輝縣。日軍迫近新鄉。翌日新鄉陷落。宋(哲元)、萬（福麟）兩軍退修武。蔣委員長中正電宋：「在長期抗戰中，一時勝負，不足介意[122]」。十九至二十二日，在修武、博愛、沁陽、濟源浴血再戰，四地相繼不守。此後雙方在晉南

[120] 《抗日戰史》——<運河垣曲間黃河兩岸作戰（一）>，頁六五～六三。
[121] 同[120]書，頁七三。
[122] 同[120]書，頁七六。

天井關、晉城作戰，二十六日晉城、天井關不守。翌日垣曲陷落。宋、萬兩軍苦戰兼旬，已殘破不堪，再使支持，恐遭覆滅，即設法與日軍脫離，進入太行山區，以陵川、林縣爲基地整補。此一戰鬪，國軍損失甚重，宋、萬兩部幾潰不成軍，但缺乏傷亡記載。日軍第十四師團佔垣曲後，三月三日，其酒井支隊陷聞喜，五日陷運城，八日陷平陸、萬城。後爲支援徐州會戰，不久即撤走。

3. 晉南戰鬪（2. 13～3. 8）。

(1) 東路：二月十三日日軍第百八師團先遣支隊（苫米地少將）與右側支隊（工藤鎭考大佐）從邯鄲出動，與國軍第二戰區南路兵團衞立煌所轄第四七軍李家鈺及孫殿英部隊作戰。十六日，日軍佔東陽關，十七日佔黎城，二十日佔潞安，第百八師團部駐進，再組臨汾支隊（苫米地少將）西進。二十四日陷府城鎭，二十七日佔臨汾。翌日交日軍第二十師團接防，即撤回潞安、東陽關平地[123]。

(2) 中路：二月十一日，日軍第二十師團自楡次、太谷出動，十三日佔平遙，十六日佔介休、孝義，與國軍第八五師陳鐵戰於靈石、霍縣。日組右側支隊（高木義人少將），在介休、孝義以西與國軍第十五軍劉茂恩激戰。二十六日佔隰縣。三月一日經蒲縣轉臨汾。其南下主力二十六日亦經霍縣合會臨汾。等補給達到後，三月四日再由臨汾分兩支出動。河津支隊三月五日到河津，六日到禹門，另一支隊經聞喜，三月八日到蒲州[124]。

(3) 西路：二月十二日，日軍第百九師團由太原、清源出動，十六日佔東北鎭，十七日佔汾陽。分三支隊：北——佐佐木支隊，中——谷藤支隊，南——本川支隊向西進攻，二十四日佔中陽，二十六日佔離

---

[123] 同[85]書，頁七九～八三。
[124] 同[13]書，頁四八八～四九三。

石，二十七日到磧石鎮、軍渡，因國軍攻太原而部分撤回。

此次豫北、晉中南作戰，日軍稱七七事變以來最大規模以少勝多之完美作戰125。大小十數戰，戰線長達四百里， 多在山區進行，補給困難，作戰堅苦，無法佔據據點，隨時被國軍攻擊，但擊退並牽制國軍約三十個師。惟雙方皆無傷亡統計資料。

（二）**魯西豫東作戰**（民國27.5.9～6.10）

1. 鄆城菏澤附近戰鬪（5.8～14）：五月九日，日第二軍第十六師團與關東軍增援兩獨立混成旅團及一支隊，自濟寧黃堆集到鄆城東五公里之張官屯，破壞國軍鄆城鉅野通信線。國軍第二三師李必蕃守鄆城，十日迂迴到鄆城南郭官屯，完成包圍，與守軍發生激戰，十一日雙方在鄆城巷戰，下午五時鄆城失守，突圍國軍被日戰車衝散，師長李必蕃陣亡。國軍第一四一師宋肯堂固守東明、菏澤（一四一師第四旅）。十二日鄆城日軍攻下鄄城。下午一時，國軍守臨濮集河防部隊，被掩護渡河之第十四師團酒井支隊所迫後撤，日第十四師團全部渡河。十三日菏澤外圍激戰，十四日菏澤巷戰後陷落。守城官兵大部壯烈犧牲，乘夜逃出者，僅五、六百人。此役商震指揮，新編第三五師王勁哉在菏澤東北前劉寺，行動遲滯，未及時參戰，故造成國軍重大損失126。

2. 金鄉魚臺附近戰鬪（5.8～15）：五月九日，日軍第十六師團沿濟魚公路南下， 與國軍第十二軍孫桐萱在濟寧南王貴屯、 韓家莊、 喻屯、馬家店、 范莊等地激戰。 十日戰事在蔡家莊、 樊家莊、 張官屯進行。十一日在萬福河左岸及淸河崖，激戰更烈。國軍第二九師曹福林（秉）第八六旅陳德馨部傷亡極重。十二日，蔣委員長親臨鄭州指揮。戰

125 同3書，頁四九三。
126 《抗日戰史》——＜運河垣曲間黃河兩岸之作戰（二）＞，頁八三～八八。

事在大義集進行，國軍第七四師李漢章第二二〇旅李益智部犧牲頗大。第二四師李英增援七四師作戰。十三日十時，金鄉被圍攻，然第二四師增援未到。晚另股日軍攻魚臺被第二九師第八五旅王士琦擊退。十四日，日軍以戰車，飛機掩護，晚突入魚臺，守軍王士琦旅長肉搏巷戰，官兵幾全部犧牲，彈盡援絕，魚臺失守。圍金鄉之日軍亦於下午五時突入，第二十師（張測民）第六十旅旅長張清秀、副旅長李彤溪皆重傷，參謀長楊景環陣亡。戰至十五日十一時，國軍傷亡殆盡，金鄉陷落。此役國軍參戰約五個旅，與精銳日軍纏鬪八日，傷亡甚重，其中第八五旅所剩無幾，這是原屬韓復榘部隊的英勇表現[127]。

3. 碭山商邱附近戰鬪(5. 14～29)：五月十三日國軍第七四軍俞濟時所轄第五八師馮聖法、第五一師王耀武集結碭山，並以第一七四旅方日英守豐縣。十五日豐縣戰鬪開始，十六日第五八師師長，以碭山兵力單薄，呈報調回守豐縣之一七四旅，軍委會不准，令死守以牽制日軍。十七日豐縣經激戰後失守。十八日第五八師在韓道口擊退由永城北上日華中派遣軍第十三師團後，即將陣地交第八軍黃杰第一〇二師柏輝章接替。十九日，第七四軍俞濟時、第六四軍李漢魂西移增援蘭封。第八軍——第一〇二師、第四十師羅歷戎，及二四師李英接碭山、商邱防務。二十日牛堤圈車站失守，二十一日收復。二十二日在牛堤圈以南楊集、魏樓，及馬牧集激戰，守魏樓六〇七團團長陳蘊瑜陣亡，魏樓、牛堤圈失守。二十三日永城日軍攻碭山東黃口車站及李莊，守軍第一〇二師一部，全部犧牲。碭山被圍，守軍不足四營，晚巷戰後，國軍二十四日拂曉突圍到虞城轉商邱。二十六日虞城不守，日軍圍攻商邱，第二四師李英守朱集車站，第一八七師彭林生守商邱。二十八日戰事在黑劉莊、陳

[127] 《抗日戰史》——〈運河垣曲間黃河兩岸之作戰（二）〉，頁八九～九六。

均莊、閻莊進行。翌日商邱與朱集車站不守[128]。

4. 蘭封開封之戰（5. 14～6. 1）：鄆城、菏澤失守後，日第十四師團南下，十五日到新兵集，與國軍第八七師沈發藻接觸。十八日在儀封、內黃、考城各地激戰。十九日，日軍攻內黃及野鷄崗，因第一九五師梁愷甫接內黃防務，地形不熟，內黃、儀封失守。二十日在齊莊、大營激戰，二十一日，日軍由祥符營西（杞縣北）迂迴到蘭封西孟郊集、羅王車站附近，二十二日與第六一師鍾松作戰。二十四日第八八師師長龍慕韓放棄蘭封（龍因此而判處死刑正法），羅王寨失守。二十五日國軍奉命反攻。軍委會指示：「此次作戰，關係整個戰局，胡（宗南，第一軍）、李（漢魂，第六四軍）、俞（濟時，第七四軍）、宋（希濂，第七一軍）、桂（永清，第二七軍）應遵照薛總司令（岳）命令向敵攻擊，務於明（二十六）日拂曉，將蘭封、三義寨、蘭封口、陳留口、曲興集、羅王寨之敵殲滅[129]。」日《戰史叢書——支那事變陸軍作戰(2)》稱：第十四師團被包圍苦戰。此一戰事進行五天之久。至二十九日晚，國軍雖克復多處據點，然黃杰失守商邱，日大軍西進，企圖解羅王寨之圍。國軍變更部署，停止進攻。六月二日日軍佔杞縣，三日開封發生戰鬪，守城第十二軍孫桐萱一師，經兩晝夜巷戰，六日晚突圍，開封陷落。九日中牟失守。十日尉氏之日軍進至白沙、韓佐鎮附近，冀圍攻鄭州，黃河堤潰，被大水所沖，而中止作戰[130]。

黃河之水天上來——水淹日軍。當金鄉、魚臺之戰時，五月二十一日姚琮卽建議決河北之劉莊、山東之朱口以淹日軍。二十三日羅仁卿卽建議決河南銅瓦箱之堤，使黃河經徐州、淮陰城北入海。翌日黃新吾建

---

[128] 《抗日戰史》——<運河垣曲間黃河兩岸之作戰(二)>，頁九七～一〇五。
[129] 《中華民國重要史料初編》——<對日抗戰時期>，第二編，<作戰經過（二）>——隴海沿線作戰，頁二七七。
[130] 《抗日戰史》——<運河垣曲間黃河兩岸之作戰(二)>，頁一〇七～一二七。

議決黑崗口，沖淹杞縣、柘城、渦陽、蚌埠而入洪澤湖。二十六日何成璞亦以現屆桃汛，考城、蘭封間，黃河曲折，衝力猛，使日機械化部隊失其效能。六月三日，劉仲元、謝承傑，以徐州失陷，日軍深入豫東，若不破釜沈舟，中州將不守。爲阻日西進，即決堤。六日中央接受建議，電令執行，電第三九軍劉和鼎負責，七日晚劉親赴趙口決堤放水。因口外沙灘阻隔，九日命新編第八師蔣在珍在花園口再決第二口，十一日大雨，河水大漲，趙口貫注，水頭高丈許，決堤六十公尺，水流湍急。十三日八時通過中牟以東，朱仙鎭，十四日達尉氏，再經鄢陵、扶溝、西華、淮陽，沖向周家口。寬二、三公里，深二、三公尺。中牟、尉氏之日軍西進無望(131)。日第十四師團一部及配屬兵站部隊在中牟被困。第十六師團一部配屬兵站部隊在尉氏被困。日軍以空投補給此兩師團六一、五噸食糧及衞生材料，日第十師團亦在水淹地區內。日軍在無奈之下，命第十四師團集結蘭封、開封，十六師團集杞縣、睢縣、寧陵。第十師團集結夏邑、會亭之永城(132)。戰事停止。

（三）各地反攻作戰

1. 華北日軍將領之更迭

五月二十五日，第五師團長板垣征四郎調日本陸軍大臣，安藤利吉中將接第五師團長。

五月三十日，梅津美治郎中將接第一軍司令官。

六月十日，町尻量基少將接第二軍參謀長。

六月十八日，篠塚義男中將接第十師團長；井關隆昌中將接第十四師團長。

---

(131) 同(126)，<附錄：黃河泛濫概況>，及泛濫區域情形一覽表。
(132) 同(85)書，頁七三～七八。

六月二十二日，谷口元治郎中將接第百八師團長。

六月二十三日，牛島實常中將接第二十師團長(133)。

2. 山西全面反攻

自三月八日起，日軍進入晉南各地後，國軍隨卽全面反攻，至四月二十日與日軍第二十師團重要戰鬪九十一次。反攻部隊：第三軍曾萬鍾——第七師李世龍，第十二師唐淮源；第二七路軍馮欽哉——第一六九師武士敏，第四二師柳彥彪；第十五軍劉茂恩——第六四師武庭麟，第六五師劉茂恩（兼）；第十九軍王靖國——第六八師孟憲吉，第七十師杜堃，第七一師郭宗汾；第六一軍陳長捷——第六九師呂瑞英，第七二師段樹華；第十四軍李默庵——第八三師陳武，第九四師朱懷冰，第八五師陳鐵，第十師彭杰如；第四七軍李家鈺——第一〇四師李青廷，第一七八師李宗昉；及第十七師趙壽山，第一七七師第五二九旅楊覺天，第四三師周祥初，第四七師裴昌會，第五四師孔繁瀛，第六一師鍾松，第一二五師陳鼎勳，第一三二師王長海，第一七七師李興中等參加(134)。據《日本戰史叢書》《支那事變陸軍作戰(2)》記載，日軍陣亡一三八八人，負傷三〇〇餘人。國軍遺屍一萬二千人(135)。

此一反攻作戰，至四月二十三日，晉東臨汾以西各地，大部被國軍攻克，乃決定肅淸晉南三角地帶之日軍。五月四日，國軍激烈進攻，將太谷以南之同蒲鐵路破壞，圍日第二十師團於曲沃、蒲州兩地。並克復安邑（運城）、西安各縣，迫日軍緊急空投補給。戰事在侯馬鎭、曲沃、新絳、運城、平陸之間激烈進行。國軍進攻部隊：第四七軍李家鈺，第三軍曾萬鍾，第十五軍劉茂恩，第六一軍陳長捷，及第十師彭杰如，第

---

(133) 同(85)書，頁七九。

(134) 參閱《抗日戰史》——<晉綏游擊戰>（一）、（二）。

(135) (85)同書，頁七九。

十七師趙壽山，第七一師郭宗汾，第八三師陳武，第八五師陳鐵，第一七七師第五二九旅楊覺天。五月二十一日，日軍臨汾補給到達曲沃，二十四日，日軍將分散部隊集結曲沃、侯馬鎮間，退靈石，國軍追擊作戰。日軍以第百八師團步兵第百三十二聯隊，及野戰重砲第六聯隊第二大隊，迫砲第三大隊，配屬第二十師團，以強大戰力掩護撤退。

五月中旬，國軍肅清蒲縣、黑龍關一帶日軍第百九師團，二十六日圍離石、中陽，日軍使用毒氣作困獸之鬪。三十日，晉南大雨，平漢線漳河、淇河鐵橋流失，同蒲路多處損壞。晉南日第二十師團補給斷絕，日軍以貓、狗及野草充飢[136]。國軍乘機攻下蒲州、芮城、平陸，日軍退守運城、河津、聞喜等據點。主力乃在曲沃、侯馬鎮、新絳。

六月二日，日軍將獨立混成第四旅團集結臨汾，準備南下。十二日國軍進攻臨汾機場，十四日至十八日，日軍以第十四師團，第百八師團主力，由豫東濟源垣曲間西犯，圖解曲沃之圍。七月一日，日獨立混成第四旅團到曲沃。國軍克復沁水、翼城。七月十四日，西進日軍酒井支隊陷垣曲，並與獨立混成第四旅團連絡，解第二十師團之圍。

此後日第一軍第二十師團以安邑（運城）爲基地，警戒黃河線；第百八師團以臨汾、曲沃爲基地，警戒絳縣至垣曲間交通線及黃河渡口；第十四師團以新鄉、懷慶爲基地，警戒黃河沿岸；第百九師團及獨立混成第三旅團以汾陽、太原爲基地，警備晉西。獨立混成第五旅團調回石家莊第一軍司令部。而國軍則在日據點附近廣大的面上與日軍對峙[137]。

3. 華北國軍牽制作戰

日軍爲達成重要據點守備任務，華北方面軍於民國二十七年二至三月間，編成獨立混成第二、三、四、五等四個旅團，以作守備之用。獨

---

[136] 同[85]書，頁八〇。
[137] 同[134]。

立混成旅團轄五個獨立步兵大隊，每大隊八一〇人，旅團砲兵隊六二〇人，旅團工兵隊一七六人，旅團通信隊一七五人。全旅共五、〇四八人。其獨立混成第二旅團轄獨立步兵第一、二、三、四、五大隊；獨立混成第三旅團轄獨立步兵第六、七、八、九、十大隊；獨立混成第四旅團轄獨立步兵第十一、十二、十三、十四、十五大隊；獨立混成第五旅團轄獨立步兵第十六、十七、十八、十九、二十大隊。投入華北各據點守備[138]。

同時，爲鞏固佔領區之統治，民國二十七年四月十日組成華北方面軍特務機關部，由方面軍參謀長兼機關長，編制少將(大佐)部員一人，佐尉部員二十一人，主計、軍醫四人，下士官十五人，總數四十二人。並統轄：天津（森岡皐少將）、青島（河野悅次郎大佐）、濟南（渡邊渡中佐）、太原（谷荻那華雄中佐）、河南省（落合鼎五大佐）等特務機關，作鎮反、宣撫、情報等工作[139]。

自二十七年春，日軍在晉、冀、察、綏等省攻擊停頓後，國軍前線各軍卽開始反攻淪陷區，各部隊亦零星騷擾牽制作戰，使少數日軍陷於孤立或疲於奔命。

六、結　論

（一）日本原以戰爭爲手段，而達成其分期分區侵略中國之終極目的。過去「九一八」如此，熱河及長城作戰如此，察綏之戰亦如此。並在侵略的每一地區內分別製造地方傀儡政權，聽其指使。七七事變之初，日本想侵佔平津而促成「華北國」的野心，但被中國全面抗戰所粉

[138] ≪日本戰史叢書≫：≪陸軍軍備戰≫，頁二一〇～二一一，部隊編成概況。
[139] ≪日本戰史叢書≫——≪北支の治安戰（1）≫，頁四三～四四，日防衞廳防衞研究所，戰史室著，昭和四十八年初版。

碎。

（二）在裝備方面，日軍占盡優勢，尤其是飛機、戰車、裝甲車、重砲、通信、運輸工具等。且以汽球觀測國軍陣地，指揮日本砲兵進攻。又以毒氣攻擊國軍堅強陣地，或強行沿海沿江登陸。國軍惟一辦法是徹底破壞道路，使其運動困難外，其他完全憑高昂士氣以血肉之軀拚鬪，故一仗打下來，常常一兩師兵力，所剩不到一營人。

（三）事過五十年，有些年輕人，或受中共宣傳資料所欺，認爲國軍沒有打仗，祇是被日軍追著跑而已。本文證明，國軍不但打仗，而且找日軍攻擊，在劣勢裝備下打得非常激烈，也特別漂亮，同時犧牲特別大。

（四）在初期抗戰中，除平型關有林彪一師、晉東有劉伯承、賀龍二師參加作戰外，餘無中共軍隊正式參戰。此一時期，中共勢力尙小，北方的十八集團軍正在晉、陝、冀各省收徵民槍，擴充自己的勢力；南方的新四軍尙在萌芽時期。

（五）徐州會戰結束，戰爭轉入高潮。日軍傾全國之精銳，發動「武漢攻略作戰」企圖奪取中國之心臟地帶，而促使中國政府屈服，但也同樣的失敗了（詳見本集〈武漢保衞戰研究〉）。

論太原會戰及其初期戰鬪——平型關作戰

一、前　　言

新加坡的朋友告訴我，他們用的華僑教科書，在抗戰史方面，不看內容。如寫「平型關作戰」，就是中共出版，如果寫「臺兒莊大捷」就是中華民國出版。可見這次「作戰」是中共的「抗日」招牌，也對它如何的重要了。

民國二十六年七月八日，抗戰初開始時，中共毛澤東、朱德、彭德懷、賀龍、林彪、劉伯承、徐向前等，聯名上電國民政府軍事委員會委員長蔣中正稱：「紅軍將士，咸願在委員長領導之下爲國效命，與敵周旋，以達保土衞國之目的。」❶九日，彭德懷、賀龍、劉伯承、林彪、徐向前、葉劍英、蕭克、左權、徐東海等統兵人員，又聯名上電蔣委員長聲稱：「我全體紅軍，願卽改名爲國民革命軍，並請授命爲抗日前鋒，與日寇決一死戰。」❷十五日，中共發表「團結禦侮宣言」❸。二十三日，中共發表「爲日本帝國主義進攻華北第二次宣言」，支持蔣

❶ 古屋奎二著：《蔣總統秘錄》，臺北中央日報社譯印發行。民國六十五年五月（初版），頁一一〇～一一一。
❷ 同❶。
❸ 與本文前言（下頁）引用九月二十二日國民政府發表中共共赴國難宣言相同。

委員長（七月十七日）廬山談話❹。八月九日中共軍總司令朱德隨周恩來抵南京謁蔣委員長，商對日軍事❺。並向國民政府及蔣委員長保證效忠❻。二十二日，軍事委員會任命國民革命軍第八路軍朱德、彭德懷等職務。中共宣言服從國民政府，參加抗戰❼。二十五日，朱德、彭德懷等通電就職。同日軍事委員會正式發佈命令，將中共部隊收編爲國軍第八路軍，朱德、彭德懷爲正、副總指揮。轄一一五師林彪、一二〇師賀龍、一二九師劉伯承。總兵額二萬人。並派參謀人員，指導對日作戰（後中共未接受，然有連絡參謀），歸第二戰區司令長官閻錫山指揮❽。九月六日改編完成（實約三萬二千人），參加對日作戰❾。九月十二日，軍事委員會頒發電令將第八路軍改爲第十八集團軍，總（副總）指揮改爲總（副總）司令❿。二十二日，國民政府公佈中共共赴國難（即團結禦侮）宣言，中共提出四大諾言：

一、孫中山先生的三民主義爲中國今日之必需，本黨（指中共）願爲其徹底的實現而奮鬪；

二、取消一切推翻國民黨政權的暴力政策及赤化運動，停止以暴力沒收地主土地的政策；

三、取消現在的蘇維埃政府，實行民權政治，以期全國政權的統一；

---

❹ 郭廷以編著：《中華民國史事日誌》，第三册，頁七〇九。
❺ 同❹書，頁七一四。
❻ 朱德此一表示，成爲一九六七年毛澤東、林彪發動紅衞兵攻擊罪狀之一，指其爲篡黨軍閥。按朱德早年投入滇軍，曾追隨蔡鍔，一生坦誠，無共黨的陰險作風，毛派特性，頗得軍心。
❼ 同❹書，頁七一八。
❽ 秦孝儀編著：《總統　蔣公大事長編初稿》，卷四，上册，頁一〇二～一〇三。
❾ 同❹書，頁七二〇。
❿ 《中國人民革命戰爭地圖選》，陝西人民出版社出版發行，一九八一年七月，頁三〇。

四、取消紅軍名義及番號，改編爲國民革命軍，受國民政府軍事委員會之統轄，並待命出動，擔任抗日前線之職責⓫。

同日平型關之戰開始接觸。

十月二日蔣委員長委任葉挺、項英爲國軍新編第四軍正、副軍長，收編江南共軍。十二日軍事委員會正式下令成立新四軍，將江南潛存之中共軍編入新四軍，轄四個支隊：第一、陳毅；第二、張鼎丞；第三、張雲逸；第四、高敬亭——總兵額一萬人，歸第三戰區顧祝同指揮⓬。

不過，中共在抗戰時期，假抗日之名，行擴大之實，對政府（軍事委員會）命令置若罔聞，擅自移動防地，收編或裹脅地方新起之抗日武力，以作爲全面叛變及奪取政權之準備。故抗戰八年，國軍初期約一百八十萬人，對日軍進行了二十三次會戰（中國戰史稱二十二次，日本戰史將平漢路北段作戰——稱爲涿保——涿州、保定——會戰，故應爲二十三次⓭。）在戰爭學上，會戰是指雙方參加兵力皆在十萬人以上，才能稱會戰。淞滬會戰時，國軍投入六十萬大軍（約八十師），日軍亦投入二十萬大軍，是大會戰。國軍有大戰鬪一千一百一十七次，小戰鬪三萬八千九百三十一次⓮。損失慘重。

中共軍抗戰初期約三萬二千人，抗戰前期，據十八集團軍參謀處公佈與日軍作戰接觸約有四十四次⓯，在四十四次中，有些是放了幾槍就跑的所謂「游擊戰」，及被日軍圍剿的零星作戰。此種戰事，在國軍根本不予統計或記載。能稱得上小戰鬪，且編在國軍戰鬪序列中作戰的僅

⓫ 同❽書，頁一二二。

⓬ ⑴同❽書，頁一二五。⑵同❿。

⓭ ≪日本戰史叢書≫：≪支那事變陸軍作戰⑴≫，頁三一九～三二九。

⓮ 參閱，參謀總長陳誠編：≪八年抗戰概要≫。

⓯ 詳本文附錄——＜抗戰前期中共對日軍作戰統計＞；河南人民出版社編：≪抗戰中的中國軍事≫，頁一〇六～一〇九，一九八一年十二月出版，選自彭德懷：≪三年抗戰與八路軍≫。

有「平型關之戰」。另一次較大的戰鬪是「百團大戰」，但它不在國軍戰鬪序列中，是中共借此收編地方游擊隊，內部爭論甚多。所以除了拿平型關戰役來充面子，大加宣傳之外，還造謠說中共在抗戰期間總共對日軍進行大小戰鬪十一萬五千餘次⑯。究竟平型關戰役眞相如何，容後分析說明。在說明前先聲明兩點:

1. 日軍與國軍作戰稱正規戰，處對等交戰地位——用「攻略戰」、「野戰」，或「陣地戰」來寫入「戰史」或一般歷史書，日軍與中共軍作戰稱「治安戰」⑰，也就是剿匪，指中共軍爲「游匪」或「共匪」。

2. 抗戰初期，國軍約二百多萬人，投入戰場近一百八十萬人，勝利時國軍維持三百多萬人的軍力。中共抗戰時約三萬人，勝利時其正規部隊已擴展到四十五萬至六十萬人（據軍令部民國三十四年二月統計:(1)正規部隊四三四、七八〇人；(2)地方武力一一五、五二〇人；(3)游擊隊六九、五〇〇人）。且所控制地區十四歲至五十歲的人口，皆編入其民兵組織內（多無槍械），故有大量的民兵作爲其全面叛變之資本。

二、太原會戰的形成

平型關作戰是抗戰初期太原會戰的初期作戰。太原會戰主戰場在平型關之西南，太原之北忻口，故部分中國戰史或日本戰史，亦稱「忻口會戰」。

七七事變後，日軍以裝備優越，訓練精良的強大陸軍，配合海空軍（按天津作戰，日軍使用海軍飛機）於七月二十九、三十兩天，先後陷平津兩市。然後兵分四路攻擊國軍:（一）沿津浦路南下攻馬廠、靜海、

⑯ 《抗日戰爭時期的中國人民解放軍》，北京出版，一九五三年，頁二二〇。
⑰ 參閱，《日本戰史叢書》:《北支那治安戰》⑴、⑵兩册。

大城；（二）沿平綏路北上攻南口；（三）日本關東軍由張北攻張家口；（四）沿平漢路南下攻房山、涿州、保定。

戰事初起，日本以支那駐屯軍司令官陸軍中將香月淸司指揮作戰。

（一）津浦線之戰：國軍爲宋哲元第二十九軍，吳克仁第六十七軍，龐炳勳第四十軍。日軍以第十師團（磯谷廉介）爲主力，及關東軍獨立混成第二旅團（本多政材），八月三日佔楊柳靑，五日犯靜海，十二日雙方戰於獨流鎭、良王莊，日軍主要目標是「擊潰宋哲元軍」。七月末，中國組成第一戰區，由蔣委員長中正兼戰區司令長官，負責津浦、平漢兩線作戰，津浦線由第一集團軍總司令宋哲元指揮，八月底日軍亦編組「北支那（華北）方面軍」，進行大規模侵略。將津浦線劃歸其第二軍（西尾壽造）作戰地區，並向保定、正定間作鉗形攻擊。因與太原會戰無直接關係，故從略⑱。

（二）平綏線南口之戰：國軍第十三軍湯恩伯——第四師王萬齡、第八十九師王仲廉；第十七軍高桂滋——第八十四師高桂滋（兼）、第二十一師李仙洲，與第七十二師陳長捷、第九十四師朱懷冰、獨七旅馬延守、砲兵第二十七團張映啟（兼），共兩軍六師一旅一團，兵力約五萬人⑲。由第七集團軍（傅作義）前敵總指揮湯恩伯指揮。日軍由支那駐屯軍司令官香月淸司中將指揮，參加部隊第五師團（板垣征四郎）、關東軍獨立混成第十一旅團（鈴木重康）及野戰重砲旅團、瓦斯（毒氣）中隊、戰車大隊、鐵道兵團、航空兵團，兵力約四萬五千人⑳。八月八日，日軍獨立混成第十一旅團由昌平攻得勝口，十二日南口之戰展開，十五日南口市鎭不守，二十五日居庸關失陷。二十七日，日軍獨十一旅

⑱ 參閱，⑴國防部史政編譯局纂修發行，≪抗日戰史≫——<津浦鐵路北段沿線之作戰>（一）、（二）；頁二五～七四；⑵同⑬書，頁三二九～三三四。

⑲ ≪抗日戰史≫——<平綏鐵路沿線之作戰>，國軍參戰部隊，頁九～三二。

⑳ 同⑬書，頁二三六～二三八。

團與第五師團分別進入延慶、懷來，南口之戰結束。此兩支日軍——1. 獨立混成第十一旅團，此後歸入關東軍所編組之「察哈爾派遣兵團」戰鬪序列，由關東軍參謀長陸軍中將東條英機指揮，參加平綏線作戰，至十月十二日，擴編爲第二十六師團（後宮淳），以張家口爲重心，在察南、晉北警戒。2. 第五師團經察南桃花堡、西河營、蔚縣㉑，攻入晉北廣靈、靈邱、成爲平型關之戰主力部隊。

（三）張家口之戰：國軍第三十五軍傅作義（兼）——第一〇一師李俊功，第二〇〇旅劉譚馥、第二一一旅孫蘭峯。第一四三師劉汝明，及獨四十旅夏子明，第二十七旅劉汝珍，第二十九旅田溫其，第三十一旅△△△，獨立騎兵第十三旅姚景山，騎兵第三團，保安第一、二旅。騎兵第一軍趙承綬——騎兵第一、二、七師（彭毓斌、孫長勝、門炳岳），騎兵新編第二旅石玉山，步兵第二一八旅董其武、步兵新編第五、六旅（安榮昌、王子修），另步兵十團，砲兵兩團。總兵力約六萬三千人。由第七集團軍正副總司令傅作義、劉汝明分別指揮㉒。

日軍指揮官爲關東軍參謀長東條英機中將，指揮「察哈爾派遣兵團」：

(1) 獨立第三守備隊（堤支隊）——步兵二中隊，重機關槍一中隊，步兵砲一中隊，裝甲車一中隊；

(2) 大泉支隊——步兵一大隊；

(3) 獨立混成第二旅團（本多政材，由關東軍第一師團抽編而成）——步兵第一、三、五十七等三聯隊（共五個大隊），砲兵一大隊，

㉑ 按筆者民國三十五年九～十二月，所屬部隊陸軍九十四軍四十三師參加張家口會戰，即按此一路線——康莊、懷來、下花園、桃花堡、西河營、蔚縣，追擊聶榮臻共軍。

㉒ 同⑱。

騎、工兵各一中隊；

(4) 獨立混成第一旅團（酒井鎬次）——獨立步兵第一聯隊，獨立野砲兵第一大隊，輕戰車二中隊，裝甲車中隊，工兵一中隊；

(5) 獨立混成第十五旅團（篠原誠一，由第二師團抽調編組）——步兵第十六、三十兩聯隊，騎兵、野砲兵、工兵各一（第二）聯隊，輜重兵一中隊、通信隊、衞生班；

(6) 日空軍第二飛行集團（安藤三郎），偵察機四中隊（四十八架）、戰鬪機二中隊（二十四架）、輕轟炸機二中隊（二十四架），重轟炸機六中隊（六十架），及僞滿軍第一師與僞蒙軍。日陸軍約二萬人，飛機一五六架㉓，僞軍不計算在內。

八月五日，日軍第三獨立守備隊先佔多倫，八日到張北，大泉支隊在沽源、林西警戒。十二日國軍第一四三師攻張北，雙方激戰，日軍使用毒氣。十四日日軍獨立混成第二旅團由天津增援抵張北參戰，並指揮獨立第三守備隊，及大泉支隊。十七日獨立混成第十五旅團組成。二十日，獨立混成第二旅團開始反攻。夜，長城線一部被日軍突破。二十三日戰事在萬全附近激烈進行。二十四日，日軍佔張家口南孔家莊及附近高地，平綏路被切斷。二十五日獨立混成第一旅團由通縣到萬全集結。同日獨立混成第十五旅團參戰。二十六日晚國軍放棄張家口，翌日日軍進入㉔。

此後，八月三十日，日軍「北支那（華北）方面軍戰鬪序列」組成（詳後），同日，日軍獨立混成第十一旅團歸還關東軍建制，由「察哈爾派遣兵團」東條英機指揮。

九月三日，天鎭附近——盤山、張西河、夏家堡——戰鬪開始，日

㉓ 同⑳。

㉔ 同⑲。

軍「察哈爾派遣兵團」約二萬五千人，國軍第六十一軍陳長捷（原軍長李服膺不戰而退被正法）——第一〇一師李俊功，第二〇一旅王丕榮、第二〇三旅梁鑑堂，獨立第七旅馬延守，第二〇〇旅劉譚馥，兵力三萬人。經八日苦戰，天鎭失守，傅作義原計畫在大同附近決戰。閻錫山以大同地形不宜作戰，且廣靈、靈邱正被日軍第五師團攻擊，後路堪虞。十二日放棄大同㉕。戰場卽擺在平型關附近。

九月六日，日「察哈爾派遣兵團」改稱「蒙疆兵團」，攻集寧，國軍除參加張家口之戰的騎一軍——騎一、三、七師，新騎二、五、六旅外，增加新騎三師井得泉、綏遠國民兵袁慶曾、馬占山挺進軍騎六師、何柱國騎二軍等。九月二十四日集寧陷落，守軍潰亂㉖。同日日關東軍除派兵西進歸綏外，以其主力獨立混成第一、二、十五等三個旅團南下支援平型關被阻擊之日軍第五師團。

（四）平漢線之戰：此爲戰事初起，雙方主力決戰。日軍初由支那駐屯軍司令官香月淸司指揮（北支那方面軍組成後，改爲第一軍。），以第二十師團（川岸文三郎）沿平漢線攻良鄉、房山；第十四師團（土肥原賢二）自平漢線北門頭溝西攻下馬嶺、千軍臺；第六師團（谷壽夫）自平漢線南黃村、龐各莊、楡垡鎭攻永定河南岸之固安、永淸陣地；並配屬野戰重砲第一、二旅團、鐵道兵團、航空兵團、戰車、裝甲車等大量特種部隊。日本戰略判斷，在此一地區，一舉殲滅國軍主力，卽可結束戰爭。故有一連串的進攻作戰。

(1) 涿縣保定戰鬪：國軍第二十六路軍孫連仲——第二十七師馮安邦、第三十一師池峯城、第三十師張金照、獨立四十四旅張華棠佔易縣、房山、涿縣；第三軍曾萬鍾——第七師李世龍、第十二師唐淮源佔

㉕ 同⑱書。頁三三～四一。
㉖ 同⑱書，頁四一～五九。

高碑店；第四十七師裴昌會佔柳河營；第五十三軍萬福麟——第一三〇師朱鴻勛、第一一六師周福成、第九一師馮占海、騎四師王奇峯、騎十師檀自新(暫配屬五十三軍)佔固安、永淸、覇縣、雄縣、新鎭、文安，南與津浦線第一集團軍（宋哲元）防地大城連結。第五十二軍關麟徵——第二師鄭洞國、第十七師趙壽山、第二十五師張耀明守保定郊區；第一六九師武士敏守城防。由第二集團軍總司令劉峙指揮㉗。自八月二十一日國軍第二十七師反攻房山始，至九月二十四日保定失守止，雙方激戰一個月又三天。日本戰史稱爲「涿州保定會戰」，自承參戰部隊爲八八、五〇〇人，戰死一、四八八人，重傷四、〇〇〇人㉘。

(2) 正定石家莊戰鬪：保定戰後，日軍增援第百八師團（下元熊彌），第百九師團（山岡重厚），國軍改爲第二十集團軍商震指揮。國軍除撤下之第五十三軍，第三軍，第十七師，第四十七師，第一六九師，騎四軍（原騎十師）外，新參戰部隊第三十二軍商震（兼）——第一四二師呂濟，第一四一師宋肯堂（守正定），第一三九師黃光華（守石家莊）；第二十七路軍馮欽哉——第四十二師柳彥彪；獨四十六旅鮑剛（守正定）；第八十九師王仲廉在南宮、新河警戒。經激烈戰鬪後，十月八日正定失守，十日石家莊陷落㉙。

此後日軍第六、十四兩師團及部分特種部隊南下進攻安陽、大名，其餘由第一軍司令官香月淸司統率第二十師團、第百九師團、及第百八師團一部沿正太路進山入西，展開太原會戰。

㉗ 《抗日戰史》——<平漢鐵路北段沿線之作戰>，頁三五～六四。

㉘ (1)同⑬書，頁三一九～三二九。(2)此次作戰，筆者年十歲，正在戰區(新鎭)之內。除每日聽重砲聲外，亦見日飛機臨空掃射，國軍（五十三軍）及居民並不畏懼，民國二十七年初日軍攻到，燒殺（用刺刀挑）姦淫，令人髮指。

㉙ 同㉗書，頁三五～八〇。

三、日軍侵略華北兵力

八月三十一日，日本臨參命字第八十二號，「北支那（華北）方面軍戰鬪序列」組成㉚。

此一戰鬪序列，不但在各師團有步、騎、砲、工、輜各兵科的均衡建制，及通信隊、衞生隊、兵器勤務隊、野戰醫院、馬醫院之編組，且大量配備攻堅部隊——戰車隊、裝甲車隊、獨立重砲旅團或聯隊，重機槍大隊、瓦斯（毒氣）隊、氣球隊。又有強大的臨時航空兵團與防空部隊，以及方面軍之通信隊、氣象隊、測量隊、化學實驗（細菌戰）部隊、鐵道部隊，與分類精細裝備完整的兵站部隊，汽機車部隊，及隨軍作戰之後備部隊。較僅有步兵團的中國陸軍師旅，及少數騎兵師旅，與獨立砲兵團營外，其他戰車、裝甲車、通信、氣象、防空、兵站、汽車等部隊，不是微不足道，就是一無所有（詳後）。中國空軍雖亦參戰，但顯較日機數量及出動架次爲低。爲明瞭日軍初侵入華北之兵力與編組，現詳列於后:

北支那方面軍司令官，陸軍大將（伯爵）寺內壽一，參謀長岡部直三郎少將，副參謀長河邊正三少將；第一課（作戰）參謀：下山琢磨大佐等六人；第二課（情報）參謀：大城戶三治等五人；第三課（後勤）參謀：橋本秀信中佐等八人。轄：

1. 第一軍司令官，陸軍中將香月淸司，參謀長陸軍少將橋本羣。第一課（作戰）參謀：矢野音三郎大佐等四人；第二課（情報）參謀：木下勇大佐等三人，第三課（後勤）參謀：板花義一大佐等三人。

㉚ 同⑬書，及該書附表二：各方面軍戰鬪序列表，頁二九〇～二九一。

軍直屬部隊:

野戰重砲兵第一旅團（板西平八）、第二旅團（木本益雄）；獨立野戰重砲兵第八聯隊（金岡嶠）；獨立山砲兵第一、三聯隊；迫擊砲兵第三、五大隊；第一軍砲兵情報班；獨立氣球（砲兵觀測用）第一中隊。

戰車兵第一、二大隊（指揮官馬場英夫）；

獨立輕裝甲車第一、二、五、六中隊；

獨立機關槍第四、五、九大隊；

近衞師團第一、二；第三師團第一、二、三野戰高射砲隊；

獨立工兵第四聯隊；

野戰瓦斯（毒氣）第十三中隊，及第六小隊；（**注意：日軍的毒氣部隊，直接編入野戰軍或師團之內**）。

第二師團第一、二架橋中隊，第十四師團架橋中隊；

第一軍通信隊：轄野戰電信第二十八、三十、三十一、三十二、四十二等（共五個）中隊，無線電信第十、十一、十二、二十三、二十五、三十、四十二、四十三等（共八個）小隊。野戰鳩（鴿）第十五、十六小隊。

軍轄三師團:

第六師團，師團長谷壽夫中將，參謀長下野一霍大佐：步兵第十一旅團（板井德太郎少將）——步兵第十三聯隊（岡本保之大佐），步兵第四十七聯隊（長谷川正憲大佐）；步兵第三十六旅團（牛島滿少將）——步兵第二十三聯隊（岡本鎭臣大佐），步兵第四十五聯隊（神田正種大佐）；騎兵第六聯隊（猪木近太大佐），野砲兵第六聯隊（藤村謙中佐），工兵第六聯隊（中村誠一大佐），輜重兵第六聯隊（川眞田國衞大佐），第六師團通訊隊、衞生隊，第一～四野戰醫院。

第二十師團，師團長川岸文三郎中將，參謀長杵村久藏大佐：步兵第三十九旅團（高木義人少將）——步兵第七十七聯隊（鯉登行一大佐），步兵第七十八聯隊（小林恆一大佐）；步兵第四十旅團（山下奉文少將）——步兵第七十九聯隊（森本伊市郎大佐），步兵第八十聯隊（鈴木謙二大佐）；騎兵第二十八聯隊（岡崎正一中佐）；野砲兵第二十六聯隊（細川忠康大佐）；工兵第二十聯隊（南部董大佐）。

第十四師團，師團長土肥原賢二中將，參謀長佐野忠義大佐：步兵第二十七旅團（館余惣少將）——步兵第二聯隊（石黑貞藏大佐），步兵第五十九聯隊（板西一良大佐）；步兵第二十八旅團（酒井隆少將）——步兵第十五聯隊（森田範正大佐），步兵第五十聯隊（遠山登大佐）；騎兵第十八聯隊（安田秉人中佐）；野砲兵第二十聯隊（宮川清三大佐）；工兵第十四聯隊（岩倉夘門大佐）；輜重兵第十四聯隊（石原章三中佐）；第十四師團通訊隊；衞生隊；第一～四野戰醫院；兵器勤務隊；馬醫院。

2. 第二軍司令官，陸軍中將西尾壽造，參謀長陸軍少將鈴木率道，第一課（作戰）參謀：岡本清福中佐等四人；第二課（情報）參謀：山田國太郎中佐等三人；第三課（後勤）參謀：田板專一中佐等三人。

軍直屬部隊：

野戰重砲兵第六旅團；獨立野戰重砲兵第十聯隊；獨立氣球（砲兵觀測用）第二、三中隊。

獨立輕裝甲車第七、十、十二中隊；

獨立機關槍第六、十大隊；

近衞師團第三、四、五、六野戰高射砲隊；

野戰瓦斯（毒氣）第八小隊；

第五、六、八師團架橋中隊，第十六師團第一、二渡河中隊。

第二軍通信隊：野戰電信第十、三十一、四十三等（共三個）中隊，無線電信第一、二、二十四、二十六、二十八、二十九等（共七個）小隊，野戰鳩（鴿）第七、八小隊。

軍轄三師團：

第十師團，師團長磯谷廉介中將，參謀長梅村篤郎大佐：步兵第八旅團（長賴武平少將）——步兵第三十九聯隊（沼田多稼藏大佐），步兵第四十聯隊（長野義雄大佐）；步兵第三十三旅團（田嶋榮次郎少將）——步兵第十聯隊（赤柴八重藏大佐），步兵第六十三聯隊（福榮眞平大佐）；騎兵第十聯隊（桑田貞三中佐），野砲兵第十聯隊（谷口春治中佐）；工兵第十聯隊（須磨學之大佐）；輜重兵第十聯隊（前野四郎大佐）；第十師團通信隊、衞生隊，第一～四野戰醫院。

第十六師團，師團長中島今朝吾中將，參謀長中澤三夫大佐：步兵第十九旅團（草場辰巳少將）——步兵第九聯隊（片銅護郎大佐），步兵第二十聯隊（大野宣明大佐）；步兵第三十旅團（佐佐木到一少將）——步兵第三十三聯隊（野田謙吾大佐），步兵第三十八聯隊（助川靜二大佐）；騎兵第二十聯隊（笠井敏松中佐）；野砲步第二十二聯隊（三國直福大佐）；工兵第十六聯隊（今中武義大佐）；輜重兵第十六聯隊（柄澤畔夫中佐）；第十六師團通信隊；衞生隊，第一——四野戰醫院；兵器勤務隊。

第百八師團，師團長下元熊彌中將，參謀長鈴木敏行大佐：步兵第二十五旅團（中野直三少將）——步兵第百十七聯隊（高樹嘉一大佐），步兵第百三十二聯隊（海老名榮一大佐）；步兵第百四旅團（苫米地四樓少將）——步兵第五十二聯隊（中村喜代藏大佐），步兵第百五聯隊（工藤鎭孝大佐）；騎兵第百八聯隊（後藤甲子郎中佐）；野砲兵第百八聯隊（今井藤吉郎中佐）；工兵第百八聯隊（江島常雄少佐）；輜重兵第百八聯隊（粕谷留吉中佐）；第百八師團通信隊；衞生隊，兵器勤務隊，第一～四野戰醫院，馬醫院。

3. 方面軍直轄

第五師團，師團長板垣征四郎中將，參謀長西村利溫大佐：步兵第九旅團（國崎登少將）——步兵第十一聯隊（長野祐一郎大佐）——步兵第四十一聯隊（山田鐵二郎大佐）；步兵第二十一聯隊（三浦敏事少將）——步兵第二十一聯隊（粟飯原秀大佐），步兵第四十二聯隊（大場四平大佐）；騎兵第五聯隊（小堀是繁大佐），野砲兵第五聯隊（武田馨大佐），工兵第五聯隊（和田孝次中佐），輜重兵第五聯隊（原口眞一大佐），第五師團通訊隊，衞生隊，第一～四野戰醫院。

第百九師團，山岡重厚中將，參謀長倉茂周藏大佐：步兵第三十一旅團（谷藤長英少將）——步兵第六十九聯隊（佐佐木勇大佐），步兵第百七聯隊（長澤子郎大佐）；步兵第百十八旅團（本川省三少將）——步兵第百十九聯隊（石田金藏大佐），步兵第百三十六聯隊（松井節大佐）；騎兵第百九聯隊（山崎清中佐）；山砲兵第百九聯隊（黑澤正三中佐）；工兵第百九聯隊（中村儀三中佐）；輜重兵第百九聯隊（緒方俊夫少佐）；第百九師團通信隊；衞生隊，第一～四野戰病院，兵器勤務隊，馬醫院。

支那駐屯混成旅團，旅團長陸軍少將河邊正三。步兵第一聯隊（牟田口廉也大佐），第二聯隊（萱嶋高大佐），砲兵聯隊（按，原鈴木率道大佐已升第二軍少將參謀長，繼任小林信夫大佐），戰車隊（福田峯雄大佐），騎兵隊（野口欽一少佐），工兵隊、通信隊。

獨立攻城重砲兵第一、二大隊，第三牽引汽車隊，第六、七無線情報隊。

臨時航空兵團：司令官陸軍中將（男爵）德川好敏，第一飛行團司令部，轄：飛行第一、二、三、五、六、八、九等七個大隊。獨立飛行第三、四、九中隊（各機種約三百一十架）。飛機場勤務第一、二中隊。第一師團第九、十野戰高射砲隊，第十二師團第一、二、三野戰高射砲隊。兵站汽車第一、六十四、六十五中隊。第二、三、四野戰航空廠。第九師團第三、四、五陸上運輸隊。

直屬防空部隊：近衛師團第七至十，第一師團第五至八，第四師團第一至四，第五師團第一至八，第十二師團第四，第二十師團第一、二等（共二十三個）野戰高射砲隊；近衛師團第五、六，第三師團第一至六等（共八個）野戰照空（探照燈）隊。

北支那方面軍通信隊：支那駐屯通信隊，野戰電信第二十二、二十三中隊，無線電信第三、八、九、十三、五十三小隊，第三、九、十、十一固定無線電信隊，野戰鳩（鴿）第十七小隊。

第一、四野戰氣象隊。

第一、三野戰測量隊。

第一野戰化學實驗部。（**注意——爲日軍細菌戰（鼠疫）實驗部隊**）。

北支那方面軍鐵道隊：

第一鐵道監理部，鐵道第一、二聯隊；第一鐵道材料廠，第四十二至四十八（共七個）停車場司令部；第三師團第四、五，第七師團第二至五，第十二師團第一至五（共十一個）陸上運輸隊；近衛師團第二，第十一師團第一、二（共三個）修路運輸隊。

北支那兵站部隊：

北支那方面軍第一、二、三兵站監理部。

近衛師團第一、二，第二師團第一、二、第三師團第一、二，第五師團第一、二，第七師團第一、第九師團第一，第十六師團第一、二等（共十二個）兵站司令部。

北支那方面軍第一、二兵站電信隊本部：兵站電信第三、四、七、九、十二、十五等（共六個）中隊。

第一、二、五、六、七、八、十一、十二兵站輜重兵隊本部。

第二師團第一至四，第三師團第一至四，第四師團第一、二，第七師團第三、四，第八師團第一、二，第九師團第一、二，第十一師團第一至四，第十二師團第三、四，第十四師團三、四，第十六師團第三、四等（共二十六個）兵站輜重兵中隊。

第一、二、三、四、五、六汽車隊本部。

兵站汽車第十五至十九；三十三至三十九；四十四至五十八；七十一、七十二；七十八；八十七至九十一等（共三十二個）中隊。

第二師團第七、八，第四師團第一至六，第九師團第七至九，第十師團第一至三，第十二師團第一、二、三、七、八，第十四師團第七、八等（共二十一個）輸送監視隊。

北支那方面軍第一、二預備馬廠。第一、二、三野戰砲兵工廠。第一、二、三野戰工兵工廠。第一、二、三野戰汽車廠。第一、二野戰瓦斯（毒氣）廠。第一、二、三野戰衣糧廠。第一、二、三野戰衞生材料廠。第一、二野戰預備醫院（包括第七、十、十一、十二、十九、二十二、二十七、二十八、二十九、三十等十個野戰預備班。）第一、二傷患輸送部隊（包括第七、十、十一、十六、十八、二十一、二十六、二十七、二十八、三十等十個班。）第一、二、三、四兵站醫院。第一、二、三、馬醫院。

後備部隊：近衞師團後備步兵第五大隊，第六師團後備步兵第一至四大隊，第七師團後備步兵第一至六大隊，第十一師團後備步兵第一至四大隊（共步兵十五大隊）。

近衞師後備騎兵第三、四中隊。

近衞師團後備騎兵第三、四中隊。

第二師團後備野砲兵各第一、二中隊。第六、八師團後備野砲兵第一、二中隊。第三師團後備山砲兵第一、二中隊，第十二師團後備山砲兵第一中隊。

近衞師團第七，第十二師團第一，第二師團第一、二等（四個）後備工兵中隊。

第一至第四手押輕便鐵道隊。

第三師團第一至三，第四師團第一至五，第五師團第三、四，第七師團第一，第八師團第一至四，第九師團第一、二、第六至十，第十師團第二、第六至九，第十一師團第一至五（共三十三個）陸上運輸隊。

第二師團第二至四，第八師團第一、二，第九師團第一，第十四師團第一、二，第十六師團第一、二等（共十個）水上運輸隊。

近衞師團第一， 第二師團第一、二， 第七師團第一， 第八師團第一、二，第九師團第二等（共七個）建築運輸隊。

第一、二、三、六、七野戰鐵路構築隊。

第一、四野戰鑿井隊本部，野戰鑿井第一、二、第十二至十五等（共六個）中隊。

第二野戰建築部。

第一物資蒐集部。

第一、二、三、四野戰防疫部。

支那駐屯軍憲兵隊，支那駐屯軍倉庫，支那駐屯軍醫院。

以上作戰主力部隊八個師團，一個混成旅團，後備步兵十五個大隊（日本後備兵有如國軍補充團，實際參加戰鬪），一個航空兵團，及大批特種及後勤部隊。總兵力約在二十六萬人左右。

關東軍參戰部隊：當日本北支那方面軍組成之前，關東軍抽調參戰

部隊約二萬三千人。其番號人數如後:

獨立混成第一旅團，旅團長陸軍少將酒井鎬次。獨立步兵一聯隊（谷川美代次大佐），獨立野砲兵一大隊，獨立工兵一中隊，輕戰車二中隊，輕裝甲車一中隊。兵力約二、五〇〇人。

獨立混成第二旅團，旅團長陸軍少將本多政材（八月一日接任），步兵第一聯隊（十川次郎大佐、欠第三大隊），步兵第三聯隊（湯淺政雄大佐、欠第二大隊），步兵第五十七聯隊第三大隊（朝生平四郎少佐），騎兵第一聯隊第二中隊，野戰砲兵第一聯隊第四大隊，工兵第一聯隊第一中隊，兵力約三、五〇〇人。

獨立第十一旅團，旅團長鈴木重康中將，參謀船引正之大佐，獨立步兵第十一聯隊（麥倉俊三郎大佐），獨立步兵第十二聯隊（奈良晃大佐），獨立騎兵第十一中隊（森澤虎龜少佐），獨立野砲兵第十一聯隊，入江莞爾中佐），獨立山砲兵第十二聯隊（塚本善太郎中佐），獨立工兵第十一中隊。獨立輜重兵第十一中隊。兵力約六〇〇〇人。此一獨立混旅團，十月十二日卽擴編爲第二十六師團，師團長陸軍中將後宮淳，兵力增至一五〇〇〇[31]。歸日本大本營（參謀本部）指揮，以消除日本關東與北支那方面軍間之不合。

獨立第十五混成旅團，旅團長篠原誠一郎少將，步兵第十六聯隊（後藤十郎大佐），步兵第三十聯隊（猪鹿倉徹郎大佐，欠第一大隊），

---

[31] 同[13]書，頁三七五，第二十六師團編制人員：「第二十六師團，師團長後宮淳中將，參謀長白銀重中佐，第二十六師團步兵團司令官黑田重德少將，轄：獨立步兵第十一聯隊（千田貞雄大佐），獨立步兵第十二聯隊（原口啟之助大佐），獨立步兵第十三聯隊（久野村桃代大佐）；第二十六師團搜索隊（岩田文三中佐）；獨立野砲兵第二十六聯隊（入江莞爾大佐）；工兵第二十六聯隊（吉岡善四郎中佐）；輜重兵第二十六聯隊（椎橋侃二中佐）；通信隊（船戶東大尉）；獨立山砲第十二聯隊（塚本善太郎中佐），爲三步兵聯隊師團。

騎兵第二聯隊（木多武男中佐），野砲兵第二聯隊（高橋確郎大佐），工兵第二聯隊（伊藤精大佐），輜重兵中隊（千葉松太郎少佐），通信隊（濱池喜代太少佐），關東軍第二衞生班（小川昌夫中佐）。兵力約六〇〇〇人。

獨立第三守備隊（堤不夾貴中佐，亦稱堤支隊），步兵兩中隊，機關槍，步砲各一中隊，裝甲車一中隊，兵力約八〇〇人。

大泉支隊（大泉基少佐），步兵一大隊，兵力約六〇〇人。

日空軍第二飛行集團（陸軍少將安藤三郎），指揮偵察機四中隊，戰鬪機二中隊，輕重轟炸機八中隊，共一五六架。

關東軍通信隊，鐵道隊、瓦斯（毒氣）隊，防空部隊、兵站部隊等㉜。

以上關東軍與僞滿軍第一師及僞蒙軍編成「蒙疆兵團」，由關東軍參謀長陸軍中將東條英機指揮參加平綏路及平型關之戰。

四、太原會戰主要戰鬪

太原會戰從晉北、晉東兩地區進行，國戰指揮官——第二戰區司令長官，陸軍一級上將閻錫山；日軍指揮官——北支那方面軍司令官，陸軍大將（伯爵）寺內壽一。

晉北戰場:

日軍指揮官，第五師團長，陸軍中將板垣征四郎，參加部隊——第五師團，關東軍「蒙疆兵團」、及野戰重砲、與特種部隊、或兵站部隊。近五萬人。僞軍不計算在內。

國軍指揮官，閻錫山長官。參戰部隊詳後。

㉜ 參閱⑬書，頁一六七～一六八；二二九～二三二；二四〇～二四四。

(1) 廣靈、靈邱戰鬪（九月十二日至二十日）：九月十二日，日軍第五師團與國軍第十七軍高桂滋——八十四師高桂滋（兼），二十一師李仙洲；第三十三軍孫楚——七十三師劉奉濱，獨立第三旅章拯宇，在廣靈接觸，十四日日軍陷廣靈，十七日陷渾源。十九日攻國軍第十五軍劉茂恩——六十四師武庭麟、六十五師劉茂恩（兼）及第三十四軍楊澄源——二〇三旅梁鑑堂之凌雲口、茹越口陣地，太原會戰前哨戰開始㉝。至二十一日國軍退至平型關、亘西門、河口之線。

(2) 平型關戰鬪：（九月二十二日至二十九日）另節詳析。

(3) 崞縣原平作戰(十月一日至十一日)：平型關撤退後，日軍進攻崞縣。國軍第十九軍王靖國——七十二師段樹華、七十師王靖國(兼)、一九六旅姜玉貞正面作戰。第十八集團軍朱德——第一一五師林彪、一二〇師賀龍在向明堡、寧武擾擊：獨七旅馬延守在陽方口堵擊，十月八日崞縣失守。兩天後原平陷落，守軍一九六旅旅長姜玉貞壯烈成仁㉞。

(4) 忻口作戰（十月十一日至十一月五日）：國軍中央集團軍第十四集團總司令衞立煌：右翼第十五軍劉茂恩；中央第九軍郝夢齡——五十四師劉家麟，二十一師李仙洲，獨立支隊——九十四師朱懷冰；左翼第十四軍李默庵——第十師彭杰如，八十三師劉戡，八十五師陳鐵。砲兵指揮官劉振衡（二團一營），裝甲車隊延毓琪，總預備隊第十七軍、第十九軍，獨立第五旅鄭廷珍。空軍北正面飛行支隊司令陳棲霞（飛機第七大隊及第二十七，第二十八中隊）。右集團軍第十八集團軍總司令朱德：一一五師、七十三師、一〇一師、新二師。左集團軍第六集團軍

㉝ ⑴≪抗日戰史≫——〈太原會戰（一）〉：頁二二～二六；⑵≪北支の治安戰⑴≫：頁三七～四〇；⑶≪支那事變陸軍作戰⑴≫：頁三三四～三三六。

㉞ (1) ≪抗日戰史≫——〈太原會戰（二）〉，頁三九～四六。
(2) 姜玉貞，山東菏澤人，陸軍第六六師一九六旅旅長，守原平陣亡，褒揚，追贈陸軍中將，史政局檔號：383. 1/6015。

總司令楊愛源：六十八師（原獨八旅孟憲吉）、七十一師、一二〇師、獨立第七旅。總預備隊第三十四軍、第三十五軍。此彼自十月十一日戰至十一月五日，戰況空前，使日軍指揮官板垣征四郎自開戰以來精神上遭受最大挫折。十月十五、六日國軍第九軍軍長郝夢齡、第五十四師師長劉家麒、獨立第五旅旅長鄭廷珍在南懷化陣亡㉟，陣地不爲之動。至十一月二日。因娘子關、平定、陽泉先後失守，國軍乃轉移太原。

晉東戰場：

日軍指揮官，第一軍司令官陸軍中將香月清司；參加部隊——第二十師團、第百九師團，第百八師團主力，及野戰重砲第一、二旅團，與特種部隊，或兵站部隊，近七萬人。

國軍指揮官，第二戰區副司令長官陸軍上將黃紹竑，參戰部隊詳後。

(1) 娘子關附近戰鬬：十月十一日至二十五日，在娘子關附近作戰。由第二集團軍總司令孫連仲指揮。參戰部隊：第二十六路軍孫連仲轄第三十軍田鎭南——三十師張金照、三十一師池峯城；第四十二軍馮安邦——二十七師馮安邦(兼)、四十四旅張華棠；第二十七路軍馮欽哉

㉟ (1) 郝夢齡，河北藁城，民前十三年生，保定軍校六期步科，民初入西北軍，民國十六年任國民革命軍第三十軍第二師師長，兼副軍長，民國十七年縮編後任第十一師二十三旅旅長，升五十四師師長，民國二十年升第九軍軍長。民國二十六年九月十五日陣亡，追贈陸軍上將。史政局檔號第383. 1/6015。

(2) 劉家麒，湖北武昌，民前十七年生，保定軍校六期步科，邊防軍教導團重砲科，初入邊防軍任排長，改東北軍連長、營長、團長，民國十六年任陸軍官校砲兵科科長，十八年調五十四師一六一旅副旅長，師參謀長，一六二旅少將旅長，五十四師師長。民國二十六年九月十七日陣亡。追贈陸軍中將。史政局檔號383. 1/6015。

(3) 鄭廷珍：民國十八年任第二集團軍（馮玉祥軍）騎兵第一軍第四師第三旅旅長，後改爲第二路軍第一軍第一師第三旅旅長。民國十九年改爲十五路軍（馬鴻逵）獨立第五旅旅長。民國二十六年十月十六日陣亡。

(4) ≪抗日戰史≫——<太原會戰（二）>，頁七三～九〇；及≪支那事變陸軍作戰(1)≫，頁三七〇～三七一。

轄第七軍馮欽哉（兼）——四十二師柳彥彪、一六九師武士敏；及十七師趙壽山。第三軍曾萬鍾——第七師曾萬鍾（兼）、第十二師唐淮源。(A)雪花山之戰，趙壽山十七師傷亡慘重，其五十一旅（張駿京）一〇二團團長張世俊貽誤戎機就地正法。(B)舊關之戰，日軍第二十師團步兵三十九旅團第七十七聯隊長鯉登行一大佐陣亡。十月二十六日，國軍放棄娘子關，轉向移穰鎮，至壽陽線作戰。

(2) 移穰鎮至壽陽戰鬪（十月二十六日至十一月六日）：新投入戰場國軍第四十一軍孫震（川軍，暫歸第二集團軍孫連仲指揮——第一二二師王銘章，一二四師孫震（兼）。第十八集團軍朱德——第一一五師林彪（欠三四四旅徐海東），一二〇師賀龍，一二九師劉伯承率三八五旅（王宏坤），彭德懷率二八六旅（陳賡）參戰。據孫震回憶：抗日軍興，余集團軍（按第二十二集團軍，總司令鄧錫侯、孫爲副總司令）奉命由西安入晉，增援忻口，先頭部隊一二二師由同蒲路運抵太原，再奉閻長官轉蔣委長命令改赴晉東泉陽，其餘各軍師均由楡次轉壽陽，泉陽。一二二師一團增援一二九師劉伯承部，阻止由測魚鎮西進之日軍，但不知劉伯承師於發現日軍後，早已向昔陽撤退，以致王師甫抵馬山村卽與日軍遭遇作戰㊱。可見十八集團軍（卽中共軍）在此線並未眞正作戰，祇是隨處轉移，逃避日軍攻擊。十一月一日壽陽失守，戰事迫近太原㊲。

(3) 太原郊區戰鬪（十一月二日至八日）：十一月一日，壽陽失守後，晉東日軍本可迅速進攻太原，但日軍第五師團在晉北損失甚重，忻口戰事，正在慘烈進行。經其北支那方面軍參謀協調，將進入太原之「機會」與「光榮」留給第五師團長板垣征四郎。至八日，國軍第七集團

㊱ 孫震著：《楙園隨筆》，頁二二五——＜我所知道的孫仿魯先生＞一文所記。

㊲ 《抗日戰史》——＜太原會戰（二）＞，頁九〇～九八。

軍總司令傅作義率軍突圍。日軍第五師團入太原，會戰結束㊳。

此一會戰，日軍參戰約近十二萬人㊴，有少數僞滿僞蒙軍參加。日軍無傷亡資料。國防部史政編譯局所修《抗日戰史》——〈太原會戰〉——記載：日軍傷亡二七、四七二人，國軍傷亡一二九、七三七人，爲日軍4.72倍㊵。

五、國軍參戰兵力分析

國軍參戰部隊：第二戰區司令長官陸軍一級上將閻錫山，副長官黃紹竑上將。

1. 第六集團軍總司令陸軍二級上將楊愛源，副總司令陸軍中將孫楚。轄：

A. 陸軍第三十三軍孫楚（兼）：

第七十三師劉奉濱——第一九七旅王思田、第三九三團章吉榮、第三九四團梁浩；第二一二旅葛萬邦、第四二三團呂超然，第四二四團趙霖，（後配屬第十八集團軍指揮）。

獨立第三旅章拯宇——第四團趙錫華、第五團樊榮、第六團劉紹棠，第十一團文煥（十月一日撥歸第六十一軍陳長捷指揮）。

獨立第八旅孟憲吉（十月一日改爲陸軍第六十八師）——第六二二團田寶鑾、第六二三團郭春生，第六二四團徐學問。

B. 陸軍第三十四軍楊澄源：

㊳ (1)《抗日戰史》——〈太原會戰（二）〉，頁九八～一〇〇；(2)《支那事變陸軍作戰(1)》，頁三七一～三七二。

㊴ 《抗日戰史》——〈太原會戰（一）〉，頁二〇後挿表第三——太原會戰敵我參戰兵力比較表。估算日軍爲二十萬人。較日本所記者多出約八萬人。

㊵ 同㊴書，插表第四。

第七十一師郭宗汾——第二〇二旅陳光斗、第四〇三團魏賽發、第四〇四團商得功、新編第四團尙學勤，第二一四旅趙普、第四二八團王榮爵、第四三一團王恩灝，新編第七團王紹武。

第一九六旅姜玉貞（陣亡）——第三九一團谷樹楓、第三九二團張振鈴、第三九三團崔傑（後改歸第十九軍王靖國指揮）。

第二〇三旅梁鑑堂(陣亡、和春樹)——第四〇五團趙毓奇。第四〇六團溫冬生；第四〇七團和春樹(此旅後撥歸第七集團軍傅作義指揮)。

軍轄補充團劉效曾。

C．集團軍直轄：

新編第二師金憲章，砲兵第二十三團（李錫九）第三營、砲兵第二十四團（李春光）第三營，砲兵第二十八團（董澤善）第三營。

2. 第七集團軍總司令陸軍二級上將傅作義。轄：

A．陸軍第十七軍高桂滋：

第二十一師李仙洲——第六十一旅崔振東、第一二一團李鶴慈，第一二二團劉芳貴、第一二三團馬貴衡；第六十三旅呂祥雲、第一二四團李尙鏡，第一二五團張子耕、第一二六團王元堂。

第八十四師高桂滋(兼)——第二五〇旅劉天祿(先)、李濃藻(後)、第四九九團任子勛、第五〇〇團李濃藻；第二五一旅高堅白，第五〇一團呂曉韜，第五〇二團艾捷三(此軍後撥歸第十四集團軍衞立煌指揮)。

B．陸軍第三十五軍軍長傅作義（兼）、副軍長曾廷毅：

第二一一旅孫蘭峯——第四一九團袁廷榮、第四二一團劉景新、第四二二團王雷震。

第二一八旅董其武——第四二〇團李思溫、第四三五團許書庭、第四三六團李作棟。

軍直屬補充第二團鄧崇禧。

C. 陸軍第六十一軍陳長捷:

第一〇一師李俊功——第二〇一旅王丕榮、第四〇一團李鍾頤、第四〇二團劉墉之；第二一三旅楊維垣、第四二五團李在溪、第四二六團高朝棟。

獨立第七旅馬延守——第六一九團閻應禧、第六二〇團郭景雲、第六二一團吉文蔚、新編第三團姚驪祥（此旅後撥歸第六集團軍楊愛源指揮）。

獨立第二旅方克猷，第四一一團蔡文成，第四一二團史澤波，第三團李作聖。

第二〇〇旅劉譚馥。新編第四旅于鎮河。

D. 集團軍直轄:

第六十六師杜春沅，第二〇六旅孫福麟，獨立第一旅陳慶華（以上兩旅守太原未參加作戰），新編第二旅安華亭，新編第六旅王子修，新編騎兵第二旅石玉山。砲兵第三團□□□、砲兵第二十一團李柏慶、砲兵第二十二團劉倚衡，砲兵第二十五團劉振衡。

3. 第十四集團軍總司令陸軍中將衞立煌。轄:

A. 陸軍第九軍郝夢齡（陣亡）、郭寄嶠:

第五十四師劉家麒（陣亡），孔繁瀛——第一六一旅孔繁瀛、第三二一團王藻臣、第三二二團戴纂貞；第一六二旅王普，第三二三團李棠，第三二四團陳榮修。

第四十七師裴昌會——第一三九旅張信成、第二七七團李銘斗，第二七八團郭之譜；第一四一旅郭貽珩，第二八一團耿瑞山，第二八二團杜凌雲。

B. 陸軍第十四軍李默庵:

第十師彭杰如——第二十八旅陳牧農，第五十六團張士光、第五十七團劉明夏；第三十旅谷樂軍、第五十八團劉建修，第五十九團王溢聲。

第八十三師劉戡——第二四七旅凌光亞,第四九三團李紀雲、第四九四團李奇亨；第二四九旅金錦源,第四九七團梅展實、第四九八團謝歧。

C. 集團軍直轄：

第八十五師陳鐵——第二五三旅陳鶴達，第五〇五團谷熹、第五〇六團糜藕池；第二五五旅郝家駿，第五〇九團沈向奎，第五一〇團石鳴河。

獨立第五旅鄭廷珍（陣亡）、高增級（步兵兩團，團長李繼程、高增級），砲兵第五團史宏熹。

4. 第二集團軍總司令陸軍二級上將孫連仲。轄：

A. 第二十六路軍（旋改第一軍團），孫連仲（兼），轄二軍。

陸軍第三十軍田鎭南：

第三十師張金照——第八十八旅任泮蘭，第一七五團吳明林、第一七六團袁有德；第八十九旅侯鏡如，第一七七團孫玉泉、第一七八團李公敏。

第三十一師池峯城——第九十一旅黃鼎新，第一八一團乜子彬，第一八二團王貫之；第九十二旅劉恒德，第一八五團牛殿楫、第一八六團王震。

陸軍第四十二軍馮安邦：

第二十七師馮安邦（兼）——第七十九旅黃樵松，第一五七團侯象麟，第一五八團楊守道；第八十旅閻延後，第一五九團張克明，第一六〇團黃宗顏。

獨立第四十四旅張華堂（步兵兩團，團長吳鵬舉，仲得山）。

B. 第二十七路軍（旋改第十四軍團）馮欽哉，轄一軍。

陸軍第七軍馮欽哉（兼）：

第四十二師柳彥彪——第一二四旅郭景庭，第二四七團楚憲曾，第二四八團景行；第一二六旅王克敬，第二五一團薛如蘭，第二五二團扆久哉。

第一六九師武士敏——第五〇五旅行海亭（占鰲），第一〇〇九團張澎庭，第一〇一〇團潘錫疇；第五〇七旅王宏業，第一〇一三團黃維華，第一〇一四團趙子章。

C. 陸軍第三軍曾萬鍾：

第七師曾萬鍾（兼）——第十九旅朱世龍，第三十七團王開楨，第三十八團張述堯；第三十一旅沈元鎮，第四十一團尉遲敏鳴，第四十二團張學文。

第十二師唐淮源——第三十四旅馬崐（前）、寸性奇（後）、第六十七團楊玉崐，第六十八團朱峻德；第三十五旅朱淮、第六十九團尹繼勛，第七十團呂繼周。

軍轄補充團李自林，獨立團□□□。

D. 集團軍直轄：

第十七師趙壽山——第四十九旅耿志介，第九十七團李維民，第九十八團張世俊；第五十一旅張駿京，第一〇一團程鵬九，第一〇二團陳際春。

5. 第二十二集團軍總司令陸軍中將加上將銜鄧錫侯，副總司令陸軍中將孫震（旋鄧返四川，由孫震繼總司令任）。轄：

A. 陸軍第四十一軍孫震（兼）：

第一二二師王銘章——第三六四旅王志遠，第七二九團張宣武，第七三〇團魏書琴；第三六六旅童澄，第七三一團王文振，第七三三團塞國珍。

第一二四師孫震（兼）——第三七〇旅呂康，第七三九團呂波澄，第七四〇團王麟；第三七二旅曾甦元，第七四三團劉公臺，第七四四團姜裕昆。

B．陸軍第四十五軍鄧錫侯（兼）：

第一二七師陳離，第三七九旅陳潭，第七五七團王永棫，第七五八團王澂熙；第三八一旅楊宗禮，第七六一團程劍霜，第七六三團鄒迪僧㊶。

6. 第十八集團總司令朱德，副總司令彭德懷，政治部主任任弼時，副主任鄧小平，參謀長葉劍英，副參謀長左權，轄三師及直屬砲兵團團長武亭。及陝北警備旅蕭勁光，全軍共三二、〇〇〇人。

A．第一一五師，師長林彪，副師長聶榮臻，政治部主任羅榮桓，參謀長周昆。轄兩旅四團及獨立團及數個直屬營，全師約一四、〇〇〇人。

第三四三旅，旅長陳光，副旅長周延屏，政治部主任蕭華，參謀長陳士渠（孫毅）——六八五團楊得志（副梁興初，政治主任吳法憲）；六八六團李天佐（副兼政治主任楊勇）；獨立團張國華。

第三四四旅，旅長徐海東，副旅長程子華，政治部主任黃克誠，參謀長韓振紀（盧紹武）六八七團韓光楚（政治主任康志強）；六八八團陳錦秀（田守堯）。

師轄獨立團楊成武（副黃永勝）。

B．第一二〇師，師長賀龍，副師長蕭克，政治部主任關向應，副主任甘泗淇，參謀長周士第。轄兩旅四團及騎兵團，全師約六、〇〇〇人。

第三五八旅，旅長彭紹輝，副旅長張宗遜，政治部主任張平化，參謀

㊶ 參閱：(1)《抗日戰史》——<太原會戰（一）（二）>人事資料；(2)劉鳳翰著：《戰前的陸軍整編》；(3)孫震著：《八十年國事川事見聞錄》；(4)軍事委員會調製（民國二十六年）：《陸軍各部隊沿革紀要》；(5)國軍歷屆戰鬪序列表。

長李天開——七一五團王尚榮，七一六團賀炳炎（黃新庭、副廖漢生，政治主任楊秀山）。

第三五九旅，旅長王震，副旅長姚喆，政治部主任袁任遠，參謀長李仲英（唐子奇）——七一七團劉轉運，七一八團龍時光。

師轄騎兵團康建民。

C. 第一二九師，師長劉伯承，副師長徐向前，政治部主任張浩（即林育英，民國二十七年一月改鄧小平）、副主任宋任窮。參謀長倪志亮、（李達）。轄兩旅七團全師約八、〇〇〇人。

第三八五旅，旅長王宏坤，副旅長王維舟，政治部主任謝富治，參謀長陳伯鈞（耿飈）——七六九團陳錫聯，七七〇團張才千，獨立團鄒國厚。

第三八六旅，旅長陳賡，副旅長韓東山（陳再道）。政治部主任王新亭， 參謀長周希漢（李聚奎）—— 七七一團徐深吉、 七七二團葉成煥、獨立團吳成忠，補充團孔慶德㊷。

7. 第二戰區直轄部隊:

A. 陸軍第十五軍（旋改第十二軍團）劉茂恩:

第六十四師武庭麟——第一九一旅邢忠清，第三八一團袁斌，第三八二團武永祿；第一九二旅楊天明，第三八三團楊拂蘆，第三八四團朱鑽: 補充團武良相。

㊷ 參閱:（1）≪中華民國重要史料初編≫——<對日抗戰時期>，第五編——<中共活動眞相>。(2)≪抗日戰史≫——<太原會戰（一）、（二）>人事資料；(3)≪中華民國開國五十年文獻附錄≫——<共匪禍國史料彙編>，(4) 湖北人民出版社編: ≪中國抗日戰爭史稿≫上册。(5)≪中國人民革命戰爭地圖選≫(所選入國民革命軍第八路軍編制人員表)；(6)王健民著: ≪中國共產黨史初稿，所附八路軍及新四軍編制及主管人員表；(7) 黃震遐編著: ≪中共軍人誌≫—— 有關人員資料。(8)≪中共黨史人物傳≫（卷一～十四）有關人員資料。

第六十五師劉茂恩（兼）——第一九四旅姚北辰，第三八七團王漢傑，第三八八團王文村；第一九五旅馬琪臻，第三八九團朱正亭，第三九〇團邢國忠，補充團張奇。

B. 陸軍第十九軍王靖國:

第七十二師段樹華——第二二七旅梁春溥，第四一七團高金波，第四一八團張壽華，第四三二團王鶴浦；第二〇九旅段樹華（兼），第四三三團張樹楨，第四三四團程繼賢。

第七十師王靖國（兼），第二〇五旅田樹梅，第四〇七團劉良相，第四〇九團侯振清，第四一〇團石煥然；第二一五旅杜堃，第四〇八團李秀亭，第四二九團盧義歐，第四三〇團馬鳳崗。

C. 陸軍第十三軍湯恩伯:

第四師王萬齡，第八十九師王仲廉（此系南口作戰退回部隊，九月十五日奉令調河南整理，雖編入戰鬪序列，實際未參戰。）

D. 陸軍第九十四師朱懷冰，第二八〇旅陳希平，第五五九團潘笑清，第五六一團李建平；第二八二旅潘春霆，第五六三團朱毅光，第五六四團董祝周。

E. 陸軍第一七七師李興中，第五二九旅許中權（先），楊覺天（後）。

F. 陸軍第六十六師杜春沂。

G. 獨立第一旅陳慶華。

H. 騎兵第一軍趙承綬:

騎兵第一師彭毓斌——第一團周承章，第二團張勛，第三團孫鳳翼。

騎兵第二師孫長勝——第四團張甲師，第五團郭如嵩、第六團劉應凱。

I．騎兵第二軍何柱國:

騎兵第三師徐梁，第七團李□□，第八團徐□□，第九團張□□。

軍直轄騎兵第十團何培恩，騎兵營劉□□。

J．砲兵司令周玳，砲兵副司令劉振衡，砲兵第二十一團李柏發，砲兵第二十二團劉倚衡，砲兵第二十三團李錫九，砲兵第二十四團李春光，砲兵第二十五團劉振衡（兼），砲兵第二十七團張映啟，砲兵第二十八團于澤普，砲壘大隊郝隆慶。戰車防禦砲營郭定遠，裝甲車隊延毓琪㊸。

空軍——北正面飛行支隊陳捷霞㊹，轄:

第七大隊，大隊長陶佐德，飛機三十四架（可塞機三十二架，達格拉斯機二架），偵炸，陸空協同作戰，分四隊——第六隊，隊長金裴；第十二隊，隊長安家駒，副隊長吳元沛，隊員黃劍飛；第十六隊，隊長楊鴻鼎；第三十一隊，隊長鄧顯網㊺。

第二十八隊（驅逐，霍克機十架，原屬第五大隊），隊長陳錫鈿（其光，先，重傷）、雷炎均（後）。隊員梁定苑（陣亡)㊻。

第二十七隊（攻擊，來克機九架。原屬第九大隊，九月一日第九大隊撤消，改航空委員直轄），隊長賴遜岩。

以上總計六個（第二、六、七、一四、一八、二二）集團軍，十六個（第三、七、九、一三、一四、一五、一七、一九、三十、三三、三

㊸ 同㊶。

㊹ ≪抗日戰史≫——＜太原會戰＞人事資料。

㊺ (1) ≪空軍沿革史初稿≫第二輯。 頁六八三 。 民國四十年空軍總部第二署編。(2) 同㊶ (1)。(3) 黃劍飛爲筆者先岳父，空軍航校五期，此第十二隊三機，民國二十七年武漢保衞時空戰全部被毀，僅先岳父機毀人存，抗戰勝後任空軍第四軍區衡陽轉運站站長。來臺後任職空軍訓練司令部及作戰司令部，民國四十一年飛機失事去世。

㊻ (1) 同㊺ (1); (2) 同㊶ (1)。

四、三五、四一、四二、四五、六一）軍，二個（第一、二）騎兵軍，三十四個（第四、七、十、一二、一七、二一、二七、三十、三一、四二、四七、五四、六四、六五、六六、七十、七一、七二、七三、八三、八四、八五、八九、九四、一〇一、一一五、一二〇、一二二、一二四、一二七、一二九、一六九、一七七、新二）步兵師，三個（騎一、二、三）騎兵師，五個獨立（第一、二、三、五、七）步兵旅，六個（第四四、一九六、二〇〇、二〇三、二一一、二一八）軍轄旅，三個新編（新二、新四、新六）旅。九個砲兵（第三、五、二一、二二、二三、二四、二五、二七、二八）團，一個騎兵（第十）團。一個空軍（六個(中)隊）支隊。及兵站後勤人員。總兵力（第十三軍除外）約近二十八萬人，其中第十八集團軍（卽中共軍）僅一一五師、一二〇師、一二九師約二萬八千人，佔總兵力一〇·〇%。此一會戰，國軍傷亡爲一二九，七三七人㊼，犧牲甚大。然第十八集團軍用游擊戰術，多在發現日軍踪跡後卽轉移，除平型關戰役外，實未與日軍打過硬仗。

就軍隊淵源分析，第六、七兩集團軍及十九軍與騎一軍爲晉綏軍閻錫山主力部隊；就二集團軍第二十六路軍原爲西北軍孫連仲部；第二十七路軍爲陝軍馮欽哉部，第三軍曾萬鍾原爲滇軍，民國十五年七月參加北伐。第二十二集團軍爲川軍鄧錫侯、孫震部，第十四集團軍衞立煌及第十三軍湯恩伯爲中央軍，然其中第九軍郝夢齡部與東北軍郭松齡、魏益三有淵源。第十五軍是民國初年鎭嵩軍劉鎭華部蛻變而來，應屬豫軍。騎二軍是東北軍何柱國的一支。以上各軍系皆爲國效命，誓死抗日——只有第十八集團軍（中共軍）別具用心，圖謀自由發展。

㊼ 《抗日戰史》，<太原會戰（一）>，揷表四——太原會戰敵我傷亡比較表。

六、平型關作戰經過

1. 中共宣傳

中共宣傳，多收入《抗日戰爭時期的中國人民解放軍》的一書中，它說：

「抗戰初期，日軍在華北地區，由七個師團增至十二個半師團，約三十萬人，以速戰速決，妄圖在三個月內吞滅全中國。」

「當華北戰場十分危急時，八路軍（按已改稱十八集團軍）來了，八路軍是由韓城和潼關開入山西的。這時日軍分爲兩路南下，一路由大同進攻雁門關；一路由蔚縣，廣靈，渾源進攻平型關。」

「九月中旬（按應爲九月十四日），第一一五師趕到平型關以西大營鎮待機（應爲待命）。當第一一五師師長林彪率領全師主力到達大營後，就乘車趕到靈邱城，這時日軍離城只有十餘里，林師長在靈邱調查了敵我情況和地形，……於是就決定利用平型關險要，等日軍仰攻平型關時，我軍出其不意從側後方予敵猛烈襲擊。」㊽

按：此一決定——利用平型關作戰場——是閻錫山、傅作義、楊愛源商議結果，林彪是師級作戰單位，只有聽命而已。時中共軍編入國軍（九月六日）只有十九天，林還不敢作出不聽指揮的行爲。

「林師長決定這個作戰方針，就急電在大營鎮待機的部隊，星夜開赴平型關東南山地隱蔽。當一一五師到達平型關東南的下關和上塞時，靈邱城就告失守（九月二十日）了。」

「九月二十三日上午，林師長在上寨集合全師連以上的幹部開動員

㊽ 《抗日戰爭時期的中國人民解放軍》，北京人民出版社出版。一九五三年，頁九～十七。

會議，說明當前的情況，我軍勝利的條件和作戰應注意之點，就接到友軍的電報（按是第二戰區司令長官閻錫山的作戰命令，不是什麼友軍電報）：日軍先頭部隊已到達平型關附近，與他們正進行砲戰。林師長當卽決定以騎兵全部和步兵一部向靈邱方面出動，擔任牽制和打擊日軍增援任務；以便第一一五師主力在平型關附近決戰。當夜，第一一五師主力趕到了離平型關三十里的冉莊（舖）。」（漏一舖字）。

「九月二十四日晨，爲了詳細了解日軍的情況，旅長和許多團營級幹部，都親自到最前線偵察，其餘部隊，以營爲單位，進行戰鬪動員。」

「根據當時的情況判斷：日軍可能於翌日——卽九月二十五日，有大舉進攻平型關的可能。黃昏後，師部接到第六集團軍（楊愛源）總司令部送來九月二十五日平型關出擊計畫，在圖上標明五條出擊路線，要第一一五師依照計畫由東南（地名：東河南鎭）出擊。林師長和聶榮臻副師長在燭光下把軍用地圖詳細研究，就用電話下達今夜二十四時出發，向白岩臺前進的命令。」

「黑夜，在傾盆大雨中，第一一五師沿著崎嶇的山溝向前進行，在渡過水流湍急的山澗時，大眾手拉著手，七、八人一組渡過。雨又（變）成雪了，可是，戰士們在雨雪紛飛中仍然勇往邁進，他們都穿著夏天的單衣，全都沒有雨具，這樣艱難的走了半夜，在拂曉前到達白岩臺（距汽車路三公里）一線埋伏陣地，每人都從頭到腳濕透了。」

「第一一五師全師主力都布置在由平型關到東河南鎭約十餘里長的汽車山路以南山地一線上，同時派出一個隊伍迅速由南向北，以隱蔽動作穿過汽車路，佔領東河南鎭以北的一個高地，以便切斷日軍後路，另派出一個部隊從關溝方面進出（按：中國軍語爲搜索），以便接應友軍（按：指獨立第八旅孟憲吉，在平型關、辛莊等地進攻日軍）出擊。」

「九月二十五日，天色微明，日軍進攻平型關的兵力部署已隱約可見。這時從靈邱方向又來了一個旅團（板垣第五師團第二十一旅團）約四千餘人，前面是一百餘輛汽車，緊接著是兩百餘輛大車，後面是少數騎士，完全連成一線。（按：此日本兵力，全爲中共虛構，僅一個補給隊——陸上運輸隊——而已。且日軍第五師團第二十一旅團早在二十三日卽投入平型關正面戰場，詳後。）走入了我們的伏擊圈內，大約五時半光景，戰鬪開始了。」

「師部攻擊命令一下，全線部隊卽以居高臨下之勢，向敵襲擊。因爲在襲擊處，對封鎖消息和秘密運動的成功，所以這時日軍，一點也沒有料到距離他們很近的山坡後面，會有我軍埋伏。」

「戰鬪一開始就進入了短兵肉搏，……手榴彈擲去，日軍最後的一輛汽車被炸毀了，其餘的汽車急急向後轉，想逃走，這就發生互撞，汽車擠汽車，人擠人，異常混亂，有些日軍爬在車輪下頑抗，有些日軍向西北山坡亂爬，想奪取高地。這時我軍全線展開猛烈突擊，十多里的山溝裏，全是手榴彈和喊殺聲。……把躲在汽車輪下和附近窰洞內的日軍消滅。」

「經過了這樣激烈的幾乎整日的肉搏，夾在馬路上日軍死傷的人馬、被毀的車輛、遺棄的武器，途爲之塞。」

「在這次戰鬪中，殲滅日軍三千多，毀汽車一百多輛、大車二百輛，繳到九二式野砲一門，輕重機槍二十多挺，步槍一千多支，擲彈筒二十多個，戰馬五十三匹，日幣三十萬元，其餘軍用品無數，單是日軍大衣，就是够全師每人一件。（按：此又是中共宣傳，日軍僅百餘人非戰鬪部隊，且無自動火器。林彪之作戰報告，亦指爲日軍兵站守備隊一個營。）我傷亡最重的是某團九連，該連一百五十人，戰鬪結束時只剩了十八人，連長負傷，三個排長殉國。……某團第五連連長曾賢生殉國。總計我軍團長（按爲六八八團團長田守堯），團參謀長各一人負傷，營級幹部五人負傷，指戰員（按卽士兵）傷亡近千人㊾。」（按傷亡亦過大宣傳，詳後說明。）

翌日，九月二十六日，第十八集團軍總司令部，給大公報「有電」，亦報告南京蔣委員長，軍事委員會、軍政部、財政部、交通部、鐵道部、司法部、（國民黨）中央宣傳部、（國民黨）中央黨部、立法院、司法院、監察院、考試院、中央社、中央日報、及八路軍辦事處稱：「九月二十五日，我八路軍在晉北平型關與敵萬餘（按：由「四千」變爲「萬餘」）激戰，反復衝鋒，我軍奮勉無前，將進攻（按：運輸而非進攻）之敵全部擊潰。所有平型關以北之辛莊、關沙、東路池一帶陣地，完全奪取，敵官兵被擊斃者，屍横山野，一部被俘虜繳械，獲汽車、坦克車（按：又多了俘虜及坦克車了）、槍砲及其他軍用品甚多，正在清查中，現殘敵潰退至山寨村，我四面包圍中。八路軍參謀處。」㊿

按前線激戰，由軍師單位直接向最高當局報告勝利，並通電五院各部、會及報館，宣耀戰果者殊少先例，益見中共之處心積慮，自我鼓吹之心態。

此一誇大戰果記載，一直到民國七十二年（一九八三年）中共湖北人民出版社，由王沛、楊黨和編撰、龔古今、唐培吉主編之「中國抗日戰爭史稿」上册時，略作四點更改：

（1）日軍兵力：由「板垣第五師團第二十一旅團約四千餘人」，改爲「日軍第五板垣師團第二十一旅團第二十一聯隊第三大隊和輜重部隊一部」。

㊾ 同㊽。

㊿ （1）總統府機檔：≪中華民國重要史料初編≫，＜對日抗戰時期＞，第五編＜中共活動眞相（一）＞，頁五五四。（2）郭華倫著，≪中共史論≫，第四册，頁十一。民國五十八年，臺北國際關係研究社出版。

(2)「殲滅日軍三千多，毀汽車一百多輛，大車二百輛，」改爲「殲滅日軍一千多人，毀敵汽車八十餘輛，摩托車三輛」，兩百多輛大車也刪除了，但加了三輛摩托車（機車）。

(3)「繳到……步槍一千多枝」，改爲「三百餘枝」；

(4)「我軍傷亡近千人」，改爲「我軍傷亡六〇〇餘人」[51]。

除上述重點外，其他各項皆與前引文相同，有關這些問題，筆者將在綜合分析一節中詳細討論，先看日軍記載:

2. 日軍記載

（一）第五師團對平型關戰鬪的記述:「日軍第五師團長板垣征四郎隨軍駐守蔚縣。根據九月二十日情報顯示，中國山西軍主力在內長城線附近，一部分別集結在大營與代縣之間，並構有陣地設施。日軍第五師團長擬以大營爲進出目標，乃計畫攻擊，突破長城線，予山西軍以徹底打擊，並爲轉進保定作戰準備。於是於二十一日派步兵第二十一旅團長（按旅團長三浦敏事），率駐守靈邱的部隊，沿靈邱往大營鎭公路進軍，向大營方面進擊，另步兵第二十一聯隊（按聯隊長粟飯原秀），由渾源向小道溝，經西河村轉往澗峪村（位於大營西北約八千公尺處），向中國軍隊進擊。」

「日軍步兵第二十一旅團長，於九月二十二日，率領以步兵三個大隊爲基幹的主力部隊，向大營鎭前進，在平型關與中國軍隊遭遇，遂展開攻擊，戰況順利。其後，經過幾番激戰，於二十五日攻佔該地附近約二十公尺的長城線。但是，當天中國軍隊取得優勢，一方面截斷日軍後方聯絡與補給，一方面而增加兵力，使該旅團陷入四面受包圍的苦境。」

「日軍步兵第二十一聯隊主力，於九月二十一日由渾源出發。該聯

---

[51] 龔古今等編著:《中國抗日戰爭史稿》上册，頁一三五，湖北人民出版社，一九八三年出版。

隊於二十二日在羊投崖與中國軍隊遭遇，展開戰鬪，戰況無進展。二十三日夜，轉進棚子溝，翌日向中國軍隊作正面攻擊。此時接獲旅團陷入困境的情報。二十六日向平型關方面前進，二十八日，加入旅團的主力的戰鬪。」

「日軍第五師團長於九月二十五日獲悉平型關作戰失利。立刻派遣當時集結在蔚縣的日軍步兵第四十二聯隊的主力馳援。該聯隊於二十六日以後抵達戰場，加入平型關附近的戰鬪。」

《日本戰史叢書》編者註：「日軍關東軍司令官（按東條英機）亦調派關東軍「蒙疆兵團」的主力——獨立混成第二旅團（按旅團長本多政村）、第十五旅團（按旅團長篠厚誠一郎），由下社莊、茹越口方面；另外日軍步兵第一聯隊主力及大泉支隊爲基幹的小川部隊（按聯隊長小川次郎），由平型關北側方面，同時給予中國軍隊以正面攻擊，協助日軍第五師團迅速解決在平型關的作戰。二十七日開始攻擊，二十九日突破中國軍隊陣地，並繼續迫擊。另一方面，日軍第五師團於二十九日在平型關也同時發動攻擊，但戰況進展並不順利。三十日拂曉，中國軍隊全面退卻，日軍始進佔大營鎭。」(52)

（二）《日本戰史》對「中共」平型關之戰僅有的討論：「順沿著內長城線的堅固既設陣地，被閻錫山指揮的中國軍隊十餘個師所佔據著。九月下旬，日軍第五師團的一部份，開始攻擊平型關時，閻錫山將西方地區（按指左地區傅作義集團）的兵力調至平型關，因此，該方面的中國軍隊頗佔優勢。」

「九月二十五日，中國軍隊由平型關正面作陣前反擊。此時，中共

---

(52) (1)《日本戰史叢書》——《北支の治安戰(1)》：<平型關戰鬪>，頁三八～三九。(2)《日本戰史叢書》——《支那事變陸軍作戰(1)》，頁三三四～三四一，有同樣記述，且指明參照引文資料，但缺討論。

軍隊的一部分（按指一一五師），埋伏偷襲日軍第五師團內非屬戰鬪部隊的補給部隊，使這個補給部隊受到極大損傷。第五師團一面增強兵力，一面繼續攻擊。另外派遣駐察哈爾的關東軍兵團的主力，向茹越口正面突破長城線陣地，進入中國軍隊的背後。因此，到了九月末（按三十日），閻錫山的長城線陣地，終告崩潰。」

「中共方面，這時正如火如荼的展開誇大宣傳說：平型關的戰爭，自八路軍出兵以後，屢次告捷，由於八路軍的奮戰，使中國獲得抗戰以來首次的大勝利。雖然中共軍隊對日軍第五師團內非屬戰鬪的補給部隊進行埋伏偷襲，固屬事實。但是，這種偷襲，如果從內長城線陣地的攻防作戰（按指平型關正面八天血戰）來看，那只是一個極小的局部戰鬪而已。」[53]

3. 作戰實況

民國二十九年九月十二日，軍事委員會蔣委員長中正電令，「第十八集團軍（時第八路軍正式改爲十八集團軍）歸第二戰區指揮。」[54]

九月十五日，第二戰區司令長官閻錫山以第六集團軍總司令楊愛源爲右地區總司令，轄第三十三孫楚軍——七十三師劉奉濱，獨立第三旅章拯宇，獨立第八旅孟吉憲；第十七軍高桂滋——八十四師高桂滋（兼），二十一師李仙洲；第十五軍劉茂恩——六十四師武庭麟，六十五師劉茂恩（兼）爲右翼。

第七集團軍傅作義，轄第六十一軍陳長捷——第一〇一師李俊功，獨立第七旅馬延守；第三十五軍傅作義（兼）——第二一一旅孫蘭奉，二一八旅董其武。三十四軍楊澄源，七十一師郭宗汾，新二師金憲章，第一九六旅姜玉貞，第二〇三旅梁鑑堂爲左翼。以七十一師守平型關。

---

[53] 同[51]書，頁三七～三八。
[54] ≪抗日戰史≫——<太原會戰（一）>，頁三。

十九軍王靖國——第七十師王靖國(兼)與第七十二師段樹華爲預備隊。

九月二十二日拂曉，國軍右翼地區各部隊部署尙未完成，即有日軍第五師團第二十一旅團步砲聯合步隊四至五千人，由靈邱向平型關前進，其先頭部隊與國軍獨立第八旅孟吉憲六二三團郭春生一營在蔡家峪附近發生戰鬪，薄暮，日軍向國軍第七十三師劉奉濱陣地攻擊，被一九七旅王恩田所擊退。

九月二十三日拂曉，日軍第五師團主力向平型關口、團城口、師福溝一帶陣地進攻，國軍獨立第八旅守蔡家峪之兩連部隊幾全部犧牲，後撤退。第八十四師高桂滋五〇二團艾三捷立以迎擊。前敵總指揮孫楚並令第七十三師向北攻擊，第八十四師向南攻擊，獨八旅向東攻擊，戰鬪至晚，雙方皆無進展，國軍第八十四師二五一旅、五〇二團團長艾捷三重傷，李營長陣亡。

是日，傅作義率軍（二一八、二一一旅）加入右翼金山舖東西兩側作戰。左翼交由豫備隊王靖國軍防守，並命十八集團軍一一五師（林彪）由右翼而北進攻平型關附近之側背，新編第二師（金憲章）在西河口待命。

晚，傅命第七十一師郭宗汾向大營東北地區前進。同時調第七十二師段樹華赴沙河待命。

二十四拂曉，日軍向國軍平型關、團城口、溝堂村陣地進攻，戰鬪至晚，未得逞。是日，第六集團軍（孫楚）獲得情報七一〇右地區平型關通蔡家峪公路上，有日軍運輸汽車及裝甲車。團城口正面，有日軍步兵砲約四千人，由王莊堡通渾源大道達鍾莊舖金峰殿北。

傅作義、楊愛源決定，第六十五師劉茂恩增援溝堂村、師福溝、董家莊之陣地，第六十四師武庭麟佔道士溝陣地。且與一一五林彪之聯絡參謀，商定二十五日拂曉攻擊，並通知師長林彪：（一）第七十一師與新編第二師爲主攻部隊。（二）獨立第八旅以一部協同七十一師攻擊，以章莊爲目標。（三）第一一五師擔任敵後各地之攻擊，以東河南鎭、蔡家峪爲攻擊目標。（四）第八十四師乃固守團城口之陣地。此一作戰命令由第六集團軍總司令楊愛源發佈，至晚十九時第七集團軍總司令傅作義正式指揮作戰。

時天雨行動困難，攻擊前進遲延二小時，第七十一師師長郭宗汾，以新編第二師攻擊王莊堡，第七十一師攻團城口正面主攻日軍。第一一五師派一個團對東河南鎭及蔡家峪警戒，關溝附近控制一個團，另以教導營，向靈邱，廣靈偵察前進。

此時，日軍第二十一旅團正攻陷第八十四師——團城口、鷂子澗、六郎城等高地陣地。第七十一師攻擊前進，激戰至十二時，始將戰局穩定。十三時，中國空軍支援，至十八時，將鷂子澗西南一帶高地攻克，與日軍在鷂子澗，團城口各附近高地對峙，但國軍已佔優勢，並控制戰場。同時，新編第二師，亦陸續到達小牛還。將日軍圍困[55]。

此時接到林彪作戰報告：「向蔡家峪、小寨攻擊，於十二時左右，在小寨村將敵人（日軍）兵站守備隊，步兵約一營（大隊）全部殲滅，並毀汽車八十餘輛，將蔡家峪、小寨村佔領，平型關至靈邱間敵之交通爲我截斷。」[56]**（注意：此是林彪最原始之報告。）**

日軍以連日遭阻擊，且被圍困，急調關東軍「蒙疆兵團」獨立混成第二、十五兩旅團，分從大同、懷仁南下支援。

二十六日二時，日軍第五師團第二十一、第四十一、第四十二等三個聯隊向平型關增援，將一一五師蔡家峪、小寨部隊驅除後（林彪自動

---

[55] (1)《抗日戰史》——＜太原會戰（一）＞，頁二一～二九，(2)《日本戰史叢書》——《支那事變陸軍作戰(1)》，頁三三四～三四一；(3)《日本戰史叢書》——《北支の治安戰(1)》，頁三七～三九。

[56] 《抗日戰史》——＜太原會戰（一）＞，頁二八～二九。

轉移），配合團城口、鷂子澗、六郎城之日軍，與國軍激戰，並集中兵力向迷廻村猛撲。十時，國軍第七十二師增援，將日軍擊退。十三時，七十一師，七十二師，獨八旅，再向日軍發動攻擊，日空軍助戰，戰鬪至晚。國軍將日軍包圍漸形縮小。是日十六時十分，我空軍第七大隊，第十二隊，安家駒（空官校一期）隊長、副隊長吳元沛，隊員黃劍飛率機四架，在平型關，蔡家峪之間，炸射日軍及其補給隊。

二十七日拂曉，國軍第七十一，七十二師，由空軍配合，在迷廻村、黃圪底窊、蓋房溝陣地，激戰三小時，將進攻之日軍擊退。十三時，日增援部隊到達，步砲聯合攻擊，國軍陣地幾被夷平。以第七十二師二〇九旅預備隊（四三三團張樹楨）加入進擊，日軍後撤。國軍七十二師二〇九旅四三四團程繼賢攻擊團城口，新二師攻擊六郎城，均未奏功。

是日國軍第二十一師（ 李仙洲 ）在西河口陣地與增援日軍戰鬪終日，日軍未得逞。第六十五師陣地平靜無事，國軍第十九軍二〇五旅田樹梅，二〇三旅梁鑑堂，在如越口與應縣南下之日軍獨立混成第十五旅團激戰，梁旅長陣亡[57]。空軍第十六隊楊鴻鼎隊長率機十架炸射平型關以東之日軍目標——戰車，砲兵及卡車。

晚二十一時，傅作義重新部署。（一）獨七旅佔平型關至西砲池南側之線；（二）第七十二師佔西砲池西側高地與鷂子澗東南公路高地；（三）第七十師佔團城口沿長城至高地；（四）新二師在西河口掩護第七集團軍之側背。並將於二十八日候令攻擊。

二十八日四時，各隊到達指定位置。拂曉攻擊，第七十一師二一四旅趙晉率四二八團，四三四團攻六郎城、鷂子澗，經三小時激戰，佔鷂

---

[57] 梁鑑堂，河北蠡縣，陸軍第六十九師二〇三旅少將旅長，陣亡，高一級給卹。史政局檔號第383.2/3390。

子淵，其四三四團團長程繼賢及全團官兵大多殉國，僅剩士兵數十人。四〇三團（魏賡慶）損失亦重。日軍陸空聯合反擊。全天各部隊皆在激戰中。十六時，雙方呈對峙狀態。

二十九日，雙方仍在平型關原陣地各線拼鬪。是日由平綏路南下日軍，蒙疆兵團——關東軍獨立混成第二、十五等旅團，由茹越口攻入左翼國軍後側鐵角嶺地區。使平型關拼鬪部隊腹背受敵，陷入絕境。閻錫山司令長官命各部隊於三十日二時，全線分向五臺山之神堂堡、車廠、山羊會、葫蘆嘴、峨口、代縣、雁門關轉移並佔領陣地。平型關戰事結束58。接著展開崞縣、原平、忻口之戰。

此一戰役，國軍參戰總兵力為一五八、二四四人——軍官八、八二九人，士兵一四九、四一五人。第一一五師（即中共軍）約一四、〇〇〇人。占參戰總兵力八・八五%。總計傷亡官兵三九、三九三人——軍官陣亡九四一人，負傷一三三二人；士兵陣亡一三、二一〇人，負傷二三、九一〇人59。中共傷亡無正確數字，初號稱千人，在一九八三年編《中國抗日戰爭史稿》改稱六百多人60。日軍參戰約四萬二千（偽滿偽蒙軍不計算在內），無正式傷亡數字，國防部史政局編《抗日戰史》估計約在三千人左右，為國軍傷亡十三分之一61。

七、綜合分析

1. 有關日軍侵華與太原會戰

58 (1)《抗日戰史》——<太原會戰(一)>，頁二八～三五，(2)同54(2)(3)。

59 同47。

60 龔古今等著：《中國抗日戰爭史稿》，上册，湖北人民出版社，一九八三年十月出版。頁一三五。

61 同47。

（一）日軍發動盧溝橋事變，志在奪取冀察兩省，組織其心目中的「華北國」。且以爲攻佔平津後，中國勢必屈服。八月八日，曾擬有「停戰條件」及「國交調整綱要」，準備談判(62)。殊不知中國已全面抗戰，並準備在淞滬地區開闢華東戰場。八一三淞滬大戰揭幕，翌日，國民政府聲明：「此次抗戰，實迫於日本侵略，而不得不實行自衞」(63)。十五日，日本下令全國總動員，設置大本營，編組北支那方面軍、上海派遣軍。此後中國劃分南北兩戰場，戰事在各地慘烈進行。

（二）華北戰場，日本的戰略運用，是希望在涿保平原地區吸住中國主力部隊而捕捉消滅之，戰事卽可結束。板垣第五師團之北進南口是配合日本「關東軍」先佔領察綏兩省中國兵力薄弱地區，然後再從晉北南下太原，企圖先殲滅分散的晉軍(64)，再迂迴涿保地區，以達成消滅中國軍隊主力及結束戰爭的預定目的(65)。顯然，日本此一如意算盤，被中國政府戰略運用得當，及參戰軍民拼死奮戰所粉碎。不特在涿保會戰損失慘重，且帶給日本軍方未所預知的太原會戰。

（三）當時日軍訓練精良，裝備完整，戰術運用熟練，戰鬪勇猛堅強，自九一八後，在中國各個戰場，無論山地、平地、湖泊、河川、沼澤、沿江、沿海，均能以少數兵力，靈活運用，大有攻無不克，守無不困之勢；尤其小部隊——分隊（班）、小隊（排）、中隊（連）、大隊（營）——之戰鬪，表現更爲優異。故開戰之初，日軍曾狂言，「三連」軍隊卽可滅中國，且日軍宣傳稱道：「中日之戰，有如鷄蛋（中國）碰鐵球（日本）」。然經初期「涿保會戰」與「太原會戰」，鷄蛋

(62) 同⑬書，頁一六七～一六八。
(63) 同❽書，頁九九。
(64) 《抗日戰史》——<太原會戰(1)>。頁三，九月二日，蔣委員長電第二戰區司令長官閻錫山：「日軍企圖殲滅晉軍」。
(65) 同⑰書（一），頁三七～三九。

雖損失慘重，然而鐵球也碰的到處坑洞了。

（四）中國軍隊訓練與裝備皆遜於日軍。日軍是屬於一支機械化部隊，運動快，有攻堅武器，國軍全靠破壞道路、「士氣」，及軍民「與國同亡」的精神所彌補。太原會戰——晉北作戰，軍長郝夢齡、師長劉家騏、旅長梁鑑堂、姜玉貞等戰歿，而陣地不為之動。這也是日軍當初預料所未及。

（五）太原會戰是日軍錯誤戰略所引發，故晉北的第五師團板垣征四郎一部，在平型關遭到國軍包圍攻擊；晉東的第二十師團川岸文三郎部在娘子關亦遭到國軍有力的反擊；前者由日本關東軍第二、第十五、兩個獨立混成旅團協助解圍，後者調入其第百九師團（山岡重厚）、及第百八師團（下元熊彌）一部增援，投入戰場，而挽回劣勢。同時原擬定在涿保正定間捕捉中國軍隊決戰之計畫落空。最後雖佔領太原及同蒲、正太兩鐵路狹長地帶，而兵力分散，減少機動能力，違反其「速戰速決、包圍殲滅」的戰略原則。

（六）太原會戰，在中國方面卻是依華北地區抗日作戰戰略指導原則而擬定——以地形和國軍裝備條件，採取後退決戰，掌握華北天然堡壘，予日軍有力打擊[66]。晉北平型關、忻口，晉東娘子關作戰，皆是在此戰略指導下進行。且以攻擊代替防守，而彌補國軍裝備不足，及缺乏有力的空軍和砲兵支援。

（七）就整個太原會戰而論，國軍處於劣勢，部隊雖多，而裝備窳劣陳舊，如砲兵約為日軍三分之一，空軍戰機為日軍十分之一。因此中國空軍既不能獲得制空權，又不能支援地面部隊作戰；砲兵亦多分散使用，不能充分發揮威力。日軍有戰車、裝甲車、野戰重砲，國軍則無，

---

[66] 參閱《抗日戰史》——<太原會戰(2)>，第四節檢討各項。

僅憑大量步兵與訓練精良、裝備完善的日軍決鬪，又因通信器材不足，影響各部隊間之連繫甚大，致遭受慘重損失。

2. 平型關作戰之檢討

（一）平型關之戰是太原會戰的初期戰鬪，太原會戰中日雙方動員大量兵力——約四十萬人參戰。雙方傷亡慘重。第十八集團軍（即中共軍）雖將三師兵力（實二萬八千人）投入，但眞正與日軍作戰者，僅平型關一役。其他——一二九師，一二〇師在晉東正太線或晉北——多見日軍踪跡，卽先行撤退，打所謂的游擊戰。

（二）平型關是閻錫山依照華北地區抗日戰爭戰略指導所預先部署的戰場，自九月二十二日至二十九日，國軍投入約十六萬大軍，以攻擊爲防禦，一度將日軍包圍，苦戰八天始終控制戰局。林彪一一五師一萬四千人，九月二十五日奉閻長官之命參戰，伏擊日軍非作戰之補給隊，至二十六晚被日軍驅除。接戰僅二天。此八天之戰，國軍傷亡近四萬人，林彪一一五師初號稱千人傷亡，至一九八三年編《中國抗日戰爭史稿》時，改稱傷亡六百人。

（三）民國二十六年八月二十二日軍事委員會任命國民革命軍第八路軍正副總指揮及各師長職務，二十五日，中共舉行「洛川會議」。同日，朱德、彭德懷、林彪、賀龍、劉伯承等通電就第八路軍軍師長各職。九月六日第八路軍整編完成。十二日，軍事委員會命令改爲國民革命軍第十八集團軍。十四日林彪率第一一五師由陝西韓城入山西平型關附近之大營鎭，二十五日參戰伏擊日軍，離其接受整編僅十九天。中共在洛川會議有：「初進入山西，與國軍統一行動，並在作戰之時，爭取若干表現，以擴大宣傳和影響。」[67]之決定。此次與國軍配合作戰，故

---

[67] 參閱郭華倫著：≪中共史論≫，第三册，頁二一五～二四一。

完全服從命令，而有此表現。

（四）第一一五師在平型關至東河南鎮山溝中伏擊日軍並佔領了蔡家峪，小寨村。是中共軍——尤其是林彪——貫用戰術，此一戰術在江西國軍前「四次圍剿」時，林彪以「反圍剿」伏擊國軍，用過數次，造成國軍很大傷亡[68]。此次故技重施，所以得心應手。

（五）有關被伏擊之日軍，究竟有多少，是什麼部隊，爭議頗大，現分析於後:

(1) 林彪之最初戰報爲兵站守備隊約一營;

(2) 翌日（九月二十六日）中共八路軍——實已改爲第十八集團軍——參謀處發給各大報紙、通信社電報，與蔣委員長、國民政府五院、各部會，中國國民黨中央黨部及中央宣傳部等，則改稱爲日軍萬餘;

(3) 民國四十二年（一九五三）中共編寫《抗日戰爭時期的中國人民解放軍》時，稱爲日軍第五師團第二十一（步兵）旅團約四千人;

(4) 民國七十二年（一九三八）中共編撰《中國抗日戰爭史稿》時，稱爲日軍第五師團第二十一旅團第二十一聯隊第三大隊和輕重部隊一部。雖未說明人數，但是伏擊殲滅戰，而寫明爲被殲日軍爲一千多人。應爲一千多人。

(5) 據知林彪曾有一中共黨內報告，有人在海外看過，此地無法查閱，應與林彪最初戰報，及最近（一九八三）所出版之《中國抗日戰爭史稿》所說相近;

(6) 《日本戰史》——〈北支治安戰 (1)〉——稱：被伏擊日軍爲「日軍第五師團內非屬戰鬪部隊的補給部隊，使這個日軍補給隊受到極大損傷。」

---

[68] 參閱國防部史政編譯局編著≪剿匪戰史≫，前四次之圍剿。

(7) 彭德懷民國三十一年（一九四二）十二月十八日在太行區營級及縣級以上幹部會議上——關於華北地區工作報告：「平型關是一次完全的伏擊戰，是敵人事前完全沒有想到的，但結果我們沒有能俘獲一個活日本兵，只繳到不上一百條的完整步槍，敵兵將槍打碎，傷兵自殺」[69]。

根據上述舉證，作下列點說明：

(1) 被擊日軍萬餘人，或四千餘人，皆爲宣傳伎倆，已被中共後出版書刊所否定，不再討論。

(2) 據林彪「最初戰報」，參證《日本戰史》，被伏擊日軍是屬於非戰鬥部隊。林彪認知爲「兵站守備隊」，《日本戰史》寫編制名稱「補給部隊」，兩者完全一樣。

(3) 中共編《中國抗日戰爭史稿》時，改稱有日軍第五師團，第二十一旅團，第二十一聯隊，第三大隊在內。是屬錯誤，其理由有三：

A．抗戰初期，日軍貫用一個步兵大隊對付國軍一個師或一個旅。故當其脫離聯隊單獨行動時，必見之於戰史，這在其防衛廳所修之戰史中屢見不鮮。也或許是其「戰史體例」。此第二十一聯隊第三大隊單獨作戰，不但不見於戰史，且在戰史上否認有戰鬥部隊參加；

B．日軍第二十一聯隊主力，九月二十一日由渾源南下，二十二日即在羊投崖與國軍遭遇，二十三日夜轉進棚子溝，是最初投入平型關之戰的日軍主力，林彪二十五日伏擊的日軍補給隊是由靈邱西進的。在時間，地點上林彪與日軍第二十一聯隊第三大隊根本相互見不到面；

C．日軍一個步大隊，有自動火器及步砲配備，根據彭德懷的報告。此一伏擊殲滅戰，繳到不上一百條完整的步槍，亦可證明沒有日本

---

[69] ≪中華民國開國五十年文獻附錄≫，<共匪禍國史料彙編>，第三册，頁三五一。此一講稿經中共中央華中局宣傳部轉載於黨內祕密刊物≪眞理≫第十四期，≪華北根據地工作的經驗專號≫，可見與中共公開宣傳之「平型關大捷」，完全與事實不符。

戰鬪部隊——一個大隊被伏擊。

(4) 林彪所稱「兵站守備隊」、與《日本戰史》所稱「補給部隊」，究竟是那個部隊，有多大兵力，應予追究，現分析於後:

A. 日本陸軍步、騎、砲、工、輜各兵科，用「隊」作編制稱號的有聯隊——團、大隊——營、中隊——連、小隊——排、分隊——班，五種。此處日本戰史僅記為第五師團的一補給部隊，而未證明是「聯、大、中、小、分」之等級。不過從林彪最初戰報中，指明日軍為一「兵站部隊」，可以證明它不屬於日軍第五師團輜重兵第五聯隊的一部或全部;

B. 林彪最初戰報認知被伏擊日軍為營，卽一大隊，約五百人。依據戰地統兵官「爭功諉過」的心態——戰勝時以少報多，以爭取「戰功」及「部隊榮譽」；（反之，戰敗時，損失以多報少）。所以可將此一日軍補給隊兵力作一上限估計，最多不會超過五百人;

C. 建制屬於第五師團，而編入北支那方面軍的兵站部隊，有第五師團第一、二兵站司令部——指揮單位，及第五師團第三、四陸上運輸隊[70]——執行單位。此種「陸上運輸隊」平常卽稱之「補給部隊」。其最大單位就是「隊」（中隊），約百餘人，配備防身的步槍，無自動火器。如果是其中之一，正與林彪「戰報」、日本「戰史」所稱「兵站部隊」或「補給部隊」、及彭德懷所指繳獲步槍數目，三方面皆吻合。再加上數十輛汽車駕駛與隨車（多無槍），人數或許超過二百人，林彪指為一個營，當不為過。惜日本戰史——因係大隊之下行動，未寫明，祇好書於此提供參考。

（六）被伏擊日軍卽確定為非戰鬪部隊的補給隊，人數在二百至五

[70] 參閱本文頁二七九「日軍侵略華北兵力」一節，有關北支那方面軍之兵站部隊，已用黑體字標明。

百之間，作戰半天（十二點結束），全部殲滅，僅跑掉一個被俘輕傷士兵（詳後），繳獲不到一百條步槍及輸運軍用物資，第一一五師傷亡約六百人，有如此瞭解，離史實眞相不遠，其他多爲中共擴大宣傳了。

（七）關於俘虜問題，此次第一一五師作戰，確曾俘虜一名輕傷日兵，由第六八五團營長曾國華所俘，並派人背著日兵行走，但狡滑的日兵咬了背兵一口就逃走了。此點或許與日軍戰時軍律有關。日軍作戰不准「被俘」，受傷不能作戰亦不能自決時而「被俘」，則報陣亡。卽使放回，亦被處決。故傷兵自殺，被俘日兵無論如何要設法逃跑了。

八、結　　論

（一）太原會戰是抗戰初期，華北戰場主要決戰，它是日軍錯誤戰略所引發，也是國軍後退決戰戰略所促成。國軍損失雖大，但因戰略運用得當，使日本北支那方面軍第一、第二軍主力，在保定——正定間之鉗形攻勢，並深入冀南，撲一大空。太原會戰後，日軍爲捕捉國軍主力，準備殲滅而迅速結束戰爭，再部署徐州會戰。如此形成惡性循環，永無停止戰爭，違反「速戰速決，包圍殲滅」的戰略原則，已肇最後戰敗之契機。

（二）平型關作戰是太原會戰的初期戰鬪，彼此是個體與整體之關係。談太原會戰，不能沒有平型關作戰，及其戰術運用與戰鬪經過，談平型關之戰，也必須要說到太原會戰，及其整體政略戰略之指導原則。

（三）平型關之戰——有關中共部分，經中共特意宣傳，已成爲世人盡知的大新聞、大戰鬪、大勝利。但經本文分析考證後，不過是林彪率一一五師在民國二十六年九月二十五日，在東河南鎭小溝中，伏擊日軍第五師團屬非戰鬪部隊一補給部隊（陸上運輸隊），戰鬪半天，全部日軍（約二百人至五百人）多被殲滅或自殺，僅有一名被俘輕傷日兵逃走。中共軍傷亡約六百餘人，收繳不到一百枝步槍，及所運輸物資。如此而已。

（四）林彪在平型關之表現，是執行洛川會議的結論：即進入山西之初，按照國民政府和軍事委員會命令和戰區之戰略意圖統一行動，並在作戰初期，爭取若干表現，以擴大宣傳和影響。此點林彪之行動與中共的宣傳，不但作到，而且非常成功。

（五）洛川會議另一決議，當日軍進一步深入——戰局逆轉與混亂時期，中共軍即應單獨行動，以山西爲基地，分向冀、魯、豫、熱、察、綏各地區發展，並以獨立自由的游擊戰，在敵後爭取民眾，擴大武力，建立根據地。因此，忻口作戰後，朱德即命令第一一五、一二〇、一二九各師，叛離第二戰區的指揮管轄，開始自由行動，十一月七日（太原失守前一天）聶榮臻在五臺設置晉察冀軍區，並吞併河北民軍趙侗部。從此展開其敵後游擊與吞併敵後武力。

附　錄

抗戰前期中共對日軍作戰統計（由第十八集團軍參謀處公佈）：

1. 民國二十六年九月二十五日：平型關之戰（略）。
2. 民國二十六年十月十八日，雁北襲擊戰：第一二〇師在雁門關之南，對日軍汽車若干輛進行襲擊。
3. 民國二十六年十月十九日，夜襲陽明堡：第一二九師第七六九團陳錫聯部，對陽明堡機場進行夜襲，破壞日機二十四架。
4. 民國二十六年十月二十六日，馳援娘子關：第一二九師陳賡旅，對娘子關日軍二十師團輜重部隊進行襲擊。

5. 民國二十六年十一月二日，黃崖底襲擊戰：第一二九師三個團，對黃崖底日軍進行襲擊，日軍傷亡約七百人。
6. 民國二十六年十一月四日，松塔伏擊戰：第一一五師第三四三旅(陳光)，對松塔日軍進行伏擊。
7. 民國二十六年十一月九日至十日，土封村伏擊戰：第一二九師某部，對土封村日軍進行伏擊，戰果不詳。
8. 民國二十七年三月十四至十九日，午城攻擊戰：第一一五師一部，對午城、羅田、上下烏合、井薄、張莊等地日軍進行攻擊。
9. 民國二十七年三月，晉西包圍戰：第一二〇師一部，對晉西日軍連續包圍攻擊。
10. 民國二十七年三月十六日，黎城伏擊戰：第一二九師一部，對由潞城向黎城前進之日軍伏擊。
11. 民國二十七年三月下旬，響堂舖伏擊戰：第一二九師一部，對由涉縣西進之日軍第百八師團汽車隊進行伏擊。
12. 民國二十七年四月十六日，長樂村攻擊戰：第一二九師徐深吉、葉成煥、韓先楚等部，對馬家莊、長樂村一帶日軍進行襲擊。
13. 民國二十七年六月中旬，晉西攻擊戰：第一一五師一部，對晉西日軍第百九師團第百八旅團進行攻擊。
14. 民國二十七年六月十八日，衛崗偷襲戰：新四軍第一支隊陳毅部，對衛崗日軍汽車進行偷襲。
15. 民國二十七年七月一日，新豐偷襲戰：新四軍第一支隊偵察班，對新豐日軍進行偷襲。
16. 民國二十七年九月二十九日，張家灣伏擊戰：晉察冀邊區（聶榮臻）部隊，對察南日軍第二十六師團進行伏擊。
17. 民國二十七年九月二十九日，伯蘭鎮伏擊戰：晉冀察邊區部隊，對日軍獨立第四混成旅團進行伏擊。
18. 民國二十七年十月二十八日，張家灣伏擊戰：晉察冀邊區部隊，對日軍獨立混成第三旅團進行伏擊。

19. 民國二十七年十一月三日，五臺伏擊戰：晉察冀部隊，對日軍第百九師團進行伏擊。

20. 民國二十七年十一月底，阜平攻擊戰：晉察冀邊區部隊，對日軍某部進行攻擊。

21. 民國二十八年二月，城固襲擊戰：第一二九師陳賡旅，對日軍某部進行襲擊。

22. 民國二十八年二月二日，河間附近襲擊戰：第一二〇師，對日軍某部進行襲擊。

23. 民國二十八年二月四日，朱灣防禦戰：第一二〇師，對日軍某部進行阻擊。

24. 民國二十八年二月二十日，江寧襲擊戰：新四軍一部，對日軍某部進行襲擊。

25. 民國二十八年春，上海虹橋襲擊戰：新四軍某部，對虹橋機場進行襲擊，毀日機四架。

26. 民國二十八年四月二十三日，齊會包圍戰：第一二〇師三個團與第三縱隊一部，對日軍第二十七師團（原支那駐屯旅團，民國二十七年九月改爲三聯隊師團參加武漢攻略後又調回河北省。）渡佳行聯隊進行包圍戰。

27. 民國二十八年四月下旬，陸房防禦戰：第一一五師一部，對進攻陸房日軍實行防禦。戰鬪進行三天。

28. 民國二十八年五月，上下細腰澗及大龍華防禦戰：晉察冀邊區部隊，對進攻邊區北部之日軍進行防禦。

29. 民國二十八年五月，瓊崖襲擊戰：海南游擊隊，對日軍某部汽車一輛進行襲擊。

30. 民國二十八年六月，峽口襲擊戰：東江游擊隊某班，對虎門日軍進行襲擊。

31. 民國二十八年八月二日，梁山襲擊戰：第一一五師一部，對日軍之十二師團（一大隊）進行襲擊。

32. 民國二十八年九月二十五至三十一日，陳莊包圍戰：第一二〇師，對進攻陳莊日軍第八混成旅團進行反包圍戰。

33. 民國二十八年十一月三至八日，晉察冀邊區楊成武支隊，對日軍第二混成旅團進行包圍戰。

34. 民國二十九年八月二十至十二月五日，中共（彭德懷、左權、劉承伯、聶榮臻、賀龍）在「晉冀魯豫」、「晉察冀」、「晉陝綏」等邊區指揮第十八集團軍全部進行三個半月的「百團大戰」。

35. 民國三十年七月十八日至八月二十日，蘇北反掃蕩戰：新四軍蘇北部隊，對日軍第十五、十七師兩團各一部進行反掃蕩戰。

36. 民國三十年八月十二至十三日，軍糧城反掃蕩戰：晉察冀部隊，對日軍某部進行反掃蕩戰。

37. 民國三十年九月二十五日，狼牙山防禦戰：晉察冀部隊某團之班陣地，反抗日軍圍攻。五名戰士全部犧牲。

38. 民國三十年十一月十日至十八日，黃煙洞反圍攻戰：晉察冀部隊特務團一部，對日軍三十六師團進行反圍攻戰。

39. 民國三十年某月，東江反進攻戰：東江游擊隊擊退進攻日軍二千人。

40. 民國三十年十二月，廣九路伏擊戰：東江游擊隊在廣九路對日軍進行伏擊。

41. 民國三十一年五月十三日，無極城伏擊戰：冀中軍區呂正操部兩個連，對日軍某部加道大隊進行伏擊。

42. 民國三十一年六月四日，里貴子反掃蕩戰：冀中呂正操部，對日軍某部進行反掃蕩戰。

43. 民國三十一年六月九日，宋莊反掃蕩戰：冀中呂正操部，對日軍某部進行反擊掃蕩戰。

44. 民國三十一年十一月，蘇北反進攻戰：新四軍蘇北部隊，對日軍某師團進行反進攻戰。

武漢保衞戰研究

一、前　　言

民國二十六年七月七日夜，日本平津駐軍按著預定計畫在盧溝橋附近，以演習爲名，藉口調查失踪士兵眞相，向宛平縣城襲擊，國軍第二十九軍吉星文團，以守土有責，奮起抵抗。八日，雙方協議，軍隊各返原防❶。九日晨六時，日軍又向宛平駐軍攻擊。十一日有第二次協議，國軍撤退盧溝橋與龍王廟附近駐軍，懲罰負責官員❷，而日本政府則命朝鮮第二十師團與東北關東軍第一、十一兩旅團開往平津❸。

十二日，日本參謀本部擬定作戰計畫，決擊潰平津附近的宋哲元第二十九軍。十四日，新任天津駐屯軍司令官香月清司提出要求：撤退北平駐軍、冀察中央機構、藍衣社、ＣＣ團，鎭壓共黨活動，罷黜排日要人，取締排日言論機關，與學生、民衆運動，及學校、軍中排日教育。十九日，宋哲元接受❹，並由天津到北平，下令撤除北平市內的防禦設施，電請中央停止北上的孫連仲、龐炳勛、高桂滋軍前進。

---

❶ ≪秦德純回憶錄≫，傳記文學叢書之七，頁一七八～一七九。按此〈海澨談往〉爲筆者民國四十九年在中研院近史所訪問秦德純先生之訪問稿。又王冷齋，≪七七回憶錄≫亦有記述。

❷ 李雲漢，≪宋哲元與七七抗戰≫（傳記文學社，民國六十七年出版），頁一九〇～一九一。秦德純、張自忠與日本駐屯軍參謀長橋本羣停戰約定。

❸ 日本防衞廳防衞研修所戰史室，≪日本戰史叢書≫——≪支那事變陸軍作戰(1)≫，（昭和五十年七月發行），頁一六七～一六八：北支への派兵下令。

❹ 前引書，頁二〇三～四，由二十九軍代表張自忠、張允榮簽字。

七七事變時，蔣委員長正準備在廬山與社會領袖舉行國事談話會，爲應付華北緊急事件，電南京軍委會辦公廳主任徐永昌、參謀總長程潛，通令全國戒嚴，準備全部動員，以防事態擴大。並電宋哲元全力抵抗，勿爲日人所欺❺。十一日，編入戰鬪序列部隊，第一線爲一百師，預備軍爲八十師，同時聲明：「任何諒解或協定，未經中央核准者，一律無效。」❻十四日，設行營於石家莊。十七日發表廬山談話，申明四點：（一）任何解決不得侵害中國主權與領土完整；（二）冀察行政組織，不容任何不法之改變；（三）中央政府所派地方官吏，如冀察政務委員會委員長宋哲元等，不能任人要求撤換；（四）國軍第二十九軍現在所駐地區，不能受任何約束。並說：「我們希望和平而不求苟安，準備應戰而決不求戰。」❼

二十二日，中央密派熊斌赴平，告宋中央抗戰決策，宋哲元見日本忽視雙方三次「協定」，且大量向關內運兵。宋遂決定發動攻勢。二十六日廊坊失守，但進攻北平的日軍卻被擊退。是日，香月清司發出最後通牒，要求國軍第二十九軍退往永定河以西。二十七日，日本再調第五師團、第六師團、第十師團、及關東軍第二混成旅團開往華北❽。同日，日軍進逼北平西郊。二十八日，猛攻南苑，國軍第二十九軍副軍長佟麟閣，第一三二師師長趙登禹陣亡。二十九日，宋哲元撤離，北平失守。同時天津、大沽激戰開始，三十日陷落。

八月一日，蔣委員長召見平津教育學術人員：張伯苓、胡適、蔣夢麟、梅貽琦等，宣示抗日戰略：「日人企圖不戰而取，速戰速決；吾人

---

❺ 秦孝儀編著：≪總統　蔣公大事長編初稿≫，卷四（上），頁六七，民國二十六年七月八日。

❻ 前引書，頁七四，民國二十六年七月十一日。

❼ 前引書，頁七八～七九，民國二十六年七月十七日。

❽ ≪日本戰史叢書≫——≪支那事變陸軍作戰(1)≫，頁二二一～二二二。

隨時隨地抵抗，使其戰而不取，戰而不決，最後勝利，必屬於我。」❾同時各地軍事領袖：閻錫山、白崇禧、劉湘、余漢謀、龍雲、何鍵以及中共的朱德等多人，會集南京，共赴國難❿。十二日，中央決設置國防最高會議，推蔣委員長爲陸海空軍大元帥，以軍事委員會爲抗戰最高統帥部⓫。

日本志在奪取冀察兩省，組織「華北國」，以爲攻佔平津後，中國勢必屈服。八月八日，曾擬有「停戰條件」及「國交調整綱要」，準備談判⓬，但不知中國已全面抗戰，並準備在淞滬開闢華東戰場，因有一二八作戰經驗，深知河流縱橫，湖沼密佈，地形複雜的江南，對日本機械化的部隊運動不便，中國又有國防工事的構築。且上海爲通商大都市，更能引起國際的注意。並計畫封鎖江陰要塞，使長江日本船艦無法脫逃⓭。日本上海艦隊司令官谷川清亦建議東京，不宜將戰場侷限於華北，應同時攻取上海、南京，分散中國兵力，置中國於死地。八月九日，上海虹橋機場發生衝突，十三日上午九時十五分，淞滬大戰揭幕。

八月十四日，國民政府聲明：「此次抗戰，實迫於日本侵略，而不得不實行自衞。」⓮十五日，日本下令全國總動員，設置大本營，編組上海派遣軍、華北方面軍。此後中國劃分南北兩戰場，戰事在各地慘烈進行。

華北日軍侵佔北平後，八月八日沿平綏線北攻南口，察哈爾日本關東軍南攻張家口，激戰十六天，二十五日南口陷落。翌日張家口失守。

---

❾ ≪總統　蔣公大事長編初稿≫，頁九四，民國二十六年八月一日。
❿ 郭廷以，≪近代中國史綱≫，頁六八五。
⓫ ≪總統　蔣公大事長編初稿≫，頁九八，民國二十六年八月十二日。
⓬ ≪日本戰史叢書≫——≪支那事變陸軍作戰(1)≫，頁二五一～二五五。
⓭ 此一計畫，因當時行政院秘書黃濬受日本收買，而洩漏消息，使漢口一帶日艦，日僑先期退出，甚爲可惜。
⓮ ≪總統　蔣公大事長編初稿≫，頁九九，民國二十六年八月十四日。

然後分兵進攻天鎭、大同，同時在平漢線有涿州、保定第一次會戰，在津浦線有馬廠、姚官屯、大城之戰，國軍表現英勇，敗而不餒。

進入山西之日軍，一支進犯集寧、歸綏，一支南犯太原，國軍大破日軍於忻口，軍長郝夢齡、師長劉家麒、旅長姜玉貞、鄭廷珍、梁鑑堂戰歿，而陣地不爲之動。日軍改由石家莊攻晉東，十一月八日，太原陷落。

淞滬會戰初期，國軍採取攻勢，九月十五日後改爲陣地戰，給日軍很大的殺傷，參戰軍多達七十八個師，除中央軍外，桂軍、粵軍、湘軍、川軍先後加入戰鬪，傷亡極爲慘重。十月二十六日，主要陣地失陷，暫退滬西。十一月五日，日第十軍在金山衞登陸，十一月九日，國軍全部西撤。

十一月二十日，國民政府爲遷都重慶，發表宣言，昭告中外：「將以更廣大之規模，從事更持久之戰鬪。」淞滬會戰國軍血戰三月，「各地戰士，聞義赴難，朝命夕至，其在前線以血肉之軀，築成壕塹，有死無退。」「陣地化爲灰燼，軍心仍如金石，陷陣之勇，死事之烈，實足昭示民族獨立之精神，奠定中華復興之基礎。」⓯外國輿論對國軍隊英勇智謀，備極讚譽。不祇軍人甘於犧牲，視死如歸，卽一般老幼男女，無不爭爲軍隊服務。苦戰之後，十二月十三日南京陷落，日軍爲圖報復，有近二十萬人被屠殺。⓰

由津浦路南下之日軍，十月初陷德州，經徒駭河南岸激戰後，因南京失守，第三集團軍總司令山東省主席韓復榘，心理動搖，十二月二十七日，不戰而放棄濟南，青島陷於孤立，青島市長沈鴻烈下令炸燬紗廠後，率海軍陸戰隊及魯省保安隊，轉移臨沂。此後蔣委員長拿辦韓復

⓯　≪總統　蔣公大事長編初稿≫，頁一四〇～一四一，民國二十六年十一月二十日。

⓰　同❸書，頁三七八。

渠，處以極刑，這是抗戰初期受到最嚴厲懲處的一位高級將領。

日本見中國軍隊愈戰愈勇，乃進一步策劃「徐州會戰」，以消滅中國野戰軍，打擊全國士氣，而達成其「速戰速決」的目的。然在民國二十七年二月初至五月底「徐州會戰」進行中，臨沂戰鬪，浴血八日，日軍傷亡頗重。臺兒莊攻守作戰，爲時四週，激戰尤烈，我以四倍兵力截斷日軍補給，殲日軍一萬六千人，所餘被國軍困於魯南山區。臺兒莊大捷重振了自南京失守後之士氣，人心尤爲興奮。逼著日本大本營急派高級參謀橋本羣少將、參謀西村敏雄中佐；華北方面軍派參謀下山琢麿大佐；第一軍派參謀友近美晴中佐；第二軍派參謀長鈴木率道少將、參謀岡本清福大佐；華中派遣軍派副參謀長武藤章大佐；臨時航空兵團派參謀田中友道大佐，召開緊急協調會議，決定由華北方面軍、華東派遣軍、日本關東軍三方調兵增援⑰，國軍乃放棄徐州。

徐州會戰結束後，戰事轉移豫東，五月二十四日，蘭封陷落，六月六日開封失守。國軍河防部隊決鄭州以東花園口黃河堤防，洪水向南泛濫，三師團日軍——第十四、第十六、第十被困洪水中，地方百姓損失亦重⑱。但日軍北攻鄭州，南窺武漢之企圖爲之阻滯。

至此，日本已極欲結束戰爭，乃傾全國之力，發動「武漢攻略作戰」及「廣東攻略作戰」⑲。且認定武漢爲中國心臟地區，廣東爲對外連絡地帶，此兩地如能控制，中國政府必定「瓦解」或「屈服」。故徵召新兵二十四萬人，籌措戰費三十二億五千萬日元⑳，總兵力三十四個師

⑰ 日本防衛廳防衛研修所戰史室，≪日本戰史叢書≫——≪支那事變陸軍作戰（2）≫（昭和五十一年二月發行），頁四八～四九。

⑱ 此次黃河決口，總計淹沒四十餘縣，河南民宅沖毀一百四十餘萬家，水淹旱地八百餘萬畝，安徽、江蘇耕地被淹一千一百餘萬畝，傾家蕩產者四百八十餘萬人。

⑲ 此係≪日本戰史叢書≫，「原文」。

⑳ ≪日本戰史叢書≫——≪支那事變陸軍作戰(2)≫，頁八六～八七。

團，六個獨立混成旅團，約九十萬人。除日本、朝鮮各留一師團，臺灣留半個獨立混成旅團外，派入中國戰區（包括東北）有三十二個師團，五個半混成旅團，兵力約八十二萬五千人，占日本總兵力百分之九十一點七㉑。其中參加華中派遣軍——「武漢攻略作戰」爲四十萬人；第二十一軍——「廣東攻略作戰」約七萬人。海軍第三、四、五艦隊全力支援，約占日海軍總兵力百分之七十。同時成立「支那特別委員會」，由土肥原主持，利用各種威迫利誘手段，分化中國地方軍系，拉攏中國過時的政客，但收效甚微㉒。

武漢會戰激烈進行五個月又九天，雙方作拚死之鬬。參加之日軍損失在百分之四十以上。進攻廣東雖然較易，然當日軍攻下武漢後，不但發現結束戰爭之目的無法達到，且中國陸軍損失雖大，然補充甚快，士氣高昂，隨時隨地與之周旋，用「持久戰」、「消耗戰」、「以空間換取時間」。日本始知已陷入泥淖之中，無以自拔，祇好暫取守勢，組織僞政權「以戰養戰」了。

本文所使用的資料：（一）秦孝儀編著：《總統　蔣公大事長編初稿》；（二）黨史會編：《中華民國重要史料初編》——〈對日抗戰時期〉，第二編，〈作戰經過〉（即總統府機要檔）；（三）國防部史政編譯局編印：《抗日戰史》（一〇一冊）；（四）國防部史政編譯局有關抗戰檔案；（五）《海軍抗戰紀事》（一冊）；（六）《空軍抗日戰史》（八冊）；（七）日本防衛廳研修所，《戰史叢書》（一〇〇冊），其中(1)《支那事變陸軍作戰》(1)(2)(3)（三冊），(2)《陸海軍年表》，(3)《陸軍軍備戰》，(4)《北支治安戰》(1)(2)（二冊），(5)《1號作戰、河南の會戰、湖南の會戰、廣西の會戰》——(1)(2)(3)（三冊）；

㉑ ≪日本戰史叢書≫——≪支那事變陸軍作戰(2)≫，頁一〇七～一〇九。
㉒ ≪日本戰史叢書≫——≪支那事變陸軍作戰(2)≫，頁九五～九六。

(6)《中國方面海軍作戰》(1)(2)(二册);及其他相關專書與論文。

中日戰史記載出入頗大,本文盡可能地作了考訂與說明。

二、日軍進攻前的部署

1. 日本陸海軍整體分佈

民國二十七年五月二十六日,日近衛內閣改組,板垣征四郎任陸軍大臣,東條英機任陸軍次官㉓。七月二十六日成立「對支特別委員會」:陸軍代表土肥原賢二中將、海軍代表津田靜枝中將、外務代表坂西利八郎(退役陸軍中將)㉔。並由土肥原組織陸軍機關部,紫山兼四郎大佐、晴氣慶胤少佐、香川義雄少佐爲部員,指揮北支(北平)陸軍特務機關——大迫通貞少將,中支陸軍特務機關(上海)——和知鷹二大佐。對中國各地方軍系,宋哲元軍(代號狐)、舊東北軍(代號狗)、舊韓復榘軍(代號栗鼠)、閻錫山軍(代號狸)、劉建緒軍(代號鹿)、徐源泉軍(代號牛),其它(代號兎),分別滲透分化,引其投降,否則卽予擊潰;李宗仁,白崇禧列爲第二批;以及重要軍政人物——唐紹儀、吳佩孚、靳雲鵬等,展開游說工作,勸彼等爲日方工作㉕,配合進攻武漢,以瓦解中國抗戰。

日本爲發動「武漢攻略作戰」,需兵四十萬,故中止在華日軍回國,並新設兵團二十四萬人,籌措戰費三十二億五千萬日元㉖,以攻下武漢而準備「結束戰爭」㉗。

㉓ 日本防衛廳研修所,《戰史叢書》,《支那事變陸軍作戰(2)》,頁八八~八九。

㉔ 前引書,頁一〇五、九六。

㉕ 前引書,頁九二~九六。

㉖ 日《戰史叢書》——《支那事變陸軍作戰(2)》,頁八六。

㉗ 同㉖。

七月底，日陸軍調整部署：

日本本土：近衛師團、第十一師團（年底調東北）；

朝鮮：第十九師團；

東北：第一、第二、第四、第七、第八、第十二、第二十三等師團，獨立混成第一旅團，第一、二、三獨立守備隊，第百四師團（大本營直轄預備隊，後調華南）；

臺灣：臺灣混成旅團（欠波田支隊）；

華北（北支）：第五（後調華南）、第十四(後調華中)、第二十、第二十一、第二十六、第百八、第百九、第百十、第百十四等師團，獨立混成第二、三、四、五（四個）旅團，騎兵集團（兩個旅團）；

華中（中支）：第三、第六、第九、第十（後調華北）、第十三、第十五、第十六、第十七、第十八（後調華南）、第二十二、第二十七、第百一、第百六、第百十六等師團，及波田支隊（第百十六師團九月底後新增）㉘。

以上總計三十四個師團，日本僅二個師團，對蘇聯備戰（東北、朝鮮）九個師團，已感空虛㉙。在中國（華北、華中）二十三個師團，連同四個混成旅團，及特種、飛行、預備、兵站部隊，總數約六十五萬人。

民國二十七年六月，日海軍部署：

聯合艦隊所轄第一、二艦隊警戒太平洋及日本海。

支那（中國）方面艦隊司令官：及川古志郎海軍中將，參謀長草鹿任一海軍少將。轄：

㉘ (1)《日本戰史叢書》——《支那事變陸軍作戰 (2)》，頁一〇八。(2)《日本戰史叢書》，《陸軍軍備戰》，頁二〇八。

㉙ 此係《日本戰史》自己承認，並擴充新兵充實東北實力。

(1) 第三艦隊（中支——華中——部隊），司令官及川古志郎海軍中將（兼），參謀長草鹿任一少將，副參謀長福留繁大佐，參謀高田利種中佐等七人，機關長山本發大佐，軍醫長高田只郎大佐，主計長前田茂大佐，副官鹿江隆少佐。旗艦出雲號，特設砲艇隊二十一隻。

第十一戰隊，司令官近藤英次郎少將，參謀藤原喜代間中佐等四人，機關長御子柴隼人中佐：旗艦竹丸號。

安宅艦長，大石堅四郎中佐；

嵯峨艦長，上野正雄中佐；

保津艦長，大橋恭三中佐；

勢多艦長，寺崎隆治少佐；

堅田艦長，藤谷安宅中佐；

鳥羽艦長，淸村利夫中佐；

熱海艦長，千葉次雄中佐；

二見艦長，澤勇夫中佐；

比良艦長，長屋茂中佐；

小鷹艇長，上井宏少佐；

八重山艦長，森德治大佐。

第一水雷隊司令、澁谷紫郎中佐：旗艦川內號

鴻艇長，皆川延利少佐；

鵯艇長，蘆田部一少佐；

鵲艇長，有馬高恭少佐；

隼艇長，石井汞少佐；

第十一水雷隊司令、田原吉興大佐：

雁艇長，上杉義男少佐；

鳩艇長，太田良直少佐；

鷺艇長，本倉正義少佐；

雉艇長，作間英邇少佐；

栂艦長，仙波繁雄少佐；

栗艦長，小川綱嘉少佐；

蓮艦長，松元秀志少佐；

燕艇長，浦山千代三郎少佐；

神川丸艦長，有馬正文大佐；

鷗艇長，（姓名不詳，大尉）。

第二十一水雷隊司令，橘正雄中佐；

初雁艇長：南六右衞門少佐；

千鳥艇長：久保木英雄少佐；

眞鶴艇長：緒方友兄少佐；

友鶴艇長：澁谷龍穉少佐；

第二砲艇隊司令，加藤榮吉中佐；

第十一砲艇隊司令，八重山艦艦長森德治大佐兼任；

第十二砲艇隊司令，白鷹艦長福垣義穐大佐兼任；

滑走艇隊（一）：隊長阿部德馬少佐；

滑走艇隊（二）：隊長黑相昇少尉；

第二驅逐隊：夕立、村雨、五月雨、春雨四艦；

第九驅逐隊：白露、夕著，有明三艦；

第二十四驅逐隊：江風、海風、涼風、山風四艦；及抽調使用：沖島、黑崎、戶島、新鴻興、日本海丸、涪陪丸等艦。

以上爲進攻武漢之主力。

第四水雷戰隊司令官：警戒北緯三三度三〇分漁山羣島沿海。

第一根據地司令部，旗艦朝日號，黃浦江警戒封鎖；

第一部隊：白鷹（調出）、雲泰、賦濟、寶月等艦。小發動機汽艇十四隻，艇船四隻；維持南通、長江、黃浦江水道暢通；

第二部隊：第十一掃海隊（二分之一），長江掃雷工作；

警戒部隊：第二掃海隊，第三掃海隊；第二十二驅逐隊：水無月、長月、皐月三艦；第三十驅逐隊：彌生、如月兩艦。負責黃浦江掃雷、長江黃浦江警戒、嚮導與封鎖。

測量部隊：聯星、華星兩艦，艇船二隻。隊長花田少佐。負責長江及黃浦江測量工作。

上海特種陸戰隊司令官：上海租界、閘北、浦東、江南造船所、上海附近航空基地、警備防空、協助陸軍作戰。

第一港務部（上海港）部長：港內警戒、港務（上海至蕪湖）及航路標識整備。

第二聯合航空隊，司令官塚元二三四海軍少將：

第十二航空隊司令官，三木森彥大佐；飛行長森田千里少佐；

第十三航空隊司令官：上坂香苗大佐，飛行長久野修三少佐；

第十五航空隊司令官：蒲瀨和足大佐；飛行長峯松嚴少佐；

蒼龍航艦派遣隊長：三蒲鑑三中佐；

第四特種飛行隊：續木禎式中佐；第五特種飛行隊：土師喜太郎少佐。

陸上指揮官：岡本衞平大尉㉚。

(2) 第四艦隊（北支——華北——部隊），司令官豐田副武海軍中將，參謀長小林仁少將。旗艦足柄號。

第十二戰隊：負責華北全區警戒與作戰。

㉚ 日本防衞廳研修所，≪戰史叢書≫，≪中國方面海軍作戰 (2)≫，頁五～七、一七、二二～二三、三一～三五。

第三潛水戰隊;

第二聯合砲艇隊;

第十五驅逐隊: 薄、蔦、藤等三艦;

第十一掃海隊（二分之一）；第十三掃海隊；第十四掃海隊；以上負責華北海岸監視警備、水路確保。

青島、威海衞聯合陸戰隊: 負責兩地警備、防空。

青島航空部隊: 負責破壞中國隴海路軍事設施。

第二港務部——青島港務。

第一聯合航空隊。

(3) 第五艦隊（南支——華南——部隊），司令官鹽澤幸一海軍中將,參謀長田結穰海軍少將。旗艦妙高號(原分南北兩隊，後集中作戰)。

第九戰隊: 妙高、多摩兩艦; （第五艦隊司令官直轄）。

第十戰隊: 天龍、龍田兩艦: 司令官藤森少將; （第二護衞隊）。

第八戰隊: 鬼怒、申良、那珂三艦: 司令官小澤少將; （第一護衞隊）。

第三驅逐隊: 多摩、島風、汐風、灘風四艦; （陽動部隊）。

第一砲艦隊: 首里丸、長壽山丸、長白山丸、華山丸、でりい丸; （封鎖部隊）。

第五水雷戰隊: 司令官後藤少將; 旗艦長良號; （泊地部隊）。

第二十三驅逐隊: 菊月、望月、三日月、夕月四艦;

第十一掃海隊: 掃16、掃14、掃15、掃13、掃18、掃17，六艇。

第十六驅逐隊: 芙蓉、朝顏、刈萱三艦;

第二水雷戰隊: 司令官大熊少將，旗艦神通號;

第八驅逐隊: 天霧、夕霧、朝霧三艦;

第十二驅逐隊: 白雲、叢雲、東雲、薄雲四艦;

第二根據地隊：迅鯨、那沙美、燕三艦；

第三港務部：五吳、湊丸兩艦；

第一警戒艇隊：圓島、江之島、一曳、二曳四艇；

第二警戒艇隊：第八、第十一、第十三南進丸，第七旭丸四艇；

第三警戒艇隊：第十六、第十七南進丸，次高丸、第三旭丸四艇；

第四警戒艇隊：第三十一南進丸、隼丸兩艇。

第一航空部隊（約四〇機）：司令官鮫島少將；

第二航空戰隊：蒼龍、龍驤兩航艦；

第三十驅逐隊：睦月、卯月、如月、彌生四艦；千歲、神川丸兩艦載驅逐機。

第二航空部隊（約七〇機）：司令官細萱少將；

第一航空戰隊：加賀航艦；

第二十九驅逐隊：追風、疾風二艦；

第十四航空隊；（約四〇機）司令官阿部大佐。

第三航空部隊：高雄海軍航空隊司令石井藝江少將（約十五機）；勝力、鶴見兩艦；照慶丸、衣笠丸、萬城丸、廣德丸、甲谷陀丸㉛。

2. 華北日軍守勢佈置

七月四日華北日軍守勢部署如後：

華北方面軍司令官寺內壽一大將，駐北平。以支那駐屯步兵四大隊、戰車隊、特種兵、飛行部隊爲主。另派步兵六大隊佔據涿縣、易縣、保定、望都。

直屬部隊：第五師團，師團長安藤利吉中將，轄步兵第九、二十一兩旅團、步兵第十一、四十一、二十一、四十二等四聯隊、及直屬騎、

㉛ 前引書，頁五～七、五一～五五、五六～五七、六二～六三。

砲、工、輜各聯隊，特種部隊駐青島，分兵膠濟線與膠東(後調華南)。

獨立混成第五旅團（旅團長秦雅尚中將），轄獨立步兵五大隊，及砲、工、輜重兵，配合第五師團駐膠濟線，張店、博山。

第百十四師團，師團長末松茂治中將，轄步兵第百二十七、百二十八兩旅團，步兵第六十六、第百二、第百十五、第百五十等四聯隊，與直屬砲、騎、工、輜各聯隊及特種部隊，駐濟南，分兵津浦線桑園、德州、禹城、泰安、滋陽、滕縣、棗莊、臨沂。

第二十一師團（三聯隊師團，師團長鷲津鉛平中將，七月十五日編入華北方面軍直屬），轄步兵第二十一步兵團——步兵第六十二、八十二、八十三等三個聯隊，與直屬砲、騎、工、輜各大隊及特種部隊。駐徐州，分兵碭山、宿縣。

第百十師團，師團長桑木崇明中將，（六月二十五日編入華北方面軍直屬）所轄步兵旅團與聯隊不詳，知七月中旬在塘沽僅五個步兵大隊登陸，一大隊駐天津，兩大隊駐青縣、滄縣，二大隊駐唐山至山海關。由步兵第百四十聯隊（是新擴充之聯隊）指揮。此師團原配屬支那駐屯軍，後支那駐屯軍編爲三聯隊之第二十七師團調華中派遣軍，即由百十師團接替防務。

騎兵集團（七月十一日由關東軍撥交華北方面軍指揮，司令官內藤正一中將）轄騎兵第一、第四兩旅團，騎兵第十三、十四、二十五、二十六等四個聯隊。及配屬特種部隊，駐淮陽，分兵商邱、開封。

駐蒙軍：第二十六師團（三聯隊師團），師團長蓮沼蕃中將。轄步兵第十一、十二、十三等三個聯隊及砲、工、輜聯隊，與搜索隊，及配屬山砲聯隊。駐大同。十一聯隊駐朔縣，十二聯隊駐豐鎭、平地泉、大同、應縣，第十三聯隊駐歸綏、包頭。

獨立混成第二混成旅團（旅團長常剛寬治少將），轄五個獨立步兵大隊及騎、砲、工、輜大隊，駐張家口。分兵一大隊駐延慶、懷來，一大隊駐宣化、陽原，一大隊駐蔚縣、靈邱，一大隊駐天鎮、高陽。

第一軍司令官梅津美治中將，駐石家莊。轄:

獨立混成第三旅團（旅團長柳下重治少將），轄五個獨立步兵大隊，及騎、砲、工、輜大隊，駐順德，分兵一大隊駐柏鄉，一大隊駐邯鄲，一大隊駐彰德。

獨立混成第四旅團(旅團長石武靜吉少將)，轄五個獨立步兵大隊，及騎、砲、工、輜大隊，駐平定，分兵一大隊駐井陘，一大隊駐壽陽。

第十四師團，師團長井關隆昌中將，轄步兵第二十七、二十八兩旅團，步兵第二、五十九、十五、五十等四個聯隊，及騎、砲、工、輜聯隊，駐懷慶，分兵濟源、孟津、新鄉、延津、輝縣、滑縣。

第二十師團，師團長牛島實常中將，轄步兵三十九、四十兩旅團，步兵第七十七、七十八、七十九、八十等四個聯隊，及騎、砲、工、輜各聯隊，及特種兵，駐運城，分兵蒲洲（永濟）、臨晉、榮河、猗氏、聞喜、新絳、夏縣。

第百八師團，師團長谷口元治郎中將，轄步兵第三十五、第百四兩旅團，步兵第百十七、第三十二、第十二、第百五等四個聯隊，及騎、砲、工、輜各聯隊，與特種兵。駐臨汾，分兵絳縣、霍縣、靈石。

第百九師團，師團長山岡重厚中將，轄步兵第三十一、第百十八兩旅團，步兵第六十九、百七、百十九、百三十六等四個聯隊，及騎、砲、工、輜各聯隊與特種兵。駐太原，分兵駐代縣、忻縣、交城、太谷、祁縣、汾陽、離石㉜。

第一野戰化學實驗部（直屬華北方面軍）

㉜ 日本防衛廳研修所，≪戰史叢書≫，≪北支治安戰（1)≫，北支方面軍兵力配置要圖（昭和十三年九月十五日）。

北支那方面軍飛行隊編成:

飛行隊長，陸軍航空兵大佐須藤榮之助，轄:

飛行第六十四戰隊第三中隊（戰鬪機），彰德;

飛行第二十七戰隊——輕轟炸機三中隊，大同;

飛行第九十戰隊——輕轟炸機三中隊，太原;

第十七、第十八航空地區司令部;

第九十一、第九十三飛行場大隊;

第一飛行場中隊;

第十五航空情報隊;

第十二師團第三野戰高射砲隊;

兵站汽車第六十五中隊;

第九師團第五陸上運輸隊㉝。

關東軍濱本部四飛行大隊駐關內長城附近㉞。及海軍第一聯合航空隊。

此一部署至九月十五日完成。兵力二十四萬人。

此一地區，國軍以第一戰區（河南），第二戰區（山西），第八戰區（綏遠）及冀、察、晉、魯各省游擊隊，對日軍主動攻擊。

三、華中日軍攻勢兵力

七月四日，華中日軍戰鬪序列:

中支（華中）派遣軍: 司令官畑俊六大將。

1. 第十一軍與配屬部隊

㉝ 日本防衛廳研修所，《戰史叢書》，《支那事變陸軍作戰(2)》，頁二〇二。

㉞ 同㉜。

第十一軍司令官岡村寧次中將，參謀長吉本貞一少將、副參謀長沼田多稼藏少將，第一課參謀（作戰）宮崎周一大佐等四人，第二課參謀（情報）井上官一中佐等三人，第三課參謀（後勤）櫻井鐐三中佐等四人，高級副官南部外茂起大佐。轄:

第六師團，師團長稻葉四郎中將，參謀長黑田重德大佐，轄步兵第十一、三十六兩旅團，步兵第十三、四十七、三十二、四十五等四個聯隊，與騎、砲、工、輜各聯隊，及特種兵。

第百一師團，師團長伊東政喜中將，轄步兵第百一、百二兩旅團，步兵第百一、百四十九、百三、百五十七等四個聯隊與騎、砲、工、輜各聯隊，及特種兵。

第百六師團，師團長松浦淳六郎中將，五月十五日新召集師團，轄步兵百△△、百△△兩旅團，步兵第百十三、百四十五、百四十七、百三十二等四個聯隊，與騎、砲、工、輜各聯隊，及特種兵。

波田支隊（波田重一中將），轄臺灣步兵第一、第二聯隊、臺灣山砲兵聯隊，及騎、工、輜大隊。

第二十七師團，師團長本間雅晴中將（由支那駐屯軍改編，三聯隊師團），轄: 第二十七步兵團（永見俊德少將）——支那駐屯步兵——第一聯隊（長谷川基大佐）、第二聯隊（岡崎淸三郎大佐），第三聯隊（宮崎富雄大佐）、第二十七師團搜索隊（宮脇侃藏中佐），山砲兵第二十七聯隊（小林信夫中佐），工兵第二十七聯隊（小川三郎中佐），輜重兵第二十七聯隊（石川鋏郎大佐），第二十七師通信隊、衛生隊、第一至四野戰醫院。九月八日集結加入第十一軍戰鬪序列。

第九師團，師團長吉住良輔中將，轄步兵第六、十六兩旅團，步兵第七、三十五、十九、三十六等四個聯隊，及騎兵、山砲兵、工兵、輜重兵各第九聯隊。與通信隊、衛生隊、第一至四野戰醫院。（八月一日由華中派遣軍直轄編入第十一軍戰鬪序列）。

第十一軍所轄特種兵：獨立機關槍第七大隊，獨立山砲兵第二聯隊，野戰重砲兵第十聯隊，迫擊砲第一、第四大隊，近衞師團第四、第十、第三師團 第二十五、第二十六、第二十八，第四師團第一等（七個）野戰高射砲隊。獨立工兵第三、第十二聯隊。第三通訊隊。第十一師團第一、二架橋材料中隊。近衞師團渡河材料中隊。

配屬特種兵隊：第九師團集成山砲大隊，近衞師團第一、第八野戰高射砲隊（原隸第二軍），近衞師團第三野戰照空隊。

兵站部隊：第三師團第二、第九師團第一（兩個）兵站司令部，第十兵站汽車隊，第一野戰醫院，第四病患運輸部，第四兵站馬廠。近衞師團後備步兵第二（欠二中隊）、第四（兩個）大隊。第一師團第一、第二，第二師團第一、第二（四個）後備工兵中隊（按日本後備兵編制，有如中國陸軍補充團（營），隨軍行動並參加作戰）。第六手押輕便鐵路隊。近衞師團第九，第十一師團第八（兩個）陸上運輸隊。第一師團第二、第四，第十一師團第二（三個）水上運輸隊。第五師團第二、第三，第十四師團第一（三個）建築運輸隊。第四野戰道路構築隊。野戰鑿井第八、第十一（兩個）中隊。第五野戰防疫部㉟。

九月三十日增援石原（志摩）支隊（屬第百十六師團），高品支隊（屬第十五師團），鈴木支隊（屬第十七師團），詳後。

以上五個師團，四個支隊，與所轄特種兵，及兵站部隊，約十五萬人。在長江兩岸向西攻擊前進。

2. 第二軍與配屬部隊

㉟ (1)≪日本戰史叢書≫——≪支那事變陸軍作戰(2)≫，頁一一四～一一五、一一八、一二九～一三四。(2) 上述各師團聯隊長以上之主管已在〈陸軍與初期作戰〉文內詳列，此處從略。

第二軍司令官東久邇（稔彥王）中將，參謀長町尻量基少將，副參謀長青木重誠大佐。轄:

第十師團，師團長篠塚義男中將，參謀長堤不夾貴大佐。轄: 步兵第八旅團（岡田資少將）——步兵第三十九聯隊（太田米雄大佐），步兵第四十聯隊（西大條胖大佐），步兵三十三旅團（瀨谷啟少將）——步兵第十聯隊(毛利未廣大佐)，步兵第六十三聯隊（福榮眞平大佐），騎兵第十聯隊（桑田貞三中佐），野砲兵第十聯隊（谷口春治大佐），工兵第十聯隊（小野行守大佐），輜重兵第十聯隊（前野四郎大佐），第十師團通信隊，衞生隊，第一至四野戰醫院。（七月十二日由華北調華中，編入第二軍）。

第十三師團，師團長荻洲立兵中將，參謀長吉原矩大佐，轄: 步兵第二十六旅團（沼田重德少將）——步兵第五十八聯隊（倉林公任大佐），步兵第百十六聯隊（添田孚大佐），步兵第百三旅團（山田栴二少將）——步兵第六十五聯隊（兩角業作大佐），步兵第百四聯隊（里見金二大佐），騎兵第十七大隊（小野良三中佐），山砲兵第十九聯隊（橫尾闊中佐），工兵第十三聯隊（岩淵經夫中佐），輜重兵第十三聯隊（新村理市中佐）， 第十三師團通信隊， 衞生隊， 第一至四野戰醫院。

第十六師團，師團長藤江惠輔中將（七月二十六日接任），參謀長中澤三夫大佐，轄: 步兵第十九旅團（酒井直次少將）——步兵第九聯隊（古閑健大佐），步兵第二十聯隊（南部襄吉大佐），步兵第三十旅團（篠原次郎少將）——步兵第三十二聯隊（山田喜藏大佐），步兵第三十八聯隊（近籐元大佐），騎兵第二十聯隊（笠井敏松中佐），野砲兵第二十二聯隊（大須賀應大佐），工兵第十六聯隊（今井武義大佐），輜重兵第十六聯隊（柄澤畔夫大佐），第十六師團通信隊，衞生隊，第一至四野戰醫院。（七月二十六日，由華北方面軍調華中派遣軍，編入第二軍）。

第三師團，師團長藤田進中將，參謀長齋藤正銳大佐，轄：步兵第五旅團（上村幹男少將）——步兵第六聯隊（川並密大佐），步兵第六十八聯隊（加藤鑰平大佐），步兵第二十九旅團（上野勘一郎少將）——步兵第十八聯隊（石井嘉穗大佐），步兵三十四聯隊（鈴木貞次大佐），騎兵第三聯隊（星善太郎中佐），野砲兵第三聯隊（武田精一大佐），工兵第三聯隊（中島三栖雄大佐），輜重兵第三聯隊（粟原尙治大佐），第三師團通信隊，衞生隊，第一至四野戰醫院。（七月十五日由華中派遣軍配屬第二軍，八月二十二日編入第二軍戰鬪序列）。

第二軍所轄特種兵：獨立機關槍第一大隊。獨立山砲兵第三聯隊。野戰砲兵第五旅團。近衞師團第五、第七，第十六師團第五、六（四個）野戰高射砲隊，獨立工兵第一、第八（兩個）聯隊，第一通信隊。

配屬特種兵：第五師團第五、第六，第十六師團第七、八、九、十（六個）野戰高射砲隊，近衞師團第四，第三師團第七、第九（三個）野戰照空（探照燈）隊。野戰鳩（鴿）第十八小隊（以上原屬華中派遣軍直轄）。第四師團、第七師團、第十二師團等三個架橋材料中隊（欠一小隊），第一師團渡河材料中隊（以上原屬第十一軍）。

所轄兵站部隊：第六預備馬廠，第六野戰汽車廠，第四兵站汽車隊（轄第十四、十七、十八、二十八——欠一小隊、二十九、七十四等六個中隊），第一野戰醫院（野戰預備第七、二十一、二十七班），第五傷患運輸部（第十二、十四、三十一班），第六（三分之一）兵站病馬廠。

第六師團第四，第七師團第六，第十一師團第四（三個）後備步兵大隊。第七師團第一、第四（兩個）後備步兵中隊。第六師團第一、二，第八師團第一、二，第十六師團第一（五個）後備工兵中隊。第四師團第二，第九師團第九，第十四師團第三（三個）水上運輸隊，第三師團建築運輸隊，野戰鑿井第四、第五中隊。

配屬兵站部隊：第八師團第二兵站司令部，第二師團後備步兵第四大隊，第十一師團後備步兵第一大隊（以上原屬第十一軍），第六師團後備步兵第二大隊，第十一師團後備步兵第二大隊——欠二中隊（以上原爲華中派遣軍直轄）㊱。

以上四個師團，及特種兵，兵站部隊總數約十二萬人。在淮南向西推進。

3. 華中派遣軍直轄部隊

第三師團，師團長藤田進中將，七月十五日配屬第二軍（詳前）；

第九師團，師團長吉住良輔中將，八月一日配屬第十一軍（詳前）；

第十八師團，師團長久納誠一中將（七月七日接任），九月十九日編入第二十一軍戰鬬序列，調廣東作戰（詳後第二十一軍侵入華南）。

第二十七師團，師團長本間雅晴中將，（三聯隊師團）七月十五日編入華中派遣軍，加入第十一軍戰鬬序列（詳前）。

第十五師團，師團長岩松義雄中將，七月十五日新召集編入。八月八日上海登陸，八月二十三日，南京、蕪湖、揚州地區警備。

第十七師團，師團長廣野太吉中將，（三聯隊師團）七月十五日新召集編入，八月二日上海登陸，八月八日到蘇州，九月二十五日警備南通地區。

第二十二師團，師團長土橋一次中將，七月七日新召集編入。八月二十日上海登陸，八月二十八日杭州地區警備，九月十九日上海地區警備。

第百十六師團，五月十五日新由日本徵召組成，九月底撥入華中派

㊱ 同㉟書，頁一一四、一一八～一三〇、一三九～一四一。

遣軍。四步兵聯隊師團，師團長清水喜重中將。派石原（石原常太郎少將，步兵第十九旅團長）支隊，參加武漢攻略作戰。

騎兵第四旅團，旅團長小島吉藏少將，十月十一日由華北方面軍調入華中派遣軍。後編入第二軍在信陽附近參戰。

第二野戰化學實驗部（直屬華中派遣軍）

所轄航空部隊：

（一）陸軍航空兵——航空兵團司令官，德川好敏（男爵）陸軍中將。八月末結集完成。駐南京。

航空兵團司令部：直轄獨立飛行第十八中隊（偵察機九架）；

A．第一飛行團，司令官寺倉正三陸軍少將；駐懷寧、合肥，轄：獨立飛行第十六中隊（偵察機九架）；飛行第七十七戰隊（戰鬪機二中隊，二十四架）；飛行第三十一戰隊（輕轟炸機二中隊，十八架）。支援第二軍，參加六安、固始作戰。

B．第三飛行團，司令官菅原道大陸軍少將，初駐懷寧，後移彭澤。轄：獨立飛行第十七中隊（偵察機九架）；獨立飛行第十中隊（戰鬪機十二架）；飛行第四十五戰隊（輕轟炸機三中隊，二十七架）；飛行第七十五戰隊（輕轟炸機三中隊——二十七架）。支援第十一軍參加彭澤、德安作戰。

C．第四飛行團，司令官藤田朋陸軍少將，駐南京。轄：飛行第六十四戰隊——欠第三中隊（戰鬪機二中隊，二十四架）；飛行第六十戰隊（重轟炸機三中隊，十八架）；飛行第九十八戰隊（重轟炸機三中隊，十八架）。分駐南京、杭州、懷寧，支援各地作戰。

第十五、第十六航空地區司令部，第三十五、第四十、第五十七、第九十二、第九十四、第九十六、第九十七飛行場大隊，第二、第三飛行場中隊，第一至第三野戰飛行設定隊，第十五航空通訊隊，第十六航空情報隊，第一師團第九、第十野戰高射砲隊，第十二師團第一、第二野戰高射砲隊，近衛師團第六野戰照空隊，兵站汽車第一、十三、三十、六十四、八十六、九十二、九十三、一五一（八個）中隊，第十五野戰航空廠㊲。

（二）海軍航空兵——第二聯合航空隊。塚原二三四海軍少將。

A. 第十二航空隊——三木大佐：艦上戰鬥機二隊半（四五機），艦隊攻擊機一隊（一八機），駐南京。

B. 第十三航空隊——上阪大佐：陸上攻擊機二隊（四八機），艦上戰鬥機一隊（一八機），初駐南京，後移懷寧。

C. 第十五航空隊——蒲瀨大佐：艦上戰鬥機一隊(一八機)，艦上攻擊機半隊(九機)，艦上轟炸機一隊(一八機)，初駐懷寧，後移九江。

D. 揚子江空襲部隊：三航艦（神州丸、雉、能登呂）水上飛機三六機，及第三航空戰隊（神威、香久丸兩航艦飛機）協助陸海軍溯江部隊進攻。

E. 第二空襲部隊：第一聯合航空隊陸上攻擊飛機三〇，擔任遠距離轟炸與攻擊任務㊳。

（三）配屬海軍部隊：

A. 第三艦隊大部：旗艦出雲號，第十一戰隊，第二砲艇隊，第一水雷戰隊，第一、二特別掃海隊，第十一水雷隊，第二十一水雷隊，特別陸戰隊，特別作業隊，根據地部隊之第二、三掃雷隊及第二十二、三十驅逐隊等。

B. 溯江部隊——近藤少將，轄揚子江船舶隊；

㊲ 日《戰史叢書》，《支那事變陸軍作戰（2)》，頁一二三～一二四、二〇一～二〇二。

㊳ 日《戰史叢書》——《支那事變陸軍作戰(2)》，頁一二四～一二五。

C. 鄱陽湖部隊——田園少將，轄鳥羽、酒井兩砲艇隊，爲根據地船舶隊㊴。

以上八個師團，後撥出四個——第三、第九、第十八、第二十七——師團。尚有四個師團，一個騎兵旅團，陸海軍航空隊，海軍第三艦隊，及所組成兩個船舶隊，兵力約十四萬人，與第十一軍（十五萬人），第二軍（十二萬人）總合四十一萬人。眞算傾全國之力，企圖一舉而陷地緣心臟地帶——武漢，促使中國「屈服」而結束戰事，但日本此一計畫顯然地失敗了。

四、國軍防備體系

1. 第五戰區

長江以北，淮河以南，皖豫鄂三省，第五戰區司令長官，李宗仁。

（一）第三兵團孫連仲：第二集團軍孫連仲（兼）：三十軍田鎭南——三十師張金照，三十一師池峯城；四十二軍馮安邦——二十七師黃樵松，獨四十四旅吳鵬舉；二十六軍蕭之楚——三十二師王修身，四十四師陳永；五十五軍曹福林——二十九師曹福林（兼），七十四師李漢章；八十七軍劉膺古——一九八師王育瑛、一九九師羅樹甲。

（二）第四兵團李品仙——第二十九集團軍王纘緒：四十四軍彭誠孚——一四九師王澤濬、一六二師張竭誠；六十七軍許紹宗——一五〇師廖震、一六一師許紹宗（兼）。

第十一集團軍李品仙（兼）：第八軍團夏威——八十四軍覃聯芳——一八八師劉任、一八九師凌壓西；四十八軍張義純——一七三師賀

㊴ 前引書，頁一二三。

維珍、一七四師張光瑋、一七六師區壽年。

第二十八軍團劉汝明：六十八軍劉汝明(兼)——一一九師李金田，一四三師李曾志；八十六軍何知重——一〇三師何紹周、一二一師牟廷芳。

（三）戰區長官部直轄：第二十七集團軍楊森：二十軍楊森（兼）——一三三師楊漢域、一三四師楊漢忠；二十一軍陳萬仞——一四五師佟毅、一四六師劉兆藜。

第二十六集團軍徐源泉：第十軍徐源泉（兼）——四十一師丁治磐、四十八師徐繼武。

第二十一集團軍廖磊：三十一軍韋雲淞——一三一師林賜熙、一三五師蘇祖馨、一三八師莫德宏；第七軍張淦——一七〇師黎行恕、一七一師漆道徵、一七二師程樹芬。

第五集團軍于學忠：五十一軍于學忠（兼）——一一三師周光烈、一一四師牟中珩；七十一軍宋希濂——六十一師鍾松、八十八師鍾彬、三十六師蔣伏生（後陳瑞河）。

第三十三集團軍張自忠：五十九軍張自忠（兼）——三十八師黃維綱、一八〇師劉振三、騎十三旅姚景川。

第二十六軍團萬福麟：五十三軍萬福麟（兼）（後調第九戰區，統計在第九戰區內）——一三〇師朱鴻勳、一一六師周福成。

第十九軍團馮治安：七十七軍馮安治（兼）——三十七師張凌雲、一三二師王長海。

第二十四集團軍韓德勤：五十七軍繆澂流——一一一師常恩多、一一二師霍守義；八十九軍韓德勤（兼）——三十三師賈韞山、一一七師李守維。

第十七軍團胡宗南：第一軍陶峙岳——第一師李正先、七十八師劉安祺。

第四十五軍陳鼎勳——一二四師曾甦元、一二五師王士俊㊵。

以上第一、七、十、二十、二十一、二十六、三十、三十一、四十二、四十四、四十五、四十八、五十一、五十五、五十七、五十九、六十七、六十八、七十一、七十七、八十四、八十六、八十七、八十九軍，共二十四個軍。

第一、二十七、二十九、三十、三十一、三十二、三十三、三十六、三十七、三十八、四十一、四十四、四十八、六十一、八十八、七十四、七十八、一〇三、一一一、一一二、一一三、一一四、一一九、一二一、一二四、一二五、一三一、一三二、一三三、一三四、一三五、一三八、一四三、一四五、一四六、一四九、一五〇、一六一、一六二、一七〇、一七一、一七二、一七三、一七四、一七六、一八〇、一八八、一八九、一九八、一九九師，共五十個師，一個步兵旅，一個騎兵旅，兵力約二十八萬人。對日第二軍與第十一軍作戰。

2. 第九戰區

長江南岸，皖、贛、鄂、湘四省，第九戰區司令長官，陳誠。

（一）第一兵團薛岳，轄：六十六軍葉肇——一五九師譚邃、一六〇師華振中。七十四軍俞濟時——四十師羅歷戎、五十一師王耀武、五十八師馮聖法。

第二十集團軍商震——三十二軍商震（兼）——一三九師李兆鍈、一四一師宋肯堂（後唐永良）、一四二師呂濟（後傅立平），稅警旅蔣冗珂。十八軍黃維——十一師彭善、十六師何平、六十師陳沛。

㊵ ①國防部作戰參謀次長室編訂，≪國軍歷屆戰鬪序列表彙編≫，第一輯，頁一三〇～一四四，民國二十七年三月十五日至七月二日。並參閱≪抗日戰史≫——〈武漢會戰〉（十册）所提參戰人員。

②當時國軍每師參戰兵力約在5000～6000人左右。

③「兵團」下爲「集團軍」。抗戰初期，一度將部份戰力強之軍擴編成「軍團」，稍後再改編爲「集團軍」，而「軍團」則漸漸廢除。

第三十集團軍王陵基：七十二軍王陵基（兼）——新十三師劉若弼、新十四師范楠煊。七十八軍張再——新十五師鄧國璋、新十六師陳良基。南昌警備部隊——預九師張言傳，一一八師王嚴，鄱陽湖警備司令曾戛初，廬山游擊部隊楊遇春。

（二）第二兵團張發奎，轄：第二十九軍團李漢魂，六十四軍李漢魂（兼）——一五五師陳公俠、一八七師彭林生。第八軍李玉堂——第三師趙錫田、預二師陳明仁、預十一師趙定昌。二十五軍王敬久——十五師汪之斌、五十二師冷欣、一九〇師梁華盛。

第三集團軍孫桐萱：第十二軍孫桐萱(兼)——二十師張測民、二十二師時同然、八十一師展書堂。七十軍李覺——十九師李覺（兼）、一二八師顧家齊。

田南要塞指揮官五十四軍軍長霍揆彰——十四師陳烈、十八師李芳郴。田北要塞指揮官第二軍軍長李延年——第九師鄭作民、五十七師施中誠。

第九集團吳奇偉：第四軍歐震——五十九師張德能、九十師陳榮機。第三十軍團盧漢：六十軍盧漢（兼）——一八四師張沖。

第三十一集團軍湯恩伯：十三軍張軫——二十三師歐陽棻、八十九師張雪中、新三十五師王勁哉；九十八軍張剛——八十二師羅啟疆、一九三師李宗鑑、一九五師梁愷。三十七軍黃國樑——九十二師梁漢明、一九七師丁炳權。

第三十二軍團關麟徵：五十二軍關麟徵(兼)——第二師趙公武、二十五師張耀明。九十二軍李仙洲——第二十一師侯鏡如、九十五師羅奇。

（三）武漢衞戍總部陳誠（兼），羅卓英（副）：第十五軍團萬耀煌，江南指揮官七十五軍軍長周碞——第六師張珙、十三師方靖（代）、五十師成光耀。武漢衞戍總部直轄四十九師李精一、九十三師甘麗初。

江北區指揮十六軍軍長董釗——二十八師董釗（兼）、一〇二師柏輝章。武漢警備司令郭懺（兼）——九十四軍郭懺（兼）——一八五師方天、五十五師李及蘭。總部直轄一六七師趙錫光、四十三師周祥初。

（四）江防軍劉興：馬當守備區，指揮官李韞珩——第五十三師李韞珩（兼），一六七師薛蔚英（一旅），要塞司令王錫燾。

湖口警備區：指揮官薛蔚英——一六七師薛蔚英（兩旅），湖口警備總隊。

九江守備區：指揮官郭汝棟，第二十六師劉雨卿。九江警備司令陳雷：江西保安第三、第十一團。

田家鎮守備區：指揮官王東原——第十五師汪之斌、五十七師施中城、七十七師彭位仁等三師，及田家鎮要塞司令蔣必。

江防要塞守備司令謝剛哲：駐防金口以下黃州、鄂城線——要塞守備第一、二營，江防要塞守備第一總隊，砲兵第十五團兩排㊶。

以上第二、四、六、八、十二、十三、十八、二十五、三十二、三十七、五十二、五十三、五十四、五十八、六十、六十四、六十六、七十、七十二、七十四、七十五、七十八、八十五、九十二、九十四、九十八軍，共二十六個軍。

第二、三、六、九、十一、十三、十四、十五、十六、十八、十九、二十、二十一、二十二、二十三、二十五、二十六、四十、四十三、四十九、五十、五十一、五十二、五十三、五十五、五十七、五十八、五十九、六十、七十七、八十一、八十二、八十七、九十、九十二、九十三、九十五、一〇二、一一〇、一一六、一一八、一二八、一三〇、一三九、一四〇、一四一、一四二、一五五、一五九、一六〇、

㊶　前引書，頁一五二～七一。並參閱≪抗日戰史≫——〈武漢會戰〉（十册）所提參戰人員。

一六七、一八四、一八五、一八七、一九〇、一九三、一九五、一九七、新十、十一、十三、十四、十五、十六、三十二、三十五(新三十五師後改一二八師)、預二、四、九、十一師。共七十個師(其中五十八軍、八十五軍、新三十二師,皆為軍委會控部隊,後投入戰場)又一個稅警旅,及江防要塞、保安隊、游擊隊,總數在三十八萬人左右,在江南給日軍很大的殺傷。

3. 軍事委員會保衛武漢作戰計畫

——民國二十七年六月八日,最機密第三號——

(一)方　針

國軍以聚殲敵軍於武漢附近之目的,應努力保持現在態勢,消耗敵軍兵力,最後須確保大別山、黃麻間主陣地,及德安、箬溪、辛潭舖、通山、汀泗橋各要線,先摧破敵包圍之企圖,爾後以集結之有力部隊,由南北兩方向沿江夾擊突進之敵。

(二)指導要領

甲、第五戰區應以現在態勢,確保大別山主陣地,積極擊破沿江及豫南進犯之敵。

A. 廣濟方面

(1)李延年、許紹宗、劉汝明、曹福林、蕭之楚、覃聯芳、韋雲淞、張淦、張義純、何知重等部,確保現陣地及田家鎮要塞,積極擊破當面之敵;並酌派部隊在浠水(44軍)巴河(87軍)兩線佔領陣地。

(2)田家鎮要塞淪陷後,應改用持久戰要領,滯遲敵之西進;並利用浠、巴兩線之阻止,轉用約五師兵力於宋埠、黃陂間與武漢守備部隊協同作戰。

B. 豫南方面

(1)孫連仲、宋希濂、張自忠部,固守黃麻以北大別山陣地;並控置馮治安、徐源泉部於麻城、宋埠間，策應各要路口作戰。

(2) 胡宗南及于學忠部，取側面攻勢，與佔領陣地部隊相連繫，努力擊破該方面包圍之敵。

(3) 必要時、十三師可抽調使用於宣化店附近固守隘路。

(4) 最後應確保大別山陣地及信陽，使武漢部隊作戰容易。

C. 爾後游擊部署

(1) 應指定八個師以上兵力，在大別山分區設立游擊根據地，向安慶、舒桐（舒城、桐城）、六合（六安、合肥）及豫東皖北方面挺進游擊；尤須積極襲擊沿江西進之敵。

(2) 蘇北兵團，應以有力部隊向淮南游擊，破壞交通。

乙、第九戰區應極力維持現在態勢，並須確保德安、箬溪、辛潭舖、通山、汀泗橋要線，以維持全軍後方，使爾後作戰容易；尤須先擊破經瑞武路及木石港西進之敵。

A. 南潯路星子方面，以吳奇偉指揮王敬久（52師、190師）、俞濟時（57師、58師）、葉肇（159師、160師）、陳安寶（40師、79師）、歐震（59師、90師）各師及102師、134師，確保德安以北現陣地，為全軍之右翼。

B. 薛岳親自指揮王陵基（N13師、N14師、N15師、N16師）、黃維（11師、16師、60師）、李玉堂（3師、15師）等部，及133師、141師、142師、98師、62師、迅速擊破沿瑞武公路兩個進犯之敵，確實控置箬溪、橫路舖各隘路口，以阻止敵之迂迴；並乘敵突入向北側擊。

C. 陽新河以南，盧漢（184師、182師、183師），湯恩伯（23師、N35師、4師、110師）及14師，應以現在態勢阻敵西進；萬福麟（預4師，——屬75軍、130師、116師），張剛（193師、82師），部應確保陽新河北岸及沿江半壁山等要點；並以黃國樑軍（92師、50師）進至三溪口，準備在辛潭舖、三溪口、下浮屠之線，截擊西進之敵。

D. 關麟徵（2師、25師、榮譽師）、李仙洲（95師、197師）、周祥初（43師），以主力控置於高橋、通山附近；一部於金牛、鄂城，準備在通山、李家舖、金牛、保安、鄂城前方高地線，佈置堅固陣地與敵決戰；並保持重點於南翼。湯恩伯部轉用後，及孫渡（N10師、N11師、N12師）、鄧龍光（154師、156師）部到達時，均加入該線向敵反攻，情況許可時，上述各部更應向前推進作戰。

E. 九戰區爾後應以四個師以上兵力，在九宮山建立游擊根據地，常川向敵後方游擊。

丙、武漢衞戍部隊，準備改守沿江要點及核心陣地，應以現有兵力之一部（13師）推進準備使用於五戰區，（55師）使用於第九戰區與敵決戰。最後應固守核心陣地，使兩戰區野戰部隊，得從新部署，向敵夾擊。

丁、第一、二、三各戰區仍以現在部署，積極向敵襲擊，以牽制敵向武漢轉用兵力。第三戰區沿江要塞砲兵，更應排除萬難，妥為部署，俾發揮威力，截斷敵艦長江連絡線。

該戰區等作戰方針，早經指示；並已由各該戰區計畫實施中㊷。

4. 海空軍的配備

中國海軍抗戰前原有：（一）第一艦隊（司令官海軍中將陳季良）；（二）第二艦隊（司令官海軍少將曾以鼎）；（三）第三艦隊（司令官海軍少將謝剛哲）；（四）廣東艦隊：（五）練習艦隊。惟抗戰初期淞滬與沿海作戰，損失慘重，陳舊艦艇多沈於江陰要塞㊸。武漢保衛戰之

㊷ 總統府機要檔，中國國民黨中央黨史委員會編印：≪中華民國重要史料初編≫——〈對日抗戰時期〉，第二編，〈作戰經過〉，頁三〇八～三一一。

㊸ (1)≪中國新海軍≫（行政院新聞局，民國三十六年九月），頁一〇～一三；(2)通濟、大同、自強、德勝、威勝、武勝、辰宇、宿子等艦沈於江陰要塞。

際，布雷封鎖，以第三艦隊爲主，配合碉堡暗砲，反擊日軍㊹。

海軍第三艦隊原駐華北，抗戰開始，奉命以所屬艦艇堵塞青島及江陰要塞。人員分別移防長江，改組爲江防要塞司令部，轄三個守備隊，分防田家鎭、湖口、馬當等地㊺。

同時海軍以進入長江之寧字——綏寧、咸寧、長寧，及勝字——義勝、順勝、勇勝、誠勝、公勝、仁勝各砲艇，在馬當、湖口、田家鎭封鎖線附近布雷並輪流逡巡。再以「文」、「史」、「顏」字魚雷快艇多艘，準備攻擊日軍主力艦隊。另指派永績、中山、江元、江貞、楚觀、楚謙、楚同、民生等八艦，擔任軍事委員會之運輸工作㊻。

中國空軍經歷民國二十七年上半年多次空戰，雖予日空軍相當打擊，但本身損耗亦十分嚴重。此時尙有驅逐機九十二架，新補充六十九架，計一六一架；轟炸機剩三十四架，新補充三十架，計六十四架；偵察機新補充五架。總計二三〇架，編制如後：

第一大隊（轟炸），轄第一、二、四等三個中隊；

第二大隊（轟炸），轄第九、十一、三十等三個中隊；

第三大隊（驅逐），轄第七、八、三十二等三個中隊；

第四大隊（驅逐），轄第二十一、二十二、二十三等三個中隊；

第五大隊（驅逐），轄第十七、二十八、二十九等三個中隊；

第六大隊（偵察），轄第三、五等二中隊；

第八大隊（轟炸），轄第二十六、二十七等二中隊；

直屬隊（驅逐），轄第十三、十八、二十、三十三等四個中隊㊼。

㊹ 國防部史政編譯局檔案，長江抗日（海軍）作戰經過。

㊺ 陳紹寬，《海軍抗戰紀事》，頁七～一一。

㊻ 何應欽，《日軍侵華八年抗戰史》，〈海軍作戰經過概要〉，第三章，「長江上游各戰役」，頁二八一～二九一。

㊼ 參閱《空軍抗日戰史初稿》民國二十七年六、七月間，中國空軍各部隊實際編制。

另空運大隊（非作戰飛機）。

五、緒戰時期

1. 舒城懷寧戰鬪

舒城、懷寧戰鬪（六月三日至十四日）：六月三日日軍第九師團進迫鳳臺，四日陷正陽關，七日日陸戰隊在紅楊樹附近登陸，攻國軍一四五師佟毅桃溪鎮陣地，八日桃溪鎮陷落，九日舒城失守。國軍一三三師楊漢域在白馬墻、中七里河、上七里河作戰，十日退南港鎮。十一日，日軍在懷寧以東樅陽鎮、大王廟登陸，被國軍擊退。十二日，日軍田波支隊在懷寧（安慶）東南二十公里處登陸，國軍一四六師周紹軒一團及保安隊經激戰後，十二日下午六時，懷寧機場失守。十三日上午七時日軍進佔懷寧。同日北犯桐城，西略潛山，由舒城南下日軍亦陷桐城。十四日，楊森率二十軍楊森（兼）、二十一軍陳萬仞退潛山、太湖。此一戰鬪爲時十一天，國軍傷亡官兵五千七百餘人㊽。

2. 潛山太湖戰鬪

潛山、太湖戰鬪（六月十四日至七月六日）：六月十四日，日軍沿潛懷公路前進，與國軍一三三師楊漢域在源潭舖附近激戰，軍委會令楊森:「主力死守上、下石牌，潛山，以掩護馬墻封鎖線。」國軍三九七旅周翰熙向後退時，日軍已佔退路余家舖，乃改道朱家沖，時山洪暴發，溺斃多人。十五、六兩日，雙方在潘家舖、七里岡激戰。十七日潛山陷落。十九日，日軍沿太潛公路向太湖進擊，國軍一四五師佟毅守太湖及界牌石、小池驛。第十軍徐源泉，三十一軍韋雲淞到太潛公路西側

㊽ ≪抗日戰史≫——<武漢會戰（一）>，頁五七～七四。

王家牌樓、天柱寺。第七軍張淦到廣濟、黃梅間，日軍受側背威脅，不敢冒進，雙方對峙中。七月十二日太湖防務由三十一軍接替，楊森部到黃陂整理㊾。

3. 潛山西北地區戰鬪

潛山西北地區戰鬪（六月十二日至七月二十五日）：國軍第十軍徐源泉、四十一師丁治磐，八十七軍劉膺古、一九八師王育瑛，在舒城南、梅心驛、大關、潛山北王家牌樓、野寨與日軍第六師團兩聯隊作戰。初雙方都作山地偵測戰，後國軍知日軍虛張聲勢，對潛太線反攻，進至貓兒嶺、龍井關、侯家冲、虎頭砦之線警戒㊿。給日軍很大壓力，使其不敢西進。

4. 馬當彭澤湖口戰鬪

馬當、彭澤、湖口戰鬪（六月二十一日至七月二十日）：懷寧失守後，六月二十二日，日海軍第三艦隊協助波田支隊出動，二十四日中國海軍咸寧砲艇被炸傷，同時加強大通、馬當、東流、湖口方面布雷。是日，日軍與國軍五十三師周啟鐸激戰後佔香口，中國海軍官兵三百餘人壯烈犧牲。二十六日攻佔馬當，國軍五十三師李韞珩在黃山、香山與日軍激戰，陣地得而復失。二十八日，日軍由懷寧增援，利用汽艇突破國軍江上封鎖線，在彭澤下游將軍廟登陸，二十九日佔彭澤。國軍見勢不利，一六七師薛蔚英即退守要塞以東陣地。七月二日，長寧、崇寧兩砲艇在田家鎮布雷，先後遭日機炸沈。日波田支隊自彭澤攻湖口，與國軍七十三軍王東原、七十七師彭位仁、二十六師劉雨卿激戰。七月三日午

㊾ ≪抗日戰史≫——＜武漢會戰（一）＞，頁七五～九四。
㊿ (1)前引書，頁九五～一一二。(2)參閱＜丁治磐將軍訪問記錄＞（近史所未刊稿）。

後，湖口陣地戰開始激戰，七月四日下午六時突破，七月五日晨日軍佔湖口。國軍退守彭澤以南黃土嶺，王流斯橋至湖口以南陣地。日軍集中第百六師團與波田支隊等候補給51。戰事結束，馬當指揮官李韞珩作戰不利拿辦，謝剛哲江防要塞司令部撤消。

六、前進陣地作戰

1. 姑塘九江小池口戰鬪

姑塘、九江、小池口戰鬪（七月二十一日至七月三十一日）：七月二十二日夜，第一批日軍波田支隊自湖口乘船，在日海軍掩護下，二十三日晨一點在姑塘附近登陸，國軍以快艇襲擊日艦，並在九江以上各重要水道，劃作雷區。唯日機臨空轟炸，雷艇損失頗多。部分日軍到鄱陽湖鞋山，國軍猛攻，並投手榴彈，給日軍很大殺傷，國軍預十一師趙定昌部亦傷亡慘重，退廣西橋。派一二八師顧家齊增援，未到前，廣西橋、馬祖山、豬橋舖皆失守，日軍到達廬山北部塔頂山。第二批日軍第百六師團是日夜從湖口到姑塘附近登陸，位在波田支隊左側。二十四日，兩批日軍會攻九江，與守軍預備第二師馮劍飛，第三師李玉堂，第十五師汪之斌，第一五五師陳公俠，預備第九師張言傳在鴉雀山、蔡家壠、普泉山及九江激戰。二十五日晚九時，九江城被突破，二十六日七點三十分，日軍佔九江，國軍退守星子、牛頭山、金官橋、十里山、鑽林山之線，當日軍猛攻九江時，七月二十五日另一部日軍進佔小池口，國軍六

---

51 (1)≪抗日戰史≫——<武漢會戰（二）>，頁一一三～一四三。(2) 日≪戰史叢書≫——≪支那事變陸軍作戰(2)≫，頁一一三——<湖口攻略>。

52 (1)≪抗日戰史≫——<武漢會戰（二）>，頁一四五～一八八。(2) 日≪戰史叢書≫——≪支那事變陸軍作戰(2)≫，頁一二九～一三三。

十八軍劉汝明退唐家壩、孔壠鎮[52]。

日軍佔九江後，即搶佔國軍重砲陣地獅子山，然後準備西攻瑞昌。二十八日，九江發生「鼠疫」，波田支隊皆移駐九江城外[53]。第百六師團則在雨臺嶺、沙河、紗帽山活動，準備進攻七里湖、大天山、馬鞍山各地。

2. 太湖宿松戰鬪

太湖、宿松附近戰鬪（七月二十四日至八月二十八日）：當九江激戰時，日軍第六師團從灊山西出，七月十九日佔上、下石牌，並刼國軍運糧船。時灊山日軍第六師團病患頗多，入醫院者多達二千人。七月二十四日，今村（步兵第十一旅團長，今村勝治少將）支隊突破國軍一三五師蘇祖馨黃泥港、新倉、徐家橋防線，二十六日十二點佔太湖，國軍退霸王廟、紫金山。二十七日國軍第十軍四十一師丁治磐進至王家牌樓、仰天巖與日軍激戰，作有效的牽制。三十日戰事轉沉寂。是日牛島（步兵第三十六旅團長，牛島滿少將）支隊經亭涼河，八月一日到宿松，國軍一一九師李金田六九三團退獨山鎮。日軍遂由潘家舖直逼黃梅，三日黃梅失守[54]。國軍三十一軍一三一師林賜熙、一三八師莫德宏、一三五師蘇祖馨反攻黃梅，日軍退守太湖、黃梅、宿松。此後第五戰區代司令長官白崇禧調第七軍反攻太湖，第四十八軍反攻宿松。八月二十七日國軍一七二師程樹芬收復太湖，翌日國軍一七四師張光瑋克復宿松[55]。

---

[53] 日《戰史叢書》——《支那事變陸軍作戰(2)》，頁一三二。
[54] 前引書，頁一三〇～一三一。
[55] (1)《中華民國重要史料初編》——<對日抗戰時期>，第二編，<作戰經過>，頁三一五——集中優勢兵力於太湖、宿松、英山、廣濟間，擊破西犯之日軍。(2)《抗日戰史》——<武漢會戰（二）>，頁一八九～二四〇。

3. 潛山太湖線反攻作戰

潛山、太湖線反攻作戰（七月三十日至九月二十九日）：此一反攻行動爲國軍第十軍徐源泉，所轄四十一師丁治磐自楓香嶺至黃泥舖，四十八師徐繼武由黃泥舖至小河沿，配屬之一九九師羅樹甲由小河沿至駝背橋。以四十一師攻王家牌樓爲最激烈，日軍拼死戰鬪連續三日夜，此後卽在此一線各隘口保持主動攻擊。一九九師與四十八師經常派小部隊突擊潛山。至九月二十九日，徐軍調蔴城，反攻乃告終止[56]。

4. 黃梅附近戰鬪

黃梅附近戰鬪（七月二十七日至九月七日）：黃梅失守，國軍八十六軍何知重與八十四軍覃聯芳及第二十九集團軍王纘緒展開對黃梅包圍反攻，與潛山、太湖、宿松反攻配合，六十八軍劉汝明在黃梅西南地區大河舖、楊樹橋、金鐘橋，並推進到黃梅西二公里之彭家墟。此後在朱家灣、石新寨、大塘角、陳家灣、十里舖等地激戰，並阻擊由小池口、孔壠鎮北上之日軍，同時八十四軍在黃梅西北地區余塘嶺、石家墟、商河橋、高家墩，魏家涼亭攻擊前進。二十九集團軍之四十四軍彭誠孚、六十七軍許紹宗在黃梅四周渡河橋、苦竹口、黃土包作戰。「以攻擊手段達成防禦目的」。此次反攻作戰國軍參戰部隊先後有一九一、一八九、一八八、一七六、一四九、一五〇、一六二等七個師，歷時月餘，損失頗重，僅六十八軍卽有二千六百人傷亡[57]。又據《劉汝明回憶錄》，作戰時北方官兵，水土不服，多遭重病，精華斲喪，較作戰損失更巨[58]。九月一日，日軍反撲，而展開廣濟之戰。

---

[56] ≪抗日戰史≫——<武漢會戰（三）>，頁二四三～二五五。
[57] ≪抗日戰史≫——<武漢會戰（三）>，頁二五七～二七八。
[58] ≪劉汝明回憶錄≫，頁一二七～一三一——<斲傷精良>。

5. 六安霍山戰鬪

六安、霍山戰鬪（八月二十日至九月二十九日）：七月底日第二軍——第十師團集中合肥，十三師團集中在舒城以北，第十六師團八月二十七日始到達合肥。同日第十三師團開始前進椿樹崗，國軍七十七軍馮治安守霍山、磨子潭，五十一軍于學忠守六安、獨山鎭、楊柳店、葉家集，七十一軍宋希濂守商城、固始、潢川，作縱深部署。二十八日，日軍第十師團攻六安，與國軍一一四師牟中珩激戰，國軍退淠河西岸楊柳店陣地，六安陷落。二十九日，日軍第十三師團渡淠河，沿舒霍公路突破馬廠崗、聖人山陣地，攻霍山，國軍三十七師張凌雲抵抗後撤至黑石渡陣地，霍山亦失守。九月一日，日第十、第十三兩師團兵力西進，在獨山鎭、楊柳店之線激戰。自八月二十九日至九月一日，天氣炎熱，白天氣溫在攝氏四十度以上，因國軍徹底破壞道路，使日軍補給困難，給水不良，日士兵多數落伍並患日射病（中暑）發高燒[59]。九月一日第十師團佔獨山鎭、烏龍廟。九月二日，第十三師團佔葉家集，並強渡史河，被國軍一一四師牟中珩擊退。至九月十二日雙方在史河兩岸八里灘、富金山，及霍山以西淠河西岸黑石渡、黃金坂，與國軍五十一軍于學忠及七十一軍宋希濂激戰。後轉移至黑石渡、洛兒嶺之間激擊。至九月二十九日國軍乃守著淠河西岸黃金坂、釣魚臺至洛兒嶺陣地[60]。此次作戰雖未完全阻日軍西進，但已達成牽制瑞昌日第十一軍入侵目的。

---

[59] 日《戰史叢書》——《支那事變陸軍作戰(2)》，頁一四二～一四四。

[60] （1）同[55]書，頁三二七。（2）《抗日戰史》——＜武漢會戰（三）＞，頁二七九～三〇一。

6. 瑞昌附近戰鬪

瑞昌附近戰鬪（八月十日至九月十九日）：九江陷落，日軍第百六師團沿南潯鐵路南下，被國軍第一兵團薛岳——七十軍李覺、六十四軍李漢魂、第四軍歐震堅強抵抗，乃轉西趨向瑞昌。八月四日，在馬鞍山、金家山、大玉山陣地激烈戰鬪，雙方形成拉鋸戰。此一戰事延續至十五日，日第百六師團，傷亡慘重。據熊本兵團史記載：步兵第百十三聯隊長田中聖道大佐八月六日戰死，其第二大隊長田尻繁雄七月三十日戰死。步兵第百四十五聯隊長市川洋造中佐，聯隊副官本山武雄少佐，第一大隊長荻尾佐藏少佐，第二大隊長福島橘馬少佐，第三大隊長內海暢生少佐，在八月九日前三人負傷，後二人戰死。此一聯隊一天之內，幾全被國軍消滅。步兵第百四十七聯隊第三大隊谷實中佐，七月二十七日重傷。步兵第百二十三聯隊大隊長以上死傷殆盡，各中、小隊死傷在半數以上，已無戰力[61]。乃急調第九（八月十六日到九江）、第二十七（八月三十日到九江東登陸）兩師團增援。

第九師團投入戰場後，望夫山、丁家山、馬鞍山陣地再陷，國軍退周家壠、蜈蚣山。至八月二十三日，國軍守天子山，牯牛嶺第十二軍孫桐萱（原韓復榘基本隊伍）——二十師張測民、二十二師時同然亦死傷甚重，兩師僅剩一營，戰力銳減[62]，由九十二軍李仙洲增援。二十二日，日軍使用窒息性毒氣，國軍官兵中毒犧牲殆盡，被迫退沈家莊、老屋場。二十日，日軍猛攻瑞昌外圍大樸山、天字山、牛皮陳，十時陣地全毀，瑞昌陷落。而朱莊第十二軍之八十一師展書堂得五十四軍霍揆彰——十四師陳烈增援，與日軍在烏龜山、朱湖村激戰。

---

[61] 日≪戰史叢書≫——≪支那事變陸軍作戰(2)≫，頁一三二～一三三。
[62] ≪抗日戰史≫——<武漢會戰（三）>，頁三〇八～三〇九。

另股日軍第百一師團，八月二十一日開始與國軍廬山以南守軍激戰。二十三日師團主力在海空支援下在星子附近與國軍二十五軍王敬久、五十二師唐雲山接觸，國軍退守玉筋山、牛頭山，星子陷落。日軍攻玉筋山，國軍再退東孤嶺、萬杉寺、鼓子寨之線[63]。

七、長江兩岸主陣地作戰

1. 廣濟武穴田家鎮戰鬪

廣濟、武穴、田家鎮附近戰鬪（八月二十七日至十月二日）：國軍反攻黃梅時，九月一日，日第六師團增援到達，卽分三路反撲，廣濟東南筆架寨、雙城驛、大佛寨陣地先後陷落。四日，黃廣公路南之田家寨、生金寨、鼓兜山，公路北之後湖寨各據點，相繼失守。國軍以三十一軍韋雲淞向日軍逆襲，未奏效，日軍挺進至廣濟西三里亭。五日，在筆架山、楊家壠、石門山陣地激戰，日軍用毒氣。六日晚國軍放棄廣濟，轉移界嶺以南陣地。七日，日軍沿公路向西北進犯，與國軍五十五軍曹福林，二十九師曹福林（兼）在松陽橋陣地激戰。八日突破界嶺以南陣地，國軍爲確保鄂東及掩護田家鎮左側，以六十八軍劉汝明、二十六軍蕭之楚固守鐵石墩至中山上，五十五軍曹福林固守中山上至劉大灣。從劉大灣以東山地——凹兒灣、正磨尖、橫崗山、後湖寨北至大洋廟，採側面進攻。九日，國軍三十一軍韋雲淞克五里坡，並恢復界嶺以南陣地，八十四軍覃聯芳攻荆行舖，六十七軍許紹宗克顏城驛、大河舖各要點。各軍進攻廣濟城，給日第六師團很大威脅與殺傷[64]。

---

[63] 《抗日戰史》——＜武漢會戰（三）＞，頁三〇二～三五〇。
[64] 《抗日戰史》——＜武漢會戰（四）＞，頁三五一～四一〇。

九月十五日，廣濟日軍集結廣武公路，第六師團今村支隊（今村勝治少將）指揮步兵第十三聯隊，砲兵第二聯隊輜重兵一中隊沿公路南下。十六、七兩日破國軍第九師鄭作民鐵石墩前進陣地。同時長江日海軍陸戰隊在武穴東潘家河口登陸，與國軍武穴守軍五十七師施中誠一六九旅李琰三三七團巷戰後，進佔武穴。十八日，今村支隊進攻烏龜山、沙子廟、鴨掌廟有二道鐵絲網之堅固陣地。二十日雖有突破，但被國軍第二軍李延年(兼)第九師鄭作民與五十七師施中誠三面包圍，東爲湖沼地。廣濟日軍派山本大隊（第四十五聯隊第二大隊）增援，被國軍阻於四望山。二十一日夜，再派池田混合大隊（步兵四中隊，山砲兩中隊，輜重一中隊，工兵一小隊）援助，亦被國軍阻擊。二十三日，今村支隊死傷六八〇人，第十一軍司令官岡村寧次要求海軍支援[65]。二十五日，武穴西進日軍佔崔家山。二十六日，日軍波田支隊進攻田家鎮要塞時使用毒氣，時今村支隊第十三聯隊聯隊長及大隊長非死卽傷，全支隊失去戰力。是日山本大隊衝過松山口、佔香山口。二十七日，日海軍第三艦隊以潛行奇襲方法用陸戰隊佔魯家山、墨家山，同時國軍亦突襲池田、岡田兩大隊，造成其重大傷亡[66]。二十八日，國軍五十七師施中誠玉屏山陣地失守。入夜，國軍主力退蘄春。二十九日要塞砲臺失守，十一點三十分田家鎮陷落。

此一戰鬪國軍使用十五個軍二十九個師，傷亡官兵一萬四千七百餘人。日軍除今村支隊死傷六八〇人外，其他無記載，但知傷亡頗重[67]。

---

[65] 日≪戰史叢書≫——≪支那事變陸軍作戰(2)≫，頁一五七～一六〇。

[66] 前引書。

[67] ≪抗日戰史≫——＜武漢會戰（五）＞，頁四四三～四八六。

2. 南潯星德瑞武戰鬪

南潯鐵路、星德、瑞武兩公路沿線戰鬪（八月十九日至十月十七日）：星子、瑞昌淪陷後，日第十一軍分七路進兵，(1) 第百一師團由星子攻向德安。(2)第百六師團沿南潯鐵路南下。(3)第九師團一部，從瑞昌經河裏余村，猛攻萬家嶺，以助南潯路日軍南下，準備與星子出動日軍三路合圍德安。(4)波田支隊沿瑞武公路大河橋，北出龍港。(5)第二十七師團則南侵箬溪。(6)第九師團主力循瑞陽公路西侵，經木石港，西取排市，北略陽新。(7)日海軍及溯江船隊沿長江西進，企圖佔碼頭鎭、富池口後，再合圍陽新、大冶，直逼武昌。

星子南下日第百一師團，原在樟樹橋、萬杉寺激戰，九月五日使用毒氣佔東孤嶺。六日至十日在西孤嶺形成拉鋸戰，國軍陣地失而復得者三次，日軍因傷亡甚重，攻勢頓挫。十日國軍一六〇師華振中爛泥塘陣地被突破，十二日西孤嶺失陷，國軍乃轉移青山、流星山、何家壠之線，戰況沉寂。二十四日至二十七日，日十一軍新戰鬪序列編成（詳後），開始猛攻國軍胡思嘴、招賢觀、溫子廟等陣地失陷，二十九軍團李漢魂退象山、青石橋、戴家山。十月七日，日軍攻二十五軍王敬久，五十二師唐雲山隘口陣地，經兩天激戰後陷落。國軍轉德安南小竹山、虎山、金鷄山陣地，戰況再轉沉寂(68)。

瑞昌日軍第九師團一部，九月一日向東南突進河裏余村，國軍七十四軍俞濟時及十八軍黃維側擊無效。二日，先頭已竄至黃老門、馬廻嶺，日軍第百六師團亦迂迴到此，使用毒氣。國軍南潯路正面部隊後方被截斷，第九集團軍吳奇偉苦戰經月，乃轉移烏石門、廬家灘之線。七

(68) (1) 日《戰史叢書》——《支那事變陸軍作戰 (2)》，頁一六一～一七六。
(2)《抗日戰史》——<武漢會戰（七）>，頁五九七～六一六。

至九日在蜘蛛山激戰，日軍再用毒氣，雙方傷亡慘重。十至十三日全線沉寂。十四至二十日，日軍第百六師被圍入南田舖地區。九月二十日至十月三日國軍主動攻擊，日軍靠空投糧彈及飛機掩護支持。十月十日箬溪佐枝支隊，及戰車第五大隊二中隊從側面攻入。十月十三日，日軍反攻馬廻嶺，國軍守上賜嶺、青石橋、白馬廟線。十六日上述陣地陷落。十七日，日軍攻李家嘴陣地，國軍從竹干腦、甘木關地區南撤。十八日，日第百六師團危機始解除㊾。

由瑞昌向西進犯之日軍——第九師團主力、波田支隊、第二十七師團——九月十一日，波田支隊攻馬鞍山、嚴家岙山；第九師團右翼（步兵第十八旅團，青木成一少將），攻和尚腦、筆架山；第九師團左翼（步兵第六旅團，丸山政男少將）攻仙女池。十三日和尚腦、大陽寨失守。國軍十三軍張軫後撤。十四日，波田支隊——臺灣步兵第一聯隊（欠第三大隊）及永井大隊，附砲兵——陷馬頭鎮。十七日攻富池口要塞，要塞東南劉象山、竹林塘、菩提寺各據點相繼失陷，十八師退大嶺。二十三日大嶺陣地被突破，二十四日波田支隊用毒氣攻富池口，當晚富池口陷落㊿。

日第九師團與二十七師團西進受阻，九月十五日變更作戰。第二十七師團轉向西南箬溪、虬津街，在第三飛行團協助下，以解第百六師團之危。十七日在馮家舖與國軍十八軍黃維十一師彭善激戰，十九日與一一〇師吳紹周在橫港街激戰。二十四日，在小坳陣地激戰。同日佐枝支隊配屬第二十七師團參加戰鬪。二十六日國軍六十師陳沛三六〇團克復麒麟峰，團長楊家騮陣亡，但消滅日第二十七師團第三聯隊一個中隊，

㊾ (1) 日≪戰史叢書≫——≪支那事變陸軍作戰(2)≫；(2)≪抗日戰史≫——<武漢會戰（七）>，頁六一七～六四六。

㊿ 日≪戰史叢書≫——≪支那事變陸軍作戰(2)≫頁一六一～一六三。

獲輕機槍十八挺，並俘其中隊長汪田大尉[71]。二十八日，日軍攻白水街，十月一日佔天河橋，十月五日佔箬溪。七日留一大隊，餘皆西侵龍港鎮。

此一戰鬪國軍參加十二個軍，三十一個師，傷亡官兵五萬餘人。日本除零星記載外，無正式統計。國軍戰報估計，日軍傷亡約在二萬人以上。但以其補充新兵觀之，可能如此[72]。

3. 蘄春蘭溪黃岡戰鬪

蘄春、茅山、蘭溪、黃岡、淋山河、黃陂一帶戰鬪（十月八日至二十四日）：田家鎮陷落後，國軍八十七軍劉膺古在蘄春、茅山湖一帶佈防。第二十九集團軍王纘緒——四十四軍彭誠孚、六十七軍許紹宗固守正磨尖、横山岡、黑岡之線。十月八日，日志摩支隊配屬第百六師團向蘄春城及老鴉頭、缺齒山進攻。十日佔蘄春。十二日石原支隊在小亂泥灘沿江登陸，在茅山、黃白城之南激戰。十五日第百六師團參謀成富成一中佐陣亡。十六日茅山陷落，國軍五十五軍曹福林撤至上巴河沿線，二十六軍蕭之楚在陽邏、團風、黃岡沿江佈防。十九日，國軍八十七軍劉膺古所守惡人嘴、官山、福主廟陣地失守。二十日團風不守，二十一日蘭溪陷落[73]。

二十二日，國軍以八十七軍配屬砲兵營守陽邏。同日，小股日軍在黃岡附近登陸。日艦多艘向兩岸砲擊，並在三江口掃雷。二十三日，日軍突破上巴河陣地，國軍四十四師陳永被圍。下午一時，突圍官兵至淋山河附近。二十四日，黃岡失守，二十五日陽邏亦陷[74]。

---

[71] 《抗日戰史》——<武漢會戰（七）>，頁六七七。
[72] 前引書，頁六八九。
[73] 日《戰史叢書》——《支那事變陸軍作戰(2)》，頁一七三～一七六。
[74] 《抗日戰史》——<武漢會戰（八）>，頁六九一～七〇七。

日軍第六師團牛島支隊——步兵第三十六旅團、獨立機關槍第七大隊、野戰砲兵第六聯隊、獨立山砲兵第二聯隊、工兵第六聯隊——十月十七日，進攻松揚橋、西河驛，與國軍一四九、一五〇、一九九師王澤濬、廖震、羅樹甲激戰，夜入七星橋。十八日破西河驛陣地。日軍佐野支隊——步兵第二十三聯隊、獨立山砲第二大隊——加入作戰。十九日破界嶺陣地。二十一日渡過浠水，佔浠水縣城。二十二日中午渡巴河，佔上巴淋。日軍岩崎支隊——步兵第四十七聯隊、騎兵第六聯隊——參戰。二十三日到新州東側，國軍一部約萬人（按八十七軍當時在此地撤退）向黃陂退卻，被日空軍偵知。二十四日、日軍以戰車與裝甲車各一中隊，配合乘汽車步兵到黃陂東截擊，國軍丟汽車十四輛，火砲八十門(75)。當晚日軍陷黃陂，守軍二十九集團軍王纘緒西退。

此一戰鬪國軍參加四個軍七個師，傷亡官兵一萬三千七百餘人，日軍無傷亡統計(76)。

4. 陽新戰鬪

陽新附近戰鬪（九月二十日至十月二十日）：攻富池口日波田支隊一部，二十三日破國軍大嶺陣地，二十四日佔富池口。波田支隊主力二十二日晚佔木石港，二十三日到陽新對岸。而富池口日軍，十月一日再向國軍上下水口、半壁山、馬鞍山攻擊，並沿江登陸，向國軍九十八軍張剛陣地猛攻。四日，半壁山、黃金山、下山磯之線被突破，八日越煤山進攻福星港。十一、十二兩日，又派兵在黃顙口、璋源口、石灰窰、黃石港登陸。十九日其船隊駛入大冶湖，向大冶攻擊，二十一日大冶陷落。

---

(75) 日《戰史叢書》——《支那事變陸軍作戰(2)》，頁一七八。
(76) 《抗日戰史》——<武漢會戰（八）>，頁七一四。

從瑞昌西進日軍第九師團主力，自九月十五日至二十三日攻過國軍十三軍張軫險峻山岳陣地，二十三日到排市、辛潭舖附近與國軍七十五軍周碞、五十四軍霍揆彰激戰後，十月二日排市陷落。日軍到富水河邊準備渡河。六日，分由排市、淇潭、滓洲等處強渡，同時沿富水河南岸之日軍，突破箕心腦國軍一八四師張冲陣地，亦向梅潭河猛進，協力攻國軍六十軍盧漢陣地。於是太婆頂、白山巖、王毛尖、白龍山諸陣地相繼失守，國軍退大橋舖、八相廟。而由箬溪西進之第二十七師團，十一日陷龍港，十二日陷石尖山、石坑。十五日國軍退鳳凰尖之辛潭舖。十七日，兩路日軍猛攻，辛潭舖、三溪口皆失守。二十日國軍第五十四軍霍揆彰、七十五軍周碞、五十三軍萬福麟（旋改周福成）守陽新鎮、王居畈、雙港口、劉仁八之線，日軍猛攻，陽新鎮陷落。

此一戰鬪，國軍參戰兵力十個軍二十四個師，傷二萬人，陣亡二千人。日軍無傷亡資料(77)。

八、豫鄂邊區主陣地作戰

1. 固始商城戰鬪

固始、商城地區戰鬪（八月三十日至九月二十日）：六安、霍山日軍，九月一日進抵史河沿岸之開順街、葉家集。九月二日，日第十三師團攻富金山，被國軍七十一軍宋希濂三十六師蔣伏生陣地所阻，另支日軍第十師團岡田支隊（步兵第八旅團岡田資少將）(78)攻黎家集，一部在

(77) 《抗日戰史》——<武漢會戰（八）>，頁七一五～七五四。

(78) 岡田資少將，日本士官第二十三期，作戰力甚強，後升陸軍中將，任第十三方面軍司令官，投降時自決身死。

張老埠偷渡史河。六日進犯固始，國軍六十一師鍾松一八一旅朱俠守固城，經激烈戰鬪後，岡田支隊損失慘重，已殘破不堪再戰。晚十二時國軍向迎河集突圍，固始雖陷，然國軍一八一旅到迎河集時，發現另股日軍在陽關舖偷渡曲河，朱旅長卽率兵由側面突擊。激戰至七日夜，給日軍很大的殺傷。再繞道商城回武廟集六十一師建制(79)。

九月三日至十日，日第十三師團主力被國軍七十一軍宋希濂三十六師陳瑞河、八十八師鍾彬、六十一師鍾松在石門口、富金山、噢塘口、武廟集等陣地前消滅頗巨，步兵每中隊僅剩四十人(80)，師團所屬死傷約千餘人。日軍補給困難，給水不良，隊長多罹病，大隊長多傷亡(81)，士氣低落。七日，日第十師團在武廟集、方家集間突襲，被國軍三十師張金照、三十一師池峯城擊退，在樟柏嶺對峙。九日，日第十六師團到葉家集。十日夜，第十三師團用裝甲車隊前導猛攻富金山，並使用毒氣。十二日，石門口、富金山陣地陷落。左翼臥龍岡國軍三十師亦被迫後撤。十四日孫連仲總司令以七十七軍馮治安、五十一軍于學忠守霍山以西蔴埠、付流店線，七十一軍宋希濂移商城以南沙窩。十五日，三十軍田鎭南陣地方家集、夾口經激戰後陷落。日第十三師團經八天休息整理後，繞攻商城，國軍以商城地勢低窪，無險可守，十六日晚放棄。日軍十七日進商城。

此一戰役，國軍參戰三個軍六師一旅，傷亡七千餘人，失踪九百餘人。日軍損失亦重，但缺正式統計(82)。

(79)　《抗日戰史》——<武漢會戰（六）>，頁四二三。
(80)　日《戰史叢書》——《支那事變陸軍作戰(2)》，頁一四二。
(81)　同上。
(82)　《抗日戰史》——<武漢會戰（五）>，頁四一一～四四二。

2. 潢川信陽戰鬪

潢川至信陽戰鬪（九月六日至十月十七日）：九月七日至十日，國軍三十八師黃維綱在小河橋、三角店與固始西進日軍激戰。十二日第十師團岡田支隊攻黃崗寺，因補給困難，病患多，戰力弱，被國軍三十八師擊斃頗眾[83]。十四日黃崗寺陷落。十五日，第十師團主力迂迴潢川西北高莊。十七日潢川失守。五十九軍張自忠移光山、經扶。此一戰役，日軍自承戰死五五〇人，傷二、〇〇〇人[84]。

十九日，潢川日軍西攻竹竿舖，遭國軍四十五軍陳鼎勳一二五師王士俊迎擊，損失慘重。二十日攻羅山，國軍苦戰兩晝夜，乃撤往羅山城西南陣地。並自二十二日起至二十八日止，國軍四十五軍反攻羅山多次，給日守軍岡田支隊殺傷頗大[85]。

當國軍反攻羅山時，日軍集第十、十三、十六師團各一部，進竄打船店、沙窩、白雀園、潑皮河、槐店、子潞河之線，向國軍三十師張金照、七十一軍宋希濂、五十九軍張自忠、第一軍胡宗南陣地猛攻，但皆未得逞。

十月二日，第十七軍團胡宗南第一師李正先子潞河陣地被突破。六日夜，日第十師團主力已迂迴到信陽南方二十公里之柳林鎭，截斷平漢線南段。十日佔信陽西南高地。另股日軍第三師團主力迂迴信陽東北，九日佔信陽東北十五公里之大河鎭，十一日截斷平漢線北段。時岡田支隊，配合第三師團戰車隊沿羅信公路到信陽東二十五公里之五里店。十二日，日軍進攻信陽，借氣球觀測國軍陣地，集中砲火。胡宗南之十六

---

[83] 日《戰史叢書》——《支那事變陸軍作戰(2)》，頁一四三～一四四。
[84] 前引書，頁一四四。
[85] 前引書，頁一四四。

軍董釗，第二十八師董釗（兼）、一六七師趙錫光、第一軍陶峙岳，第一師李正先，失守信陽，逃向平昌關。信陽之戰日軍戰死五五〇人，傷一、五六〇人(86)。

此一戰鬭國軍參戰五個軍十個師，傷亡一萬一千餘人，失踪五千九百人。日軍傷病亦多，補給困難，更爲堅苦。除信陽之戰外，無全程正式傷亡記載。因胡宗南失守信陽，第五戰區司令長官李宗仁呈報軍事委員會懲處(87)。

3. 商麻公路戰鬭

商麻公路沿線戰鬭（九月十九日至十月二十九日）：商城放棄後，九月十八日日第十六師團篠原支隊（步兵第三十旅團主力）進攻國軍沙窩陣地，第十三師團沼田支隊（步兵第二十六旅團主力）進攻國軍打船店陣地。至二十六日，經激烈戰鬬後，遭國軍三十軍田鎭南、七十一軍宋希濂擊退。二十九日，日第十三、十六兩師團主力參戰。十月六日，日十六師團進入國軍沙窩南九百公尺險峻重疊高山（磨磐山）陣地而被困。日第十三師團主力，經黃土嶺、鴉雀尖激戰後，八日夜佔新店。國軍第十軍徐源泉、第四十一師丁治磐乃在將軍寨、關水河、鴉雀尖、獅子口與日軍激戰。至二十一日，日十三師團以毒氣配合飛機，突破汪家藥舖、獅子腦陣地，同時國軍四十一師丁治磐將軍寨陣地亦失守，遂退佔雙關廟掩護各軍後撤。日十六師團十五日開始向國軍三十軍田鎭南李家高山、天鵝舖蛋、洪毛屋基寨、長嶺陣地進攻，經激烈戰鬬後，至二十三日後撤至杜家河，轉向隨縣。二十五日，日十六師團經黃土崗進入麻

(86) (1) 前引書，頁一四六～一四七。(2)≪抗日戰史≫——<武漢會戰(六)>，頁四八七～五三五。

(87) (1)≪抗日戰史≫——<武漢會戰（六）>，頁五三五。(2)≪李宗仁回憶錄≫（下册）頁四九六～四九七。

城。翌日，日第十三師團經三河口亦到麻城。日十六師團二十六日到宋埠（是日國軍放棄武漢），二十七日到黃安，西進河口鎭、花園，北上宣化店。三十日，日十三師團亦進至宋埠。同時派五十八聯隊急行軍，過黃陂，到孝感。國軍第七軍原部署隘門關、黃柏山，因四天前武漢不守，急速西撤。

此役激戰四十日，日本《戰史叢書——支那事變陸軍作戰（2）》稱大別山系作戰，死一、〇〇〇人，傷三、四〇〇人。國軍參戰四個軍十一個師一個旅，傷亡失踪共一萬九千餘人[88]。

九、日軍重新部署與進入廣東

1. 日第十一軍新戰鬪序列

九月二十三日，當第十一軍在長江兩岸主陣地作戰時，遭國軍節節抵抗，損失慘重，除大量增補新兵外（每師團每次多在三千人以上），並抽調增派華中派遣軍第百十六師團（在日本新編成之師團）之志摩（石原）支隊，及第十五師團高品支隊、第十七師團鈴木支隊參戰。更重新編組新戰鬪序列。

（1）新戰鬪序列:

第六師團，補充完整。配屬部隊：獨立機關槍第七大隊（欠第二中隊），獨立輕裝甲車第九中隊，戰車第五大隊一中隊及大部隊一部，獨立山砲第二聯隊，迫擊砲第四大隊（欠第二中隊），近衛師團第四野戰

[88]（1）日≪戰史叢書≫——≪支那事變陸軍作戰（2）≫，頁一五〇～一五一。
（2）≪抗日戰史≫——＜武漢會戰（六）＞，頁五三七～五八〇。

高射砲隊，獨立工兵第十二聯隊（欠第三中隊），無線電信第五十六小隊（馱），第一野戰測量隊一班，第十一師團第一、第二架橋材料中隊（馱），近衛師團渡河材料中隊，兵站汽車第九、十、十二、六十九（四個）中隊，第八防疫給水部，臨時衛生隊第一班。

波田支隊，補充完整。配屬部隊：獨立機關槍第七大隊第二中隊，獨立輕裝甲車第八中隊，野戰重砲第十聯隊(欠第三中隊)，迫擊砲第四大隊第二中隊，獨立工兵第三聯隊第二中隊，無線電信第四十八小隊，第一師團渡河材料中隊一小隊，第二師團第五兵站輜重兵中隊（馱），第十一師團第五兵站輜重兵中隊（馱），第九防疫給水部二分之一。

第九師團，補充完整。配屬部隊：獨立機關槍第八大隊，野砲兵第百六聯隊第三大隊，迫擊砲第一大隊第二中隊，獨立工兵第二聯隊（兵站汽車第六十六中隊一分隊配屬），無線電信第五十七小隊（馱），第一師團渡河材料中隊一小隊，第十六師團第一渡河材料中隊，第四防疫給水部。

第二十七師團，補充完整。配屬部隊：獨立輕裝甲車第六中隊，獨立工兵第十二聯隊第三中隊，無線電信第四十四小隊（馱），第一野戰測量隊一班，第二師團第四兵站輜重兵隊（馱），第三師團第二兵站輜重兵中隊，第八師團第一兵站輜重兵中隊，第十一師團第二兵站輜重兵中隊，兵站汽車第七十中隊，第五防疫給水部二分之一。

第百六師團（欠野戰砲兵第百六聯隊第三大隊）。配屬部隊：山砲兵第五十二聯隊（欠第三大隊），迫擊砲第一大隊部及第三中隊，無線電信第五十八小隊（馱），第二師團第六兵站輜重兵中隊（馱），第十一師團第一兵站輜重兵中隊（馱），第十一師團第一兵站輜重兵中隊（馱），第六防疫給水部二分之一。

第百一師團（欠佐枝支隊）。配屬部隊：戰車第五大隊一中隊及大部隊一部，野戰重砲兵第十三聯隊及重砲旅團輜重兵一部，野戰重砲兵第十聯隊第三中隊，迫擊砲第一大隊第一中隊及大部隊三分之一。近衛師團第一野戰高射砲隊，無線電信第四十五小隊（馱），兵站汽車第十一中隊半小隊，第六防疫給水部二分之一。

佐枝支隊 —— 步兵第百二旅團長佐枝義重少將，轄步兵第百三聯隊，騎兵第百一大隊一小隊，野砲兵第百一聯隊第五、八兩中隊，工兵第百一聯隊一小隊，第百一師團通信隊一部，第百一師團衞生隊三分之一，第百一師團第三野戰病院，輜重兵第百一聯隊一中隊，兵站汽車第十一中隊半小隊，第五防疫給水部二分之一。

溯江船舶隊（陸軍少將片村四八），轄：華中碇泊場監部一部，北尾碇泊場司令部，第二十碇泊場司令部，獨立工兵第六聯隊（欠一中隊），獨立工兵第十聯隊（欠一中隊），大發動機汽艇一一〇隻，小發動機汽艇一八〇隻，及其所需警衞部隊與人員器材。

第十一軍直轄部隊，戰車第五大隊二中隊及大隊部一部（十月十日，配屬佐枝支隊）。野戰重砲第六旅團（欠第十三聯隊）。迫擊砲第一大隊部。九江高射砲兵隊——第一野戰高射砲隊司令部——轄九個高射砲隊，二個探照燈隊。軍工兵隊——獨立工兵第三聯隊（欠第二中隊），三個架橋材料中隊，兵站汽車第六、十中隊二分隊。第三通信隊主力，野戰鳩（鴿）第十八小隊（欠一分隊），第一野戰測量隊（欠二班）。軍鐵道隊——鐵道第一聯隊第四大隊（欠一小隊），第十師團第九陸上運輸隊（欠一分隊），鐵道派遣團一部。第十一師團第一架橋材料中隊，第九防疫給水部（欠半小隊），防疫給水支部[89]。

---

[89] 日本防衞廳研修所編，《戰史叢書》——《支那事變陸軍作戰(2)》，頁一六六～一六九，呂集作命（十一軍作戰命令）第七十六號，九月二十三日，二十時，九江。

(2) 增援部隊:

志摩支隊——華中派遣軍新增師團第百十六師團——步兵第百二十聯隊（志摩源吉大佐， 欠第一大隊 ）， 野戰砲兵第百二十聯隊第二大隊，師團衞生隊三分之一，輜重兵一中隊。九月三十日，參加田家鎭作戰。

高品支隊——第十五師團——步兵第六十聯隊（高品彪大佐）第一大隊與步兵砲隊，步兵第六十七聯隊第三大隊，步兵第五十一聯隊第三大隊（欠二中隊），野戰砲兵第二十一聯隊第三大隊（欠第三中隊），工兵第十五聯隊第二中隊（欠一小隊）。十月六日到九江半壁山登陸，進攻田家鎭西北十公里之黃穎。

鈴木支隊——第十七師團（三聯隊師團）——步兵團長（鈴木春松少將）——步兵第五十四聯隊（欠第二大隊），步兵第五十三聯隊第三大隊，野砲第二十三聯隊（欠一中隊）。十月十三日與佐枝支隊投入箬溪第百六師團戰場。

石原支隊——第百十六師團——步兵第百十九旅團長（石原常太郎少將）， 原僅兩大隊， 與志摩支隊合併， 成爲步兵四大隊，野砲一大隊，及工、輜各中隊之支隊。十月十四日，在茅山附近登陸，聯合志摩支隊攻擊黃白城[90]。

2. 日第二十一軍侵入華南

民國二十六年十二月七日，日組成第五軍，準備二十五日南侵，因十二月二十日在南京、安慶兩地發生英美軍艦被日軍擊傷，日海軍怕引起英美干涉，堅主暫緩進行，後將第五軍戰鬪序列撤消。

民國二十七年九月七日，日本大本營御前會議，爲策應「武漢攻略

---

[90] 前引書，頁一七一～一七七。

作戰」，並截斷中國華南聯絡線以及由香港輸入補給，決定侵略廣東與海南島。十六日，南侵部隊第二十一軍戰鬪序列編組完成:

第二十一軍司令官，由臺灣軍司令官古莊幹郎中將調任（臺灣軍司令官由兒玉友雄中將接任）。參謀長田中久一少將，副參謀長藤室良輔大佐。轄:

第五師團，師團長安藤利吉中將，參謀長櫻田武大佐。轄步兵第九旅團（及川源七少將），步兵第十一、四十一聯隊，步兵第二十旅團（板木順少將），步兵第二十一、四十二聯隊，及直屬騎、砲、工、輜各第五聯隊，與特種部隊。十月十三日集中青島，十六日上船，二十日在白耶士灣（大亞灣）登陸。

第十八師團，師團長久納誠一中將，參謀長小藤惠大佐。轄步兵第二十三旅團（上野龜甫少將），步兵第五十五、五十六聯隊，步兵第三十五旅團（桑田照貳少將），步兵第百十四、百二十四聯隊，及師團所屬騎、砲、工、輜各聯隊，與特種部隊。九月底集中上海，十月七日乘船集結馬公待命。

第百四師團，師團長三宅俊雄中將，參謀長片岡董大佐，轄步兵:（旅團番號待查）二旅團，步兵第百八、百六十一、百三十七、百七十四個聯隊，及師團所屬騎、工、輜各大隊，與砲兵聯隊。其中步兵第百八、百六十一兩聯隊，及騎兵大隊與砲兵聯隊之一大隊留在東北，餘九月末集中大連，十月七日乘船到馬公待命。

第二十一軍直轄: 獨立機關槍第三、六、三十一大隊，獨立輕裝甲車第十一、五十一、五十二中隊，山砲兵第百十一聯隊，獨立山砲兵第十聯隊，野戰重砲第一旅團，迫擊砲第二、第二十一大隊，獨立攻城重砲第十一大隊，獨立臼砲第一、第二大隊，第三野戰高射砲司令部，轄野戰高射砲十個隊， 獨立氣球第一中隊， 獨立工兵第十五聯隊， 第六野戰氣象隊，第三野戰測量隊，五個架橋材料中隊，第二十一野戰憲兵隊。

陸軍第四飛行團司令部：藤田朋陸軍少將，飛行第六十四戰隊——戰鬬機（欠第三中隊），飛行第二十七戰隊第一中隊——輕轟炸機，飛行第三十一戰隊——輕轟炸機，第一直協飛行隊，第九十三、九十四飛行場大隊（各一部），第九十七飛行場大隊，第三飛行場中隊，第十五航空通信部一部，第一野戰飛行場設定隊，兵站汽車第九十二中隊，第八師團第九陸上運輸隊，第二十一野戰航空場(分由華中與華北調往)。

第八通信隊：野戰電信第十四、十五、十六、六十一（自）（四個）中隊，無線電信第八十一、八十二、八十三（馱）、八十四、八十五、八十六（馱）（六個）小隊，第十六、十七固定無線電信隊，野戰鳩（鴿）第一、第二小隊。

兵站部隊：

（一）第一、二兵站司令部，第二十三、二十四兵站輜重兵隊。第四師團第三、四，第五師團第一、二、三、四（六個）兵站輜重兵中隊。第二十三兵站汽車隊——兵站汽車第八十三～九十一（九個）中隊，第二十四兵站汽車隊——兵站汽車第百七十三～百八十一（九個）中隊。第一師團第七、八運輸監視隊，第二預備馬廠，第七野戰砲兵廠，第七野戰工兵廠，第二十一野戰汽車廠，第三野戰衣糧廠，第七野戰醫院，第七傷患運輸部，第二十一兵站病馬場。

（二）第四、十、十一、十六各師團後備步兵第五大隊（共四大隊），第三、四、十各師團後備工兵第一、二中隊（共六中隊）。第七手押輕便鐵道隊。第二師團第六～九，第四師團第六～七，第六師團第六～七，第八師團第六～八（十一個）陸上運輸隊。第七師團第一、二、三水上運輸隊。第十二師團第一、二、三建築運輸隊。第九鐵路構築隊。第二野戰鑿井隊——野戰鑿井第六、七中隊，第二十一野戰防疫隊，第十、十一、十二防疫給水部(91)。

日海軍第五艦隊司令鹽澤幸一中將，率第九戰隊，第十戰隊，第八戰隊，第二水雷隊，第五水雷隊，第一航空戰隊，第二航空戰隊，第十四航空戰隊，高雄航空隊，第二根據地，第三驅逐隊，第一砲艇隊，千歲、神川丸兩水上母艦，參加支援作戰(92)。

以上三個師團及直屬部隊與海軍約七萬五千人。

上述日軍第百四師團及十八師團十月十一日在大亞灣登陸，十五日陷惠陽，二十一日佔廣州。另股日軍第五師團十月二十一日占虎門要塞，二十五日佔三水，並南下佛山(93)。

十、武漢放棄前後作戰

1. 金牛鄂城戰鬪及放棄武漢

金牛、鄂城戰鬪（十月二十日至二十九日）：日第九師團主力經三溪口，十月二十二日，由仙李橋東側高地向國軍第二軍李延年第一四〇師宋思一與第九師鄭作民猛攻，另一部分向潭家橋、楊橋、大名山國軍九十八軍張剛、第六軍甘麗初陣地進攻。二十三日，日便衣隊一批繞至保安附近，企圖進攻保安。二十四日，大平塘、仙李橋陷於混戰，楊橋失守。二十五日，日軍由楊橋攻國軍九十八軍與第六軍七頂山、馬鞍山陣地。二十六日，七頂山被突破，金牛遂陷。日軍以主力南攻高橋，並以

(91) (1)《總統　蔣公大事長編初稿》，頁六七。(2)日《戰史叢書》——《支那事變陸軍作戰(2)》，頁二二一～二二四。

(92) 日《戰史叢書》——《支那事變陸軍作戰(2)》，頁二二四～二二五。

(93) 參閱《抗日戰史》，《閩粵邊區作戰（一）》，頁三七～四五。

一支西竄賀勝橋。國軍乃向高橋、咸寧地區轉進。九十二軍李仙洲、七十五軍周碞在通山北側、西坑塘、七里沖、柏墩之線，第三十二軍團關麟徵在陳家山、汀泗橋、嘉魚線，第一集團軍（盧漢——原三十軍團）則在崇陽。

佔大冶之波田支隊，續沿公路北上，十月二十二日向國軍五十五師李及蘭大王河陣地猛攻，高品支隊並沿江強行登陸。是日鄂城陷落，二十三日巴舖棄守，入晚國軍轉移葛店陣地。二十四日，日軍攻葛店，二十五日在劉泰家登陸，國軍奉命留一部在王家店掩護，主力轉移武昌南之紙坊。憲警部隊及一八五師方天留五五四旅守武漢掩護政府各機關向漢陽撤退。二十六日天亮時(94)，波田支隊入武昌，國軍三十二、五十五師移沔陽，十九集團軍羅卓英駐長沙。

此次戰鬪，中日雙方皆無傷亡記載(95)。

2. 武勝關平靖關戰鬪

武勝關、平靖關戰鬪（十月十九日至二十五日）：信陽失守後，日軍第十師團瀨谷支隊——步兵第十聯隊、騎兵第十聯隊、步兵六十三聯隊一大隊，十七日南下，原急行安陸，十八日在潭家河被國軍三十九軍劉和鼎所阻，死傷頗重。第三師團上村支隊——步兵四大隊、砲兵一中隊——由上村幹男少將指揮，十九日到大廟畈，又被國軍三十一軍所阻擊，一部竄到新店。日第十師團岡田支隊——步兵三十九聯隊、步兵第四十聯隊第一大隊、獨立機關槍第二大隊、獨立山砲第三聯隊部及一中隊、臨時山砲中隊、工兵小隊——由岡田資少將指揮增援，與國軍三十

(94) (1) 日≪戰史叢書≫——≪支那事變陸軍作戰(2)≫，頁一八七～一八八。
(2) ≪抗日戰史≫——＜武漢會戰（九）＞，頁七七七～八〇六。

(95) ≪抗日戰史≫——＜武漢會戰（九）＞，頁八〇六。

一軍韋雲淞在黃土關陣地激戰，「損傷甚大」㊉。日第十師團部及步兵六十三聯隊亦南下參戰。至二十五日，日岡田支隊陷應山，國軍守軍三十九軍一營全體殉難。二十六日武漢放棄，第五戰區作全部轉移。

此次戰鬪爲時五天，國軍參戰二個軍五個師，官兵傷亡兩千五百餘人。日軍無傷亡記載，但知傷亡較國軍爲重㊉。

3. 第五戰區轉移作戰

第五戰區轉移部署作戰：當武漢放棄後，第五戰區轉移作戰，並重新部署。

第二集團軍孫連仲——三十軍田鎭南、四十二軍馮安邦，第三集團軍孫桐萱、第十二軍孫桐萱（兼）（原在第九戰區，增補後調入第五戰區）、及七十一軍宋希濂，改爲豫西兵團，後撥入第一戰區作戰。

第十七軍團胡宗南——第一軍陶峙岳、第十六軍董釗在南陽附近集結，歸軍委會直轄。

第二十一集團軍廖磊——第七軍張淦（原中央兵團一部）留商麻公路以東之大別山區游擊。第二十六集團軍徐源泉——第十軍徐源泉(兼)留商麻公路以西之大別山區游擊，與蘇皖邊區游擊之第二十四集團軍韓德勤——第五十七軍繆澂流、八十九軍韓德勤(兼)，及第五集團于學忠——第五十一軍于學忠(兼)，改爲蘇皖鄂邊區兵團，由廖磊任總司令。

第十一集團軍(豫南兵團番號撤消，恢復第十一集團軍)李品仙——第三十一軍韋雲淞、八十四軍覃聯芳、三十九軍劉和鼎向洛陽店及馬坪集結。第三十三集團軍張自忠——第五十九軍張自忠（兼）、七十七軍

---

96 日《戰史叢書》——《支那事變陸軍作戰(2)》，頁一四九——岡田支隊，步兵第三十九聯隊日誌。

97 《抗日戰史》——<武漢會戰（九）>，頁八〇七～八一七。

馮治安、六十八軍劉汝明向坪壩鎮集結。

第二十二集團軍孫震——第四十一軍孫震（兼）、四十五軍陳鼎勳及新增調之三十六軍姚純（未參戰）任金口以西之江南守備。

第五戰區長官部奉命移隨縣。第二十六軍蕭之楚退入鐵道以西，再移鍾祥。第五十五軍曹福林轉移棗陽歸戰區直轄。第二十九集團軍王纘緒——第四十四軍廖震、六十七軍許紹宗於黃陂失守後，經三汊港、雲夢、應城，向潛江轉移。八十七軍劉膺古經黃陂（被日軍截擊），轉孝感、應城、星市，向沔陽撤退。各軍轉移途中，迭遭日陸空軍之追擊，損失頗重(98)。

據日本資料記載：十月二十七日國軍一部——約六千人，火砲三十多門，汽車與裝甲車二百餘輛——在花園東西兩側被日機發現。另一部——約一千人，汽車五十輛，在安陸、雲夢、通往長江之路上。日第三師團派酒井支隊（步兵第十九旅，酒井直次少將）與岩崎支隊突擊，造成很大之損失(99)。

十月三十日，應城、花園、孝感相繼失守。十一月一日雲夢陷落，四日皂市亦陷。國軍二十九集團軍王纘緒、六十八軍劉汝明、三十一軍韋雲淞、三十九軍劉和鼎佔天門、潛江、瓦廟集、京山道、洛陽店、陳家崗、馬坪、浙河、高城，至天河口線，掩護第五戰區部署(100)。

4. 德安附近戰鬪

德安附近戰鬪（十月二十四日至三十日）：十月二十四日，從隘口西進之日軍第百一師團主力，與馬廻嶺南下第百六師團一部會合後，圍

---

(98) 《抗日戰史》——〈武漢會戰（十）〉，頁八五一～八八二。
(99) 日《戰史叢書》——《支那事變陸軍作戰(2)》，頁一九〇～一九二。
(100) 《抗日戰史》——〈武漢會戰（十）〉，頁八五一～八八二。

攻德安，由熊家河強渡，先後攻陷煙包山、尖嘴壁、心佛寺，直薄德安城。十月二十七日與國軍一三九師李兆鍈展開巷戰。二十八日國軍因傷亡過重，退守榜上萬，德安遂陷。國軍左翼第四軍歐震倍受威脅，是晚移嫜姑嶺、廬家灘、永豐橋、郭背山之線。十月三十日，國軍第一兵團薛岳因免背水之戰，放棄永修，將部隊移修水南岸。以九十一師馮占海、一三九師李兆鍈、預九師張言傳、九十師陳榮機、一〇二師柏輝章、一五五師陳公俠、一九〇師梁華盛、五十二師冷欣、五十九師張德能擔任涂家埠至虬津街之守備。以一一八師王嚴、一五九師譚邃、一六〇師華振中、十九師李覺、五十一師王耀武、五十八師馮聖法擔任虬津街至箬溪之守備。此後隔河對峙，戰況無變化[101]。

5. 通山岳陽戰鬪

通山、岳陽一帶戰鬪（十一月一日至十一日）：武漢放棄後，國軍二十九軍陳安寶（歸第三戰區指揮）與日軍第二十七師團（補充新兵三千人）相持慈口以東。日第九師團、二十七師團自金牛西侵，與武昌沿粵漢路南下之石原支隊會合賀勝橋。二十九日陷咸寧，其海軍艦隊溯江上駛，陸海併進，企圖取岳陽、圍長沙，策應由廣州北進之日軍，打通粵漢鐵路。

十一月二日，日第九師團主力，通過汀泗橋向蒲圻攻擊，國軍十三師方靖移蒲圻河左岸。四日蒲圻失守，嘉魚亦陷，嘉魚守軍九十五師羅奇一團激擊後退蒲圻河南岸。此時從慈口鎮西侵之日第二十七師團一部，與國軍九十二師梁漢明在大畈鎮激戰後，繞過通山，在楠林橋與國軍七十五軍周碞激戰，而由柏墩南犯日第九師團一部，突破國軍預四師傅正模老鐵嶺、第六師張珙白油嶺陣地，到石門市，國軍為避免決戰，

---

[101] ≪抗日戰史≫——＜武漢會戰（九）＞，頁八一九～八二六。

四日放棄通山。一九七師丁炳權留該地附近擔任游擊，七十五軍周碞由楠林橋退蘆坑、觀音山陣地。

此後，日軍一路猛攻傳道嶺，一路由趙家沖經柳林塘竄抵石洞嶺，進攻崇陽，國軍守軍第五十八軍孫渡——所轄新十師劉正富、新十一師魯道源因新兵過多，一觸卽潰，崇陽遂陷。八日大沙坪失守，國軍九十二軍李仙洲、七十五軍周碞適由通山、楠林橋到達，雙方在通城北激擊，終以倉猝應戰，未能持久，九日晚通城失守，國軍退守九嶺陣地。

蒲圻日軍十月六日，分兩路南下：一路突破七寶橋國軍十三師方靖陣地，向趙李橋車站進擊，戰鬪激烈，國軍十三師副旅長汪成鈞、團長田耘之皆陣亡，致上述陣地失守。七日國軍退羊樓司。日軍逼至，被國軍一四〇師宋思一阻於夏家嶺。另路沿新店鎭、臨湘大道，向西子畈進攻，被國軍九十五師羅奇阻於楊家莊。八日，西子畈陣地被突破，日軍佔聶家市、臨湘。九日國軍十三師方靖自羊樓司移桃林，日軍逼近，國軍一四〇師移大池口從側面攻擊。十日晨，國軍第十一軍團李延年，先退孟城、板橋線，再退三江口、長樂街集結，防務由第三十二軍團關麟徵（五十二軍）接替。

五十二軍關麟徵主力在桃林、芭蕉湖之線，並以新二十三師盛逢堯，指揮岳陽警備司令蔣肇周守岳陽。

十日，日軍沿鐵路進攻太平橋、聶家汊、洪家洲，守軍反擊後，晚皆陷落。同時，日艦溯江上駛，破壞國軍江防部隊所佈水雷。十一日在城陵磯登陸，雙方展開激戰，新編二十三師一旅守岳陽。日軍猛攻天福橋、桃李橋、平田廟、大王廟之線，十四時城陵磯失守，日軍源源登陸，進攻岳陽。是日十九時岳陽陷落，桃林亦放棄，國軍移曹田、烏江橋、蔴布山之線，阻日軍南竄。

---

(102) 《抗日戰史》——<武漢會戰（九）>，頁八二七～八五〇。

此戰鬪，國軍參戰八個軍、二十三個師，傷亡一萬四千七百餘人，日軍無傷亡記載[102]。

十一、戰後分析

1. 中國海空軍的英勇戰績

（一）海軍戰績:

武漢保衞戰時，中國有限的海軍砲艇及魚雷快艇，在馬當、東流、湖口大量佈雷。六月二十一日起，日海軍艦艇進窺馬當砲臺，經海軍岸砲逐退，沈日汽艇三艘，傷巡洋艦一艘，日軍乃改由陸路迂迴，中國海軍奉令毁砲轉進。七月四日日艦進向湖口砲臺，並以空軍炸射，砲臺遂告不守。七月十三日，海軍綏寧砲艇在黃石港佈雷時被炸沈。七月十四日，中國海軍以快艇襲擊日艦，雙方互有損傷[103]。八月一日後，湖口、九江以上各水道皆佈雷，日空軍臨空肆虐，中國雷艇損失十餘艘。八月九日，國軍湖鷹雷艇在蘭谿中彈沈没[104]。

湖口失守，海軍海寧砲艇急赴鄱陽湖吳城附近丁家山警戒，旋被日機炸沈，官兵除壯烈犧牲者外，餘組佈雷隊，擔任鄱陽湖佈雷工作[105]，同時在長江第三道防線——葛店，設立武漢區砲隊，分臺安裝海砲。並在田家鎭半璧山間、蘄春嵐頭磯間、黃石港石灰窰間、黃岡鄂城間，皆劃作雷區，佈雷一千五百餘具，然海軍佈雷砲船亦被炸沈不少[106]。

九月八日，知日艦上駛大龍坪武穴間，海軍佈放漂雷之別動隊在新

[103] 國防部史政編譯局檔案，長江抗日作戰經過案。
[104] 何應欽，≪日軍侵華八年抗戰史≫，<海軍作戰經過>，頁二八二。
[105] 前引書，頁二八四～二八五。
[106] 前引書，頁二八五。

洲方面放出漂雷，炸沈日艦兩艘。九月十八日，日艦兩艘駛至富池口要塞哂山附近，海軍砲臺突向日艦轟擊，一艘負傷下逃。二十日，日艦六艘、汽艇十一艘，進犯田家鎮砲臺，被海軍岸砲擊退；旋巡洋艦、驅逐艦各兩艘再展開進攻，亦被海軍岸砲擊退。二十一日，日汽艇十四艘上駛佈雷，海軍暗砲待其迫近時，以子母彈擊沈八艘，餘退去。二十二日，日淺水艦率汽艇十數艘上駛，破壞江防要塞陣地，迫近六千碼以內，海軍砲臺以子母彈擊沈汽艇一艘。二十三日再沈日汽艇兩艘，是晚南岸國軍守軍撤退，富池口要塞失守[107]。

九月二十五日後，日海陸軍全力進窺田家鎮要塞，其汽艇亦向田家鎮活動，被海軍砲臺擊沈數艘。二十六日馬口失守。二十七日，海軍砲臺擊沈竄入黃蓮門日汽艇兩艘。二十八日，日汽艇二十餘艘由陸海空軍掩護，於盛塘登陸，迫至馮家口，離砲臺僅數百公尺，田家鎮海軍工事及砲兵陣地全燬，是日晚奉令撤退。

當田家鎮危急之時，中國海軍在黃顙口、沙鎮間放漂雷一百二十具、固定水雷四百數十具，故田家鎮失守十天後，日艦不敢深入。十月中，日軍採大迂迴戰略，三面包圍葛店。二十二日，日艦由三江口上駛，被浮雷炸沈兩艘。二十四日在趙家磯被海軍砲臺擊沈汽艇四艘。是日，日機猛炸海軍中山、楚同、楚謙、勇勝、湖準各艦艇，楚謙、勇勝、湖準脫出重圍，楚同、中山兩艦及艦上人員殉難。翌日武漢淪陷。[108]

當海戰在長江激烈進行時，七月二十一日，日機二十七架，以中國艦隊爲目標，飛岳州轟炸，民生、江貞兩艦重傷擱淺，定安運輸艦受震較重，另砲艇兩艘亦重傷，官兵死傷數十人。十月二十一日，永績艦在新堤被炸擱淺，江元艦在岳州艦身損壞多處，官兵傷亡頗重，海軍爲避

---

[107] 前引書，頁二八五～二八八。
[108] 前引書，頁二八五～二八八。

免資敵，將擱淺各艦全部焚燬。十一月十一日，義勝、勇勝、仁勝、及四六號砲船在石首、藕池等處佈雷，再遭日機轟炸起火沈沒⑩⑨。

（二）空軍戰績：

武漢保衞戰時，中國空軍不及日空軍之四分之一，故機動集中使用於第一線，並採取主動進攻戰術，分別集中主力於漢口、南昌兩地，以取得局部之優勢。六月至八月間，晝夜出動，轟炸長江日艦，冒日猛烈之高射砲火，與日精銳之「九六」式及「亨克」式驅逐機戰鬪，予日軍重創；更乘日軍不意，襲擊南京、蕪湖、安慶等地之日空軍根據地，並隨時準備空戰截擊日機，如「七一六」、「八三」在武漢上空，「七一八」在南昌上空，「八一八」在衡陽上空，均予日機以致命之打擊。八月下旬，當日機不斷出動狂炸粵漢鐵路時，中國空軍曾抽調精銳之驅逐機一部進駐南雄，擊落敵機多架。九、十月間，復抽調轟炸機一部，迭次轟炸陽新、羅山、信陽等地之日本砲兵陣地及密集部隊，直接協同陸軍作戰。自民國二十七年六月三日至十月二十五日，在四個月又二十三天武漢保衞戰中，中國空軍炸沈日艦二十三艘，炸傷日艦六十七艘，炸燬日機十六架，擊落日機六十二架，擊傷日機九架⑪⓪。

（三）日空軍作戰：

日本空軍自八月二十五日至十月二十七日，出動作戰實況：(1) 空軍作戰：偵察機一、六六五架次；戰鬪機一、五一五架次；輕轟炸機一、三四三架次；重轟炸機七七一架次；輸送機三九八架機，總計五、六九二架次，使用各種彈藥一、〇〇一噸三五〇瓩。(2) 支援各軍（第十一軍、第二軍）作戰：偵察機一、〇七九架次；戰鬪機六三三架次；輕轟炸機一、〇一四架次；重轟炸機五七〇架次；輸送機一八五架次，

---

⑩⑨ 前引書，頁二八八～二八九。

⑪⓪ 空軍總司令部情報署編印，《空軍抗日戰史》，第二册，頁一三九。

總計三、四八〇架次，使用各種彈藥七六〇噸八六〇瓩。(3) 緊急空中補給：步槍彈一二四、〇五〇發；機關槍彈四七、七六〇發；手榴彈二、二〇四發；山砲彈三四二發；特殊發烟筒二一〇枝；糧食五七噸一〇〇瓩；衞生材料七七〇瓩；無線器材二五〇瓩；其他器材七〇〇瓩，總計七一噸七七〇瓩。(4) 散發傳單：六〇、三五九萬張。(5) 地區照像：六、九二五平方米[111]。

2. 日軍使用毒氣

抗戰時期日軍使用瓦斯（毒氣）是公開的事實，並在其戰鬪序列中，有健全的編制：「方面軍」多配備二個以上野戰瓦斯廠，每個軍、師團或旅團有野戰瓦斯第△中隊，或野戰瓦斯第△小隊，配屬（野戰部隊）使用。

進攻武漢時，日軍因兵力不足，對於要塞或山地據點之攻擊時，常遭受嚴重損失，爲挽救頹勢與擴張戰果，使用毒氣；同時在國軍陣前登陸與強行渡河時，爲減少傷亡，亦使用毒氣，對國軍造成重大傷亡。現將其使用毒氣部隊、地點、日期、及毒氣種類分析於後：

(一)波田支隊——沿長江主攻部隊——六月十二日攻懷寧（安慶）時用催涙、噴嚏兩種毒氣；六月二十八日在馬當外圍將軍廟登陸時使用催涙毒氣；七月四日湖口陣地戰時使用催涙、噴嚏兩種毒氣；九月二十四日攻富池口用催涙性毒氣；九月二十六日攻田家鎭要塞使用窒息性毒氣。

(二)第九師團——長江南岸——八月二十二日在瑞昌天子山、牯牛嶺使用窒息性毒氣；八月二十九日在瑞昌東南之馬鞍山使用窒息性毒氣；九月七日至九日在瑞昌東南蜘蛛山使用窒息性毒氣。

---

[111] 日《戰史叢書》——《支那事變陸軍作戰(2)》，頁二〇五～二〇七。

(三)第百一師團——長江南岸——八月三十一日至九月五日在東孤嶺（星德公路線）使用催淚、噴嚏兩種毒氣；九月十三日在西孤嶺（東孤嶺之西）再使用催淚性毒氣。

(四)第百六師團——長江南岸——九月二日在德安北馬廻嶺使用催淚、噴嚏兩種毒氣。

(五)第六師團—— 長江北岸—— 九月六日在廣濟西筆架山、楊家壠、石門山陣地使用催淚性毒氣。

(六)第十三師團——固始商城間——九月十一日在富金山用催淚性毒氣[112]。

3. 細菌戰之探討

抗戰發生，日本在北支那（華北）方面軍有「第一野戰化學實驗部」之編組，在上海派遣軍有「第二野戰化學實驗部」之編組，兩者在華北或淞滬作「細菌戰（鼠疫）」試驗之用。

淞滬會戰之際，日軍傷亡慘重，故將「第一野戰化學實驗部」由北支方面軍調第十軍，配合金山衛登陸工作，因此兩個「細菌戰」之機構全部集中京滬地區。

當時科學不够進步，「細菌戰」用起來頗爲困難，雖然日軍在偸偸的實驗，但效果不彰。至徐州會戰，日軍在臨沂、臺兒莊再度遭受重大損失，故加緊「細菌戰」之實驗。中國政府亦得到正式情報，組成兩個防疫大隊，在戰地作實際調查工作。

武漢保衛戰時，日軍乃將第一野戰化學實驗部歸屬北支那（華北）方面軍，第二野戰化學實驗部由中支那（華北）派遣軍指揮。中國政府

---

[112] (1) 參閱《抗日戰史》——武漢會戰各戰報紀錄。(2) 國防部第二廳編，《日本侵戰八年概況》（民國三十七年四月），頁八四 ——武漢會戰日本使用毒氣概見表。

防疫大隊由二個增至四個，其大隊長分由：彭達謀（曾任國防醫學院副院長，中風，不能說話）、李子琳、孫同書、△△△等人擔任。到抗戰晚期則增至十個防疫大隊，但怕影響民心士氣，並未向全國及世界宣佈日本使用「細菌戰」。

武漢保衛戰時，日本無顯著實例使用「細菌戰」，但有三段記載，可能與日本實驗「細菌戰」有關：(1) 七月二十八日，日波田支隊進入九江時，發生「鼠疫」，此或係日軍進攻九江時所放送之「鼠疫桿菌」尚未消除；(2) 七月二十日至八月初，日軍第六師團步兵第十一旅團駐潛山，並赴太湖作戰時，入醫院病患多達二千多人；(3) 劉汝明回憶錄：七月二十七日至九月七日，黃梅附近戰鬪，其所轄之陸軍第六十八軍有二千六百人傷亡，但「北方官兵，水土不服，多遭重病，精華斲喪，較作戰損失更巨」[113]。

據李子琳鄉長告筆者：日軍細菌戰分三個步驟：(1) 測量適當的天候——陽光、溫度與濕度，培養鼠疫桿菌；(2) 將鼠疫桿菌加入在雜糧或食物之中，讓野鼠或家鼠食用；(3) 再將帶菌之家鼠或野鼠放入中國軍民密集地區，鼠疫卽會發生。到抗戰後期，日軍培養一種帶鼠疫桿菌之跳蚤，用一個不堅固紙袋放十數個跳蚤，由飛機空投我軍事地區，投下後紙袋自破，跳蚤卽可迅速傳播細菌。同時在民國三十一年五月二十二日至六月七日浙東衢州戰鬪時，日軍在衢州使用細菌戰；民國三十二年十一月二十一日至二十七日湘北慈利桃源戰鬪時，日軍在桃源使用細菌戰。

民國三十三年九月下旬，日軍飛機在修水縣三都鎮空投「腦炎細菌」，造成三百多幼童死亡或殘廢[114]。

---

[113] 參閱本文有關各段歷史敍述。
[114] 參閱民國七十四年八月一日聯合報「抗戰與我」徵文入選作品——文藝哲：<那飀下的白麵粉>。

日軍因自己使用細菌戰，故各師團對衞生飲水工作特別注意，除師團衞生隊，及第一、二、三、四野戰醫院編制外，每一師團配屬兩個鑿井中隊，及一防疫給水部，以檢查飲用水之水質。

4. 雙方傷亡分析

武漢保衞戰自六月三日日軍進攻鳳臺起，至十一月十一日岳陽陷落止，共五個月又九天，其傷亡人數中日雙方記載相差甚大。

日第二軍記載:

（一）日軍: 戰死約二、三〇〇人，傷約七、三〇〇人，合計九、六〇〇人。

（二）國軍: 遺屍約五萬二千人，俘虜約二、三〇〇人，合計五萬四千三百人。

（三）擄獲品: 重砲六十門，野山砲九〇門，其他火砲九〇門，重機槍約五〇枝，輕機槍四〇〇枝，汽車一三〇輛，火車貨車五〇輛[115]。

日第十一軍記載:

（一）日軍: 戰死四、五〇六人（內將校一七二人，按將校指少佐以上），傷一七、三八〇人（內將校五二六人），合計二一、八八六人（內將校六九八人）。

（二）國軍: 遺屍約一四五、四九三人，俘虜約九、五八一人，合計一五五、〇七四人。

（三）擄獲品: 馬五八四匹，十五榴砲九，要塞砲一四，十三粍高角砲六，高角砲八，加農砲八，十二榴砲六，野山砲一二四，迫擊砲一〇四，速射砲七二，其他火砲二六，重機槍三一八，輕機槍一、二四〇，步槍（包括自動步槍）二〇、七八四，輕戰車一，火車頭一八，火

[115] 日《戰史叢書》——《支那事變陸軍作戰(2)》，頁一九三。

車客車一七，火車貨車一六五，汽車（客貨車）九五[116]。

國防部史政編譯局編印《抗日戰史》——〈武漢會戰〉——十册，蒐集「作戰命令」與「戰報」甚爲「豐富」，獨缺雙方傷亡統計。另據參謀本部資料，根據俘虜口供，認定日軍每師團傷亡在百分之四十以上，參戰第二、十一兩軍，及華中派遣軍其估計約五十萬人，應傷亡二十萬人。另外日本船舶被擊傷六百餘艘，擊沉四十餘艘[117]。

國軍死傷爲二五四、六二八人[118]。

此一戰役，慘烈空前，國軍在劣勢裝備下，吃盡苦頭，其傷亡（加失踪——逃兵）數字可信。日軍發現屍體比例較大，是有許多平民在內。

日軍自承傷亡三一、四八六人，似乎過少。日軍參戰部隊，第十一軍約十五萬人(連增援部隊在內)，第二軍約十二萬人，連同陸軍航空兵團、海軍第三艦隊、溯江船舶隊等，當在三十萬人以上。俘虜口述傷亡在百分之四十也是眞的，其穿過大別山之第十三、十六兩師團，及進入廬山山區第百六師團損傷要在百分之四十以上，此在日本《戰史叢書》屢見不鮮（詳前文）。且因水土不服，病患特多，中暑（日射症）、瘧疾頻傳，入九江之波田支隊因發現傳染病卽全部出城住宿。灊山一地，七月底日駐軍半師團，病患超過三千人。各師團補充新兵頗多，以第二十七師團（三個步兵聯隊的小師團）爲例，十月底在辛潭舖附近，一次卽補充三千人，在在皆說明日軍傷亡慘重。故以保守估計，三十萬人之百分之四十，日軍實際傷亡可能在十二萬左右[119]。中國參謀本部對日

---

[116] 前引書，頁一九九～二〇〇。

[117] 國防部第二廳編，《日本侵戰八年概況》，頁七八。

[118] 參謀總長陳誠，《八年抗戰經過概要》，附表五——自徐州放棄至武漢會戰結束。

[119] 此爲日軍傷亡之估計。

軍參戰人數（僞軍除外），因受日軍虛張聲勢的宣傳影響，日俘（包括中下級軍官）不可能眞知日本出兵或參加長江（進攻武漢）作戰人數，多估了八萬人，所以傷亡總數有很大的差異。

5. 蘇聯顧問對武漢戰役總結

蘇聯總顧問——亞·伊·趙列潘諾夫（另譯契列帕諾夫），黃埔創校時，曾任顧問小組顧問。對國軍將領很熟。他在回憶錄中，對武漢保衞戰有精辟與深入之記載。現摘要於后：

「武漢保衞戰在我到達中國以前就開始了，自從七月二十一日，日本佔領九江後，武漢的戰局形勢就緊急，當時我們軍事總顧問德納特芬（後調回國，由趙列潘諾夫接替）就向軍事委員會統帥建議要調集機動部隊，分別從江南、江北不斷地襲擊進攻武漢的日軍，來牽制日軍，這就是要對進攻武漢的日軍，積極安排反攻，以攻爲守來保衞武漢」。

「日本人進攻武漢的部隊在數量上並不太大，但是因爲日軍在武器裝備方面佔有很大的優勢，所以日軍在進攻時，都是用「突破」陣地方法。國軍抵抗日軍的進攻是用陣地防禦工事的「阻截法」，如果日軍的砲火摧毀了國軍的防禦工事，國軍便轉移陣地，又重新建立一個新的防禦工事來阻截日軍，以牽制日軍。在山地方面，國軍破壞道路往往達幾十公里，在坡地不高的山地，國軍破壞公路有時達一百多方里，這種方法可牽制日本的坦克及機械化部隊前進的速度，也使得日本彈藥補給發生困難，這對於國軍並沒有多大的影響，因爲國軍沒有大型機械化的部隊，而彈藥的運輸都是靠人力來搬運的，而且士兵所用的步槍子彈及機關槍子彈還是隨身携帶的」。

「從整個形勢來講，日本軍隊是用『突破法』，國軍是用『阻截法』，一個是很積極的進攻，一個是消極的防守，遭受日軍進攻的國軍，自然是要拼命抵抗，積極地在防衞，但是其餘未受到攻擊的國軍，自然是沒有戰鬪，在那裏消極等待。國軍阻截式的利用工事作陣地防禦是可以的，但是不應該讓未受到攻擊的部隊，停留在那裏不動，而應該積極行動起來，找機會，從側翼，從後方，隨時突擊日軍，牽制日軍，使其疲於奔命，無法集中兵力進攻國軍陣地。」

「疲乏不堪，退往後方的日軍，游擊部隊不應讓其獲得充分的休息，應該找機會加以襲擊，尤其是要積極破壞鐵路、公路及土路，加深日軍運輸上的困難，對於日軍的指揮中心也要造成威脅，予以困擾，所有這些方法都是分散日軍的力量，延緩日軍進攻的攻勢」。

「蔣委員長同意我這個意見，他命令何應欽將軍召開一個小型的高級將領軍事會議，參加人有政治部部長陳誠，作戰部部長劉將軍，情報部部長宋將軍，以及其他重要將領，這個會議就是蔣委員長要再一次聽取我保衞大武漢的意見，並且對於原來所制定的保衞計畫加以補充和修正」。

「當軍事會議結束後，我們前往揚子江南岸之第九戰區，視察防禦情勢，這個戰區司令長官是陳誠將軍」。

「在前線視察中間，陳誠將軍對我所提的問題，現在怎麼辦？陳誠將軍講得很漂亮，他答覆：『反攻！』，我再講：反攻嗎？陳誠講：『現在我們有預備部隊可以調用。』，我就講：『很好。』我們接著召集前線部隊長講話，面授機宜」。

「當天已是深夜了，我詳細解釋需要積極防禦，以攻爲守，來抵抗日軍，因爲積極的防禦，可以延緩敵軍向前的攻勢，這種攻勢的防禦，已列爲保衞大武漢計畫的一部份」。

「在日軍進攻武漢的戰役中，我所建議的積極防禦，隨時隨地突擊日軍的攻勢，已確實實施了，有的部隊很靈活在實行，有的部隊亦逐漸很有信心的在運用」。

「在武漢戰役期間，位於揚子江南岸的國軍部隊曾利用此種方式包圍日軍步兵一〇六師（百六師團），該師（團）損失慘重，在武漢撤退之際，國軍湯恩伯將軍曾採此種游擊戰術，以打擊進攻武漢的日軍側翼及後方，牽制日軍行動，掩護了國軍部隊由武昌向南撤退，以後的長沙大捷也是利用此種作戰方法獲得勝利」。

「一位中國將領說：在上海戰爭、南京戰爭時，國軍對日軍俘虜的詢問，日俘總是避免答覆問題，而只請求讓他去死；在徐州戰爭時期，日俘對於國軍所詢問的問題也避免答覆，但不要求去死了；到了武漢戰爭時，日本俘虜態度又改變了，對於所有問題均詳細答覆。」

「日軍將領對國軍的批評：國軍中央部隊的素質很佳，地方部隊及新編步兵師之戰鬪力亦強，但空軍及砲兵部隊較弱，所以國軍之戰鬪力比我方（日軍）低落，但國軍部隊士氣高昂不怕死，有戰鬪精神」。[120]

十二、結　論

1. 日本原以戰爭爲手段，而達成其分期分區侵略中國之終極目的，過去「九一八」如此，熱河及長城作戰如此，察綏之戰亦如此。並在侵略的每一地區內分別製造地方傀儡政權，聽其指使。七七事變之初，日本想侵佔平津而促成「華北國」的野心，但被中國全面抗戰所粉碎。

2. 在裝備方面，日軍佔盡優勢，尤其是飛機、戰車、裝甲車、重

[120] 亞・伊・趙列潘諾夫等十三人合著：≪蘇俄在華軍事顧問回憶錄≫，第七部：≪蘇俄來華自願軍的回憶≫(1925～1945)，民國六十七年三月國防部情報局譯印。第八篇，<武漢戰役總結>，頁一七五～一九四。

砲、通信、化學（細菌）戰、運輸工具、工兵等。且以汽球觀測國軍陣地，指揮日本砲兵進攻；又以毒氣攻國軍堅強陣地，或強行沿海沿江登陸。國軍惟一辦法是徹底破壞道路，使其運動困難外，其他完全憑高昂士氣，以血肉之軀拼鬬，故一仗打下來，常常一兩師兵力，所剩不到一營人。

3. 武漢保衛戰中，無任何中共軍隊正式參戰，此一時期，中共勢力尚小，北方的十八集團軍正在晉、陝、冀各省收徵民槍，擴充自己的勢力。南方的新四軍尚在萌芽時期。

4. 武漢會戰是中日拼死之戰，至戰事結束，戰爭高潮已過。日知無法使國軍屈服，且兵力不敷分配，繼續進攻，收效不易，遂改「速戰速決」爲「以戰養戰」，暫停軍事行動，改爲政治進攻，培養僞政權，切實控制佔領地區，採長期圍困政策，因此而有國軍二十八年各地總反攻，同時也給日軍帶來南侵掠奪物資作戰，終至走上戰敗命運。

論「百團大戰」

一、前　　言

抗戰八年，中共對日軍作戰規模較大，且引以為榮的有二：一、平型關戰役；二、「百團大戰」。

平型關戰役是共軍第一一五師林彪配合國軍陣地反攻作戰一個標準的伏擊戰，打得頗為漂亮。它聽命於第二戰區司令長官閻錫山暨前敵指揮官傅作義指揮作戰。其作戰經過載於國防部史政局所纂修之《抗日戰史》（正史、官書）——〈太原會戰〉內，亦見於國軍各戰史，且其時運歷半世紀不衰，至今仍為中共統軍人員所樂道，有關其戰績實情，筆者已有專文討論，此處不再贅述❶。

至於「百團大戰」，是中共部份軍人——朱德、彭德懷、左權的個人行動，無國民政府軍事委員會或第二戰區的作戰命令，故不載於《抗日戰史》內。朱、彭等雖呈報中共中央軍事委員會，但未經批准，即開始行動❷，因對日偽軍傷害不大，共軍損失不小，且引起日軍的多次大力「掃蕩」，使中共二、三年來艱苦建立的所謂「抗戰根據地」幾被掃平，在中共黨內早已毀譽參半。但中共當時又不得不藉它向外號召宣傳。不過好景不長，當民國五十六年二月「文化大革命」爆發時，毛澤

❶ 參閱劉鳳翰：《論太原會戰及其初期戰鬪》——<平型關作戰>，《中研院近史所集刊》，第十五期（下），頁三一五～三五二。

❷ 《彭德懷自述》，頁二三六～二三七，一九八一年十二月，北京人民出版社出版。

東即據此「戰」向朱、彭開刀，指彼等「違反黨的組織紀律，擅自搞百團大戰」，是「執行投降主義路線的一大罪惡」❸。自此中共軍中黨內，很少再有人敢提「百團大戰」的功績，多數異口同聲指摘它的過錯。至四人幫垮臺，經中共第十一屆三中全會給彭德懷「平反昭雪」後，又有一些人大作文章，談「百團大戰」，以「撥亂反正」的筆法予以「肯定與讚美」。此點除證明在中共統治下，無正確的史實（眞史）與客觀的解釋（合理的說明）外，更可知他們的一切說法，皆因人、時、地的需要而隨意發揮，絕不顧及學術的尊嚴與歷史的眞相。

筆者根據中共正反兩面資料，參閱日軍檔案記載，以軍事學的知識，戰場的經驗，及歷史學的方法，作一深入研究，追出史實眞相，給它客觀與應有的評價。

二、「百團大戰」的背景

1. 國內外的重大轉變

「百團大戰」是中共部隊 —— 國民革命軍第十八集團軍總司令朱德、副總司令彭德懷、副參謀長左權，於民國二十九年七月二十二日，在山西武鄉縣王家峪第十八集團軍野戰總部❹所作的決定，並電報中共中央軍委會請示❺。當時國內外的形勢正處在重大的轉變中。

---

❸ 《反黨篡軍野心家彭德懷罪惡史》，由「首都批資聯委會史學分會」和「紅代會新北大井崗山兵團」編印。參閱何理、王瑞清、劉威編譯：《百團大戰史料》，一九八二年，北京人民出版社出版。

❹ 李志寬、王照騫編：《八路軍總部大事紀略》，頁六八。解放軍出版社一九八五年出版。按共軍野戰總部隨時轉移，此時正在王家峪。

❺ 同❹書，頁七五。

(1) 歐洲戰場：民國二十九年四月德軍採取北面迂迴戰略，是月九日上午五時十五分，先威迫丹麥不抵抗，同時在挪威登陸，經過一天戰鬪而控制挪威全境，五月十日，德軍進攻荷蘭、比利時、盧森堡，荷蘭王室逃到英國，比利時國王投降，德軍轉攻法國北部。五月二十六日，英軍三十萬人自敦克爾克退出歐洲大陸。六月十日意大利參戰。十四日德軍進入巴黎，二十二日，法國貝當政府向希特勒簽訂投降協定。英國面臨德軍直接進攻的緊急狀態，美國著手整頓軍備，實行大規模的造艦計畫❻。

(2) 日本國內：因受歐戰刺激，六月中旬，日本各政黨對內閣提出：A. 清算追隨英美外交路線的方針；B. 對援助中華民國的國家採取斷然措施；C. 確立高度國防國家體制；D. 由亞洲人掌握亞洲的全部資料等強硬要求。七月十六日陸相畑俊六大將辭職，因而米內內閣倒閣，七月十七日，代表少壯軍人的近衛文麿再度組閣，二十六日決定「基本國策綱要」與「適應世界形勢處理時局綱要」。在外交方面，將德意的關係加強，並於九月二十七日簽訂日德意三國軍事同盟，自稱「軸心國」，以排除英美的阻撓，建設包括印度以東，澳洲、紐西蘭以北地區所謂「大東亞共榮圈」，爲了避免兩面作戰，調整日蘇關係，至翌年四月十三日，終於簽訂日蘇中立條約❼。

(3) 中國方面：汪兆銘僞「國民政府」於三月二十九日在南京成立，影響抗戰士氣民心甚鉅。當時抗戰物資，需經香港及越南的滇越路和緬甸的滇緬路輸入中國大後方。日本近衛內閣上臺，乘英、法二國在

---

❻ 參閱：William L. Shirer; *The Rise and Fall of the Third Reich*: A History of Nazi Germany. Chapter 20, "The Conquest of Denmark and Norway", pp. 673-713; Chapter 21, "Victory in the West", pp. 713-758。

❼ 參閱日本防衛廳防衛研修所，戰史室修：《支那事變陸軍作戰(3)》，頁二七一：<米內內閣倒閣>；頁二七七：<第二次近衛內閣的適應政策>；頁二八〇：<時局處理要綱>。

歐洲戰敗之際，向英國及法屬越南殖民當局，要求封鎖滇越路、香港與滇緬路。法國向德國投降之同時，越南答應日本要求，七月二日，日本在河內設監視員監督此事。七月十八日，英國與日本達成「關於停止香港及緬甸對中國運輸協定」，規定禁止軍火、彈藥、汽油、載重汽車、鐵路器材等物資由香港及緬甸運往中國。且自七月開始陸續撤離英國在上海、天津，及北平等地約二千五百名軍隊❽。

日軍在中國戰區發動主攻，華北有第二次晉東南作戰（民國二十九年四月十六日至六月三十日），捕捉國軍，威脅西安；華中有棗宜會戰（民國二十九年五月一日至七月四日），西侵宜昌，進迫川東；華南有粵北良口作戰（民國二十九五月十三日至六月十二日），配合各地進攻。同時對重慶瘋狂轟炸，自五月十八日至八月十四日，日機使用三千三百多架次，投彈二千五百多噸，死傷軍民五千五百三十人❾。是中國抗戰最艱困的時刻。

2. 華北戰場的形勢

(1) 中共的軍事實力：中共經近三年的抗命發展，除原有第一一五師、第一二〇師、第一二九師擴充發展外，並先後建立四大「抗日根據地」。

A. 晉察冀軍區，由聶榮臻負責，駐冀北阜平，轄：(一）冀西（北岳）軍區——聶榮臻（兼），冀北阜平；（二）冀東軍區——李運昌，冀東遷安；（三）冀中軍區——呂正操，冀中深縣；平西（冀熱遼）軍區——蕭克，熱察邊區赤城、延慶。每一軍區轄若干個軍分區。其中除冀東軍區已被日軍摧毀外，其他多保有實力在各地活動。

B. 晉冀魯豫軍區，由劉伯承負責，駐晉南榆社，轄：（一）太行

---

❽ 郭廷以編著：《中華民國史事日誌》，第四册，頁一三七～一三八。
❾ 據周開慶著：《四川與對日抗戰》，頁七三～九八，筆者統計。

軍區——劉伯承（兼），晉南榆社；（二）太岳軍區——薄一波（由閻錫山犧牲同盟會十二個團兵力叛變後投共所組成），晉西（太原西，汾陽北）文水；（三）冀南軍區——陳再道，冀南武安；（四）冀魯豫軍區——楊得志，冀南濮陽。此一地區，已將國軍正規軍及游擊隊擊敗，並控制游擊區❿。

C．山東區，此時中共尚無山東軍區之設置，僅以第一一五師（陳光代）抗命進入山東活動，由徐向前指揮，建立：（一）冀魯（魯北）軍區——邢仁甫，魯北樂陵；（二）魯南（魯中）軍區——東進支隊陳光，魯南臨沂；（三）淮海（濱海）軍區——覃侹，海州以北，蘇魯濱海邊區；（四）膠東軍區——高錦純，萊陽以北，登州、黃縣以南地區⓫。此一地區，國共鬪爭激烈，國軍佔上風。

D．晉綏區，由賀龍負責，分（一）晉西北區，賀龍（兼），晉西北岢嵐；（二）大青山區，李井泉，晉綏邊區⓬。與第二戰區正規軍或游擊隊爭奪游擊區。

另外陝甘寧軍區，是中共以延安為中心的老根據地，由原有的十五縣已擴充為二十七縣一市。所指揮部隊，原有陝北警備旅，蕭勁光，已增至警備第一～七團，騎兵團、砲兵團；保安司令高崗，轄各分區保安隊及各縣獨立營。另新增二五九旅（王震，陝北、綏德）與一二九師三五八旅（王維舟，甘肅、慶陽）⓭。

---

❿ 參閱劉鳳翰：<抗戰期間冀察兩省國共日偽兵力的消長>，中研院近史所，民國七十五年八月，《近代中國區域史研討會論文集》。頁七四三～七九八。

⓫ ⑴中國國民黨黨史委員會編印：《中華民國重要史料初編》——<對日抗戰時期>，第五編，<中共活動眞相（二）>，頁一三九～一四五。⑵王健民著：《中國共產黨史稿》，第三編，<延安時期>，頁三七〇～三七七。

⓬ 同⓫⑴書，頁一四五～一四七；⑵書，頁三七七～三八二。

⓭ 同⓫⑵書，頁二五五～二六〇，及頁二九〇。

此時為中共最盛時期，共部隊據日本情報顯示：正規軍約十二萬人，游擊隊約十六萬人，共二十八萬人⑭。據軍令部調查統計局向軍事委員會報告為：二〇四、四九九人，槍八二、七七三枝，計步兵五十四個團，騎砲兵各一團，另二十四個支隊⑮。「百團大戰」後，第十八集團軍政治部宣傳部長蕭向榮承認共軍為二十二萬人，佔全國軍隊8％⑯。

(2) 國軍的部署：在此一地區，國軍有冀察、魯蘇、第一、二、八戰區：

A. 冀察戰區，衞立煌（兼）：（一）第二十四集團軍龐炳勳，指揮第四十軍龐炳勳（兼）（轄第三十九、一〇六師、第十四騎兵旅）；新五軍孫魁元（轄暫編第三、四師）；（二）第三十九集團軍石友三，轄第六十九軍石友三（兼）（第一八一師石友三（兼），新編第六師高樹勛，新編第四、十三旅）；游擊指揮官孫良誠，轄游擊第一、二、三、四縱隊；（三）河北保安司令龐炳勳(兼)，河北保安第二、三、四旅；（四）游擊部隊：游擊第七縱隊，及獨立游擊第四、五、七、八、九、十、十一、十二支隊。但龐軍在晉豫冀邊區，石軍已被共軍劉伯承部擊潰自冀南退魯西菏澤。高樹勛軍乃在鹽城附近，其他多無實力⑰。

B. 魯蘇戰區：（一）戰區總司令于學忠指揮：第五十一軍牟中珩（第一一三師、第一一四師)在魯中活動；第五十七軍繆徵流(第一一一師、第一一二師）在魯南蘇北活動；（二）戰區副總司令韓德勤指揮：第一游擊區韓德勤（兼），第八十九軍李守維（第三十二師、第一一七師、獨立第六旅）；第二游擊區李明揚，在蘇北活動。（三）山東省主

---

⑭ 日本防衞廳防衞研修所，戰史室修，≪戰史叢書≫，≪北支の治安戰(1)≫，附圖四，北支那方面軍佔據地域內敵兵統計。

⑮ 國防部史政編譯局，國軍永久檔案 381-1/18，擬定第十八集團軍整編辦法表。

⑯ ≪八路軍軍政雜誌≫，第二卷，第九期。

⑰ 同⑩文，頁七六三～七六六。

席兼游擊總司令沈鴻烈指揮：新編第四師吳化文、暫編第十二師、陸戰隊等，在魯中活動⑱。此一地區國共鬪爭中，此時國軍佔優勢。

C. 第一戰區，衞立煌，河南未淪陷地區：（一）第三集團軍孫桐萱及游擊縱隊魏鳳樓等在新黃河西岸；（二）第三十四集團軍胡宗南在潼關以北黃河西岸，與潼關以東黃河南岸；（三）第七十一軍宋希濂（後陳瑞河）在黃河南岸孟津西南地區；（四）第三十六集團軍李家鈺在豫西；（五）豫北、豫南、豫皖等游擊區⑲。此一地區共軍活動微弱。

D. 第二戰區，閻錫山，山西未淪陷地區：（一）第四集團軍孫蔚如在晉南安邑東南地區；（二）第五集團軍曾萬鍾在晉南夏縣、垣西地區；（三）第六集團軍陳長捷在晉西陽縣西北地區；（四）第七集團軍趙承綬在晉西寧鄉以西地區；（五）第八集團軍孫楚在晉西南大寧以南地區；（六）第十三集團軍王靖國在晉西汾陽以西地區；（七）第十四集團軍劉茂恩在晉南陽城以南地區；（八）第九軍郭寄嶠（後裴昌會）在豫北沁陽以東，第二十七軍范漢傑在晉東南陵川地區⑳。山西在抗戰初期爲共軍最早控制的根據地，與國軍交錯混雜，明爭暗鬪。

E. 第八戰區，朱紹良，綏寧青：（一）第十七集團軍馬鴻逵部在包頭西南地區；（二）傅作義所指揮部隊（第三十五軍、暫三軍、騎四軍）在五原以西地區；（三）馬占山東北挺進軍在山西河曲以北，綏遠善岱以南，晉綏邊區；（四）高雙成第二十二軍，在綏南及陝西榆林以北地區㉑。此一地區在共軍陝甘寧邊區與晉綏邊區內，共軍發展亦強。

華北地區國軍實力，據日本情報估計爲正規軍約二十五萬人，游擊

---

⑱ 何應欽著：≪日軍侵華八年抗戰史≫，頁二五七，魯蘇戰區。

⑲ (1) 參閱≪國軍歷屆戰鬪序列表彙編≫，民國二十九年七月第一戰區戰鬪序列；(2)同⑭書，附圖內國軍部署地點。

⑳ 同⑲(1)、(2)兩項資料。

㉑ 同⑲(1)、(2)兩項資料。

隊五萬六千人，總計三十萬六千人㉒。因部隊調動頻繁，國軍無正式統計。

(3) 華北日軍戰備實況：北支那方面軍司令官多田駿中將（民國二十八年九月十二日接任），駐北平。

A. 直轄部隊：

（一）第二十七師團（本間雅晴），駐天津，防守北寧、津浦兩路——山海關、天津，至桑園以北地區，負責此一廣大地區掃蕩清剿工作，中共冀東軍區已被掃平，並加緊清剿冀中共軍。

（二）第百十師團（飯沼守），駐石家莊，防守平漢線定興、保定、石家莊、順德地區。與國軍冀察、第一、二戰區接觸，並掃蕩共軍冀南、冀中、冀西（北岳）等軍區。

（三）第三十五師團（原田熊吉），駐開封、新鄉，騎兵第四旅團駐歸德，與國軍第一戰區作戰。

（四）獨立混成第十五旅團（長谷川美代次），隨北支那方面軍駐北平，防守北平周圍十三縣。並負責清掃此一地區共軍活動。

（五）獨立混成第八旅團（水原重義），駐石家莊，警備石家莊以西地區，爲「百團大戰」遭受攻擊部隊。

（六）獨立混成第一旅團（谷口春治），駐邯鄲，警備冀南地區，對國軍冀察戰區與第一戰區，及共軍冀南軍區作戰。

以上直轄部隊總兵力一四五、六六八人。

B. 第一軍（篠塚義男），駐太原，指揮山西部隊：

（一）第三十六師團（井關仭，民國二十九年八月一日任），駐晉東南潞安，與國軍第二戰區——第十四集團軍、第二十七軍、第九十二

㉒ 同⑭，≪北支の治安戰(1)≫。

軍，冀察戰區——新五軍、中共十八集團軍總司令部、第一二九師及太行軍區對峙作戰。

（二）第三十七師團（安達二十三，民國二十九年八月一日任），駐晉南運城，與第二戰區第三、四、八集團軍對峙作戰，在黃河南、西對岸為第一戰區第三十四集團軍。

（三）第四十一師團（田邊盛武），駐晉西南臨汾，與第二戰區第六、七、十三集團軍，及中共太岳軍區對峙作戰。

（四）獨立混成第三旅團（毛利末廣），駐晉北崞縣，清剿共軍晉西北軍區，負責此一地治安。亦為「百團大戰」作戰旅團。

（五）獨立混成第四旅團（片山省太郎），駐晉東正太路陽泉，警備此一地區，亦為「百團大戰」遭受攻擊部隊。

（六）獨立混成第九旅團（池上賢吉），駐太原，警備太原圍邊地，「百團大戰」時派兵增援正太鐵路作戰。

（七）獨立混成第十六旅團（若松平治），駐晉西汾陽，與第二戰區第十三集團軍對峙，並警備此一地區。

以上日之第一軍，除獨立混成第十六旅團（調整中）外，為一三二、八一八人。

C. 第十二軍（飯田貞固），駐濟南，指揮山東及蘇北部隊：

（一）第三十二師團（木村兵太郎），駐魯南兗州（磁陽），對國軍蘇魯戰區，及中共魯中南軍區警戒作戰。

（二）第三十一師團（土橋一次），駐徐州，對國軍第一戰區及魯蘇戰區作戰。

（三）獨立混成第五、六、七、十旅團（內田銀之助，盤井虎次郎，林芳太郎，河田槌太郎），分駐青島、張店、武定、濟南。分別負責清剿共軍魯東（膠東）、魯北（冀魯）、魯中（魯南），及冀魯豫等四軍區，並對國軍魯蘇戰區作戰。

以上日第十二軍部隊爲四八、三八〇人。

D. 駐蒙軍（岡部直三郎，民國二十九年九月十二日，改山協正隆），駐張家口，指揮晉北、察南、綏東部隊：

（一）第二十六師團（黑田重德），駐晉北大同，對中共晉察冀軍區之冀西（北岳）軍區，與晉綏區掃蕩。並與綏東國軍對峙。

（二）騎兵集團（內籐正一，轄兩騎兵旅團），駐包頭，與國軍傅作義（第三十五軍）、馬鴻賓（第八十一軍）及馬占山東北挺進軍對峙作戰。

（三）獨立混成第二旅團（人見與一），駐張家口，所屬各大隊警備察南，掃蕩共軍平西（冀熱遼），及熱察等軍區。

以上日駐蒙軍兵力爲二七、二九四人。

在華北日軍總計爲三五四、一六〇人㉓。且對中共各軍區，以交通網爲重點，加緊掃蕩清剿，造成包圍封鎖形勢。

3. 發動的動機與目的

(1) 初期的動機與目的：

中共發動「百團大戰」是民國二十九（一九四〇）年春天在晉東南，經彭德懷、左權、劉伯承、鄧小平、聶榮臻開會醞釀確定的。當時有人提出，想把正太路搞掉，使晉冀魯豫和晉察冀兩個中共根據地連成一片，但因執行上有困難，且正太路爲山西日本所有駐軍補給命脈，絕不善罷干休，經聶榮臻提議改爲對正太路進行破壞襲擊㉔。

㉓ 參閱⑭書，頁二三四統計數字及有關北支那方面日軍部署及「治安肅正」。
㉔ ≪聶榮臻回憶錄≫，中册，頁四九三～四九四。解放軍出版社出版，一九八四年八月北京。

同年，七月二十二日由朱德、彭德懷、左權簽名發給第一二九師劉伯承、第一二〇師賀龍、晉察冀軍區聶榮臻（不包括山東區共軍）命令說：「由於國際形勢的變動，我西南國際交通被截斷，國內困難增加，敵有于八月進攻西安，截斷西北交通之消息」，「因此，我軍應積極行動，在華北戰場上開展較大勝利的戰鬪，破壞敵人進攻西北計畫，創立顯著的戰績。」「敵寇依據各交通要道，引點成線、集線成面，不斷向我內地擴大佔領地區，增多據點碉堡，封鎖與隔絕各抗日根據地聯繫（特別是對于晉南區），以實現其『囚籠政策』。」「縮小共軍活動範圍，消滅其游擊戰爭。」「為打擊敵之『囚籠政策』……決定乘目前青紗帳㉕和雨季時節，利於隱蔽及不利日軍機械化作戰，爭取晉察冀、晉西北，及晉東南掃蕩較為緩和，正太路較為空虛的有利時機，大舉破襲正太路。」

在此命令中並說出：「戰役的目的，以澈底破壞正太路若干要隘，消滅部分敵人，恢復若干重要名勝關隘據點，較長時期的截斷交通，並乘勝擴大，拔除該線南北地區若干據點，開展該路兩側工作，基本是截斷該線交通為目的」㉖。故知其最初目的是調動第一二九師、第一二〇師與晉察冀軍區部隊破壞正太鐵路，截斷交通線，打破日軍的有力封鎖。

彭德懷後來的回憶：「從一九四〇年（民國二十九年）三月前後至七月，華北抗日根據地大片土地迅速變為游擊區，大破襲戰（按指「百團大戰」）之前，只剩下兩個縣城，即太行山的平順和晉西北的偏

㉕ 青紗帳是指華北地區之高粱、玉米等農作物生長滿田野，作為軍隊行動掩蔽之用。

㉖ 蔣杰：<關於百團大戰問題的探討>，載《近代史研究》，一九七九年第一期，頁一六五～一七五。

關」。也正如彭所斷言：「百團大戰是在敵後根據地退縮到最後不能再退的形勢下進行的。打破敵人的『囚籠政策』及其對根據地的封鎖已成爲華北我軍勢在必行的緊迫任務之一」㉗。

(2) 定名「百團大戰」與編併地方游擊隊：

當時中共準備參戰的部隊爲第一二九師八個團，第一二〇師四個團，晉察冀軍區十個團，總計爲二十二個團㉘。八月二十日晚中共發動攻擊時，也祇有這二十二個團，據聶榮臻回憶：「我們接到總部的命令後，按照要求，抽調了八個步兵團，一個騎團又兩個騎兵營、三個砲兵連、一個工兵連和五個游擊支隊，分別組成三個縱隊：卽熊伯濤指揮的左縱隊，楊成武指揮的中央縱隊，郭天民和劉道生指揮的右縱隊，還有一支箝制部隊和一個總預備隊，擔負這次作戰任務」㉙。聶在井陘附近一個小山村——洪河漕指揮。證明晉察冀軍區確爲十個團參戰。爲什麼後來改稱「百團大戰」呢？這是中共一種宣傳手法，並牽連一項擴軍的陰謀活動。

八月二十六日，戰事進行六天後，第十八集團軍總司令部給中共中央電報稱：「正太戰役我使用兵力約百團，于二十日晚已開始戰鬪，序戰勝利已經取得，這次戰役定名爲百團大戰。這是華北抗戰以來積極主動大規模向敵進攻之空前戰役，應加緊擴大宣傳」㉚。

此一「加緊擴大宣傳」，據聶榮臻回憶說：「首先是在宣傳上出了毛病。這次戰役本來是對正太路和其他主要交通線的破襲戰，後來頭腦熱了，調動的部隊越來越多，作戰的規模越來越大，作戰時間也過於集

㉗ 同⑫書，頁二三五。
㉘ 金春明著：<百團大戰>，頁二一。
㉙ 同㉔書，中册，頁四九四～四九五。
㉚ 同㉘書，頁二一。

中，對外宣傳就成了「百團大戰」㉛。

由二十二個團進攻作戰，定名為百團大戰，除加緊擴大宣傳外，另一陰謀活動是什麼呢？據筆者訪問方哲然鄉長㉜相告：當時冀省國軍主力已被中共個個擊破，退往豫北、魯西，許多地方游擊隊各自為政，中共藉口發動百團大戰，公開調動屬於或非屬於中共的地方（原本不願遠離家鄉）游擊隊，到平漢線以西地區參戰或備戰。乘參戰或備戰時機改編並派入中共幹部輔助或領導。最後由中共控制並消化這些游擊部隊。

至八月三十一日，第十八集團軍總部再向各指揮員賀龍、關向應、聶榮臻、劉伯承、鄧小平等人提出：「徹底毀滅正太線和徹底毀滅同蒲路之忻縣至朔縣段，如能達到目的，使三個基本根據地（晉西北、晉察冀、和晉東南）聯成一片」㉝。

(3) 日軍的觀察報告：

日本北支那方面軍參謀本部的觀察報告中指中共發動「百團大戰」的動機和目的有四：⑴與中共擴軍有不可分的關係；⑵在華北牽制日軍的進攻；⑶中共軍為了誇示其實力的示威行動；⑷中共軍在戰略上的變化㉞。

日本的另一說法，「百團大戰」的動機是促使游擊隊正規化，及確立軍政統一指揮，在軍事上跨躍其實力，並隨擴軍發展而走上正規戰的里程，是以牽制日軍、破壞交通、佔領解放區近邊的據點為目的的游擊戰的戰略進攻。㉟

㉛ 同㉔書，中册，頁五〇七。

㉜ 方哲然鄉長，抗戰時在冀中統帶游擊隊，後被中共所俘，此時正被中共所看守，故對中共此一時期行為所知甚詳。稍後在交換人質方式下，被釋放。

㉝ 同㉖文，頁一六六。

㉞ 同⑭書，頁三八五～三八八，方面軍特報第三號，情報判斷資料。北支那方面軍參謀部，昭和十五（民國二十九）年十二月。

㉟ 同⑭書，頁三八八 。

(4) 總結分析:

由上可知，中共最初目的有四:

A. 中共華北抗日根據地大片土地幾乎全被日軍控制，祇剩下太行山的平順和晉西北的偏關兩個縣城。「百團大戰」是在敵後根據地退縮到最後不能再退的形勢下進行的。

B. 破壞正太鐵路，截斷交通線，打擊日軍的封鎖政策；在戰略上將原有之游而不擊戰略改爲主動攻擊，以牽制日軍。

C. 藉抗日作戰爲名，收編或化編地方性特強的游擊隊，使爲中共所控制，以達其擴軍收槍的目的。

D. 誇示實力，擴大中共抗日宣傳，以洗刷游而不擊之恥。

經過初期十天戰鬥之後，增加另一目的，將破壞工作推展到同蒲鐵路忻朔段， 希望打破孤立的晉西北、 晉察冀、 晉東南三地區，使彼等連成一片。

三、國民政府與日本接觸問題

1. 中共的錯誤指摘

民國二十九年七月，中共中央發表「關於目前形勢與黨的政策決定」，指出「現在是中國空前投降危險與空前抗戰困難的時期」，八路軍總司令部依據 「獨立自主的游擊戰」 的戰略原則， 決定發動「百團大戰」，以「達到克服困難、克服投降危險，爭取時局好轉」。[36]

---

[36] 索世暉:《百團大戰應充分肯定》，《近代史研究》，一九八〇年三月。頁一二二。

根據此一宣言，中共在許多宣傳文字，或政論文章裏或多或少的指摘國民政府兩點：⑴與日軍「妥協」；⑵與汪兆銘「勾結」。此皆與史實不符，茲辨正如后：

⑴與日軍「妥協」：

中共引用今井武夫著《支那事變の回想》㊲，及《日本戰史叢書》：《支那事變陸軍作戰⑶》之「桐工作」㊳作爲證據。史實經過是這樣的：民國二十八年底，日本急欲結束中日之戰，由日本支那派遣軍總司令部，在十二月下旬，派參謀鈴木卓爾中佐到香港，命他策劃建立同重慶國民政府的聯絡路線。鈴木到港後，透過關係人找到自稱是西南運輸公司主任的宋子良，宋表示願意會面。

民國二十九年二月十四日，日本支那派遣軍總司令部派中國課課長今井武夫大佐，以「滿鐵職員」佐藤正的的化名進入香港，十五日與自稱是宋子良的人舉行秘密會見，約定雙方派遣正式代表舉行圓桌預備會議。約好後，今井回南京向總司令官西尾壽造大將匯報，接著又飛東京，向參謀總長閑宮院載仁親王和陸相畑俊六大將匯報，並由參謀次長澤田茂上奏天皇，批准舉行此次會談。

同年三月七日，「圓桌預備會議」在香港東肥洋行二樓舉行，日軍代表大本營參謀本部第八課課長臼井茂樹大佐，支那派遣軍中國課課長今井武夫大佐，參謀鈴木卓爾中佐，攜帶日本陸軍大臣畑俊六簽發的證明書。國民政府代表爲陳超霖（自稱官職爲重慶行營參謀處陸軍中將副處長）、章友三（自稱官職爲最高國防會議主任秘書）、及自稱宋子良

㊲ 今井武夫：≪支那事變の回想≫，頁一一二～一五〇。昭和三十九年（民國五十三年）東京みすず書房出版。

㊳ ≪日本戰史叢書≫，≪支那事變，陸軍作戰⑶≫，頁二三八～二五一。「四、昭和十五、六年を目標とする對處理方案」；「五、桐工作（日中和平交涉）進捗す」。

之人，另一預爲代表爲張漢年，（自稱官職爲侍從室陸軍少將次長），連絡員張治平。經過四天會談，在處理汪兆銘僞府，華北日本撤軍，及「滿州國」問題，無法解決。今井、鈴木、及坂田特派員去九龍半島旅館會見章友三及宋子良。十七日，今井與宋子良二人乘小艇到海上秘密交談，雙方同意繼續商談。

同年六月四至六日，雙方在澳門舉行第二次預備會議，日軍代表同前，出示證明爲日本大本營參謀總長閑宮載仁院親王的委任狀。國民政府代表同前，出示證明爲軍事委員會用箋之派令：「玆派陳超霖、宋子傑、章友三代表研究解決中日兩國事宜此令。中華民國二十九年六月二日，蔣中正印。」派令中間蓋軍事委員會大印㊴。不過此時自稱宋子良者已改爲宋子傑。此次會議建議：國民政府，日本軍方（支那派遣軍參謀長坂垣征四郎）及汪兆銘僞府在長沙進一步商談。據今井武夫的回憶及「桐工作」紀述。日中雙方在承認不承認滿州國問題；允許不允許日本在華北駐軍問題，幾經談判，皆僵持不下，終告破裂，長沙會談亦同時取消。

再據犬養毅之記述，當日軍與宋子良等人接觸時，曾從房門鑰匙孔中照一相，送周佛海研判，周指認非宋子良其人，而蔣委員長之派令，經周佛海判定亦爲僞造。所以澳門談判後，此一批人卽無再接觸，被日方某一部分人指爲「騙子」。而不了了之㊵。

複查民國二十九年至三十二年國軍檔案資料，無陳超霖及張治平兩人。或許是用假名。且當時侍從室無「次長」之編制。此批人應與國民政府無關，蔣委員長不知此事（詳後），其動機雖不明，然在不承認「

㊴ 此派令排印在㊳書，≪支那事變，陸軍作戰⑶≫，頁二四七。

㊵ 參閱犬養毅回憶資料。筆者手藏龔德柏：≪汪僞政權妨碍中日媾和≫末刊稿。

滿州國」、及堅持日本在華北撤軍等關鍵問題看來，中共所指與日軍妥協，及聯合剿共等指摘是虛構的。

⑵與汪兆銘「勾結」：

中共另一宣傳指摘，是汪兆銘雖投降日本，出賣國家，但一直與重慶國民政府互相勾結，國民政府也陰藏汪派分子任其活動，暗中同日本交涉，爲對日妥協留後路。同時引用美國人約翰・亨特・博伊爾所寫《中日戰爭時期的通敵內幕》，指東京對重慶感興趣，對已投降之汪政權猶疑不決。

按民國二十七年十二月二十九日，汪兆銘在河內發表通（艷）電，主張對日尋求和平。民國二十八年一月一日，中國國民黨中央常務委員會臨時會議，「以汪兆銘危害黨國，決議永遠開除黨籍，撤除其一切職務。並發表決議文，以正其通敵求降之罪。中央監察委員會亦同時召開臨時常務委員會議，通過此一決議㊶。

一月八日，汪兆銘再度發表和平宣言。二月二十六日，汪兆銘派高宗武赴東京與日本勾結。三月二十八日，汪兆銘第三次發表和平聲明，三天後再發表「舉一個例」爲其主和辯護。四月八日汪發表「告國人書」。四月二十一日汪在河內遇刺未中，日本卽派影佐禎昭乘五千五百噸貨船北光丸赴河內迎汪。然汪爲逃避其漢奸罪名改坐法國船法列哈芬號準備經香港轉上海，途中因船小暈船，在碣石灣改乘北光丸，五月二日在臺灣停船加水及食物，五月五日到上海。三十一日汪率周佛海、高宗武、梅思平由上海飛赴日本㊷。六月八日國民政府下令通緝汪兆銘㊸。十八日汪自日本赴天津，二十六日抵北平，二十八日返上海。八

㊶ 秦孝儀編著：《總統　蔣公大事長編初稿》，卷四（上），頁二八七～二八八。

㊷ 《中國國民黨九十年大事年表》，頁三五五。

㊸ 同㊷書，頁三五五。

月二十六日國民政府通緝周佛海、陳璧君㊹，九月十二日，國民政府再通緝褚民誼、陳羣、繆斌、何世禎、高宗武、丁默村、林柏生、李聖武㊺。

同年十二月汪兆銘與日本訂立所謂「日支新關係調整要綱」。民國二十九年一月二十一日，高宗武、陶希聖在香港大公報揭發「日汪密約」全部內容，成爲轟動的「高陶事件」。據高宗武口述，汪之奔走「和平」，不但蔣委員長不知道，卻造成相當程度的反蔣運動㊻。

三月二十九日，汪兆銘之僞「國民政府」成立，在南京舉行「還都」典禮。日本以前首相阿部信行爲特使。翌日，國民政府外交部照會各國駐華使節，鄭重聲明日寇所製造及其所控制之南京僞組織，完全無效。同時下令通緝陳公博、溫宗堯、梁鴻志、王揖唐、江亢虎、任援道、王克敏、齊燮元、劉郁芬、李士羣、鄧祖禹、朱深等七十七人。並通電各行營主任，各戰區司令長官，制頒各戰區出擊隊編組及分區游擊實施辦法，令飭切實執行。以打破敵寇製造僞政權「以華制華」「以戰養戰」之詭謀㊼。

由以上證明，所謂與汪兆銘「勾結」，也是「子虛」。

2. 戰時中日雙方外交接觸

(1)英國之出面調停:

民國二十六年九月底，日外相廣田弘毅透過英國駐日大使克乃祺接洽，希望媾和，並提出四條原則。到十一月初，廣田告英使，日軍擬打到保定爲止。然因電報往返被日本軍方竊知，對廣田非常不滿，竟有主

㊹ 同㊷書，頁三五六。
㊺ 同㊷書，頁三五六～三五七。
㊻ 同㊵。
㊼ 同㊶書，卷四（下）頁五一七～五一九。

張打死廣田，或是逮捕廣田。此事雖停止㊽。

⑵德國陶德曼之斡旋：

民國二十六年十一月二十八日，陶在漢口訪問行政院長孔祥熙、外交部長王寵惠，希望調解中日戰爭。十二月二日陶到南京想晉見蔣委員長，蔣委員長在主持最高軍事會議時，得白崇禧（桂系）、徐永昌（晉系）之贊同，於是接見陶氏，並告停戰爲先決問題。十二月十三日，日軍攻佔南京，日本國內認爲此時與中國平等講和爲愚劣。故提出四條強硬要求，且限中國須在民國二十七年一月五日回答。中國未予理會。一月九日日本再提出六條，以戰勝國強迫戰敗國姿態承認，當然亦無結果。至一月十六日，日本提出：「今後不以國民政府爲對手，而擬與新政府（僞政府）調整兩國之交」㊾。從此接觸中斷。

⑶宇垣一成的試探：

民國二十七年五月二十六日，宇垣一成在不堅持「不以國民政府爲對手」條件下繼廣田弘毅爲日本外務大臣，翌日舉行三相——首相近衞文麿、外相宇垣一成、藏相池田成彬——會議，卽決定「中國事變至遲須於昭和十三年末（民國二十七年底）結束。一週後坂垣征四郎繼杉山元爲陸軍大臣。坂垣當時主張，從速撤兵，與中國和平解決。

宇垣在民國十六年與蔣總司令在東京有數面之雅，又是張羣之老友，宇垣與張羣交換意見後，希望與非親日派之孔祥熙辦理交涉。六月二十六日，孔派其秘書喬輔三爲代表與日本駐香港總領事中村豐一爲代表，在香港日本總領事館開始談判。日方提出六條，以國民政府爲談判對手，但不發表聲明。並希望孔祥熙與宇垣直接會議。初宇垣要親來中國，後改邀孔去日本長崎。事至九月，中日和平有成立之望，惟因日本

㊽ 同㊵。
㊾ 同㊳。

軍方，認爲攻佔武漢後，中國必屈服。且軍方與汪兆銘勾結擬組「興亞院」以控制中國。迫近衞於訪問西園寺時，對新聞記者發表：「不以國民政府爲對手之帝國政府方針始終一貫不變的」。因此迫宇垣於九月三十日辭職，試探失敗㊿。

⑷西義顯的和平奔走：

西義顯早期任職南滿鐵路，與國民政府鐵道部司長張競立爲好友，祈望透過外交途徑，謀求和平。

民國二十九年一月西義顯與張競立在香港會面，他倆談及中國人「正統政府」的觀念，汪爲通敵的僞政府，不會帶來和平。西義顯想找鐵道部長張公權出面，張競立認爲交通銀行董事長錢永銘（新之）更適合。決定後西暫返東京。錢永銘初請王正廷回重慶試探，王正廷與孔祥熙會談。然後錢永銘自赴重慶，瞭解實際情況，七月中回港。張競立卽派盛沛東赴東京告西義顯，請其到香港。

時日本陸軍正爲德意日三國同盟進行倒閣。七月二十二日，近衞文麿再任首相，松岡洋右任外務大臣，西義顯告松岡，汪政權已成日軍人統治中國工具，且中國人「正統政府」觀念甚強，不會帶來和平。故此次西義顯赴港卽作爲松岡洋右非正式代表，與錢永銘會見四次，始說服錢出作調人。經三天考慮，錢提出三條原則：

A　重慶南京兩政府合併爲一，成爲眞正的統一政府。

B　日本政府以中國新統一政府爲對手，從前向中國派來全部之軍隊由中國完全撤退。撤兵實施之具體的技術條件，任諸將來應該訂結的停戰協定。

C　日本政府與新中國政府訂結防守同盟條約。但特定國得由同盟

㊿　參閱今井武夫：≪支那事變の回想≫，頁一五〇～一五四。

之對象除外。

西義顯、張競立到上海，說服汪兆銘要其同意上述條件，並由周佛海代汪寫同意書。時因受颱風影響，至九月十七日西義顯始抵東京，當晚卽晉見松岡洋右報告一切，松囑西擬一奏文，準備上奏。翌日下午，松岡約見張競立。爲十一月三十日日本正式承認南京政府而有難色，且認爲與重慶政府交涉亦非易事。兩週後，松岡第二次會見張競立，將錢永銘所提出之三條簽字，並說：我無條件信任錢永銘。又告西義顯，希望此兩項交涉，於兩星期辦妥。同時派日外務省調查局局長田尻愛義出任駐香港總領事負此重責，且由已退休之老外交官船津辰一郎同行協助。

錢永銘邀周作民參與此事，但周受其部下李北濤阻擾躊躇不決。其實李北濤受周佛海操縱破壞此事。周作民十月二十六日到港，錢因患風濕病，不能親赴重慶，乃親寫一信，附松岡外相簽字的媾和條件，直函蔣委員長，另由周作民致函張羣與吳鼎昌，請其從傍贊助。十一月二日函到重慶，十二日由張羣代筆之蔣委員長覆函到錢永銘手。據西義顯記述覆函內容：在此次戰爭中，世間雖傳說日本與國民政府之疏通，但達到蔣委員長之手者，這是第一次。且對松岡外相敢出此舉之誠意，表示敬意。錢永銘又作第二次之勸告，措詞較前有力。國民政府覺錢之交涉似有把握，故請張季鸞赴港與錢面洽。至於十一月十七日向日方提出兩點：

A 在中國的日本軍全部撤兵之原則的承認。

B 撤消南京傀儡政權之承認。

由日本駐香港總領事田尻愛義密電日本外務省。日本政府十一月二十三日在首相官邸召開五相——首相近衞文麿、外相松岡洋右、藏相河田烈、陸相東條英機、海相及川古志郎——會議。決定承認國民政府所提出之條件，但附帶條件，卽國民政府迅速任命正式代表，日本政府可以延期承認南京汪兆銘政府。

張季鸞在港等一週無消息，於十一月二十四日早飛重慶。而日本政府決定到達香港時，張已起飛。張競立查過日本電報原文無誤。錢永銘即請杜月笙趕赴重慶傳達此信。二十五日因旅客檢查，杜未能上機，二十六日無班機，二十七日始成行。故二十八日不可能給日方答覆。是日午後日本在首相官邸開內閣會議。松岡詢問是否再待重慶覆電，閣員無一人發言。而日本軍方知松岡欲延緩承認南京政府，由陸軍省軍務局長武藤章、企劃院總裁鈴木貞一、代表阿部信行的影佐禎昭，向松岡示威。故決定如期（十一月三十日）承認南京汪兆銘政府。

杜月笙送重慶之函，國民政府於二十九日晚覆電二條，任命前駐日大使許世英為國民政府首席代表；賦與張競立正式代表資格。然此時日本政府已決定承認南京汪兆銘政府，中日雙方只有打到底了[51]。

此種接觸，純為外交媾和試探，實質上無主權的喪失或剩共內容。中共之說，又是莫須有了。

四、「百團大戰」的經過

1. 中共的進攻與宣傳

「百團大戰」是從民國二十九年八月二十日夜八時起至同年十二月五日止，持續三個半月，作戰規模和使用兵力逐步發展擴大，七月二十二日發佈預備命令時，規定使用二十二個團的主力，戰役開始後，實際參戰的主力部隊和調動地方武力共一百零五個團(另一說為一百零四個團)，總計四十萬人（後詳論），又動用民工二十萬人。由朱德、彭德

[51] ⑴參閱西義顯著：《悲劇之證人》。⑵今井武夫：《支那事變の回想》，頁一五八～一六二，《錢永銘の路線》。

懷、左權策劃指揮，左權在八月二十二日根據參戰部隊數目「近百團」，稱爲「百團大戰」。此後宣傳這一戰役，皆稱「百團大戰」。其作戰時間中共分爲三個階段：

(1) 第一階段，八月二十日至九月十日：

此一階段是以進攻正太路爲主（詳日本記載），中共宣傳成整個全華北的戰爭。其宣傳重點：

A．晉察冀軍區：包括北岳（冀西）、冀中、冀東、平西（冀熱遼）等四軍區，出動四十六個團，由聶榮臻指揮，以十五個團，分三路縱隊破壞正太路東段——石家莊至陽泉段。另以三十一個團分頭破壞北寧、平綏、滄石、平古等路全線，及元氏以北平漢路，與德州以北津浦路。

聶部主攻目標，爲娘子關，與井陘煤礦，戰報稱八月二十一日佔領娘子關，炸毀井陘煤礦，且在四天（八月二十日至二十三日）進攻中，佔井陘、地都、乏驢嶺、南北峪、葦澤關、福禳、賈元、東王舍、關頭村、頭泉等車站和據點。斃日軍獨立混成第四、第八旅團千餘人，獲槍千餘枝，並破壞附近道路，攻擊附近日軍據點。八月二十四日後，又連續攻擊盂縣境內日軍，攻克北會里、東會里、河底鎮、上社、中社、下社、興道、西煙、楊興等據點。並在冀中圍遵化縣城二十五天。

其實娘子關未攻佔，且損失頗大，另外少數據點僅佔數小時或一、二天即被日軍奪回（詳下），冀東爲毛森擾興隆（日本已劃歸熱河）而已[52]。其他破壞北寧、平綏、滄石、平古、平漢、津浦等鐵路，都無戰績宣傳，《聶榮臻回憶錄》隻字未提，日軍亦無反擊記載，一切行政，交通，商業正常運作，知是中共莫須有的宣傳了。

---

[52] 據遵化縣國民大會代表焦瑩鄉長口述，當時他正在遵化，也受到毛森等人之迫害。

B. 晉冀魯豫軍區：包括太行、太岳、冀南（冀魯豫除外）等三軍區，出動四十七個團，內有第十八集團軍總司令部特務團，砲兵團，及抗日決死隊第一、三、五縱隊五個團，由劉伯承指揮，以十五個團主力，配合總部砲兵團進攻正太路中段——陽泉至楡次。另外，三十一個團，以八個團進攻破壞平漢路元氏至彰德（安陽）段；用一二九師七個團和抗日決死縱隊五個團進攻破壞同蒲路太谷至臨汾段；再用九個團破壞德石路、平大路（平定至大名）南段及邯濟（邯鄲至濟南）線；另兩個團破壞汾留公路。

劉部主要作戰地點為陽泉附近（四公里）獅瑙山，是控制此一地區正太路的高地。劉部首先佔此地，用砲兵向陽泉進攻，日軍陸空反攻獅瑙山，雙方經過九晝夜戰鬪。劉部亦從陽泉以西上湖進攻，以支援獅瑙山作戰。

另一破壞工作由冀南軍區陳再道率領，破壞冀南大小公路、德石路部分路基、平漢路的鐵橋，焚毀彰德日機三架，將白晉路由子洪口至長治段的鐵軌搬走。

支援作戰方面：第一二九師三八五旅陳錫聯率部在楡次、太谷以東卷峪溝及沙峪伏擊外出掃蕩共軍背後的日軍；第三八六旅陳賡在雙峰一帶再伏擊日軍第三十六師團永野支隊，支隊長永野中佐陣亡。

中共宣傳劉部在二十天內，殲滅日軍片山旅團（獨立混成第四旅團）兩個（原田、德江）大隊，另兩個大隊（條藤、鈴木）及第三十六師團的永野支隊也被殲滅過半。

以上這些宣傳，有的將戰績擴大，有的眞假揉合在一起，除獅瑙山戰鬪激烈進行外，其他多被日軍記載所否定。

C. 晉綏區，第一二〇師和抗日決死第二、四縱隊共出動二十二個團的兵力，由賀龍指揮，破壞同蒲路北段——大同至陽曲，及汾陽至離石公路，並置重兵於陽曲（太原附近）南北，阻止太原日軍向正太路增援。

八月二十二日，賀部攻下忻縣與靜樂間之康家會據點，即展開同蒲路、和汾離公路的破壞工作，據中共宣傳，「如期完成任務」。此一地區除康家會有戰鬪外，無正式作戰，故中共無法特意加大宣傳。

(2) 第二階段，九月二十日至十月初:

這一階段的作戰任務，據中共自稱爲繼續擴大第一段的戰果。重點在消滅各主要交通線兩側和深入到中共游擊根據地的日軍據點。其較大戰鬪:

A. 晉東南（晉冀魯豫區）作戰:

（一）楡社戰鬪: 共軍第一二九師三八六旅在陳賡指揮下，攻擊楡社到遼縣的日軍據點後，九月二十三日，攻入楡社縣城，將守城日軍藤田中隊逼到東關山西第九中學內。共軍用坑道爆破日軍碉堡，並用砲兵集中火力向集結在文廟陣地日軍轟擊。二十五日，共軍展開第三次攻擊，日軍主堡坑道被炸垮，日軍竄出與突入之共軍展開白刃戰，並將日軍殲滅。

（二）管頭戰鬪: 管頭爲楡北到遼縣主要據點之一，共軍先斷絕日軍水源，然後在晚間登山進攻，經三晝夜激戰，日軍黑夜撤走。

（三）石匣戰鬪: 石匣也是楡社到遼縣據點之一，共軍九月二十五日進攻，當夜攻克。聲稱消滅日軍池邊大隊三個中隊。

（四）遼縣戰鬪: 九月三十日，共軍圍攻遼縣，日軍從和順、武鄉北南兩地增援，共軍實行圍點打援戰術，日軍使用毒氣，並佔領山頭陣地，共軍損失一個營，調圍遼縣共軍參戰，遼縣日軍外出夾擊，共軍撤走。

以上作戰，從日方記述中，可知中共將眞象擴大許多。

B. 晉察冀區作戰:

(一) 淶源靈邱戰鬪: 九月二十日，共軍同時發動進攻淶源及附近十幾個據點，因日軍早有準備，二十三日停攻淶源，集中兵力進攻外圍據點，攻克王甲村、劉家嘴、金家井等處。二十八日張家口日軍增援，共軍撤退，改攻靈邱。東線易縣、定縣、保定等地日軍增援，有合圍共軍之勢，共軍提前結束戰鬪。

(二) 冀中游擊: 爲配合淶靈戰鬪，冀中軍區共軍在任邱、河間、大城、肅寧地區，發動游擊戰，從九月二十四日至十月初，攻克據點二十九個，破壞津浦路泊鎭東光段，及公路三百里。

以上作戰，在日軍記載中，部分被肯定，部分被否定。

另在晉冀魯豫區，破壞德石路和濟邯路; 在晉西北區破壞同蒲路寧武以北地區。

(3) 第三階段，十月六日至十二月五日:

這一段的作戰任務，據中共自稱是「報復」日軍「掃蕩」作戰。自共軍發動第一、二兩段進攻後，華北日軍抽調第三十六師團、百十師團，及獨立混成第一、九旅團，約二萬人對共軍進行大規模掃蕩，並捕捉共軍主力，共軍在各地逃避應戰，亦稱反掃蕩作戰:

A. 晉東南區作戰:

(一) 關家瑙戰鬪: 十月六日，日掃蕩部隊合圍太行山區之楡社、遼縣、武鄉廣大地區，尋找共軍主力，並恢復交通線。三十日，日軍第三十六師團岡崎大隊，由武鄉水腰經左會，到關家瑙，被彭德懷指揮的共軍第五、六、十旅及決死隊各一部阻擊，雙方戰鬪五個小時，共軍佔附近幾處高地，第二天日機輪番轟炸，至武鄉、遼縣日軍增援，將日軍救出。

(二) 十月二十日至十一月十四日，日軍萬餘人，掃蕩淸河、漳河兩岸中共武力。

（三）十月十七日，日軍七千多人進攻中共太岳軍區沁源地區。

B．晉察冀區作戰：十月十三日日軍以萬餘人進攻中共平西（晉熱遼）、冀西（北岳）兩軍區。

C．晉西北區作戰：同一時期日軍對中共晉西北與大青山兩區，亦進行攻擊(53)。

日軍無第三階段之劃分。上述可印證日軍第二階段反擊掃蕩作戰記述，亦非完全正確。

(4) 共軍宣傳戰果：

三個階段中共宣稱進行大小戰鬪一千八百二十四次，主要戰果如後：

A．消滅日僞有生力量四萬六千多人，計傷斃日軍二〇、六四五人（內有大隊長以上之軍官十八人），傷斃僞軍五、一五五人，騾馬一、九二二匹；又消滅僞軍一萬九千人。

B．俘日軍二八一人（內有副大隊長山田綏清、中隊長田木石野、小隊長木島等八人），僞軍一八、四〇七人、日武裝移民五六人、騾馬一、五一〇匹、軍犬二十九隻、軍鴿五十七隻。

C．消滅據點二、九九三個，計正太路之娘子關、磨河灘、莒家莊、馬首、狼峪、乏驢嶺、北峪亂嶺；晉東南之榆社、箭頭、石嶺；平西北之龍門所；冀東之薊縣、官屯；冀西（晉察冀）之上社、拘輿、西烟、東團堡、三甲村；冀中于樂鎮、白洋橋、東西安；晉西北之楞方口、塑口鎮、軒崗、康家會；冀南之隆平、大城村等。並說明這些據點有若干得而復失。

D．繳獲步馬槍五、四三七支、手槍二八一支、輕機槍一七九挺、

(53) 有關共軍進攻宣傳，參閱：≪抗日戰爭中的中國人民解放軍≫。頁一〇八～一一八。一九五三年人民出版社，北京。

重機槍四十五挺、八八野砲三門（二門被毀）、大砲十六門、平射砲八門、迫擊砲二十六門、信號槍四十一支、軍刀一九一把、瓦斯筒二三四個、各種砲彈八一六枚、槍彈三六七、〇〇五發、手榴彈四、九三四顆、擲彈筒彈三、〇七三發，焚飛機六架，毀裝甲車十三輛，毀戰車五輛。

E．繳獲破壞交通器材：汽車九十八輛、大車一、一四八輛、自行車五九一輛、救火車三十四輛、火車頭三十四個、車廂四四九節、無線電臺三十架、袖珍無線電臺七架、無線電話機八架、有線電話機二四六架、收音機二架、探照燈一架、降落傘二十九個、木船六十一隻、汽艇二十五艘。

F．破壞交通：鐵路九四八里、公路三、〇〇四里、橋樑二一三座、火車站三十七個、隧道十一個、鐵軌二一七、〇四〇根、枕木一、五四九、一七七根、電線桿一〇九、〇〇二根、收電話線八四九、九二三斤。

G．繳獲軍用物品：防毒面具一、〇五一個、地雷九九二個、鋼盔二、一五七頂及軍毯、大衣、皮鞋、皮靴、工具器具等多件。

H．破壞煤礦五所，倉庫十一所。

I．偽軍反正者十四次，計一、八四五人；日軍投降者四十七人。

J．解放煤礦工人一〇、一二〇人，鐵路工人二、〇五五人，被迫修路民伕六七三人[54]。

中共慣用統計魔術，以達其宣傳目的，以上之戰果統計即為實例。日軍防守部隊——獨立混成旅團，祇有五個獨立步兵大隊，及直屬砲、工、騎、輜各部隊，滿額時為五、〇四八人，多分散在各據點內。此次

[54] 《八路軍軍政雜誌》，第二卷，第十二期。

被攻擊日軍防守部隊，僅獨立混成第二、三、四、八、九、十六等六個旅團，被攻地區部隊總數加起來祇不過二萬人，共軍傷斃俘日軍卻有二萬多人，一葉知秋，其他的統計數可想而知，且這些宣傳都被日軍防守記述所推翻。

2. 日軍防守與反擊

在日軍防守與反擊記述中，祇有二個階段，因爲中共所謂第三階段，是日軍第二階段的反擊掃蕩作戰，現摘錄於後。

(1) 第一階段的日軍防守：

A. 日軍獨立混成第四旅團（片山省太郎中將）在陽泉記述：該旅團駐石（正）太線西段的警備部隊，都同時遭到襲擊，無法相互支援。八月二十日夜，旅團部參謀土田兵吾中佐，首先接到駐娘子關警備隊池田龜市中尉電報，謂遭中共軍攻擊；接著又接到壽陽警備隊同樣電報，土田參謀即赴片山旅團長宿舍報告情況，這時陽泉街上已有中共軍潛入，土田參謀座車曾遭射擊，當土田返回旅團司令部指示陽泉直屬部隊進行警備戰鬪時，所有石（正）太線西段有線電話均遭切斷。

（一）陽泉地區：八月二十日夜攻擊之中共軍約二千人，部分潛入陽泉街上。日軍包括旅團部三十人，獨立第十五大隊部五十人，山砲大隊四百人，輜重兵中隊一百人，及工兵與其他雜兵一百人，共六八〇人，另僞軍五〇人。初共軍佔陽泉南方高地（卽獅瑙山），用日語喊話，要日軍投降，否則全部消滅。旅團部經過三天固守之後，對各地情況逐漸瞭解，石（正）太線所有日軍警備隊，都遭到五至七倍之共軍攻擊。陽泉西南的橋樑，及辛興鎭、坡頭、測石、落磨寺陣地的警備據點，都遭全毀，且在八月二十四日被中共軍佔領。同時太原派飛機轟炸陽泉南方高地獅瑙山共軍。二十五日，日軍獨立混成第四旅團之第十

一、十二大隊各派一中隊向陽泉增援。八月二十六日，陽泉日軍展開反攻，將坡頭、測石中共軍逐退。八月三十日對陽泉東北一帶進行掃蕩作戰55。

（二）娘子關地區：攻擊之中共軍約數千人，日軍警備隊數十人，由隊長池田龜市中尉指揮。是夜，娘子關車站有休假歸隊日軍兩批，共一千二百人，皆無武器。一批八百人，由砲兵大尉三谷率領，正當下車，即參加作戰，雖無武器，但人數衆多，中共軍不明情況，不敢猛進，使日軍渡過難關。

八月二十一日晨三時，共軍二百餘人，渡河南進，被日軍擊退，日軍返回營地早餐，突遭河北村、坡底村、城西村三地共軍包圍攻擊，戰鬪進行到深夜。翌日，日軍遭砲擊，十一時中共要日軍投降，遭池田拒絕，日警備隊得歸隊人員及酒井裝甲列車隊支援，渡過桃河，擊退磨河村五百餘共軍。二十三、四兩日再將中共軍約七百擊退。八月二十七日，駐石家莊日獨立第八混成團（水原義重少將）派出增援部隊——一個大隊，到娘子關加強駐守，並搶修道路與通信設施56。

（三）壽陽地區：攻擊中共軍數量頗大，日軍爲獨立混成第四旅團獨立步兵第十四大隊，不及百人。由原田寅良中佐指揮，其第三中隊一部駐盂縣，亦遭攻擊，日軍抽調步兵三十人，步砲一門，向盂縣增援。壽陽南方上湖、馬所兩據點被中共軍攻佔。八月二十一日，日軍警備部隊——約四十多人（一個小隊），及五個憲兵所控制僞軍與共軍作戰。由於上社鎮戰敗撤退，在山岳地帶遭共軍夾擊，各地日軍戰死達四十四人，在壽陽、蘆家莊東北日軍據點，除盂縣、太安固守外，餘被中共軍攻佔。增援盂縣日軍二十五日始達張淨鎮，八月二十六日，日軍對馬所

55 同14書，頁三四三～三四四；頁三四五～三四七。
56 同14書，頁三四四～三四五；頁三四七～三四八。

共軍反攻，有日空軍支援。然共軍利用地形隱蔽，日軍戰果不大(57)。

B. 日軍獨立混成第八旅團（水原義重少將）記載：旅團部駐石家莊，負責石太線東段警備任務。採用「鐵路愛護村」的責任制度，從未發生事故。八月二十日，共軍發動攻擊時，旅團部參謀泉可畏翁中佐，首先獲得正定、石家莊之間的鐵橋遭破壞，獲鹿、微水鎮之間鐵道（路軌）被破壞，石家莊以西地區有線電話中斷。八月二十一日知井陘地區遭大量共軍攻擊，情勢危急。泉可參謀將上述情況先後向旅團長，及駐石家莊日軍第百十師團長報告，並分別調兵增援微水鎮及井陘地區。

（一）井陘新礦，日軍駐一分隊十二人，中共一千人攻擊，被中共攻佔並焚燒。

（二）井陘本礦，日本一個中隊，惟主力在深縣，所剩約四十人，經奮戰後，未被突破。

（三）陽陘煤礦，日軍駐一小隊約三十多人，雖遭大量共軍攻擊，然增援日軍到達前仍固守。

（四）井陘以西之鐵道、橋樑、隧道，日軍一個小隊三十多人分數處警戒，被中共擊破。鐵路、橋樑、隧道均被摧毀。

作戰之初，獨立混成第八旅團派獨立步兵第三十三大隊四個中隊向微水鎮前進，第百一師團再派裝甲車隊及步兵一大隊前往井陘增援。二十三日到井陘以西山區，二十四日，由水原旅團長率軍掃蕩，並派工兵搶修鐵道、橋樑和隧道(58)。

C. 日軍獨立第九混成旅團（池上賢吉少將）的記載：旅團部駐太原，負責同蒲路北段警備任務。沿線交通受到相當的破壞，且駐忻縣獨立第三十九大隊，八月二十日夜遭中共軍攻擊，靜樂地區若干小據點被

---

(57) 同⑭書，頁三四五；頁三四八～三四九。
(58) 同⑭書，頁三四九～三五二。

中共軍攻佔[59]。

D. 日軍第百一師團（飯沼守中將）記載：師團部駐石家莊，負責平漢路北段警備任務。保定、石家莊、順德等地鐵道部分被破壞，八月二十三日，日軍即開始對高邑附近共軍掃蕩，二十五日又在石家莊、順德間，及滋州以南等地掃蕩共軍。

E. 日軍第一軍（藤塚義男中將）記載：軍司令官駐石家莊，知正太路遭攻擊，但無兵可派，由司令部衞兵及其他部門，抽出四十人，編爲混成小隊，由朝支（大尉）參謀指揮，先坐車到楡次，步行到壽陽，一週後到陽泉，對獨立混成第四旅團，做到精神支援。

(2) 第一階段後的日軍反擊：

當共軍第一階段進攻接近尾聲時，日軍第一軍司令官藤塚義男中將發動第一次晉中掃蕩作戰，其目的在企圖消滅共軍在晉中主力（以劉伯承第一二九師爲攻擊目標），日軍以駐陽泉獨立混成第四旅團，附第三十六師團一個步兵大隊，及駐太原獨立混成第九旅團，附第三十六師及第四十一師團各一大隊，編爲兩支隊，於八月三十日，與九月一日，分由太谷、楡次、平定、和順、遼縣、楡社等地出發，將出沒於松塔鎭、馬坊鎭一帶的共軍掃蕩，亦將中共根據地各種設施予以摧毀。九月十九日各部隊返防。

此次掃蕩作戰，據片山旅團長回憶：「共軍對於當地居民的控制工作非常成功，各個村落都變成空室清野，日軍對共軍的情報一無所知。尤其共軍從來不在同一地點停留數日，始終調動自如。並在險峻的山岳地帶展開優越的游擊作戰。相反的，日軍個人裝備過重，步行遲緩，加上馱載行李輜重，比起像猿猴一般輕快的共軍，實在太笨。因此，日軍

[59] 同[14]書，頁三五二～三五三。

無論如何努力追捕共軍，成果不大。」

日第一軍參謀朝枝大尉回憶：「當地居民對共軍協助，即使是婦女、小孩，也利用蘿筐幫助搬運手榴彈。另外，日軍時常遭到當地居民，手執利刃，突然來襲，因而使日軍受損。」㊿

(3) 第二階段日軍的防守：

A. 日軍獨立混成第二旅團（人見與一中將）之記載：九月二十二日夜，警備察南涿鹿、蔚縣、淶源一帶日軍，都遭到共軍的攻擊，日軍頗有損失，此後得駐蒙軍（第二十六師團）全力反擊，九月末將中共軍擊潰。

(一) 蔚縣、淶源防守作戰：九月二十三日至十月十二日，中共發動第二階段攻擊轡山堡、淶源日軍獨立第二混成旅團各守備據點，並殲其第四大隊部分守備部隊時，第二旅團長人見與一中將再以主力救淶源。因道路被破壞，進行甚慢。九月二十八日抵淶源，中共南撤。二十九日，日軍出長城線展開此一地區掃蕩作戰[61]。

(二) 東圈堡、揷箭嶺防守作戰：九月二十三日，共軍晉察冀邊區獨立第一師楊成武部約二千人、迫砲三門、重機槍一挺、輕機槍十五挺，進攻揷箭嶺，日軍獨立混成第二旅團獨立第四大隊第二中隊約一百三十人。防守作戰七晝夜，日軍傷亡慘重，孤軍奮鬭，而保全揷箭嶺陣地[62]。

B. 日軍獨立混成第三旅團（毛利末廣少將）記載：旅團部駐崞縣，警備晉西北地區。九月中旬該旅團對寧武以南地區賀龍部進行掃蕩。九月二十二日晨，中共軍對武寧發動攻擊，次日日軍獨立混成第三旅團反

[60] 同[14]書，頁三五六～三五七。
[61] 同[14]書，頁三五九～三六〇。
[62] 同[14]書，頁三六〇～三六四。

擊，二十六、二十七兩日，日軍由武寧忻縣出動，掃蕩原平鎮西側一帶地區共軍63。

C．日軍獨立混成第四旅團陽泉記載：九月二十四日，其駐榆社、遼縣，獨立步兵第十三大隊及東路線小灘鎮警備隊遭共軍第一二九師兩旅（三八五、三八六）主力八千人進攻，日軍榆社、常家會、王景村、舖上、管頭等據點大半被毀，經日軍獨立第四混成旅派獨立步兵第十一、十二兩大隊馳援，至十月十二日，始驅逐榆遼間之共軍64。

(4) 第二階段日軍反擊：

A．晉中地區，當共軍發動第二階段攻擊後，日第一軍抽調獨立混成第四、第十六兩旅團，及第三十六、第三十七、第四十一師團各一部。發動第二次晉中反擊掃蕩作戰。十月十一日，獨立混成第四旅團及第三十六師團一部，分別由遼縣、潞城附近出發，向遼縣、涉縣、潞城、武鄉附近共軍進行攻擊。十一月十九日，日軍第三十七師團一部對沁縣一帶共軍進行攻擊。同日，日軍第四十一師團之步兵大隊分別對沁縣、郭道鎮進行攻擊。此次掃蕩作戰，雖未捕捉到大量共軍，但將共軍根據地摧毀。日軍於十二月三日返防65。

B．渾源、靈邱作戰：日軍駐蒙軍第二十六師團獨立步兵第十二聯隊長坂本吉太郎，十月七日獲知共軍由淶源向西行進，即令第二大隊在渾源靈邱公路阻擊共軍。十月八日，日軍對平型關西北大安嶺附近共軍進攻，共軍損失慘重，當夜日軍在駐渾源、靈邱間槍風嶺警備部隊三十七人，與駐南坡頭日軍一個中隊，遭共軍擊潰，據點被共軍佔領。十月九日，日軍增援部隊到達，將據點奪回66。

---

63 同14書，頁三五八。
64 同14書，頁三五八～三五九。
65 同14書，頁三五六～三五七。
66 同14書，頁三六四～三六五。

C. 晉察冀邊區作戰：因中共軍大規模蠢動，十月十三日至十一月三日，日北支那方面軍調動日軍第百十師團（飯沼守中將），獨立混成第十五旅團（長谷川少將），及臨時編組獨立混成第百一旅團——由第二十七師團第二十七步兵旅團（松山祐三少將）編成，分三次從拒馬河上游至阜平附近，反覆進剿共軍，聶榮臻總部人員險遭殲滅，對共軍根據地各種設施全予摧毀。並在東齊堂共軍根據地，留獨立混成第十五旅團部隊駐守，分剿附近共軍[67]。

(5) 日軍防守與反擊掃蕩作戰人員損傷：

A. 第一次防守作戰：

（一）獨立混成第四旅團管區內，正太線據點約二〇處，陽泉——盂縣——上社鎮路上據點若干，被共軍短時佔領。日軍戰死六〇人（包括上社——盂縣若干據點戰死之四十四人在內），傷爲戰死之數倍（缺正式數字）；中國各縣警備隊（指僞軍）有相當數字的死傷與失踪（亦缺正式數字）。

（二）獨立混成第八旅團管區內：井陘煤礦中國坑警多數被害，日本職員（主技師）被擄走。日本從九州調新技師協助復工。缺日軍傷亡資料。井陘駐守日軍十二人（一個分隊）未提，不知是戰死，或部分戰死或撤走。

（三）獨立混成第三、第九、第十六旅團管區內：同蒲線西方地區警備隊大半遭受襲擊，一些小據點被孤立或消滅。無人員損失紀錄。

（四）正太鐵路，平漢、同蒲兩路北段及通信（電線）設備破壞頗大。

（五）井陘煤礦遭破壞：井陘以西守橋樑、鐵路、隧道之日軍一小

[67] (1)同[14]書，頁三六五～三六六。(2)同[24]書，中册，頁五一六～五五三。

隊（約三十多人）撤走或戰死，缺乏記載。

B．第一次反擊掃蕩作戰：第一次晉中作戰，無傷亡資料。

C．第二次防守作戰：

（一）獨立混成第四旅團在楡社、常家會、王景村、舖上、管頭等據點，大部被消滅，戰死約八十人，缺受傷資料。

（二）獨立混成第二旅團在淶源、蔚縣、東圏堡地區，戰死一三三人，生死不明三一人。插箭嶺戰死一人，傷五人。

（三）渾源、靈邱地區，日軍第二十六師團，獨立步兵第十二聯隊，槍風嶺守備隊員三七人，南坡頭守備隊員四一人受共軍攻擊潰滅。應視同陣亡。

D．第二次反擊掃蕩作戰：

（一）第二次晉中掃蕩，獨立混成第四旅團，戰死七一人，傷六六人，失踪二人，並註明該旅團自八月二十日共軍發動「百團大戰」起，至十二月三日止，共戰死二七六名（八月六〇人，九月一四二人，十月六二人，十一月八人，十二月四人）。

（二）其他日軍各參戰部隊無傷亡記述[68]。

根據日軍記載，確知日軍重傷亡不大。中共宣傳：「日獨立混成第四旅團，幾已消滅殆盡，獨立混成第二、三旅團消滅過半，獨立混成第八、九、十六等旅團各消滅一大隊，第三十六、百一、二十七師團均遭嚴重打擊。」[69]獨立混成第四旅團防區，全面遭受三次攻擊，且參加兩次晉中反擊掃蕩，這種被共軍指爲消滅殆盡的旅團，實際上只戰死二七六人。其他各部隊防區部分遭受進攻，或部分參加反擊掃蕩，依照共軍所記述的比例推斷，並較獨立混成第四旅團爲少了。估計日軍此役傷亡

---

[68] 根據[14]書，頁三三八～四一〇，有關日軍作戰經過記述統計而成。

[69] 金春明著：<百團大戰>，頁七〇，引用當時「新華日報」的宣傳報導。

約在三千人左右。

五、共軍作戰分析

1. 共軍進攻研判

(1) 共軍參戰兵力:

共軍自稱一百零五個團，四十萬人。此點當然是中共的宣傳，騙那些不懂軍隊編制之人。

據日本情報估計，當時共軍在華北正規軍與游擊隊約二十八萬人。國民政府軍事委員會調查爲二〇四、四九九人。計步兵五十四個團、騎砲兵各一個團，另二十四個支隊，以每支隊二團計，共一〇四個團，說成一〇五個團是可以的。百團大戰後共軍自已內部承認爲二十二萬人，但山東、蘇北未參加。所以共軍參戰人數應在二十萬人以下。

再以一百零五團，每團一千二百人、一千五百人、一千七百人計算（當時共軍的團除第一一五師、第一二〇師、第一二九師正規軍外，能有一千人以上者不太多），爲一二六、〇〇〇人，一五七、〇〇〇人，一七八、五〇〇人。

民國二十八年八月，筆者已十二歲，正遇暑假，在鄉村親見共軍「亞5團，亞6團」（爲當時共軍較好的部隊）調動經過，每團約千餘人，穿軍服，看起來像軍隊（游擊隊穿便衣，看起來不像軍隊），少數有第一次大戰形式的鋼盔裝備，槍枝比較齊全，也不是每個人都有槍。以此作標準計算，共軍參加人數以十三萬至十五萬人比較接近實數。不過十三萬至十五萬人在各地發動游擊戰、運動戰、攻堅戰，也是一個很大的力量。

共軍傷亡爲：據中共報導爲一萬七千六百人，連同中毒氣者共二萬二千人。爲預估參加人數一四%，此數應當可信。

(2) 作戰地區：

(一) 正太路沿線（獲鹿西微水鎮至榆次），包括：壽陽、陽泉、娘子關、井陘、微水鎮，及正太路南北兩側；北邊——盂縣、上社；南部——榆社、遼縣、武鄉、沁縣、和順及東潞、小灘鎮、松塔鎮、馬坊鎮等整個晉中地區，與日軍獨立混成第四旅團有激烈戰鬪，鐵路及公路亦遭嚴重破壞。

(二) 同蒲路、忻縣至武寧間，及靜樂、原平鎮等地區，與日軍獨立混成第三、九旅團有戰鬪。鐵路亦遭破壞。

(三) 察南、冀北、蔚縣、淶源、東圈堡、插箭嶺、礬山堡地區，與日軍獨立混成第二旅團有激烈戰鬪。後大批日軍在拒馬河上游至阜平地區——共軍晉察冀邊區總部活動地區——展開反覆掃蕩，並在共軍根據地東齊堂留獨立混成第十五旅團之部隊駐剿。

(四) 晉北渾源、靈邱、平型關、槍風嶺、南坡頭地區，與日軍第二十六師團，獨立步兵第十二聯隊有激烈戰鬪。並破壞公路。

(五) 破壞鐵路，除作戰地區首遭破壞外，平漢線保定、石家莊、順德間有部分破壞，日軍第百一師團曾對高邑附近與滋州以南地區共軍反擊掃蕩。

其他地區作戰或破壞鐵、公路，皆微不足道，多是中共的宣傳。

(3) 游擊戰或攻堅戰：

共軍訓練不佳，裝備甚差，很少有重兵器，雖有砲兵團，但砲彈缺乏，不能發揮砲兵功能，只靠步槍、手榴彈及人多，與訓練精良，擁有飛機、戰車、裝甲車、大砲及各種現代化的輕重武器的日軍，及完整的陣地、碉堡，或掩體作戰。最初計畫是破壞交通，以游擊戰術，將每個小據點（由三、五人、十數人、或數十人日軍及僞軍防守）個個擊破，即行脫離戰場，以青紗帳的掩護，使追擊掃蕩的日軍無法找到，如此中共應該是一個可觀的勝利。

然而在戰事進行十天後，中共因已得到初步的勝利，遂由第十八集團軍野戰總司令部彭德懷再下命令：「徹底毀滅正太線和徹底毀滅同蒲路之忻縣至朔縣段，使晉西北、晉察冀、和晉東南聯成一片」。這種用「徹底」兩字要求部隊進攻，使原先的游擊戰，突然轉變爲運動戰，乃至於攻堅戰，給武器窳劣，無實力攻堅作戰的共軍帶來很大的困擾與慘重損失，也給日軍在堅守後，獲得增援，找到目標，狠狠反擊的機會，並且將失守據點，迅速恢復。共軍雖馬上改回游擊戰術，但戰機已失，實際上已被日軍追擊掃蕩了。

(4) 熊斌呈蔣委員長的報告：

有關「百團大戰」實際情況，軍事委員會西安辦公廳代主任熊斌(70)，派高級連絡參謀閔華民，據第二戰區諜報員張漢昭等三人親赴太原、壽陽、娘子關、井陘、石家莊等處實際考察，於十一月三十日錄呈如次：

A．此役係八月號（二十）日開始，與敵正面作戰五天，有（二十五）日即將大部撤往平山、盂縣、五臺一帶，只留少數兵力在鐵路沿線，續行襲擾，朱、彭所報正太戰爭迄九月灰（十）日始告結束，不符實際。

B．中共此次在正太沿線所用兵力共十一團，朱、彭報爲三十餘團。

C．所獲戰績破壞鐵路二百餘里，橋樑四十餘座，車站十一所，截斷正太全線交通二十四天，並破壞井陘、賽魚煤礦兩處，據敵（日）方

(70) 熊斌，字哲明，湖北禮山人，陸軍大學第一期畢業，初隨馮玉祥，後任參謀本部廳長，簽署塘沽協定，民國三十年任陝西省政府主席。勝利後收編龐炳勳、孫良誠、張嵐峯、孫殿英、吳化文、郝鵬擧、葉蓬、門致中、李守信各僞軍，旋任北平市長，民國三十八年來臺，五十三年逝世。

估計，此役所損失頗大，除此之外，朱、彭所報多非事實。

D. 斯役敵傷亡三千人左右，僞軍二千餘人，中共傷亡亦約三千人，此數尚有參加作戰之民衆四千餘人；又中共撤退後，敵因此次鐵道破壞，民衆之力居多，故對民衆大多發怒，焚燒鐵道兩側村莊百餘，人民被慘殺傷害者約四、五千人。

E. 中共此次攻勢，有兩點足以取法，卽出敵不意予以打擊，在正太路全線兩側同時動作，使敵首尾不能相顧，預將有力部隊埋伏於敵人增援路上，步步予敵嚴重截擊，圍堵，故壽陽之役殲敵二千人。

F. 中共正在正太線盡力宣傳，重慶、西安已經失陷，故第十八集團軍傾注全力擊日軍後路(71)。

熊斌之報告，是指中共第一階段進攻，除日共雙方傷亡數字有些問題外，大致眞實。

2. 共軍戰術檢討

世界各國陸軍，「團」（日稱「聯隊」）以上是戰略單位，「營」（日稱「大隊」）爲戰術單位，「連」（日稱「中隊」）爲戰鬪單位。

此一「戰術檢討」，是民國二十九年十月二十九日，由共軍晉察冀軍區，冀西第一軍分區以「戰鬪詳報」發出，由司令員楊成武、政委羅元發、副司令員高鵬、參謀長黃壽發聯銜署名。爲共軍內部文件，分析頗爲透澈，對此「戰」雙方用兵實況、戰法，以及共軍、民兵的許許多多缺點，有深入檢討。

(1) 敵（日）軍優缺點:

A. 優點方面:

---

(71) 同⑪書，<中共活動眞相（一）>，頁五五六～五五七。

(一) 敵（日）軍的陣地設施，防護工事及裝備，都很適當妥善。

(二) 敵（日）軍在軍事行動展開前，情報蒐集不易，當我（共）軍攻擊行動展開後，尙無法查明敵（日）軍確實兵力。

(三) 敵（日）軍在守備作戰中，也採取勇敢果決的偸襲、反擊，可稱爲積極防禦。九月二十二日，敵（日）軍在三甲村的作戰，和八月二十二日，敵（日）我（共）在井陘舊礦的作戰，都是很好的例子。經過敵（日）猛烈而持續的反擊之後，我（共）軍終於不得不撤退。又如東圈堡作戰，我（共）軍佔領了敵（日）軍四個堡壘，敵（日）軍二十多人守住一個堡壘，以集中火力和反復出擊的方式，逼迫我（共）軍最後放棄了兩個堡壘。

(四) 敵（日）軍的集中火力，特別是巧妙的使用擲彈筒，發揮了相當大的威力。東圈堡作戰中，我（共）軍死傷二百餘人，半數爲其所害。敵（日）軍爲了要集中火力，預先測量陣地前的攻擊要點，作周密的射擊準備。另外，敵（日）軍集中射擊與出擊部隊之間的配合聯繫，也非常密切巧妙。

(五) 敵（日）軍擅長白刄戰，無論體力、技術都很優秀。

(六) 敵（日）軍有被殲滅之虞時，自動的將武器和其他軍用物品銷毁，以防落入我（共）軍之手，這是精神教育的成效，値得我（共）軍學習。

B. 缺點方面:

(一) 敵（日）軍的據點，佈署得過於分散，兵力不易適時集中，因此，在經過幾次抵抗我（共）軍攻擊以及敵（日）軍對我（共）軍反擊而耗損兵力之後，其攻擊力量就逐漸喪失，而轉爲單純防禦態勢的例子很多。

(二) 僞軍組織份子有許多是土匪和吸食鴉片者，他們武器少，體力差，戰鬪力量也弱。

（三）敵（日）軍堡壘後面的掩護設施有缺點：例如在東圈堡的敵（日）軍死傷人員，半數以上是被我（共）軍投擲的手榴彈碎片打死或打傷。

（四）敵（日）軍的警戒不夠嚴密，在我（共）軍進行偷襲時，常常碰到敵（日）軍衣服都來不及穿好，而匆匆應戰。

（五）敵（日）軍的夜間射擊不準確，淶源三甲村的敵（日）軍，在一整夜胡亂射擊，浪費彈藥無數。

(2) 我（共）軍優缺點（按皆爲缺點，無優點）：

A. 陣地攻擊經驗在過去很少，將來機會必然增多，各級幹部要記取這次寶貴的經驗教訓，以便將來應用。

B. 襲擊戰是缺乏重火器裝備的我（共）軍部隊當前最有利的戰法，這次作戰，創造了許多襲擊戰成功的範例。但是，並非每次襲擊都成功，這要看幹部的決心和指揮是否適當來決定。例如在南方戰線上，第三團第三營襲擊井陘舊礦時，因聯絡失當，使第二梯團喪失良機。另外，各級指揮員對堅持攻擊缺乏信心，以至無法達到作戰的成功。在北方戰線上，第一團的兩個連進攻淶源南坡頭時，因相互連繫太差，雖然已經抵達敵軍最後的鐵絲網防線，卻遭到很大的失敗。又第二十團襲擊漕溝堡時，繼續進攻三晝夜，卻沒有成功，就是由於幹部的決心不夠明確堅定，加以準備不足和聯絡失當。

襲擊戰就是一種以果敢的一次出擊的徹底達到目的的作戰，如果不是這樣，那麼第二次的進攻將更困難。故在實施之前，必須捕捉良機，抱定必勝的信心，以勇敢的行動在短時內消滅敵（日）軍，並使這種有意義的行動之下，所造成我（共）軍的死傷，也變得很有價值。

襲擊戰的第一梯隊擊破敵（日）軍陣地加以佔領，在第二梯隊向縱深突進，還沒有得到很大戰果之前，第一梯隊對於佔領的敵（日）軍陣地，應嚴加防守，絕對不可隨意放棄。

C．判斷敵（日）軍兵力，務求正確，勿因過份誇大而使我（共）軍產生恐懼心理；如在三甲村作戰，淶源方面增援的敵（日）軍不過百餘人，但我（共）軍幹部報告有一百五十人。又第一團偵察連在進攻金家井時，該地僅有敵（日）軍十人，但偵察連判斷有一百數十人，遂撤兵退走而未加攻擊。

誇大敵情固然是一項錯誤，但也不可輕視敵情；例如一九三九年（民國二十八年）我（共）軍反掃蕩作戰中，第一次在淶源附近的戰鬪，就因輕視敵情而受到敵（日）軍的包圍，遭到極大的損害，破壞了經過統籌設計的全盤作戰計畫的實施。又此次在淶源作戰中，也犯了同樣的錯誤，致使夜襲毫無成果。

敵情調查的範圍，並非侷限於敵（日）軍的兵力裝備、防禦工事的狀況而已。對於敵（日）軍指揮員的能力、個性、敵（日）軍反戰和厭戰心理、平常與中國居民的關係、對我（共）軍宣傳的影響、敵（日）軍使用的欺騙伎倆、政治軍事素養、士兵年齡、教育情況等，都必須查明，俾對敵（日）我（共）力量作正確比較。

D．對於戰鬪前進路線的開闢與選擇，及隊形的採用方面，應避免無意義的損害，以選擇一個達成戰鬪目的的最佳的辦法[72]。

3. 共軍戰鬪要領

(1) 關於堡壘的包圍攻擊法：捉住襲擊的時機是最重要的，可用黃色火藥集中使用，形成掩護牆，在火力破壞和掩護下，一舉進攻，這

---

[72] 同[14]書，頁三七六～三七九。

是攻擊井陘新礦時，第三團各營所使用的方法，而第三團在攻擊東圈堡時，則採取地道進攻而得手。

對三甲村的攻擊，則是採取強行突破的。首先適當部署第一、第二梯隊，將支援火力向敵（日）軍的弱點部位集中，等準備工作完成之後，突擊部隊便秘密的在火力掩護之下一舉搶攻而奏功。

對付佔據堅固房舍的敵（日）軍，適合採取火攻。將硫黃塞入手榴彈內，投進房舍內爆炸，效果很大。第三團對此法已經試驗成功，今後應該製造此類手榴彈。又將棉花浸透硫黃後使用，效果也還可以。

(2) 關於鐵絲網及外壕通過法：（略）。

(3) 對堡壘圍牆攻擊的注意事項：（略）。

(4) 對敵（日）軍的反擊應注意事項：特別是第二梯隊的使用，因方法拙劣而失敗的例子不少，如井陘舊礦、漕溝堡、上莊作戰的失敗，完全是由於第二梯隊沒有充分掌握時機，而使第一梯隊無法擴張戰果。

(5) 關於追擊戰：到目前爲止，我（共）軍在各個作戰中，追擊作戰都不夠徹底。任何人以艱難爲藉口而放棄追擊，都不應被准許。

(6) 通信聯絡方面：此次作戰，我（共）軍在通信聯絡上所發生的錯誤，必須大大加以改善。如在南方戰線的蔡家莊作戰中，由於團指揮所沒有特別標幟，一個通訊員在一整夜裏找不到團長。另外，第二十團的營、連、排，曾經在彼此之間失去聯絡。在三甲村作戰中，第一團與第三團造成錯誤的原因，也是由於通信聯絡法的不注意，以及通信器材不足之故。電臺工作人員的怠忽職守，也必須加以矯正，如第三團的通訊主任，就是因爲收到致長官的電報而未向長官報告，因此受到處罰。各級指揮所應依軍區規定，白天懸掛識別旗，夜間應點燈火，以資識別。

(7) 關於節約彈藥及對砲兵使用方面：在這次作戰中，節約彈藥非常進步，如第三團在南方戰線裏，只消耗彈藥六千發，第一團在南坡頭才消耗九百發子彈。但是，以各部隊來看，進步仍嫌不足，如第二團在南方戰線，消耗了一萬五千至一萬六千發之間，另第一團在南坡頭使用手榴彈二千個，都嫌過多。

砲兵消耗彈藥太多，這是因爲砲兵經驗少，而運用也不無失當，今後應禁止砲兵夜間亂射。依我（共）軍現時的射擊技術，也不適合於夜間使用砲兵。另外，營級以上的幹部，今後應該學習如何使用特別兵種，如砲兵、騎兵、工兵等。

彈殼的收回，是我（共）軍重要任務之一，軍區早有規定。以後使用彈藥必須收回彈殼，才能換發新的彈藥。至於敵（日）軍的彈殼，也要收集，此次第三團成績良好，其他各團都沒有遵守規定。

(8) 關於白刄戰：在此次作戰中，我（共）軍損失很大，因體力弱，技術不夠成熟，同時也不夠頑強。今後應藉機械操培養體力、臂力，並重新改善裝備，改良刺刀，建立軍區武器製造工廠，改善保健給養。戰鬪部隊的幹部，今後應攜帶一技長刀，以免在白刄戰中赤手空拳。

(9) 關於道路及電線破壞工作：在此次作戰中，對於道路破壞工作不夠徹底，敵（日）軍很快加以修復。如在淶源作戰中，敵（日）軍的增援如果延遲數日抵達，我（共）軍將獲很大勝利。這是我（共）軍幹部對於交通戰欠缺認識的一項明證。

在華北敵（日）軍後方的游擊作戰中，交通戰是主要作戰形式之一，如果不重視這點，就不能打破敵（日）軍的「囚籠政策」和擴張我（共）軍根據地點線的計畫。我們必須以戰略性的、策略性的眼光，來認識今日的交通戰，各部隊不論移防何處，都不忘破壞敵後交通。

對汽車路的破壞方法，要在路面掘閃電形的壕溝，連續的埋設地雷。對鐵道沿線的破壞，尤其平漢線兩側電線最多，共有六十四條，到目前爲止，我（共）軍的破壞方法是採用在某一條的某一部位加以切斷，給敵（日）軍的打擊很大。今後應採用大規模性的，先以部隊警戒兩端，然後將整個地區的電線切斷搬走，這種方法能加重敵（日）人的困難。第四支隊有一次曾折回相當於十萬餘圓的電線，使敵（日）軍花費一個星期才修復，各部隊應採取這種方法，將折回的電線送繳司令部保存。另外，攻佔敵（日）軍的陣地時，除了破壞敵軍的工事之外，還應當將敵軍的鐵絲網折回。

(10)關於部隊中存在的游擊主義，不利於部隊發展，必須急速除去。如在戰鬪中，沒有考慮全盤局面而任意移防或撤退，在佔領陣地之後，既不重視這一陣地，又不構築工事，打起來缺乏頑強性，甚至隨意脫離戰場，虛報情報，或者沒有適時通報，以及怠忽蒐集眞實的情報，或情報未經整理，毫無系統的呈報上級，對偵察警戒方面不注意，特別是戰鬪中忽視側翼的持久警戒，而遭受不必要的損失等，都是游擊主義的表現。

(11)關於民兵問題：在這次作戰中，參加的民兵雖然都抱有抗敵（日）意識，且地形熟悉。但因缺乏作戰經驗，容易陷入恐慌，加以組織脆弱，必須注意不宜重點使用。這次第一團以民兵搬運梯子，接近城牆時，遭敵軍射擊而四處逃竄，甚至連第一團攻擊的隊勢也攪亂了。這是一次嚴重的教訓。當前民兵迫切的問題是給養未能解決。另外，在戰勝的場合裏，對於戰利品也應分配給民兵，這樣，可以使軍民關係更爲密切。對於民兵錯誤和不成熟的行爲，如胡亂取用死傷者的武器，軍需品的爭奪、破壞、藏匿，部隊幹部必須好好指導。

(12)關於嚴守軍事機密：在這次作戰中，因未能保密而招致損失的實例很多，如淶源作戰中，政治機關的文書來往、宣傳品發送，和攻擊部署時機，以及作戰動員會議召開等等，都嫌過早。尤其抗敵報上所載的我（共）軍統一作戰意圖，應當視爲利敵行爲而予以處分。又部隊中不經審察將公文發送出去，送文的又怕勞累不肯繞道，終於暴露行蹤（指被日軍所俘），洩露軍事行動，在在皆是。

(13)關於退卻指揮：一般對於部隊掌握不確實，而出現秩序混亂、沒有指定的掩護部隊，對於必要的陣地也不佔領，顯得非常混亂。

(14)幹部戰術素養問題：最大的缺點，是缺乏犧牲精神和對決心的下達不洽當，今後必須強調幹部的戰術學習(73)。

此一「戰鬥要領」，亦隨前述「戰鬥詳報」發出，可知共軍作戰缺點甚多，各級軍官一「土八路」，連工、騎、砲兵都不會用，與他們宣傳文字完全不同了。

六、中共內部爭議

在民國三十年以前，對於「百團大戰」，不論在中共黨內或軍中，都是肯定的，沒有什麼爭論和異議。然而隨著日軍大規模的報復「掃蕩」，中共部分人員開始對「百團大戰」的後果提出了疑問。民國三十一年，中共在延安展開整風運動。民國三十二年十月十日，毛澤東正式批評「百團大戰」。他說：「這樣宣傳，暴露了我們的力量，引起了日本侵略軍對我們力量的重新估計，使敵人集中力量來搞我們。同時，使蔣介石增加了對我們的警惕，你宣傳一百個團參戰，蔣介石很驚慌。他一直有這樣一個心理——害怕我們在敵後擴大力量，在他看來，我們的

(73) 同⑭書，頁三七九～三八二。

發展，就是對他的威脅。所以，這樣宣傳「百團大爭」，就引起了比較嚴重的後果。」

「還有，在戰役的第二階段，講擴大戰果，有時就忘記了在敵後作戰的方針，只顧去死啃敵人的堅固據點，我們因此不得不付出了比較大的代價。死啃敵人堅固據點的作戰，是違背游擊戰爭作戰方針的。」(74)

由毛澤東的批評，引起中共內部的爭論，其重點：1.中共中央軍委員會批准問題；2.「擊敵和友」的指示；3.蔣委員長嘉獎電報；4.攻堅戰、進攻條件、敵情分析等問題，現分析於後：

1. 中央中共軍委會的批准問題

「百團大戰」作戰計畫是七月二十二日由十八集團軍野戰總部朱德、彭德懷與左權聯名向中共中央軍委會報備的，至八月二十日晚發動進攻，爲時二十九天，但二十九天的長時間爲什麼沒有被中共中央批准或批駁，至今仍是一個謎。中共所發表正反兩面的文章也說不出一個所以然來，支持「百團大戰」的人說：戰役正式發動後中共中央機關報逐日發表戰果報告。八月三十一日，彭德懷將乘機擴大戰果的設想電報中共中央軍委會毛澤東、朱德、王稼祥。九月二日，彭德懷又將第二階段作戰主要攻擊目標電報毛澤東、朱德。九月十日，中共中央發出「關於軍事行動的指示」，提出應仿照華北「百團大戰」戰役先例，在山東及華中組織一次到幾次有計畫的大規模的對敵行動(75)，所以毛澤東當然知道。在延安各界召開慶祝勝利的羣衆大會，毛澤東不但參加，而且身列大會主席團的第一名(76)；彭德懷回憶：「毛澤東在那次戰役勝利時，

(74) 同㉔書，中册，頁五〇七～五〇八。
(75) 同㉖文，頁一二六。
(76) 同㉘書，頁六七。

還來電嘉獎說， 百團大戰實在振奮人心， 可否再組織一兩次那樣的戰役。」(77)

然而反對「百團大戰」的人卻認爲這種重大的戰役，沒有得到中央正式批准就進行， 從組織紀律上是有缺點錯誤的 。當鬬爭彭德懷時又說：「這次百團大戰從政治路線、軍事路線到組織路線都犯了極其嚴重的錯誤，這是彭德懷違背毛澤東及人民戰爭大戰略思想，堅持右傾投降主義路線的典型表現，是『形』左實『右』的資產階級反動軍事路線的活標本，是他背著毛澤東黨中央搞獨立王國的罪惡產物，這次戰役給我們黨領導抗日戰爭帶來了極其嚴重的惡果。」(78)「假抗戰， 眞助蔣，假功臣，眞罪魁。」(79) 並以全國最高統帥蔣委員長的賀電爲實證。

歷史解釋是歷史上最困難的問題之一， 不管怎樣說， 都有解釋人主觀意識夾入，或者是爲自己辯護。前述支持者是以史實說明，此戰雖未被中共中央批准， 但毛澤東知道， 且去電嘉獎， 並主持慶祝大會，應該是完全同意的；反對者認爲此戰程序有問題，且給中共帶來了被日軍圍剿的不幸，是發動者朱、彭應負的責任。兩邊都有道理。至於毛鬬朱、彭時所提出的「罪狀」，祇是藉口而已。

另外一點，當時中共中央軍委會主席是毛澤東，副主席爲周恩來與朱德，朱是「百團大戰」策劃人之一，當然贊成。周或許認爲中共宣稱重慶國民政府要與日本妥協， 而發動此戰， 使之無法妥協的說法有問題，正在「長考」之際，戰事在彭德懷、左權、劉伯承、聶榮臻等人之主持下，搶到有利時機，就發動了——時正太路日軍僅三千六百餘人，分佈於五十幾個據點，而共軍投入該線部隊有三十一個團的兵力，十多

(77) <彭德懷回憶往事>刋《近代史研究》，一九七九年，第一期，頁二七。
(78) 同❸書。
(79) 彭德懷被鬬爭時的罪名。詳㉘書，頁五五刋錄。

倍於日軍，故打了一些漂亮的殲滅戰(80)。這是初期作戰的實況。

不過，最重要的一點，他們明知而不願討論的問題，就是毛某應同意，爲什麼不批示呢？此一問題，正觸及共產黨政策，毛澤東思想，以及處理困難事件方式的核心，就是他們常說的兩面手法：可左可右，可褒可貶，卽同意又不正式發布命令，壞了當事人負責，好了中共中央或最高領導人承當功績。並且長久時間可以操縱。「百團大戰」在這樣操縱下，於發動十七年後，被毛澤東鬪爭朱、彭時所使用。

2. 「擊敵和友」的指示

這一指示是「百團大戰」第一階段作戰結束時，九月十日，中共中央關於共軍軍事行動的總方針。所謂「擊敵」當然是向日僞軍主動攻擊，「和友」就是與國軍避免衝突，和平相處，因爲抗戰三年多，共軍除平型關之役聽命第二戰區指揮作戰外，餘皆抗命逃避，游而不擊，自由發展，併呑地方武力，偸襲疲憊國軍，對戰地國軍滲透軍運，鼓動第二戰區犧牲同盟部隊叛變。使戰地國共雙方軍隊完全處於敵意中。

此時國共軍隊「摩擦」甚爲利害，隨時隨地有衝突的可能。國軍最高統帥部透過周恩來、葉劍英協商，希望盡量避免摩擦，將第十八集團軍與新四軍（皆中共部隊）調至黃河以北地區作戰。爲什麼中共突然提出「擊敵和友」的指示呢？當然是怕乘「百團大戰」之際，國軍有計畫的佔她的便宜。也鬆懈國軍對共軍的戒備。至十二月下旬，百團大戰結束，毛澤東卻賣乖的說「歡迎摩擦，接受摩擦」的狂語。

當時國軍約二百七十萬人，爲共軍的十二倍，如果有計畫的對共軍採取攻擊，非不可能，但大敵——日軍——當前，多有顧慮，且國軍多正

(80) 同㊱文，頁一二八。

規軍，受武器裝備、戰略、戰術思想及其他許多限制，不像大半只有步槍與手榴彈的共軍，運動靈活，游擊方便。故國軍常常處於被動地位。

指示說：「八路軍（即十八集團軍），新四軍全部力量，在目前加強團結時，應集中其主要注意力於打擊敵人，應仿照華北百團戰役先例，在山東及華中組織一次至幾次有計畫的大規模對敵進攻行動，在華北應擴大百團戰役行動到那些尙未遭到打擊敵人的方面去，用以縮小敵佔區，擴大解放區，打通封鎖線，提高戰鬪力，並在山東與華北方面繼續擴大我軍之數量。」同時規定：「對於友軍，則不論何部，卽使是最反動最頑固者，在目前時期中，在彼等沒有向我進攻或其進攻已爲我擊退時，均採取緩和態度。」[81]

支持「百團大戰」的共產黨人，認爲第二、三階段的戰事，是本著此一指示作戰，與中共中央精神符合。但反對「百團大戰」的共產黨人，卻指出共軍積極作戰，國軍保存實力，消極觀望，中共犧牲人民自己的武裝力量，去保衞二百萬國軍或蔣委員長，這樣的罪名確乎不小。支持者反駁說：共軍旣然以衞國衞民爲自己的天職，那麼爲保衞後方的二億人民大衆，而發動百團大戰，同時也保衞了國軍與蔣委員長，又有什麼罪過可言呢？

這一爭論完全是共產黨人的意識形態問題，分別是從不同的角度看「百團大戰」，都有其部分道理存在，由此可知共產黨人解釋問題的偏激與不切實際。筆者暫錄於此，供讀者深思！

3. 蔣委員長嘉獎電報

中共向國軍輸誠後，理論與名義上是國軍的一個集團軍（第十八集

---

[81] 同[28]書，頁五八～五九。

團軍），經常公文往返，爭取擴編、名額、薪餉、武器、彈藥、被服的補充等等。此次發動「百團大戰」，是在抗日戰爭低迷之時，又是共軍主動進攻，故迭電向軍事委員會報告邀功，以利共軍將來向中央之祈求。蔣委員長爲全國最高軍事統帥，故於九月十一日，第一階段結束時，回電嘉獎：「朱、彭總副總司令，迭電均悉，貴部窺此良機，斷然出擊，予敵甚大打擊，特電嘉獎。除電飭其他各戰區積極出擊以策應貴部作戰外，仍希速飭所部積極行動，勿予敵喘息機會，徹底斷其交通爲要。」(82)

這一普通嘉獎電報，也成共產黨人爲反對「百團大戰」羅致的罪名之一，被指爲是「右傾機會主義」的鐵證。然支持者反駁，認爲這是表面文章，民國二十九年五月，蔣委員長曾對第十八集團軍有過「傳諭嘉獎」。賀龍在冀中作戰，中日軍毒氣，也有過同樣的嘉獎電報。林彪負傷(83)，蔣委員長亦有「奮勇殺敵，竟致負傷，眷懷忠勇，軫念良深」(84)的慰問電。

此一爭論，又顯示共產黨人的鬪爭的本質與方法，事件（眞史）本身無絕對標準，要看當時人如何利用它以達其鬪爭的指責而已。

4. 攻堅戰、進攻條件、敵情分析

指責「百團大戰」的共產黨人，認爲敵情分析不正確，不顧自己條件，貿然發動此種大規模硬性攻堅作戰，過早暴露共軍實力，以致造成共軍重大損失，引起日軍注意，促使共黨共軍後來發展困難，此點主持

---

(82) 此一電報，中共刊在九月二十二日延安中華日報。㉘書頁六一轉錄。

(83) 按林彪之受傷是民國三十七年九月（二十六日？），與日軍作戰時，被晉軍誤傷肋部，迫林彪離開軍職，並赴俄就醫。

(84) 同㉘書，頁六一～六二。

人應負責任。

(1) 攻堅戰: 朱德、彭德懷、劉伯承等指揮「百團大戰」人員，不承認有攻堅作戰發生，他們說「百團大戰」主要是打交通戰，而交通戰是抗日游擊戰的重要組成部分，並沒有違背抗戰時基本是游擊戰的戰略方針。劉伯承強調: 實質上乃是敵我之間交通鬪爭的激烈表現。支持者引用當時左權的話: 我們戰役進攻主要的目的，在於破壞切斷敵寇控制的交通命脈，爭取華北戰局向我方所欲之方向發展。敵寇在交通線上所受的打擊，將不僅僅是交通上的損失，而是敵寇在華北整個戰爭中極重大的損失[85]。至於在「百團大戰」中，不放棄有利條件的運動戰，雖不完全符合游擊戰，但不能解釋成都是「硬性攻堅作戰」。

不過，郭化若在〈論百團大戰及其勝利〉文章裏說: 「百團大戰」第二階段，我軍把攻佔敵人據點作爲主要目標，不適當地強調了陣地攻堅戰，在一定程度上違背了游擊戰爭的戰略、戰術原則……我也付出重大的代價。這一階段，盡管我提出了一些過高的作戰目標，企圖一舉退敵，貫通三個（晉東南、晉察冀、晉西北）根據地，盡管我搞了一些陣地攻堅戰，卻還是針對敵人「鐵路爲柱、公路爲鏈、據點爲鎖」的「囚籠政策」，「截線拔點，以面擠面」。「卽中斷其聯絡，破壞其交通，鏟除其據點，粉碎其囚籠，擴大我敵後根據地」[86]。證明確有攻堅戰的發生。

(2) 進攻條件: 彭德懷承認在過分樂觀的形勢估計的基礎上，決定了不夠適當的戰役進攻[87]，就在戰略相持階段採取了主動大規模的進攻作戰。原本在戰略相持階段，一強一弱的形勢下，強者要求在弱者集中主力與之決戰，弱者應盡量分散實力。「百團大戰」中共在「敵強己

[85] ≪八路軍軍政雜誌≫，第二卷九期，頁八八。[28]書頁六八引用。
[86] 同[36]文，頁一九二。
[87] 同[28]書頁八一。

弱」的形勢下，集中軍力與日軍打大仗，實爲戰爭的早產，亦暴露共軍實力，刺激日軍，使中共及其游擊區軍民付出過多的代價。

另一說法是：百團大戰是根據中共在全國主要政治任務而採取的重大軍事行動。基本上是一個反圍攻、反掃蕩的戰役[88]。

(3) 敵情分析：對敵（日）情分析錯誤，彭德懷亦坦承。他說：「本來敵人準備進攻中原及打通粵漢路和湘桂路，而我（據我們的情報工作者的報告）以爲是進攻西安，又怕敵人進佔西安後就截斷了中央（往延安）同西南地區（按應指重慶）的聯繫（實際上，這種顧慮是不必要的），更沒有估計到日本法西斯打通粵漢路，是爲了便利進行太平洋戰爭。」[89]彭在晚年被鬪爭時，說這些話，雖承認敵情分析不夠，但也說明是中共情報供應不實。

七、「百團大戰」的影響

1. 對中共的影響

(1) 擴大抗戰宣傳：抗戰三年多，中共假抗日之名，各處騷擾，收繳民槍，強拉壯丁，併吞地方武力，且用下流手段，先組織民衆，然後將日軍引來，迫年輕人非跟他們走不可。但對日軍盡量避免接觸，衆人皆知其爲游而不擊，延安的軍醫院裏沒有一個傷兵[90]。此次集中較大兵

---

[88] 何理：〈論百團大戰的戰略指導思想及歷史作用〉，《南開學報》一九八二年三月第三期頁二五～二六。

[89] 參閱：《彭德懷自述》，頁二三八～二三九，一九八一年人民出版社出版。

[90] 此爲軍事委員會政治部部長陳誠，在民國二十九年公開講話。

力，主動進攻正太、同蒲兩路，洗刷其游而不擊之恥。並通過其全國宣傳媒介，及黨外同情團體，用「百團大戰」，作「事實勝於雄辯」而大事宣傳，以擴大其聲望與影響力，並爭取全國人民的同情。

(2) 提高戰鬪力：彭德懷於九月二十五日說：「百團大戰對於八路軍（卽十八集團軍）三年的抗戰（按：應指發展）工作，是一個具體的檢閱。在華北這樣廣大的地區中，在敵人的堡壘棋布中，於同一個鐘頭內，舉行百團以上兵力的總攻擊，這是一個極大的組織工作。」「百團大戰對於八路軍戰鬪力是一個新的提高。」[91]

對此一問題，黃埔四期砲科出身的共軍將領郭化若[92]亦說：「這次我軍發動百餘團大兵而五千里路漫長戰線之敵軍進攻，如無周密之計畫，充分之準備，是不易獲得圓滿勝利的」。「百團大戰提高了八路軍的戰鬪力，這次戰役雖然在八路軍本身也付出很大的代價——相當數量的傷亡與消耗——可是從大體上說，參戰的百餘團的八路兵團卻在這非常激烈的戰鬪與艱苦的破壞作業中，得到了最好的鍛鍊。使八路軍的戰鬪動作，技術作業，與戰術指揮，都因而得到今日的經驗而改進。」[93]戰場上練兵，較操場上快速準確，這是千眞萬確的。所以一些當時人評論，「百團大戰」，共軍數量減少，但素質提高。

(3) 遭受重大損失：此一戰役，由交通破壞與交通爭奪的游擊戰，因在戰爭進行中，共軍不放棄有利條件而轉變成運動戰，及上級命令要徹底毀滅正太線及同蒲線忻縣至朔縣段，使晉西北、晉察冀、晉東南三

---

[91] ≪抗戰以來選集≫，第二集上冊，頁一八九。[28]書引用。

[92] 郭化若，本名俊英，福建閩侯人，一九〇六年生，黃埔四期砲科第二隊畢業，爲中共滲透人員，後留學莫斯科砲兵學校，因批評校務黨政被遣返，民國二十三年恢復黨籍。百團大戰時任中共中央軍委會參謀處長。

[93] 郭化若：<論百團大戰及其勝利>，刊≪八路軍軍政雜誌≫，第二卷，第十期。

地區連成一片，再升為攻堅戰。因此，使守備日軍吸住共軍，然後增援，以優越訓練與精良裝備狠狠一擊。並在晉中、晉西北、冀察等地區大肆掃蕩，造成共軍有二萬二千人的傷亡。較日軍傷亡七倍以上（估計此一戰役，日軍傷亡應在三千左右），且共軍傷亡，多為其正規部隊（第一二九師、第一二〇師、及晉察冀軍區主力），損失慘重。

(4) 引來日軍的清剿掃蕩：共軍發動百團大戰，暴露其作戰實力，引起日軍警覺，使日軍對共軍採取「報復掃蕩」，並有三次大規模「治安強化運動」。據中共統計，自民國三十年初至三十一年底，日軍對華北共軍根據地進行千人以上的「掃蕩」一七四次，較前兩年增加一倍，居民人口自一億減到五千萬人。在日軍瘋狂進攻下，晉察冀根據地（冀西、北岳）縮小三分之一，晉東南地區（太行、太岳）縮小二分之一，晉北地區縮小三分之二，冀中、冀東大部分地區變為游擊區（已全部淪陷）[94]。尤其是太行山區，在日軍——三光（殺光、搶光、燒光——政策）下，人民所受損傷更為慘重，僅民國三十年八月對北岳區的那次大掃蕩，進行兩個半月，被燒房屋十五萬餘間，中共幹部被捕殺六百多人，被殘殺羣眾四千五百餘人，被抓去東北作苦工的一萬七千餘人，牲畜損失一萬多頭，糧食損失五千八百萬斤[95]，使共軍在發展過程中受到致命的打擊。

2. 對日軍的影響

(1) 加強對共軍的重視：日軍一向輕視共軍，皆稱之「共匪」、「土匪」、或「馬猴子」[96]，然恨之入骨，視為華北治安之癌細胞，如有

---

[94] 同[28]書，頁六六。

[95] 朱錫通：〈關於百團大戰的探討〉，《南京大學學報（哲學社會科學）》一九八〇年，第四期頁八六。

[96] 「馬猴子」三字為筆者親聞日軍所言。或許是「八路軍」日文發音；或許是指其在山區行動快捷之意。待考。

所獲，絕不放過。但知他們三年多以來，虛張聲勢，游而不擊，隨便放幾槍就跑是有的，集中較大兵力，打運動戰或攻堅戰似不可能。故用碉堡（據點）戰術維持佔領區的治安，乃至封鎖共區，頗具成效。此次共軍發動「百團大戰」，頗出日軍意料之外，引起日本朝野的重視，民國三十年一月，曾帶關東軍在察綏與晉北作過戰的日本陸軍大臣——東條英機，在日本參（貴）衆兩院報告時說：「昭和十五年（民國二十九年）重慶方面敵人抗戰的特色是作戰非常消極，一直到現在，沒有作主動進攻。只有『共匪』（東條口吻）去年八月在華北地區向我展開大規模的攻擊。」㊼可見共軍發動「百團大戰」，已引起日本國內與華北當局的重視。

(2) 展開對共軍資料蒐集：民國三十年一月十日，北支那方面軍司令官多田駿中將（七月七日升大將），訓示各兵團（部隊）長，對共黨與共軍深入調查，並研究具體政策。同月二十七日，再要求對共軍組織、活動、根據地、軍事政治統合政策，迅速調查研究，以便加速剿滅。同時設中央滅共委員會調查部——通稱黃城事務所，爲北支那方面軍參謀處第二課（情報）外圍機構；憲兵隊司令部熱心支援，由第二課課長本鄉忠夫，謀略主任茂川秀和，作戰情報主任橫山幸雄，一般情報主任山崎重三郎主持，分由高宣明——科學防諜、國關情報；渡瀨八郎——蘇蒙情報；牛尾國成——匪團處理；古岳新治——中共黨軍調查；山崎永吉——支那軍隊調查；負責整理編纂，而完成「剿共指針」。發各部隊作清剿中共使用，內容包括：

A. 中國共產黨組織系統：a. 中共黨機關機能；b. 中共中央部；c. 北方局——北方分局、山東分局、冀魯邊區、冀南區、冀魯豫邊

㊼ 同㉘書，頁七二，引用日本《華北中共軍現狀》。

區、冀晉豫邊區、太岳區、太北區、太南區、晉西北區、綏遠省等十一個黨委員會。

B. 晉察冀邊區政府組織系統：行政公署，及各區行政主任公署與分區行政督察專員公署。

C. 第十八集團軍所轄各軍區：各邊區、軍區及軍分區。

D. 共軍戰的觀察與判斷：a. 抗日意識與作戰；b. 人的（幹部、士兵訓練）素質；c. 裝備；d. 擴軍工作與民衆武裝勢力；e. 共軍企圖判斷；f. 國共關係觀測[98]。

(3) 展開大規模清剿：民國三十年日軍在蒐集共軍資料之同時，即展開清剿工作，其較大者：

A. 冀東——薊縣、平谷、密雲——肅正作戰：二月二十三日至三月八日，以日軍獨立混成第十五旅團為主[99]。

B. 冀東盤山作戰：五月二十八日，日軍第二十七師團，獨立混成第十五旅團，關東軍獨立步兵第一、七、九、十六、二十七大隊，及偽治安軍（齊燮元部），包圍盤山，並向薊縣東南地區剿蕩，至七月二十一日，共軍除少數逃入東北（遼寧）山地外，餘皆殲滅。獨立混成第十五旅團長長谷川美代次少將以此役戰功升中將[100]。

C. 冀中北部白洋淀作戰：六月十日行動，日軍第百十師團、第二十一師團、第二十七師團、獨立混成第十五旅團。六月中旬，將新城地區共軍據點消滅。十一月二十七日，在保定南三十公里大李各庄由第百十師團、第百六十三步兵聯隊，捕獲共軍冀中軍區第十軍分區司令員朱

[98] 參閱[14]書，頁五〇一～五二八。
[99] 參閱[14]書，頁四八一～四八三。
[100] 同[99]。

占魁[101]。

D. 組成進攻部隊，肅清晉察冀邊區：a．甲兵團——（第二十一師團步兵團長盤井虎二郎），北平附近；b．乙兵團——（步兵第百三十三旅團長津田美武），石家莊附近；c．丙兵團——（第三十三師團長櫻井省三），太原附近。對共軍機動進剿。其重要有：a．甲兵團，古北口、密雲作戰（八月十四日）；b．乙、丙兵團，定縣、新樂作戰（八月十四日）；c．甲、乙、丙兵團，北部太行山脈——北拒馬河谷，定興、方順橋、阜平、陳莊——作戰（八月二十三日）[102]。

E. 日第一軍沁河作戰（九月二十——十月二十日）。

F. 第十二軍博西作戰（九月十九——十月一日）。

G. 第十二軍第二次魯南作戰（十一月十五——十二月十八日）[103]。

據日軍統計，北支方面軍民國三十年，交戰次數（包括與國軍在內）二三、〇八四次，遺屍一一六、五二八具（包括國軍），日軍陣亡二、八四七人，受傷六、二五二人[104]。

在強大武力清剿之際，日軍實行第一次（三月三十——四月三日）、第二次（七月九日——九月八日）、第三次（十一月一日——十二月二十五日）等強化治安運動，以加強佔領區之治安[105]。

3. 對國軍的影響

(1) 一般來說，國軍在抗日戰爭進入低迷時期，共軍有此次主動攻

[101] 參閱⑭書，頁四八三，按朱占魁在筆者家鄉活動，唱戲出身；幼時見其與鄉村大人談話。

[102] 參閱⑭書，頁五四〇～五五三。

[103] 參閱⑭書，頁五八二～五九三。

[104] 參閱⑭書，頁五九四。

[105] 參閱⑭書，頁四九四、五三七、五七三等三次治安強化運動。

擊，是表示歡迎的，除蔣委員長嘉獎電報外，第一戰區司令長官衞立煌亦有賀電：「貴部發動百團大戰不惟予敵寇以致命之打擊，且予友軍以精神之鼓舞。」⑩⑥第二戰區閻錫山，因共軍拉走他新訓練的犧牲同盟會十二個團的新兵，未作任何表示。

(2) 共軍說：因「百團大戰」，共軍暴露實力，而引起新四軍事件。此一說法利用自由心證頗爲勉強。因新四軍在國軍第三戰區內游而不擊，且到處併吞地方武力，早爲國軍剿滅對象。應與「百團大戰」無關。

至於共軍實力，中共爲爭取更多番號與擴大編制，早已實報軍事委員會。軍事委員會有三個軍、六個師、三個補充團，另兩個補充團的決定，所以對國民政府而言應沒有實力或戰力暴露的問題。

再按蔣委員長民國二十九年三月二十二日自記：「半年來共黨形勢洶洶，叛跡日著，而其跋扈囂張，幾不可嚮邇，彼一面挾蘇俄自重，一面又乘寇入之機，脅制政府，汚蔑黨國，無所不至，不僅幼稚狂妄，且亦荒謬絕倫，蓋其所作所爲，比之民國十五、六年時代殆尤爲狠毒而卑劣也。」⑩⑦

七月一日，何應欽在重慶中國國民黨五屆七中全會作軍事報告，特別提出第十八集團軍攻擊冀察戰區各部隊經過⑩⑧。

七月十六日，軍事委員會爲消弭各地共軍襲擊國軍，特以提示案，由參謀總長何應欽交周恩來、葉劍英，轉朱德、彭德懷遵行。其中指定新四軍加入第十八集團軍戰鬪序列，調入冀察、魯北與晉北（黃河以北地區），奉命一個月內，開到規定地區⑩⑨。

九月二十一日，第三戰區顧祝同電陳，中共軍隊在蘇北擅越防地，

---

⑩⑥ 同⑮書。
⑩⑦ ≪總統 蔣公大事長編初稿≫，卷四（下），頁五一六。
⑩⑧ ≪何應欽將軍九五紀事長編≫，（上），頁六二六。
⑩⑨ 同⑩⑦書，頁五五七～五六〇。

襲擊友（國）軍，摧毀淮海行政機構[110]。

十月四、五日，新四軍發動黃橋事件，國軍第八十九軍軍長李守維及獨立第六旅旅長翁達落水死，第三十三師師長孫啓人被俘，新四軍陷姜堰、東臺，另第十八集團軍彭明治[111]部六日陷阜寧，與新四軍在蘇北會師[112]。

十月十九日，何應欽、白崇禧皓電提示，第十八集團軍與新四軍，均限十一月底開赴黃河以北[113]。

十二月八日，何應欽、白崇禧齊電剴切勸諭，限江南新四軍於十二月底以前移至長江以北，至三十年一月三十日前，移至黃河以北[114]。

十二月二十五日，蔣委員長在重慶召見周恩來，告十八集團軍渡河日期，不得再拖。毛澤東揚言：「歡迎摩擦，接受摩擦。」[115]

民國三十一年一月六——十五日，新四軍事件，葉挺被俘，項英戰死，俘新四軍第二、三支約五千人[116]。

由此一發展看來，實與「百團大戰」無關。

(3) 華北方面：日軍在掃蕩共軍同時，民國三十年三月九日——十五日對國軍第一戰區發動垣曲以北地區作戰，同年五月七日——六月七日發動晉南（中條山）會戰——日稱中原會戰（百號作戰），後者第一

---

[110] 同[107]書，頁五六七。

[111] 彭明治，早期歷史不詳，出身紅一方面軍三軍團（彭德懷），民國二十六年九月共軍改編時任一一五師（林彪）教導大隊長，參加平型關之戰。民國二十九年隨黃克誠（第十八集團軍第五縱隊司令員）進入魯蘇地區，任支隊司令，參加黃橋事件。共軍竊據大陸時爲共軍上將。彭德懷被整肅時動向不明。

[112] 顧祝同著：≪墨三九十自述≫，頁二〇三～二〇五。

[113] 同[108]書，頁六三一～六三三。

[114] 同[108]書，頁六三三～六四一。

[115] 同[107]書，頁六一〇。

[116] 同[112]書，頁二〇五～二〇八。

戰區國軍參戰約十八萬五千人，造成七萬五千人之重大損失⑪⑦。

4. 輿論的一般

「百團大戰」進行之際及戰役之後，中共的宣傳機構，依據中共中央的指示，大肆宣傳，八月三十日中共機關報「新中華報」發表社論:〈八路軍在華北反掃蕩的百團大戰〉。翌日彭德懷向新華日報記者發表「百團大戰」的偉大意義。稍後《八路軍軍政雜誌》刋出〈百團大戰特輯〉，包括朱德、彭德懷、劉伯承、鄧小平、賀龍、王稼祥、左權等人文章在內⑪⑧。十月二十九日「新中華報」發表劉伯承〈關於百團大戰對記者的談話〉⑪⑨。十二月二十六日「新中華報」又發表〈擴大百團大戰的光輝來回答敵人的暴行〉⑫⓪。同時肖向榮有〈從百團大戰說起〉，郭化若寫〈論百團大戰及其勝利〉等宣傳文章發表。可見中共對此一戰役之重視。

在大後方，中共指摘，因國民政府實施新聞檢查，不准發消息，其實不然，九月十九日重慶「新華日報」卽有大幅作戰經過和六天進行戰鬪102 次，克復大小據點四十六個，及俘獲日軍及機械車輛報導。各地新華日報亦有類同之消息發出⑫①。

除此之外，重慶大公報亦發表:〈瞻望北方勝利〉社論指出:「中日戰爭三年餘，戰場擴展十幾省，而其根本則在華北，『百團大戰』在

---

⑪⑦ ⑴同⑭書，頁四七二～四八〇。⑵參閱國軍≪抗日戰史≫〈晉南會戰〉。中、日兩書記載數字相同，故知完全正確。

⑪⑧ 參閱「百團大戰」史料。

⑪⑨ 參閱劉伯承≪軍事生涯≫，頁一六〇，中國青年出版社，一九八二年七月北京出版 。

⑫⓪ 同⑪⑧。

⑫① 參閱民國二十九年九月十九日重慶新華日報。

局部戰鬪上是乘虛追擊，而在全局上尤有牽制敵人之效。」同時「新疆日報」亦稱「華北出擊大捷，提高了抗日根據地和游擊戰的地位，在全國人民面前顯示出它的偉大力量和作用，從而獲得國人更多擁護和援助。」「新蜀報」、「力報」及《中學生雜誌》亦有類同之報導[122]。

八、結　　論

1. 共軍（第十八集團軍）為擴軍工作及消化吸收三年多來，由三萬人擴展至二十多萬人的軍隊，並測驗其作戰能力，而發動此次攻擊作戰。在中共本身是得失參半。然而在抗戰宣傳方面，得到頗大的收穫。

2. 共軍在「百團大戰」中，晉、察、冀地區共軍傾巢而出，超出敵後戰略防禦的限度，故損失相當慘重，且多為其主力部隊。其破壞的鐵路，攻克的據點，大多數很快的又被日軍恢復。而且日軍要保持華北佔領區，定要消滅中共而後止，所以戰後中共在此一地區發展，出現極端困難的局面。在日軍有計畫的「武力掃蕩」與「強化治安運動」雙重政策下，使中共幾乎無法立足，這是中共所預料不到的。

3. 撇開共軍的動機與目的不談，純在抗戰低迷時期，能發動如此大規模的破壞戰與運動戰，又斷斷續續打了三個半月之久，使華北近三十六萬日軍緊張防備，且抽出部分日軍反擊掃蕩，在整個戰局方面有牽制日軍兵力之效，應予肯定的評價。

---

[122] 同[118]。

抗戰期間冀察兩省國共日僞兵力的消長

一、前　　言

七七事變，冀察二省首遭現代化戰爭的摧毀，隨之日軍的姦淫燒殺。主要戰爭過後，許多流散軍人、黨政官員、民團鄉隊，以及草莽英雄，組自衞軍、游擊隊，起而抗日，隨時隨地狙擊日軍，共軍亦乘機進入，僞軍亦隨日軍發展。此後冀察二省竟成爲國共日僞鬪爭的重要地區，此種鬪爭經八年之久，各有勝負，而永無終止，至日本無條件投降，中共叛亂即正式開始。

國軍因應戰事需要，民國二十八年一月，劃冀察戰區，以鹿鍾麟爲總司令，包括冀察二省及山東黃河以北地區，但因將帥不合，各軍不互信，白晝遭受日僞軍的進攻，夜晚防共軍有力的偸襲，至民國二十九年五月，鹿鍾麟、朱懷冰被劉伯承擊潰，退往河南林縣，冀察戰區已名存實亡，所統轄之自衞軍、民軍、游擊隊，多自生自滅或投共降日，是國軍在淪陷區的一大失敗。

共軍劉伯承與聶榮臻兩部，自民國二十六年十一月八日、及十二月五日，分別進入太行山建立「晉冀魯豫根據地」，及冀北阜平成立「晉察冀邊區政府」。開始有組織的活動，以七分發展，二分應付（對付國民黨），一分抗日❶，在日軍圍剿及掃蕩下，北部建立「晉察冀軍區」，分北岳、冀中、平西、冀東等四個軍區及若干軍分區；南部建立「晉冀魯豫軍區」，分「晉冀豫」、「冀魯豫」兩個指揮單位，指揮太行軍區、太岳軍區、冀南軍區、冀魯豫軍區；各軍區亦轄若干軍分區。在中共嚴厲的幹部政策下，規定：村（幹）不離村，鄉（幹）不離鄉，縣（幹）不離縣，因而控制廣大的淪陷區偏遠地帶。日軍投降前撤退時，又乘機進入重要的城鎮，這是中共在淪陷區的一大勝利。

日軍由北支那方面軍佔據華北——冀、察、綏、晉、魯、豫六省，駐蒙軍佔察、綏與晉北，第一軍在山西活動，方面軍直轄部隊佔平津河北及山東，後組第十二軍控制山東，民國三十四年三月，因第十二軍在河南進行1號作戰，山東另組第四十三軍。此批部隊維持在二十四萬至三十七萬人之間。且有數量可觀，戰力亦不錯的僞軍，佔主要交通線及精華地區，經常圍剿掃蕩❷，給土匪及共軍致命的壓制與打擊。

僞軍雖互不統一，除極少數魚肉鄉里外，大部分多由地方士紳或知名之士領導，以保鄉衞民爲宗旨，與日軍減少矛盾，維持良好關係，一般來說軍律尚佳，能維護地方治安，交通流暢，市場交易，以及民、財、建、敎，與工、農、商、學的正常運作，亦給政府地下工作人員作有力的支援掩護。多數反共，部分與政府有連繫，亦接受政府委任及所頒發之番號，但因受歧視或處理不當，未發揮應有的效果。在日軍投降

❶ 這是毛澤東在第十八集團軍出發晉北時，召集幹部的訓話：「中日戰爭，爲本黨（共黨）發展之絕好機會，我們的決策是：七分發展，二分應付（對國民黨），一分抗日……」。載中國國民黨中央黨史委員會編印：≪中華民國重要史料初編≫——<對日抗戰時期>，第五編，中共活動眞相（一），頁七～一一，中華民國三十二年八月軍事委員會辦公廳製「抗戰以來中國共產黨危害國家民族陰謀紀要表」內，頁八。

❷ 按冀察的日軍掃蕩與華中之日軍清鄉不盡相同，冀察掃蕩，多以日軍爲主，用僞軍之時較少，僞軍用作防守及維持治安；而華中日軍清鄉，多用僞軍爲先導，日軍在後監督進行。

之際，得不到政府支援，尤其是地方性偽軍多被共軍呑併或解決。

本文的主旨，是在兵力消長中研究：內爭的禍害，外鬬的技巧，彼死我生的生存發展條件，以及在堅苦惡劣的環境中，所表現出活命的最高智慧。

政府及中國國民黨領導的游擊隊龐大勢力，是日軍攻擊消滅的主要目標，又有中共趁火打刼，中央與省的隔閡，第一戰區對冀察戰區未盡全力支持；省內的派系——中央系的張蔭梧、朱懷冰，西北軍系的鹿鍾麟、石友三、孫良誠、高樹勛，地方系的喬明禮、丁樹本等，相互之間的鬬爭。各區縣小形地方部隊，由中共滲透，且從中陰謀操縱，使彼此勾心鬬角，你爭我奪，無以自保，最後以「百團大戰」爲號召，調離本鄉本土，連根拔掉，失去原有的大好空間，再被日軍數次掃蕩，被迫非共即偽。雖然說勝敗不足以論英雄，然戰爭的目的就是追求勝利，但在此一地區，國軍顯然是失敗了，而且是慘敗，並影響後來的戡亂作戰。

抗戰時期的淪陷區，國共日偽皆黨政軍一體的，日偽黨的組織是「新民會」，因本文僅限於兵力消長之探討，不得已祇好將有關黨政部分予以揚棄。

本文資料，國軍部分來自國防部史編局國軍永久檔案、及中國國民黨中央黨史會所公布之總統府機要檔案，日本部分來自日本戰史叢書引用日軍檔案，中共及偽軍除公布檔案資料外，亦參酌國軍與日軍的調查（情報）報告，並訪問當時人的口述，皆爲第一手資料。且筆者在淪陷區成長（十歲至十八歲），耳聞目睹，證之爲眞。然此段期間，瞬息萬變，有些人或部隊與國、共、日、偽、特（各方面之特務機構）都有關係，在孫殿英的司令部餐桌上，各路英雄皆有，誰都不能問誰的來歷❸。是

❸ 方哲然鄉長口述，方先生抗戰初期在文安、新鎭等地領導游擊隊，後一度隨孫殿英軍活動。來臺後任職中國國民黨中央黨部，現已退休。

這些檔案資料無法表達的實況，祇好在此略作交代。又因篇幅限制，團以下的小部隊及時間短暫的軍事活動多不記入。祈諒。

二、開戰前後的中日兵力分析

1. 戰前雙方兵力分析

(1) 國軍：第二十九軍，軍長宋哲元（宋以冀察政務委員會[4]委員長、冀察綏靖主任率第二十九軍統治冀察兩省，平津兩市），副軍長秦德純（北平市長）、佟麟閣，參謀長張樾亭，軍部駐南苑。特務旅孫玉田，第一、二兩團，許炳亞、□□□，官兵四、五〇〇人，隨軍部駐防。

陸軍第三十七師，師長馮治安（河北省政府主席），特務團張振華，隨師部駐西苑。第一〇九旅陳春榮，第二一七、二一八團，胡文郁、孫長坡，駐淸苑；第一一〇旅何基灃，第二一九、二二〇團，吉星文、謝世全，駐西苑；第一一一旅劉自珍，第二二一、二二二團，房西苓、張子鈞，駐北平；獨立第二十五旅張凌雲，第六七三、六七五團，胡慶華、王爲賢，駐西苑。全師官兵一五、七五〇名。

陸軍第三十八師，師長張自忠（天津市長），特務團安克敏，隨師部駐南苑。第一一二旅黃維綱，第二二三、二二四團，李金鎭、張宗衡，駐小站；第一一三旅劉振三，第二二五、二二六團，張文海、崔振

[4] 委員共十七人：宋哲元、萬福麟、王揖唐、劉哲、李廷玉、賈德耀、胡毓坤、高凌霨、王克敏、蕭振瀛、秦德純、張自忠、程克、門致中、周作民、石敬亭、冷家驥。其中宋、張、秦、蕭、石、門，六人屬二十九軍（西北軍），萬、劉、胡、程屬東北軍，皆屬抗日實力派。

倫，駐廊坊；第一一四旅董升堂，第二二七、二二八團，楊幹三、祁光遠，駐韓家墅；獨立第二十六旅李九思，第六七六、六七八團，馬福榮、朱春芳，駐馬廠。全師官兵一五、四〇〇名。

陸軍第一三二師，師長趙登禹，特務團李豐瑞，隨師部駐河間。第一旅劉景山，第一、二團，張仁珍、王崑山，駐大名；第二旅王長海，第三、四團，王子亮、張文友，駐河間；獨立第二十七旅石振綱，第六七九、六八一團，劉汝珍、趙書文，駐任邱；獨立第二十八旅柴建瑞，第六八二、六八四團，耿德星、韓永順，駐河間。全師官兵一五、〇〇〇名。

陸軍第一三四師，師長劉汝明（察哈爾省政府主席），特務團閻尚元，隨師部駐張家口。第一旅李金田，第一、二團，劉福祥、陳祿德，駐張家口；第二旅李曾志，第三、四團，劉廣信、劉芸田，駐宣化；獨立第二十九旅田溫其，第六八五、六八七團，王春堂、李鳳科，駐張家口、蔚縣；獨立第三十一旅□□□，第六九一、六九三團，洪進田、胡光武，駐赤城；保安旅□□□，駐張家口。全師官兵一五、一〇〇名。

獨立第三十九旅阮玄武，特務團董翰卿，第七一五團張景福，第七一七團隨文波，駐北苑。官兵三、五〇〇名。

獨立第四十旅初劉汝明兼（後夏子明），第七一八團尹士喜，第七一九團吳連傑，駐張家口、宣化。官兵三、四〇〇人。

騎兵第九師，師長鄭大章，第一旅張德順，第一、二、三團祝常德、宋炳乾、蕭國荃，駐涿州；第二旅李殿林，第四、五、六團，閻俊海、宋吉祥、柳樹堂，駐南苑。全師官兵三、〇〇〇人。

獨立騎兵第十三旅姚景川，第一、二、三團，陶翰選、王永祥、周鴻順，駐宣化。官兵一、五〇〇人。

冀北保安隊，司令石友三，第一旅陳光然（後程希賢），第二旅吳振聲，（每旅二團）駐黃寺，官兵三、〇〇〇人。

冀南保安隊，司令孫殿英（兵力不定，忽多忽少）。駐冀南。

以上孫殿英部隊除外，第二十九軍計步兵四師三旅（共十九旅）、騎兵一師一旅（共三旅）、保安隊三旅，總計兵力十萬人❺。

此外，在冀察境內，平漢線尚有五十三軍（萬福麟，轄一一六師、一三〇師）分駐徐水迄石家莊一帶；第九十一師（馮占海）駐趙縣、元氏、高邑；第三十二軍（商震，轄一三九師、一四一師、一四二師）駐邢臺、邯鄲、永年等地，總兵力七萬人❻。

(2) 日軍：天津部隊——軍司令部（司令官田代皖一郎中將病故），七月十二日，香月清司中將接任。參謀長橋本羣少將，步兵第一聯隊第二大隊，步兵第二聯隊（萱嶋高大佐，欠第三大隊與第一大隊第三中隊），戰車隊（福田峯雄大佐），騎兵隊（野口欽一少佐），砲兵聯隊（鈴木率道大佐）第一大隊山砲兩中隊，第二大隊十五榴砲兩中隊，工兵隊，通信隊，憲兵隊，軍醫院，軍倉庫。

北平部隊：步兵旅團長河邊正三少將，步兵第一聯隊（牟田口廉也大佐——欠第二大隊），電信所，憲兵分隊，軍醫分院。

分遣隊：豐臺，步兵第一聯隊第三大隊，步兵砲隊；山海關，步兵第二聯隊第三大隊，暨第九中隊；塘沽，步兵第二聯隊第三中隊；唐山，步兵第二聯隊第七中隊；灤縣，步兵第二聯隊第八中隊（欠一小隊）；通州、昌黎、秦皇島各一小隊。暨北平、通州、太原、天津、張

---

❺ (1) 劉鳳翰著：《戰前的陸軍整編》，頁六七五～六七九，陸軍主力部隊——各陸軍師，第三十七師、第三十八師、一三二師、一四三師、騎兵第九師等資料；(2)《日本戰史叢書》，<支那事變陸軍作戰(1)>，頁一四一，日本情報對陸軍第二十九軍之調查；(3) 參閱國防部史政局編印，《抗日戰史》——<七七事變與平津作戰>，陸軍第二十九軍指揮系統表。(4) 孫殿英與股匪有聯絡，投之者多則兵多，離之者多則兵少。

❻ 國防部史政局編：《抗日戰史》，〈七七事變與平津作戰〉，頁八。

家口、濟南、青島等地陸軍特務機關，及第二十九軍顧問組，駐北平武官輔佐官，陸軍運輸部塘沽出張所。總兵力爲五、七七四員名❼。

當時，華北政務委員會十七人中，王揖唐、王克敏、賈德耀（皖系）、高凌霨（直系）、周作民（金城銀行總經理）、李廷玉、冷家驥（平津士紳），與日人有來往，被視爲親日派，後齊燮元由日方推薦任常務委員，且宋率二十九軍採雙管道制：對中央絕對服從，部隊接受中央所派之政訓人員，保證不喪權辱國；對日本外交人員與天津駐軍，作某種程度的妥協，任用日方推薦人員，聘日陸軍特務機關人員作軍事顧問，對「華北特殊化」含混或無指明地應允日本某些重大要求。故在極端矛盾危機中，雙方仍能保持兵力的平衡。

2. 日軍大量增兵

(1) 冀省方面：盧溝橋事變發生，十一日，日以臨參命字第五十六號：派關東軍獨立混成第一旅團集結順義：旅團長酒井鎬次少將，獨立步兵第一聯隊，輕戰車二中隊，輕裝甲車一中隊，獨立野砲兵一大隊，獨立工兵一中隊。戰鬭兵力二、五〇〇人左右。

獨立混成第十一旅團，集結高麗營。旅團長鈴木重康中將，獨立步兵第十一、十二聯隊，獨立騎兵第十一聯隊，獨立野砲兵第十一聯隊、獨立山砲兵十二聯隊，獨立工兵、輜重兵第十一中隊。戰鬭兵力四、〇九五人。

關東軍飛行集團（偵察、戰鬭、重轟炸各二中隊），高射砲二中隊，鐵路第三聯隊主力（裝甲列車），電信第三聯隊，關東軍汽車隊各一中隊，關東軍防疫部支部。

---

❼ 同❺(2)書，頁一三八～一四〇。

同時以臨參命字第五十七號令，在朝鮮緊急動員第二十師團，歸天津駐屯軍司令部指揮。師團長川岸文三郎中將，步兵第三十九、四十旅團（高木義人少將；山下奉文少將），步兵第七十七、七十八、七十九、八十聯隊，騎兵第二十八聯隊，野砲兵第二十六聯隊，工兵第二十聯隊，戰鬪兵力九、八〇四人，集結天津、唐山、山海關❽。

原河邊旅團集中豐臺、通縣。

以上日軍約二萬五千人，在戰車、裝甲車、野砲方面，裝備優良，且有空軍支援，故佔優勢。

平津作戰之際，七月二十七日，日本臨參命第六十五號，派第五、六、十等三師團增援華北:

第五師團，板垣征四郎中將，步兵第九、二十一旅團（國崎登少將；三浦敏事少將），步兵第十一、四十一、二十一、四十二聯隊，騎兵、野砲兵、工兵、輜重兵各第五聯隊，第五師團通訊隊、衞生隊，第一——四野戰醫院。佔豐臺以南地區。

第六師團，谷壽夫中將，步兵第十一、三十六旅團（板井德太郎少將；牛島滿少將），步兵第十三、四十七、二十三、四十五聯隊，騎兵、野砲兵、工兵、輜重兵各第六聯隊，第六師團通訊隊、衞生隊，第一——四野戰醫院。佔楊村、落垡。

第十師團，磯谷廉介中將，步兵第八、二十三旅團（長瀨武平少將；田嶋榮次郎少將），步兵第三十九、四十、十、六十三聯隊；騎兵、野砲兵、工兵、輜重兵各第十聯隊，第十師團通信隊、衞生隊，第一——四野戰醫院。佔馬廠❾。

以上三師團，總兵力約七萬五千人。

---

❽　同❺(2)書，頁一六七～一六八。
❾　同❺(2)書，頁二三八～二三九。

七月二十九日，再以臨參命第七十一號，由關東軍第一師團抽調編組：獨立混成第二旅團，旅團長關龜治少將（八月一日改爲本多政材少將），步兵第一、三聯隊（各欠一個大隊）及五十七聯隊第三大隊。騎兵、工兵一中隊，野砲兵一大隊。兵力約三、五〇〇人。初佔獨流鎭⓾。

是日北平失守，翌日天津陷落。

(2) 察省方面：日軍指揮官關東軍參謀長東條英機：所組成之——「察哈爾派遣兵團」。包括：先編成第三獨立守備隊約八百人，八月五日佔多倫，後由第二師團抽調步兵一大隊（大泉基少佐）組成「大泉支隊」約六百人，在沽源、林西警戒。八月十七日再由關東軍第二師團編組：獨立混成第十五旅團，旅團長篠原誠一郎少將。步兵第十六、三十聯隊（後者欠第一大隊），騎兵、野砲兵、工兵各第二聯隊、輜重兵中隊、通信隊、關東軍第二師團衞生班。從承德經張北，二十六日參加多倫之戰，兵力一萬二千人。

日空軍第二飛行集團，安藤三郎少將，指揮偵察四中隊（飛機四十八架），戰鬭二中隊（飛機二十四架），輕轟炸二中隊（飛機二十四架），重轟炸六中隊（飛機六十架），共十四中隊，飛機一五六架⓫。

至此，日軍在冀察兩省增兵已超過十二萬人。國軍爲應付緊急情況調第二十六路軍孫連仲，第四十軍龐炳勳沿平漢線北上支援，歸宋指揮。日軍原計劃攻佔平津後，中國一定屈服而成立「華北國」，但被國軍全面抗戰所粉碎，祇好從平綏、平漢、津浦等線部署進攻。

⓾ 同❺(2)書，頁二二九～二三二。
⓫ 同❺(2)書，頁二四〇～二四四。

3. 日軍進攻部署

(1) 北支那方面軍：八月三十一日，日臨參命字第八十二號，「北支那（華北）方面軍戰鬪序列」：

方面軍司令官陸軍大將（伯爵）寺內壽一，參謀長岡部直三郎少將，副參謀長河邊正三少將。

A. 第一軍司令官香月淸司中將，參謀長橋本羣少將，擔任平漢路北段作戰：

第六師團。第二十師團（皆詳前）。

第十四師團，土肥原賢二中將，步兵第二十七、二十八旅團（館余惣少將；酒井隆少將），步兵第二、五九、十五、五十聯隊；騎兵第十八，野砲兵第二十，工兵、輜重兵各第十四聯隊；第十四師團通信隊；衞生隊；第一——四野戰醫院；兵器勤務隊；馬醫院。

獨立機關槍第四、五、九大隊；獨立輕裝甲車第一、二、五、六中隊；戰車第一、二大隊。

野戰重砲兵第一、二旅團；獨立野戰重砲第八聯隊；獨立山砲第一、三聯隊；迫擊砲第三、五大隊；第一軍砲兵情報班。

第一軍通信隊；獨立氣球（砲兵觀測）第一中隊；近衞師團第一、二，第三師團第一、二、三野戰高射砲隊；獨立工兵第四聯隊；野戰瓦斯（毒氣）第十三中隊，及第六小隊。

B. 第二軍司令官西尾壽造中將，參謀長鈴木率道少將，負責津浦路北段作戰：

第十師團（詳前）。

第十六師團，中島今朝吾中將，步兵第十九、三十旅團（草場辰巳少將；佐佐木道一少將），步兵第九、二十、三十三、三十八聯隊；騎兵第二十，野砲兵第二十二，工兵，輜重兵各第十六聯隊；第十六師團通信隊；衞生隊，第一——四野戰病院；兵器勤務隊。

第百八師團，下元熊彌中將，步兵第二十五、百四旅團（中野直三少將；苫米地四樓少將），步兵百十七、三十二、五十二、百五聯隊；騎兵，野砲兵、工兵、輜重兵各第百八聯隊；第百八師團通信隊；衞生隊；兵器勤務隊；第一——四野戰病院；馬醫院。

獨立機關槍第六、十大隊；獨立輕裝甲車第七、十、十二中隊；野戰重砲兵第六旅團；及獨立野戰重砲兵第十聯隊；獨立氣球第二、三中隊；近衞師團第三、四、五、六野戰高射砲隊；第二軍通信隊，野戰瓦斯（毒氣）第八小隊。

C. 方面軍直轄部隊:

第五師團（詳前）。負責平綏路南口，及察南作戰。

支那駐屯混成（河邊）旅團（詳戰前日本平津駐軍）。

第百九師團，山岡重厚中將，步兵第三十一、百十八旅團（谷藤長英少將；本川省三少將），步兵第六十九、百七、百十九、百三十六聯隊；騎兵、野砲兵、工兵、輜重兵各第百九聯隊；第百九師團通信隊；衞生隊；第一——四野戰病院；兵器勤務隊；馬醫院。

臨時航空兵團: 陸軍中將（男爵）德川好敏。第一飛行團司令部，轄: 飛行第一、二、三、五、六、八、九等七個大隊。獨立飛行第三、四、九中隊。各型飛機三百餘架。第一師團第九、十野戰高射砲隊，第十二師團第一、二、三野戰高射砲隊。第二、三、四野戰航空廠。直屬防空部隊: 計二十三個野戰高射砲隊；八個野戰照空（探照燈）隊。

獨立攻城砲兵第一、二大隊，北支那方面軍通信隊。第一、四野戰氣象隊。第一、三野戰測量隊。第一野戰化學實驗部（細菌——鼠疫實驗——作戰）。

北支那方面軍鐵道隊；北支那兵站部隊；及後備步兵十五個大隊；後備騎兵二中隊；後備野砲兵四中隊；後備山砲兵三中隊；後備工兵四中隊（日本後備兵參加戰鬪）。支那駐屯憲兵隊⑫。

(2)「蒙疆兵團」的組成：九月六日，日軍「察哈爾派遣兵團」改稱「蒙疆兵團」，仍由東條英機指揮。轄獨立混成第一、二、十一、十五旅團（詳前）及大泉支隊，第三獨立守備隊。經天鎭、大同，進攻綏遠，並南下支援平型關作戰。

十月十二日，日軍將原獨立混成第十一旅團，擴編爲第二十六師團，師團長後宮淳中將，步兵團司令黑田重德少將，獨立步兵第十一、十二、十三聯隊；獨立野砲兵、工兵、輜重兵各第二十六聯隊；獨立山砲兵第十二聯隊，搜索隊（騎兵），通信隊，爲三步兵聯隊師團，約一五、〇〇〇人。以張家口爲重心，警戒察南與晉北。爲蒙疆兵團的主力⑬。

4. 國軍迎戰序列

(1) 平綏線：民國二十六年八月七日，中國政府頒發第二戰區作戰序列，八月二十日任陸軍一級上將閻錫山爲第二戰區司令長官。指揮察南冀北作戰⑭。

A. 南口：第七集團軍前敵總指揮湯恩伯：第十三軍軍長湯恩伯（兼），轄第四師王萬齡，第八九師王仲廉；第十七軍高桂滋，轄第八四師高桂滋（兼），第二一師李仙洲。另第七二師陳長捷，第九四師朱懷冰，獨立第七旅馬延守，共二軍六師一旅，兵力五萬人。八月二十五

⑫ (1)同❺(2)書，頁二九〇～二九一；(2)參閱上書附表二，各方面軍戰鬪序列表。

⑬ 同❺(2)書，頁三七五。

⑭ 國防部史政局編印，《抗日戰史》——<平綏鐵路沿線作戰>，第四篇，第六章，第一節揷表一。

日，居庸關、南口失守⓯。

B. 張家口：第七集團軍總司令傅作義，副劉汝明：第三十五軍傅作義（兼），轄第一〇一師李俊功，第二〇〇旅劉譚馥，第二一一旅孫蘭峯。第一四三師劉汝明，轄第一、二、三十一旅，獨立第四十旅夏子明，獨立第二九旅田溫其，第二七旅劉汝珍（劉汝明之弟，原屬一三二師，從北平退張家口），獨立騎兵第十三旅姚景川，察省保安第一、二旅。騎兵第一軍趙承綬，轄騎兵第一師彭毓斌，騎兵第二師孫長勝，騎兵第七師門炳岳，騎兵新編第二旅石玉山。步兵第二一八旅董其武，新編步兵第五、六旅安榮昌、王子修，另步兵十團，砲兵兩團。共二軍，步兵二師九旅十團，騎兵三師二旅一團，砲兵兩團。兵力約六萬三千人。八月二十六日，張家口陷落⓰。

C. 天鎭：傅作義指揮除原第三十五軍，第六十一軍李服膺（李不戰而退，十月三日正法，改陳長捷）⓱外，第十九軍王靖國，第二〇三旅梁鑑堂、第一九六旅姜玉貞，第二〇五旅田樹梅，第二〇九旅段樹華。及獨立第二旅方克猷，約二萬人。經八日苦戰，突圍而出。九月十一日天鎭失守。

察南之戰結束後，國軍主力退入晉北。

民國二十六年八月十日，中國政府頒發第一戰區作戰序列，二十日蔣中正兼第一戰區司令長官，指揮平漢、津浦兩線作戰：

(2) 平漢線：第二集團軍總司令劉峙。

A. 永清、固安、涿縣、房山地區：

⓯ 同⓮書，頁九～二一，南口附近作戰。

⓰ 同⓮書，頁二三～三二，張家口附近作戰。

⓱ (1)同⓮書，頁三二～三九，大同附近戰鬪。(2)李服膺正法同時，王靖國亦因不戰而退，軍法總監部山西分監張培梅（閻錫山老友），請閻將王同樣繩之以法，閻不同意，張培梅自戕以謝國人。

第二十六路軍孫連仲，第二七師馮安邦，第七九、八十旅，黃樵松、閻廷俊；第三十師張金照，第八八、九十旅，任泮蘭、侯鏡如；第三十一師池峯城，第九一、九三旅，黃鼎新、劉恆德，及獨立四十四旅張華棠。冀東保安隊張慶餘、張硯田（在通縣反正者）。佔易縣、房山、涿州。

第五十三軍萬福麟，第一一六師周福成，第三四六、三四八旅，叢兆麟、趙紹宗；第一三〇師朱鴻勛，第三八八、三九〇旅，劉元勳、張玉珽；第九一師馮占海，第二七一、二七二、二七三旅，王錫山、趙文質、趙維斌。騎兵第四師王奇峯。騎兵第三軍鄭大章，騎兵九師鄭大章（兼）（各旅詳前），獨立騎兵第十三旅姚景川。佔永清、固安、霸縣、雄縣、新鎭等地，與津浦線龐炳勳軍連結。

第三軍曾萬鍾，第七師李世龍，第十九、二一旅，李世龍（兼）、沈元鎭；第十二師唐淮源，第三四、三五旅，馬崐、朱淮；佔新城、高碑店。第四七師裴會昌，第一三九、一四一旅，張信成、郭貽珩，佔柳河營。騎十師檀自新，佔拒馬河右岸。戰鬪三十天（八月二十一至九月十九），九月十七琉璃河，房山陣地皆被突破，孫連仲退滿城，永清失守，馮占海師損失慘重，十八日涿州失守，裴昌會僅以身免，同日固安陷落，國軍南撤⑱。

B．保定：第五十二軍關麟徵，第二師鄭洞國，第四、六旅，趙公武、鄧士富；第十七師趙壽山，第四九、五一旅，耿志介、張駿京；第二十五師張耀明，第七三、七五旅，戴安瀾、羅恕人，守保定郊區。第一六九師武士敏，第五〇五、五〇七旅，行占鰲、王宏業。獨立騎兵第十四旅張占魁。及裴會昌師守城防。九月二十四日，保定失守，國軍南

⑱　≪抗日戰史≫——＜平漢鐵路北段沿線作戰＞，頁三五～四四。

退石家莊。九月三十日，孫連仲任第二集團軍總司令，劉峙免職⑲。

C. 正定，石家莊：第二十集團軍商震：

第三十二軍商震（兼），第一三九師黃光華，第一一五、一一六旅，□□□、□□□，第一四一師宋肯堂，第三、四旅，唐永良、林作楨。第一四二師呂濟，第五、六旅崔震、□□□，獨立第四十六旅鮑剛。及第四七、十七師裴會昌、趙壽山。第四十二師柳彥彪，第一二四、一二六旅，郭景唐，王克敬，第一六九師武士敏。

第六十七軍吳克仁，第一〇七師金奎璧，第三一九、三二一旅、朱芝榮、吳騫；第一〇八師張文淸，第三二二、三二四旅，劉啓文、夏樹勳；第八十九師王仲廉，第二六五、二六七旅，吳紹周、賴汝雄。獨立砲兵第六旅黃永安。

第五十三軍，第三軍，騎兵第四師（詳前）。

十月十日石家莊失守，國軍主力退入山西，部分撤向冀南⑳。

(3) 津浦線與冀南：民國二十六年九月十一日，國民政府劃津浦線爲第六戰區，以馮玉祥爲司令長官，鹿鍾麟爲副司令長官，指揮作戰。（十月初戰區撤消）㉑。

A. 馬廠、大城、滄縣：第一集團軍宋哲元（九月十八日，第二十九軍擴編爲第一集團軍，轄五十九（原三八師）、七十七（原三七師）、六十八（原一四三師）等三軍，及一八一師（原石友三保安隊），總部駐連鎭。宋八月三日請假，由馮治安代：

第五十九軍李文田代，第三十八師黃維綱，第一一二、一一三、一一四旅，□□□、□□□、董升堂；第一八〇師（抗戰後新增番號）劉

⑲ 同⑱書頁四五～五一。

⑳ 同⑱書，頁五三～六四。

㉑ 《抗日戰史》——<津浦鐵路北段沿線作戰（一）>，第四篇，第八章，第一節挿表第二之二。

振三、第五三八、五三九、五四〇旅，李致遠、阮玄武，□□□，佔馬廠。

第七十七軍馮治安，第三十七師劉自珍，第一〇九、一一〇、一一一旅陳春榮、吉星文、戴守義；第一三二師王長海，第三九四、三九五、三九六旅，劉景山，□□□、王子亮；第一七九師何基澧（抗戰後新增番號），第五三五、五三六、五三七旅張凌雲、柴建瑞、孫玉田。佔大城。

第一八一師（新增番號冀北保安隊改編）石友三，第五四一、五四二旅，陳光然、吳振聲，佔磚河、泊頭。

第三軍團龐炳勳，第四十軍龐炳勳（兼），第三十九師馬法五，第一一五、一一七旅朱家麟、李運通，補充團李振清。佔滄縣。

第六十七軍吳克仁，第一〇七師金奎璧，第三一九、三二一旅，朱芝榮、吳騫；第一〇八師張文清，第三二二、三二四旅，劉啓文、夏樹勳，佔大城、姚官屯。

第四十九軍劉多荃，第一〇五師高鵬雲，第三一三、三一五旅，王景烈、應鴻綸；第一〇九師趙毅，第三〇五、三二七旅，趙鎭藩，葛晏春，增援姚官屯。

第三十二師李必蕃，第六七、六九旅李嚴武、李若霖，佔南皮。

此戰十月一日結束，五十九、七十七兩軍損失甚重，國軍主力退冀南，部分參加正定之戰㉒。

B. 安陽、大名：第一集團宋哲元，第五十九軍，七十七軍，第一八一師，騎兵第三軍第九師，獨立騎兵第十三旅（皆詳前）。第六十八軍劉汝明（從察南繞山西至河北參加津浦線河間之戰），第一一九師李

㉒ 同㉑書（二），頁二五～五五。

金田，第一、三十一、四十旅（尚未編成，未公佈人事名單），第一四三師李曾志，第四二七、四二九旅李曾志（兼），劉廣信等爲左翼。第三十二軍商震，獨立騎兵第十四旅張占魁（詳前）等防守中央。第二十軍團湯恩伯，第五十二軍關麟徵，第二、二十五師（詳前），第十三軍湯恩伯，第八十九師（詳前），第四師王萬齡，第十、十二旅馬勵武，石覺等爲右翼。

抗戰前，日軍製造「華北特殊化」，與宋軍有秘密交易，但被宋軍所愚，故日軍命令，定要滅宋哲元軍，且稱此役爲宋哲元軍掃蕩戰㉓。

此戰十一月十一日結束，至民國二十七年二月十三日，日軍陷濮陽，第一集團軍退入豫北。此後冀察兩省，重要地區多被日軍佔領，留在冀省正規部隊，及新興游擊隊，至民國二十七年六月八日起，統歸河北省政府主席，第一戰區游擊總司令鹿鍾麟指揮。

三、國軍的撤出與調入

1. 冀察戰區成立前後

冀察兩省淪陷後，各地興起大量游擊隊，自備軍或民團，在無組織，無系統下，對日軍展開游擊戰：民國二十七年一月二十二日，地方游擊隊克復高陽，二月五日佔深縣，二十一日破獲鹿，四月二十九日一度克涿縣。三十日，攻廊坊，佔淶水，高碑店，琉璃河；同日攻大沽海河工程局。五月二日克大名，五日襲盧溝橋，並到達北平近郊，迫日軍將北平各城門關閉。十五日圍保定，十九日襲天津八里臺南開大學；二

㉓ (1) 同⑱書，頁五三～八〇；(2) 同❺(2) 書，頁三五九～三六七；頁三七五～三七九，此一戰役，日軍稱「宋哲元軍掃蕩戰」。

十三日，保定附近激戰；二十九日，威脅北平，迫日軍關閉西便門。六月三十日再襲廊坊㉔。

民國二十七年六月八日，鹿鍾麟接河北省政府主席及第一戰區游擊總司令㉕。駐河北冀縣，所統帶之正規陸軍：第九十四師朱懷冰——第二八〇旅陳希平，第五五九、五六一團，潘笑清、李建平；第二八二旅潘春霆，第五六三、五六四團，朱毅光、董祝同；騎兵第四師王奇峯，（歸第九十四師指揮）。至七月二日兩師合編爲第九十七軍，朱懷冰任軍長，乃兼第九十四師師長。成爲河北省內中央之主力部隊。

第六十九軍，石友三，第一八一師石友三（兼），駐南宮，新編第六師高樹勛，駐鹽山，這是西北軍將領所編成的部隊，但石、高不合。河北民團總司令張蔭梧，駐欒城、平隆附近，張是接近中央系的民間武力。冀察游擊司令孫殿英（即孫魁元，是一支介乎兵匪之間的部隊，原爲張宗昌舊部，北伐時隨徐源泉投降中央軍，此時比較接近龐炳勳），駐冀南。及新起之鐵道義勇隊徐挽瀾，第一戰區游擊司令溫其亮，獨立第一游擊隊呂正操（原五十三軍團長，後歸中共），獨立第二游擊支隊田家濱。

第九十一軍（郜子舉）之第一六六師馬勵武，曾在民國二十七年五、六月間在冀南活動，七月初他調㉖。

七月七日，地方游擊隊攻盧溝橋及天津市，十一日克冀東樂亭，十三、四日，再克寧河、寶坻；同日冀中游擊隊（柴恩波部）克雄縣、霸縣；十七日地方游擊隊破壞石家莊方順橋鐵路；三十一日進攻唐山。八

㉔ 參閱郭廷以著，≪中華民國史事日誌≫，有關此一時間之記述。

㉕ ≪國軍歷屆戰鬪序列表彙編≫，第一戰區游擊總司令鹿鍾麟。鹿原爲馮玉祥主將之一，在冀察多年，中央想借其影響力統領冀察國軍及游擊隊抗日，並抑制中共之發展。

㉖ 國防部史政局，冀察戰區，國軍永久檔案152.2/1180。

月六日與日軍在通州以東與游擊隊作戰，九日襲天津，救出第三監獄大部囚犯。二十四日，游擊隊攻冀東昌黎、樂亭，破壞北寧路。九月十八日夜入天津散抗日傳單，揭標語。二十五日，日軍分路掃蕩冀察邊區中國游擊隊；二十七日，冀南游擊隊克大名；二十九日在中共聶榮臻部張家灣伏擊日軍，斃第二十六師團某聯隊長。十月五日，日軍陷河北阜平，十八日國共游擊隊軍反攻，二十二日先佔淶鹿，二十六日再克阜平，轉襲宣化。十一月二十五國軍佔南宮，二十七日，日軍攻入新河，被張蔭梧河北民團擊退。十二月二十八日民團克復唐縣㉗。

民國二十七年十月四日，國民政府派張礪生（軍委會第一游擊總司令）代理察哈爾省政府主席㉘。民國二十八年一月十日，行政院改任石友三爲察哈爾省政府主席㉙。

同年一月，軍事委員會適應戰略之需要，劃冀察兩省及山東省黃河左（北）岸全部爲冀察戰區，以第一戰區河北游擊總司令鹿鍾麟爲戰區總司令，並頒佈戰鬪序列，揭示作戰方針：(1)反掃蕩戰，(2)策應戰，(3) 打破敵僞政治經濟設施戰，以鞏固游擊根據地㉚。民國二十八年一月，其戰鬪序列，及活動範圍如后：

冀察戰區總司令鹿鍾麟，副總司令石友三、龐炳勳（三月派任），參謀長黃煥然（黃百韜）駐冀縣。

(1) 正規陸軍：

第十軍團石友三，第六十九軍石友三（兼），駐南宮，新編第六師高樹勛，駐鹽山；第一八一師石友三（兼），駐南宮，新編第四旅孟昭

㉗ 同㉔。

㉘ (1)郭廷以編著，≪中華民國史事日誌≫，第四册，頁五九。(2)張礪生率騎兵，抗戰前卽在察省，此時統率察省游擊隊。

㉙ 同㉘書，頁八三。石友三仍駐冀省南宮。

㉚ ≪抗日戰史≫——＜冀察游擊戰＞，頁一。

進，新編第十三旅黃禎泰，德縣以東。

第九十七軍朱懷冰（兼）（後陳希平）；騎兵第四師張東凱。（二月南調：稱豫北自衞軍總指揮，駐新鄉、博愛以北。）

新編第五軍孫魁元。三月南調：駐沁陽、孟縣以北。

(2) 戰區游擊部隊：

河北民團總指揮張蔭梧，佔欒城附近；

察哈爾游擊總司令石友三（不在察省），副總司令張礪生，佔蔚縣附近；石友三所連繫（轄屬或有連絡）游擊部隊：

騎兵挺進軍胡和道，佔冀察邊區；

津浦縱隊張國基，佔景縣以東；

獨立游擊軍第三支隊張棟臣，南宮縣以東；

海濱游擊第一縱隊劉警愚，海濱游擊第二縱隊竇固義，佔滄縣東、鹽山北。

冀察戰區游擊指揮官孫良誠，分布津浦線及冀南，此爲西北軍將領孫良誠所帶起的游擊部隊，轄：

游擊第一縱隊丁樹本，佔大名附近；

游擊第二縱隊夏維禮，佔鉅鹿附近；

游擊第三縱隊趙雲祥，佔衡水以南；

游擊第四縱隊侯如墉，佔邢臺、磁縣以東。

獨立游擊第一支隊黃宇宙，冀南。

(3) 河北省保安部隊：鹿鍾麟（部份已改稱游擊隊）：

河北省保安第一旅周朝貴，佔東鹿以東；

河北省保安第二旅邵北武，佔獻縣以西；

河北省保安第三旅劉鳳凱，佔河間以南；

河北省保安隊李允聲，佔冀東三河附近；

河北游擊第五支隊向修文，佔武清以北；

平東游擊第二支隊王乃乾，佔懷柔以東。

冀察游擊第六支隊李經武，佔玉田以北。

(4) 地方新起游擊隊：各自爲政，互不相屬：

冀中第一游擊縱隊呂正操，佔保定以西，（後被中共吸收，改第八路軍東進縱隊）

冀中游擊第一支隊朱占魁，佔永清、固安地區（後被中共吸收）。

冀中游擊第二支隊柴恩波，佔文覇之間，以新鎭爲基地，後被中共賀龍部擊潰，降日軍。

冀中游擊第三支隊陳漫遠，佔曲陽以北（後被中共吸收）。

冀中游擊第五支隊趙玉崑（後被中共吸收），佔房山以北[31]。

冀察兩省游擊隊發展如此快速、活躍、與龐大，主要原因有三：(1) 流散軍人特多，包括舊北洋軍、西北軍、東北軍，馮玉祥在察省一度組織的「民衆抗日同盟軍」，及七七事變後被打散的部隊，這些多潛伏民間，或成股流竄；(2) 民國二十四、五年間，山東省主席兼第三路軍總指揮韓復榘（河北覇縣人），在冀中招兵，初韓供糧餉，後因故完全放棄，然三、五百人成隊者，亦騷擾民間；(3) 民間殷實富足，爲防小股土匪搶奪或綁票，民槍充裕，六、七十戶的村莊，多持有長（步）槍三、四十條，築圍與土匪對抗。且民性驃悍，視殺人爲無物。故抗戰後，在中國國民黨、各地方政府，及地方有名人士的號召下，以雪恥抗日爲天職，三種勢力合流興起，人民多自攜槍械參加。以民國二十六年下半年爲例，冀察兩省自稱某某路軍總指揮者，約十數個之多。但爲時

---

[31] (1)國防部史政編譯局，冀察戰區，國軍永久檔案 152.2/1180，民國二十八年一月實況；(2) 參閱≪抗日戰史≫——<冀察游擊戰>，第一節挿表二，及作戰經過。

較暫，後皆成上述游擊隊之主力。

2. 游擊戰與國共衝突

民國二十八年四至七月，冀察戰區在鹿鍾麟指揮下，游擊武裝已發展到相當可觀程度，中共亦侵入冀南與冀中，雙方展開激烈鬭爭。現將當時國軍各種部隊分析於后:

(1) 正規部隊: 第四十軍龐炳勳，第三十九師劉世榮，第一〇六師馬法五，騎兵第十四旅張占魁。

第六十九軍石友三，除原有之新編第六師高樹勛外，第一八一師已增爲三旅——五四一、五四二、五三八——陳光然、吳振聲、米文和，同時新擴充: 新編第四旅孟昭進，第十三獨立旅黃楨泰。

第九十七軍朱懷冰，騎兵第四師張東凱，惟第九十四師已於四月調豫北第一戰區。

(2) 河北民團（軍）總司令張蔭梧（七月後改喬明禮）[32]: 第一師□□□，第一旅王致和，第一、二團馬慶珍、朱程; 第二旅仲希堯，第三、四團孫松森、孟憲馥; 第三旅李俠飛，第五、六團，張國疆、張蔣棠。第二師喬明禮，第四旅夏□□，第七、八團姜毓英、楊文錦; 第五、六旅（人事檔案不詳），特務旅張超。第三師，第七、八、九旅（人事檔案不詳）。第四師張維良，第十旅韓祖光，第十一旅王子耀，第十二旅高亮敏，獨立第一團張壽華。此一組織，番號雖多，兵力有限，且張蔭梧與喬明禮鬭爭頗爲激烈，最後喬在鹿鍾麟支持下，得以統帶此民間武力。

(3) 冀察戰區游擊指揮官孫良誠: 游擊第一縱隊丁樹本，游擊第二

---

[32] 按: 張蔭梧統帶時稱河北民團，喬明禮統帶時改稱河北民軍。

縱隊夏維禮，游擊第三縱隊趙雲祥，游擊第四縱隊侯如墉，獨立第一游擊支隊黃宇宙。

(4) 察哈爾保安司令石友三，察哈爾游擊總司令石友三：騎兵挺進軍胡和道，津浦縱隊張國基（隨六十九軍）；海濱游擊第二縱隊竇同義，游擊第五縱隊白秀亭，游擊第六縱隊陳維藩（獨立行動）。此批游擊部隊，因與石友三接近，石爲察省主席，故稱察省游擊（保安）隊，實際上，皆在冀省津浦路兩側。距石之駐地南宮較近。

(5) 軍委會第一游擊總司令張礪生：第一游擊司令劉仲義，第二游擊司令李維業，第三游擊司令呂定安，第四游擊司令張甲清，暫編騎兵第一團王九天。抗戰前張礪生卽在察南冀北，此是抗戰初期眞正在察省活動的國軍游擊部隊。

(6) 河北保安司令鹿鍾麟（兼）：河北保安第一、二、三旅周朝貴、邵北武、劉鳳凱。河北保安隊李允聲，平東第一、二游擊隊李維周、王乃乾，河北游擊第三支隊向修文。此批部隊，抗戰前爲河北省保安隊，故部分乃稱保安隊，部分改爲游擊隊。

(7) 冀察游擊（保安）司令鹿鍾麟（兼）：冀察游擊第二、三、四、五、六、七、十支隊邵鴻臣、孫仲文（被中共擊斃，改張棟臣）、潘英傑、杜耀卿、李經武、張蘭亭、王錫朋；冀東游擊第三支隊李大鈞。此爲抗戰後冀省新起的游擊隊，分佈全省各地。

(8) 魯北保安第五、六、八、九、十（卽冀察游擊第三支隊）、十一、二十二、二十三、二十五（獨六）、三十一旅，徐仲陽、米金輝、劉耀庭、于耀川、張棟臣、齊子修、袁聘之、吉呂鰲、張子良、吳連傑[33]。此爲魯北民間游擊武力，當時劃入冀察戰區內。

---

[33] 同[31]檔案，民國二十八年四月至七月實況。

鹿鍾麟任期至民國二十九年五月，在此期間，此一戰區除與日軍周旋作戰外，最大的致命傷是中共軍的兵運、偷襲與大規模攻擊。當民國二十九年三月十日鹿退至河南林縣時，冀察戰區已無正規部隊。玆將撤退前之兵力，對日軍周旋，及同中共談判與作戰，分述如后：

（一）民國二十九年二月，冀察戰區兵力演變及新戰鬪序列：

（1）正規部隊：第九十七軍朱懷冰，新編第二十四師張東凱（由原騎兵第四師改編而成）。

察哈爾游擊總司令兼第六十九軍軍長石友三，第一八一師石友三（兼），新編第六師高樹勛，新編第四旅孟昭進，新編第十三旅（由第十三獨立旅改編而成）黃禎泰，津浦游擊縱隊張國基；獨立第三游擊支隊張棟臣。

第二十四集團軍總司令龐炳勳，第四十(軍同二十八年七月)；新編第五軍孫魁元，暫編第三師孫魁元(兼)，暫編第四師康翔。(皆在豫北)

（2）河北民軍總指揮喬明禮（歸石友三指揮）。

（3）第一游擊區總指揮孫良誠：游擊第一縱隊丁樹本：第一支隊孫玉田、第二支隊邵鴻基、第三支隊劉光甫，獨立第一支隊張國基。

（4）游擊第二縱隊夏維禮；游擊第三縱隊趙雲祥(歸石友三指揮)；游擊第四縱隊侯如墉（歸朱懷冰指揮）；游擊第五縱隊白秀亭；游擊第六縱隊陳維藩；第一支隊陳維藩（兼），第二支隊鮑自清；游擊第七縱隊李允聲。冀察游擊第一縱隊趙侗；海濱游擊第二縱隊竇同義；中央抗日自衞軍第二縱隊黃戣中；津沽游擊司令劉健元。

（5）獨立游擊第一、二、三、四、五、六、七、八、九、十、十一、十二支隊，黃宇宙（歸朱懷冰指揮），邵鴻荃（歸石友三指揮）；張棟臣、李萬實、郭士明、李經武、張蘭亭、趙鳳來、劉耀宗、王錫朋、張習之、王守中。

(6) 軍委會第一游擊總司令張礪生（同民國二十八年七月）。

(7) 河北省保安第二、三、四旅，張建功、鄒希玉、張文斗；平東游擊第一支隊李維周，河北游擊第二、三支隊楊治國、陳榮山；涿縣保安司令裴景華。

(8) 魯北保安旅及游擊隊（同民國二十八年七月）㉞。

（二）對日軍周旋作戰：民國二十八年一月五日，河北民軍克蠡縣，十一日，地方游擊隊在廊坊折斷平津鐵路交通。二月二日雙方主力在冀南——威縣、清河、南宮、鉅鹿作戰；六日，河北游擊隊毀平漢路高邑段，日兵車翻覆；十八日游擊隊克深澤。四月一日冀東游擊隊克寧津、慶雲；九月二十七日，靈壽日軍犯晉察冀邊區佔陳莊，翌日游擊隊奪回，斃日軍旅團長水原。十一月三日，日獨立混成第二旅團阿部規秀攻淶源。七日，阿部規秀戰死。二十九年二月十九日，游擊隊克北平西之門頭溝㉟。

（三）初遭共軍襲擊：民國二十六年十一月七日，聶榮臻部在五臺設晉察冀軍區司令部，吞併河北民軍趙侗部屬；十二月五日又在河北阜平成立「晉察冀邊區政府」㊱，民國二十七年十一月十五日，共軍冀中軍區呂正操，冀南軍區宋任窮，圍攻河北民團張蔭梧部㊲。民國二十八年三月十三日共軍趙成全部圍攻馬王莊河北保安第三旅㊳，同月共軍賀龍在文安將冀中第二游擊支隊柴恩波擊潰，擄柴部四百餘人㊴。四月二

㉞ 同㉛檔案，民國二十九年二月實況。
㉟ 參閱郭廷以，≪中華民國史事日誌≫，第四册之記載。
㊱ ≪中國國民黨九十年大事年表≫，頁三四三。
㊲ (1) 中國國民黨黨史委員會編，≪中華民國重要史料初編≫，<對日抗戰時期>，第五編，<中共活動眞相（二）>，頁二三六～二三八。(2) 解放軍出版社印行，≪八路軍總部大事紀略≫，頁三七。
㊳ 同㊲(1)書，頁二三九～二四一。
㊴ 同㊲(2) 書，頁四三。按：賀龍派王平收編柴恩波部，柴部反抗而遭擊潰，部分退文安窪水澤中，部分改爲地方僞軍。

十九日，劉伯承襲擊任邱縣河北民團張蔭梧、趙雲祥、喬明禮、王子耀等部㊵。六月二十一日，賀龍、呂正操，圍攻深縣北馬莊河北民團張蔭梧部，民團旅長李俠飛等三百餘人陣亡㊶。十二月共軍在鹽山襲冀察戰區第三游擊支隊孫仲文、孫被害㊷。

（四） 國共地方談判：民國二十六年八月二十日，鹿鍾麟曾以河北省政府主席兼第一戰區游擊總司令身份應邀赴中共（八路軍）總部屯留與中共商談，劉伯承亦到鹿處（冀縣）談河北問題㊸，毛澤東堅持冀南行政公署存在㊹。如此，同一地區有兩個不同的地方政府，相互鬪爭，時起衝突。

冀察戰區在民國二十八年一月成立後，中共進入該戰區部隊亦編入冀察戰區戰鬪序列。鹿爲了減少磨擦與衝突，一月四日，邀劉伯承、宋任窮到冀縣商談，十四日再邀劉伯承晤面，皆不得要領㊺。二月、五月及六月十三日，三度與彭德懷會晤㊻，八月十九日又與劉伯承會談㊼，然中共目的爲擴張武力，奪取政權，實無法談攏。十一月三十日，鹿通電抨擊共軍襲擊國軍㊽。民國二十九年一月，當共軍爭取（兵運）國軍朱懷冰、張東凱、石友三、夏維禮等部失敗後，卽大規模對國軍展開攻擊㊾。

㊵ 同㊲(1)書，頁二五六～二五七，錄自總統府機要檔案。
㊶ 同㊲(1)書，頁二六〇～二六一，錄自總統府機要檔案。
㊷ 劉鳳翰著，<中共破壞抗戰史事紀要>，國防部《抗戰勝利四十週年論文集》，頁七八一。
㊸ 解放軍出版社印行，《八路軍總部大事紀略》，頁三一。
㊹ 同㊸書，頁三五。
㊺ 同㊸書，頁三九～四〇。
㊻ 同㊸書，頁四二～四七。
㊼ 同㊸書，頁五一。
㊽ 郭廷以，《中華民國史事日誌》，第四冊，頁一一一六。
㊾ 同㊸書，頁六三～六四。

（五）中共軍攻擊國軍並摧毀冀察戰區指揮部：民國二十九年一月五日，劉伯承圍攻威縣石友三軍[50]。十二日，劉伯承圍攻在河北元氏黑水河集中點驗之冀察游擊第四縱隊侯如墉部，第二縱隊夏維禮部，河北民軍喬明禮部。造成軍事委員會第五組檢閱官黎東孚、徐竹齋及民軍旅長高克敏與受檢官兵一千二百餘人被殺害或失踪，僅主任徐佛觀（即已故前東海大學徐復觀教授）、及陳慶善、朱榮幸免[51]。三十日，劉伯承部在沙河渡口北級擊鹿鍾麟部三連，及印刷機器紙張[52]。是月襲擊冀察戰區第七游擊縱隊趙侗部[53]。二月二十三日，偷襲清豐，固城集石友三軍，民軍喬明禮部，及高樹勛軍部[54]。三月四日至八日劉伯承，呂正操等四萬人偷襲磁縣、武安、涉縣等地國軍九十七軍朱懷冰部，迫鹿鍾麟、朱懷冰退出冀省，當鹿、朱突圍時，沿路遭中共伏擊，所部多被共軍消滅，十日，僅數百人突圍至林縣[55]。八日，共軍聶榮臻襲擊冀北上下陳村，塞門，姚村之新五軍孫魁元部，其暫編第四師師長康翔負傷失踪，該師損失慘重[56]。十二日，冀南共軍劉伯承聯合魯北共軍一一五師合擊孫良誠、高樹勛、石友三軍，迫彼等經冀南退入魯西[57]。

至此，國軍經兩年多所建立之河北武裝游擊部隊，經中共有計劃的攻擊後，幾全部被擊破或被迫撤離，至所以如此，中共滲透分離，游擊隊內部互相猜疑，彼此不救援，是其主要原因。

---

[50] 同[37](1)書，頁二八〇，錄自總統府機要檔案。
[51] 同[37](1)書，頁二八一～二八二，錄自總統府機要檔案。
[52] 同[42]文，頁七八一。
[53] (1)同[42]文，頁七八二；(2)同[32](1)書，頁三〇九。
[54] 同[37](1)書，頁二八四，錄自總統府機要檔案。
[55] 同[37](1)書，頁二九一～二九八，錄自總統府機要檔案。
[56] 同[42]文，頁七八二
[57] 同[43]書，頁六五。

3. 冀察戰區沒落

鹿去職後，河北省政府主席由第二十四集團軍總司令龐炳勳接任，冀察戰區總司令由第一戰區司令長官衞立煌兼任，副總司令石友三，龐炳勳，參謀長黃百韜。民國二十九年七月兵力:

(1) 正規部隊:

第二十四集團軍（同二十九年二月）。在晉豫邊區。

第三十九集團軍總司令，察哈爾游擊總司令兼第六十九軍軍長石友三（同二十九年二月），津浦游擊總隊張國基在民國二十九年十二月陣亡;

冀察戰區游擊總指揮孫良誠: 游擊第一、二、三、四縱隊丁樹本、夏維禮（六月陣亡）、趙雲祥、侯如墉（後三人歸龐炳勳指揮），獨立游擊第三支隊邵鴻基。多撤入豫北與魯西。部分已到黃河南岸。

(2) 河北民軍: 河北民軍總指揮已退入山西，且與中共有連繫。

(3) 游擊部隊: 游擊第五、六、七、縱隊，獨立游擊第四、五、六、七、八、九、十、十一、十二支隊，河北省保安第二、三、四旅，平東游擊第一支隊，河北游擊三支隊，涿縣保安司令，皆同民國二十九年二月。海濱游擊第二縱隊竇從義改稱游擊第九縱隊。冀察游擊第十二、十四支隊，楊國治，秦福生，前者爲河北游擊第二支隊改稱，後者爲新增。游擊第七縱隊李允聲，獨立游擊第七支隊張蘭亭，及涿縣保安司令裴景華已變爲地方僞軍，其他則獨立活動。

(4) 軍委會第一游擊總司令張礪生，第一、二、三縱隊，張礪生、王孟明、戈武城，第一、二旅，喬日成，張之福（此一部隊，初退山西，後隨傅作義退綏西）。

(5) 魯北保安（游擊）旅（與前略同）[58]:

同年十二月四日，察哈爾省政府主席，第三十九集團軍總司令，第六十九軍長石友三，經中共挑撥告密與日軍勾接，及石友三與高樹勛不合，在冀南被高扣留，八日高樹勛秘密奉命將石友三處決[59]。至民國三十年五至十二月，部隊演變如后:

(1) 正規部隊:

第二十四集團總司令龐炳勳、副張軫，參謀長劉惠蒼；第四十軍龐炳勳，第三十九師劉世榮，第一〇六師馬法五，新五軍孫魁元，暫三師劉月亭，暫四師王廷瑛。乃駐晉豫邊區。

第三十九集團軍總司令衞立煌（兼），副總司令高樹勛；第六十九軍畢澤宇（兼察哈爾省政府主席），米文和代，第一八一師張雨亭，暫二十八師米文和；新八軍高樹勛，新六師馬潤昌，暫二十九師張漢全。新編第四旅王清瀚（十二月後改屬孫良誠）。多在豫北。

(2) 第一游擊區總指揮孫良誠，暫編第三十師趙雲祥，第一、二、十五縱隊孫良誠（兼）（後段海洲），邵鴻基，段海洲，第三支隊張棟臣。分佈豫北魯西。

(3) 冀察戰區游擊總指揮丁樹本，游擊第六、十四縱隊陳維藩，尙大義；獨立第三、四、五、六、八、九、十、十一、十二、十三、十四、十五、十六、十七支隊，陳榮山，李萬寶，李經武，趙鳳來，劉耀榮，侯如墉，張習之（後紀順），楊治國，郝寶祥，秦福生，王錫朋，李維周，馮紀順。游擊第五支隊白秀亭，在各地獨立活動[60]。

民國三十年八月十八日，行政院任命馮欽哉爲察哈爾省政府主席

---

[58] 同[31]檔案，民國二十九年七月實況。

[59] 同[43]書，頁八二。

[60] 同[31]檔案，民國三十年十二月實況。

❻❶。然馮之第二十七路軍（後改稱第十四軍團）不在冀察境內。民國三十一年四月一日，蔣鼎文接第一戰區司令長官，兼冀察戰區總司令，副總司令龐炳勳、孫良誠，參謀長張知行（後劉祖舜），至八月一日，部隊番號如后：

(1) 正規部隊：

第二十四集團軍（維持原建制，在晉豫邊區，太行山東側。與日軍對峙）。

第三十九集團軍總司令高樹勛，參謀長田西原，第六十九軍米文和，第一八一師張雨亭，暫二十八師陳光然；新八軍高樹勛（兼），新六師馬潤昌，暫二十九師張漢全。）

(2) 第一游擊區總指揮孫良誠：轄第一、二、四縱隊，孫良誠（兼），邵鴻基，于飛，及獨立第三支隊張棟臣。

以上高樹勳、孫良誠兩部在冀南、豫北、魯西，歸第一戰區副司令長官湯恩伯指揮。

(3) 豫冀邊區游擊指揮官杜淑（兼），轄第五、九、十三、十六縱隊，李鳴周，馬逢樂，杜淑，范龍章。在太行山東側，歸龐炳勳指揮。

(4) 太行游擊總司令龐炳勳，第三縱隊尙大義，獨立第一、二、四、六支隊，李紹武、侯如墉，李維周，郭士明。新五軍（孫魁元）獨一支隊劉統一。第三、四、八、十一縱隊，虞建勛、銀士忠，張儐生，席祥青，獨立第四、八支隊，趙子俊、扈全祿。及第二十七軍與所屬豫晉邊區挺進軍。此批游擊隊或挺進軍皆在太行山區，而非在冀察境內。

(5) 河北挺進軍司令黃鼎新；獨立第六支隊李忠應；河北民軍總指揮喬明禮；河北第三區民軍呂明濬❻❷。

---

❻❶ 郭廷以，《中華民國史事日誌》，第四册，頁一七六。

❻❷ 同❸❶檔案，民國三十一年四月實況。

此時冀察游擊區多被日僞軍及共軍佔據，部分游擊隊被共軍調走或解決，部分投靠日僞軍或單獨戰鬪。

民國三十一年四月二十四日，孫良誠因受湯恩伯之疾視接受南京僞政府汪兆銘之委任，出任第二方面軍總司令，並將部隊自冀豫移入山東⑥³。冀察戰區游擊兵力損失頗重。而冀察戰區副總司令祇剩龐炳勳一人。

民國三十一年六月十日至七月二十日，冀察游擊戰第一次太行山東側之戰，第二十四集團軍，及太行山游擊隊參戰⑥⁴。至民國三十二年一月，國軍再度調整冀察戰區戰鬪序列。總司令蔣鼎文、副龐炳勳，參謀長劉祖舜。

(1) 正規部隊：第二十四集團軍總司令兼太行游擊區總司令龐炳勳，指揮第二十七軍劉進，轄：第四十五師胡長青，第一三三、一三四、一三五團，鍾煥青、沈中立、汪勇剛，第四十六師黃祖壎（後蘇秋若），預備第八師陳孝強。第四十軍龐炳勳（後馬法五），轄：第三十九師李運通，第一〇六師李振淸，獨立第四十六旅司元愷，第一、二團，馮晝堂、任向忠，新五軍孫魁元，轄暫三師劉月亭（後楊克猷），暫四師王廷瑛。分佔豫北陵川、林縣、臨淇等地，東南西三面被日軍包圍，北面則是中共劉伯承部隊。

(2) 游擊部隊：冀豫邊區挺進指揮部杜淑。轄：第九、二十三、二十七縱隊，李鳴周，□□□，□□□（共七支隊）。挺進第三、八、十二、十三縱隊，尙大義（尙歸第一戰區指揮），范龍章，張儐生（副孫敬祖），關挺俊。獨立挺進軍第一、二、四、六、十、十一支隊，劉統全、侯如墉、李維周、郭士明、常祥青、扈全祿，及第一支隊李維周、

⑥³ 同⑥¹書，頁二〇二。

⑥⁴ 《抗日戰史》——<冀察游擊戰>，頁一三一～一五一。

魯西挺進軍齊子修（齊屬第一戰區）[65]。其中除齊子修在魯西外，餘皆在太行山東側。

民國三十二年四月十八日至九月八日，冀察游擊戰第二次太行山區作戰：四月二十二日及五月五日，新五軍軍長孫魁元與第二十四集團軍總司令龐炳勳在豫北林縣，先後被日軍所俘[66]。七月十三日，國軍第二十七軍在太行戰區固縣附近，受共軍彭德懷伏擊，預備第八師師長陳孝強，團長易惠則被俘。部隊損失慘重。第二十七軍幾全部瓦解[67]。

龐被俘後，河北省政府主席改任馬法五，第二十四集團軍總司令由蔣鼎文自兼，至九月上旬，第四十軍馬法五率第三十九師李運通，一〇六師李振清，及新編四十師崔玉海由豫北南調至黃河以南，冀察戰區名存實亡，太行山區亦無正規國軍活動。民國三十三年十月一日，陳誠兼第一戰區司令長官，冀察戰區總司令[68]。民國三十四年一月一日高樹勛接冀察戰區總司令，副胡伯翰、董英斌，參謀長劉惠蒼。實祇有新八軍，軍長為何應欽派胡伯翰接高之新八軍部隊，轄新六師范龍章，暫二十九師尹瀛洲，駐河南鎮平，對游擊區無力開拓。且引起高樹勳極度不滿，造成勝利後高投共之主因[69]。

4. 國軍開入冀察

（一）河北省方面：民國三十四年六月二十五日，河北省政府改

---

[65] 同[31]檔案，民國三十二年一月實況。

[66] 《中國國民黨九十年大事年表》，頁三八〇～三八一。

[67] 同[66]書，頁三八二。

[68] 同[25]書，民國三十三年十月，第一戰區及冀察戰區。

[69] (1) 同[25]書，民國三十四年一月，冀察戰區。(2) 高一次借酒醉打胡伯翰耳光，且言「我們皆河北人，你為何搞我」——<孫連仲訪問紀錄>，頁一〇七，「高樹勳叛變」。（為筆者近史所訪問記錄稿，後由孫連仲家屬出版）。

組，孫連仲繼馬法五爲主席[70]，七月一日第十一戰區在新鄉成立，孫連仲任司令長官。陳繼承、上官雲相、馬法五副司令長官，宋肯堂參謀長，呂文貞副參謀長[71]。轄第三十軍魯崇義，第二十七師許文耀，第三十師王震，第六十七師李學正（此軍爲孫連仲基本部隊）。第四十軍馬法五，第三十九師司元愷，第一四四師譚煜麟，第一〇六師李振清。第三十九集團軍高樹勛，轄新八軍胡伯翰，新編第六師范龍章，暫編第二十九師尹瀛洲[72]。準備自豫北，沿平漢線北上，清除中共軍隊障礙，進入河北省。

民國三十四年八月十三日，國民政府派熊斌、張廷諤爲北平、天津市長[73]，翌日日本天皇宣布無條件投降。十七日，第一戰區司令長官胡宗南之先遣人員進入北平與天津，並張貼布告[74]。十八日蔣委員長派私立中國大學校長何其鞏爲駐北平代表（九月二十日撤消）[75]。二十一日，政府決定第十一戰區孫連仲接受北平、天津、保定、石家莊；第十二戰區傅作義接收熱、察、綏日軍投降[76]。九月一日，政府特派李宗仁爲軍事委員會委員長北平行營主任（十月二十六日李到北平）[77]。九月九日，第十一戰區北平前進指揮所主任呂文貞抵北平，同日將門致中僞「綏靖軍」改編爲新編第九路軍，暫時維持北平治安[78]。十月八日孫連仲乘日本軍機自西安經新鄉到北平[79]，十日在故宮太和殿前接受日軍司

[70] 郭廷以編著，《中華民國史事日誌》，頁三六一。
[71] 中央研究院近代史研究所，＜孫連仲訪問紀錄＞（訪問人：沈雲龍、劉鳳翰），「河北接收工作」，頁一〇五。
[72] (1)同[71]書；(2)參閱[25]書之戰鬪序列表。
[73] 同[66]書，頁四〇〇。
[74] 同[70]書，頁三八一。
[75] 同[70]書，頁三八一。
[76] 同[70]書，頁三八三。
[77] 同[70]書，頁三八九、頁四一四。
[78] 同[70]書，頁三九三。
[79] 同[71]書，頁一〇六。

令官根本博之投降(80)。

十月十五日，第三十四集團軍李文率第三軍羅歷戎，第七師李用章，第十二師陳子幹，新編第三師邱開基，從山西進入石家莊(81)。

同日，第九十二軍侯鏡如，第二十一師郭惠蒼，第一四二師劉春嶺，自漢口由美國飛機空運北平(82)。

十六日，北平日本空軍在南苑簽降。

十八日，第九十四軍牟廷芳抵天津，第五師李則芬駐唐山，第四十三師李士林駐唐山以東，第一二一師朱敬民駐天津(83)。

三十日，第十六軍李正先，第一預備師馮龍，第三預備師陳鞠旅，第一〇九師朱光塀自石家莊南進占高邑(84)。

十一月一日，第十三軍石覺，第四師蔡鳴劍，第五十四師史松泉，第八十九師王光漢，乘美國軍艦在秦皇島登陸。佔山海關，九門口(85)。

孫連仲主力部隊，第三十軍魯崇義，及第四十軍馬法五，與冀察戰區高樹勛（第三十九集團軍番號已撤消）率新八軍胡伯翰，民國三十四年十月二十一日自河南向北推進時，在大名以北被劉伯承狙擊，先丟三個砲兵團，二十五日，雙方在磁縣、邯鄲大戰，三十日高樹勛因過去長期受湯恩伯、蔣鼎文、陳誠之疾視及何應欽派胡伯翰接其新八軍，乃率

---

(80) (1)≪抗日戰史≫——<受降（二）>，頁一五二～一五八；(2)同(70)書，頁四〇七。

(81) (1)同(70)書，頁四〇九；(2)參閱(25)書，國軍戰鬪序列表。

(82) 同(81)(1)(2)。

(83) (1) 同(70)書，頁四一一；(2) 同(71)書，頁一〇八，及(25)書，國軍戰鬪序列表；(3)筆者任職九十四軍四十三師，初期活動路線詳知。

(84) (1)同(70)書，頁四一七；(2)同(25)書，國軍戰鬪序列。

(85) (1) 中央研究院近代史研究所，<石覺先訪問紀錄>，頁二〇七～二〇八；(2) 同(25)書，國軍戰鬪序列。

新八軍投降共軍，改稱民主建國軍[86]。第三十軍第三十師師長王震陣亡，第四十軍軍長馬法五在磁縣馬頭鎮被俘，此戰連續二十天，國軍損失慘重，十月初第三十軍長魯崇義撤回，調駐同蒲路，第四十軍李振清接軍長，歸第一戰區指揮[87]。

十一月二十三日，平漢路自北平通石家莊，北寧路自北平通至綏中，平綏路自北平通至南口[88]，十二月九日河北省正式規復四十餘縣（全省一百三十七縣市局）[89]。十一日，蔣主席中正到北平巡視[90]。

（二）察哈爾省方面：原規定由第十二戰區傅作義受降。然已被蘇聯軍隊佔領，九月四日，傅作義進駐集寧，調第三十五軍魯英麐，第一〇一師郭景雲，新三十二師李銘鼎，新三十一師安春山，經卓資山、平地泉，向大同挺進，九月十二日，蘇聯軍官率戰車十二輛，卡車六輛，在尚義城東郊停止，並入城向國軍指揮官戈武城面稱：「暫勿東進，以免衝突。」[91]十三日至十八日，蘇軍撤離張家口，遂由共軍聶榮臻部接收[92]。時東北挺進軍總司令馬占山，新編騎兵第五、六師慕新亞、呂紀化，由綏遠取捷徑向宣化挺進。時共軍在綏遠各地蜂起，到處騷擾，該戰區窮於應付[93]，至民國三十五年十月十一日，張家口始由傅作義軍收復[94]。

---

[86] 抗戰期間，國軍各部隊的軍餉大多是平等的，但高樹勛部隊卻是「包辦制」，給他多少錢，他能養多少兵，就養多少兵，與別人有兵就有餉不同。此事在兩任軍委會參謀總長（何應欣、陳誠）都不曾解決。參閱[71]書。頁一〇八。

[87] (1)同[71]書，頁一〇六～一〇七；(2)同[70]書，頁四一四、四一七。

[88] 同[70]書，頁四二七；部分由日軍維持交通線。

[89] 同[70]書，頁四三四。

[90] 同[66]書，頁四〇六。

[91] ≪抗日戰史≫——<受降（二）>，頁一七八～一七九。

[92] 同[91]。

[93] 同[91]。

[94] 民國三十五年十月十一日，國軍傅作義部隊收復張家口。筆者隨四十三師參加懷來、桃花堡、西和營之戰鬪。

四、共軍侵入與發展

1. 共軍改編與參加抗戰

民國二十六年七月八日，抗戰開始時，中共毛澤東、朱德、彭德懷、賀龍、林彪、劉伯承、徐向前等，聯名上電國民政府軍事委員會委員長蔣中正稱：「紅軍將士，咸願在委員長領導之下為國效命，與敵周旋，以達保土衞國之目的。」㊎九日，彭德懷、賀龍、劉伯承、林彪、徐向前、葉劍英、蕭克、左權、徐海東等統兵人員，又聯名上電蔣委員長聲稱：「我全體紅軍，願即改名為國民革命軍，並請授命為抗日前鋒，與日寇決一死戰。」[96]十五日，中共發表「團結禦侮宣言」[97]。二十三日，中共發表「為日本帝國主義進攻華北第二次宣言」，支持蔣委員長（七月十七日）廬山談話[98]。八月九日中共軍總司令朱德隨周恩來抵南京謁蔣委員長，商對日軍事[99]。並向國民政府及蔣委員長保證效忠[100]。二十二日，軍事委員會任命國民革命軍第八路軍朱德、彭德懷等職務。中共宣言服從國民政府，參加抗戰[101]。二十五日，朱德、彭德懷等通電就職。同日軍事委員會正式發布命令，將中共部隊收編為國民革命

[95] 中國國民黨黨史委員會編印，≪中華民國重要史料初編≫——＜對日抗戰時期＞，第五編，＜中共活動眞相（一）＞，頁二六九，附原件。
[96] 古屋奎二著，≪蔣總統秘錄≫，十一册，頁一一〇～一一一。
[97] 同[95]書，頁二八五～二八六，錄自總統府機要檔案。
[98] 郭廷以，≪中華民國史事日誌≫，第三册，頁七〇九。
[99] 同[98]書，頁七一四。
[100] 朱德此一表示，成為一九六七年毛澤東、林彪發動紅衞兵攻擊朱罪狀之一，指其為篡黨軍閥。按朱德早年投入滇軍，曾追隨蔡鍔，一生坦誠，無共黨陰險作風，毛派特性，頗得軍心。
[101] 同[98]書，頁七一八。

軍第八路軍，朱德、彭德懷爲正、副總指揮。轄一一五師林彪、一二〇師賀龍、一二九師劉伯承。總兵額二萬人。並派參謀人員，指導對日作戰[102]。歸第二戰區司令長官閻錫山指揮[103]。九月六日改編完成，自陝北移向晉北、晉東[104]。中央政府每月補給法幣六十三萬元[105]。九月十二日改稱第十八集團軍[106]：其編制、人員如後：

第十八集團軍總司令朱德，副彭德懷，政主任任弼時，副鄧小平[107]，參謀長葉劍英，副左權。轄三師，直屬砲兵團團長武亭。與陝北警備旅蕭勁先，全軍共三二、〇〇〇人。

第一一五師師長林彪，副聶榮臻，政主任羅榮桓，副蕭華，參謀長周昆。轄兩旅四團及師轄獨立團楊成武（副黃永勝），由原紅軍第一方面軍第一軍團，第十五軍團，及第七十四師編成。全師約一四、〇〇〇人。

第三四三旅旅長陳光，副周建屏，政主任蕭華，參謀長陳士渠（孫毅）——六八五團楊得志（副梁興初，政主任吳法憲），六八六團李天佑（副兼政主任楊勇）；獨立團張國華。

第三四四旅旅長徐海東，副程子華，政主任黃克誠，參謀長韓振紀（盧紹武）——六八七團韓先楚（政主任康志強）；六八八團陳錦秀（

[102] 按中共初雖同意中央（或第二戰區）派參謀人員，指導對日作戰，然並未實現，初期僅有聯絡參謀，中共軍單獨活動後（民國二十七年初），此聯絡參謀亦不存在。

[103] 同[95]書，頁二九一。

[104] ≪八路軍總部大事紀略≫，解放軍出版社，頁五。

[105] 經常費三十萬元，戰務費二十萬元，補助費五萬元，醫藥費一萬元，米津貼及兵站補助費七萬元，合計每月發六十三萬元。同[95]書，頁三一五～三一六。

[106] 同[104]書。頁五。

[107] 按政治部主任、副主任，爲國軍正式建制，故中共照樣將其原編制政治委員（政委）、副政治委員（副政委）改稱。至同年十月（實際上僅一個月），又改回政委、副政委，所轄各師旅皆然。

田守堯）。

第一二〇師師長賀龍，副蕭克，政主任關向應，副甘泗淇，參謀長周士第。轄兩旅四團及騎兵團康健民，由原紅軍第二方面軍和陝北紅軍第二十七、二十八軍，獨立第三師，及赤水警衞營編成。全師約六、〇〇〇人。

第三五八旅旅長彭紹輝，副張宗遜，政主任張平化（達志），參謀長李天開——七一五團王尚榮，七一六團賀炳炎（黃新庭、副廖漢生，政主任楊秀山）。

第三五九旅旅長王震，副姚喆，政主任袁任遠，參謀長李仲英（唐子奇）——七一七團劉轉運，七一八團龍時光。

第一二九師師長劉伯承，副徐向前，政主任張浩（民國二十七年一月改鄧小平）、副宋任窮，參謀長李達。轄兩旅七團，由原紅軍第四方面軍第四、三十一軍，陝北紅軍第二十九、三十軍，陝甘寧獨立第一、二、三、四團，及紅軍第十五軍團騎兵團編成。全師約八、〇〇〇人。

第三八五旅旅長王宏坤，副王維舟，政主任謝富治，參謀長陳伯鈞——七六九團陳錫聯，七七〇團張才千，獨立團鄒國厚。

第三八六旅旅長陳賡，副陳再道。政主任王新亭，參謀長周希漢——七七一團徐深吉，七七二團葉成煥，獨立團吳成忠，補充團孔慶德[108]。

以上是共軍在抗戰初期發展之種子部隊，實際上也是中共當時的全部武力。

---

[108] 參閱：(1)同[95]書，頁二九一～二九六；(2)≪中華民國五十年開國文獻≫附錄，<共匪禍國史料彙編>；(3)湖北人民出版社編印，≪中國抗日戰爭史稿≫上册；(4)≪中國人民革命戰爭地圖選≫有關國民革命軍第八路軍編制人員表；(5)王健民，≪中國共產黨史稿≫，所附八路軍編制及主管人員表；(6)黃震遐編著，≪中共軍人誌≫，有關人員資料；(7)≪中共黨史人物傳≫，有關人員資料。

2. 共軍進入與初期發展

中共軍接受改編，是依據洛川會議決議。該次會議另一重要決議是：當日軍進一步深入，戰局逆轉與混亂時期，中共軍即應單獨行動，以山西爲基地，分散冀、魯、豫、熱、察、綏各地區發展，並以獨立自由的游擊戰，在敵後爭取民衆，擴大武力，建立根據地⑽。因此，民國二十六年十一月八日劉伯承即開始建立以太行山爲依托的晉冀魯豫抗日根據地。同月冀晉豫省委成立，以李雪峰任書記⑾。十二月五日聶榮臻在河北阜平成立「晉察冀邊區政府」，轄北岳（冀西）、冀中、平西、冀東四軍區⑾。民國二十七年十二月晉冀豫軍區成立，倪志亮爲司令員，王樹聲副司令員⑿。至民國二十九年四月，劉伯承「晉冀魯豫邊區政府」在楡社成立。轄太行、太岳、冀南、冀魯豫四軍區⒀。現將在冀察二省者，略述於后：

冀南：民國二十七年一月五日，共軍第一二九師東進支隊由陳再道率領首先進入冀南，三月十五日宋任窮率騎兵團，四月二十六日徐向前率七六九團到達南宮。六月十日，王新亭率七七一團到冀南永年、肥鄉、成安。十二日，一二九師新擴編三八五旅在冀南成立，旅長陳錫聯，政委謝富治。轄兩團一支隊。二十八日中共整編冀南部隊，計轄新一團，獨立旅，東進縱隊第一～八等八個支隊，及一個獨立團。八月十

⑽ 「洛川會議」民國二十六年八月二十五日結束，除通過共軍接受國民革命軍的改編外，另通過「抗日救國十大綱要」及「關於目前形勢與黨任務的決定」。參閱(1)郭華倫，≪中共史論≫，第三册，頁二三〇～三三二；(2)王健民，≪中國共產黨史稿≫，第三册，頁一一八～一一九，頁一九一～一九三。

⑾ 同⑷書，頁一一～一二。

⑾ 龔古今、唐培吉主編，王沛、楊衞和編寫，≪中國抗日戰爭史稿≫（湖北人民出版社，一九八三年十一月出版），上册，頁一五八～一六五。

⑿ 同⑷書，頁三八。

⒀ 同⑾書，頁三三二。

四日，中共冀南行政公署成立，楊秀峰主任，宋任窮副主任兼冀南軍區司令。副司令王宏坤。從此與鹿鍾麟在冀南發生激烈鬭爭⓮。

冀中：民二十七年四月一日，中共成立冀中臨時政府，受「晉察冀邊區政府」聶榮臻節制。十二月十日，賀龍調七一五團李井泉由大青山開赴冀中，二十二日賀龍率一二〇師主力亦進入冀中，與中共第三縱隊呂正操（副孟淸山）配合發展。民國二十八年二月十三日，冀中軍政委員會及冀中總指揮部成立，賀龍任書記與總指揮。四月彭德懷留冀中代賀龍指揮。六月賀龍回深縣，並攻擊河北民團張蔭梧部⓯。

冀西（北岳）：此一地區爲中共晉察冀邊區政府根據地，中共平型關戰後不久，聶榮臻率一一五師獨立團、騎兵營等兵力進入，以山西五臺山爲中心，經河北阜平向冀西發展⓰。

冀東：民國二十七年七月十日，中共令宋時輪、鄧華支隊開赴冀東、平北，配合地方游擊隊李運昌建立抗日根據地。稍後，宋時輪任第四縱隊司令員，並建立冀熱遼軍區，然因宋時輪、李運昌不合，宋以老共幹想編併李之地方部隊，迫宋調回平西整訓。冀東祇留下李之地方部隊⓱。

共軍經大力發展後，自民國二十八年八月，至二十九年五月，其第十八集團軍正規部隊及此一地區游擊隊爲二〇四、四九九人。槍八二、七七三枝⓲。在冀察二省佔半數以上，其分布如後：

⓮ 參閱⓾、⓫兩書。
⓯ (1)同⓾書，頁六～七。(2)同⓫書，頁一六三。
⓰ 同⓫書，頁一六三～一六四。
⓱ 同⓫書，頁一六四～一六五。
⓲ 國防部史政編譯局，國軍永久檔案 583.1/18，擬定第十八集團軍整編辦法表，此表數字是根據軍令部調查統計局情報彙成，與95書，頁四六八～四八一，中央調查統計局所編《中國共產黨武力統計》一册，數目不符，前者少，後者多。本文採用前者主因，係前者是中共軍要求擴編之實數，比較眞實，後者情報預估，連、營、團、旅、師、軍區、軍分區，採高、中、低社會學之「概數」計算方式，無法算出眞實（可能一個團是空號或祇有數十人）數字，故不採用。

中共中央總部在陝西延安，第十八集團軍總司令部在山西潞城，警衞部隊在山西屯留。副總司令彭德懷在冀南指揮。

第一一五師林彪，陳光（代），官兵二四、〇〇一人，槍一三、五三五枝——山東東平；第三四三旅陳光——山東肥城，第三四四旅徐海東——山西屯留，獨立支隊陳士榀——山西汾陽，挺進縱隊蕭華——河北樂亭、慶雲，津浦支隊孫繼光——山東德縣，永興游擊支隊曾國華——河北寧津、南皮。

第一二九師劉伯承，官兵三〇、〇八一人，槍一六、二四三枝。由山西進入冀南南宮。第三八五旅陳錫聯——冀南威縣，第三八六旅陳賡——山西黎城。青年縱隊殷海洲，副徐吉深，第一、二、三團，于悉林、陳子斌、李維禮——冀南。

第一二〇師賀龍，官兵二六、三〇四人，槍一四、四六六枝——河間、任邱，第三五八旅盧東生，冀中、津南、晉北；第三五九旅陳伯鈞——河北沙河，山西廣靈。第一、二、三支隊楊家瑞、孫春榮、王寶山——冀中，挺進縱隊司令蕭克，第一支隊鄧華，第二支隊宋時輪——冀西北⑲。

甲、晉察冀軍區聶榮臻，政委舒同，約二萬人。民國二十六年十二月成立。率四支隊：第一支隊楊成武——滿城，第二支隊郭天民——五臺，第三支隊陳漫遠——曲陽，第四支隊熊培壽（伯濤）——靈壽、豐山⑳。（日本資料稱獨立第一、二、三、四、五、六師，楊成武、趙而盧、王勤忠、陳漫遠、趙侗、鄉華。誤。）㉑。轄四軍區。

---

⑲ 同⑱。

⑳ (1)以⑱資料爲主；(2)參閱㊵書，頁四五四～四五五。

㉑ ≪日本戰史叢書≫，≪北支那治安戰(一)≫，頁二六一，中共軍編制概見圖。

(1) 北岳（冀西）軍區：聶榮臻，與晉察冀軍區同時成立。

第一軍分區楊成武，副高鵬，政主任羅元發，轄一、三、六、二五、二六、三四團，游擊第一、二、三支隊。在易縣、淶水、淶源、定興、徐水、蔚縣、陽原、廣靈、靈邱、渾源十一縣活動。

第二軍分區郭天民，政委趙爾廬（陸）。轄山西五臺等七縣。

第三軍分區黃永勝，副詹才芳，政委王平。轄第二〇團，游擊第一、二、三支隊，在阜平、行唐、滿城、新樂、唐縣、完縣等六縣活動。

第四軍分區陳正湘，副葉長庚，政委劉道生，轄第五團，特務團，教導團，正新行靈游擊支隊，平井獲游擊支隊，在平山、獲鹿、井陘、正定、靈壽五縣活動[122]。

第五軍分區，已與第一軍分區合併。

(2) 冀中軍區：呂正操，副孟慶山，政委程子華。民國二十七年六月成立。直轄第三縱隊呂正操（兼），約一三、七〇〇人。回民支隊馬木齋，政委郭陸順（轄三大隊）——滄縣，獨立第三支隊趙玉崑——定興，高士一——雄縣。

第六軍分區趙承金，副王長江，政委曹（樊）復兆。轄冀中警備旅第一、二、三團，第一六、二一團，在晉縣、趙縣、深縣、藁城、束鹿、欒城、寧晉七縣活動。

第七軍分區于權臣，副崔文憲，政主饒同國。轄第一七、二二、三一團，在定縣、安國、安平、深澤、無極五縣活動。

---

[122] 參閱(1) 國軍永久檔案 583.1/18 (2)[95]書，頁四四七～四五八：第十八集團軍實力分佈及主管姓名概見；(3)《北支那治安戰（一）》，頁五一一～五一九：<第十八集團軍管下各軍區の概觀>。

第八軍分區常德善，副徐榮，政委王達晉（王鴻志），轄第二三、三〇團，抗日第三團，在大城、河間、交河、饒陽、武強、青縣、獻縣七縣活動。

第九軍分區劉子奇（後孟慶山）、政委魏洪亮。轄第一八、二四、三三團，在安新，清苑、高陽、任邱、博野、肅寧、蠡縣等七縣活動。

第十軍分區朱占魁，政委帥榮，轄第二七、二九、三二團，在新城、容城、固安、永清、新鎮、文安、霸縣、雄縣八縣活動[123]。

(3) 平西（冀察熱）軍區：蕭克、政委伍晉南，參謀長程世萬，民國二十七年十二月成立。轄第六、七、八、九、十團，平北游擊支隊，平西游擊總隊。在北平西北及熱、察邊區活動[124]。

(4) 冀東軍區，初為洪麟閣，據說洪為青年黨人，被中共所害。後改李運昌(日文稱李雲昌，或李雲長)，副包森，民國二十九年四月成立，轄第一、二、三團。陳羣(陣亡)，包森、單德貴。在遷安附近活動[125]。

以上包括晉西北、察南、冀察熱邊區，及冀省滄縣、正定、井陘以北地區，縣治一〇八個，人口二千五百萬[126]。物產豐碩，有山地根據地及平原游擊區，是聶榮臻的發展地區。

乙、晉冀魯豫軍區劉伯承，政委鄧小平，民國二十九年八月成立。軍事上分「晉冀豫」、「冀魯豫」兩指揮單位，分轄太行、太岳、冀南、冀魯豫四軍區。

(1) 太行軍區劉伯承，政委鄧小平，與晉冀魯豫軍區同時成立。轄

---

[123] 同[122]。

[124] 同[122]。

[125] 同[122]。

[126] 參閱[95]書，<中共活動眞相（二）>，頁一二六，採用中共≪中國敵後抗日民主根據地概況≫一書資料。

五軍分區。僅一個半軍區在冀省。

第一軍分區秦基偉，政委郭一峰，轄第一一旅第三一團，在元氏、贊皇、臨城、內邱、順德、沙河六縣活動。

第二軍分區范子俠，政委賴隔發，在山西壽陽地區。

第三軍分區陳希廉，在山西榆社地區。

第四軍分區石志寺（本），在山西黎城地區。

第五軍分區皮定均，政委魯瑞林。轄第一二旅三四團，在河南武安、林縣、涉縣三縣及河北邯鄲、磁縣活動。

(2) 太岳軍區薄一波。此一軍區是薄一波帶閻錫山「犧牲同盟會」十二個團兵力叛變後投共，民國二十八年九月成立。直屬部隊爲決死第一縱隊。初轄三軍分區，後增至六軍分區，皆在山西太行山之西。非本文討論之範圍，故從略。

「太行」、「太岳」軍區爲「晉冀豫軍區」指揮系統，全區五十九縣，人口七百萬。

「冀魯豫軍區」指揮系統，全區一一八縣，人口一千八百萬[127]。分「冀南」、「冀魯豫」兩軍區：

(3) 冀南軍區陳再道，政委宋任窮，政主劉志堅。民國二十七年八月成立。直轄東進縱隊陳再道。民國二十九年七月成立，轄五軍分區：

第一軍分區丁先國，政委劉光明，轄新九旅，在大名、成安，及河南臨漳活動。

第二軍分區吳成忠，政委王貴德，轄第四旅，在高邑、柏鄉、堯山、南和、隆平、鉅鹿、平鄉、任縣活動。

第三軍分區張維翰，副趙海楓，轄新八旅，在邯鄲、永年、曲周、

[127] 王健民，《中國共產黨史稿》，第三册，頁三五三。

廣平、肥鄉及山東邱縣等地活動。

第四軍分區楊鴻明，政主孫王明，轄新七旅，在冀縣、威縣、新河、南宮、廣宗地區活動。

第五軍分區朱程，副葛黃齊，轄新七、八旅一部，在阜城、武邑、衡水、棗強、故城、景縣活動。

(4) 冀魯豫軍區，原爲一一五師三四四旅改編第二縱隊楊得志根據地。民國二十九年九月成立魯西軍區，三十年八月兩軍區——冀魯豫，魯西——合併。此一軍區在山東、豫東及蘇北（隴海路以北）。僅第三軍分區在濮陽以南⑫⑧。

以上包括山西東南部，河北西南部，河南北部，山東東部，及江蘇隴海路以北地區，共一七九個縣，人口二千五百萬人⑫⑨，爲劉伯承發展地區。

3. 中共地方組織及武力

民國二十七年一月十日，聶榮臻、宋邵文、胡仁奎等在阜平組「晉察冀邊區行政委員會」，成立邊區政府，同年四月一日，呂正操在安平組冀中政治公署，然後隨軍事進展，發展成晉東北、察南雁北、冀西、冀西北等政治公署。同年八月一日，楊秀峰、宋任窮在南宮組冀南政治公署，經三年軍事發展，至民國三十年七月三十一日，組成晉冀魯豫邊區政府，由楊秀峰主席，薄一波、戎伍勝副主席，轄冀南區、冀魯豫區、太行區、太岳區四政治公署，及二十六個行政督察專員區⑬⓪。

共軍在冀察兩省最盛時期爲民國二十九年六月，在河北省一三七縣

---

⑫⑧ 同⑫②。
⑫⑨ 同⑨⑤書，頁一五七～一五八。及⑫⑦書，頁三五三～三七七。
⑬⓪ (1)同⑫⑨；(2)同⑩④書，頁九三。

市局，中共有九十六縣派有縣長，佔六九·五六%，察哈爾省二十縣市局中，亦有七縣派有縣長，佔三五%。當時中共在各省派縣長情況是：陝西二十縣，甘肅九縣，綏遠五縣，山西六十一縣，山東七十縣，河南十一縣，江蘇五縣，安徽十四縣，連同冀察二省共二九八縣[131]。冀察佔三四·五六%。中共是黨政軍不分的。抗戰時各行政督察專員有自己的武力，各縣有保安營，人數在數十人至數百人不等，隨各縣活動。並在鄉（鎮）、村（里）設武裝委員會，指揮民兵，控制兵源。現將冀察兩省行政系統及地方武力分述於后：

（一）、晉察冀邊區政府，阜平。主席宋邵文[132]、副胡仁奎、秘書處長婁凝光、民政處長胡仁奎、財政處長宋邵文、教育處長劉奠基、實業處長張蘇、司法處長蔣自立、工作實驗團長劉容。

行政委員會委員：聶榮臻、呂正操、宋邵文、胡仁奎、婁凝光、孫志遠、張蘇、劉奠基、李杰庸。轄：

(1) 晉東北行政區宋邵文兼，轄五臺等八縣，皆在山西東北部，故從略。

(2) 察南雁北辦事處王斐然，蔚縣，轄：蔚縣李文杰；寧涿淶聯合縣魏國源；應縣杜蕙；渾源董閒愁；靈邱高文郁，廣靈齊殿選，及萬全、懷安、陽縣、天鎮、陽高、大同、山陰、懷仁等縣。

(3) 冀西政治主任張蘇，易縣，轄：四行政督察專員區：

A. 第一區陳一帆，駐易縣。轄：易縣鄭雲同；徐水崔希默；滿城楊作霖；定興王士元及淶源。

B. 第二區張冲，駐唐縣，轄：唐縣張冲（兼）；定縣李桂林；阜

---

[131] 同[95]書，<中共活動眞相（二）>，頁四九～五〇。
[132] 宋邵文，山西人，民前十年生，北京大學畢業，曾任五臺縣長，北平僞政權（王克敏）成立後，曾任政務院財經委員，中央財經計劃局局長。

平馬叔乾，望都劉錫山；完縣宋致和。

C．第三區邵式平，駐平山，轄：行唐權哲民；平山邵式平(兼)；靈壽高文青；正樂（正定、新樂）曹孟良；井獲（井陘、獲鹿）朱自平。

D．第四區徐樹平，駐淶水，轄房（山）良（鄉）徐樹本（兼）；涿（縣）淶（水）佟旭野；昌（平）宛（平）焦若愚。

(4) 冀西北政治主任公署，設在山西西興縣，轄四行政督察專員區，共二十四縣，全在山西省境內。故從略。

(5) 冀中政治主任呂正操，駐安平。轄五行政督察專員區：

A．第一區呂正操（兼），駐深縣。轄：青縣崔葆琚；南皮王道和；滄縣丁潤生，獻縣馬光斗；武強張玉田；深縣趙孟旭；饒陽邱清哲；安平張曉周；建國（新設）胡雲初。

B．第二區王文平，駐蠡縣，轄：蠡縣范菊秋；安國范凌霄；博野安志毅；淸苑郭昌實；定縣郭拓；無極李志仁。

C．第三區仇文友，駐河間。轄：任邱馮映民；河間王念基；文安鹿一夫；大城趙晴波；靜海馬春潭；雄縣高淸源。

D．第四區崔鄂壽，駐容城。轄：新安李士曾；高陽張博古；安新李杭剛；容城張全榮；肅寧郭烱；徐水劉萍。

E．第五區李鳳林，駐霸縣，轄：霸縣馮姑民；新城尙峰；永淸胡春航；固安周濤；安次陳德鳳。

（二）、晉冀魯豫邊區政府，主席楊秀峰[133]，轄冀南、冀魯豫、太行、太岳四區，其中僅冀南區在河北境內。

---

[133] 楊秀峰，字秀林，河北人，民前八年生，北平師大畢業，留學法國，曾任北京文敎女師範學院院長，有學者風度，抗戰時率流亡學生隨張蔭梧工作，爲國民黨黨員，後在太行山區投共。

冀南政治主任楊秀峰，南宮，轄：六行政督察專員區：

A．第一區岳一峰，駐臨城，轄：臨城崔于義；贊皇趙進揚；高邑李存仁；元氏姜紀五； 井獲（與冀西第三區平分）吳彤錫；寧晉貝仲達；及晉縣、欒城、趙縣、藁城、束鹿。

B．第二區楊秀峰（兼），駐邢臺，轄： 內邱宋乃寬；邢臺陳夢祺； 鉅鹿胡震；平鄉張華宜； 南和張子毅；柏鄉朱林森； 及任縣、隆平、堯山。

C．第三區唐哲明，駐曲周。轄：沙河張君英；及廣平、成安、邯鄲、肥鄉、永年、雞澤、曲周。

D．第四區宋任窮，駐南宮，轄：南宮宋任窮（兼）；及清河、威縣、廣宗、新河。

E．第五區劉建章，駐阜城，轄：阜城孫振五；棗強郭魯；東光孫子權；景縣孟信甫；冀縣胡步三；衡水賈殿閣；武邑李松青；及故城。

F．第六區邢仁甫，駐寧津，轄：慶雲邢仁甫(代)；鹽山劉坤⑭。

民國二十九年八月二十日至十二月五日，中共在冀察晉三省發動歷時三個半月的「百團大戰」⑮。藉著抗日之名， 將許許多多的地方部隊或抗日游擊隊調往平漢路以西山區作戰，乘機收編或吞併。引發兩次日軍「大掃蕩」， 經此次戰鬪後， 共軍在數量上已顯著減少， 但品質增高，原被收編或吞併的部隊，有不少富家子弟，帶私槍參加游擊隊，此時見苗頭不對，且離家遙遠，多棄械潛逃返鄉。使中共在堅苦中得到槍械補充。

---

⑭ (1)同⑬書，頁一二六～一二九，晉察冀邊區政府組織系統表；(2)≪北支那治安戰（一）≫，頁五〇七～五一一，<晉察冀邊區政府組織の概觀>。

⑮ (1)≪北支那治安戰（一）≫，頁三三八～三七〇，「百團大戰」；(2)同⑪書，頁四四六～四七一。

國軍退出冀察兩省後，共軍雖在該地區發展，然日軍與僞軍發展更爲快速（詳下章），且將鐵路、公路、河川等交通線全部佔領並控制，各種交通工具暢通無礙。共軍受到國軍的防備抵制，及日僞軍的強力掃蕩及對山區的經濟封鎖——自民國三十年三月二十九日至三十二年十月八日，先後五次「治安強化運動」，使其發展趨於萎縮。尤其冀東幾乎被「肅清」。彭德懷曾稱：「此一階段爲敵後鬪爭最艱苦階段」。[136] 太平洋戰爭爆發，日軍大量移用東南亞、南洋與澳州。民國三十一年七月後，中共再度恢復活動，然進度甚緩，至民國三十四年一月，在冀察兩省始見活躍。

4. 勝利後之共軍分佈

民國三十四年，日軍敗局已定，中共乘日軍縮小防衞圈時，大肆活動，進攻各邊遠地區城鎭，至抗戰勝利前，八月十日，中共延安總部連接發出六道命令，指揮各軍挺進——遼、吉、熱、察、綏等省。解放區（中共佔領區）各軍區部隊，均須向本區所屬範圍之敵（指日僞軍及國軍）展開猛烈反擊，佔領城鎭及交通要道，迫使敵人投降[137]。十四日，日本政府宣佈無條件投降，劉伯承命令各軍區迅速擴大解放區，擴充野戰軍，準備打擊平漢、同蒲鐵路北上的國軍[138]。故日本一投降，內戰卽開始。當時共軍變化甚大，擴張快速，僅將抗戰勝利時中共在冀察兩省兵力分析於後：

（一）野戰部隊：第十八集團（中共自稱第八路軍）第一一五師陳光（八旅二十二團）；第一二〇師呂正操（五旅十七團）；第一二九師

[136] 同[104]書，頁一三五。
[137] 同[104]書，頁一三八。
[138] 同[104]書，頁一四四。

劉伯承（十五旅四十八團）；第一〇九師許光達（三團）；新一師薄一波（三旅九團）；新二師韓鈞（三團）；新三師戎伍勝（三團）；新四師唐任民（三團）；新五師劉少卿（四團）；暫一師續範亭（三團）；騎兵師曹開誠；留守兵團蕭勁光（五旅十五團）；合計十二師，三十四旅，一二二團，一五七、五〇〇人。初在冀南者僅劉伯承三旅九團：(1)新四旅王金山盤據東明、滑縣；(2)新五旅徐壽清盤據沙河、磁縣；(3)新七旅趙基恒盤據磁縣、安陽[139]。

民國三十四年十月下旬，當共軍扨擊沿平漢路北上之孫連仲軍時，劉伯承一二九師主力約四萬人及新一師、新二師、新三師進入冀南大名、邯鄲地區。

（二）軍區部隊:

(1) 晉察冀軍區，聶榮臻、蕭克，民國三十四年十月底總部由阜平移張家口，（十一月五日，在張家口成立察哈爾省政府，張蘇為主席），指揮軍區:

A. 冀熱遼（冀東）軍區李運昌。轄:

第十四軍分區詹才方，遷安;

第十五軍分區蔣達，樂亭;

第十六軍分區曾輝（曾先林），撫寧;

第十七軍分區張鶴鳴，撫寧;

第十八軍分區田心，遵化。

發展（擴充中）部隊: 冀察挺進軍蕭克，第一旅周仁傑，第五旅曾志福，第七旅楊玉山，第九旅詹大南，第十二旅王子川，第三十旅張書，新十三旅王遵邦；及第二、三、八、十三、十四、二二旅，第二

---

[139] 國防部史政編譯局，國軍永久檔案 510.8/7171，匪情資料彙編，民國三十四年底。

師，新六軍一部，與二十五個獨立團（各主官姓名待查）。此番號多而兵力有限之共軍，正從冀東向熱河、東北急進。九月六日曾先林率六百餘人，自錦州到瀋陽，十六日李運昌亦到瀋陽，十日之內，瀋陽集結近五萬人[140]，多無槍械。

B．冀中軍區楊成武，沙城，轄：

第六軍分區王長江，轄三一、四〇、四四區隊（團），佔深縣；

第七軍分區于權臣，轄三二、三六、四五區隊（團），佔安平；

第八軍分區孔慶自，轄三九、四一區隊（團），佔河間；

第九軍分區韓偉，轄三四、四二區隊（團），佔任邱；

第十軍分區劉炳彥，轄三五、四三區隊（團），佔文安。

發展部隊：獨一旅王道，及第二一、三一、三二、七五、七八、七九、八二等七個團，及新六軍一部。佔勝芳，向天津逼進[141]。

C．冀察（平西）軍區，郭天民，改趙二冷，宣化，轄：

第一軍分區□□□，轄第一、三、六、二〇、二五、二九團，佔易縣；

第十一軍分區陳正湘，轄第七、九團，佔平山；

第十二軍分區譚國漢（翰），轄第十、四一團，在北平之西北，逼進北平，亦兼任北平指揮部指揮官。

第十三軍分區曾克林，轄十一、十二、十三團，佔察南。

發展部隊：第六、十一、十三、十九、二八旅，隨冀察軍區活動。

D．晉冀（冀西）軍區趙爾陸，山西陽高。轄：

第二軍分區鄭天民，轄第四、十九、三四團，佔晉東北；

第三軍分區黃永勝，轄第二、十八、二四、四二，騎一團，佔望

---

[140] (1)同[139]檔案；(2)參閱[104]、[111]兩書。此批人員多無武器裝備。

[141] (1)同[140]；(2)參閱國防部史政局編印，≪戡亂戰史（六）≫——<華北地區作戰>。

都；

第四軍分區鄭華，轄第五、十七、二二、二六、三〇、三五、三六團、特務團，及第八、九區隊，佔淶源；

第五軍分區羅光發，轄第五團，雁北支隊，佔雁北。

發展部隊：第三旅馬龍（第一、十、十二團），第四旅陳仿仁（第五、六、十一團），補充第一、二團[142]。隨冀西軍區活動。

(2) 晉冀魯豫軍區劉伯承，副滕代遠、王宏坤，政委鄧小平，副薄一波、張際春，參謀長李達，邯鄲。指揮部隊：

第一二九師劉伯承，第三八五、三八六旅陳錫聯、陳賡（第七六七～七七二團），新一～十三旅：韋杰、趙濤、于克勤、王金山、徐壽清、王近山、趙基恒、張維翰、桂幹生、范子俠、尹光炳、陳再道、江乃貴、第一～三九團，及直屬騎兵團，砲兵團，特務團，共四十八團。

新一師薄一波——三旅九團，新二師韓鈞——三團，新三師戎伍勝——三團，第十七師王卓盟——三團，獨立第四、五旅杜似津，王蘊瑞，第八五旅陳錦林，及第五、八、十六旅。

指揮軍區：

A．冀魯豫軍區：宋任窮，佔邢臺，兼指揮冀南軍區。

第一軍分區劉志遠，轄第一、二、三團，佔東鹿；

第七軍分區王來華，轄分區部隊，佔柏鄉；

第八軍分區馬木齋，轄回民支隊，佔臨漳；

第九軍分區趙承金，轄第十六、二一、二二團，南進支隊，佔新河。

第十軍分區張耀偉，轄第十九、二〇、二一團，佔皐城；

---

[142] 同[140][141]。

第十一軍分區王錫玉，轄十、十一、十二團，佔鹽山；

第十二軍分區桂于生，轄第二〇、二六團，佔大名。

B．冀南軍區王宏坤，副杜義德。

第二軍分區杜義德，轄第十、二五團，佔高邑；

第三軍分區張維翰，轄第二二、二三團，佔永年；

第四軍分區雷紹康，轄第十一團，佔威縣；

第五軍分區趙義京，轄十、十六、二五、二七團，佔衡水；

第六軍分區鄒國厚，轄第十九團、特務團，佔濮陽。

C．太行軍區劉伯承，李達（代），兼指揮太岳軍區。

第一軍分區秦基偉，轄第三一、三二團，佔元氏；

第二～八軍分區：曾紹山、呂瑞林、唐天際、傅傑、宋鳳洲、皮定均、黃新友，在太行山之東南，晉豫境內。非本文研討之範圍，故從略。

D．太岳軍區陳賡，轄第一～五軍分區：蘇魯、王金山、李迯廳、雷學楊、孫定國，在太行山西北晉境[143]。從略。

各軍分區與行政區相互配合，大量擴軍[144]征糧，作為全面叛亂，奪取政權的準備。

五、日偽軍的演變

1. 日軍前期部署

日本北支那（華北）方面軍寺內壽一大將，所轄駐蒙軍蓮治蕃中將，第一軍香月淸司中將，第二軍西尾壽造中將及直轄部隊，自民國二

[143] 同[140][141]。

[144] 按「擴軍」是當時中共最急要之工作，也是喊的最響的口號。

十六年九月六日至二十七年六月十日，經綏遠作戰、太原會戰、徐州會戰、豫北晉南作戰、魯西豫東作戰等幾個重大戰役，已佔有冀察兩省、綏遠包頭、山西、山東主要交通線及城鎭，河南開封以東地區，經蘇北與華中派遣軍會合。此後第二軍改派東久邇中將（稔彥王）繼任，參加武漢攻略作戰，華北地區由攻勢改爲守勢。民國二十七年九月其部署如后（其軍司令官、師團長皆中將，旅團長、獨立警備隊司令官多少將，旅團長或獨立警備隊司令官爲中將者特別寫出。）：

北支那方面軍司令官寺內壽一大將，駐北平。以步兵四大隊，野砲一大隊，高射砲隊，戰車隊，特種兵，飛行集團爲主力。另派步兵六大隊，山砲、野砲各一大隊，佔涿縣、易縣、保定、望都。

(1) 直轄部隊在冀省境內者：

第百十師團桑木崇明，轄第百一、百二旅團，第百一、百四九、百三、百五七聯隊，及騎、砲、工、輜各聯隊，爲新召集之師團。六月二十五日編入，接原由支那駐屯軍改編之第二十七師團（調武漢作戰）防地——平津地區。山海關、天津、南至桑園以北。

其他直屬部隊在山東、蘇北或豫東。

第五師團安藤利吉，在青島警戒，並分兵膠東。

獨立混成第五旅團秦雅尚，轄獨立步兵第十六～二十（五個）大隊，及騎、砲、工、輜重兵隊，駐新黃河以東地區。

第百十四師團末松茂治，轄步兵第百二七、百二八旅團，步兵第六六、百二、百十五、百五十聯隊，與直屬騎、砲、工、輜各聯隊，駐濟南，分兵德州、臨沂、泰安、棗莊。

第二十一師團鷲津松平，轄步兵第二一旅團，步兵第六二、八二、八三聯隊（三聯隊師團）及直屬騎、砲、工、輜大隊，駐徐州，分兵碭山、宿縣。

騎兵集團內藤正一中將，轄騎兵第一、四旅團，騎兵第十三、十四、二五、二六聯隊。駐淮陽，分兵商邱、開封。

(2) 駐蒙軍司令官：蓮治蕃，在察省境內部隊：

獨立第二混成旅團常寬治，轄獨立步兵第一～五大隊，及騎、砲、工、輜重兵隊。旅團部及第五大隊駐張家口，分兵第一大隊駐宣化、陽原；第二大隊駐延慶、懷來，第三大隊駐蔚縣、靈邱；第四大隊駐天鎮、陽高。

第二十六師團蓮治蕃（兼），轄第二十六師團步兵團——三步兵聯隊，與直屬砲、工、輜聯隊，及搜索隊，第十一聯隊及師團直屬部隊駐大同，第十二聯隊駐朔縣，第十三聯隊駐歸綏、包頭。

(3) 第一軍梅津美治郎，駐石家莊。其部隊駐冀省或部分在冀省者：

獨立混成第三旅團柳下重治，轄獨立步兵第六～十（五個）大隊，及直屬騎、砲、工、輜重兵隊。旅團部駐順德，分兵柏鄉、武安、邯鄲、彰德、大名各一大隊。

獨立混成第四旅團石武靜吉，轄獨立步兵第十一～十五（五個）大隊，及直屬騎、砲、工、輜重兵隊。旅團部駐平定，分兵井陘、壽陽。

其他部隊在山西與豫北：

第十四師團井關隆昌，駐懷慶、濟源、新鄉。

第二十師團牛島實常，駐運城、永濟、聞喜。

第百八師團谷口元治郎，駐臨汾、靈石、絳縣。

第百九師團山岡重厚，駐太原、代縣、汾陽、離石。

北支那方面軍航空部隊，第九十、二十九戰隊，及六十四戰隊第三中隊，分駐晉冀魯各地。

此一部署九月十五日完成，兵力二十四萬人，在冀察二省者，約六萬人。可以說相當空虛⑭⑮。

民國二十八年一月十日，日本調杉山元大將接北支那方面 軍司令官，駐蒙軍 第二十六師團 及獨立混成第二旅團防區未動。第一軍第二十、百八、百九師團及獨立第三、四旅團防區亦未動。而第十四師團改爲直轄。同時在山東、豫東、蘇北地區成立第十二軍，以尾高龜藏中將任司令官。轄第五、二十一、百十四師團及獨立混成第五旅團，騎兵集團（轄兩騎兵旅團）。北支那方面軍直屬部隊則改爲第十、十四、二七、百十等四個師團，其兵力增加約四萬五千人，除第十四師團乃駐豫北晉南。而在冀省者，部署如后:

第十師團篠塚義勇，在冀南與鹿鍾麟、石友三軍作戰，然後轉入平漢線以西與聶榮臻共軍作戰。

第二十七師團本間雅晴，步兵第一、二、三聯隊，接山海關、天津及冀中防務，並向津浦線及白洋淀周圍肅淸作戰。

第百十師團桑木崇明，以北平及冀東、冀北爲防區，肅淸該地後，並向白洋淀、完縣、阜平、饒陽、安平等地作肅淸戰⑭⑯。

同年三月日軍召集第三十二、三十六、三十七等三個新師團；七月第十、百十四師團調回日本辦理復員，另建獨立混成第一、十五旅團。九月，第五師團調入東北關東軍，第十四、百九兩師團調回日本辦理復員。十月新召集第四十一師團，十一月第百八、二十師調回日本辦理復員。增編獨立混成第十六旅團。本年計復員六師團（第十、百十四、十四、百九、百八、二十）調關東軍一師團（第五），新召集四師團（第三十二、三十六、三十七、四十一），新建三獨立混成旅團（第一、十

⑭⑮ ≪日本戰史叢書≫，＜支那事變陸軍作戰（二）＞，附圖一，昭和十三年（民國二十七年）九月十五日，北支那方面軍兵力配置圖。

⑭⑯ ≪北支那治安戰（一）≫，頁一三四～一三五。

五、十六）。北部兵力減少，十二月騎兵集團調入察綏[147]，至民國二十九年八月，北支那方面軍變動部署如后:

北支那方面軍司令官多田駿大將，民國二十八年九月十二日接任，所轄第一、十二軍及駐蒙軍司令官亦同日更換。部隊分配如后:

(1) 第一軍篠塚義男駐太原。

A. 攻擊部隊: 第三十六師團舞傳男駐潞安，對中國第二戰區，冀察戰區，及中共晉冀魯豫軍區；第三十七師團平田健吉駐運城，對中國第一、二戰區；第四十一師團田邊盛武駐臨汾，對中國第二戰區。

B. 守備部隊: 獨立混成第三、四、九、十六旅團，分駐崞縣、陽泉、太原、汾陽。

第一軍除獨立混成第十六旅團不計，其兵力爲一三二、八一八人。

(2) 第十二軍飯田貞固駐濟南，

A. 攻擊部隊: 第三十二師團木村兵太郎駐滋陽；第二十一師團土橋一次駐徐州；

B. 守備部隊: 獨立混成第五、六、七、十旅團，分駐青島、莒縣、惠民、泰安。

第十二軍兵力爲四八、三八〇人。

(3) 駐蒙軍岡部直三郎駐張家口，

A. 攻擊部隊: 第二十六師團黑田重德駐大同；騎兵集團內藤正一駐包頭。

B. 守備部隊: 獨立混成第二旅團人見與一中將駐張家口，所屬各大隊分配察南各縣。

駐蒙軍兵力爲二七、二九四人。

---

[147] 同[146]書，頁一四一～一四二。

(4) 方面軍直轄:

A. 攻擊部隊: 第二十七師團本間雅晴駐天津, 防守北寧、津浦線, 山海關、天津、至桑園以北; 第百十師團飯沼守, 駐石家莊, 守平漢線定興、保定、石家莊、順德; 第三十五師團原田熊吉駐開封、新鄉; 騎兵第四旅團駐歸德, 對中國第一戰區。

B. 守備部隊: 獨立混成第十五旅團 —— 獨立第七七～八一 (五個) 大隊, 初南雲親一郎(代), 後長谷川美代次, 駐北平, 防守涿縣、房山、良鄉、宛平、大興、昌平、通縣、順義、懷柔、密雲、三河、香河、平谷等北平四週地區; 獨立混成第八旅團水原重義——獨立第三一～三五(五個)大隊, 駐石家莊及警備冀西地區, 獨立混成第一旅團谷口□□——獨立第七二～七六 (五個) 大隊, 駐邯鄲及警備冀南地區。

直轄部隊兵力為一四五、六六八人⑱。

以上北支那方面軍隊兵力在三五四、一六〇人, 在冀察兩省約十二萬人以上。此一兵力主動地找國共軍作戰, 給該地區之國共游擊隊及正規軍很大的壓力與打擊。

2. 日軍後期調動

民國三十年七月七日, 岡村寧次大將接任北支那方面軍司令官。十二月八日太平洋戰爭爆發時, 其戰鬪序列:

(1) 直轄部隊: 第二十七師團富永信政駐天津; 第三十五師團原田熊吉駐開封; 第百十師團飯沼守駐石家莊, 獨立混成第一、八、十五旅團, 鈴木貞次、吉田峯太郎、田中勤, 分駐邯鄲、石家莊、北平。騎兵第四旅團佐久間為人駐歸德。各部隊防區未變。

---

⑱ (1)同⑯書, 頁二三四; (2)參閱⑯書, 頁一五四～二〇五, 各軍作戰經過; (3)《日本戰史叢書》,《陸海軍年表》, 有關各師團長以上軍官任職時間表。

(2) 第一軍岩義松雄，駐太原。第三十六、三十七、四十一師團，井關仭、長野佐一郎、清水規矩，分駐潞安、運城、臨汾，防區未變，獨立混成第三、四、九、十六旅團，毛利末廣、津田美武、池上賢吉、若松平治，分駐崞縣、陽泉、太原、汾陽，防區未變。其中獨立混成第九旅團集中太原，調歸第十一軍阿南雄吉指揮，參加長沙作戰。

(3) 第十二軍土橋一次駐濟南；第二十一師團田中久一，集中青島準備外調。第三十二師團井手鐵藏駐滋陽，防區未動。配屬指揮第十七、三十三師團，平林盛八，櫻井省三，接徐州防務並警戒。獨立混成第五、六、七、十旅團，內田銀之助、盤井虎次郎、林芳太郎、河田槌太郎，分駐青島、張店、武定、濟南，防區除獨立混成第五旅團外，皆有調動。

(4) 駐蒙軍（前爲山協正隆中將）甘粕重太郎駐張家口，第二十六師團矢野因三郎駐大同；騎兵集團（轄兩騎兵旅團）西原一策駐包頭；獨立混成第二旅團眞野五郎駐察南；防區皆未變[149]。

民國三十一年四月增編第五十九、六十九兩新師團，並調動第十七、三十三、三十五、四十一師團:

由獨立混成第十旅團擴編爲第五十九師團，師團長柳川悌，轄步兵第五十三、五十四旅團，每旅團四個獨立大隊，及師團工、砲、輜、機槍、通信等隊，駐泰安。屬第十二指揮軍[150]。

由獨立混成第十六師團擴編爲第六十九師團，師團長井上貞衞，轄步兵第五十九、六十旅團，每旅團四個獨立大隊，及師團工、砲、輜、機槍、通信等隊，駐臨汾。屬第一軍指揮[151]。

---

[149] ≪北支那治安戰（二）≫，頁二八～二九。
[150] 同[149]書，頁一二三。
[151] 同[150]。

第十七師團歸第十三軍（南京）建制，乃駐蘇北，並將蘇北由北支那方面軍防區劃入第十三軍防區。將北支那方面軍直轄第三十五師團撥入第十二軍指揮，乃駐開封。第三十三師團調南方軍第十五軍，第四十一師到冀東津南剿共後，調歸第二方面軍第十八軍⑮²。北支那方面軍減少三個師團（第十七、三十三、四十一）兵力。

北支那方面其他各軍及師旅團防區未變。

同年九月，日軍加強陸軍特務機關：(1) 北京特別市特務機關包括燕京道，松崎直人少將；(2)天津特別市特務機關，雨宮撰少將；(3)河北省——保定——特務機關，鈴木繁二少將，轄：A、石門（石家莊）特務機關加島武大佐；B、順德特務機關野田道大佐；C、邯鄲特務機關岡田與作中佐；D、德縣特務機關本間誠中佐；E、唐山特務機關堤雄平大佐⑮³。

十二月一日增編戰車第三師團，師團長西原一策，轄第五、六旅團——第八、十二、十三、十七，四個聯隊，駐包頭訓練，騎兵集團調東北關東軍⑮⁴。

民國三十二年五月一日增編第六十二、六十三，兩新師團，六月十七日並調動第二十七、十七、戰車第三、三十六、三十二等五師團：

以獨立混成第四、六旅團大部、編成第六十二師團，師團長本鄉義男，轄步兵第六十三、六十四兩旅團，每旅團各轄四個獨立大隊，及師團砲、工、輜、機槍、通信等大隊，分駐楡次、陽泉、潞安，接第三十六師團防區⑮⁵。

以獨立混成第十五旅團、及第六旅團一部、編成第六十三師團，師

---

⑮² 同⑭⁹書，頁一二五～一二六。
⑮³ 同⑭⁹書，頁二四二。
⑮⁴ 同⑭⁹書，頁二二六～二二七。
⑮⁵ 同⑭⁹書，頁三四二～三四三。

團長野副昌德，轄步兵第六十六、六十七兩旅團，每旅團各轄四個獨立大隊，及師團砲、工、輜、機關槍、通信等隊。分駐北平、保定、冀中⓯⓺。

第二十七師團竹下義晴，調東北關東軍指揮，其防區由獨立混成第八、九旅團自順德、德縣移唐山、天津接替⓯⓻。

第十七師團平林盛人駐平津；第三十六師團岡本保之駐潞安；第三十二師團石井嘉穗駐滋陽；戰車第三師團西原一策集中包頭，待命外調⓯⓼。

民國三十三年八月二十五日，岡村寧次大將升支那派遣軍總司令，北支那方面軍由岡部直三郎大將繼任，此時日軍採守勢，其部隊分佈實況如后：

(1) 駐蒙軍：經七田一郎改為上月良夫駐張家口，獨立混成第二旅團松浦豐一乃駐察南各縣。第二十六師團山縣栗花生調第十四方面軍，其大同防務由第百十八師團內田銀之助——轄步兵第八十九、九十旅團——接替，另在綏遠成立第十二野戰守備隊——轄三個獨立大隊——駐原和⓯⓽。

(2) 第一軍：吉本貞夫駐太原，第六十九師團，三浦忠次郎駐運城；第百十四師團（七月十四日重新召集）中代豐次郎駐臨汾；獨立混成第三旅團毛利末廣駐崞縣；獨立步兵第十、十四旅團（三步兵聯隊旅團），校津直俊、吉川喜芳，分駐陽泉、潞安⓰⓪。

(3) 第十二軍：內山鷹太郎，移向河南鄭州，率百十、百十五、百十七，戰車第三等四個師團，及騎兵第四旅團、獨立混成第七旅團、及

⓯⓺ 同⓮⓽書，頁三四三～三四四。
⓯⓻ 同⓮⓽書，頁三四五～三四六。
⓯⓼ 同⓯⓻。
⓯⓽ 同⓮⓽書，頁五一五～五一六。
⓰⓪ 同⓮⓽書，頁五一七。

獨立步兵第九旅團展開河南「1號」作戰⑯¹。山東留守部隊僅剩第五十九師團細川忠康駐濟南；獨立第五混成旅團駐青島，獨立步兵第一旅團駐滋陽⑯²。

(4) 直轄部隊：第六十三師團野副昌德駐北平。獨立混成第一、八、九旅團，小松崎力、竹內安守、藤岡武雄，分駐邯鄲、唐山、天津；獨立步兵第二旅團（三步兵聯隊旅團）柳川貞一，駐石家莊⑯³。

同時建立第三、四、五、六、七等五個獨立警備隊，直屬北支那方面軍。每一警備隊轄六個獨立步兵大隊，每大隊五步兵中隊、一砲兵中隊、及警備隊之砲兵、機槍、步砲等隊，總兵力爲八、八五七人，由古賀龍一、板本吉太郎、佐久間盛一、飯田雅雄、岡村勝美，五少將任司令官，分駐北平、大同、運城、新鄉、保定。第三、七獨立警備隊歸第六十三師節制⑯⁴。

同年十一月二十一日，下村定大將接北支那方面軍司令官，根本博中將接駐蒙軍司令官，各部隊大致未動。民國三十四年三月三十一日，因十二軍在豫西作戰，山東新設第四十三軍，司令官細川忠康，轄第四十七師團渡邊洋，及獨立混成第一、五、九旅團，獨立步兵第一旅團，第九、十一、十二獨立警備隊⑯⁵。

民國三十四年八月十一日，根本博接北支那方面軍司令官，四天後日軍無條件投降，其部隊分佈如后：

冀省：北支那方面軍司令官根本博中將駐北平。第六十三師團岸川健一分駐北平周圍十三縣；第三獨立守備隊古賀龍一駐北平；第七獨立

---

⑯¹ 參閱《日本戰史叢書》，《1號作戰——河南》。
⑯² 同⑭⁹書，頁五〇九～五一二。
⑯³ 同⑭⁹書，頁五一二～五一五。
⑯⁴ 同⑭⁹書，頁五四〇。
⑯⁵ 同⑮⁰書，頁五五四～五五五。

守備隊岡村勝美駐保定；獨立混成第一旅團小松崎力駐邯鄲；獨立混成第八旅團行內安守駐撫寧；獨立混成第九旅團的也憲三郎駐天津；獨立步兵第二旅團服部直臣駐石家莊；北支那特別警備隊駐唐山。

察省：駐蒙軍司令官根本博駐張家口，第十八師團內田銀之助由上海太倉調張家口；獨立混成第二旅團渡邊渡駐察南各縣。

魯省：第四十三軍司令官細川忠康駐濟南，第四十七師團渡邊洋駐濟南；獨立混成第五旅團長野榮二駐青島；獨立步兵第一旅團淺見敏彥駐莒縣；第十一、十二獨立警備隊分駐滋陽、青島。

晉省，第一軍司令官澄田睞四郎駐太原；第百十四師團三浦三郎駐臨汾；獨立混成第三、十、十四旅團，山田三郎、板津直俊，元泉馨、分駐原平鎮、陽泉、潞安；第四、五獨立警備隊，佐久間盛一，飯田雅雄，分駐大同、陝州。

豫省：第十二軍司令內山英太郎駐鄭州；第百十、百十五、百十七師團，木村經廣、杉浦英吉、鈴木啓久，分駐洛陽、老河口、新鄉；戰車第三師團山路秀男駐內鄉，獨立混成第九二旅團瓦田隆根駐開封；第六、十、十三、十四獨立警備隊，分駐新鄉、洛陽、郾城、南陽。

以上共計三二六、二四四人，在冀察二省者約十二萬人[166]。抗戰勝利前後，共軍向日軍各重要據點進攻，包括平津保等大都市，日軍勇猛反擊，頗有損失，終將進犯共軍擊退，並將重要防區直接交給國軍。

3. 僞軍的發展

民國二十六年七月三十日，北平「治安維持會」成立，江朝宗會長。八月一日，天津「治安維持會」成立，高凌霨會長。二十三日，有

---

[166] ≪日本戰史叢書≫，≪昭和二十年の支那派遣軍（2)≫，所附昭和二十年（民國三十四年）六月一日，八月十五日「支那派遣軍態勢概見圖」。

「平津治安維持委員會」出現，由高凌霨負責。十二月十四日，「中華民國臨時政府」在北京（平）成立，王克敏任行政委員會委員長，齊燮元任治安部總長⑯⑦。民國二十七年一月一日，高凌霨任僞河北省省長（五月一日被刺），七日，潘毓桂任僞天津市長。二十七日僞「冀東防共自治政府」與「中華民國臨時政府」合併。三月二十八日，「中華民國維新政府」在南京成立，梁鴻志任行政院長。九月二十二日，北京「臨時」與南京「維新」兩政府在北平成立「中華民國政府聯合委員會」，王克敏主席⑯⑧。民國二十九年三月三十日，汪兆銘僞「國民政府」在南京成立，北京則改稱「華北政務委員會」，王克敏任委員長，齊燮元任常務委員兼綏靖總署督辦⑯⑨。

民國二十六年九月四日，「察南自治政府」在張家口成立，于品卿主持，轄察南十縣⑰⓪；十月十五日「晉北自治政府」在大同成立，夏恭負責，轄晉北十三縣⑰①；二十八日「蒙古聯盟自治政府」在原和(歸綏)成立，主席雲王，副主席德王，蒙古軍總司令李守信。轄二十一縣三十九旗。三僞組織在張家口成立「蒙疆聯合委員會」，主管三「自治政府」⑰②。

上述中國及蒙疆之僞組織個個獨立互不相屬。「南京」與日本支那派遣軍司令官辦交涉，當地（南京）日本陸軍特務機關長爲其最高顧問；「北京」與北支那方面軍司令官辦交涉，北京特務機關長爲其最高顧問；「蒙疆聯合委員會」聽命於駐蒙軍司令官，張家口特務機關長爲

---

⑯⑦ 蔡德金、李惠賢編，≪汪精衞僞國民政府紀事≫，頁五。
⑯⑧ 同⑯⑦書，頁十一。
⑯⑨ 同⑯⑦書，頁五三。
⑰⓪ ≪北支那治安戰（一）≫，頁四七。
⑰① 同⑰⓪。
⑰② 同⑰⓪。

其最高顧問。所轄「察南」、「晉北」、「蒙古聯盟」三「自治政府」受當地—張家口、大同、歸綏——特務機關統制指導。

各地僞軍層次較高者，屬上述各僞政府，如華北方面，民國二十九年三月底以前稱「治安軍」，後則改稱「綏靖軍」。其他地方僞軍則屬於地方省、市、道、縣等僞府，但皆聽當地日本陸軍特務機關或當地日本駐軍的節制指揮。

僞軍在華北俗稱「白脖」，因當初隨日軍作戰時脖子上圍一白毛巾（或白布條）以資識別。後來雖不再見，但此專用名詞已流傳，且含有濃厚鄙視之意。

民國二十八年四月二十日，日本北支那方面軍司令部訂「治安肅正要綱」，其中第四章爲「歸順匪團的處理」僅三條（51～53）：(51)歸順匪團處理規定；(52)利用奇襲特性且監督不法行爲；(53)嚴格管制彈藥消耗⑰³。實際上日軍亦知部分僞軍與中央（或中共）有連繫，但相處尙算「客氣」，嚴守「保持距離，以策安全」原則。兩軍絕不同駐一地（村），同城時各自設防，盡可能分開作戰。同時日軍贊助僞軍發展成長，絕無消滅或收編之虞，使僞軍領袖可以安心。

（一） 冀省僞軍：冀省最早出現的僞軍爲冀東防共自治政府保安隊，其時尙在七七抗戰以前，由殷汝耕統轄，分教導及第一、二、三、四總隊，任殷汝耕、張慶餘、張硯田、李允聲、韓則信爲總隊長，官階則爲中、少將，官兵一萬二千人，此保安隊與二十九軍關係密切，部份原爲于學忠第五十一軍改編而成[174]。抗戰後，七月二十九日，第一、二總隊張慶餘、張硯田在通縣反正，日軍通縣特務機關及守備人員全部殲

[173] 同[170]書，頁一二四。

[174] ≪冀東防共自治政府成立周年紀念專刊≫，＜（九）保安＞。

滅，日僑被殺二二三人[175]。民國二十七年五月五日，偽冀察保安司令楊振蘭反共，襲臨洛關，斃日軍司令加藤[176]。

齊燮元任偽中華民國臨時政府治安部總長時，在北京成立華北治安督辦公署，齊任督辦，先後組成治安軍七個集團軍（每集團軍二個團）及八個獨立團，此軍多係北洋舊軍，軍紀尚佳，戰力亦強，以反共及維持地方治安爲宗旨，並掩護中央（黨政軍）地下工作人員，同時成立清河軍官學校，用原清末第一陸軍中學舊址，培養治安軍幹部，有自勵自強風尙，是淪陷區人民心目中的正規部隊，聽命於華北治安公署。

(1) 偽治安軍:

第一集團軍劉鳳池（李定衡），駐遷安約三千人;

第二集團軍黃南鵬（姜宏恩），駐遷安約三千人;

第三集團軍劉祖笙（葉亮），駐灤縣約三千人;

第四集團軍姜恩溥（劉硯生），駐北京、宛平約三千人;

第五集團軍葉蔭平（陳大鈞），駐通縣約三千人;

第六集團軍宋廷裕，駐保定約三千人;

第七集團軍劉其昌（馬文超），駐馬家溝約三千人;

獨立第七團李定衡，駐通縣約一千五百人;

獨立第八團陳志平，駐冀遼邊界約一千五百人;

獨立第十三團李潤泉，駐涿縣約一千五百人;

獨立第十五團厲鳳策，駐定縣約一千五百人;

獨立第十七團顧海清，駐天津約一千五百人;

獨立第十八團劉瀓，駐灤縣約一千五百人;

獨立第二十一團趙晉三，駐平原約一千五百人;

---

[175] ≪日本戰史叢書≫，≪支那事變陸軍作戰(1)≫，頁二二七～二二八。
[176] 郭廷以編著，≪中華民國史事日誌≫，第四册，頁二九。

獨立第二十二團熊毅，駐益都約一千五百人；

憲兵司令部文凱，駐北京約一千五百人⑰。

(2) 日委僞軍：此多由日軍特務機關，或野戰部隊委派而投降或自組之部隊，聽命於日軍特務機關長或野戰部隊長，是最接近日軍的僞軍，也是淪陷區人民心目中的漢奸部隊，「日委」兩字爲筆者所擬訂。

皇協軍第一軍李英，分駐安陽、武安，約一千五百人；

皇協軍第二軍崔培德，分駐內邱、邢臺、沙河、順德，約八千人（民國二十七年十月十四日王子心部，在邢臺反共，出擊共軍。）

皇協軍第三軍劉萬選，駐滄縣約一千五百人；

皇協軍特務旅劉致，駐冀南，人員不詳；

自衞軍韓子獻，分佈在北平、保定、石家莊、任邱、河間，約六千人；

獨立第一軍第二旅李文翰，分駐大名、安平、廣宗，約七百人；

獨立第二軍楊振繳，分佈冀南，人員不詳。

河北招撫軍曲烈五，駐永年，約四千人；

華北反共建國軍李景文，駐新海約六百人；

冀南保安司令曾慕華，駐吳橋約八百人；

滄鹽剿匪總司令劉培鮒，分佈滄縣、新海約八百人；

涿縣新剿共軍周文龍，分佈涿縣、高碑店，約一千一百人；

警備旅李小貞，分佈寧晉、趙縣，約一千五百人；

冀魯豫邊區游擊司令李成華，駐大名約二千人；

冀南剿共軍總司令吳淞濤，分佈邯鄲一帶，約一萬五千人；

---

⑰ 國防部史政編譯局檔案5111/6010.2：僞軍調查彙報第一號，軍令部第二廳第三處，民國三十一年四月。

冀南剿共第一路軍（由皇協軍第一軍改稱並擴編，詳前。）李英，駐滑縣約三千人；

冀南剿共第二路軍高德林，駐沙河約四千人；

冀南剿共第三路軍曹正裕，駐邢臺約三千人；

滄縣駐軍司令劉佩臣，駐滄縣約三千人[178]。

(3) 地方僞軍，此爲地方部隊，在無法存時而投降日僞，聽命於地方日本駐軍或僞地方政府，計:

定興、淶水、易縣地區之江洪濤，約一千七百人；

滄縣、新海地區之劉勳生，約二千人；楊桐如，約三千人；

桑園、德縣地區之高煥文二千人；

交河之孫錫九約二百人；

歧口，小實地區之劉廷芳，約三千人；

東光、吳橋地區之蕭振江，約一千五百人；

衡水、棗強地區之徐二黑，約三百人；

隆平、堯山地區之魏金斗，約五百人；

肥鄉、永年地區之郝光虎，約三百人；

永定河沿岸之何明滑，約三千人[179]。

(4) 接受冀察戰區策反（實際上祇有連絡，接受番號，並未眞反正）之僞軍，其中包括「日委僞軍」與「地方僞軍」兩種:

孫良誠在山東，龐炳勳，孫殿英在河南，皆投降日軍，不計在內。

---

[178] 參閱國防部史政編譯局檔案，冀察戰區僞軍實力調查，民國二十八年至三十年。

[179] 同[178]。

番號	主官姓名	反正後番號	人槍數	駐地	備考
冀中剿匪總司令（文新警備隊）	柴恩波	冀察戰區第三師	兵三五〇〇人 槍三五六〇枝	文安、新鎭、雄縣、霸縣	原爲冀中第二支隊，被賀龍擊破投日。柴兼文安縣長。
興亞巡撫軍	佐藤	未定	四個旅一個團		原爲五個旅
武清自衞隊	柳世平	未定	一〇〇〇人	武清	（柳小五）
玉田人民自衞軍第三軍區	王錫明	冀察戰區游擊第十支隊	兵四〇〇人 槍四〇〇枝	玉田、遵義	
文安自衞軍	張蘭亭	冀察戰游擊第七支隊	兵八〇〇人 槍八〇〇枝	文安以東	
衡水警備司令	戴玉波	冀察戰區第四支隊	兵八〇八人 槍八〇〇枝	衡水	
棗強自衞隊	張孝誠	未定	兵五〇〇人 槍三〇〇枝	棗強	
定縣剿共軍大隊長	魏永安（李英傑）	未定	兵三〇〇人 槍二〇四枝	定縣附近	
（不詳）	張文增	未定	兵二一一人 槍一八六枝		
冀東保安第三總隊	李允聲	未定	兵三〇〇〇人 槍三〇〇〇枝	唐山附近	
涿縣自衞團	裴景華	涿縣保安司令	兵五〇〇人 槍不詳	涿縣	
涿縣自衞大隊	何玖中	涿縣保安副司令	兵二五〇人 槍不詳		
（不詳）	陳茂珍	未定	兵八〇人 槍二〇枝		
滑縣馬蘭集區隊	馬成龍	未定	不詳	滑縣	
焦作礦警	□□□	未定	兵七〇〇人 槍四六三枝	焦作	

⑱⓪

（二）察綏僞軍，由「蒙古聯盟政府」統轄：

(1) 僞蒙古軍總司令李守信，駐歸綏：

A. 綏安警備軍司令丁其昌駐歸綏，第一集團郭光舉駐包頭，約七

---

⑱⓪ 同⑰⑧檔案，冀察戰區策動僞軍反共統計表。

百人；第二集團門樹槐駐歸綏，約五百人；第三集團宋萬里駐集寧，約五百人。

B. 蒙古軍司令吳眼亨駐歸綏，第四師倉涌楞駐武川，約四百人；第五師韓鳳樓駐土木，約三百人；第六師高稜宮印駐大樹灣，約四百人（有四門山砲）；第七師達木凌辦龍駐陶林，約六百人；第八師札青北布駐百靈廟，約四百人。

綏安警備軍與蒙古軍兩部總計約三千六百八十人。

(2) 僞綏西自治軍王榮駐公廟子，第一師陳秉義約九百人，第二師王萬富約五百人，第三師常子義約五百人。

(3) 僞興亞同盟軍白鳳翔駐固陽，第一師白鳳翔（兼），約三百人；第二師劉維翰駐固陽，約二百人；第三師宋連璧駐武川，約三百人；第四師王團翔駐八客地，約三百人；第五師楊富保駐登彥花，約二百人；第六師王繩武駐黑教堂，約四百人。補充第一師郭玉亭駐戈璧，約三百人。白鳳翔民國三十一年二月七日暴斃，一部被繳械，一部由王團翔率領反正。

(4) 其他僞軍：蒙古挺進隊，森蓋麟慶駐昭君墓，約三百人；和平聯合軍李維業駐集寧，約一千五百人；準旗保安司令奇子祥駐將軍窰子，約六百人；防共第二師潘老五駐察索齊，約四百人；察綏自治軍李興祚駐宣化，約一千人；青年訓練總隊補英達賴駐歸綏，約八百五十人，巴盟警察隊郝庚子駐淳城，約四百人，警衞隊何連順，約一百五十人[181]。

以上皆由日本駐蒙軍調動，但眞駐察省者不多。

4. 僞軍的收編

(一) 冀魯（第十一戰區）收編之僞軍：

---

[181] 同[177]。

(1) 新編第九路軍總司令（原齊燮元之綏靖軍）門致中：新編第二十三軍彭振國；新編第二十六軍陳道同；新編第二十七軍姜鳳飛；新編第二十八軍高德林；冀南警備司令郭華儒，及華北綏靖軍（初稱治安軍）各集團軍與各獨立團。在北平、保定、石家莊，及冀東、冀中等地。

(2) 新編第四路軍總司令孫殿英（孫由豫北進入冀南）：第十一軍楊明卿（轄第七、八兩師）；第十二軍劉月亭(轄獨立第一、二兩師)；獨立第十旅趙增祥，獨立第十一旅范龍章。

(3) 暫編獨立第十一總隊侯如墉（轄二團）；

(4) 其他收編部隊：邯鄲先遣軍司令徐鐵生；永年先遣軍司令楊德賢；順德先遣軍司令鄭世梧，青滄獻先遣軍司令李南忠，昌宛先遣軍獨立支隊徐鄺武；新編第二十一旅藍法章；新編第二十二旅高日新，新編第二十二軍富雙英。及山東人民自衞軍張宗援；濰昌、臨淄先遣軍、厲文禮、王硯田；魯西單縣、汶上、肥城、東平、平陰、濟南、茌平、曹縣保安隊：陳葦福、孔憲振、鮑星三、單本鎮、劉緒安、劉日建、李岐山、朱曉堂[182]。

(5) 僞滿軍第五軍區伊藤部隊，原駐承德，勝利前調駐北京北苑，故由第十一戰區接收，初編爲東北保安第一總隊，旋改陸軍第三師，何世禮任師長，調灤縣並擔任北寧路護路任務[183]。

冀省地方僞軍，在民國三十四年初隨日軍向主要交通線撤離時，多被共軍擊破，撤出部分，後編爲河北省保安團第一～九團。歸河北省保安司令乜子彬指揮。僅知第一、二團池峯峻、胡金山駐保定，第六團柴

[182] 國防部檔案，反正僞軍指揮系統表，民國三十四年八月。

[183] 此一部隊，爲日韓中混合部隊，高級軍官日人，中、下級軍官爲中、韓人，在冀東給中共李運昌等部隊很大打擊。故韓大統領朴正熙時任該師少尉排長，臺灣生產事業黨部孫義先生任中尉排長。

恩波駐琉璃河；第七團王鳳崗駐新城[184]。

（二）察綏（第十二戰區）收編僞軍：

(1) 新編第十路軍總司令李守信，第一、二、三、四、五、六、八、十二、十六師，林沁望楚特、卓特巴札布、郭光舉、門樹槐、沙拉巴多爾齊、宋萬里、阿坦坦、鄂爾齊爾、補英拉達。

(2) 其他僞軍：蒙古先遣軍司令德王；蒙軍第七師達密凌蘇龍；蒙軍第九師烏坦擠呅七爾；第十二戰區騎兵第一集團軍司令王英（轄第一、二、三師）；興亞屯墾軍小山，駐黑教堂，約九百人；和建剿共軍楊子俊約六百人；石棉警備隊何連順約五百人，駐石棉；綏察總隊吉祥約一千二百人[185]。

(3) 地方僞軍被蘇聯軍隊解決後交中共吞併。

六、結　　論

冀察二省原為舊直隸省，本在一行政區之內，後分為兩省，然在政治、經濟、軍事、文化，自成一區，故本文合併討論。

抗戰初期冀察兩省國軍游擊隊、自衞軍、民團、及政府留下的正規部隊盛極一時，不下數十萬人，但因互不相屬，內部鬪爭激烈，又遇強敵日軍的攻擊，及共軍的伏擊與偷襲，不到三年，卽銷聲匿跡。退往冀南豫北與太行山區。

共軍初進入「晉冀魯豫邊區」及「晉察冀邊區」，都不過數百人，但以其黨的組織，配合其地方幹部政策——村不離村，鄉不離鄉，縣不

[184] 因系同鄉與參與關係，筆者對柴恩波、王鳳崗兩部隊之發展所知甚詳，將另文申述。
[185] 同[182]。

離縣，雖也遭到強大日軍的掃蕩，但仍能控制廣大的偏遠地帶，即使日軍佔領地區，其幹部絕不撤退，而由當地百姓或坑道掩護，同時也監視百姓們之活動，因而有廣大的兵源擴充及物資運用。日軍強力掃蕩時，共軍及共黨活動雖被壓制，但未被消滅，亦未撤出。終至發展成「晉察冀」與「晉冀魯豫」兩大軍區。

政府與中國國民黨在淪陷區也派有縣長或縣黨部書記長，及三民主義青年團省縣級幹部，此批人初隨國軍游擊隊活動，游擊隊失敗後，改與政府有聯絡之僞軍爲掩護，有的則躲在平津保等大都市過着亡國的隱士生活，有時被日諜發現而遭逮捕。然與地方上連繫不夠，當然不起任何作用。

日軍訓練精良，裝備現代化，戰術機動運用，戰鬪勇猛堅強，在華北各戰場，無論山地、平地、湖泊、河川、沼澤，均能以少數兵力，靈活運用，大有攻無不克，守無不固之勢；尤其小部隊——分隊（班）、小隊（排）、中隊（連）、大隊（營）之戰鬪——，表現更爲優異。八年之間，永佔優勢。除初期作戰有燒殺姦淫外，僞政府出現後局勢大致改善，蒐集作戰物資，實其必需。投降後，共軍偷襲各地，乃強力出兵壓制，並將防區交給國軍。

僞華北政務委員會，與省、市、道、縣政府及察南自治政府等官員，與各地僞軍領袖除少數利慾薰心甘願出賣民族爲日僞利用外，多由地方士紳或知名（黑白兩道）之士領導，它們雖係漢奸政府與漢奸部隊，但在對日交涉，解救民困，維持治安，商場繁榮，交通流暢以及民、財、建、教之正常運作，功不可沒。彼等之忍辱負重，以下地獄——作漢奸——的精神，拯救淪陷區老百姓，令淪陷區人民心存感佩與惋惜的複雜情懷。在僞府僞軍中亦充滿仇日反共意識。

抗戰勝利時，日軍一紙降書，繳械歸國，正規國軍無一兵一卒在冀察二省，冀省靠僞綏靖軍及空運之國軍部隊接收平津保等地，察省經蘇聯紅軍之手將張家口及察南完全交給共軍。華北僞軍原有可觀的力量與地盤，且與共軍作激烈戰鬪，但因系漢奸部隊，幾經擾攘與減縮，部分投共，終至煙消雲散。而抗戰初期，共軍只有三萬二千人，此時已發展成五十萬大軍。在冀察兩省約二十萬人以上，佔總數的三分之一強。且此後之林彪「東北民主聯軍」也是從冀、察、魯各省徒手人員十數萬人，去東北由蘇聯紅軍手中接收日本關東軍的軍械，裝備成軍，阻碍國軍接收東北國土主權。

筆者在淪陷區長大，親見國共日僞的活動，抗戰前冀省各地鬧土匪綁票，縣保衞團武力有限，無法制壓，由正規軍搜剿，地方擾攘，一日數驚。抗戰後，第一次攻入之日軍，燒殺姦淫、搶掠、拉夫，僞軍亦隨之混水摸魚，共軍（賀龍部）乘勢進入，征兵收槍詐財，最爲惡劣，且所到之處，將日軍引來，兵災人禍，地方爲之塗炭。稍後道縣僞府出現，地方僞軍亦同時建立，日本交通機構——滿鐵株式會社到達各地，鐵公路及汽船暢通，人民漸可安居樂業，很少再見日軍暴行，且可到平津等大都市讀高中或大學，人民生活水平較大後方高許多。其時共軍所佔廣大農村之中上階層，爲逃避共黨之抽丁、捐獻、清算、鬪爭，亦寧願托庇附近日僞所佔城市，以求苟安。誠非長久生活在大後方的人所能想像與理解的，不能不說是由中國人所組成僞府僞軍所賜。

若以春秋大義，漢奸固不可爲，然求生爲人性本能，戰區億萬人民，政府既無力保護，更未能預作安排，不得不苟且偷生。所謂「堅壁清野」、「焦土抗戰」亦不過爲當時之宣傳口號。兩次世界大戰中巴黎、羅馬等名城均有不設防之先例，以全古蹟。抗戰時平津、武漢皆未經巷戰而放棄。全淪陷區近兩億人民皆變成「僞民」，而民間抗日武力，甚至中央預置之游擊部隊，在日共軍夾擊中爲求生存而投靠日僞。大量的「

僞民」與各式各樣近百萬的僞軍在無可奈何情況下,都與「僞」或「漢奸」結下不解之「結」。又乏高度智慧之政治家能以政治藝術預先設法解開,勝利後任由各地方大員或統兵將領各說各話,各自爲政,不別輕重,不聞善惡,不分首從,不察始末,不顧環境,自以爲是的開口漢奸,閉口僞軍, 未能善爲處理, 終由此「結」,被中共所利用, 在戡亂作戰之際,多數人投入共軍,一增一減之間,影響何等巨大。

戰區或方面主事人,頑固短視,非我必除;而又私心自用,只想佔人家便宜,或編併別系部隊,不但影響團結,促成局部失敗,更使大局糜爛,終至全面崩潰。

抗 戰 史 事 日 誌

例 言

一、歷史研究首須注重史事，方能瞭解它的意義，史事須以史時來聯貫，纔能正確，並可明白其前因後果。因此，爲紀念抗戰五十周年，〈抗戰史事日誌〉之編撰，實爲一件極有意義之工作。

二、本〈日誌〉起自民國二十年瀋陽日軍越界演習，止於民國三十四年底，國軍陸續收復失土，前後凡十四年。

三、「抗戰」爲中國近代史上最重要，最光輝，也最悽慘的一頁，是在蔣委員長領導下，全國陸、海、空軍及社會各階層人士爲救亡圖存，以莫大犧牲進行的國家存續決鬪。今日大陸雖被中共所竊據，但此一史事與全國民衆所付出之代價，絕不容許中共強迫「史學工作者」以及被俘或靠攏將領「不實的回憶錄」任意歪曲。

四、日本侵華後，隨戰局的發展，先後在華北設北支那方面軍，轄第一軍，駐蒙軍，第十二軍，第四十三軍；在華東初設上海派遣軍、第十軍，後改中支那方面軍，轄第十一軍、第二軍，再改支那派遣軍，指揮中國日軍，及華中第十一軍、第十三軍、第六軍；在華南初設第二十一軍，後改南支那方面軍，再改第二十二軍，又改第二十三軍；華中後設第六方面軍，轄第十一軍、第二十軍、第三十四軍。以及在緬甸設緬甸方面軍。日本「方面軍」爲大戰區指揮機構，「軍」也負有中國一省以上的作戰任務，且指揮所轄各師團或獨立旅團與國軍作戰。故本誌將「方面軍」與「軍」成立或調入日期，作戰地區，主管更調，皆錄存外，並將其所轄師團與獨立旅團分期列表，作爲附錄一，可使讀者對日使用兵力有一全面瞭解。

五、國軍爲迎戰日軍侵略，在軍事委員會指揮下，先後組成各戰區（一～十二）、行營，遠征軍、駐印軍，及晚期之中國戰區陸軍總司令部，暨所轄第一、二、三、四方面軍，接受美式武備，準備全面反攻，八年長期作戰，各部隊損失慘重，變化甚大，爲明瞭部隊參戰實情，亦列「抗戰時期國軍參戰主要部隊簡表」，作附錄二提供參考。

六、抗戰初期，由共軍改編之三師（第一一五師、第一二〇師、第一二九師）撥入第二戰區作戰，新成立之「新四軍」編入第三戰區指揮。惟就整個抗日戰史言，除民國二十六年九月二十五日第一一五師在平型關殲滅日軍第五師團一個運輸隊（連）（無自動火器，僅一百枝步槍）及民國二十九年八月二十日夜至十二月初，所謂「百團大戰」，及零星的游擊戰外，對抗戰貢獻極微。相反的自平型關戰役後，共軍即抗命自由發展，打著抗日旗號，吸收青年，竄擾華北及沿江各省，建立「晉陝綏」、「晉冀察」、「晉冀魯豫」、「冀熱遼」、「蘇皖魯」等「邊區政府」，乘國軍與日軍拼鬪之際，呑併「地方武力」、「游擊隊」與「疲憊的正規陸軍」。至抗戰勝利時，已發展到五十萬人，奠定其叛亂基礎。爲了解其來龍去脈，請參閱本《論集》最後一篇〈中共參加抗戰與破壞抗戰活動紀要〉。

七、抗戰期間，尤其七七事變後，幾乎隨時隨地都有戰事進行，本〈日誌〉因受篇幅所限，不能盡記。故採取下列兩項原則記述：（一）重要城鎮之失陷與收復；（二）重要戰鬪或會戰之開始，雙方參加主要兵力與人員，以及持續的時間與重要的結果。後者雖與「日誌」體例不太相合，但可免去「日日記入」的繁複現象。

八、有關國軍陣亡將領（包括上校追贈少將者），本〈日誌〉盡量錄存，以表崇敬之意。其所根據之資料，除《抗日戰史》外，並與「忠烈祠」檔案詳加比對，以資慎重。

九、本〈日誌〉之資料來源：(一)秦孝儀著：《總統　蔣公大事長編初稿》；(二)中央黨史會編：《中華民國重要史料初稿》——〈對日抗戰時期〉，第二編，〈作戰經過〉；（三）中央黨史會編：《中華民國重要史料初編》——〈對日抗戰時期〉，第五編，〈中共活動眞相〉；（四）國防部史政編譯局編：《抗日戰史》（一〇一冊）；（五）國防部編：《國軍歷屆戰鬪序列表彙編》；（六）王健民：《中國共產黨史稿》；（七）日防衞廳研修所戰史室著：《日本戰史叢書》（一〇〇冊），其中1.《支那事變陸軍作戰》(1)(2)(3)（三冊），2.《陸海軍年表》(一冊)，3.《北支治安戰》(1)(2)（兩冊），4.《陸軍軍備戰》(一冊)，5.《一號作戰》(1)(2)(3)河南、湖南、廣西の會戰（三冊），6.《昭和二十年の支那派遣軍》(1)(2)》（兩冊）；（八）《中華民國史事日誌》（七種）；（九）及有關中日戰史之專書與論文。

十、筆者曾任軍職，且鑽研軍事史有年，在抗戰期間，正値成長期（民國二十六年至三十四年，十歲至十八歲），具有親身經歷，並多年「口述歷史訪問」與檔案戰史稽考工作，對抗戰史事之整理爬梳，自屬義不容辭。惟在編撰本「日誌」期間，曾罹患流行性感冒，在高燒中仍經常勉強工作，以求早日完稿，故疏漏實所難免，尙望軍界前輩及學界方家，不吝賜教爲感。

抗戰史事日誌

民國二十年（一九三一年）

3.29　瀋陽日軍越界演習與華警衝突，日軍包圍警所，繳去警械十餘枝。

日本在東北駐軍:

(一) 陸軍第二師團，師團長多門，轄步兵第三、十五兩旅團，步兵第四、二十九、十六、二十等四個聯隊，騎兵第二聯隊，野砲第二聯軍，獨立山砲第一聯隊，工兵第二大隊，輜重兵第二大隊（民國二十年十二月二日撤走），約一〇、四〇〇人。

(二) 獨立守備隊司令官井上，轄第一大隊（三浦）——四平街；第二大隊（大谷）——公主嶺；第三大隊（岩田）——大石橋；第四大隊（坂津）連山關；第五大隊（脇板）——鐵嶺；第六大隊（春見）——鞍山，約五、〇〇〇人。此兩支日軍早駐東北，共一五、四〇〇人。

3. 31 日本聯合艦隊共六十四艘進青島港，官兵登陸參觀。

6. 27 日本參謀本部部員中村麗太郎大尉在遼北興安嶺秘密活動，為洮南民安鎮駐軍團長關瑞璣（玉衡）所捕。——東北當局以屯墾為名謀於興安嶺建兵工廠，中村前來偵察。四天後被殺。

7. 1 日本軍事參議官會議，議決在滿洲設置常駐師團。

7. 2 日本利用韓人強佔吉林長春萬寶山民地，並開槍殺傷中國民警，陰謀導演「萬寶山事件」。

7. 3 長春日本軍警武力驅逐萬寶山農民，保護韓人繼續開渠。並在朝鮮內地煽動排華暴動。

7. 14 石友三在順德異動（日本關東軍策動），平漢鐵路北段不通。

7. 15 南京接得大連情報員報告，關東軍將在東北誘發軍事行動（日本外務省亦接得相似密報）。

7. 17 日本陸軍省宣佈中村大尉於六月二十七日在洮索地方蘇鄂公爺

府被殺。

8.16 日本利用張海鵬（前洮遼鎮守使）攻打北安，爲馬占山軍擊退。

9.2 日軍在瀋陽北大營附近演習。

9.5 日本外相幣原喜重郎電令瀋陽總領事林久治郎切實取締浪人製造中日事變(關東軍高級參謀板垣征四郎策動——中日事變)。

東北邊防軍參謀長榮臻到北平，與張學良商應付中村事件方針。

9.6 東北日領事在瀋陽開會，商中村事件（日本國內醞釀就中村事件對華作緊急行動。）

張學良密令東北邊防公署軍事廳長榮臻，無論日人如何尋事，務須萬事容忍，不與反抗（同時張面告臧式毅派來之警務處長黃顯聲，日軍如尋衅，應極力避免衝突，以免事態擴大）。

9.8 日本閣議，陸軍大臣南次郎宣稱，對中村事件必要時卽採取相當行動，除武力報復手段外，別無他策。

瀋陽日軍守備隊越境演習。

9.12 日本向朝鮮增兵兩師團（第十九、第二十師團）。

9.14 日滿鐵守備隊軍官十六人沿路作軍事考察，本日到哈爾濱。

9.15 日本參謀本部作戰部長建川美次奉命前往瀋陽，制止關東軍行動。

9.16 日本關東軍司令官本庄繁向東京請示軍事行動。

9.17 日本關東軍司令本庄繁命南滿鐵路駐軍及鐵道守備隊舉行行軍演習，並在駐地舉行備戰檢查。

9.18 日軍於午前六時佔領安東。

日本關東軍藉口「中村事件」，並陰謀製造柳條溝爆破事件，砲擊北大營，襲佔瀋陽（九一八事變）。日軍傷亡二十五人。

9.19 日軍強佔瀋陽、長春、營口、安東等地，中日軍隊在長春激戰，日軍傷亡一四二人。

朝鮮漢城日軍司令官林鐵十郎命第十九及第二十師團（三十九、三十八兩旅團）向遼吉邊界出動。（日參謀本部制止，向琿春出動之日軍停止）。

9.20 日軍佔撫順、昌圖、蓋平及延吉、敦化等縣。日艦威脅連山灣、胡蘆島。

9.21 朝鮮日軍渡過鴨綠江。日軍在東北瘋狂攻擊，焚掠長春，並進佔吉林省城。

據報瀋陽兵工廠槍械被日軍刼去者值一萬萬元以上。

上海抗日救國會組織救國軍。

9.22 本庄繁命關東軍準準向哈爾濱出動。日軍進佔遼源、昌圖、洮南等地。

朝鮮軍派遣混成旅團到達東北增援（十一月一日撤回）。日飛行部隊，兩中隊調往東北。

9.23 瀋陽日軍散發布告，將永久佔領。日軍佔領通遼及四鄭、四洮兩路。

日本參謀本部令關東軍勿得進至洮南以北。

9.24 日軍劃北寧路線之皇姑屯、新民、巨流河一帶為其防線。日飛機在皇姑屯、錦州及溝幫子投彈，並襲擊平遼列車。

吉邊鎭守使李杜宣佈抗日，設自衞團督辦處。

10.1 陸軍砲兵學校成立。

日軍分別向瀋海路、吉敦路攻迫遼吉遁出國軍，雙方在嫩江附近激戰。日軍傷亡一八〇人。

10.2 日軍在瀋海路上藉口攻擊由瀋陽退出之王以哲旅，並向山城子投彈六十枚。日軍陷通遼，繳路警及駐軍張多峯旅械。

10. 4　日軍暴行，在長春活埋所俘傷兵二百餘人。

10. 5　日機轟炸錦州。便衣隊開到新民。

10. 6　日軍艦四艘駛抵上海示威。（據調查：日本已在華之海軍，計長江之第一遣外艦隊，軍艦二十二艘；華北之第二遣外艦隊，軍艦五艘；華南之第三遣外艦隊，軍艦六艘。）

10. 7　日軍砲轟新民，內蒙匪軍受日軍嗾使攻陷洮南。

10. 8　日機炸錦州。日艦駛入長江，在江陰向岸山掃射。

10. 10　日機炸秦皇島，並派海軍陸戰隊登陸。

10. 14　洮遼鎮守使張海鵬受日人嗾使圖進攻黑龍江。

10. 30　日以軍火十八車運濟張海鵬，迫令攻擾黑龍江。

11. 4　日軍開至洮昂路，強修江橋，與黑龍江軍吳淞山旅激戰被擊退，日機轟炸大興車站。

11. 5　馬占山軍與日軍在江橋激戰。

11. 7　馬占山發表通電報告日軍侵境情形。

11. 12　日軍向馬占山致最後通牒，要求馬下野，並限午夜十二時前答覆，惟日軍未待薄暮，卽行猛攻。

11. 13　漢口日租界日本陸戰隊演習巷戰，日艦又駛到九艘。

11. 14　日軍同時攻嫩江、湯池、蔴姑溪、三間房，遭國軍堅強抵抗。湯池、昂昂溪失守。

11. 17　午夜日軍以重兵向馬占山軍總攻，馬軍退齊克路，雙方在昂昂溪附近激戰，日軍傷亡三〇〇人。

11. 19　日軍攻陷黑龍江省城龍江及齊齊哈爾。張海鵬自動反正，與日軍開戰。

11. 20　馬占山在林家店設伏擊退日本追兵。並在海倫設黑龍江省政府。

11. 24 本庄繁宣言，將進攻錦州，以解決遼寧省政府。

11. 26 日軍在天津製造事端，澈夜砲轟華界。翌日向河北省政府提出撤退一切武力。日稱「天津事件」，日軍傷亡六人。

12. 1 日本派兵三中隊，攜野砲機關槍增援於天津。

12. 4 日軍砲轟營口。

12. 16 日飛行部隊增至五個中隊。

12. 17 日軍第三十九混成旅團（由第二十師團步兵第三十九旅團為基幹組成），到達東北（按此混成旅團民國二十一年二月十一日調上海參加淞滬作戰，四月五日再調回日本歸還建制。）

12. 21 日軍在昌圖、新民一帶發動總攻擊。

12. 22 日軍佔領法庫及通江口。

12. 23 日軍由營口進佔田莊臺。

12. 25 中國東北義勇軍紛起抗日。

12. 27 日軍混成第三十八旅團（由陸軍第十九師團步兵第三十八旅團為基幹組成）到達東北（按此旅團民國二十一年六月六日，調回日本歸還建制）。

12. 29 日軍陷盤山，進攻溝幫子、錦州，雙方激戰。

12. 31 日軍佔領溝幫子。

民國二十一年（一九三二年）

1. 2 日軍於十四時侵入錦州。翌日佔連山，向綏中前進。

1. 4 日軍進佔綏中。福州日軍艦水兵登陸示威。

1. 10 日軍攻錦西。騎四旅（常堯臣）及義勇軍應戰，日軍死傷頗重。

國民政府軍政部、參謀本部、訓練總監部合組軍事整理委員會。

1.12 日軍分三路侵熱河，大通線激戰。

1.15 日軍侵佔阜新。

1.17 日軍猛攻熱邊五頂山等處，被東北義勇軍擊退。

1.20 日軍進佔吉林農安。

1.22 日本海軍第一遣外艦隊司令鹽澤幸一，向上海市政府要求解散抗日團體及取締排日運動。

東北義軍與日軍在興城激戰。

1.23 日本派大批軍艦至滬。

國民政府緊急會議，討論對日問題，避免與日本衝突。由軍政部長何應欽將第十九路軍於五日內調離上海，派憲兵第六團接防。

1.25 東北民衆抗日救國會在北平成立（接濟東北義勇軍鄧鐵梅、項青山等）。

1.27 日陸戰隊三、五〇〇人，由鮫島大佐率領在上海浦東登陸。

1.28 夜十一時半，上海日海軍陸戰隊三千五百人進犯淞滬路天通庵車站及閘北，國軍第十九路軍第七十八師第六團奮起抵抗。

日軍開入哈爾濱。

1.29 日軍進佔寬城子。

中央政治會議爲應付非常事變，議決成立軍事委員會。

1.30 日援軍陸戰隊一千人到上海。

1.31 吉林義勇軍李杜發表「抗日宣言」，並設總司令部於賓縣。

日機炸上海眞茹電臺。

2.1 蔣中正在徐州召開軍事會議，商討對日整個作戰計劃。

日援軍陸戰隊三千自上海楊樹浦上岸。

2. 2　日本海軍第三艦隊，野村吉三郎任司令官，主攻上海。閘北激戰，國軍堅守陣地。

李杜等成立吉林自衛軍，在大通線與日軍激戰。

2. 3　日艦開始砲擊吳淞口，國軍翁照垣旅拒之。

2. 4　日軍猛攻閘北吳淞不逞。

2. 5　李杜、丁超各部在雙城（哈爾濱附近）與日軍巷戰。斃日軍九六人。

上海中日空戰，互有損傷（空軍黃毓全戰死）。

日軍第二師團長多門攻哈爾濱。

2. 6　國民政府軍事委員會成立，指揮對日作戰。

日本援兵（第十二師團）混成第二十四（久留米）旅團四千餘人到上海。（按此混成旅團，十五日後，運回日本。）

哈爾濱被日軍攻陷。

2. 8　國軍（要塞司令譚啓秀、一五六旅旅長翁照垣）在吳淞、閘北大捷，日本海陸軍均受重創，爲開戰以來國軍第一次大捷。

2. 9　上海日軍偷渡蘊藻濱，被國軍擊退。

2. 13　日軍偸渡蘊藻濱，竟日激戰。日海軍宣稱，中國如由長江運兵，將予襲擊。

日本陸軍第九師團（師團長植田謙吉）及第二十師團（師團長室兼次）所組成第三十九混成旅團（旅團長嘉村達次郎）運滬作戰。十六日到達上海。

2. 14　駐南京、杭州之第八十七師（師長張治中兼）、第八十八師（師長俞濟時）、王賡之稅警團（三團）等編爲第五軍，由張治中任軍長，增援上海。

2. 16 國民政府行政院及軍事委員會通電全國，準備長期抗戰。

第五軍開抵上海，接替第十九路軍左翼防線。

2. 17 江灣有激戰，餘線平靜。日續到陸軍飛機十二架，在楊樹浦闢飛機場。

2. 18 日軍第九師團長植田謙吉提最後通牒，要求第十九路軍於二十日七時前，撤退二十公里。

2. 19 第十九路軍軍長蔡廷鍇拒絕日軍通牒。

2. 20 上海日軍以陸海空全力向吳淞、江灣、閘北總攻，廟行鎮戰鬪尤烈。

2. 22 日軍二萬餘人猛攻廟行鎮，國軍第五軍第八十八師俞濟時部固守不退，並砲擊租界日軍，造成第二次大捷。

上海日軍電東京求援。

2. 24 日軍敗吉林自衞軍李杜，佔領哈爾濱。

2. 25 日軍對江灣至廟行鎮全線猛攻，損失頗重，造成國軍第三次大捷。

2. 26 陸軍步兵學校成立。

日機襲杭州筧橋中央航空學校。

2. 27 日援軍第十一師團（師團長原東）、第十四師團（師團長松本直亮）續到上海。

2. 29 新任上海日軍司令白川義則到滬。日軍猛攻八字橋。

3. 1 上海前線因日本援軍到達，展開總攻擊。下午二時，第十一師團在七丫口登陸，搶佔瀏河，威脅國軍側面。晚十一時，國軍全面撤退。

3. 2 國軍放棄吳淞。

3. 3 日軍進佔南翔。

3.4 日軍續向黃渡進犯。

3.5 日軍進犯嘉定、太倉、黃渡，各處有小衝突。

3.6 中央政治會議，任蔣中正爲軍事委員會委員長。

3.8 日軍向太倉進犯。日軍司令官白川向路透社宣布，曾於三日下令自動停止軍事行動。

3.9 僞「滿洲國」成立於長春，溥儀就僞執政——年號「大同」。

3.10 中央常務委員會通過「鞏固國防長期抗日案」。

3.12 日軍在南翔築軍用工事，在嘉定築飛機場。

3.18 蔣中正就任軍事委員會委員長兼參謀本部參謀總長。

3.24 中日代表開上海第一次正式停戰撤兵會議。

3.25 日軍又向太倉進犯，意在威迫中國接受其停戰條件。

3.26 上海停戰會議僵持（日本堅持在吳淞、江灣、閘北駐兵）。

東北吉敦路戰事激烈，翌日自衞軍克農安。

3.30 東北義勇軍自農安攻長春。

4.1 軍事委員會調查統計局成立，賀耀組任局長，戴笠任副局長兼第二處（軍事情報處）處長。由南昌行營調查統計科改組。

4.4 日本增兵延吉，自衞軍棄農安退扶餘。方正附近激戰——日軍傷亡二十人。

4.5 日軍第八、十兩師團運入東北。

第八師團，師團長西義，參謀長久納誠一。轄步兵第四、十六兩旅團，第五、三十一、十七、三十二等四個聯隊，及直屬騎、砲各聯隊，工、輜各大隊。

第十師團，師團長廣瀨壽助，轄第八、三十三兩旅團，第三十九、四十、十、六十三等四個聯隊，及直屬騎、砲各聯隊，工、輜各大隊。

日軍第二十師團混成第三十九旅團，撤入朝鮮。

4. 6　國民政府核定軍費一千萬元。

4. 8　馬占山脫險抵黑河，通電繼續抗日。

4. 10　京滬線日軍襲張家涇、岳王市。

4. 13　淞滬停戰會議暫停。

4. 19　中國義勇軍在東支鐵路東部激戰斃日軍四十人。

4. 26　義勇軍松花江下游作戰斃日軍六十人。

4. 30　日軍第十四師團由上海調往東北。師團長松木直亮，轄第二十七、二十八兩旅團，第二、五十九、十五、五十等四個聯隊，及直屬騎、砲各聯隊，工、輜各大隊。

5. 1　東北救國軍王德林攻敦化。

5. 5　「淞滬停戰協定」正式簽字，規定日本撤兵，不附任何政治條件。

5. 6　上海日軍開始自黃渡、瀏河、陸渡橋撤退。

5. 27　馬占山在呼海線與日軍激戰，退大黑河。

5. 31　日本侵滬陸軍全部撤退。

6. 4　呼海路日軍總攻擊，海倫被攻陷。

軍事委員會統一各師編制，軍爲直轄單位，軍長不兼師長，全國四十八軍，九十六個師，每師增設工兵、輜重、通信等各特種兵營。

6. 6　日騎兵第一旅團開進東北，赴吉黑作戰。

日東北飛行部隊增至三大隊。

日軍第十九師團第三十八混成旅團撤回朝鮮。

6. 12　馬占山、宮長海分別與日軍激戰於海倫、哈爾濱附近，遼寧自衞軍克清源。

6. 13　遼西義勇軍攻佔義縣。吉林義勇軍猛撲哈爾濱，東南郊外發生激戰。

6. 14　義勇軍（大刀會）再克吉林通化，焚日軍領事公署。

6. 17　上海淞滬路以東區域日軍撤退，中國政府接管完竣。

6. 18　遼寧義勇軍由遼源、撫順方面，進迫瀋陽。

6. 19　馬占山與日軍戰於黑龍江南興隆，日軍傷亡一五〇餘人。

6. 29　馬占山突破呼海路包圍圈。

7. 1　行政院決議：任李杜、丁超分任吉林省軍政長官；馮占海、王德林爲哈綏、寧安警備司令。

海軍電雷學校成立，蔣中正任校長。

7. 6　馬占山敗日軍於黑龍山呼蘭附近，吉林自衛軍李杜克富錦。

7. 10　黑龍江齊克鐵路駐軍徐寶珍反正，敗日軍於巴彥，另支義勇軍克安達（尋退出）。

7. 14　馬占山軍及民兵重創日軍於黑省克山。

7. 21　國民政府電湯玉麟，全力抵抗日軍進攻熱河。

7. 25　遼東義勇軍黃宇宙、唐聚五部佔領瀋陽線元山城鎮。

7. 28　華北將領張學良、宋哲元、韓復榘、商震、沈鴻烈、龐炳勳、楊虎城、孫魁元在北平商討國防問題。

7. 29　馬占山繼續與日軍在海倫苦戰失利。

8. 2　日本政府任武藤信義爲關東軍司令兼關東長官，及駐僞滿洲國特派大使。

遼南義勇軍第二軍七路進攻瀋陽、遼陽、海城、南臺、營口，南滿鐵路交通斷絕。

遼西義勇軍鄭桂林部旅長張百秋佔領連山車站及葫蘆島。

8. 6　遼寧民衆自衛軍第六路李春潤克復撫順。

8.7 中央政治會議決議，北平綏靖公署暫停設，改置軍事委員會分會，由蔣中正兼任委員會長。于學忠為河北省政府主席，宋哲元為察哈爾省政府主席，王樹常為平津衞戍司令。

8.18 遼東義勇軍黃宇宙部王鈞喜佔領朝陽鎮。

9.1 北平軍事委員會分會成立。

軍政部航空學校改為中央航空學校，由蔣中正兼任校長。

東北各地義勇軍大舉抗日，進攻瀋陽，襲擊撫順，圍攻長春。

9.7 察、熱義勇軍組軍事委員會指揮部，聯合抗日，民團紛起響應。

吉林義勇軍王德林進迫長春。

9.11 吉林義勇軍馮占海部攻吉林省城（永吉）。

9.16 日本與偽滿洲國簽訂軍事協定，關東軍司令部移長春。

9.19 日軍第七師團混成第十四旅團、騎兵第四旅團增援東北。

9.27 東北義勇軍耿繼周部克復錦西。

10.2 榆關日軍第八師團第四旅團鈴木美通挑釁。

10.24 遼東義勇軍唐聚五、李春潤與日軍連日劇戰於通化、植仁，日軍傷亡四十人，後佔通化。

11.1 軍事委員會之國防設計委員會成立，開始辦公。

吉林抗日救國軍王德林部收復寧安。

11.11 吉林自衞軍李杜、丁超克佳木斯。

黑龍江救國軍蘇炳文在呼倫貝爾大捷，日軍傷亡二百人，敗退富拉爾車站。

11.14 馬占山自訥河到札蘭屯，與蘇炳文部會合。

12.1 黑龍江日軍猛攻蘇炳文部，佔領札蘭屯，進犯海拉爾。

12.2 馬占山抵興安嶺指揮作戰。

南京成立陸軍工兵學校，本日正式開學。

12. 3 救國軍蘇炳文部自海拉爾退滿洲里。

12. 4 日軍佔領興安站，進攻海拉爾，救國軍蘇炳文、張殿九、謝珂等通電撤兵，馬占山同行。

12. 6 東北抗日義勇軍蘇炳文、馬占山電稱：彈盡援絕，不得已退至俄境，被解除武裝。

日軍第六師團，師團長板門政右衞門，轄第十一、三十六兩旅團，第十三、四十七、二十三、四十五等四個聯隊，及直屬騎、砲、工、輜各大隊，開入東北作戰。

12. 8 夜十時，日軍砲轟榆關。

12. 10 山海關日軍挑釁事件解決，駐軍道歉賠償，日鐵甲車後撤。

12. 24 蔣委員長電令張學良，決心抵抗日軍侵犯熱河。日機轟炸朝陽寺。

民國二十二年（一九三三年）

1. 1 夜九時日軍第八師團第四旅團進攻山海關，要求中國政府撤退南關駐軍。

日陸空軍協力進攻北票。

兵工專門學校成立，隸屬軍政部。

1. 2 日本陸空軍猛攻山海關，國軍何柱國第九旅拒之。

1. 3 日軍攻陷山海關及臨榆城，國軍營長安德馨等戰歿。

日機偵察灤東，軍艦封鎖秦皇島。

1. 5 中日軍在石河對峙，日機連日轟炸榆關附近村莊。

1. 7 榆關日鐵甲軍砲擊黃土崗。

1. 8 日軍第六師團、第八師團主力兩萬人進犯熱河朝陽、阜新。

1.9　日海軍陸戰隊在秦皇島登陸。

1.10　日軍進攻山海關北之九門口要塞，死傷七十人。

吉林東境自衛軍李杜擊斃日軍三〇人，被迫退入俄境。

1.11　日機又向朝陽附近投彈射擊。

九門口、石門寨續有激戰。秦皇島方面形勢嚴重。

翌日九門口陷落。

1.16　日機轟炸熱河開魯，中國義勇軍攻通遼。

1.19　日方收編僞軍爲地方警備隊，分駐黑省各縣。

1.25　日陸空軍及僞蒙軍進犯熱河開魯，國軍騎兵第九旅崔新五拒之。

1.28　遼義勇軍鄭桂林部攻九門口。

2.1　軍政部航空署全體職員，改敍空軍官階，是爲空軍官制之嚆矢。

2.7　榆關日軍襲沙河寨。

2.8　中央政治會議通過「兵役法草案原則」。

2.9　日軍犯石河橋，並與義勇軍戰於大凌河。

2.12　日軍進犯熱河阜新及凌南。

2.17　熱河湯玉麟電，日方迫開魯駐軍撤退，否則卽第三次進攻。

2.18　張學良及東北軍總指揮張作相、熱河駐軍司令湯玉麟通電決心奮鬪求生，復我河山。時華北各軍約二十餘萬人，編爲八個軍團，于學忠、商震、宋哲元三軍團防冀東，萬福麟、湯玉麟、張作相（孫殿英）三軍團守熱河，傅作義軍團駐察東，楊杰軍團駐北平，商震、宋哲元、萬福麟、湯玉麟、孫殿英、傅作義、楊杰任總指揮。

2.21　晨六時日僞軍進攻南嶺，熱河戰事開始。

2. 22　日軍中路陷南嶺，第五十五軍一〇七（董福亭）旅退北票，北路日僞軍進攻開魯。

偽「滿洲國」對中國發出通牒，要求熱河省內駐軍於二十四小時內撤退。

2. 23　日僞軍開始對熱河總攻。國軍退出北票。

2. 24　日軍（北路）攻陷熱河開魯，守軍崔新五旅退天山。

國民政府國防委員會成立。

2. 25　日軍中路陷朝陽（董福亭旅潰散）。

駐津日軍在中日交界處裝設軍事防禦工程，形勢緊張。

2. 26　日軍（南路）進攻凌南白石咀、紗帽山與第五十三軍(萬福麟)作戰。開魯失守。

2. 27　東北軍孫德荃、繆徵流、丁喜春、劉香九旅（屬華北軍第四軍團總指揮萬福麟）與南路日軍激戰於凌南。孫殿英進援赤峯，堵禦北路日軍。

2. 28　熱河南路日軍攻佔紗帽山。

3. 1　北路日軍進至赤峯附近，南路日軍陷凌源。

3. 3　熱河省主席兼第五軍團總指揮湯玉麟西走灤平。

北路日軍陷赤峯（孫殿英部仍在附近抗拒），南路陷平泉。

3. 4　上午十時，急進日軍一百二十八人自建平進入承德。

熱河日軍自凌源進陷冷口。

蔣中正制定「江海戒備辦法」，嚴令各要塞遵守。

3. 5　北路日軍自赤峯進陷圍場，孫殿英部西退。

日軍進攻冷口商震第三十二軍，長城抗戰開始。

3. 6　日軍迫喜峯口，與萬福麟軍接戰，並攻古北口外陣地。孫殿英軍退守錐子山。

3.8　日軍猛攻古北口外青萬梁，激戰開始。

3.9　古北口外東北軍王以哲第六十七軍及中央軍第十七軍第二十五師關麟徵部克老虎溝口、懷來店。

第三軍團總指揮宋哲元之第二十九軍部第三十七師馮治安、第三十八師張自忠開始與日軍在喜峯口接觸。

孫殿英部自熱河圍場退多倫。

3.10　古北口外日軍猛攻，喜峯口外日軍攻佔關帝廟。

3.11　古北口外激戰，張廷樞師（第五十三軍第一一二師）陣地不守，關麟徵師長負傷。翌日古北口失陷。

喜峯口外宋哲元部（趙登禹、王治邦兩旅之大刀隊）夜襲潘家口附近之日軍，造成大捷。

3.13　日機十二架炸喜峯口國軍陣地。

3.14　宋哲元軍克復喜峯口外老婆山。

古北口日軍猛攻界嶺口，並以飛機狂炸。

3.15　喜峯口日軍被迫後撤。

3.16　喜峯口、古北口日軍襲羅文峪，東路日軍犯界嶺口。

3.17　襲羅文峪日軍受劉汝明師擊潰，另支襲遵化亦被擊退。

立法院通過：「陸軍步兵司令部組織條例」。

3.20　日軍猛攻界嶺口及義院口第一一六師繆徵流、第一二〇師常經武、騎兵第三師王奇峯部、及喜峯口第二十九軍宋哲元部。

3.23　日軍猛攻冷口外五通河蕭家營，爲第二軍團商震拒退。

3.24　東線冷口激戰，商震挫敵於三神廟馬道溝，西線敵機炸密雲。

日軍騎兵集團司令部成立，統一指揮東北日軍騎兵部隊。

3.26　喜峯口宋哲元軍克復半壁山。

3.28　日軍陷石河東岸回馬寨（翌日國軍第一一五師姚東藩克復）。

3.31 灤東日軍自九門口進犯石門寨一一五師，翌日石門寨失守。

4.2 日軍進犯多倫、豐甯，與孫殿英、馮占海部接觸。

4.4 灤東石門寨日軍陷海陽鎮、侯莊，第五十七軍何柱國反攻奪回。

4.6 日軍再陷灤東海陽鎮。

4.7 日軍又攻冷口，並利用漢奸李際春等擾灤東。

何柱國軍再克海陽鎮。又攻克墨河、河陽。

4.10 大隊日艦駛抵漢口。

日軍分路進攻長城界嶺口、冷口、喜峯口及古北口內之南天門，並以大隊飛機炸海陽鎮。

4.11 冷口及建昌營失守，喜峯口日軍南侵。

4.12 日軍陷灤東遷安。

4.13 宋哲元軍退撤河橋，商震軍反攻冷口，奪回遷安。

4.14 喜峯口日軍攻灤陽，宋哲元軍苦戰。

4.15 遷安棄守。秦皇島國軍退守昌黎。

4.16 灤東國軍撤防，北戴河、盧龍、昌黎失守。

4.17 灤東全部淪陷，何柱國、商震部退灤河以西。喜峯口日軍進犯撒河橋。

4.19 日本參謀本部以天皇責日軍進攻灤東，下令後撤。

4.21 熱河日軍開始猛攻南天門，關麟徵、黃杰兩師力戰卻之（由第十七軍軍長徐庭瑤指揮）。

4.23 南天門繼續血戰。

灤河南岸國軍何柱國、商震、王以哲全線反攻，克盧龍、遷安等地。

4.24 南天門國軍黃杰師克八道樓子。

何柱國軍入灤東安山站，宋哲元部收復灤陽，日軍撤出喜峯口。

4. 27　何柱國軍入昌黎，蕭之楚第二十六軍克興隆。

4. 28　日軍總攻南天門，國軍陣地全毀，第二師損失慘重。

日軍及偽軍劉桂堂、李壽山等進攻多倫，與趙承綬部接戰。

4. 29　南天門陣地失守，國軍退新開嶺。

多倫失守，趙承綬部退沽源。

何柱國軍入北戴河。

5. 4　日本陸軍省宣稱，中國軍隊越過灤河，接近長城爲挑釁行動。

榆關日軍迫北戴河國軍撤退。

5. 5　日軍復由冷口建昌營南犯，日偽軍進犯察東沽源。

5. 8　日本軍部發出「華北應急處理方案」，定於六月中旬以前停戰。

關東軍司令部發表聲明，誣國軍挑戰，決定加以打擊。日偽軍總攻灤東，北戴河留守營被佔。

5. 9　日軍再陷盧龍、撫寧。

5. 10　日軍再度進攻南天門。日機炸密雲、薊縣。北寧線國軍撤至石門站。

5. 11　古北口日軍猛攻南天門，第十七軍徐庭瑤部（關麟徵、黃杰、劉戡三師力拒）劉戡師傷亡奇重，筆架山陣地失守。

日機偵察北平，散發荒謬傳單。

5. 13　南天門新開嶺失守，徐庭瑤軍南退石匣鎮。

灤河何柱國軍後撤，平榆道上王以哲軍退豐潤。

5. 14　石匣鎮失守，徐庭瑤軍退密雲，前線九段山陣地由第二十六軍蕭之楚接防。

灤河以西日軍陷豐潤，王以哲軍退玉田。

5.15 日關東軍司令武藤信義發表聲明，謂日軍不進佔平津，惟華軍若不改變 挑戰態度，日軍將反覆繼續反擊作戰。國軍撤守唐山。

5.16 東線日軍迫玉田，宋哲元軍自龍井關、三屯營經遵化西撤。

5.17 何柱國軍退塘沽，王以哲軍退寶坻，宋哲元軍退薊縣，日軍陷遵化，另支日軍越唐山、玉田西進。

5.18 東路北寧線日軍陷胥各莊。古北口日軍陷九松山。

5.19 北路日軍陷密雲，進至牛欄山，與國軍第五十九軍傅作義部相持，東路陷豐潤、薊縣，國軍退三河、香河、蘆台。

日機三次飛北平偵察。

5.20 日軍陷三河，宋哲元軍退運河沿岸。

5.21 北路日軍陷懷柔。

何應欽召集軍事會議，決在白河線作最後抵抗。

軍事委員會委員長南昌行營成立。

5.22 日軍進攻通州，全城大火，國軍龐炳勳（第四十軍）及高桂滋（第八十四師）拒之。

何應欽派徐祖詒上校參謀，與日關東軍武藤信義在密雲達成停戰協議。

5.23 北路日軍猛攻牛欄山，國軍傅作義軍禦之，東路仍砲攻通州。

5.26 馮玉祥在張家口通電就任民衆抗日同盟軍總司令。

5.31 塘沽停戰協定簽字。

6.10 北寧線日軍開始向關外撤退。

6.13 通州及高麗營日軍後撤。

6.22 中國國民黨中央常務會決議：任馬占山、蘇炳文爲軍事委員會委員。

7. 1 華北戰區接收委員會在天津正式成立。

7. 2 中日商討接收戰區後改編偽軍之大連會議開始。

7. 6 大連談判告竣，決定本月十日起開始接收，偽軍收容三分之一，改編為保安隊。

7. 12 馮玉祥部吉鴻昌軍收復多倫，敗偽軍李守信部。

7. 23 戰區接收委員雷壽榮、李擇一偕日武官赴唐山辦理接收事宜。

7. 25 國軍接收冀東唐山（由偽軍李際春移交）。

7. 29 東路戰區接收止於海陽鎮（臨楡未能接收）。

李際春就任戰區雜軍編遣委員長。

廬山會議通過空軍建設三年計劃。

7. 30 北路戰區接收密雲、懷柔。

8. 7 日機炸察省沽源之平定堡。

日本關東軍自戰區撤回長城線。

馮玉祥之抗日同盟軍總部自行取銷。其部屬方振武、吉鴻昌移駐高麗營、湯山。

8. 27 國軍奪回高麗營，方振武西趨湯山，與吉鴻昌部會合，日機四架投彈轟炸。

佔據塘沽公安局日軍退出。

8. 28 日機在高麗營、湯山投彈，並偵察順義、北平。

方振武、吉鴻昌部自湯山北走，日機追踪轟炸。

8. 30 日軍在天津築飛機場（尋停工）。

9. 7 日軍第六師團撤回日本國內。

10. 4 方振武、吉鴻昌、王英在昌平戰敗東走，湯山、高麗營一帶戰爭再起。

10.12 方振武、吉鴻昌部自湯山竄集北平、順義之間（謀東走，爲日軍所阻）。

10.14 日本飛機轟炸方振武、吉鴻昌部。

10.16 方振武、吉鴻昌以日軍之壓迫，接受北平分會之條件，離軍赴津，所部由第三十二軍軍長商震改編。

12.8 孫殿英部飭駐綏寧邊境。

12.16 日僞軍進犯喜峯砦，中國守軍退獨石口。

12.19 察東形勢緩和，日僞軍停止前進。

民國二十三年（一九三四年）

1.1 防空學校成立於筧橋，隸屬航空署。

1.2 日機在赤城、永寧一帶投彈轟炸。

1.5 日本藉口堵剿劉桂堂部，增兵冀北一帶。

1.12 日海軍陸戰隊到福州倉前山。

1.16 日軍及僞軍侵佔察哈爾龍門所附近趙家管子。

1.18 攻龍門所日軍撤退，察東形勢緩和。

1.20 日軍第七師團，所轄步兵第十三、十四旅團，第二十五、二十六、二十七、二十八等四個聯隊，及騎、砲各聯隊，工、輜各大隊調入東北，原二十一年九月十九日由第十四旅團所組成之混成旅團進入東北，歸還第七師團建制，接替第八師團防務，第八師團撤回日本。

1.28 日軍圍攻察哈爾甚急，該省主席宋哲元召各將領會商防務。

2.10 國軍正式接收被日軍侵佔年餘之山海關。

2.19 日軍在東北四省所築飛機場已成者計三十八處。

古北口定二十八日實行接收，當地日軍緩撤。

3.4　古北口舉行接收典禮（該口陷落三五七日）。

3.16　沽源、多倫間，日軍增至千餘，日方稱係意在警戒。

3.17　日軍第三師團，轄步兵第五、三十九兩旅團，第六、六十八、十八、三十四等四個聯隊，及騎兵第四旅團，砲兵第三聯隊，高砲第一聯隊，工兵、輜重兵各大隊，與第十六師團，轄步兵第十九、三十兩旅團，第九、二十、三十三、三十八各聯隊，及騎、砲聯隊，工輜大隊，調入東北，接替第十師團、第十四師團防務，後者撤回日本。

日軍獨立第一混成旅團調入東北，接原屬第七師團第十四混成團之防務。

4.1　唐山沿線日軍實行野戰演習。日軍在東北各地趕築兵營。

4.6　遼吉黑三省被日軍搜繳民槍達三百一十萬枝。

4.10　日軍藉口防匪，派隊入豐潤，分組測量攝影。

4.13　北寧鐵路各站日軍增加，華北形勢緊張（強請通車通郵）。

4.19　唐山日本守備隊演習。

5.1　改航空署爲航空委員會，蔣中正兼任委員長，直隸軍事委員會。

5.6　日本在天津南開八里台強佔民田，擅建飛機場。

5.9　日本不顧中國抗議，仍在天津八里台繼續建築機場，由日警武裝掩護積極修建，並諉稱闢作菜園。

5.19　河北薊縣日軍撤退。

5.24　長城各口日軍增加。

5.31　日方力謀限制冀東戰區新保安隊武器及名額。

6.16　日本在天津八里台所強築之飛機場竣工。

蔣中正於南京主持陸軍官校建校十週年紀念。

6. 24 日軍在臺灣北部舉行特種演習（六月二十九日完畢）。

7. 1 日本在興安區王爺廟建立之「興安軍官學校」成立，以訓練蒙古青年。

7. 9 廬山軍官訓練團第一期開學典禮。

8. 4 駐塘沽日軍演習巷戰。

8. 9 北平日軍演習巷戰。

8. 10 日、英、法兵在秦皇島演習，局勢緊張。

8. 11 北平、天津日軍大演習。

8. 16 日飛機、戰車參加山海關、秦皇島演習。

8. 25 天津日軍演習巷戰。

8. 26 日海軍在渤海灣演習。

8. 27 日海軍在大沽口外舉行封鎖港口演習。

9. 2 喜峯口外，日飛機場竣工，可容機百餘。

9. 29 唐山日守備大舉演習。

10. 11 日軍獨立第十一混成旅團調往東北。

11. 14 日軍部組織移民公司，定十年內移民百萬至東北。

11. 15 日人積極開發葫蘆島軍港。

11. 21 南京舉行防空演習。

11. 26 華北日軍在北寧路唐山、灤縣一帶，自本日起舉行三日大演習。

民國二十四年（一九三五年）

1. 8 行政院決議任蔣中正兼任陸軍大學校長。

1. 15 察省四十多名僞滿自衞隊，被宋哲元軍繳械。

1. 17 熱河日軍宣佈，決將以相當計畫對待察哈爾宋哲元部。

1.18　日本關東軍發表文告，稱斷然掃蕩宋哲元軍。

1.19　日偽軍向察東沽源移動。

1.22　大灘日偽軍準備退豐寧，察東形勢緩和。

1.23　察東日軍侵佔沽源長梁烏尼河，其砲隊、空軍轟炸東柵子，步兵進犯獨石口東北長城線，軍民死傷四十餘人，史稱察哈爾（或東柵子）事件。

1.24　日本飛機轟炸獨石口，毀民房五十餘間，軍民死傷二十八人。又在東柵子投彈，死傷三十餘人。

1.27　察東日軍佔領東柵子（翌日後退）。

1.31　外蒙日軍進攻蒙邊駐軍，佔貝爾湖之喀爾喀廟（高開廟），雙方激戰。

2.2　大灘會議，國軍張樾亭（三十七師參謀長），與日軍谷壽夫（第十三旅團長），商察東問題。

2.4　中日雙方發表公報，察省長城線外七百餘里劃出中國軍隊保衞範圍。

察東日軍撤退。

2.9　日軍第七師團撤回日本。

3.3　冀東戰區清理決分三部進行。（一）玉田保安隊調防；（二）派新保安隊接替；（三）接收東陵。

3.7　國民政府公布「陸海空軍懲罰法」。

3.10　天津各地日軍舉行大演習。

3.12　國民政府公布修正「要塞堡壘地帶法」。

日軍派定人員，點驗中國華北戰區新保安隊。

4.1　國民政府特任蔣中正爲特級上將。

4.17　日本在臺灣充實陸空軍力。

4. 20　熱河義勇軍孫永勤入河北遵化，日軍越長城進擊，地方團警奉命驅孫。

4. 25　熱河義勇軍孫永勤被日軍及中國保安隊在遷安消滅。

5. 3　「河北事件」發生，中央政府準備全面抗戰，並指示劉峙籌備黃河北岸防線。

5. 25　日軍第九師團，轄步兵第六、十八兩旅團，第七、三十五、十九、三十六等四個聯隊，及騎、砲各聯隊，工、輜各大隊，開入東北，接原第七師團防務。

日騎兵第三旅團，開入東北。

6. 3　日軍在天津演習巷戰，五日遊行示威，促中國政府接受（一）河北省內一切黨部完全取消；（二）第五十一軍于學忠撤出河北，第二師黃杰、第二十五師關麟徵他調；（三）禁止排日行為。

6. 5　「張北事件」發生。國民政府免宋哲元職，由秦德純代察省主席與日本交涉。

6. 10　日天津駐屯軍梅津美治郎司令官命參謀官指揮出兵楊村威脅。何應欽告日本武官高橋：（一）河北省境內各黨部自動結束；（二）第五十一軍向河南移動；（三）第二師、二十五師調豫、皖、陝剿匪；（四）由國民政府申令，禁止排日運動。高橋無異詞而去。

6. 11　高橋送一「覺書」（即一般所稱「何梅協定」）請何應欽簽字蓋章，被何拒絕。

6. 12　日軍一千八百人到天津增防。

6. 13　日機偵察中國軍隊移防；平津人心恐慌紛紛遷徙。

6. 14　日軍一千五百人續到天津。

6. 15　日飛機又到保定一帶偵察。

6. 16　日機偵察保定、平、津等地。

6. 17　于學忠部第五十一軍全部離保開陝，日機飛保偵察。

6. 23　日機編隊飛行秦榆上空，邯鄲、安國亦發現日機盤旋。

6. 27　由「張北事件」而達成秦（德純）土（肥原）協定成立。

古北口日軍開始撤退。

6. 28　日天津駐屯軍司令官梅津美治郎正式聲明，不擴大事態，「河北事件」結束。

7. 1　廬山之暑期訓練團以日本反對，停辦(改在四川峨嵋山舉行)。

10. 5　日關東軍司令南次郎，乘機偵察長城各口。

10. 16　日軍連日大批開抵山海關，達一萬二千名。

10. 18　蔣中正手訂「中華民國陸海空軍軍人讀訓」。

「香河事件」發生。

10. 26　國民政府明令：撤銷北平軍事委員會分會，特任宋哲元爲冀察綏靖主任，何應欽爲行政院駐平辦事處長官。

10. 27　天津、豐台兩站被日軍武裝扣車。

10. 28　日軍連日增兵開往長城各口，情勢緊張。

11. 4　天津日軍沿平津鐵路大演習。

11. 14　錦州日軍向山海關出動。

11. 15　日軍艦開抵秦皇島、青島，陸軍續到山海關。

11. 17　山海關日軍大增，長城各口連日亦均有日軍開到，並攜帶輜重、重砲。

11. 21　在土肥原策劃下，「僞冀東防共自治委員會」在通州出現，委員長殷汝耕，委員池宗墨、王厦才、張慶餘、張硯田、趙雷、李海天、李元聲、殷體新。轄冀東二十二縣，民衆五百萬人。

11.27 日軍七十名佔領豐臺南下之車站，扣留車輛，自天津南下津浦火車亦被日軍阻止（旋放行）。

中國航空公司天津（民航）機場被日軍佔據。

12.1 日軍陸續開進關內。榆關又到三千餘，攜有重砲十二門。

12.5 日機多架在北平市上空散發鼓動自治傳單。

12.10 日本海軍駐津事務所成立。

12.11 冀察政務委員會成立，宋哲元委員長，萬福麟、王揖唐、劉哲、李廷玉、賈德耀、胡毓坤、高凌霨、王克敏、蕭振瀛、秦德純、張自忠、程克、門致中、周作民、石敬亭、冷家驥爲委員，以應付日本「華北特殊化」之要求。

12.16 日軍在密雲築飛機場即將竣工。

12.18 國民政府特任閻錫山、馮玉祥爲軍事委員會副委員長，程潛爲參謀本部參謀長。冀東「僞組織」阻宋哲元軍開入塘沽。

12.22 僞軍李守信陷察北沽源。

12.27 僞滿軍李守信部攻掠蒙綏邊境及張垣。

民國二十五年（一九三六年）

1.4 僞滿軍在日本嗾使與掩護下，侵佔察哈爾省東北地區。

1.5 北平朝陽門發生中日衝突事件。

1.8 朝陽門事件，係日兵逞兇，但日方狡賴。

1.17 僞滿軍李守信部佔領張垣之大清門。

1.29 僞滿軍李守信部在張北設立「臨時軍政府」。

2.11 行政院決議，裁撤平津衞戍司令部及津沽保安司令部，改設天津保安司令部。

卓什海在張北組織偽「察盟政府」，卓掌盟事，李守信掌軍事。

2.20　東北抗日聯軍成立，楊靖宇、王德泰、趙尚志、李延祿、周保中等為軍長，發表「東北抗日聯軍統一軍隊建制宣言」。

2.24　日陸軍省及參謀本部決將進行增編關東軍。

3.1　國民政府令，自本日起實施「兵役法」。

4.16　日本聯合艦隊六十五艘到青島。

4.17　日政府增加華北駐軍，支那駐屯軍司令部（天津）新司令官田代皖一郎十九日抵津，支那駐屯旅團部（北平）旅團長河邊正三，轄步兵兩聯隊，砲兵一聯隊、戰車隊、工兵隊、通信隊、憲兵隊、軍醫隊、軍倉庫，並派兵分駐豐台、山海關、塘沽、唐山、灤州、昌黎、通州、秦皇島等地，共五千七百七十四人。並指揮北平、天津、通州、太原、張家口、濟南、青島，各地日軍特務機關，及北平武官處，及二十九軍日本顧問武官。

4.28　日本決定增加駐津海軍。

4.29　華北新增日軍開抵天津。

第二批日軍二千八百餘人到天津，並強在豐台建營房（按豐台非辛丑條約規定駐兵地，中國政府抗議，日軍不予理會。）

4.30　日兵自天津開往北平通州。

6.5　粵、桂（陳濟棠、李宗仁）軍以抗日為名，分向湖南出動。

6.22　粵桂組織獨立軍事委員會，陳濟棠任委員長兼抗日救國軍聯軍總司令，李宗仁副之。

續有日軍千二百餘人自天津北開。

6.23　陳濟棠就「抗日救國第一集團軍總司令」。

6.25　陳濟棠擴編兩軍，以黃任寰任第四軍長，繆培南任第五軍長。

6.26　豐台日軍毆傷第二十九軍馬伕，扣留軍馬，反向國軍提抗議（第一次豐台事件）。

日驅逐艦駛抵塘沽。

6.29　李宗仁就任「中華民國革命抗日救國軍第四集團軍總司令」。

7.5　天津日軍司令田代皖一郎及武官喜多誠一到北平，召開日武官會議（七月七日回津）。

7.6　日軍司令田代在豐台閱兵。

7.10　日軍與國軍第二十九軍在大沽發生衝突（大沽事件）。

日坦克車隊在北平及天津遊行示威，豐台日軍百餘在盧溝橋演習。

日本飛機續到綏遠偵察。

7.16　陳濟棠、李宗仁分別自就「抗日救國軍聯軍正副總司令」職。

7.22　豐台日軍連日在盧溝橋、長辛店演習。

7.23　日本飛機到太原。

7.30　李、白組織軍政府，以李濟深爲主席。

日軍進擾綏東被擊退。

8.6　綏東形勢嚴重，僞蒙自治軍李守信部進犯陶林，滋擾綏東。

天津日軍司令部召集張家口、綏遠、太原等處特務機關長及武官會議。

8.10　日本飛機到綏遠包頭偵察。

8.11　綏東形勢緊張，德王赴百靈廟結束蒙古地方自治政務委員會。

8.12　僞蒙軍準備侵犯綏東，綏遠省政府下令加緊戒備。

8.13　熱河僞蒙軍大部直接赴綏東。

8.14　豐台日軍到盧溝橋演習。

8.16　日軍集中多倫，綏東形勢極嚴重。

8. 25　日關東軍參謀長板垣征四郎到綏遠調查。

8. 27　日關東軍參謀長板垣征四郎到天津，與日軍司令田代皖一郎商察綏軍事。

8. 30　日軍在北平西南之盧溝橋、長辛店、五里台、門頭溝、八寶山實彈演習。

8. 31　日僑闖入豐台第二十九軍軍營，被刺傷，引起交涉。

9. 3　日僑中野順三在廣東北海爲桂軍翁照垣部所殺（北海事件）。

9. 8　國民政府明令：全國人民服兵役。

9. 9　日艦兩艘爲北海事件（民衆反日示威，憤毆日商人中野致死）由滬駛粵。

9. 10　日本爲「北海事件」，又派軍艦四艘自青島南下。

9. 13　天津南開學生二十餘人遭日軍逮捕。

9. 18　豐台中日軍隊發生衝突，國軍連長孫香亭被日軍擄去（第二次豐台事件）。

9. 19　宋哲元與天津日軍司令田代商妥豐台事件，雙方停止衝突，國軍撤退。

9. 20　豐台中日兩軍糾紛解決，國軍撤駐趙家莊。

9. 21　日本外交、海軍、陸軍三省會議，決定對中國採強硬態度。日艦由滬駛漢口，入晚陸戰隊武裝在日租界登岸。

9. 23　國軍第二十九軍一部調駐南苑。

滬日水兵被槍擊，一死二傷，日海軍陸戰隊立卽戒嚴，並越界布防，形勢嚴重。

9. 25　北海日艦撤退，中野案告一段落。

9. 28　天津日軍在中國地界及楊村演習。

10. 3　日軍在長辛店實彈演習。

10. 17 綏東國軍與日僞軍發生遭遇戰。

10. 21 僞軍王英遭日軍猜忌，所部步兵被解散。

11. 1 北平通州日軍開往永定河作對抗演習。

11. 4 綏東形勢緊張，日機飛綏偵察。

平津日軍大演習（十一月一日至四日）完畢。田代皖一郎在北平宴中國軍政各界。

11. 10 蒙僞軍由百靈廟進犯綏北，被傅作義軍擊退。

11. 11 國軍第二十九軍大演習開始，宋哲元返北平指揮。

11. 12 日本嗾使察哈爾境內僞蒙軍及王英軍，由綏遠東北方進犯綏遠省。

日飛機七架飛綏東。

11. 15 綏東戰事揭開，僞蒙軍與王英等軍大部進犯陶林，國軍奉令反擊。

11. 17 蔣委員長飛太原晤閻錫山，策劃抗日軍事。

11. 19 綏邊僞蒙軍及王英軍分三路猛犯興和、陶林。

11. 21 犯綏僞蒙軍及王英軍被擊退，集結百靈廟，前方戰事沈寂。

11. 22 漢奸李守信部犯興和被擊退。

11. 23 百靈廟僞蒙軍向武川、固陽進犯。

11. 24 綏遠國軍傅作義部攻克百靈廟，僞蒙軍李守信、王英兩部死傷千餘人。

11. 26 日機到百靈廟投彈。

11. 29 僞軍李守信部在嘉卜寺反正。

12. 2 日軍與國軍在察省商都附近發生戰鬬。

12. 3 青島日海軍陸戰隊 千餘名登陸， 擅自以武力搜索 中國黨政機關。

日人指揮僞軍五千餘人自錫拉木楞廟（大廟）向綏遠百靈廟反攻，有飛機十餘架助戰，被國軍擊退。

12. 9　綏遠傅作義軍克復綏北大廟。

12. 10　王英失踪，王軍瓦解，紛紛反正，日本以飛機轟炸反正部隊。

12. 11　青島事件告一段落，中國政府接受日本所提之七項要求，但日本海軍陸戰隊尙未撤退。

12. 12　晨五時，西安事變，蔣委員長被張學良、楊虎城刼持。

12. 21　青島日本陸戰隊全部撤退。

12. 25　蔣委員長西安脫險，舉國狂歡。

民國二十六年（一九三七年）

2. 19　中國國民黨五屆三中全會通過「中國經濟建設方案」、「國防經濟建設」及「促進救國大計」等要案。

2. 28　天津日軍部幕僚舉行會議。

日駐鄭州特務機關案漢奸趙龍田處死。

3. 1　日第二批新軍一千九百餘名自秦皇島開抵平津換防。

3. 2　僞冀東自治委員會委員長殷汝耕飛長春謁板桓征四郎，商擴大僞組織事。

3 6　國民政府明令徐永昌任軍委會辦公廳主任。

3. 16　天津日本駐屯軍司令部召開華北駐在武官會議。

3. 24　日海軍聯合艦隊七十艘軍艦來華，擬在青島作大操演，以中國爲假想敵。

3. 26　北平、天津日軍演習以國軍爲假想敵。

4. 1　日海軍省野村少將勘視塘沽港口形勢。

4. 2　日海軍武官集津會商，決先興築塘沽、大沽港口。

4.8 日海軍大將大角岑生到上海檢閱海軍。

5.2 察北僞蒙軍蠢動，在商都一帶增兵南犯。

5.4 日關東軍司令官植田謙吉在承德召開軍事會議，策劃侵略綏遠。

5.5 植田飛返長春，日僞主力集中多倫。

5.6 日關東軍司令官植田飛抵嘉卜寺，會晤德王商洽軍事。

5.8 日增軍熱察邊境一旅團。蒙古沙王離北平回蒙。

5.13 豫皖蘇重要將領劉峙、陳誠等會商三省軍事整理。

軍政部長何應欽與劉峙、于學忠、陳誠、何柱國、繆澂流等開始商談東北軍整理問題。

5.16 何應欽與劉峙等商定軍整方案。

國軍成立陸軍裝甲兵團。

6.1 日軍按照預定計劃，先將平津駐屯軍兩個步兵聯隊以上之兵力於平郊、豐臺一帶集中。

天津、東京間直達飛航首航，國民政府去電制止。

6.11 察北僞軍發生內訌，民衆紛起抗日，日方在張北實行戒嚴。

6.21 支那（天津）日駐軍部成立臨時作戰課。

6.28 日本關東軍司令部、朝鮮總督府、支那駐屯軍司令部、滿鐵總裁、興中、東拓各關係方面人物在大連舉行重要會議，侵略中國形勢，日趨積極。

7.7 日軍在盧溝橋附近演習，藉口失踪兵士一名，夜二十三時四十分砲轟宛平縣城，中國駐軍第二十九軍團長吉星文率部奮起抵抗，盧溝橋事變發生。

7.8 華北形勢突變，日軍砲轟宛平縣城，國軍堅決表示願與盧溝橋共存亡。

日將天津附近之河邊旅團步兵第二聯隊及戰車隊，由平津公路向北平運輸。

中共發表通電，「號召全中國人民、政府、軍隊團結起來，築成民族統一戰線，抵抗日寇的侵略。」爲中共開起死回生之路。

7.9 中日雙方洽妥撤軍，宛平縣由石友三保安部隊接防。

7.10 日軍圖擴大事態，砲轟宛平，戰事劇烈，華北形勢趨嚴重。

為適應政略與戰略配合上之需要，國民政府決議設置國防最高會議。

7.11 日支那駐屯軍新司令官香月清司抵津（原司令官田代皖一郎七月八日病逝北平），關東軍第一、第十一兩獨立混成旅團從公主嶺、古北口分別增援。

外部發言人聲明盧溝橋事件，日軍違約，應負全責。

7.12 日軍在天津集結飛機約百架助戰。

平郊、豐臺、通縣等地之日軍，到處向國軍挑釁。

北平西郊發生激戰。

蔣委員長電示第二十九軍軍長宋哲元，以不屈服、不擴大之方針，就地抵抗日軍。

上海日陸戰隊示威。臺灣日艦隊緊急出動。日浪人潛入潮安、汕頭活動。

7.13 日軍進犯南苑，對北平取大包圍形勢。豐台雙方發生衝突，永定門外發生惡戰。

7.16 蔣委員長在廬山召集全國軍政首長及各界名流舉行共同談話會，研討中日局勢，共策禦侮圖存大計。

7.18 日設最高司令部於豐臺，司令為香月清司，指揮日軍三路併進攻取北京。

7.19 蔣委員長對盧溝橋事件發表重要意見，謂臨到最後關頭惟有堅決犧牲，吾人只準備應戰，而並非求戰。宋哲元自天津抵北平。

華北日軍宣佈：自七月二十日以後，將採取自由行動。時自朝鮮增援之第二十師團已到達天津。而關東軍獨立第一、第十一兩混成旅團，已到達北平及通縣。晚二十三時，日軍代表橋本羣與第二十九軍張自忠、張允榮達成停戰協定六條。

7.20 日軍全面向國軍攻擊，宛平戰事異常劇烈。

7.21 李宗仁、白崇禧等通電擁護蔣委員長抗戰主張。

7.22 第二十九軍遵十九日夜協定撤兵，日軍陣地並未移動。

7.24 日本要求國軍退出北平。

7.26 天津日軍司令香月清司向宋哲元提最後通牒，要求第三十七師（馮治安）退至保定，宋哲元令諭所部（第二十九軍）準備抗戰。

日軍侵佔廊坊，截斷平津交通。國軍退至豐台以南。

7.27 宋哲元正式答覆日本通牒，對無理要求嚴予拒絕，北平四郊及各門外陸續發生激戰，中國四保安團守北平。

日本臨參命字第六十五號，派第五師團（板垣征四郎）、第六師團（谷壽夫）、第十師團（磯谷廉介）約七萬五千人增援華北，準備發動大規模攻勢。

7.28 國軍一度克復豐台、廊坊，旋又退出，沙河保安隊附日，北平形勢突變。

北平東南廊房戰鬪，河邊旅團攻擊第三十八師張自忠未得逞。

日關東軍獨立混成第二旅團（旅團長關龜治）增援天津，三十、三十一兩日到達。

7.29 蔣委員長對平津激變形勢發表意見，謂軍事上小挫折，不得認爲失敗，當盡力負全責挽救今後危局。

日軍陷南苑，第二十九軍副軍長佟麟閣、第一三二師長趙登禹殉職。

日本臨參命字第七十一號，調關東軍獨立混成第二旅團，佔天津南獨流鎮。

通縣僞冀軍保安隊第一、二總隊長張慶餘、張硯田率五大隊反正，反擊日軍，其特務機關，及駐軍一中隊，與日僑二百二十三人悉數被殲，旋遭日軍攻擊，傷亡甚重。

天津大沽激戰，第三十八師張自忠迎戰日第二十師團川岸文三郎。

日軍以飛機五十架及戰車攻擊天津並佔天津市四警局，第三十八師李副師長文田率一一四旅及保安隊迎戰。

7. 30　天津保安隊及第三十八師退往靜海一帶，日軍佔據大沽，天津棄守。宛平城及盧溝橋失陷。

7. 31　日軍進襲平漢線琉璃河車站。

蔣委員長發表「告抗戰全軍將士書」，勉以「驅逐日寇，復興民族」。

國民政府外交部以國軍退出平津發表聲明。

8. 3　日軍進佔津西楊柳青。宋哲元通電軍事交馮治安代理。

8. 5　平漢線國軍便衣隊克復良鄉，進駐縣城，津浦線日軍進犯靜海被擊退。

漢口日陸戰隊突然登陸。

8. 6　漢口形勢突趨嚴重，日租界戒嚴，日陸戰隊登陸布防。

蔣委員長令派宋哲元爲第一集團軍總司令，劉峙爲第二集團軍總司令。

8. 7　日軍獨立混成第十一旅團(鈴木重康)猛攻南口第十三軍陣地。

8. 8　駐漢口日陸戰隊完全撤退。

孔財長對美記者談話，中國財力穩固，堪與日本一戰。

中國海軍在江陰實施江道封鎖。

南口戰鬪，日以飛機及戰車猛攻，國軍第十三軍第八十九師王仲廉損失達三分之二，第四師副師長陳大慶率兵增援。

8. 10　日關東軍集中兵力犯察北張家口，平綏線吃緊。

8. 11　滬日軍要求中國撤退保安隊，日艦二十七艘泊淞滬，陸戰隊五千及日軍第十一師團（山室宗武）登陸。

居庸關戰鬪，日第五師團板垣征四郎施放毒氣並以戰車猛攻，國軍第八十九、第二十一、第四師傷亡慘重。

津浦線日軍第十師團（磯谷廉介）進犯靜海。

中央常務委員會決議設立國防最高會議，推蔣中正爲陸海空軍總司令，以軍事委員會爲最高統帥部。參謀總長程潛，副總長白崇禧。

第一戰區司令長官蔣中正（兼），轄第一、二集團軍宋哲元、劉峙，在津浦、平漢兩線作戰。

第二戰區司令長官閻錫山，轄第六、七、十八集團軍，楊愛源、傅作義、朱德，在察南、晉北作戰。

8. 12　日軍夜襲南口未得逞，國軍收復獨流鎮、良王莊。

淞滬停戰協定共同委員會開會無結果，上海形勢緊張，京滬路車停開，中國封鎖黃埔江交通。

國軍第八十七及八十八師開抵閘北及江灣嚴陣待變。

日軍攻擊寶山瀏河，國軍第九十八、十一、五十六、十四、六十七、五十八、第一師迎戰日軍第十一師團（山室宗武），第三師團（藤田進），雙方激戰經月（九月十一日移轉）。

日以松井石根大將爲上海派遣軍司官，率第三、第十一師團進攻上海。

8.13　上海日軍於九時十五分由江灣、閘北進犯市區，國軍奮勇抵抗。第八十八師第二六四旅少將旅長黃梅興於虹口殉國。

日軍第五師團犯南口受重創。

中國正式封鎖長江交通。派馮玉祥爲第三戰區司令長官，顧祝同爲副長官，指揮淞滬作戰。參戰部隊：第八、九、十、十五、十九集團軍張發奎、劉建緒、陳誠、薛岳。

8.14　中國空軍在滬出動作戰，重創日軍。

日機空襲杭州筧橋空軍基地，中國空軍首次作戰，擊落日機九架，首開打擊敵機之記錄（即八一四空軍節）。

中國空軍開始轟炸黃埔江中日艦。

8.15　日機轟炸京杭贛等處，被國軍擊落十餘架。

國軍第二十九軍第一四三師克服商都。

日軍第六師團（谷壽夫）、第十師團（磯谷廉介）分別集中大沽、天津加入津浦平漢西線作戰。

南口守軍第八十九師羅芳珪團全部殉國。國軍在居庸關兩側高地作戰。

上海虹口、楊樹浦戰鬪，國軍第八十八、八十七師與日軍激戰（二十三日轉移）。

日上海派遣軍組成，松井石根大將任司令官，轄第三師團、第十一師團，及戰車、重砲、高射砲、飛行等特種部隊。日軍第三艦隊配合作戰。

8.16　中國發行救國公債五萬萬元。

國防最高會議常會決議，由國民政府授權蔣中正爲三軍大元帥，統帥全國陸海空軍。

京滬線空戰，擊落日機十三架。

8.17 察北商都規復後，國軍兼程直搗，張北、尙義、南壕塹、化德等地先後克復，劉汝明部進駐崇禮。

滬國軍各路大捷，佔領日海軍操場，日軍彼此失卻聯絡，形勢孤立。

日旗艦「出雲號」被中國空軍炸傷，失去戰鬪力。

8.18 上海國軍（第八十八師孫元良、第八十七師王敬久）大獲勝利，進展至華德路。

滬國軍一度佔領匯山碼頭。

國民政府公佈「防空法」。

8.20 日近衞首相宣言以武力解決中日爭論。

國軍抗戰初期戰鬪序列編成，除第一、二、三戰區，第四戰區司令長官何應欽，轄第四、十二集團軍，蔣鼎文、余漢謀。第五戰區司令長官蔣中正（兼）。

8.21 滬日軍偷襲吳淞及白龍港，企圖登陸。

東北義軍活耀，破壞日軍交通。日軍攻居庸關、懷來及張家口。國軍第七十二師四一六團團長張樹禎於河北南口殉國。

8.22 日關東軍獨立混成第十五混旅團（篠原誠一，第二師團抽調）由參謀長東條英機指揮進襲張家口。

中共發表宣言服從國民政府，參加抗戰。

8.23 上海日軍（第三師團藤田進）在吳淞等地登陸。

美國務卿赫爾籲請中日停戰。

上海張華濱戰鬪，國軍（第十一師、第八十七師、第三十六師）與日軍曾數度激戰（二十七日移轉）。

8.24 國民政府公布中華民國戰時軍律及施行條例。

吳淞竟日猛烈血戰，羅店、砲臺灣之日軍被殲滅。

津浦線國軍推進，良王莊發生激戰，獨流鎮殘餘日軍被包圍。

日軍攻陷南口。津浦、平漢兩線分別展開主力戰。

日華北（北支）方面軍組成，司令官寺內壽一大將，轄第一軍司令官香月淸司中將，統第六師團（谷壽夫）、第十四師團（土肥原賢二）、第二十師團（川岸文三郎）及戰車第一、二大隊、獨立山砲兵第一、三聯隊、野戰重砲兵第一、二旅團、獨立野戰重砲兵第八聯隊、第一軍通信隊。

第二軍司令官西尾壽造中將，統第十師團（磯谷廉介）、第十六師團（中島今朝）、第百八師團（下元熊彌），及野戰重砲第六旅團、第二軍通信隊。

華北方面軍直轄：第五師團（板垣征四郎）、第百九師團（山岡重厚）支那駐屯旅團（山下奉文）、臨時航空兵團（德川好敏）、防空部隊、攻城重砲第一、二大隊、鐵路部隊、憲兵隊，及大量兵站部隊。總兵力約二十八萬人。

8.25 軍事委員會收編共軍，任朱德爲第八路軍總指揮，彭德懷爲副總指揮。轄第一一五師林彪、第一二〇師賀龍、第一二九師劉伯承。

日海軍第三艦隊司令長谷川宣布，封鎖自上海至汕頭之中國海岸。

居庸關戰鬪國軍撤至懷來。

滬戰激烈，國軍第七十六師一〇〇旅少將旅長葉丙炎於羅店陣亡。

8.26 滬戰事重心移吳淞、羅店一帶。

張家口戰鬪，國軍第一四三師劉汝明向洋河右岸撤退。

8. 28 淞滬國軍向日總攻，日機轟炸上海南火車站，死傷婦孺數百。

羅店失陷。

軍事委員會任李宗仁為第五戰區司令長官。

日宣佈封鎖中國海口。

8. 30 國民政府明令徵國民兵。居庸關國軍撤退。

國軍第二十九軍補充旅少將旅長夏子明於北平殉國。

8. 31 日軍組「北支那方面軍」，以陸軍大將寺內壽一為司令官（八月二十六日派任）轄第一軍香月清司、第二軍西尾壽造及直屬部隊，分向平漢、津浦、平綏三線進攻。稍後北支那方面軍以北平為中心，以冀、察、晉、綏、魯及蘇北為作戰地區。

9. 1 津浦線日第十師團攻獨流鎮。

吳淞失陷。

川軍楊國楨、饒國華、郭勛祺、范紹增、陳萬仭、田鐘毅、周紹軒、王銘章、陳離、陳書農等部由川出發赴前線。

9. 2 津浦線日犯唐官屯。

晉西北天鎮戰鬪，日以陸空聯絡並施放毒氣，國軍損失慘重。

9. 4 津浦線日軍大舉南攻，靜海發生激戰。

察南偽自治政府在張家口成立，于品卿主持，轄察南十縣。

津浦線日機轟炸馬廠。

9. 5 吳淞日軍圍攻寶山，國軍死守。國軍克復羅店車站。

日海軍宣佈封鎖中國全部海岸。

9. 6 軍委會設置軍法執行總監，對作戰不利將領懲處。

9. 7 寶山失守，國軍營長姚子青及全營殉難。

華南日軍佔佮佇、東沙兩島，築空軍根據地。

國民政府公布「陸海空軍獎勵條例」。

9.8 國民政府令唐生智兼軍法執行總監。

上海國軍堅守軍工路、羅店、月浦等陣線。

日海空軍侵犯汕頭，敵機兩架被國軍擊落。

9.9 日增援上海部隊，第九師團（吉住良輔）、第十三師團（荻洲立兵）、第百一師團（伊東政喜）及第三飛行團先後到達上海，及大量特種部隊，兵站部隊編入上海派遣軍戰鬪序列，總兵力十六萬人。

另外海軍第一、三艦隊，及海軍陸戰隊不計在內。

平綏線國軍第十一軍長李服膺，作戰不利，被閻錫山正法，陳長捷接任軍長，苦戰八日天鎭失陷，國軍退平型關陣地。

9.10 晉北大同戰鬪，日藉飛機及戰車掩護突破國軍陣地。

9.11 上海日軍以全力進犯楊行、月浦線。日組成上海派遣軍戰鬪序列：松井石根大將爲司令官，轄第三、第九、第十一、第十三、第百一，（藤田進，吉住良輔，山室宗武、荻洲立兵、伊東正喜）等五師團及大量特種部隊，投入上海戰場。

津浦線馬廠、靑縣相繼失守。

軍事委員會劃津浦線爲第六戰區，任馮玉祥爲司令長官（但爲韓復榘、石友三等人反對）。

9.12 上海國軍自楊行退守瞿家濱，中國空軍夜襲滬，毁五敵艦。

晉北大同陷落。

9.13 沿揚子江及黃浦江兩岸國軍撤退至預定防線。

馮玉祥就任第六戰區司令長官，旋第六戰區撤消，馮改任軍事委員會副委員長，

9.14 日軍登陸上海浦東，被國軍擊退。

國軍第五十七軍繆徵流封鎖連雲港。

平漢線永清（第五十三軍萬福麟）、房山（第二十六路軍孫連仲）戰鬪，日軍以席捲包圍之勢向國軍右翼攻擊，國軍分向雄縣、保定、石家莊轉進。

9.15 平漢線激戰，固安、永清失守，涿州、保定會戰開始，國軍第二十六路軍孫連仲主動攻擊。

南京軍委會訂定懲治漢奸條例。

上海楊家宅、劉河間激戰，日軍利用飛機及戰車協同作戰，國軍第十三及二十二師損失過半。

9.16 日機轟炸洛陽、保定、太原、廣州等地。

平漢線涿州陷落。

9.17 津浦線日二次進犯唐官屯、興濟線。

平綏線豐鎮失陷。

中國空軍開始在華北出動。

上海國軍防守北站、江灣、廟行、朝天廟、羅店等地。

9.21 第二戰區平型關附近林彪第一一五師擊潰日運輸隊。

津浦線日軍在飛機助戰下，猛攻姚官屯，雙方傷亡甚重。

9.22 日機再襲南京、廣州、石家莊等地，被國軍擊落八架。

平漢線滿城失陷。國軍第七師二二旅少將副旅長尉遲鳳岡（尉遲毓鳴）於河北陣亡。

9.24 綏東集寧戰鬪，國軍向陶林、歸綏轉進。

平漢線保定失陷，第五十二軍關麟徵突圍，涿保會戰結束，雙方損失慘重。

9.25 晉東北平型關戰鬪，日軍分兩路由蔚縣、陽原向平型關、茹越口攻擊，國軍第六十九師二〇三旅旅長梁鑑堂於山西忻口殉國。

津浦線姚官屯、滄縣陷落。

9. 27 晉北雁門關激戰。

9. 29 滬戰重心移閘北，日軍犯浦東未逞，松滬全線激戰，日軍四次總攻失敗。

津浦線國軍扼守泊頭鎭。

國軍用魚雷襲擊日旗艦出雲號。

平漢線定縣、新樂相繼失陷。

9. 30 綏遠國民兵少將司令張成義在綏東殉國。

10. 1 華南國軍封鎖珠江口。

晉北代縣、寧武、雁門關失陷。

晉東日軍攻崞縣、原平。

軍事委員會在廣州設「西南進出口物資運輸總經理處」（簡稱西南運輸處）以廣州市長曾養甫兼任主任。

上海蘊藻濱沿岸塘橋——陳家行戰鬪，日（三個師團）攻擊國軍（第十六、七十八、三十二、一三三、一三四、十九、一七三、一七四、一七六師）戰鬪激烈，國軍後向西南移（二十六日移轉）。

李宗仁就任第五戰區司令長，駐徐州，轄第三集團軍韓復榘，第三軍團龎炳勳，及第三十一軍劉士毅、第十二軍孫桐萱、第五十五軍曹福林、第五十七軍繆澂流、第八十九軍韓德勤、第五十一軍于學忠。

10. 2 日軍發表淞滬作戰至九月二十九日，滬日軍死傷一二、三三四人。

日海軍佔連雲港外東西島。

10. 3 滬日軍猛攻劉行、羅店，國軍陣線西移一公里。

津浦線國軍反攻桑園。

10.4 津浦線日軍犯德州被擊退，晉北國軍收復代縣、繁峙。

10.5 滬閘北激戰，國軍佔優勢，前鋒迫近北四川路；夜中國空軍轟炸日軍陣地造成日軍重大損失。

德州失陷。韓復榘軍移徒駭河南岸。

10.6 津浦縣日越德州，犯黃河崖。

10.7 津浦線國援軍開到，向德州北反攻。

淞滬日軍攻羅店時，施放炭精毒氣。

10.8 晉東崞縣爲日第五師團酒井旅團攻佔。

10.9 蔣委員長播告全國，說明此次抗戰爲死中求生之路。

10.11 淞滬全線激戰，蘊澡濱日用毒瓦斯阻國軍進攻。滬日軍突破國軍大場陣地，國軍第一師第一旅少將副旅長楊傑陣亡。

平漢線石家莊附近激戰，商震指揮各軍應戰。

晉東原平失守，國軍第十九軍一九六旅少將旅長姜玉貞殉國，所部壯烈成仁。

晉北忻口戰鬪，戰況空前，國軍第一一五、第一二九、七十三、一〇一、六十八、七十一、一二〇師等迎戰日第五師團，雙方損失慘重。

晉東日第一軍第百八師團、第二十師團進攻正太路娘子關，國軍第十七師傷亡逾千。

10.12 平漢線石家莊失陷，日軍攻井陘。

日軍第一軍香月淸司中將，以石家莊爲中心，指揮山西及平漢線作戰。

軍事委員會收編江南各地共軍，成立新編第四軍，葉挺任軍長，項英爲副軍長。

10.13　晉北忻口鎮國軍大勝，斃日軍千餘，造成華北有利局勢。

10.14　滬閘北中國陸空將士協同反攻，控制北四川路中段。

晉北國軍第八十五師收復寧武。

10.15　津浦線日軍犯禹城。

綏垣國軍防線西移，歸綏、涼城等均失陷。

晉北偽自治政府在大同成立。夏恭負責，轄晉北十三縣，受日「蒙疆聯合委員會」指揮。

10.16　晉東北大白水一帶展開主力戰。南懷化國軍斃日軍二千餘。

日軍犯晉北忻口，國軍第九軍軍長郝夢齡、第五十四師長劉家麒、獨立第五旅旅長鄭廷珍等殉職。

10.17　晉東北懷北防禦戰，國軍在日飛機、大砲猛攻兩晝夜，雙方傷亡極重，但仍固守懷北。

包頭陷落。

10.18　國軍韓復榘部第二十、七十四、八十一師在魯北徒駭河與日軍激戰。

晉東孫連仲、曾萬鍾軍包圍侵入舊關日軍第二十師團第七十七聯隊，予以重擊。

10.19　行政院通過空軍勳章授與條例。

滬日軍窺大場，晉北國軍抵雁門。

國軍一二九師（劉伯承）夜襲晉北代縣陽明堡日機場，毀機廿餘架。

10.20　日第十軍組成，司令官柳川平助中將，轄第十八師團（牛島貞雄）、第十四師團（末松末治），及國崎支隊（第五師團步兵第九旅團所編成），及特種部隊與兵站部隊。由華北調第六師團（谷壽夫）參加，兵力約十一萬人。

10.23 平漢線日渡漳河，晉東中日仍在核桃園激戰。

天津日軍第十六師團調滬增援。

淞滬戰鬪，國軍第一七一師第五二旅旅長秦霖，第一七〇師第五一〇旅旅長龐漢禎等殉職。

10.24 滬復旦大學國軍陣地失守。

晉北忻口日猛攻南懷化、官村等地；平漢線國軍渡漳河追擊日軍。

上海小南翔陷落。

10.26 上海大場失守，國軍江灣、廟行、閘北守兵退第二道防線蘇州河，謝晉元團奉命扼守閘北四行倉庫掩護國軍撤退。

娘子關失陷，孫連仲退平定，晉東正太路移穰鎮至壽陽戰鬪激烈。

10.27 滬日軍進佔閘北，縱火焚燒，閘北全部被毀，國軍尚有士兵八百留守四行倉庫。

晉東娘子關發生激戰，華北平漢、津浦兩線國軍下令反攻。僞蒙古聯盟自治政府在原和成立，雲王主席，德王副主席，蒙古軍司令李守信，轄二十一縣，三十九旗。

杭州灣北岸關里鎮、全公亭戰鬪：國軍第六十二、六十三、七十九、二十六、一〇七、十九、一〇八師與日第十六軍師團激戰（十一月八日轉移）。

蘇州河沿岸法學鎮、沈家渡戰鬪：國軍第一、七十八、四十六、六十七、八十七、八十八、六十一、三十六師與日第百一師團激戰（十一月八日轉移）。

蘊藻濱沿岸沈家渡、胡家宅戰鬪：國軍第九、一〇五、一五九、一六〇師參加作戰（十一月八日轉移）。

新涇河沿岸羅店、劉河戰鬪：國軍第一七一、一七三、一七六師與日高橋支隊作戰（十一月八日轉移陣地）。

楊涇河沿岸施相公廟、廣福戰鬪：國軍第四十四、七十六、五十一、五十八、六十、九十八師與日軍第九師團作戰（十一月八日轉移）。

10. 28 眞如失陷。江橋鎮一帶國軍浴血抗戰。

上海國軍第十八師師長朱耀華因大場失守引咎自殺受重傷。

中國孤軍謝晉元團據守四行倉庫不肯撤退。

國軍第九十師二〇七旅少將旅長官惠民於江蘇嘉定殉國，第八十五師二五三旅五一〇團上校團長劉眉生於山西忻口殉職。

10. 29 晉北忻口之武村，斃日軍旅團長藤田。

蔣委員長在國防最高會議報告「遷都重慶與抗戰前途」。

10. 30 北平燕京大學被迫停辦。

日本外務省發言人發表談話稱： 假如中國直接提出和平的建議，日本將不拒絕舉行談判。

國防最高委員會決議遷都重慶。

11. 31 滬留守閘北之四行倉庫八百壯士（謝晉元部）奉命退出。日軍渡蘇州河。

晉東北兩線連日均有主力戰甚烈，日軍進犯太原遭猛烈抵抗。

國軍第九十一師二七一旅少將副旅長龐泰峯於河北殉職。

11. 3 蘇州河岸激戰，日軍被國軍嚴密包圍；廣福、南翔日軍受重創，國軍第一〇七師少將旅長朱芝榮殉國。

11. 4 晉北國軍退出忻口，主力戰在平原地帶展開。

上海日軍續渡蘇州河，朱家濱北發生激戰。

日第十四師團（土肥原賢二）陷冀南安陽。

11. 5　晨日軍第十軍第六師團及國崎支隊登陸杭州灣北岸金山衞，國軍第六十二、七十九師參加戰鬪（十日轉移陣地）。

11. 7　平漢線日軍南犯，突破國軍安陽陣地。

晉省府各機關移臨汾，日軍入太原城與國軍巷戰。上海國軍放棄浦東。

國軍在晉東北韓候嶺、榆次間不斷採游擊戰，歷時三月，摧毀日軍據點，阻礙日軍正面進犯，頗收時效。

11. 8　上海國軍退守青浦戰線。松江陷落。日軍宣佈淞滬作戰死傷軍人四〇、六七二名。

11. 9　國軍第六十七軍軍長吳克仁於江蘇青浦殉職。

金山衞登陸日第十軍犯石湖蕩，滬西國軍撤退，軍事委員會下令決固守南京，國軍自滬西及浦東撤退。

11. 11　江蘇國軍第五十八師一七四旅少將旅長吳繼光於青浦殉國。

上海失陷。魯北日軍陷慶雲。

11. 12　津浦線日軍攻禹城，陷惠民，毀黃河鐵橋。

國軍第五十二軍第二師第七團，團長劉玉章派兵一營夜擊磁縣機場，毀日機七架。

冀南大名失陷，國軍第三十八師退衞河南岸。

11. 13　津浦線北段激戰，日機大舉轟炸濟南一帶。

魯北日軍陷濟陽。

11. 14　山西日軍分路趨汾陽、臨汾；大名城南發生劇戰。

11. 15　上海國軍退出太倉、崑山；常熟、嘉興有激戰。

蘇南常熟戰鬪，國軍第十一、十三、三十二、四十四、六十七、九十八等師與日第十一師團苦戰（十九日向無錫、江陰轉進）。

江蘇常熟、謝家橋戰鬪，國軍第十六、一七一、一七三、一七四、一七六師參加作戰。（十九日轉移）

11. 16 津浦線國軍撤退，改守黃河南岸，炸燬黃河大鐵橋。

11. 17 國軍堅守吳江新陣地，太湖濱展開劇戰。

日皇頒令組織大本營爲戰事最高統帥機構，主持侵華軍事。

國防最高會議議決：爲長期抵抗日本侵略，中央黨部、國民政府遷至重慶辦公。

11. 18 國府各院部人員絡繹遷漢渝，常熟失守。

魯北隔河砲戰，漢奸在濟南縱火騷擾；煙臺國軍撤退，煙臺失守。

11. 19 津浦線國軍渡河克桑梓店，平漢線安陽西日軍被擊退。

嘉興城郊劇戰。蘇州、嘉興同被日軍侵入。

11. 20 國民政府宣言移駐重慶，統籌全局，長期抗戰；林森主席過漢口西上，五院均遷渝。

日軍佔潿洲島，控制雷州海峽。

浙江南潯鎮失陷。

日大本營正式成立。參謀總長掌軍令，陸軍、海軍全力配合作戰。

蘇南吳興戰鬪，蘇州失守，國軍第一七〇師徐啓明、第一七二師程樹芬與日第五師團激戰。（二十六日轉移）

11. 21 國軍堅守江陰、無錫、太湖南岸連日激戰。國軍第一七〇師五二二旅少將旅長夏國璋於吳興殉職。

津浦線國軍克濟陽城。

滬浦江緝私輪全部被日軍刼去。

11. 22 南京又遭空襲，日機一架被國軍擊落。

11. 23　江陰激戰，太湖南岸國軍反攻，日艦犯國軍江陰封鎖線。

11. 24　國民政府明令發表唐生智兼南京衞戍司令長官。

吳興（湖州）陷落。

11. 25　蘇南廣德戰鬪，國軍第一四四、一四五、一四六、一四七、一四八師與日第三師團激戰。（十二月二日轉移）

晉中日軍北退，國軍克太谷、平遙。

蔣委員長在南京招待外國記者，說明政府堅持抗戰到底。

江陰方面情勢甚緊，太湖南岸，中日在混戰中。

太湖南岸國軍退出長興，長興失守，廣德吃緊。

11. 27　江蘇宜興、沙塘口戰鬪，國軍第五十軍與日秋山支隊激戰，郭勛祺軍長負傷（十二月二日轉移）。無錫失守。

11. 28　國軍克服晉中介休、汾陽，並向平遙推進。

日軍空襲周家口，中國空軍上校大隊長高志航殉職。

日軍第百十四師團陷宜興、廣德。

11. 30　蔣委員長巡視首都全城防務，大決戰即開始。

日軍第十八師團及國崎支隊陷廣德，川軍（第一四五師）師長饒國華殉職。

日海陸空軍猛犯江陰。常州失守，丹陽吃緊。

國軍第一〇八師三二二旅少將旅長劉啓文於江蘇殉國。

12. 1　日軍組成中支那方面軍戰鬪序列：松井石根任司令官，指揮上海派遣軍鳩彥王，第十軍柳川平助作戰。日機炸南京，被擊落四架。

12. 2　國軍放棄丹陽、金壇、溧陽。江陰要塞經血戰後於晚間失守。

青島情勢緊張，官吏撤退，銀行停業。

12. 3　上海日軍在租界遊行示威，南京路上有人擲彈，傷日兵三名，擲彈人被擊死。

日國崎支隊陷郎溪。

12. 5 溧水線後移，日軍第六，第九等師團陷句容、秣陵關。

日機大隊襲南京，貧民區被炸，慘不忍睹；蘭州遭空襲。

蔣委員長嚴申軍令，凡戰區內地方官放棄守土責任者，一律軍法從事。

12. 6 湯山發生劇烈戰事。

12. 7 日軍三路猛攻南京，紫金山國軍陣地後移；蔣委員長乘飛機離京，赴江西星子。

日軍第十八師團陷宜城。

12. 8 日軍進攻南京外圍龍潭、湯水鎮、淳化鎮、方山、牛普山、板橋鎮，國軍後撤。

蕪湖被慘炸，車站等處一片焦土。

12. 9 日軍第五師團國崎支隊陷太平。

12. 10 日軍第十八師團陷蕪湖，當塗危急。

南京光華門內發生巷戰。

雨花台、紫金山一帶激戰，城垣被燬多處。守城高級將領唐生智及南京要塞司令邵伯蒼皆先後蹓走。

12. 11 南京城晝夜鏖戰，國軍扼守雨花台、紫金山迎擊。

12. 12 蕪湖日軍開炮，射擊英艦「蜜蜂」及「瓢蟲」號，海軍兵佐死一傷二。（影響日第五軍在華南登陸）

夜守備下關及烏龍山國軍北撤。

南京激戰，國軍第一六〇師參謀長司徒非、第一六五師參謀長姚中英、憲兵副司令蕭山令、第一五九師副師長羅策羣、第八十八師二二二旅旅長宋赤、第八十七師二五九旅旅長易安華、第八十八師二六四旅旅長高致嵩、第五軍副旅長李蘭池等殉國。

12. 13 國軍退出南京，首都淪陷。（日軍入城，大肆屠殺約二十萬人。）

日軍國崎支隊陷蒲口。

南京外圍幕府山國軍第四十一師（丁治磐）夜渡江北撤。

12. 14 日軍陷揚州。

12. 15 蔣委員長在武昌發表「告全國軍民書」，號召全民，抗戰到底。

當塗淪陷。

12. 16 國軍約三十師兵力在南京附近布設弧形防禦線，自揚州起北至徐州，南迄浙邊。

蔣委員長發表告全國民衆書，謂一息尙存，當抗戰到底。

國軍在九江附近江面布置新封鎖線。

12. 17 日軍犯崇德、長安，杭州危急。

12. 19 青島當局炸燬日紗廠及日商產業，總值日金三萬萬元。津浦路日軍佔滁州。

日軍三路從南京南下，浙西一帶展開血戰，杭州城外可聞炮聲。

軍政領袖在漢口舉行重要會議，決定抗戰到底。

軍事委員會調查統制局少將司令謝瓊珠於上海浦東殉職。

12. 20 國軍封鎖馬當。日機轟炸九江、南昌及梧州。

12. 21 浙西孝豐陷日。

12. 22 草干山、武康、雙溪陷落。

全國劃分全國爲五個戰區，繼續抗戰。

12. 23 日軍陷長安、瓶窰、餘杭，三路進攻杭州。

北平出現「僞中華民國臨時政府」，由王克敏、王揖唐、齊燮元等人主持。

12. 24 蔣委員長對外國記者發表談話，謂中國軍隊及戰略，兩個月內全部改組。

日軍包圍杭州，國軍守筧橋、拱宸橋。

12. 25 國軍杭州守軍，因筧橋失陷，不得已退出杭垣。

日軍在魯北渡黃河。

12. 26 蔣委員長向漢口報界發表談話謂各軍正積極改編， 決繼續抗戰。

日軍在魯北渡過黃河後，截斷膠濟路，濟南及青島形勢危急。

日海軍宣佈封鎖青島與各地中國航運。

杭州日軍陷富陽，國軍移桐廬陣地。

12. 27 日軍偸渡黃河， 晨五時侵入濟南， 韓復榘軍移白馬， 濟南失陷，青島被圍。

12. 28 日軍入濟南後，擬向青島進犯，被國軍在濰縣截擊。

浙境國軍冒雨反攻富陽。

太原日軍致最後通牒於閻錫山，限兩日內放棄反日態度，閻氏決置不理。

12. 31 皖境國軍集結荻港、繁昌間，與日軍在魯港、石硊線對峙。

日軍第十三師團擾和縣、 含山， 情況緊張， 合肥以南路軌全燬。

青島國軍以貫徹焦土政策自動撤退。泰安國軍南撤。

陸軍第十五師少將副旅長李紹嘉於江蘇殉國。

民國二十七年（一九三八年）

1.1 津浦北段，泰安失陷。

國民政府實行改組，完成戰時行政機構。

皖南溧陽、當塗、宣城戰鬪，國軍第六十、九十八師參加作戰（四日轉移）。

1.2 津浦北段，大汶口、南驛失陷。

中國空軍飛襲南京。日機二十三架襲南昌，投彈六十餘枚，國軍無大損失。

1.3 津浦北段，韓復榘退出曲阜。

蔣中正委員長核定「統一兵員徵募及補充方案」，並令河南、安徽、江西、福建、廣東、湖南、湖北、四川、陝西等九省，先設立軍管區司令部。

日組駐蒙兵團，以陸軍中將蓮沼蕃爲司令，指揮察、綏及晉北日軍。

1.4 浙東線國軍收復孝豐、於潛、臨安、餘杭、富陽等地。

津浦南段，國軍收復明光、嘉山等地。

中國空軍飛蕪湖，炸燬日艦兩艘。

蔣經國任江西保安處副處長，旋任贛南行政督察專員。

1.5 津浦北段，兗州失守。

中國空軍又飛蕪湖，炸燬日機六架。

1.6 津浦北段左翼，寧陽、汶上相繼淪陷。

東線國軍進攻杭州，連日與日軍發生爭奪戰。

1.7 韓復榘違令撤退，濟寧不守，日軍進攻隴海線之歸德。

1.8 蔣中正委員長在漢口召集重要軍事會議。

1.9　日積極修築華北各鐵路，平津同太段，均改建雙軌。

1.10　日軍入佔青島。

蔣委員長及白崇禧自武昌抵開封召開會議。

日機四十餘架襲南昌，投彈百餘枚，死傷無辜平民多人；又日機三十二架襲粵漢、廣九兩路，投彈五十餘枚，路軌頗有損壞。

中國空軍炸廣德，炸燬日機十餘架。

1.11　日方重臣舉行御前會議，決定對華和、戰兩種計劃。

津浦北段，濟寧失陷。

蔣委員長在開封拏問不戰而退第三集團軍總司令韓復榘，交軍法審判。

日機三十餘架襲武漢，投彈百餘枚逸去；又十一架襲桂，被國軍擊落兩架。

1.14　津浦北段，國軍乘勝由濟寧推進，直逼兗州，日調平漢、平綏部隊開山東增援。

1.15　津浦南段，明光、濟寧失陷。

1.16　蕪湖方面，中國陸空軍開始反攻。

1.17　軍事委員會改組，參謀總長何應欽，副白崇禧。下轄一院六部四會一局——軍事參議院(陳調元)，軍令部（徐永昌），軍訓部（白崇禧），軍政部（何應欽），政治部（陳誠），軍法執行總監部，後方勤務部，航空委員會，軍事調查統計局等——及各戰區。第一戰區程潛，第二戰區閻錫山，第三戰區顧祝同，第四戰區何應欽（兼），第五戰區李宗仁，第六戰區馮玉祥（已撤消），第七戰區劉湘（劉病故戰區即撤消），第八戰區蔣中正（兼）。

閩綏靖公署陳儀，西安行營蔣鼎文，武漢衞戍總司令部陳誠，江防總司令部劉興。

1.18 滬杭路中國游擊隊大活躍，川沙克復，國軍且已進逼杭郊。

中國空軍特務大隊改稱空軍空運大隊。

津浦線南段蚌埠、臨淮關戰鬪，國軍第一七〇、一七一、一七二、一三一、一三五、一三八師與日軍第十一、十三師團作戰。（二月卅日轉移陣地）

1.19 東線浙江作戰國軍收復富陽，日軍向杭州潰退。

日軍第十三師團陷安徽和縣。

1.20 津浦線南段，明光失陷；北段國軍渡河擊濟寧。

日調第五師團集結青島，一部犯諸城。

皖西太湖戰鬪，國軍第一四五師佟毅，第四十一師丁治磐與日第六師團作戰。（七月六日轉移陣地）

第七戰區司令長官，川康綏靖主任，四川省政府主席，劉湘在漢口病逝，追贈陸軍一級上將，明令褒揚。

1.21 國民政府明令豁免戰區田賦。

1.22 津浦北段國軍再度入據兩下店，濟寧西南國軍實行反攻。

1.23 中國空軍十一架，襲蕪湖一帶日軍陣地，燬日機八架。

1.24 津浦南路，大溪河西岸之日軍爲國軍肅清。

中國空軍一大隊，飛炸宣城附近渡河之日軍，擊斃三百餘人。

皖西龍井關戰鬪，國軍第四十一師丁治磐，第四十八師許繼武，第一九九師羅樹甲與日軍第六、第百四師團激戰。

前山東省主席，第三集團軍總司令韓復榘，以不遵命令、放棄要地，在武昌槍決。

1.25 蕪湖、宣城戰事激烈。

津浦路南段池河兩岸，中日展開戰鬪。

日機七架，分二批襲厦門，投彈二十餘枚，死傷平民二十餘人；又二十餘架輪炸廣三支路，路軌車輛頗有損傷。

1.26 中國空軍進襲南京，燬日機三十餘架。魯西第三集團軍孫桐萱、曹福林軍包圍濟寧。

1.27 僞「冀東防共自治政府」與僞「中華民國臨時政府」在北平合併。

1.28 津浦南段，日軍大隊偸渡池河未逞，被國軍俘獲八百餘人；北段國軍游擊隊肉搏濟寧城郊。

1.30 蚌埠失守，國軍轉移淮河南側盧橋、洛河側擊。

1.31 津浦線南段，中日兩軍戰爭激烈，池河血戰七晝夜，日軍第十三師團死亡逾兩千；國軍李品仙、于學忠部因工事全燬，陣線略有變動。

2.1 津浦南段，鳳陽、定遠相繼淪陷，戰事重心移臨淮關。

鹿鍾麟任軍法執行總監部總監，唐生智免職。

海軍總司令部由海軍部改編成立。

2.2 蚌埠及臨淮關，相繼淪陷，國軍北撤西移。

2.3 日軍進佔煙台。蚌埠日軍陷鳳陽、定遠。

2.4 日機八十五架，輪炸廣州，被國軍擊落三架。日艦約十艘窺虎門，中國再度封鎖珠江。

2.6 日軍進佔龍口；浙西國軍反攻，克復餘杭。

2.8 津浦線南段國軍收復考城。平漢線安陽日軍第十四師團南犯。

2.9 蚌埠日軍第十三師團三百人偸渡淮河，被國軍全部殲滅。

2.10 中日兩軍連日在蕪湖附近白馬山發生爭奪戰，斃日軍千餘人，國軍犧牲亦重。

2.11 平漢線日軍又積極南犯，湯陰、滑縣、淸豐、內黃失陷。蕪湖方面，雙方戰事激烈，白馬山失而復得。

2.12 津浦路北段滕縣、臨城激戰，國軍孫桐萱軍、張自忠軍大破日軍第十師團。津浦南段淮南陣地國軍經激戰後，轉移固鎭新陣地。平漢線長垣失守。

2.13 津浦兩端戰況好轉，淮南國軍于學忠、張自忠克復鳳陽、考城，北段孫桐萱、曹福林攻入汶上，進薄濟寧。平漢線正面淇縣及右翼濮陽相繼失陷。

日在朝鮮大徵壯丁，限本年內完成二十四個師團。

魯南濟寧、汶上戰鬪，國軍孫桐萱部第八十一師展書堂，第二十二師谷良民與日第十師團作戰（廿五日移轉）。

日軍中支那方面軍戰鬪序列解除，上海派遣軍、第十軍戰鬪序列亦解除。

2.14 津浦北段戰事順利，汶上及濟寧北關相繼收復。

2.15 津浦北段，正面國軍收復兩下店，左翼在濟寧與日軍巷戰；南段上窰附近激戰，強渡淮河之日軍爲國軍擊退。

平漢線戰事轉劇，宋哲元、萬福麟兩軍，與日本第十四師團（土肥原），配屬重砲旅團，在新鄉、垣曲間激戰。

2.16 宋哲元、萬福麟兩軍，與日軍第十四師團激戰，山彪鎭陷落。

2.17 淮北國軍乘勝南進，克復小蚌埠、曹老集。津浦北段戰事劇烈，終日在滕縣附近激戰。

平漢線宋、萬兩軍激戰肉搏後，衛輝、高鄉失守。

2.18 日再組中支那方面軍，任陸軍大將畑俊六爲司令官，指揮第三、第六、第九、第十三、第十八、第百一等六個師團，及步兵第十旅團、波田支隊、第三飛行團，以南京爲中心，在華中作戰。

日機三十八架前後進襲武漢， 被中國空軍第四大隊擊落十四架，開空戰紀錄，李桂丹大隊長殉國。又，日機四十九架全日分批狂炸粵漢、廣九兩路及廣東各屬。

日軍北支那方面軍，第一軍香月淸司，以石家莊爲中心，指揮山西、豫北、平漢線作戰；第二軍西尾壽造，以濟南爲中心，指揮山東津浦線作戰。

津浦北段正面， 國軍全線反攻。 路東已將嶧山、 葛山陣地奪回，路西仍守大山、福山。

平漢線河北戰事已進至嚴重階段，鐵路正面之日軍止於亢村、忠義一帶，右翼封邱之日軍抵黃河北岸，宋、萬兩軍退修武。

2. 19 宋、萬兩軍，在修武、博愛、沁陽、濟源等地，與日第十四師團浴血作戰。

2. 20 日軍偷渡上窰附近之洛河向國軍陣地襲擊，戰況劇烈。

國民政府公布「陸海空軍勛賞條例」。

2. 21 平漢線日第十四師團向國軍猛攻，博愛被陷，武陟亦被侵入。日右翼仍止於封邱、陽武、原武一帶。

國軍第七〇師二一五旅少將旅長趙錫章於山西忻口被捕殉職。

2. 23 中國空軍飛臺灣臺北炸日機場及軍事要地， 日機及油庫盡被燬，機隊安全返國。

津浦北段， 國軍敢死隊攻克濟寧 。 日軍第十四師團陷豫北沁陽、孟縣。

蘇魯區游擊第二路中將司令劉震東陣亡於山東莒縣。

2. 24 津浦北段國軍向沂水、莒縣反攻。豫境國軍沿黃河南岸固守。

2. 25 津浦北段國軍反攻沂水、莒縣。

軍事委員會戰時軍官研究班在武昌成立，萬耀煌任主任。

中國空軍飛東京偵察安然返國。

2.26 中國空軍一隊飛皖，擊沈兩日艦。

淮河兩岸，國軍發揮游擊戰術，定遠、鳳陽、蚌埠一帶盡在國軍控制中。軍訓部頒「游擊戰綱要」，訓練游擊戰及夜戰。

豫北日第十四師團，佔晉城、天井關。宋哲元、萬福麟兩軍脫離戰場，入太行山區——陵川、林縣整補。

2.27 魯東國軍反攻已克復沂水、莒縣。

侵入晉南之日軍第十四師團，佔垣曲。

2.28 晉省日軍第百八師團 進攻臨汾， 與第四十七軍 李家鈺發生激戰。

晉東望都、石家莊國軍竟月施游擊戰，日軍第百八師團頗受困擾。

3.1 日軍第五師團、第十師團向魯省西南出動，謀截斷隴海路，威脅徐州。（徐州會戰展開）

蚌埠、懷遠日第十三師團西犯。

晉省日軍第百八師團圍臨汾。由第二十師團進佔。

魯南滕縣戰鬥開始，國軍第一二二師王銘章與日第十師團激戰。

3.3 晉南戰事激烈，國軍與日軍在臨汾城發生巷戰。

津浦南段國軍由合肥出擊，截斷日軍第十三師團由南京至蚌埠間之聯絡線。

國軍克復新鄉、衛輝（日第十四師團增援徐州會戰）。

3.7 晉南國軍主力集結臨汾以西並分布同蒲路兩側，日謀以第百九師團，及第二十師團分五路渡黃河，砲擊潼關。

國軍張自忠部增援魯南臨沂。龐炳勳及山東保安隊守臨沂。

魯南台兒莊戰鬬， 國軍孫連仲等軍 與日軍第五、 第十師團作戰，國軍大捷（四月七日轉移）。

3.8 第二戰區晉南兵團衞立煌部沿同蒲路反攻。

3.11 晉國軍反攻，保德、河曲已相繼克復。豫北日軍被國軍四面襲擊，國軍實施夜襲，攻入修武城。

3.13 國軍游擊隊攻入煙台。津浦北段日軍又來犯，臨沂前方國軍沈著應戰，日卒未獲逞。國軍克復永濟、修武。

3.14 晉國軍反攻部隊源源渡過黃河北岸，在平陸、風陵渡一帶與日血戰。黃河北岸日軍竟日向國軍陣地砲轟。

臨沂國軍張自忠、龐炳勳兩部向日軍猛攻，發生激戰。

3.15 黃河南北岸國軍與日軍砲戰甚烈，國軍步兵分別在陝縣、靈寶等地渡河與日軍肉搏，收復重要據點數處。

3.16 日軍在垣曲西北被國軍夾擊，損失頗重。

津浦路北段滕縣失陷，國軍第一二二師師長王銘章、參謀長趙渭賓殉職。

魯南臨沂、向城戰鬬，國軍龐炳勳軍第三十九師馬法武，張自忠軍與日第五師團作戰激烈，日第五師團損失慘重。

3.17 日佔據威海衞。日軍在南通登陸。

津浦北段戰事轉趨激烈，滕縣國軍第十三軍失而復得。臨沂方面戰事仍在激烈進行中。

軍官研究班擴充爲軍官訓練團，蔣中正兼任團長，陳誠、萬耀煌爲正、副教育長。

3.18 晉南國軍反攻勝利，收復風陵渡、芮城、平陸與茅津渡。晉西國軍分兩路攻取原平，林彪阻擊日軍犯大寧。

臨沂日第五師團（板垣征四郎）被張自忠殲滅三千人，斃其聯隊長長野大佐。日軍退莒縣。

日軍登陸崇明島。

魯南臨城戰鬭，國軍第四師陳大慶與日第十師團血戰竟日，第五十二軍關麟徵守運河兩岸。

3. 19 國軍克復滕縣。五日來國軍在沂河兩岸已獲大勝。

國軍湯恩伯第二十軍團、孫連仲第二集團軍集中津浦路臨台支線棗莊與台兒莊陣地。

3. 20 津浦北段日軍南犯甚猛，國軍分兩路夾擊，雙方爭奪滕縣及附近地區，卒被國軍克復。

3. 21 日軍南犯嶧縣，臨沂之役日軍第五師團慘敗。

3. 22 國軍陸續渡沂河反攻，已先後克復湯頭鎮及夏莊兩據點。

晉南日軍被迫後退，國軍已收復芮城。

3. 23 日軍第五師團再犯臨沂，國軍退臨沂以北地區，日第十師團進犯台兒莊，被池峯城師所阻。

3. 24 津浦北段開始總反攻，國軍猛攻嶧縣，日軍被殲滅過半，仍據城頑抗。津浦南段國軍亦挺進，張八嶺、沙河車站已被國軍佔領。

日第十師團猛攻台兒莊，被守軍池峯城師、王冠五旅擊退，雙方在棗莊大戰。

蔣中正委員長，親臨鄭州、徐州、洛陽指揮作戰。

3. 25 魯南台兒莊會戰，日軍節節敗退，反攻臨沂又遭失敗，湯恩伯、孫連仲率隊前往助戰。國軍由台兒莊出擊，乘日軍不備，三面猛攻，斃日軍萬餘人，殘餘日軍向東北潰退。

國民政府公布「戰地守土獎勵條例」。

3. 26　晉南國軍克風陵渡、平陸、芮城。

3. 27　國軍孫連仲克棗莊。國軍湯部亦攻佔嶧縣郊外之潭山，正包圍郭里集及嶧縣城內日軍第十師團。國軍龐炳勳部進逼臨沂，斃日軍六千，日軍向相公莊一帶潰退。

3. 28　臨沂方面國軍向日軍猛攻，日軍不支，向莒縣方面潰退。

3. 29　台兒莊方面國軍向日軍猛攻，白崇禧親赴前線指揮。

大汶口附近日軍被肅清後，國軍已向泰安挺進。

3. 30　台兒莊與嶧縣間日軍第十師團四、五千人被國軍重重包圍。臨沂方面日軍向北潰退，國軍正向前追擊。

3. 31　大莊之日軍已被國軍擊潰，竄擾莊東南之日軍亦經肅清，台兒莊爭奪戰暫時告一段落。

進犯臨沂之日軍已經退卻。

豫北戰事，國軍收復焦作。

4. 1　魯南白馬山砲戰甚烈，斃日軍三百餘，傷尤衆。

晉東北沁源游擊戰鬪，國軍第四十七師裴昌會，第八十三師劉戡與日軍第百八師團作戰（廿日轉移）。

4. 3　魯南經十三晝夜之血戰，國軍再克台兒莊、韓莊。晉南國軍再度克復風陵渡。

4. 4　魯南日調兵增援，台兒莊附近又展開血戰。日機二十七架進襲西安，投彈多枚。

4. 5　中國空軍結隊北飛，大舉轟炸魯東、魯南日軍。日用毒瓦斯犯台兒莊。

4. 6　台兒莊大捷，殲滅日軍第五、第十兩師團一萬六千餘人。（中國號稱三萬人。日本自承：第五師團六、七五九人，第十師團五、二二五人，合計一一、九八四人）。

4.7 晉南國軍克復高平。

4.8 魯南界河、兩下店方面，國軍已收復棗莊。臨沂日軍反攻不逞，國軍克復米陳。

晉東南國軍乘勝挺進光復、長子。

4.9 交通部訂定「軍郵免費滙兌處理辦法」。

國軍由白馬山突襲濟南，佔領高埠、東關要地。

4.10 津浦線國軍進攻嶧縣、棗莊。平漢線國軍猛進安陽。

豫北國軍聯合民衆二千餘人，攻克滑縣。劉汝明軍攻入新鄉車站。

4.11 棗莊之日軍被殲過半，嶧縣已在國軍掌握中，臨沂西南米陳之日軍仍被包圍。

4.12 嶧縣城郊各要點被國軍次第佔領。國軍敢死隊攻佔梁山高地。

4.14 國軍攻入嶧縣東南門，日軍被圍仍頑強抵抗。

4.16 國軍猛攻米陳，發生浴血混戰。棗莊之日軍仍被國軍包圍中。

中國空軍自本日起陸續成立各路司令部。

晉東國軍襲擊日軍第百八師團苫米地旅團，擄獲輜重車若干輛。

4.18 魯南國軍拂曉正式收復韓莊及車站。沂河西岸之日軍因由青島開來援軍第五師團六千人，氣焰又呈猖獗。

被國軍包圍於米陳之日軍仍頑強困守待援。國軍由臨沂西北六、七公里之北道反攻，戰況激烈，殲日軍甚衆。

日本大本營派橋本羣少將與北支方面軍，中支派遣軍，第一、二軍開會，增兵徐州會戰。

4.19 日軍一部衝進臨沂，日軍報復，屠臨沂縣城及附近村鎮。

國軍游擊隊在上海四郊活動，日軍採取焚燬鄉村政策，鄉村被焚者無數。

4.20 臨沂方面戰事慘烈，國軍運用新戰術向邳縣以北地區作戰。

豫北國軍克復濟源、孟縣，日軍向東北撤退。晉東國軍克大遼縣、和順。

軍事委員會擴大各軍管區組織，藉利徵募兵役。

4.21 平漢線日抽調第十四師團增援津浦、魯西、豫東。

山西國軍收復長治縣城。

國府公布發行金元公債條例及國防公債五萬萬條例。

4.22 包圍嶧縣西南之國軍與日軍在臥虎寨激戰。

瀋陽日機場起火，日機百架被焚。

陸軍騎兵第六師師長劉桂五在綏遠固陽殉國。

4.23 魯南國軍全線反攻，紅瓦屋及陶墩成爲雙方必爭之地，激戰最烈。

4.24 晉東由沁源西逃之日軍一聯隊被國軍伏擊。

國軍第五十二軍關麟徵軍高鵬團由二十一日起至二十四日在連防山苦戰四晝夜，全團殉職。

4.26 魯南日軍已逐漸退卻。嶧縣之日軍猛犯姚家莊。台兒莊以東後堡、戴莊爭奪戰，經國軍猛攻，已將後堡收復。國軍第五十九軍張自忠、第一八〇師劉振三所部、一〇八三團團長莫肇衡於嶧縣陣亡。邳縣北部之日軍分三路向國軍張自忠軍攻擊，張軍堅守陣地，日軍未得逞。

郯城日軍分兩路南犯，一在馬頭鎭附近，一在關爺廟附近，與國軍激戰。

晉東北長治、晉城間戰鬪，國軍第四十七、第八十三師與日軍第十師團激戰（五月一日轉移）。

蘇北日軍第百一師團佔鹽城。

4.27 日軍向國軍蘭城店小集及禹王山一帶猛攻。

邳縣東北蘇曹莊、大王莊、十字溝及黃莊一帶，國軍與日軍混戰一晝夜，日軍不支而退。

4.28 嶧縣東南戰局無變化，邳縣北部國軍收復連防山，日軍之連絡線被切斷。

台兒莊以北連日國軍均採取攻勢，戴莊方面正在激戰中。

蘇北日軍第百一師團佔泰興城，國軍韓德勤（八十九軍）、繆澂流（五十七軍）兩軍北撤。

4.29 國軍完全克服郯城，殲日軍千餘人。台兒莊東北日軍傾全力向國軍反攻，亦被擊退。

4.30 安徽日第六師團佔巢縣。

第一戰區司令長官行署少將參議李世平於河南，第二十一集團軍總司令部少將高參張椉佩於江蘇，蘇浙皖邊區游擊驥宇部隊少將司令謝昇標於江蘇，第一一四師三四〇旅少將旅長扈先梅於山東嶧縣，第一八三師五四二旅少將團長陳鍾書於山東，分別爲國殉職。

日軍第九師團與國軍第七軍戰於蒙城。

5.3 歸綏國軍進抵歸城南五十里，與日僞軍激戰。

5.4 魯南國軍續有進展，台兒莊東北日軍陣線被國軍中央突破；臨沂至郯城日軍聯絡亦被隔絕。

閩綏靖公署撤消，併入第三戰區戰鬪序列。

皖中南合肥戰鬪，國軍楊森、徐源泉、廖磊各軍與日第百十六師團在定遠、含山、考城、上窰作戰。

5.5 郯城西南馮家窰、捷莊、大王莊一帶，國軍與日軍仍作爭奪戰。台兒莊東北國軍乘勝向日右翼猛攻，已克馬頭鎭南。

津浦南段，日軍以蚌埠、懷遠爲據點，向北進犯，日第十三師團與國軍激戰。

中國空軍司令部發表四月份擊落日機七十五架。

5.6 國軍收復臨晉、猗氏兩縣部隊已與日軍警戒部隊接觸。

5.7 魯南日軍繼續後退，國軍圍攻郯城。

淮河方面，日軍三路進犯，懷遠、蒙城間戰事劇烈。日第六師團佔阜寧。

5.8 津浦線濟寧方面，日第十六師團及關東軍向南進攻。

5.9 台兒莊日軍擬改戰略另分五路犯徐州。

日軍由懷遠犯蒙城，企圖進窺徐州、歸德。蒙城陷落。國軍第一七三師少將副師長周元殉職。

鹽城日軍歸路已斷，大部份向海濱東退。

5.10 日機狂炸徐州、舒城、桐城。

魯西南金鄉、魚台戰鬪，國軍第十二軍孫桐萱與日第十六師團在萬福河左岸激戰。

5.11 日軍第十六師團犯歸德，發生猛烈戰事。

厦門日陸戰隊登陸與國軍激戰。

鄆城巷戰，下午五時失守，國軍第二十三師師長李必蕃殉國。

5.12 魯省之西南及皖省之西北發生劇戰，迄今仍未停。蘇豫皖邊區蕭縣、永城、宿州戰鬪開始，國軍馮治安、劉汝明軍與日軍第九、第三師團在澮河沿岸，及瓦子口激戰，劉汝明伏擊日軍，俘日軍百餘人，日軍佔永城。

日軍第十四師團在范縣、濮縣東渡河後，支援徐州會戰。魯西日軍第十六師團攻佔鄄城。

蔣委員長親臨鄭州指揮作戰。

5. 13 日軍第九師團攻蕭縣，國軍劉汝明軍第一三九師李兆鍈固守。

5. 14 鄆城至金鄉一帶，日軍數度進犯。荷澤逐日激戰。

由濮縣渡河之日軍已退回河北。

魯西菏澤戰鬬，國軍第二十三師與日第十四師團巷戰後菏澤陷落，守城官兵壯烈成仁。

金鄉、魚台失守，國軍守軍王士崎旅長肉搏巷戰後，官兵幾全部犧牲。

安徽日軍第六師團佔合肥。

5. 15 日華中派遣軍北竄至碭山東李莊車站，國軍第七十四軍俞濟時所轄第五十八師馮法聖、第五十一師王耀武固守。

魯西日軍攻金鄉，十一時陷落，國軍第二十師六十旅旅長張清秀，副旅長李彤溪重傷，參謀長楊景環陣亡。

津浦北段西側之日軍偸渡微山湖西岸 ， 企圖向沛縣國軍陣地進犯。

陸軍第三十九師一一五旅少將旅長朱家麟於江蘇碭山殉國。

5. 16 豫東蘭封、儀封、內黃戰鬬開始，國軍與日軍第十四師團激戰。

5. 17 隴海線豐縣失守，國軍第五十一師一七四旅退碭山。

5. 18 國軍與日軍第十四師團在儀封、內黃激戰。

蕭縣、宿縣失守，國軍第一三九師李兆鍈之少將參謀長鄧佐虞於蕭縣殉職。

5. 19 開封一帶國軍與日軍激戰，殲日軍逾千人。

國軍放棄徐州，第五戰軍轉移皖省山區。

隴海沿線，儀封、內黃血戰，是日失守。

5.20 中國空軍飛機兩架，由徐煥昇率領遠征日本，在九州長崎、佐世保上空散發傳單，安然返防。（此爲日本首次遭受他國飛機侵襲）

日海軍登陸連雲港，被國軍第五十七軍繆澂流阻擊，且日陸軍第百一師團與海軍不合作，由阜寧南撤東臺。

隴海線，國軍與日軍在牛堤圈車站、楊集、魏樓激戰。

5.21 豫東之戰，碭山外圍激烈進行，黃杰第八軍守碭山。

5.22 圖犯開封之日軍千餘人，被國軍包圍，激戰至烈。孤軍深入之土肥原部（第十四師團），已陷國軍重圍。

5.23 開封至蘭封間，國軍五個軍（第一，六十四，七十四，七十一，二十七軍）已開始總攻。準備捕捉土肥原第十四師團。

永城日軍攻黃口車站及李莊，碭山被圍，晚巷戰後碭山失守。

國軍黃杰部突圍到虞城轉商邱。

國軍第一〇二師六〇七團長陳蘊瑜於河南夏邑陣亡。

5.24 蘭封國軍第八十八師師長龍慕韓棄守（後龍被判死刑）。羅王寨失守。第四十六師一三八旅少將旅長馬威龍於開封殉國。

5.25 碭山東之日軍向碭山以西進攻，該處戰況益烈。

晉國軍克復新絳，永濟日軍仍被圍。

國軍奉命反攻蘭封、羅王寨、三義寨、蘭封口、陳留口、曲興集各地，與第十四師團擊戰。

5.26 國軍猛烈圍攻蘭封。湯恩伯部抵渦陽與日軍激戰。

5.27 晉中盂縣、沁陽相繼克復。運城之日軍仍據城頑抗。

5.28 國軍復據永濟縣城。盂縣殘餘日軍正圍剿中。國軍收復風陵渡。

歸德西，國軍自動移至新陣地。

日機七十餘架狂炸廣州，死傷慘重。

晉北清水河偏關戰鬬，國軍與日軍第二十六師團激戰（六月七日轉移）。

5. 29 商邱失陷，隴海線日軍西調，解日第十四師團蘭封、羅王寨之圍。

國軍反攻蘭封各地作戰，進行五天，雖收復一些據點，因商邱失守，日軍西進，變更部署，停止進攻。

國軍第二十七軍少將參謀長黄啓東於山東荷澤、第五一師上校團長紀鴻儒於河南蘭封分別殉國。

5. 30 日軍第一軍司令官，調梅津美治郎中將接任，指揮山西、豫北、冀南作戰。

6. 1 安徽亳縣失陷，豫東睢縣失守。

6. 2 日軍第九師團三路犯鳳臺，武漢保衞戰開始。

日軍組第十一軍，岡村寧次中將任司令官，轄第六師團、第百一師團、第百六師團、第九師團、第二十七師團、波田支隊等，沿長江西侵武漢。另調第二軍東久邇任司令官，轄第十師團、第三師團、第十六師團、第十三師團，在淮南向西推進，迂迴武漢，兩軍約二十七萬人，配備大量海軍（第三艦隊）、空軍及特種部隊，發動所謂「武漢攻略作戰」。

侵據杞縣後之日軍，繼向西犯，而被阻於陳留、通許以東。

6. 3 開封城郊發生激戰。

皖西舒城戰鬬，國軍楊森軍兩師與日軍第六師團激戰（十四日轉移）。

6. 4 日機四十架空襲廣州，轟炸約四十分鐘，市民死亡慘重。

6.5　日軍兩度夜攻開封，均經國軍第十二軍孫桐萱奮勇擊退。

6.6　開封失守，國軍轉移新陣地，扼守中牟以東地帶。日機轟炸鄭州、洛陽。

國軍守皖部隊退出正陽關。皖西懷寧戰鬪開始，國軍第一四五師佟毅、第一四六師周紹軒參加作戰。

6.7　中牟失守國軍西移。

晚國軍第三十九軍軍長劉和鼎奉命趙口決堤，放黃河水淹日軍。

6.8　皖省桃溪鎮陷落。

6.9　國軍新八師蔣在珍在花園口再決黃河第二口。十一日大雨，河水大漲，決堤六十公尺。

舒城失守，楊森軍在白馬壋附近作戰。

6.11　日進攻懷寧之波田支隊（臺灣部隊），在大王廟登陸。

6.12　下午六時，日波田支隊佔懷寧機場。

6.13　晉國軍收復南扼曲沃、新絳之背，北控制臨汾城喉之高顯車站。

上午七時，日軍第六師團佔懷寧。同日西略潛山，由舒城南下日軍亦陷桐城。

6.14　日軍第六師團沿潛懷公路前進，與國軍第一三三師楊漢域在源潭舖附近擊戰。

6.15　皖西潛山西北攻擊戰，國軍第四十一師丁治磐，第四十八師許繼武，第一九九師王育瑛與日第六師團激戰。

6.16　皖西潛山戰鬪，國軍第一四五師佟毅、第一四六師周紹軒參加作戰，傷亡甚衆，向宿松撤退。

6.17　日機三十餘架轟炸九江下流之馬當水柵。懷寧、舒城日軍兩路西犯。

日艦二艘，在安慶上游來往游弋，並向岸上發炮。

6.18 潛山王家牌樓、野寨，國軍第四十一師丁治磐與日第六師團發生激戰。

國軍進攻龍井關、侯家冲、貓兒嶺等郊區，此一戰役持續近月。

6.19 中國空軍飛長江炸日軍，日艦四艘被擊中起火，另一艘損壞甚重。

6.21 特任陳誠兼第九戰區司令長官。（原爲武漢衞戍總司令改組）

皖西馬壋、彭澤、湖口戰鬪開始，國軍第五十三師周启鐸、第一六七師薛蔚英、第七十六師彭位仁及第十六軍李韞珩與日軍第百六、第六師團激戰。

6.22 豫西國軍克復尉氏、中牟。

6.23 日軍由徐州南進向安慶之北，另一路由潛山向西猛撲，企圖攻陷太湖，被國軍堵截。

6.24 日軍在香口附近登陸，與國軍第五十三師激戰後，香口陷落。

太湖附近日軍第六師團，已被國軍擊退，現向潛山退卻。

國民政府制定抗戰功勛子女就學免費條例。

6.26 日機二十架進襲南昌，被中國空軍擊落五架。

中國空軍飛安慶、馬壋一帶轟炸日艦，命中七艘，損傷甚重。

馬壋展開血戰，當日失守。

6.27 國軍徐泉源部反攻潛山與太湖正激戰中。

6.28 晉南國軍圍攻新絳、侯馬甚烈。

6.29 馬壋國軍炮兵陣地延長戰線至馬壋、彭澤間之青山壩附近。是日彭澤陷落。

6.30 蔣委員長對外國記者表示，中國決與日軍死拼到底。

7.2 山東省主席沈鴻烈，在魯南指揮游擊隊作戰。

7.3 晉南國軍大勝，安邑、運城相繼克復。

日軍在彭澤進攻，在湖口施放毒氣。

7.4 日機空擊南昌，雙方發生劇烈空戰。

日軍波田支隊於湖口下游之大龍山及傅新城登陸。自彭澤向湖口推進，下午六時陣地被突破，戰事甚烈。

日軍改駐蒙兵團爲駐蒙軍， 乃以蓮沼番爲司令官， 指揮察、綏、晉北軍事。

7.5 湖口陷落。

晉南沁水戰鬪，國軍與日軍第二十、第百八師團激戰（八月三日轉移）。

晉南國軍由聞喜向垣曲急進，與日軍激戰於蒲州，雙方傷亡甚衆，日軍增援到達，國軍向同善鎭轉進（七月十二日）。

7.6 日軍在彭澤對岸進攻太湖。

7.8 國軍在彭澤、湖口施行猛烈反攻。

航空學校校長毛邦初稱，過去一年中，日機共損一千三百五十五架，日機師斃命者一千一百人。

7.9 國軍向彭澤、湖口猛烈反攻後，已克復龍山以左數地。

7.10 日大型艦一艘，小輪十餘隻駕至湖口附近窺探，經國軍礮擊而退。

7.11 彭澤城南雙峯尖國軍向日軍進攻。

黃山陷落。日艦犯九江，與國軍獅子山江防砲隊接戰。

7.12 戰事正在獅子山附近進行中，國軍正與日艦放砲互擊。晉南垣曲戰鬪，國軍第十七、第八十三、第八十五、第五十四、第四十二師與日軍第二十、十四、百八師團作戰（八月廿日轉移）。

7.13 日中型艦十餘艘由湖口上駛，發礮轟擊新港。

7.14 香口、馬壋、彭澤、湖口一帶，中國陸空軍不斷向日軍進襲，沿江戰局日趨激烈。

湖口附近日艦一艘汽艇二艘，悉爲中國砲臺轟沉。

7.16 晉南臨汾日軍二千餘西犯，被國軍抄襲，被殲甚衆，狼狽渡河東竄。

湖口前線形勢依然沈寂，該處日方集中大軍，擬大舉侵犯九江。

日艦數十艦，集馬壋、湖口間，屢向西窺伺，企圖掃雷。

晉南國軍分三路反攻聞喜。晉南我軍分三路進攻運城，次第收復附近各地，已進抵城郊。

灊山方面，日第六師團積極向各據點增援，有向太湖侵犯企圖。

7.17 日艦兩艘在九江下游七英里之處，向長江南岸猛轟，但九江情勢未有變化。

7.18 楊家灣江面日艦四十六艘及汽艇十餘艘，擬靠岸登陸未逞。

7.19 湖口附近日淺水艦五艘駛近鄱陽湖，在獅子山東南江面游弋，但尚無動作。長江兩岸戰事沈寂。

豫北戰烈，日由王屋鎮西犯，中國軍伏兵，損失奇重。

7.20 日艦六艘由湖口上駛，被砲臺擊燬二艘，仍駛返湖口。

日機自早至晚竟日在九江城外及新港等地狂炸。

7.21 日艦向新港礮擊十餘發旋卽退去。國軍在彭澤西南太平關獲勝。

華南日艦十八艘圖攻南澳未逞。

7.22 九江以東之飛水道方面，集結日艦十一艘，企圖在北岸登陸。

日軍於姑塘登陸，與國軍激戰。日機襲長沙，死傷三百餘人。

7.23 日中型艦十五艘，汽艇七十餘艘，由湖口急駛鞋山附近游弋，企圖掩護日軍向姑塘地方登陸，國軍陸上部隊正截擊中。

日軍波田支隊由海軍大砲及空軍猛炸轟炸掩護，在鄱陽湖北端姑塘附近登陸。

7.24 國軍預十一師趙定昌竟日與姑塘登陸之日軍苦戰，予日軍重創後，國軍陣地已轉危爲安。

鄂東南小池口戰鬪開始，國軍第一一九、一四三師與日第六師團激戰。

皖西太湖、宿松白崇禧指揮反攻戰鬪開始，國軍第一三一、一三五、一七四、一三八、一七六、一七一、一七二、一一九、一四三師與日軍第六、九師團激戰月餘，達成以攻擊爲防守之目的。

7.25 中國軍事當局已令外僑完全退出牯嶺，小池口失守。

7.26 日軍二千餘人續向姑塘增援。國軍積極反攻馬祖山、鴉雀山、王蘭峯一帶戰事頗烈。

潛山日軍向國軍陣地進犯，被擊退。

日軍與國軍在九江市區發生猛烈巷戰，雙方傷亡均重。九江陷落。

7.27 國軍大部已退出九江，轉移至德安新陣地，並在該處築有強固工事。

晉西國軍繼續進攻臨汾日軍，日軍正自曲沃、新絳請援。

彭澤、湖口國軍全線反攻，數度肉搏，斃日軍頗多。

鄂東黃梅戰鬪展開，國軍第六十八、八十四、四十四、六十七、四十八軍與日第六、第三師團，激戰月餘。（九月七日轉移）

7.28 湖口、彭澤國軍反攻後，右翼已佔領石婆嶺、梅蘭口、老大山等處。

日軍開始進攻長江南北岸，北岸向黃梅推進，太湖十五公里外一帶正發生劇戰。

綏東國軍游擊隊攻克豐鎮。

中央航空學校改稱空軍軍官學校。

7.29 小池口以東一帶日艦竄抵江面在曹家渡掩護日兵登陸未逞。太湖國軍殲日軍二千，完成消耗計劃後，始自動撤退。

7.30 晉省國軍收復晉城。

牯嶺山麓蓮花岡附近發生激戰。

皖西潛山、太湖國軍復行反攻，第四十一、四十八、一九九、一三八師與日軍第六、三師團作戰（九月廿日轉移）。

國軍第二十六師少將團長張榮發於江西殉職。

8.1 日軍主力由宿松東北向宿松大舉進犯。

張羣調任軍事委員會委員長重慶行營主任。

8.2 長江南岸戰況全日並無變更，國軍仍堅守鄱陽湖西岸至廬山一帶陣地。

國軍放棄宿松，改守黃梅陣線。

晉南國軍收復菽城。

8.3 黃梅失守，國軍第三十一軍第一三一師林錫熙、一三八師莫德宏、一三五師蘇祖馨反攻黃梅。

8.4 南潯路國軍小部隊反擊獲勝，鹵獲甚多。國軍在太湖、潛山向日軍反攻。

8. 5　小池口附近發生激戰。長江江水泛濫範圍漸廣。長江南岸國軍礮兵轟燬日艦四艘。

8. 6　大江南岸戰事復趨緊張。九江南下日軍一度突破牛頭山國軍陣線，旋卽收復。

大別山麓全線均在激戰中。國軍向宿松猛烈反攻，激戰竟日。

8. 7　國軍迫近黃梅城郊三、四里處，與日軍鏖戰。

牯嶺附近開始激戰。

晉南運城方面日軍在鹽池南岸張厝、曲村一帶與國軍激戰，被殲滅甚衆。

8. 8　宿松、太湖方面國軍克復重要據點。

南潯路無變化，但沙河正面金宜橋以北有小接觸。

8. 10　贛北瑞昌戰鬪開始，國軍使用十個軍（二十三個師）的兵力由陳誠指揮與日第百六師團、第九師團、第二十七師團作戰（九月十九日轉移）。

8. 11　日增援後猛犯國軍沙河附近陣地，傷亡千餘而退。

中國空軍轟炸九江附近日軍及江上日艦，有十艘艦被炸沉。

8. 12　國軍反攻瑞昌縣境之平頂山、望夫山。九江西部港口附近戰事仍烈，國軍克復丁家山。

長江北岸戰局無變化，江水漲迫黃梅。

晉南國軍收復絳縣。

8. 13　南潯路國軍分三路反攻丁家山、馬鞍山及望夫山。

8. 14　國軍公布：沿長江南岸進攻之日軍現已被阻。

8. 15　長江北岸國軍反攻黃梅已達城郊。黃梅水漲，日分乘汽艇繞黃梅北之長安湖北登陸，與該地國軍激戰。

瑞昌城北馬鞍山之日軍經國軍猛襲敗退。

8.16 瑞昌戰事重心轉移至赤湖西之大玉山。星子、海會一帶國軍向姑塘以南日軍猛襲，頗得手。

武穴、黃梅、廣濟一帶已成一片汪洋，黃梅之日軍被困城中。

日第九師團在九江登陸，增援已被國軍擊潰的第百六師團。

軍事委員會政治部少將總務處長林光偉在湖南殉國。

8.17 日軍第百六師團在瑞昌附近戰鬪中（八月十日至十七日），幾被國軍全部擊潰，死傷在半數以上，急調第九、第二十七兩師團增援。

8.18 晉南陌南陷入日軍手中。

黃梅日軍反攻被擊退。

8.19 江西國軍孫桐萱軍向望夫山、頂平山、丁家山進襲。鄱陽湖流域瑞昌方面發生激戰。

8.20 日艦集結駛星子東北馬頭灣偏南之王爺廟附近，企圖登陸。

瑞昌陷落。

皖西六安、霍山戰鬪開始，國軍第一一三、第一一四、第三十七、第一三二等師與日軍第十三、第十師團作戰月餘。

8.21 星子陷落，日軍一聯隊增援星子，防國軍反攻。

赤湖東岸日軍分二路向國軍周家壟、蜈蚣山陣地猛攻，並施放毒瓦斯， 國軍被迫撤至曹家山、阮子山、打滾腦、戴家襄之線。

8.22 日軍向星子以西至玉筋山進犯，激戰甚烈。

黃梅、宿松之日軍多向太湖撤退。

軍政部公布修正徵兵法中年齡規定。

國軍反攻瑞昌，有蘇聯顧問參加。

8.23 南潯線全面均有小接觸，正面國軍猛攻沙河，日勢弱，施放毒瓦斯。國軍克復朱莊、大屋何。

8.24 日進攻流星山、沙山一帶，均被國軍擊退。日向流星山、沙山三次企圖登陸均被擊退。

日機截擊中航機，經濟界聞人徐新六等罹難。

黃梅、宿松日軍退太湖。

8.25 長江兩岸之戰，六安、霍山之戰，晉南之戰皆激烈進行中。

8.26 星子以南牛尾墩之日軍被國軍肅清，該處陣地完全恢復。

日軍向瑞昌西南筆架山、鯉魚山攻擊，被國軍迎擊，傷亡慘重。

灊山西北徐源泉各軍克復要點王家牌樓、黃泥港、小池口、劉家舖等處。

8.27 國軍克復太湖。

南潯路正面日軍向國軍猛攻，正在激戰中。

鄂東廣濟戰鬪，國軍使用十個軍、廿一個師白崇禧指揮與日軍第三、六師團作戰（十月十二日轉移）。

8.28 國軍收復宿松，日軍向望江、安慶潰退。

國軍猛烈反攻瑞昌，予日軍重大創傷，馬頭附近亦在激烈戰鬪。日軍用氯氣彈攻國軍牛頭山，致山下某高地一度失守，旋卽收復。星子城內外被日軍縱火焚燒，大火冲天。

六安陷落。

8.29 國軍猛襲黃梅。鄂北霍山失守。

8.30 星子日軍分數路進攻國軍黃杉寺、東孤嶺陣地，並使用毒氣砲彈，但陣地無變化。

瑞昌日軍大舉西犯，戰兩晝夜未停，國軍轉守西北高地。

由六安西犯之日軍被國軍在霍山北獨山鎭阻擊。

豫南固始、商城戰鬪開始，國軍與日軍第十三、第十師團激戰（九月二十日轉移）。

8.31 瑞昌西面洪山、磨山一帶，日軍總攻已三日，仍在猛烈鏖戰。

南潯路日軍由沙河進犯，被國軍在籃橋截擊。

黃梅日軍與國軍在大河舖交戰。

瑞昌附近，國軍大勝，揚公坪、七里冲及螺山皆次第收復。

陸軍騎兵第三師中將師長張誠德於山西殉國。

9.1 瑞昌國軍反攻劇戰一晝夜， 在大尖山大捷， 斃日軍中隊長一人。日軍在白衣山又放毒氣，國軍被迫退出。

日軍猛攻南潯路右翼牛頭山、鷄蓉嶺一帶，戰況激烈。

黃梅方面國軍反攻告捷，渡河橋、鳳凰山據點完全奪回，苦竹口收復。

9.2 南潯線日軍全面來犯。星子方面日軍又大放毒氣。

國軍預備第九師第三十五團上校團長毛岱鈞在江西廬山殉職。

9.3 黃河北國軍總攻風陵渡。豫東國軍攻克朱仙鎭。

國軍在瑞昌西八里布防，中國空軍並飛瑞昌、磨山、洪山投彈炸日軍陣地。

南潯路日軍與國軍在黃老門線激戰。星子日軍亦以主力來犯。

皖西日軍第十三、第十師團沿六安、霍山北犯，西侵商城。

9.4 瑞昌西北郊血戰經日，國軍克郞君山，日軍又施放毒氣，國軍仍堅守不退。

黃梅日軍分三路向國軍進犯， 戰況甚烈。並進攻廣濟、 筆架山、雙城驛、大佛寨、田家寨、生金寨、鼓兒山、後湖寨皆先後失守。國軍第三十一軍韋雲淞反擊無效。

南潯路馬迴嶺陷落。星子日軍向德安側擊。

9.5 日軍攻廬山東麓與東西華嶺山之谷間。

廣濟之戰，在楊家壠、石門山激烈進行，日軍使用毒氣。

9.6 馬迴嶺國軍與日軍爭奪至烈。日軍使用毒氣，國軍轉移烏石門、廬家灘之線。

黃梅日軍越大河舖，進犯廣濟，是日，廣濟失守。

六安日軍西犯固始，是日，固始陷落。國軍在史河西北截擊，雙方激戰中。

綏東國軍收復陶林。

豫南潢川、經扶、信陽戰鬪開始，國軍以五軍十師兵力李宗仁指揮，與日軍第十師團、第十三師團激戰。（十月十七日轉移）

9.7 南潯路自岷山、馬迴嶺失守後，在蜘蛛山血戰三日，日軍使用毒氣。後陣地漸趨穩定，德安無恙。

大別山下，國軍反攻廣濟，在城東南激戰。

9.8 星子戰線，國軍在東西菰嶺一帶與日軍對峙。

9.9 長江南岸國軍仍在烏石門作戰。

固始日軍在富金山、石門口、噢塘口之役，第十三師團大隊長三谷及澤村均被擊斃，日軍損失頗巨。

9.10 國軍反攻廣濟，克顏城驛、大河舖各據點。

南潯線西菰嶺日軍集全力猛犯，並放毒氣，國軍三連殉職。

9.11 國軍在固始、方家集殲日軍第十師團步兵第八旅團（岡田資少將）三千餘人。日軍用毒氣，攻石門口、富金山陣地。

日艦向武穴、潭家灣猛轟，企圖登陸。

9.12 石門口、富金山陣地失守，臥龍崗陣地放棄。

蘇北國軍仍守連雲港。

9.13 日在松陽橋散放毒氣甚烈，國軍兩連官兵均犧牲。

日第十師團攻黃崗寺、潢川，有西犯信陽模樣。

9.14 國軍游擊隊在星子迤北佔領玉筋山。

9.15 固始日第十師團磯谷部隊被國軍猛襲死傷枕籍，現在官渡與國軍對峙。

廣濟西日軍被國軍礮火猛烈壓迫，有向東南潰退勢。

鄂東南武穴、田家鎮戰鬭開始，國軍第九、第五十七、第四十四、第一九八、第一七四、第一〇三、第一二一師與日軍第六師團、波田支隊激戰（廿九日轉移）。

9.16 日軍第十三師團向商城猛犯，血戰竟日，晚國軍自動放棄該城，改守縣城西南險要山城，翌日晨日軍進入商城。

日艦猛擊武穴，國軍礮臺守軍亦發礮還擊。

星子、烏石口間大戰三日，日軍衝鋒十六次均未得逞。

日軍進攻潢川。

9.17 南潯路國軍反攻馬迴嶺，國軍與日軍爭奪岳家山。

進攻潢川日軍第十師團向兩翼迂迴，左翼在望家集，右翼在鄉寨與國軍激戰，是日潢川失守。

進攻武穴之日軍第六師團今村支隊，今村勝治少將，指揮步兵第十三聯隊、獨立山砲第二聯隊，破國軍鐵石墩陣地。同時日海軍陸戰隊在武穴東登陸。是日武穴失守。

贛北南陽、德星、瑞武戰鬭開始，國軍第七十四、十八、七十二、七十八、七十、六十四、八、二十五、六十六、四、三十二、二十九等師與日軍第十一軍第百一、第百六，第二十七、第九師團激戰。（十月四日轉移）

9.18 德星公路隘口以東國軍連克金家壟、廖家山等據點，日軍增援反攻，發生激戰。

十八日至二十四日國軍第二軍李延年，第九師鄭作良，第五十七師施中誠，圍困日軍第六師團今村支隊、山本大隊、池田混合大隊在武穴以北烏龜山、沙子廟、四望山各地，聯隊長、大隊長非死卽傷，損失慘重。

9.19 國軍越黃梅、廣濟公路向南進攻廣濟日軍後路。

豫南商麻公路（大別山區）沿線戰鬪開始，國軍第三十軍田鎭南、第七十一軍宋希濂與日軍第十六、十三兩師團在沙窩作戰。

9.20 犯田家鎭之日軍大遭挫折，使用毒氣時國軍已有準備，日計未逞，乃渡湖潰退。

商城之日軍向南竄擾，曾以猛烈礮火向國軍沙窩進犯。

鄂東陽新戰鬪開始，國軍以第二兵團張發奎等二十四個師與日軍第九、二十七師團及波田支隊作戰。

9.21 南潯線西菰嶺以西及以南，仍在激戰，國軍陣地頗穩定。

9.22 武穴附近之日軍，正趕築工事，似有採取守勢模樣。

富陽附近發生劇戰。

潢川線日岡田支隊（步兵第八旅團長岡田資少將）陷羅山，國軍第五十四軍陳鼎勳於二十二日至二十八日反攻羅山。日軍佔木石港。

9.23 武穴日軍進攻國軍陣地未逞。

國軍反攻羅山東西均有激戰。

日第九師團佔排市。

9.24 富陽附近戰事仍劇。日波田支隊以毒氣攻富池口要塞，經激戰後陷落。

9.25 田家鎮國軍全線反攻，先後收復鐵石墩、四望山、黃土波，日軍據點盡失。

9.26 商城西打船店雙方激戰。

三日來晉省日軍大舉向國軍橫岑關以南陣地猛攻。

國軍第六十師三六〇團克復瑞昌南之麒麟峯，團長楊家騮陣亡，消滅日第二十七師第三聯隊一中隊，俘其中隊長汪田大尉。

9.27 國軍衝入羅山城內之部隊與日軍發生巷戰。

9.28 瑞武公路國軍分路出擊，日增援並施毒氣。

陽新戰線，國軍與日軍隔河對峙。

9.29 田家鎮要塞砲臺失守，十一點三十分田家鎮陷落。

大別山國軍陣地鞏固正繼續反攻中。

9.30 國軍再度克復豫北沁陽。

自九月三十日瑞武線國軍圍日軍第百六師團於南田舖地區，日軍損失慘重。日軍靠空投糧彈及飛機掩護支持。至十月三日始被箬溪之第二十七師團解圍。

國軍第二十九師八十六旅少將旅長陳德馨於湖北黃梅；軍委會別動總隊東北游擊第十三支隊支隊長胡鳳林於山東分別殉職。

10.1 武漢附近沿江密佈水雷，兩岸遍築砲壘阻敵。

豫北國軍克武陟攻修武。

空軍軍士學校成立。

晉南同善戰鬪，國軍第八十五師陳鐵與日軍第二十師團激戰。

10.2 日軍在大別山沙窩左右兩翼失利，近將戰事重心移羅山以西。

10.3 國軍固守信陽以東與隆店附近之防線。

鄂南通城激戰。

10.4 晉東戰爭激烈，日軍獨立混成第二旅團猛攻五台山。

10.5 日騎兵一小隊出現田家鎭西北之蘄春，已被國軍擊退。

五台方面日軍分十餘路採取大包圍形勢向國軍進攻。

豫北國軍派大軍越沁河在博愛、焦作猛攻日軍。

10.6 南潯路隘口東北戰事猛烈。

羅山、信陽間日軍放窒息毒氣，國軍犧牲甚大，信陽南方二十公里之柳林鎭失守。

10.7 大別山區日軍第十六師團，被國軍第三十軍田鎭南困於險峻重疊高山——磨磐山。

日軍第十三師團在黃土嶺、鴉雀山與國軍第十軍徐源泉軍丁治磐師激戰。

10.8 晉南國軍進擊解縣。

鄂東蘄春、蘭溪、黃岡戰鬪開始，國軍第四兵團與日軍第六師團激戰，日志摩支隊佔老鴉頭、缺齒山。

10.9 偸渡富水之日軍第九師團攻擊扼守陽新、福星港國軍第六十軍盧溪及第一八四師張沖陣地。

日軍第三師團犯信陽以東周家口。

10.10 德安附近，血戰十二晝夜國軍大捷，日軍第百一師團、第九師團損失慘重。

調任陳誠爲六戰區司令長官，仍兼湖北省政府主席。

蘄春失陷，日軍第百六師團進佔。

10.11 龍港在日軍飛機、大砲、毒氣猛攻下失守。

10.12 國軍封鎖虎門。

日軍組第二十一軍，由臺灣軍司令官古莊幹郎中將調任司令官

（九月八日派任），參謀長田中久一少將，轄第五師團（安藤利吉），第十八師團（久納誠一），第百四師團（三宅俊雄）、陸軍第四飛行團（藤田朋）及特種部隊，共七萬五千人侵入華南，企圖打通粤漢鐵路。

日軍第二十一軍在大鵬灣登陸，先後陷淡水、惠陽、博羅、增城、石龍等地，猛撲廣州。

粤中廣州戰鬪，國軍第一五三、九十三、一五一、一五八、一五四、一五六、一五七、一五二師與日軍第十八、第百四、第五師團激戰。

蘄春日第十一軍石原支隊，在小泥灘沿江登陸，在茅山、黃白城激戰。

信陽失守，日軍第三、十兩師團進佔，胡宗南退向平昌關。

10. 13 華南淡水、稔山、澳頭竟日有激烈戰。

日第十一軍石原支隊以海空聯合掩護與國軍茅山、黃白城守軍劇戰。

10. 14 龍港西進日軍第二十七師團陷石尖山、石坑，國軍退辛潭舖、鳳凰尖。

10. 15 廣東惠陽前線戰事激烈，國軍與日軍形成拉鋸戰，晚惠陽陷落，廣州宣佈戒嚴。

皖北游擊總指揮部少將副總指揮雷忠於安徽霍邱陣亡。

10. 16 廣東博羅陷落。

長江南岸陽新局勢，在黃顙口、黃石港登陸日軍，其船隊駛入大冶湖，向大冶前進。

中國國民黨中央執行委員會發表告粤省黨員書，發動民衆協助軍隊作戰。

10.17 粵南由淡水西犯之日軍，圖切斷惠樟公路，與國軍於龍岡之西南激戰。

10.18 長江南岸戰事仍緊，江西瑞武線激戰。

10.19 廣東博羅西侵之日軍繼續西進。平陵、增城先後失陷。

中國空軍於大亞灣炸沉日艦數艘。

皖南國軍克烏龜山。

鄂東南武勝關、平靖關戰鬪開始，國軍第一三五、一七三、一七四、三十四、五十六、二十二、一八九師與日軍第十師團激戰，日軍損失慘重。

10.20 鄂東金牛、鄂城戰鬪開始，國軍第二軍李延年第一四〇師宋思一，第九師鄭作民及第六軍甘麗初，第八十九軍張剛與日第九、第二十七兩師團激戰。

廣東石橋、石灘相繼失守。

10.21 鄂城日軍第九師團經三溪口強行登陸。

國軍自動撤退廣州。

大冶激戰至烈，是日陷落。

南潯路國軍第一三九師李兆鍈仍堅守德安。

大別山區，國軍王家藥舖、獅子腦陣地，被日軍毒氣所破。國軍退雙關廟、李家高山、天鵝蛋、洪毛屋、基寨、長嶺陣地激戰。

日軍第五師團，夜自石龍，向東莞南岸移動。

10.22 國民政府公布「優待出征抗敵軍人家屬條例」。

日軍第五師團在廣東沙角，上下橫擋登陸，佔大角砲台。

10.23 長江南岸大冶郊外激戰至烈，中日雙方死傷均甚重。

鄂城日軍增援登陸，正與國軍第二軍血戰中，日軍死傷甚重。

大別山區日軍第十六師團、第十三師團分路向麻城急行軍。

蔣委員長仍坐鎭武漢，武漢警備部實施戒嚴。

虎門陷落。

10.24 日軍第九師團由陽新一帶向東犯金牛鎭甚烈，在馬鞍山陣地激戰。

由沙窩南犯之日軍第十六師團已迫近麻城。

贛北德安戰鬪，國軍第一兵團薛岳與日軍第百六、第百一師團作戰（三十日轉移）。

鄂東普安、黃陂、應城轉進戰鬪，國軍與日軍第六、百十六師團及第三師團一部激戰。

10.25 日第十六師團經黃土崗進入麻城。

鄂東夏店轉進戰鬪，國軍與日軍第十三、十六師團作戰。

鄂中應山轉進戰鬪，國軍第二十二、一八九師與日軍第十師團作戰。

10.26 陽新西進日軍陷金牛，並以主力攻高橋。

武昌巷戰，國軍放棄武昌、漢口。

日軍第十六師團急進宋埠。

日軍第十三師團經三河口到麻城。

第五戰區轉移作戰：第十一集團軍廖磊，第七軍張淦，留商麻公路以東游擊，第二十六集團軍徐源泉留商麻公路以西游擊，與于學忠第五集團軍，韓德勤、繆澂流第二十四集團軍，改爲蘇皖邊區，由廖磊任總指揮。第二集團軍孫連仲，第三集團軍孫桐萱，七十一軍宋希濂，改豫西兵團，撥入第一戰區，其他撤退平漢路以西地區整補，長官部設隨縣。

10.27 日軍第百一師團陸空聯合猛犯南潯路德安，經國軍浴血奮抗將日軍擊退。

咸寧附近發生惡戰。

日第十六師團急行軍由宋埠到黃安，西進河口鎮，北上宣化店。

賀勝橋陷落。

10. 28 蔣委員長電第一屆國民參政會大會，稱全盤戰局已重新部署，抗戰國策必期克底於成。

德安城郊附近發生血戰，是日德安失守，國軍退守永修。

10. 29 咸寧陷落。

10. 30 應城、花園、孝感相繼失守。

永修放棄，國軍移修水南岸布陣。

10. 31 國軍海陸猛攻三水，刻正發生激烈戰。

日軍侵入武漢後續向南犯，自陸路通過紙坊攻金口要塞，迄夜猶在激戰中。

本月國軍第一五八師五四六旅少將旅長朱炎輝於湖北武漢，第一五師四五〇旅少將旅長陳宗杞於湖北，第六十六師新編一八團少將團長段捷三於山西，分別爲國捐軀。

11. 1 德安外圍仍被國軍控制。

日軍犯晉、冀、察計劃失敗，國軍連日反攻甚烈。

通山、岳陽戰鬪開始，國軍第二兵團張發奎與日軍第九、第二十七師團激戰（十一日轉移）。

11. 2 蘇北各線連日劇戰；浦東國軍圍攻川沙及上川路；蘇嘉路一帶已被國軍完全控制。

通山、大冶間之花樹激戰至烈，汀泗橋陷落。

11. 3 武昌南下日軍第九師團主力進攻蒲圻。

國軍第四十二軍中將軍長馮安邦於鄂省襄陽殉國。

11. 4 鄂南國軍第十三師方靖，第九十五師羅奇，第九十二師羅漢明，第六師張珙，第一七九師丁炳權，自動放棄蒲圻、嘉魚、通山。

粵東江國軍反攻惠州附近激擊。

11. 5 蒲圻日軍南犯。日軍沿公路自通山夾擊南林橋，湯恩伯軍抵抗。

牯嶺孤軍，仍堅守陣地，日軍未敢進犯。

11. 6 南潯方面中日兩軍在信河對峙。

鄂南通山日軍西進，崇陽失守。

11. 7 廣州附近仍有激戰。

岳陽以北中日兩軍開始劇戰。七寶橋、趙李橋失守，國軍第十二師副旅長汪成鈞，團長田耘智皆陣亡。張發奎，湯恩伯調集第一四〇師，第九十五師，第十三師及第五十二軍在大池口、羊樓司、桃林、芭蕉湖防守。

信陽日軍北竄遭痛擊。湖北崇陽失守。

11. 8 日機十八架首次襲成都，被中國空軍擊落一架。

貴池之日軍進犯獨龍山陣地，正激戰中。

11. 9 粵北國軍猛攻從化、花縣一帶，三路會攻廣州。

國軍第三十四軍團司令（王耀武）部少將參謀長李恒華，於江西進賢殉職。

日軍調安藤利吉中將為第二十一軍司令官，指揮華南軍事。

11. 10 武昌南下日軍，陷太平橋、聶家汊。

南潯路日軍猛犯牯嶺不得逞。

兩日來廣東國軍相繼克復博羅、寶安。

11.11 日軍第九師因主力在湘境城陵基登陸，岳陽附近發生激戰。十四時城陵基失守，十九時岳陽陷落，桃林亦放棄。

日軍在山東、豫東、蘇北成立第十二軍，田尾高龜藏中將任司令官，指揮該地區軍事。

11.12 豫東國軍克服太康，包圍淮陽。

長沙全城大火。（張治中以湖南省主席下令焚城，全城十餘處同時起火。火燒六晝夜，至十八日尚未完全熄滅。）

11.13 長沙變成焦土，市民業已撤退。

11.14 粵三水縣城仍有日第五師團千餘人盤據， 連日忙於建造工事。

軍事委員會以第十二集團軍總司令余漢謀指揮不當， 失守廣州，革職留任。

11.15 中國軍機運糧接濟廬山方面之孤軍。

風陵渡日軍第二十師團砲擊潼關。

蒲圻附近國軍獲勝。

11.16 粵北國軍進抵石井。

晉北連日有劇戰。

蘇北國軍收復睢寧，鄂南克復咸寧。

11.17 向長沙推進之日軍被阻於汨羅江。

三水西南馬口之日軍第五師團與國軍砲戰甚烈。

11.18 國軍分三路進迫廣州，一部已抵白雲山。粵漢線北段，國軍連日沿鐵路、公路線向日軍不斷攻擊，日軍被迫後退。豫北日軍向孟縣進犯。

11.20 長沙横遭破壞，溺職官吏——長沙警備司令酆悌、警察局長文重孚、警備團長徐昆處死。省主席張治中革職留任。

日影佐大佐與高宗武、梅思平在上海簽訂「日華協議記錄」及共同諒解事項。

11. 21 晉南國軍迫近運城。晉北神池一帶展開激戰。

皖南國軍克宣城部隊正搜索前進。

11. 22 廣州市面可聞砲聲。國軍分兩路反攻三水，雙方砲轟甚烈。

湘北國軍圍攻岳陽。

日軍竄大鵬灣圖犯深圳。

11. 23 國軍猛攻信陽，與日軍發生激戰。國軍收復武勝關，日軍退出潢川。

國軍收復岳陽後，分二路北進，撲蒲圻。

國軍克服開封。日機狂炸西安。

11. 24 豫南國軍克商城。

11. 25 華南日軍進犯深圳；另沿廣九路南進，迫近新界九龍。寶安縣城深圳同日失陷。

滬僞市長傅逆筱庵遇刺。僞「漢口治安維持會」成立。

蔣委員長中正主持第一次南嶽軍事會議，指示新戰略，並劃分新戰區，二十七日結束。

11. 26 深圳國軍移新陣地；廣九路東側也移退，待機反攻。

鄂東方面國軍收復羅田。國軍反攻豫北，延津日軍紛向新鄉潰退。

11. 27 廣東孤軍據守沙頭角。

盤踞三水之日軍，連日向西南方面撤退。

山東省政府一區保安司令部郁仁治少將於山東肥城殉職。

11. 28 皖中國軍反攻合肥；大通附近發生激戰。

豫南潢川已告收復。

鄂境國軍收復英山、羅田。

11. 29 牯嶺國軍協助外僑出險。

11. 30 廣東從化附近展開劇戰。國軍陸續開抵深圳附近。

本月 第二集團軍武漢辦事處少將參議兼處長丁永縉於湖北，新編二十三師二旅少將張鏡遠於湖南，第一五三師四五九旅旅長鍾芳峻於廣東，第一三二師一九四旅旅長劉景山於河南，分別殉職。

12. 1 蔣委員長中正抵桂林，日機狂炸桂林市區。

12. 2 中條山以北日礮兵掩護步兵向國軍廐坪、風伯峪、龐兒峪等地猛撲，經國軍沈著抵抗後，始竄退。

日機再濫炸桂林，人民死傷慘劇。

12. 3 南潯線日軍集中兵力兩度犯張公渡近東溫泉寺一帶，被國軍擊退。

軍事委員會桂林行營成立，白崇禧爲主任。程潛爲漢中行營主任。第一戰區衞立煌，第二戰區閻錫山，第三戰區顧祝同，第四戰區白崇禧兼，張發奎代，第五戰區李宗仁，第八戰區朱紹良，第九戰區陳誠，薛岳代。

寧波防守司令王皞南，以玩視命令被正法。

12. 4 華南日軍企圖在北海附近登陸，被國軍擊退。

12. 5 廣東日軍沿江佛公路南犯（由江門至佛山），江門陷落，中山縣與內地交通斷絕。

國軍暫編第一師二〇五旅少將旅長徐積璋於山西萬泉殉國。

12. 6 廣東從化以南戰事，中日兩軍膠着於太平場、進和之間。

西江、北江中日兩軍展開激戰。

12. 8 蔣委員長中正，自桂林飛重慶。

12. 9 岳陽附近之日礮擊國軍陣地甚烈。

國民政府特任宋哲元爲軍事委員會委員，時宋在貴省養病。

日北支那方面軍改任杉山元大將爲司令官（十一月二十五日派任）指揮華北日軍。

12. 10 國軍反攻惠陽後向博羅續進。

粘嶺外僑退出粘嶺。

晉北日軍陸續向臨汾增援。

12. 12 湘鄂公路北段，國軍相繼攻克馬鞍山、石潭碑。

12. 13 東江、平潭、惠州、博羅之日軍，先後向增城撤退。

粵漢路北段中日兩軍相持於臨湘南約三十公里之西塘附近。

12. 15 湘鄂國軍續向北進擊。皖南國軍克復水陽鎭。

桂林軍事委員會委員長行營正式辦公。

日中支那方面軍任山田乙三大將爲司令官 ， 指揮華中作戰日軍。

12. 16 日本設置「興亞院」，柳川平爲總督，總管中國政治、經濟、文化各部門，爲情報及統戰機構。

12. 17 鄂中日軍撤退皂市。

晉南中條山，國軍獲捷，傷日軍七百人。

浦東戰事仍繼續進行，滬日軍迭受重創。

12. 18 晉北日軍以兵力不足使用催淚毒瓦斯砲彈。

浙境國軍在馬頭關與日軍接觸。

汪兆銘由重慶赴昆明。時汪任中國國民黨副總裁，國防最高會議主席，國民參政會會長。

12. 19 廣東國軍反攻迫近增城。另支國軍攻克澳頭。

12. 20 蔣委員長中正飛西安。

12. 21 日軍在漢口附近結集兵力：第十師團永修，第九師團蒲沂、嘉魚，第十七師團鈴木支隊通山，第二十七師團崇陽，第六師團岳陽。

北海日艦連日增加，企圖騷擾。

12. 22 東江日軍連日遭國軍襲擊，損失頗重。國軍迫近增城東郊，與日軍隔增江劇戰。

12. 24 湖北國軍迫近岳陽城郊。武昌郊外聞砲聲，國軍游擊隊與日軍激戰。

日艦砲擊閩南晉江。

12. 26 三水日軍第五師團屢窺馬房未逞。

12. 27 岳陽一帶日軍大部向城陵磯方面撤退。

12. 29 晉省臨汾、禹門日軍仍與國軍激戰。

汪兆銘在河內發表豔電，主張中止抗戰，與日媾和。

12. 30 蔣委員長中正召見彭德懷， 嚴令共產黨不得破壞河北行政系統。時中共在河北建立「晉察冀邊區政府」及「晉冀魯豫邊區政府」。

國防部情報局少將參謀長秦墉本月在大同殉職；第二戰區司令長官部少將課長溫健公，本月在山西殉職；河北游擊第一支隊少將李席久本年在河北陣亡。

民國二十八年（一九三九年）

1. 1 廣東國軍分途襲擊增城及蛇頭嶺，雙方激戰甚烈。

皖南國軍克復繁昌。

兵工專門學校改稱兵工學校。

贛北國軍向修水、安德出擊。

1.2 粵北從化以南國軍反攻激戰。

晉西日軍自吉縣西犯，與國軍隔河砲戰。

1.3 豫南淮陽國軍獲勝，俘日軍四五百人。

河北國軍游擊隊克蠡縣。

1.4 日艦窺閩南，向岸上礮擊。

日軍進犯連雲港，雙方在大雪中激戰。

1.6 豫東國軍克鹿邑，皖南國軍克宣城。

晉南、晉西國軍開始反攻。

日軍第二軍（稔彥王）戰鬪序列廢止。

1.7 日軍圖在海南島楡林港登陸不得逞。

日機襲重慶。

晉西國軍收復大寧，河北日軍陷堯山。

1.8 三水日軍由馬口、金利進犯，遭地方自衞團痛擊，戰事猛烈。

晉西國軍克復吉縣。日軍向鄉寧竄退，國軍部隊向鄉寧追擊。

1.9 廣東日軍結集外海，有犯江門、新會企圖。

江蘇國軍收復溧陽，並破壞溧句公路。

粵東國軍圍攻東莞。

1.10 晉西國軍相繼收復蒲縣、鄉寧兩縣，日軍向河津竄退。

日機襲重慶、瀘州、南寧、北海、沙市等地。

日本調杉山元大將爲北支那方面軍司令官，接替寺內壽一大將。

1.12 粵北江戰局趨緊張，從化、太平場一帶戰爭甚烈。

中國擴充空軍，在美定購戰機。

晉西南禹門激戰；蘇北國軍在淮陰大于集擊斃日軍數百人。

粵境國軍克復石龍，圍攻東莞。

1.13 中國空軍炸湖北黃陂日軍軍火庫。

國軍第一二五師少將副師長林英燦於廣東清遠殉職。

1. 14　粵北花縣激戰後，國軍轉移陣地。

綏遠日軍受創，國軍克復東大社。

晉西國軍克風陵渡。

1. 15　日機二十七架襲重慶，平民區死傷四五百人。同日炸潼關、貴縣。

1. 16　綏遠國軍克薩拉齊及包頭南之大樹灣。

1. 17　粵北新街、花縣淪陷。

湖北日軍進犯天門、京山。

1. 18　粵北進入花縣、赤泥、獅嶺日軍經國軍攻擊後撤退。

湖北京山陷落。

1. 19　粵境集結三水、河口之日軍數千，圖犯馬房。

1. 21　中國國民黨第五屆五中全會在重慶召開，蔣總裁中正，闡明全會任務，並檢討中日兩方總形勢。

1. 22　浙東國軍克復富陽、餘杭兩地。

1. 23　晉南集中於安邑、運城、解縣之日軍第二十師團主力，分向中條山、磨凹、馬家嶺、黃草坡、黃龍嶺國軍陣地進犯。

中國空軍炸廣州灣附近日艦。

1. 24　晉省河津日軍退運城。

日機慘炸洛陽，商業中心均遭焚毀，瑞典教堂亦被投彈。

1. 25　鄂中國軍克復京山，一路已迫近皂市。

1. 26　晉西芮城、虞鄉等處日軍將玉泉寺三面包圍，國軍因地形不利向中條山以西轉移新陣地。

1. 28　五屆五中全會決議組織「國防最高委員會」，統一黨政軍之指揮，由蔣中正任委員長。

1.30　鄂中京皂公路沿線日軍復集結重兵數千人，再度進犯京山，國軍稍向西移。晉東日軍陷遼縣。

軍事委員會任衞立煌爲第一戰區司令長官，張發奎代第四戰區司令長官。朱紹良第八戰區司令長官，蔣鼎文第十戰區司令長官。

軍事委員會任于學忠爲魯蘇戰區總司令，鹿鍾麟爲冀察戰區總司令。西安行營戰鬭序列撤消，併入第十戰區。

1.31　日機襲南寧、韶關。

本月第三戰區司令部中將處長邵承誠於江西；冀察游擊第二縱隊第五支隊少將司令盧尙秀於河北，分別陣亡。

2.1　鄂中侵入天門之日軍在皂市附近激戰。

軍政部兵役署正式成立。

國防最高委員會開始工作，張羣任秘書長。

2.2　冀南日軍陷威縣，當晚被國軍石友三師收復。

2.4　日機狂炸貴陽，全市精華付之一炬。同日，日機炸萬縣。

2.5　中國空軍轟炸運城日軍機場，毀日機多架。

2.6　中國空軍炸武昌日儲備軍火。

軍事委員會以陸軍第三十三集團軍總司令張自忠京山之役，卓著戰功，通電嘉勉。

2.7　中國空軍炸粵海之灶島之日艦。

2.8　晉西南中條山國軍獲勝，山南無日軍踪跡。

2.9　中國空軍炸蕪湖日艦，燬日機一架。

2.10　日軍第五師團登陸海南島海口，粵保安第五旅王毅率第十一、十五兩團抵抗。海口、瓊山失陷。

冀察戰區第二總隊長胡金波於河北南宮殉國。

2.11 皖南國軍克繁昌。

2.13 海南島日軍分兵西佔福山、臨高，並東進攻文昌、定安。

湘鄂國軍反攻，收復羊樓司、金牛鎮。

2.14 豫南國軍反攻，先後克復潢川、商城、固始、光山、羅山、經扶等縣。

海南島日軍在三亞、楡林登陸，崖縣陷落。

2.15 海南島日軍續向安定進犯。

2.18 河北國軍游擊隊克深澤。

2.19 長沙空戰，擊落日機八架。

鄂中鍾祥作戰開始，國軍第七十七軍馮治安與日軍第十六師團藤江惠輔在襄河以東激戰。

日機炸深圳，襲英兵營，死印度兵九人。

2.20 蘭州空戰，國軍擊落日機九架。

鄂中日軍陷天門，豫北國軍克武陟，豫東國軍反攻扶溝、常營集。

2.21 日機轟炸英領新界羅湖。粵南國軍收復寶安。

豫東國軍克杞縣、扶溝、常營集。

2.22 海南島日軍陷安定、文昌。

日機狂炸襄陽、荊門。

2.23 日機再襲蘭州，被中國空軍擊落六架。

2.24 鄂中戰事突轉緊張，岳口陷落。

山西同蒲線靈石以東中日兩軍激戰。

2.25 豫東國軍反攻，常營集殲日軍數百。

蘇北日軍進攻淮陰。

2.28 蘇北淮陰陷落。

3.2 蘇北日軍圖封鎖射陽河，通知第三國船舶一律須於四日前退避。

3.5 湖北鍾祥淪陷，第七十七軍西撤。

3.6 晉省國軍克古城、黑龍關。靜樂失守。

日軍炸陝甘、寧夏，軍民損失慘重。

3.7 鄂中國軍克復仙桃鎮。溰口東岸各線激戰，國軍克復楊家溝，進迫瓦廟集。

日機炸西安，天水行營參謀長張春生（張譜行）將軍罹難。

3.8 山西嵐縣陷落。

日機炸宜昌。

3.10 山西國軍克嵐縣。

蔣委員長電第一戰區司令長官衞立煌、第五戰區司令長官李宗仁，指示開封與襄河戰事。

3.11 豫北濟源淪陷。（翌日收復）。

3.12 日軍狂炸洛陽。

3.13 晉北國軍猛襲靈邱。

3.15 劉峙就任重慶衞戍司令。

鄂中日軍砲擊沙洋。

德軍佔領捷克，德國以捷克為保護國。

3.16 贛北鄱陽湖國軍克復大磯山。

3.17 贛北南昌會戰開始，第九戰區薛岳指揮第一、十九、三十、三十一等集團軍（盧漢、羅卓英、王陵基、湯恩伯），與日軍第十一軍岡村寧次率第六師團稻葉四郎、第百一師團齊藤彌平太、第百六師團松蒲淳六郎、第百十五師團清水喜重及第九師

團吉住良輔一部，渡修水南犯，並用飛機、毒氣，雙方損失慘重。（此一會戰持續至五月十二日結束）

贛西北武寧戰鬬，國軍第十九集團軍羅卓英，第三十集團軍王陵基，第七十二軍韓全樸，第七十八軍夏首勳，第八軍李玉堂，第七十三軍彭位仁率新十三、新十六、新十四、新十五、第三、第一九七、第十五、第七七師與日軍第六、第百六師團激戰，日軍強渡修水，戰鬬至二十九日結束。爲南昌會戰之局部戰鬬。

3.18 贛北吳城、涂家埠戰鬬，日軍猛攻廬山國軍。第三十二軍宋肯堂率第一三九、一四一、一四二、預五師與日軍第百一、第百十六師團激戰三晝夜，雙方傷亡慘重。

3.20 贛西北修水、錦江戰鬬，國軍第七十九軍夏楚中、第四十九軍劉多荃率第七十六、九十八、一一一、一〇五、預九師與日軍第百一、第百六、第百十六師團在灘溪街、安義、高安等地激戰，戰爭持續至四月九日。

3.21 南潯路涂家埠激戰，日軍由虬津渡修水。

汪兆銘在河內遇刺未中，曾仲鳴被擊傷不治。

3.22 日軍大舉犯浙境，第三戰區富春江岸戰況劇烈。

中國空軍轟炸廣州機場。

3.23 贛北日軍突破虬津陣地侵入安義。晉南日軍再陷浮山。

軍事委員會設戰地黨政委員會。

3.24 日軍約六千人，渡過修河，沿公路向南昌進迫。贛北吳城鎭失陷。

中國空軍再炸廣州機場，毀敵機十架。

3.25 贛北奉新陷落，雙方激戰於萬家埠、武寧。

3.26　鄂東國軍克浠水，皖南國軍進攻青陽、貴池、銅陵。

3.27　晉省黑龍關戰鬪激烈。

國軍第七十九軍少將參謀處長王禹九在江西安奉陣亡。

3.28　江西南昌、武寧淪陷，日軍進犯高安。

3.29　粤西江門、新會戰鬪，粤省保一旅古鼎華軍及第一五六師九三四團、第一五五師九二五團與日軍飯田旅團、板松聯隊激戰，雙方持續作戰一個月又二十四天，是日江門失守。

3.30　江西高安（瑞州）激戰。

3.31　南昌日軍圖犯市義街。

本月山東保安第二十四旅少將旅長王自衡於山東，軍訓部輜重兵監中將李國良於陝西，河北民軍特務旅旅長高克敏於河北元氏縣，軍事委員會天水行營軍務處處長趙翔之，軍訓處副處長劉全聲於陝西，分別殉國。

4.1　晉南戰事又緊，國軍圍攻陌南、張店。

日軍侵佔越南海岸附近之斯巴特來羣島。

贛省高安日軍陷祥雲觀。

晉東南中條山冀城、浮山戰鬪，國軍第十四集團軍衞立煌、第三軍曾萬鍾與日本第二十師團激戰，戰事持續十天，雙方傷亡慘重，國軍撤回原陣地。

4.2　贛省武寧日軍犯修水。

日機炸西安。

4.3　江西方面，高安混戰後，國軍奉命移至錦江南岸，高安陷落。

4.4　軍事委員會下令封鎖寧波、鎮海港口。

4.6　粤國軍克復江村，進襲賓州。

日機炸衡陽。海南島國軍克安定。

4.7　鄂中國軍三路反攻，現已進克鍾祥北關。

中國空軍出動，飛三水轟炸敵陣。同時亦炸南昌。

4.8　日機襲昆明被國軍擊落兩架。湘北國軍克君山。晉南國軍克芮城。

贛北國軍克高安。十一日再度失守。

4.9　晉南日軍調動頻繁，再進攻中條山。

日機炸昆明、金華、上饒等地。

4.10　豫東國軍孫桐萱部攻入開封部隊退出。豫南國軍收復朱仙鎮。

4.11　蘇省地方團隊六縣聯軍克復海門。

晉西中條山戰事慘烈進行。

國軍孫桐萱軍再衝入開封。

4.13　豫東國軍收復通許，晉北國軍克五寨。

4.17　山西國軍克復翼城。

4.20　國軍三襲開封，攻入車站西關。

4.21　蔣委員長電陳誠、薛岳，指示國軍守長沙、常德之戰略戰術。（四月七日薛岳正式接任第九戰區司令長官。）

4.22　中國空軍炸九江、武寧日軍。

贛北奉新戰鬪，國軍第一集團軍盧漢率第一八四師張沖、新一師劉正富與日軍第百六師團激戰，戰事持續十五日。

贛中南昌戰鬪，國軍第二十九軍陳安寶指揮第七十九師段朗如、預五師曾戛初、第二十六師劉雨卿及第十六師何平、預十師蔣超雄與日軍第百一師團激戰，日軍施放毒氣，戰鬪激烈，第二十九軍中將軍長陳安寶（五月五日）陣亡，第二十六師少將師長劉雨卿負傷。戰事持續十七日。

4.23　國軍將浙東甌江口全部封鎖。

日本宣布：統轄中國南海之東沙、西沙、南沙羣島諸島嶼。

贛北國軍克高安、通山。日軍退南林橋。

4.27 國軍反攻南昌市區，日機投毒氣彈。

贛省國軍圍攻奉新、靖安，收復蓮塘，並佔高安之白石嶺，及南昌附近之謝埠。

重慶衞戍總司令部成立，劉峙任總司令。

成立鄂湘川黔邊區綏靖公署戰鬪序列，任谷正倫爲綏靖主任。

4.28 日機空襲宜昌。

4.29 國軍圍攻南昌。克復飛機場車站。

4.30 鄂東國軍克復痲城。

中國空軍飛晉南炸日空軍根據地，日軍損失奇重。

鄂北郝家店、徐家店戰鬪，國軍第八十四軍長覃聯芳率第一七三師鍾毅、第一七四師張光瑋、第一八九師凌壓西與日軍第三師團激戰竟日，國軍退培兒灣。

國軍第一〇六師王淦塵少將，本月在河南陣亡。

5.1 福州市兩次慘遭日機轟炸，全市精華化爲灰燼。

鄂西鍾祥張公廟、樓子廟戰鬪開始，國軍張自忠第五十九軍第三十七師吉星文、第一〇八師劉振三，與日軍第三、十六師團激戰四晝夜。日軍進入流水溝附近。

鄂北隨棗會戰：國軍第五戰區李宗仁、第三十三集團軍張自忠、第二十九集團軍王纘緒、第十一集團軍李品仙、第三十一集團軍湯恩伯、第二十一集團軍廖磊、第二集團軍孫連仲、第二十二集團軍孫震、江防軍郭懺與日第十一軍岡村寧次、第三師團（山胁正隆）、第十三師團（田中靜壹）及第十六師團（藤江惠輔），與第四騎兵旅團，在應山、鍾祥，戰鬪激烈，持續一個月又十天，國軍佔優勢。

5.2 鎮海口發生礮戰。

鄂南國軍收復咸寧、汀泗橋。

鄂北塔兒灣戰鬪，國軍第八十四軍覃聯芳率第一七三、一七四、一八九師與日軍第三師團激戰二晝夜，日軍使用毒氣，國軍傷亡慘重，退漂水河西岸。

鄂北高城戰鬪，國軍第十三軍張軫率第八十九師張雪中、第一一〇師吳紹周、第一九三師李宗鑑與日軍第三師團激戰二晝夜，日軍用毒氣，國軍放棄高城，退漂水河西岸。

5.3 日機四十五架襲重慶與中國空軍發生激烈空戰。

魯省國軍游擊隊，一度進入濟南。

5.4 日機三十六架又飛重慶投彈，商業市區中彈起火。軍民死四千四百人，傷三千一百人。

粵北國軍反攻增城、新街、東莞與日軍第百四師團濱木喜三郎激戰。

鄂北棗陽戰鬪，國軍張自忠軍第三十八師黃維綱與日軍第十六師團藤江惠輔、第十三師團井關隆昌作戰。

5.5 國軍猛攻安慶，城內發生激烈巷戰，焚燬日軍需倉庫。

鄂北天河口戰鬪，國軍第十三軍張軫率第八十九、一一〇、一九三師與日軍第三師團作戰。阻日軍於天河口，戰事持續五日。

贛北國軍反攻南昌，國軍第二十九軍軍長陳安寶陣亡。

蘇北我軍克邳縣。

5.6 鄂北厲山江家河戰鬪，國軍第八十四軍覃聯芳率第一七三、一七四、一八九師與日軍第三師團激戰。日軍使用毒氣，國軍仍堅守陣地。

5.7 隨棗會戰，國軍陣地被突破，隨縣、棗陽淪陷，日第十六、第十三兩師團及騎兵第四旅團進入棗陽。

5.8 進攻襄樊日軍東退。

5.9 國軍反攻南昌，收復牛行車站。

5.10 棗陽日軍陷新野。

5.11 豫南鄂北國軍收復新野。

日俄在東北諾北坎發生衝突。

5.12 重慶又遭敵機空襲，被擊落三架。

豫南南陽戰鬪開始，國軍第二集團軍孫連仲，第六十八軍劉汝明，第三十軍田鎭南，第三十一集團軍湯恩伯，第八十五軍王仲廉，第十三軍張軫，與日軍第十三師團、十六師團、騎四旅團激戰。是日南陽失守，國軍全力反攻，戰事持續八天。先後克復新野、唐河、南陽及棗陽，至二十日，恢復原來對峙局面。

5.16 國軍衝入徐州焚燬日僞機關，城內情形混亂。

5.17 豫南國軍克桐栢、淮河店。

5.18 中國東北游擊司令部中將司令唐聚五於河北平臺山殉職。

5.20 晉東南中條山屯留、陽城戰鬪，國軍與日軍第二十師團牛島實常、第三十七師團平田健吉，約四萬人激戰。日軍以此地區爲「盲腸地帶」，八次進攻，戰事持續三個月又十天。日軍傷亡萬人以上，國軍仍守原陣地。國軍第二戰區集結二十餘師兵力於此一地帶。

5.23 鄂北國軍克復隨縣。

5.25 日軍封鎖福建厦門鼓浪嶼島與大陸間， 禁止一切中國船隻來往。

日機炸重慶，被國軍擊落兩架。

5. 26　湘北日軍侵入黃口。

5. 28　隨棗會戰國軍張自忠集團軍獲捷，殲日數千餘人。

5. 31　鄂北之戰，國軍藉調動之神速，所獲戰果甚豐。

沿江國軍砲轟日艦，計一沈一傷。

國軍第六集團軍總司令部少將參議宮志沂於陝西，東北義軍第二十八路中將總司令鄧鐵梅於遼寧，本月分別陣亡。

6. 1　蘇北國軍圍攻淮安。

汪兆銘等飛日本東京。

6. 2　鄂中日軍犯潛江。

6. 4　晉西柳林激戰。

6. 5　軍事委員會設立新聞檢查局

6. 7　江蘇國軍襲溧水，句容雙方激戰中。

6. 9　日機二十七架襲重慶，兩架被國軍飛機擊落。

6. 10　日機數十架分襲重慶、成都。

晉西國軍克復柳林、軍渡。

6. 11　晉南國軍克復平陸及茅津渡。

日機分襲重慶、成都，被國軍擊落五架。

6. 17　中條山日軍疲鈍，國軍向安運推進中。

湘鄂公路北段之重要據點南林橋，連日激戰甚烈。

6. 18　豫北國軍連日向內黃進攻，與日軍發生激戰。

晉南國軍續獲勝利，中條山日軍受重創。

6. 19　江蘇宜興戰事激烈進行中。

6. 20　華南日軍佔據鼓浪嶼附近之大嶼， 與對岸高嶼之國軍相互射擊。

6.21 日軍在廣東汕頭附近梅溪、東湖山、新津港登陸，與國軍發生激戰。

晉南日軍攻陷垣曲，國軍作有計劃之轉移。

粵東南潮汕戰鬪，國軍獨立第九旅華振中，及保安第五團曾吉與日軍百四師團濱本喜三郎激戰。

6.22 日軍陷汕頭。

6.23 日軍在浙東舟山羣島定海登陸攻入縣城。

6.24 汕頭擊戰，國軍反攻梅溪、菴埠。

6.25 晉南國軍克復垣曲。

國軍第一一四師中將師長方叔洪於山東馮家場殉國。

6.26 日軍七犯中條山，又未得逞。

6.27 軍事委員會下令，閩江口實行嚴格封鎖，所有中外船隻，一律不准出入。

潮安陷落，國軍轉移意溪。

6.29 晉北國軍克復偏關。

6.30 粵省國軍全面反攻，北路直逼廣州郊區。

7.2 蘇北國軍攻入淮安。

日關東軍在蒙古邊境洪門罕與蘇聯軍隊衝突。

7.3 粵省國軍猛攻新會有一支隊已迫近江門。

7.6 日機夜襲重慶，被國軍擊落一架。

7.7 日機連日襲擊重慶。

蔣委員長中正通電撫慰抗日陣亡將士家屬，並手訂「撫卹補充辦法」。

7.9 粵北各路國軍展開大反攻，但無進展。

7.10 日軍在粵省中山縣登陸。

7.11 張發奎眞除第四戰區司令長官。薛岳任第九戰區司令長官。

國軍在鄂西、湘北地區組成第六戰區，派陳誠爲戰區司令長官。

7.12 浙東象山港外發生戰事，國軍退佛渡山據守。

7.13 晉南國軍數次衝入運城與日發生激烈戰爭。

7.14 粤國軍反攻潮安發生激烈巷戰。

7.16 國軍克復潮安。

7.17 國軍放棄潮安城。

7.18 山西日軍陷晉城。

7.22 山西日軍渡過沁河，不日將有大戰，晉東國軍克復長子。

日機炸廣西柳州、南寧等地。

7.23 湖南國軍克雲溪，日機炸湖南芷江。

7.26 鄂南國軍反攻，一部已攻克汀泗橋。

7.28 晉夏縣日軍進犯傅家斜、文霸村、南北山庇等處不逞。

7.29 贛北國軍游擊隊破壞瑞武公路。

7.31 日機分兩批襲重慶。

蔣委員長電第三戰區司令長官顧祝同，嘉獎炸燬京滬路之部隊。

8.1 國軍第六十八軍司令部少將黃英誠本月在河南殉國。

豫南戰局益趨穩定，淮河以南桐柏、泌陽境內，已無日軍。

軍事委員會爲統制後方軍事運輸，將鐵道運輸司令部改爲運輸總司令部，兼管水道及公路軍運，任錢宗澤爲總司令。

汪兆銘由上海飛廣州。

8.3 日機兩批再襲重慶，被國軍擊落兩架。

8.4 河南國軍將林縣、高平先後克復。

8. 5 晉東南國軍克長治。

8. 8 日軍分由五路進犯太行山，因受大雨洪水之阻滯，復遭國軍之分頭猛擊，現已開始退卻。

豫南鄂北會戰國軍獲捷。

8. 9 冀南國軍收復淸豐縣城，盤據濮陽之日軍經國軍圍攻後南退。

8. 16 晉中國軍克沁源、沙角頭。

粵日軍進駐深圳，封鎖香港。

蔣委員長決定空軍遠征計劃。

8. 19 日機炸四川梁山。

8. 26 日軍進犯廣東從化。

中國空軍轟炸南京。

9. 1 德國進攻波蘭，第二次世界大戰爆發。

僞蒙古聯合自治政府在張家口成立，德王爲主席。

9. 3 英、法對德宣戰。英海軍封鎖德國。

9. 4 日本設置支那派遣軍總司令部，司令官西尾壽造大將，參謀長板桓征四郎中將，駐南京。

9. 7 日本以梅津美治郎爲駐僞滿州國大使，調篠塚義男中將任第一軍司令官，駐石家莊，指揮山西、豫北軍事。

9. 8 德軍進入華沙。

美總統羅斯福宣布全國緊急狀態。

9. 10 加拿大對德宣戰。

9. 12 國民政府通緝漢奸褚民誼、陳羣、梅思平、丁默村、林柏生等人。

日軍新設第十三軍，派西尾壽造中將兼司令官，以上海爲中心，指揮江蘇軍事。日軍調飯田貞固中將爲第十二軍司令官，指揮山東、蘇北、豫東軍事。

日軍派多田駿大將爲北支那方面軍司令官；岡部直三郎爲駐蒙軍司令官。

9.13　國軍收復廣東花縣。

贛北高安、上富戰鬪開始，國軍第三十二軍宋肯堂、第五十八軍孫渡、第四十九軍劉多荃、第六十軍安恩溥率第一三九師孫定超、第一四一師唐永良、新十師劉富正、新十一師魯道源、第一〇五師王鐵漢、預九師張言傳、第一八三師楊宏光、第一八四師萬寶邦、第五十一師李天霞、第十五師汪之斌、新十四師陳良基、新十五師傅翼與日軍第百一、第百六師團及陸戰隊激戰。

日軍由奉新向高安攻擊。十八日佔高安，二十二日國軍反攻奪回。戰事持續一個月，形成拉鋸戰，至十月十四日，日軍退靖安、武寧而結束。

9.14　湘東北第一次長沙會戰開始，國軍第九戰區薛岳，第一集團軍盧漢，第十五集團軍關麟徵，第二十集團軍商震，第十九集團軍羅卓英，第二十七集團軍楊森，第三十集團軍王陵基，第四軍歐震，第五軍杜聿明，第六軍沈久成與日軍第十一軍岡村寧次，第六師團稻葉四郎，第三十三師團甘粕重太郎，第十三師團田中靜壹，第三師團藤田進，第百一師團齊藤彌平太，及海軍船隊激戰。日軍向長沙逼進。

9.16　國軍冀察戰區游擊第六支隊副司令馬文彩在河北陣亡。

9.17　南昌日軍配合長沙會戰，密向贛江以西移動，在高安、奉新與國軍作戰。

9.18　湘東北新墻、汨羅江戰鬪，國軍第十五集團軍關麟徵、第五十二軍張耀明、第七十軍李覺率第二師趙公武、第二十五師張漢初、第一九五師覃異之、第六十師梁仲江、第十九師李覺（兼）、第一〇七師段珩、第七十七師柳際明、第九十五師羅奇與日軍十三、六、三師團激戰，日軍猛進，二十五日在頭橋混戰，二十六日日軍渡汨羅江，三十日日軍抵金井橋頭，直逼長沙。

贛北日軍再陷高安。

9.19 湘北日軍五個師團向新墻河南岸國軍陣地進攻，並放大量毒氣。

9.22 鄂南通城、南江戰鬪，國軍第七十九軍夏楚中、第二十軍楊漢棫率第一四〇師李棠、第八十二師羅啓疆、第九十八師王甲本、第一三三師夏烱、第一三四師楊幹才、第三師趙錫田與日軍第三十三師團激戰龍廠、朱溪廠。十月三日，日軍受挫，十月十四日撤回通山、陽新。

贛北國軍再收復高安。

9.23 進攻長沙日軍分三路南犯，一渡新墻河向平江、新市進攻，一由通城南下向麥市、長壽街突進，一在洞庭湖東岸登陸。

日軍廢止中支那方面軍，另新設支那派遣軍總司令部，指揮中國軍事。

9.25 湘北日軍進犯汨羅江，長沙會戰激烈進行。

9.27 湖北日軍南犯，湘陰陷落。

國軍九戰區薛岳下令反攻進入長沙之日軍。

河北靈壽，日軍進攻國軍游擊隊，佔陳莊。

9.29 日機多架，夜襲重慶。

9.30 冀察戰區游擊獨立第六支隊參謀長鄧逑恩本月於河北陣亡。

10.1 長沙外圍日軍遭國軍痛擊。

日新設支那派遣軍總司令部成立於南京，總司令官西尾壽造大將，參謀長板垣征四郎。

10.3 湘北連日激戰，國軍獲捷。中國空軍飛漢口轟炸日機場。

10.6 湘北國軍克復平江。國軍第一次長沙大捷，殲滅日軍萬餘人。

10.9 國軍越新墻河北進。贛北國軍收復修水。

10.10 廣東國軍收復中山。

蔣委員長中正在成都閱兵，發「告國民書」。

湘北國軍反攻岳陽。

10.14 中國空軍空襲漢口日軍機場。

10.15 國軍攻入杭州，旋卽退出。

以湘北獲捷，蔣委員長電第十五集團軍總司令關麟徵嘉勉。

日軍在廣東欽州灣登陸。

10.20 湘北國軍迫進岳陽、通城。

10.24 廣西邕寧失守。

10.26 日軍任藤田進中將爲第十三軍司令官，駐上海，指揮江蘇軍事。

10.28 蔣委員長飛桂林，轉乘火車赴南嶽。

10.29 第二次南嶽軍事會議開幕。

10.31 軍訓部駐桂辦事處組長金鏡清少將本月在廣西殉職。

11.1 鄂中仙桃鎭激戰。

11.3 蔣夫人赴湘南、衡陽、邵陽等地，慰問傷病官兵。

日軍獨立第二混成旅團，進攻晉察冀邊區，攻淶源。七日其旅團長在淶源戰死。

11.4 日軍在廣東東北海岸登陸。

11. 5　第二次南嶽軍事會議閉幕，蔣委員長中正由南嶽至桂林。

11. 6　日軍調安井藤治中將爲第六軍司令官，指揮浙江軍事。

11. 9　山東第十三區保安司令部參謀長韓炳宸在山東萊陽陣亡。

11. 12　桂南會戰國軍桂林行營主任白崇禧、第四戰區司令長官張發奎、第十六集團軍夏威、第二十六集團軍蔡廷鍇、第三十五集團軍李漢魂、第三十八集團軍徐庭瑤率第三十一軍韋雲淞、第四十六軍夏威（兼）後何宣、第三十六軍姚純、第九十九軍傅仲芳、第六十四軍鄧龍光、暫編第二軍鄒洪、第五軍杜聿明、第六軍甘麗初，與日軍第二十一軍安藤利吉、第十八師團久納誠一、第百四師團濱本喜三郎及獨立第十五混成旅團等激戰，日軍自欽州灣登陸，向西挺進，有一連串激戰，崑崙關大戰後，日軍始退出桂南。

11. 13　晉西國軍克鄉寧。

11. 15　粵西欽州灣戰鬬，國軍第四十六軍何宜率新十九師黃固與日軍第五師團今村均激戰。日軍在欽州灣登陸後，十七日陷欽州，向南寧猛攻。

11. 16　晉西國軍克大寧、午城、蒲縣。粵南防城、欽縣淪陷。

11. 21　桂南日軍渡鬱江沿岸戰鬬，國軍第三十一軍韋雲淞、第四十六軍何宜，率第一三一師賀維珍、第一三五師蘇祖馨、第一八八師魏鎭、第一七〇師黎行恕、第一七五師馮璜、新編第十九師黃固、第二〇〇師戴安瀾（機械化部隊）與日軍第五師團第二十一旅團激戰，國軍傷亡慘重，第二〇〇師團長高吉人負傷。

平漢路西側井渡口戰鬬，國軍第七十九軍朱懷冰、新二十四師張東凱與日軍第百一師團齊藤彌平太激戰。

粵北會戰開始，日軍攻軍田、銀盞坳。

冀南戰區德州戰鬪，冀察戰區總司令鹿鍾麟與第六十九軍石友三、第一八一師石友三（兼）、新六師高樹勳，與日軍第百十師團桑木崇明激戰，雙方戰於石家莊及德州附近，給日軍千餘人之殺傷。

11. 23 廣西日軍渡鬱江迫南寧。

皖南國軍克繁昌。

11. 24 日軍陷南寧，國軍第四十六軍夏威轉移遷江。

11. 28 河南陝縣團管區司令李文煥於河南陝縣殉職。

11. 29 南京日軍北進。

魯南滋陽戰鬪：國軍第五十一軍牟中珩率第一一三師周毓英、第一一四師張福祿與日軍第三十二師團木村兵太郎作戰，持續近一個多月，二十九年二月十五日，日軍轉移。

魯南界河戰鬪：國軍于學忠軍與日軍第三十二師團作戰（二十九年二月十五日轉移）。

魯南臨城戰鬪：國軍第五十七軍繆澂流、轄第一一二師霍守義、一一一師常恩多與日作戰（二十九年二月十五日轉移）。

蘇北蚌埠滁陽戰鬪：國軍第一二二師賈韞山、一一七師顧錫九與日軍第十五師團岩松義雄作戰。（二十九年二月十五日轉移）

蘇魯戰區泰安戰鬪：國軍蘇魯戰區于學忠總司令、山東游擊總司令沈鴻烈率新四師吳化文、陸戰隊楊煥彩與日軍獨立第五混成旅團秋山靜太郎作戰。秋山被擊斃。

11. 30 冀西望都、淶源戰鬪，國軍第一二〇賀龍、一二九劉伯承師與日軍激戰。

12. 1 蘭州空戰。

豫南泌陽戰鬪：國軍四十七師裴昌會與日軍激戰。民國二十九年元月一日，日軍攻入泌陽。

開封戰鬪，國軍第八十一師賀粹之攻開封，十五日佔羅王車站，十六日攻入開封。

廣西日軍陷八塘。

12. 3 晉南夏陽馬家廟戰鬪：國軍第十七軍高桂滋，第三軍唐淮源率第八十四師高桂滋、第七師李世龍、第十二師甘性奇、第一〇九師陳金城與日軍第三十七師團平田健吉激戰。日軍向夏陽、聞喜攻擊，雙方激戰九晝夜，日軍潰退，傷亡近三千人。國軍損失約四千人。

12. 6 晉日軍第十次進入中條山作戰，被國軍反擊退守聞喜、夏縣。

12. 7 鄂中鍾祥戰鬪：國軍第三十三集團軍張自忠、指揮第四十四軍廖震、第五十九軍張自忠（兼），第七十七軍馮治安、第五十五軍曹福林率第一四九師張竭誠、第一五〇師楊勤安、第一六〇師宋士臺、第三十八師黃維綱、第一八〇師劉振三、第一三二師王長海、第三十七師吉星文、第一七九師何基灃、第二十九師許文耀、第七十四師李漢章、第一七三、一七四、一八九等師與日軍第十三師團、第百四師團，雙方於張壽店、馮家坡激戰，國軍主動攻擊至二十八日停止。

鄂南崇陽戰鬪：國軍第二十軍楊漢域率第一三四、一三三師與日軍作戰，克崇陽、通山。

鄂東南大沙坪戰鬪：國軍第十五集團軍關麟徵率第八十二師羅啓疆、第九十八師王甲本、第一四〇師李棠、第十五師汪之斌、第七十七師柳際明與日軍第六師團町尻量基、第三十六旅團激戰，國軍主動攻擊，雙方傷亡慘重。

12. 8 粵北源潭、銀盞戰鬪，國軍第十二集團軍余漢謀率第一五八師林廷華、第一五二師陳章、第一五七師練惕生、第一五三師歐鴻、第一五四師張浩東、第一八六師李卓元師與日軍第百四師團菰田康一激戰。日軍二十四日陷銀盞，民二十九年元月十六日，國軍收復。

12. 10 綏市國軍騎七師門炳岳，與日軍騎一旅團小島吉藏激戰，國軍先破壞鐵路，激戰至二十七日終止。

12. 11 贛中北南昌戰鬪：國軍第三十二集團軍總司令上官雲相、第二十九軍劉雨卿率第二十六師劉廣濟、預五師曾戛初、預九師張言傳、第一〇五師王鐵漢與日軍第三十四師團關龜治激戰於郭王廟、湖東頭，七天後，戰況沉寂，國軍傷亡二千多人。

12. 13 鄂中南山內多寶灣戰鬪：國軍第六師張珙、第十三師宋鼎卿、預四師傅正模、第四十四師陳永與日軍第十三師團激戰。

晉東長子戰鬪，國軍第二十七軍范漢傑率第四十六師黃祖壎、預八師陳素農、第四十五師劉進與日軍第三十六師團舞傳南激戰，雙方傷亡慘重，民二十九年元月四日，日軍退回。

12. 14 國軍衝入南昌，旋卽撤退。

12. 15 贛西北小嶺、沙古嶺戰鬪：國軍第九戰區薛岳、第七十四軍王耀武率第五十一師李天霞、第五十八師陳正式、第五十七師施中誠與日軍第三十四師團關龜治激戰。國軍消滅日軍一中隊於小嶺坡，一中隊於沙吉嶺，國軍傷亡亦重。

12. 16 長江沿岸大通、貴池戰鬪：國軍第三戰區、第十軍梁華盛，八十六軍俞濟時，五十軍范子英率第七十九師張性白、一九〇師余錦源、預十師方先覺、第十六師杜道周、第六十七師莫與碩、第一四四師范子英、第一四五師佟毅、第一四七師章安平、第一四八師潘左與日軍第百十六師團篠原誠一郎、第十五師團岩松義雄激戰。國軍第十軍主攻，二十八日中止戰鬪。

皖南青陽戰鬪：國軍第八十六軍俞濟時率第十六師、第六十七師、預十師、第四十師詹中言與日軍第百三十旅團三浦嘉門激戰，雙方傷亡慘重，至三十日，成對峙局面。

12. 17 豫東國軍衝入開封，旋卽撤退。

贛北國軍反攻南昌、九江。

12. 18 桂南崑崙關大戰開始，國軍第三十七集團軍葉肇、第三十八集團軍徐庭瑤，率第一五九師官禕、第一六〇師宗士臺、第二〇〇師戴安瀾、新二十二師邱清泉、榮譽第一師鄭洞國、第九十二師梁漢明、第九十九師高魁元、第一一八師黎行恕與日第二十一軍安藤利吉第五師團今村均及第二十一旅團激戰，戰鬪空前激烈。國軍傷亡一萬六千七百餘人，日傷亡近六千人，日軍第二十一旅團長中村正雄被擊斃。

12. 19 桂南國軍反攻，崑崙關國軍獲捷，至三十一日結束。

12. 20 綏中南包頭戰鬪，國軍第八戰區朱紹良，第三十五軍傅作義率新三十一師張蘭峯、新三十二師袁慶榮、第一〇一師董其武與日軍第二十六師團黑田重德及騎兵第一旅團激戰，國軍新三十一師孫蘭峯爲攻城指揮官，安春山團長率部登城肉搏。至三十日，國軍撤回。

12. 21 國民政府明令任命龍雲爲昆明行營主任。

綏遠國軍克靖安。

12. 22 桂南綏淥戰鬪：國軍第三十一軍韋雲淞率第一三一師賀維珍、第一八八師魏鎭與日軍第五師團激戰，戰至二十八日結束。

柳州兩度空戰。

12. 23 晉東國軍克黎城，豫南國軍攻入信陽。

12. 24 粵北日軍渡琶江，大舉北犯，南寧日軍擾龍州。

12. 25 粵北良口、呂田戰鬪，國軍第五十四軍陳烈率第十四師闕漢騫、第五十師張瓊、第一九八師王育瑛與日軍臺灣旅團監田定一及第十八師團久納誠一一部激戰，戰事至二十八日結束。

12. 28 鄂西國軍攻入鍾祥、洋梓。晉東國軍克潞城。

皖南安慶、蕪湖戰鬪，國軍第二十一軍陳萬仭、第十軍梁華盛率第一四六師周紹軒、第一四七師章安平、第一四八師潘左、第七十九師張性白、第一九〇師余錦源與日軍第十五師團岩松義雄、第百十六師團篠原誠一郎激戰，日軍分若干支隊沿長江南岸進攻，至二十九年二月始停止。

12. 30 粵北翁源發生激戰。

12. 31 桂南國軍第五軍杜聿明克崑崙關。

本年軍委會參議趙淸廉於湖北，東北捷進軍游擊司令夏軍川於山西為國殉職。

民國二十九年（一九四〇年）

1. 1 粵中增城、從化戰鬪，國軍第一五五師張弛、第一五六師王德全、暫七師王作華、暫八師張君嵩反攻，與日軍第十八師團久納誠一激戰。

1. 2 贛北國軍進攻永修。

冀察戰區游擊第一縱隊少將縱隊司令趙侗，在河北贊皇陣亡。

1. 3 粵中增城、從化戰鬪，國軍第三十五集團軍李漢魂與日軍第十八師團主力作戰，國軍收復翁源。

國軍魯蘇戰區第一路游擊司令馬玉仁少將，阜寧作戰陣亡。

1. 5 粵北國軍收復英德。

鄂北高城戰鬪，國軍第八十九師舒榮、第一一〇師吳紹周、第四師石覺、第二十三師李楚瀛、第二十一師侯鏡如、第一四二師傅立平與日軍第十三師井關隆昌作戰。（二十三日轉移）

晉東壺關戰鬪，國軍第四十軍龐炳勳，第一〇六師馬法五與日軍激戰。（二十四日轉移）

晉東長子戰鬪，國軍第二十七軍范漢傑與日軍第三十六師團舞傳男激戰，雙方傷亡慘重。

1. 7 贛中南昌戰鬪，國軍第三十二集團軍上官雲相與日軍第三十四師團關龜治戰於郭王廟，阻日軍進攻。

1. 8 蔣委員長自桂林抵遷江晤白崇禧、張發奎，指揮桂南會戰。

1. 9 鄂東南大沙坪戰鬪結束，國軍第十五集團軍關麟徵部與第二十七集團軍楊森部與日軍第六師團町尻量基激戰， 雙方傷亡甚重。

豫南日軍由平昌關西犯。

贛北國軍克馬廻嶺，毀九江、德安間鐵路。

鄂中國軍攻入潛江。

1. 10 桂南崑崙關之戰，國軍第三十七集團軍葉肇，第三十八集團軍徐庭瑤， 與日軍第二十一軍安藤利吉，及第五師團今村均激戰，國軍傷亡一萬六千多人，日軍亦傷亡六千餘人。

晉南翼絳戰鬪，國軍第十四集團軍衞立煌與日軍激戰，克復翼絳。

1. 14 桂南鎭南戰鬪，國軍第四軍何宣、第一七五師馮璜、新十九師黃固與日軍近衞第一旅團櫻田武作戰。

1. 16 粵北國軍收復銀盞坳。

蘇魯戰區泰安戰鬪，國軍于學忠、沈鴻烈軍與日軍獨立第五混成旅團秋山靜太郎激戰，秋山被擊斃。

1.19 國軍六十七師莫與碩於皖南貴池兩河口附近佈雷十五枚，炸毀日艦兩艘。

1.21 日軍竄越錢塘江，國軍第十軍梁華盛與日軍第二十二師團土橋一次激戰，蕭山淪陷。

1.25 桂南賓陽戰鬪，國軍第三十五集團軍鄧龍光，第六十四軍陳公俠，第一五五師鄧鄂，第一五六師王德全，新三十三師張世希與日軍第二十二軍久納誠一，十八師團一旅團作戰三晝夜，國軍退武鳴。

1.26 桂南邕賓線戰鬪，國軍第三十八集團軍、第九十九軍傅仲芳率第九十二師梁漢明、第九十九師高魁元、第五師劉采庭、第九十六師余韶、第九師鄭作民、第九十三師呂國銓、預二師陳明仁與日第二十二軍第五師團今村均、第十八師團百武晴吉在不燈嶺等地激戰。

1.27 杭州東南蕭山戰鬪，國軍第十軍梁華盛率第七十九師張性白、第一〇九師余錦源、第一九二師胡達與日軍第二十二師團土橋一次作戰（二月二十五日日軍退蕭山）。

1.28 綏西五原、臨河戰鬪，國軍第三十五軍傅作義率：新三十一師孫蘭峯、新三十二師袁慶榮、第一〇一師董其武、暫十師安榮昌與日激戰（戰鬪至四月一日結束）。

國軍綏遠五臨警備旅二團團長賈世海陣亡，第一〇一師三〇三團團長宋海潮負傷。

鄂中鍾祥戰鬪結束，國軍張自忠、王纘緒兩集團軍，在馮家坡等地停止進攻。

1.30 桂南甘棠戰鬪，國軍第三十七集團軍葉肇、第二軍李延年、第七十六師王凌雲、第四十九師李精一、第一六〇師宗士臺、第一一八師王嚴與日軍第十八師團第二十二旅團（原守）作戰。（二月二日結束）。

1. 31 進攻綏遠臨河日軍受挫後退。

2. 1 日機轟炸滇越鐵路。

2. 2 日宣佈六年擴軍計劃。

平漢路西側，册井渡戰鬬，國軍第九十七軍朱懷冰率新二十四師張東凱、游擊第四縱隊侯如墉與日軍百一師團崗田旅團激戰，日方傷亡近千人。

桂南國軍克復甘棠。

2. 3 綏遠五原失陷。

冀南德州戰鬬，國軍冀察戰區鹿鍾麟、石友三軍與日軍第百十師團飯沼守，在德石線激戰。

2. 4 桂南崑崙關再度陷落。國軍第二軍（李延年）第九師中將師長鄭作民陣亡。

2. 5 桂南上林陷落。

2. 6 桂南黃圩、武鳴失陷。

2. 7 皖南蕪湖戰鬬，國軍第二十一軍陳萬仞及第一四六師、一四七師、一四八師（皆同前），第十軍梁華盛與日軍第十五師團岩松義雄沿江激戰。

2. 9 鄂北國軍擊潰進攻大洪山日軍。

綏西國軍克臨河西岸之黃楊木頭。

2. 10 桂南國軍獲勝，收復武鳴。

日軍組南支那方面軍，以安藤利吉中將任司令官，指揮華南日軍，原第二十一軍戰鬬序列廢止，改設第二十二軍，以久納誠一中將爲司令官。

皖中國軍克合肥。綏西國軍克臨河。

2.12 桂南國軍收復賓陽、武陵。

閩南東山戰鬪，十六日結束。

2.13 日機又炸滇越路，被國軍擊落一架。

2.14 綏西國軍攻佔臨河。

福建國軍克復東山島。

2.15 魯南滋陽戰鬪結束，國軍第五十一軍牟中珩與日軍第三十二師團木村兵太郎激戰，日軍傷亡六一三人，被俘十六人，國軍傷亡六四九人。

魯南界河戰鬪，國軍第五十一軍與日軍第三十二師團激戰。

魯南臨城戰鬪，國軍第五七軍繆瀓流與日軍獨立混成第十旅團水野信激戰。

蘇北蚌埠滁陽戰鬪 ， 國軍韓德勤軍與日軍第十五師團岩松義雄，獨立第十三旅團尾崎義春作戰。

2.16 桂南國軍迫邕寧城郊。

平漢路兩側大名區戰鬪， 國軍冀察戰區游擊隊丁樹本 、 夏維孔、黃宇宙在大名、威縣激戰。

2.17 桂南國軍收復南寧。

日機第五次轟炸滇越路。

粤東國軍反攻澄海縣城。

2.20 綏西國軍克復五原。

2.22 柳州軍事會議開幕，蔣委員長親臨主持。日機兩次猛炸柳州。

2.23 山西第四區保安副司令武宗中少將，在山西作戰陣亡。

五原外圍殘餘日軍被肅淸。

東北抗日軍第一路總指揮楊靖宇戰死濛江縣。

2.25 柳州軍事會議閉幕，嘉獎桂南作戰將領第三十五集團軍總司令鄧龍光，第六十四軍軍長何宜記功一次。懲處作戰不利將領，白崇禧、陳誠降級，第二十七集團軍總司令葉肇扣留法辦。第三十八集團軍徐庭瑤，第三十六軍軍長姚純、第六十六軍軍長陳驥、第九十九軍軍長傅芳撤職查辦。

2.26 粵東國軍收復澄海縣城。

2.27 豫南國軍攻入信陽。桂南日軍退至三塘。

2.28 蔣委員長飛返重慶。

3.1 全川青紅幫七百萬人組成國民自治社，為國效忠。

3.7 廣東中山縣再度淪陷，國軍第四戰區第一游擊區副司令陸領陣亡。

3.9 日軍調園部利一郎為第十一軍司令官，指揮湘鄂日軍作戰。

3.14 桂南靈山戰鬪，國軍第四十六軍何宜，率第一七〇師黎行恕、第一七五師馮璜、新十九師黃固；第六十四軍陳公俠率第一五五師鄧鄂、第一五六師王德全與日第二十二軍久納誠一激戰。二十五日國軍克復臨山，日軍退靈山。

3.15 國軍第五戰區李宗仁，第六戰區陳誠，第九戰區薛岳，為消耗日軍戰力，自二十八年冬季至二十九年三月中旬，全面反攻，成果豐碩。

3.20 兵役會議在重慶揭幕，二十四日閉幕。

3.21 國防部情報局少將主任吳賡恕在南京遇害。

3.22 桂南國軍克復靈山。

3.23 桂南綏淥戰鬪， 國軍第三十一軍韋雲淞， 與日軍第五師團激戰，第一三一師少將團長韋燦陣亡，雙方傷亡慘重。國軍第九戰區長官部政治部胡越少將，在湖南戰地陣亡。

3.28 綏遠五原再度淪陷。

3.29 汪兆銘之僞「國民政府」成立，在南京舉行「還都」典禮。

4.1 綏遠傅作義部光復五原，乘勝追擊，予日軍重創。

4.3 中國空軍出動轟炸運城、岳陽日軍根據地。

4.5 桂南日軍侵入同正、左縣。

蔣委員長發布嘉獎傅作義三度克復五原令。

宋哲元將軍病逝四川綿陽，享年五十六歲。

4.9 國軍收復贛北之靖安、奉新。鄂東克麻城。

4.12 贛北國軍迫近南昌，空軍出動轟炸岳陽。

4.15 鄂東國軍迫武穴、田家鎮。

4.21 贛北國軍克復安義。

4.22 豫東國軍收復淮陽、朱仙鎮。

4.23 豫東國軍衝入開封城內，旋退出。

晉東南國軍在高平獲勝，殲日軍數百人。

4.27 贛中奉新、靖安又陷日手。

4.29 贛中國軍再度收復靖安。

豫南信陽、唐河戰鬪，第二集團軍孫連仲、第三十軍池峯城、第六十八軍劉汝明率第二十七師黃樵松、第三十一師乜子彬、第一一九師田其溫、第一四三師李曾志、第一一〇師吳紹周、第八九師舒榮與日軍第十一軍園部和一郎第三、十三、十五、三十九等師團（横山勇、田中靜壹、渡邊右文、村上啓作）在小林店、明港、唐河、信陽激戰，至五月二十日結束。

國軍傷亡一萬三千人，日軍傷亡近萬人。

蔣委員長兼四川省主席。

4.30 贛中國軍再度收復奉新。

5.1 日第十一軍園部和一郎集結八師團（第三山脇正隆、十三田中靜壹、十五渡邊右文、三十九村上啓作、四十天谷直次郎、九樋口季一郎、六町尾量基、十七廣野太吉）以上兵力，分犯鄂南、鄂中、豫南。皖南由信陽、鍾祥採鉗形攻勢。

鄂北棗宜會戰開始，國軍右集團軍張自忠（第五五軍曹福林、第七七軍馮治安、第五九軍張自忠（兼）、第四四軍廖震、第六七軍許紹宗）與日軍第三、九、十三師團激戰，戰事慘烈。

5.2 中國空軍出動轟炸鍾祥日軍火藥庫。

5.3 鄂北日軍進犯棗陽，國軍中央集團軍黃琪翔率第八十四軍莫樹杰、第四十五軍陳鼎勳，左集團孫連仲率第三十軍池峯城、第六十八軍劉汝明與日軍第三十九、六、十三師團激戰。另支日軍向新野突進。

5.8 豫南國軍克復唐河。

棗宜會戰失利，棗陽失陷，守棗陽之國軍第一七三師師長鍾毅陣亡。

5.10 昆明行營成立，龍雲任行營主任。

國軍收復豫南泌陽。

隨棗會戰國軍第三十軍池峯城，第六十八軍劉汝明，第八十四軍莫樹杰，第四十五軍陳鼎勳與日軍第三十九、第六、第十三師團激戰。雙方形成拉鋸戰， 八日棗陽失守， 十日國軍第六十八軍劉汝明，第九十二軍李仙洲，第二十一師侯鏡如克復棗陽。十七日棗陽二度失守，雙方損失慘重。

5.11 豫鄂邊境日軍爲國軍圍殲，全部瓦解。

鄂北呂堰鎮戰鬪，國軍第七十五軍周碞率第六師張珙、第十三師朱鼎卿、預四師傅正模與日軍第十三師團激戰。十四日發生巷戰。

鄂北雙溝附近戰鬪，國軍第三十九軍劉和鼎率第五十六師厲鼎章與日軍第十三師團激戰。國軍第三三六團團長陣亡，雙溝幾成焦土，十五日國軍收復。

5. 13 粵中南良口戰鬪，國軍第五十四軍陳烈與日軍第三十八師團藤井洋治、第百四師團菰田康一激戰，雙方傷亡頗重。

5. 14 襄河東岸南爪店戰鬪，國軍第三十三集團軍總司令指揮第五十九軍與日軍第十三師團作戰。國軍未部署完成前遭日軍圍攻。

5. 15 豫南國軍克復長臺關。

南爪店戰鬪激烈進行，國軍第三十八師黃維綱，第一〇八師劉振三，騎九師張順德皆參加戰鬪。

鄂北呂堰鎮戰鬪結束，日軍東撤。

鄂北雙溝附近戰鬪結束，國軍佔雙溝鎮。

5. 16 國軍第三十三集團軍總司令張自忠，在南爪店督戰受傷不退，壯烈殉國。

5. 17 鄂西國軍進攻安陸縣城。

鄂北滾河兩岸戰鬪，國軍第三十九軍劉和鼎，第七十五軍周碞率第五十六師、第六師、第十三師、預四師與日軍第三師團激戰。日軍撤出棗陽，在張家嘴、孟家莊、李家崗、盤家溝等地激戰，雙方損失慘重。

豫南國軍克復通山。

5. 18 國軍一度衝入豫南信陽、鄂北羊樓洞。

南爪店戰鬪結束，雙方損失慘重。

國民政府明令褒揚宋哲元，並追贈陸軍一級上將。

5.19 國軍收復信陽。

粵北日軍進攻鷄籠崗，粵北第二次會戰開始。

5.20 粵北日軍進陷良口。

5.21 鄂中北大洪山區戰鬪開始，國軍第三十九集團軍王纘緒、第四十四軍廖震、第六十七軍許紹宗、第四十五軍陳鼎勳率第一四九師張竭誠、第一六一師官燚森、第一五〇師楊勤安、第一六二師余念慈、第一二五師王士俊、第一二七師陳離與日軍第十三、九師團激戰。日軍分由隨縣、棗陽進攻大洪山區，戰鬪激烈。

5.26 日機一百三十六架，分批猛襲重慶。

5.28 大洪山區之戰，慘烈進行中。

冀察戰區司令部少將參議于思元，本月在河北作戰陣亡。

第一戰區游擊第五縱隊中將司令戴民權，在河南作戰陣亡。

6.2 鄂北國軍再度收復棗陽。粵北國軍攻克良口、花縣。

6.3 鄂西宜城、南漳失守。

6.5 鄂西日軍進犯沙市、江陵。

6.6 鄂西戰鬪，右兵團司令官陳誠指揮第五十五軍曹福林、第五十九軍黃維綱、第七十七軍馮治安、及江防部隊：第二十六軍蕭之楚、第二軍李延年、第十八軍彭善、新十一軍鄭洞國轄：第九、七六、一〇三、十一、十八、一九九、一、五、新三十三、一二八、二九、七四、三二、四一、四四、五五、三八、一八〇、暫九、三七、一三二、一七九師與日軍第十一軍第三、三九、十三師團激戰。大洪山區戰鬪開始後，日第十一軍增調三十九師團（村上啓作）、第三師團（田中靜壹）增援，主力用於荊門、馬當、宜昌一帶。戰事慘烈，荊門失陷。

6.9 鄂西沙市陷落。

6. 10　鄂西遠安陷落。

6. 12　鄂西宜昌陷落，鄂西戰鬪結束。國軍傷亡二萬一千人，日軍傷亡八千人。

6. 13　鄂西國軍收復遠安。

粵北國軍收復從化。

6. 15　大洪山區戰鬪結束， 國軍傷亡一萬一千人， 日軍傷亡約三千人。

6. 17　國軍反攻宜昌。

桂南邕龍線戰鬪， 國軍第九十三師呂國銓、第一三一師賀維珍、第一三五師蘇祖馨與日軍第五師團中村明人激戰於綏淥、板利、羅白、龍州，對峙頗久。十月二十二日，日軍向越南撤退。

6. 18　鄂西國軍一度攻入沙市。

6. 20　國防部情報局少將參謀戴靜園在上海殉職。

6. 27　鄂東國軍克復黃陂。

6. 28　日軍宣布封鎖香港，與中國內陸交通斷絕，惟空運仍通。

冀察戰區游擊第二縱隊少將司令夏維禮， 本月在河北作戰陣亡。

6. 29　國民政府公布「妨害兵役治罪條例」。

豫東國軍克復商邱。

6. 30　豫東國軍攻入開封。同時克復鹿邑、亳縣。

7. 1　軍事委員會，任衞立煌兼冀察戰區總司令。

國軍新組昆明行營戰鬪序列，任龍雲爲行營主任。

國軍新編第七戰區戰鬪序列，任余漢謀爲戰區司令長官。

國軍撤消第十戰區（蔣鼎文，陝西）戰鬪序列。

7.2 桂南龍州失陷。

7.7 國民政府明令褒揚張自忠，並追贈陸軍上將。

7.9 國軍反攻宜昌，近郊激戰，第四四軍少將參謀處長廖孟仁陣亡。

7.15 上海日本海軍當局宣布十六日起封鎖浙閩沿海各港口。

7.17 浙東日軍進攻鎮海，並強行登陸。

7.18 鎮海陷落。

7.21 國軍收復鎮海縣城。

閩海日軍犯三都澳。

7.30 皖南國軍克復無爲。

7.31 日機八十架空襲重慶。

8.5 桂南國軍克復上金，旋又失守。

8.8 晉南國軍攻入夏縣。

8.9 日機六十三架空襲重慶。

8.11 日機九十架襲重慶，被國軍擊落五架。

8.15 國防最高委員會通過明定重慶永爲陪都。

上海各國租界防區軍事會議，重定防區。

8.19 日機一百九十架狂炸重慶。

法允東京灣爲日海軍基地，北圻爲日陸軍基地。

8.20 日機一百七十架再襲重慶。

晉東共軍猛攻正太路楡次、陽泉、井陘段，毀鐵橋四座，佔車站數處。

「百團大戰」開始，至十二月五日結束。

8.21 空軍幼年學校成立。

晉北國軍猛攻同蒲路寧武、原平段。

8.23 晉南國軍克復娘子關。

桂南國軍再克上金。

8. 26　粤南國軍克復上下川島。

9. 1　張治中繼陳誠就任軍事委員會政治部長職。

軍事委員會恢復鐵道運輸司令部，將公路與水道之軍事運輸劃歸後方勤務部管理。

中國空軍空襲廣州。

9. 3　桂南國軍攻入龍州北關。

9. 7　日軍第二次開始進攻長沙。

9. 10　國軍將河口老街間國際鐵橋炸燬。

9. 12　晉南國軍反攻晉城。

9. 13　日機四十四架襲重慶，被國軍擊落六架。

9. 18　東北義勇軍李杜報告，上半年共作戰三千二百餘次，平均每日對日出擊二十次。

9. 20　晉南國軍攻入晉城，雙方巷戰。

9. 24　粤南國軍克復防城。

9. 28　日軍在安南(越南)海防登陸，佔諒山，中國西南國際路線中斷。

9. 29　日軍調山脇正隆中將任駐蒙軍司令官。

10. 1　日軍在山東劉公島登陸，英軍撤退。

10. 3　中國空軍飛機飛北平，散發傳單。

10. 4　日軍先後企圖在雷州半島登陸，為國軍擊退。

10. 5　日軍調後宮淳中將為南支那方面軍司令官，接替安藤利吉職務。

10. 6　華北日軍進入太行山區，攻擊國軍根據地。

10. 7　日機襲昆明，雙方展開空戰。

10. 8　國軍一部攻入宜昌城內，日機使用毒氣，國軍傷亡慘重退出。

10. 10　浙江國軍克復臨安。

10. 11 鄂東國軍反攻，一度克復馬壋要塞。

皖南國軍包圍涇縣，殲滅日軍數百人。

10. 13 桂南國軍猛襲龍州，一度衝入城內。

鄂西國軍砲轟宜昌機場，毀日機數架。

10. 14 日軍攻陷浙江諸暨。

10. 16 全國兵役登記，每小時約百萬人參加。

10. 18 贛北國軍收復奉新。皖南國軍克復郎溪、灊山。浙江國軍收復諸暨。

滇緬路重行開放。

10. 19 日軍開始轟炸滇緬公路。

10. 22 第三戰區副司令長官第二十三集團軍總司令唐式遵，第二十軍軍長陳萬仭，攻克馬壋，奪回要塞，控制江防。桂南日軍放棄邕龍各據點，國軍進駐思樂。

10. 25 桂南國軍進駐明江、綏淥。

10. 26 浙江紹興淪陷。

日機襲昆明、重慶。

10. 28 國軍收復紹興。

魯蘇戰區捷進 第一〇縱隊少將司令 王傳綬本月 在江蘇作戰 陣亡。

山東保安第二十五旅少將旅長孫堂臣，本月在山東作戰陣亡。

第五戰區執行分監部蘇世安少將，在湖北作戰陣亡。

10. 29 南寧大火，日軍撤退，國軍進駐已淪陷十一月之南寧。

10. 31 陸軍第五十四軍中將軍長陳烈，在雲南富州殉職。

11. 4 第四戰區司令長官張發奎，及廣西省主席黃旭初，第三十五集團軍總司令鄧龍光會於南寧商軍事。

11. 7 桂西國軍攻克鎮南關。

11. 13 粵南國軍收復欽縣。

11. 15 河北省日軍建滄（縣）石（家莊）鐵路通車。

11. 17 國軍流動砲兵在武穴擊沈日艦一艘。

11. 18 全國各省及海外華僑捐獻飛機一千二百七十架。

11. 19 國軍下令封鎖滇越交通。

日軍廢止第二十二軍戰鬪序列。

11. 21 皖南國軍克復蒙城、渦陽。

11. 23 鄂北日軍進犯襄河，展開冬季攻勢。

11. 25 日軍在鄂中發動大規模攻勢。

11. 29 鄂北、鄂中國軍反攻，擊破日軍冬季攻勢，擊斃日軍川坂聯隊長以下數百人。

江蘇省政府臨時所在地興化，遭日軍與中共新四軍聯合猛攻。

陸軍第三十二軍司令部少將參議周鴻賓。

陸軍騎兵第一師郭如篙少將，山西保安第十一區少將副司令趙銘本月均在山西作戰陣亡。

12. 1 空軍參謀學校成立。

12. 2 日軍調澤田茂爲第十三軍司令官，指揮江蘇軍事。

12. 3 察哈爾省政府主席兼六十九軍軍長石友三通敵叛國， 被判死刑。

12. 8 石友三在冀南被新六師師長高樹勳執行死刑。

12. 23 日海軍宣布對中國擴大封鎖。

12. 27 中國軍事發言人，向外籍記者宣布，明年國軍將實行反攻。

12. 28 日軍進攻綏遠。

冀察戰區津浦游擊縱隊少將司令張國基在河北吳橋陣亡。

民國三十年（一九四一年）

1. 1　魯境各地交戰頻繁。

1. 2　鄂南國軍連日出擊。

1. 3　連日晉西、鄂南國軍出擊，頗有斬獲。蘇北戰事激烈。

1. 4　軍事當局發表一年來長江砲兵毀日艦二百餘艘。

豫北國軍攻入溫縣。

1. 6　太行山國軍阻日軍進擾，血戰四日，擊斃日軍千人。

1. 8　湘北、鄂南國軍圍攻黃岸市一帶之日軍。

1. 10　自南昌蓮塘南犯日軍，被國軍擊退。

1. 11　鄂南國軍迫近通城。

1. 15　蘇南、蘇北國軍擊退日軍。

1. 18　宜昌附近戰事激烈。

1. 22　豫南會戰開始，國軍第五戰區李宗仁，第二集團軍總司令孫連仲，第三十三集團軍總司令馮治安，及第三十一集團軍湯恩伯與日第十一軍第三師團豐嶋房太郎、第十五師團熊谷敬一、第三十九師團村上啓作、第十七師團平林盛人、第四師團山下奉支、第四十師團天谷直次郎在舞陽、南陽激戰。（二月十二日轉移）

第三戰區蘇浙邊境激戰。

1. 24　日軍由信陽集結兵力，向豫南進攻突破明港國軍陣地。豫中、豫南，國軍分路反擊日軍。

1. 25　豫南正陽、汝南、上蔡戰鬬，國軍第三十一集團軍湯恩伯率第八十五師王仲廉、第四師石覺、第二十五師倪祖輝、第十一師蔣當翊與日軍第四十師團激戰。

1. 27　豫南舞陽接官廳戰鬪， 國軍第十三軍張雪中率第八十九師舒榮、 第一一〇師吳紹周、 新一師蔡棨與日軍第三、 四師團作戰。

國軍毀日戰車六輛，日軍向南陽進攻，進至駐馬店、沙河店、春水之線。

1. 28　豫南日軍陷汝南、遂平，國軍第一戰區游擊第二二縱隊少將副司令燕鼎九在汝南陣亡。

1. 29　豫南國軍在舞陽、上蔡、汝南附近沿平漢路激戰。

1. 30　豫南、鄂北， 日軍連日與國軍激戰， 死傷極重， 日軍攻勢已疲。

1. 31　豫南國軍第六十八軍劉汝明、第二十九軍陳大慶、第五十五軍曹福林由泌陽、唐河，向舞陽圍攻。

2. 2　豫南南陽戰鬪，國軍第五十九軍黃維綱、第五十五軍曹福林、第十三軍張雪中率第三十八師李九思、第一八〇師劉振三、第八十九師舒榮、第一一〇師吳紹周、新一師蔡棨、第七十四師許文耀、第二十九師李益智與日軍第三師團作戰， 日軍由舞陽，經方城，進攻南陽。

豫南泌陽戰鬪，國軍第六十八軍劉汝明率第一四三師李曾志、第一一九師陳新起與日軍第四、十五、十七師團激戰，日軍由舞陽南下，劉汝明軍勇猛截擊，傷亡慘重，退向信陽。

2. 3　豫南國軍連克舞陽、 西平、 上蔡等處， 續向日軍施行強力反擊。

2. 4　閩東國軍克復平潭、南日。

豫南會戰，南陽陷落。

2. 5　廣東中山附近游擊隊， 擊落日本巨型海軍機一架， 日海軍南洋聯合艦司令官大角岑生大將、及少將須架彥等十人當場斃命。

皖北日軍陷界首。

豫南日軍陷唐河。

2.7 豫南國軍反攻，克舞陽、西平、遂平、正陽、上蔡、方城等地。

2.8 豫南國軍繼續掃蕩，克駐馬店、汝南等處，猛攻確山。

粵南國軍反攻淡水。

2.9 臺灣革命同盟在陪都重慶成立。

豫南國軍克確山縣城。

2.11 國軍在廣東北海、淡水擊退日軍。沿海各縣先後收復。

2.12 豫南會戰結束，日軍傷亡九千人，毀車三百輛，國軍損失亦相當慘重。

2.16 豫南平漢路西殘餘日軍被肅清。

2.18 豫南國軍克復明港。

2.20 蘇北興化失陷，陸軍第八十九軍少將參謀長陳師洛陣亡。

中國空軍飛廣州天河機場，毀日機數架。

豫北國軍克復泌陽。

2.26 日軍積極準備南進，組織南侵參謀團，在大鵬灣興築飛機場。

3.1 日本以畑俊六繼西尾壽造任「支那派遣軍總司令」，駐南京。

日軍調土橋一次中將為第十二軍司令官，指揮魯豫蘇軍事。

3.2 皖東梁園戰鬥，國軍第七軍張淦率第一三八師莫德宏、第一七一師漆道徵、第一七二師程樹芬與日軍第十五師團激戰。日軍從合肥攻梁園，國軍第一七二師團長盧明陣亡，十日國軍轉移陣地。

3.3　日軍在廣東西南海岸北海等六處登陸。

3.4　粵境日軍陷陽江、臺山。

3.6　陸軍第五軍暫三師少將參謀長張駿河南作戰陣亡。

3.8　粵南登陸日軍被迫撤退，國軍克電白、水東。

3.9　國軍收復贛北武寧。

中國空軍轟炸宜昌。

3.10　晉南垣曲、翼城戰鬪，國軍第八十九軍第四十二師王克敬、第一六六師劉希程與日軍第四十一師團清水規矩激戰，呈膠著狀態。三十一日日軍退回。

晉南垣曲、絳縣戰鬪，國軍第十五軍武廷麟、第十七軍高桂滋、第四十三軍趙世鈴、第三軍曾萬鍾與日軍第三十七師團安達二十三作戰。國軍第十五軍被日軍炸射，並施放毒氣，傷亡慘重。

3.13　國軍在安慶東南新河口擊沈日艦一艘。

3.14　宜昌對岸國軍乘勝追擊，日軍損失頗重。

江西日軍再進犯奉新、高安。

成都空戰，國軍擊落日機六架。

3.15　上高會戰開始，國軍第十九集團軍羅卓英率第四十九軍劉多荃、第七十軍李覺、第七十二軍韓全樸、第七十四軍王耀武與日軍第十一軍、三十三師團櫻井首三、三十四師團大賀茂及獨立第二十混成旅團池田直三作戰。雙方激戰十九日，日飛行司令岩永少將被擊落斃命，雙方傷亡頗重。

贛西北奉新戰鬪，國軍第七十軍李覺率第十九師唐伯寅、第一〇七師宋英仲、預九師胡璉與日軍第三十三師團激戰。日軍由安義陷奉新，在苦竹、花門樓激戰五日，日軍退回安義。

贛北景江來春嶺、猪頭山戰鬪，國軍第五一師李天霞、一〇七師宋英仲與日軍獨立第二十混成旅團池田直三作戰，日軍攻擊受阻，夜渡贛江，雙方激戰來春嶺、猪頭山，日軍一部被擊潰。

3. 17 廣東淡水日軍北犯遭重創。

3. 19 晉西中條山國軍各路反攻。

3. 20 贛西北上高附近上漆家、石洪橋戰鬪，國軍第七十四軍王耀武率第五十七師余程萬、第五十八師廖齡奇與日軍第三十四師團大賀茂激戰，戰至四月四日，雙方傷亡慘重。

蘇浙邊區長興、宜興戰鬪，國軍第六十二師與日軍第二十二師團太田勝海、第十五師團熊谷敬一激戰，至二十九日，國軍仍守原陣地。

3. 23 贛北上高陷於日手。

國軍克復泗安。

3. 24 日軍在汕尾、海豐、潮陽等地登陸。

3. 25 國軍收復贛北上高、高安。蘇浙邊境，向國軍進犯之日軍亦告崩潰。

3. 29 贛北國軍克復奉新。

4. 1 贛西北高安、奉行間，國軍圍攻日軍，並克商安。

綏遠國軍克五原，恢復綏西陣地。

4. 2 贛北國軍克詳符觀，西山萬壽宮等地。

4. 3 粵東國軍連日反攻，贛北日軍向南潯撤退。

4. 4 贛北上高戰鬪，國軍克奉新，日官兵傷亡一萬五千餘人，俘虜七十二名，鹵獲軍需品甚夥，國軍損失亦慘重。

4. 6 贛北國軍進迫南昌。

粵南國軍復坪山。

4.7 粵東國軍克復汕尾。

4.8 日機二十八架襲昆明。

鄂中國軍克復潛江。

4.9 京滬杭戰鬪國軍反攻。

4.10 贛北國軍向安義挺進。另襄河東岸雙方展開血戰。

日軍調阿南惟幾中將爲第十一軍司令官，指揮湘、鄂日軍作戰。

4.14 粵東朝陽日軍在梅山登陸。

4.15 粵東國軍收復海豐。

4.17 日軍分路在浙江沿海登陸，紹興陷落。

美政府批准價値四千五百萬美元第一批對華軍援器材。

4.18 鄂中犯大洪山南麓日軍，被國軍痛擊受重創。

4.19 日軍在閩江口外登陸。閩南連江、長東、福州戰鬪，國軍第七十五師韓文英、第八十師何凌霄、第一〇七師宋中英，與日軍第四十八師團中川廣、第十八師團牟田口廉也、第二十八師團黑石眞藏激戰，長門要塞失守。

浙東登陸日軍陷鎭海、海門，進犯諸曁、永嘉，國軍浙東臺州守備區中將指揮官蔣志英陣亡。

4.20 浙江寧波、永嘉淪陷。

4.24 浙境國軍反攻，由諸曁南犯日軍萬餘遭第三戰區國軍強烈攻擊，傷亡頗重。

閩江南岸，國軍反攻收復福淸縣城。

國軍守上海四行孤軍謝晉元團長被刺殞命，享年三十七歲。翌日通令全國哀悼。

4.22 福州、福清淪陷。

4.23 浙東日軍陷奉化、慈谿、餘姚。

4.25 閩中國軍收復福清。

浙境國軍克復臨海、黃岩，近迫永嘉城郊。

4.26 福建國軍收復長樂。

5.1 鄂西國軍襲擊當陽，斃日軍甚衆，並燬日軍汽車倉庫甚多。

軍事委員會軍統局戴笠與杜月笙在上海邀各幫會首領成立人民行動委員會，協助抗戰。

5.2 浙東國軍收復溫州，圍攻長興，日軍負嵎頑抗。

5.3 浙東國軍克復海門、平陽、永嘉、瑞安。

日機六十三架空襲重慶。

5.7 日軍大舉進犯中條山，晉南會戰展開，國軍第五集團軍曾萬鍾、第十四集團軍劉茂恩，率第十七軍高桂滋、第四十三軍趙世鈴、第十四軍陳鐵、第九十三軍劉戡、第三軍唐淮源、第八十軍孔令恂、第十五軍武庭麟、第九十八軍武士敏、第九軍裴昌會，與日軍第三十五師團原田熊吉、第二十一師團田中久一、第三十三師團櫻井省三、第三十六師團井關仭、第三十七師團安達二十三、第四十一師團清水規矩激戰，戰事進行一個月另七天。初日軍進攻甚猛，後因進兵西貢而終於撤退。

豫晉邊區孟縣、濟源戰鬪，國軍第九軍裴昌會率第四十七師郭貽珩、第五十四師王晉、新二十四師張東凱與日軍第三十五、二十一師團及騎四旅團激戰四日，孟縣、濟源失守，損失慘重。

晉南中條山董封戰鬪，國軍第九十八軍武士敏率第四十二師王克敏、第一六九師郭景唐與日軍第三十三師團激戰六日，國軍在雪山破日軍一大隊，十三日黃封失守，國軍撤橫河鎮。

晉南皋落鎮戰鬪，國軍第四十三軍趙汝齡率第七十、暫四十師與日軍第四十一師團第九旅團作戰八日，日軍陷皋落鎮、望仙莊、垣曲。

晉南張店鎮戰鬪，國軍第三軍唐淮源、第八十軍孔令恂率第七師李世龍、第十二師寸性奇、第一六九師郭景唐、新二十七師王竣與日軍第三十六、三十七師團及獨立第十六混成旅團激戰。九日張店陷落，國軍新二十七師少將師長王竣，少將副師長梁希賢，少將參謀長陳文杞皆陣亡。

閩南福州第二次戰鬪，國軍第八十師參加作戰，戰事持續一個月另一天。

5.8 浙東國軍攻入石浦，收復象山。

5.9 晉南中條山會戰，激戰進行中。

日機八十架襲重慶。

5.10 北上國軍在鄂攻擊進犯桐柏山之日軍，並克復棗林店。

日機五十四架襲重慶。

5.11 廣東東江日軍蠢動，陷博羅、平山、惠州。

5.12 鄂西日軍由當陽、荊門進犯，均被國軍阻擊。

陸軍第三軍中將軍長唐淮源在晉南張店鎮戰鬪失敗，自殺殉職。

晉南會戰，日軍封鎖黃河各渡口，國軍寸土必爭，展開血戰。

5.13 晉南中條山會戰，國軍繞擊日軍後路，陸軍第十二師少將師長寸性奇在聞喜陣亡。

5.14 鄂中日軍進犯棗陽，國軍冒雨出擊，襄河兩岸日軍後退。

5.15 晉南會戰，國軍第十五軍萬金聲少將在陽城陣亡。

5.16 閩浙國軍克連江、餘杭。

日機六十三架襲重慶，投彈兩百餘枚。

5.17 晉南日軍被迫放棄各渡口。

鄂北國軍克復棗陽。

5.18 中條山中戰況激烈，國軍已造成外線作戰態勢，兩週內日軍死傷慘重。

晉南稷山、鄉寧、沁水戰鬪，國軍第三軍曾萬鍾（代）、第十七軍高桂滋、第九十八軍武士敏、第九十三軍劉戡、第二十七軍范漢傑、第四十三軍王乾元與日軍第三十六、第四十一、第三十三師團激戰，進行八日，國軍退太行山，及呂梁山建游擊基地，夾擊日軍。

5.21 浙境錢塘江南岸國軍收復諸暨、餘姚。

粵東國軍收復惠陽。

5.22 粵中國軍克復博羅。

5.24 浙東日軍陷上虞。翌日退走。

5.25 豫南信陽日軍犯小林店等地，經國軍分路阻擊，退向信陽。

5.27 晉南會戰結束，國軍第三軍軍長唐淮源第十四集團軍參謀處長張世惠少將、連同第二十七師師長王竣，副師長梁希賢、參謀長陳文杞，均於此役殉國。國軍傷亡七五、六〇〇人。

日軍無正式統計，但亦慘重。

5.31 江蘇省保安第六路少將指揮官張能忍本月在湖南作戰陣亡。

河北民軍總指揮部少將參議劉彰民，本月在河南作戰陣亡。

6.1 晉南太行山，國軍展開游擊戰。

6.2 日軍在粵東海豐、梅隴登陸，被國軍阻擊。

6.5 日機夜襲重慶市，校場口大隧道發生窒息慘案，市民死傷約三萬餘。

浙東國軍收復象山。

國軍第三十五軍傅作義在綏西包頭、安北間戰鬪，破壞鐵路電訊，至七月七日結束，收獲頗大。

6.6 日在臺灣實施志願兵制度。

魯蘇皖邊區 第四游擊縱隊 少將司令陳中柱在 江蘇泰縣 作戰陣亡。

6.7 日機再襲重慶。

6.14 日機三十四架分二批襲重慶，並轟炸恩施。

6.15 日機二十七架襲重慶，美使舘被炸毀。

6.20 日軍調岩松義雄中將繼任第一軍司令官。

6.22 德希特勒對蘇聯宣戰，並與芬蘭、羅馬尼亞成立同盟，意大利、芬蘭、羅馬尼亞亦對蘇聯宣戰。

6.24 宜昌對岸日軍出動被國軍阻退。

6.29 日機六十架空襲重慶，英使舘被毀，參事包克本受傷。日機四十八架二次襲重慶，被國軍擊落四架。

7.1 湘北國軍進攻忠防之日軍，擊斃頗衆。

浙東國軍進迫紹興城郊。

7.2 軍事委員會發起公務員子弟從軍運動。

閩江南岸國軍克復龍田，粵南一度衝入江門。

7.4 綏西國軍佔領臥羊臺。

日軍在閩南詔安登陸，被國軍阻擊。

7.5 綏西國軍破壞隆縣車站及綏包路電訊交通。

7.6 國防部情報局少將區長李果諶，在湖北監利遇害。

7.7 福州附近國軍進攻日軍。晉南日軍損失極重。

日軍派岡村寧次大將接任北支那方面軍司令官指揮華北日軍。

日軍廢止南支那方面軍戰鬪序列。另設第二十三軍今村均爲司令官，以廣州爲中心，指揮華南日軍作戰。

7. 8 日機五十二架襲重慶，英使館全毁。

7. 12 宜昌對岸日軍進犯，被國軍擊退。

7. 13 江西南潯挺進縱隊兼游戰隊第二支隊少將參謀長楊生，在南昌遇害。

7. 15 國軍深入沙市、宜昌襲擊日軍。

7. 19 美人拉鐵摩爾飛重慶， 任蔣委員長政治顧問。（ 此人思想左傾，影響美國對華外交政策）

7. 20 蔣委員長接見航空委員會顧問陳納德，談美國空軍志願援華事。

日軍在浙東海門登陸。

7. 21 晉南國軍收復中條山西部永濟、芮城、虞城、解縣。

鄂東國軍攻克廣濟。

7. 24 浙東國軍收復鎮海。

7. 27 日軍在山東日照北登陸，攻擊蘇魯戰區。

7. 29 日軍在金蘭灣登陸，佔安南（越南）。

7. 30 日機一百三十架大舉炸重慶。美艦「圖圖拉」號被炸沈。

宜昌東北國軍克長嶺崗，續收天坑拗。

8. 1 中國空軍美志願隊（飛虎隊）成立，陳納德任總指揮。

宜昌、當陽等地國軍與日軍激戰。

國軍收復粵東潮陽。

8. 2 日軍向泰越邊境集中。

8. 4 航空委員會改組爲空軍總指揮部。

宜昌東北國軍擊日軍，頗有收穫。

8. 7　宜昌戰事順利，三游洞對岸國軍克據點，斃日軍八百餘名，江北岸亦有斬獲。

日機對重慶展開「疲勞轟炸」。

8. 9　宜昌西國軍渡河在曹家埡斃日軍頗衆。

8. 12　鄂中湖沼地帶國軍對日軍展開攻勢，潛江、沙市以南斃日軍甚衆。

8. 13　航空委員會公布四年來擊落日機一千五百架，斃日空軍一千二百人，俘六十九人。

日機一週以來，不分晝夜，每六小時一次之間隔，「疲勞轟炸」重慶。

鄂西戰事順利，宜昌日軍損失頗衆。

晉國軍克復孝義，現正分襲晉南夏縣一帶。

8. 15　信陽日軍出擊，受國軍阻擊。

日機狂炸昆明，平民損失慘重。

8. 17　鄂西沙市以南，國軍肅清日軍。

8. 18　鄂中國軍向潛江近郊推進。

8. 22　日機一百三十五架分批襲四川各地。

8. 23　日機百架分襲成都、重慶。

8. 25　浙西國軍收復餘杭。

8. 26　國軍向福州外圍日軍陣地桐嶺攻擊。

8. 27　安慶對岸，南昌外圍，以及浙東，國軍主動攻擊日軍。

8. 30　蔣委員長在重慶南郊黃山官邸召開軍事會議，日機猛炸黃山，衞士死二人，重傷四人，國民政府大禮堂亦全毀。

9. 3　國軍收復福建省會福州，日軍被迫撤退。

9. 5　閩江國軍克長樂、馬尾、連江。鄂南、湘北國軍亦挫日軍。

陸軍第四十三軍 第七十師 少將師長石作衡 在山西絳縣 作戰陣亡，後由劉墉之繼任。

9.7 湘北日軍進攻大雲山，第二次長沙會戰開始。

國軍第四軍歐震、第五十八軍孫渡，率第六十師董煜、第五十九師張德能、第九十師陳侃、第一〇二師栢輝章、新十師魯道源、新十一師梁得奎，與日軍第六師團神田正種在湘北忠坊、西塘、大雲山港口激戰，持續十日之久，雙方均有傷亡。

9.11 日本成立國防總司令部，山田乙山任總司令，河邊虎中邸任參謀長。

日本新設第二十軍，任關龜治中將爲司令官，指揮湘贛日軍作戰。

鄂南通山、崇陽作戰，日第十一軍與國軍激戰兩日。

9.12 湘北國軍獲重大戰果，大雲山殲日軍，日軍突圍，企圖搶渡新牆河，正爲國軍阻擊中。

9.15 鄂南國軍收復通山。

9.17 第二次長沙會戰開始，國軍第九戰區薛岳率第十九集團軍羅卓英、第三十集團軍王陵基，統第九十九軍傅仲芳、第十軍李玉堂、暫二軍鄒洪、第七十九軍夏楚中、第七十四軍王耀武與日第十一軍阿南惟幾第六、第四十、第四、第二十三、第十三、第三師團、獨立第十四、十八混成旅團激戰。戰事進行二十一天，雙方傷亡慘重。

湘東新牆河、楊林街、關王橋戰鬪，國軍第二十軍楊漢域率第一三三師夏烱、一三四師楊幹才、暫五四師孔荷寵；第五十八軍孫渡率新十師魯道源、新十一師梁德奎與日第十一軍，在新牆河、汨羅江激戰兩晝夜。

9.18 湘北日軍強渡新牆河。

國軍地下工作人員在南京下關車站、廣州、上海等地從事爆破，日僞傷亡數十人。

國軍第四軍歐震、第九十九軍傅仲芳、第二十軍楊漢域，在湘東北青山、蘆林潭截擊日軍第十一軍一部，相持十九日之久，日軍頗有損失。

9.19 湘北日軍迫汨羅江。

汨羅江、南𪾢江、浦新市戰鬪，國軍第二十六軍蕭之楚率第二十二師王修身、第四十一師丁治磐、四十四師陳永與日第十一軍作戰，持續五日，國軍轉移新陣地。

日軍在汨羅江北岸浯口、新市等地渡河，國軍退撈刀河、瀏陽，誘敵深入。

9.20 國軍第三十七軍陳沛率一四〇師李棠、第九十五師羅奇；第十軍李玉堂率第三師周慶祥、預十師方先覺，當日軍第十一軍主力渡汨羅江時，主力攻擊，激戰兩晝夜，雙方傷亡慘重。

9.21 日軍深入湘北，國軍在關王橋側擊日軍。

9.22 國軍收復湘北關王橋，長樂日軍被擊潰，汨羅江南岸日軍傷亡頗重。

9.23 中國空軍出動協助長沙陸軍作戰。

國軍第四軍歐震與日第十一軍一部，在瀏陽撈刀河血戰三日，二十六日結束。

蔣委員長電話指揮薛岳，有關長沙會戰之軍事部署。

9.24 湘北金井淪陷，日軍進至撈刀河。

9.25 渡過汨羅江日軍與國軍在平江激戰。

陸軍第五十七師少將步兵指揮官李漢卿在長沙會戰陣亡。（按民國二十八年初，各師取消旅之編制，改設少將步兵指揮官）

9.26 日軍進迫長沙附近，大戰激烈進行中。

陸軍第一九〇師少將副師長賴傳湘在長沙外圍作戰陣亡。

國軍第七十四軍王耀武、二十六軍蕭之楚與日第十一軍主力在長沙、撈刀河間血戰六日，日軍突圍北去。

9.27 國軍第七十九軍夏楚中、暫二軍鄒洪、第十軍李玉堂、第七十七軍馮治安在長沙東南區將日軍第十一軍主力包圍，血戰六日，日軍向北突圍。

9.28 日軍傘兵百餘人在長沙附近降落，並一度竄入城內，國軍展開反攻。

湘北國軍各路增援大軍緊縮對長沙日軍包圍。

9.29 豫東日軍進犯鄭州外圍。

日軍調甘粕重太郎爲駐蒙軍司令官。

撈刀河日軍被圍雙方傷亡慘重，日軍開始動搖。

陸軍第九十八軍中將軍長武士敏在山西太岳山區作戰陣亡。

陸軍第四十二師少將參謀長王儒欽在山西作戰陣亡。

魯蘇皖邊區游擊總部少將司令徐衍崑在江蘇作戰陣亡。

9.30 湖北國軍開始總反攻。粵省國軍收復淸遠、廣海。

國軍第二十軍楊漢域、第十軍李玉堂與日第十一軍一部在湘東沙市街、永安市血戰五日，日軍向春華山長沙東迂迴，後撤退。

10.1 進入長沙日軍突圍北進，國軍沿途堵擊。

國軍第九十九軍傅仲芳在湘北路佘田、營田截擊日第十一軍一部，相持至十月十五日。

河南日軍進犯鄭州外圍。

10.2 蔣委員長召開軍事會議，決定收復長沙後對日戰略。

10.3 進犯長沙日軍敗竄湘陰。

浙東國軍收復紹興。

10.5 鄭州陷落，國軍轉移新陣地。

湘北國軍重創日軍於汨羅江，日軍死傷頗重。

10.8 汨羅江下游日軍全部肅清，第二次長沙會戰結束，國軍大捷。

10.10 國軍收復宜昌，因日軍施放毒氣，國軍損失慘重。

10.13 國軍自動退出宜昌。

10.14 湘北國軍進攻岳陽外圍據點。

10.15 鄂中國軍一度圍攻潛江。

10.16 第三次南嶽軍事會議開幕，蔣委員長中正親自主持。

河南國軍一度衝入鄭州。

10.17 湖北江陵國軍克后港。

10.18 日本東條英機組閣，自兼陸軍大臣及內務大臣。

10.22 沙市日軍增援，遭國軍阻擊。

10.24 豫中國軍攻克廣武線，鄂中攻克郝穴。

10.26 湘北國軍反攻岳陽。

10.29 連日中國空軍出動湘北前線助戰，轟炸黃冰寺一帶日軍陣地，獲重大戰果。

10.31 河南國軍收復鄭州。

鄂東游擊總指揮部中將總參議李宜煊在湘北作戰陣亡。

11.2 皖國軍收復懷遠。

11.4 豫國軍收復汝南。

日飛機在常德、桃源投下鼠疫桿菌。

11. 6　國軍克復榮澤縣北黃河橋。

日軍調酒井隆中將爲第二十三軍司令官，指揮華南軍事。

11. 10　宜昌對岸天子坡日軍進攻，被國軍痛擊。

11. 14　河南國軍進攻中牟。

江西國軍攻南昌外圍據點。

11. 20　國軍肅清中牟附近日軍。

12. 1　日軍進攻安南（越南），準備南侵。

國軍新設魯蘇皖豫邊區總司令部戰鬪序列，任湯恩伯兼總司令。

12. 8　日軍偷襲珍珠港，掀起太平洋大戰。

滬八百壯士恢復自由。

蔣委員長邀英、美、蘇三國大使談話，並提交書面建議。

加拿大、澳大利亞、荷蘭、法國、海地及中美洲國家，對日宣戰。

日軍再佔鼓浪嶼。

日軍攻泰國，泰國投降。

12. 9　國軍策應香港英軍作戰出擊淡水日軍。

中國政府對日、德、義正式宣戰。

晉西太行山陵川附近戰鬪，國軍第二十七軍范漢傑率第四十六師李用章、第四十五師黃祖勳與日軍第三十六師團井關仞激戰十二晝夜，雙方傷亡慘重。

日軍在菲律賓登陸。

日軍佔領威克島。

12. 12　日軍佔九龍半島。

12. 14　日軍攻關島。

12. 15　鄂東國軍克廣濟，晉省進入太行山之日軍陷陵川。

12. 16　蔣委員長中正向各盟國提議統一軍事指揮，實現軍事聯盟。

日軍佔澳門。

12. 18 日軍在香港登陸。日軍佔檳榔嶼。

12. 19 廣九路國軍一度衝入深圳。

12. 20 美志願空軍飛虎隊在昆明首次與日機空戰獲捷。

國軍猛攻廣九線，策應香港戰事。香港發生巷戰。

山西國軍克復陵川。

12. 23 湘東梅樹灘、新牆戰鬪，國軍第二十軍楊漢域率一三三師夏炯、一三四師楊幹才與日軍第四十、六師團在新牆河南岸激戰。二十六日後，激戰於關王橋、陳家橋、長樂街一帶。

12. 24 日軍渡新牆河南進，第三次長沙會戰開始。國軍第九戰區薛岳，率：第七十三軍彭位仁、第四軍歐震、新三軍楊宏光、第七十四軍王耀武、第七十二軍韓全樸、第七十九軍夏楚中、第二十六軍蕭之楚、第七十八軍夏首勳、第二十軍楊漢域、第五十八軍孫渡、第三十七軍陳沛、第九十九軍傅仲芳，第十軍李玉堂，與日軍第十一軍阿南惟幾統第六師團（神田正種）、第四十師團（青木成一）、第三師團（豐嶋房太郎）、第三十四師團（大賀茂）、獨立第九旅團（池土賢吉）、獨立第十四旅團（中山停）、獨立第十八旅團（外園），在湘東展開激戰。此戰持續至民國三十一年元月十五日。

國防部情報局少將主任姜宏勛在南京殉職。

12. 25 日軍佔香港。

12. 27 羅江北長樂街、福林舖戰鬪，國軍第二十軍楊漢域率新十、新十一師與日軍第六師團作戰。

日軍從楓林港越撈刀河，迫近長沙。

湘東歸義、新開市戰鬪，國軍第三十七軍陳沛率第六十、九十

五、一四〇、九十九、九十二、一九七師與日軍第二、六、四十師團激戰後，日軍迫近長沙。國軍第九十九軍傅仲芳守柳溪橋、營田各要點。

12. 31 美總統羅斯福建議蔣委員長，成立中國戰區最高統帥部，並請其擔任中國戰區盟軍最高統帥。

國軍進入緬甸，協助英軍作戰。

湘東春華山戰鬪，國軍第七十八軍夏首勳率新十三師唐郇伯、新十六師吳守權與日軍第四十師團激戰，堵截日軍。

長沙戰鬪，國軍第十軍李玉堂、第七十三軍彭位仁、第四軍歐震指揮第三、預十、一九〇、七七、暫五、十五、五十九、九十、一〇二、三十二、四十一、四十四、七十九、九十八、一九四、暫六師與日軍第三、六、四十師團激戰，日第三飛行團支援作戰，雙方損失慘重，國軍固守要點。

陸軍第七十一師師長樊釗少將，本年在山西孝義作戰殉國。

民國三十一年（一九四二年）

1. 1 贛北國軍克復奉新、祥符觀。

長沙第三次會戰，激烈進行，日軍第三、六師團猛攻長沙，國軍第十軍李玉堂部沈著應戰。

浙西國軍攻入武康、餘杭。

1. 2 日軍猛攻長沙，戰事慘烈。

軍事委員會公布，中國軍隊已開入緬甸協防。日軍佔馬尼刺。

贛北國軍克高安、武寧。

浙東紹興、嵊縣日軍出犯，被國軍擊退。

1. 3 日軍猛撲長沙，激戰三晝夜，其主力受國軍重創。

蔣委員長中正，就任中國戰區盟軍最高統帥。

1.4 長沙國軍按照原定計劃，成功包圍戰，日軍開始崩潰。

中國空軍中美志願隊，連日在緬甸共擊落日機六十架。

策應第三次長沙會戰，宜昌國軍出擊。

1.5 湘北日軍增援長沙部隊到達金井、栗陽、福臨舖，遭國軍阻擊，日軍向長沙猛攻，經兩晝夜，完全失敗，分向東山、榔黎市、東屯渡方面撤退。

1.7 出擊宜昌國軍順利進展，遠安東北日軍被殲過半。

信陽僞軍警備旅長陳彬率部七百餘人殺日軍反正。

1.8 聲援長沙戰事，襄河北岸國軍出擊。

蘇北國軍連克阜寧、泗陽及氾水嶺，魯南克郯城，豫東國軍猛攻鹿邑、柘城、太康、淮陽等地。

1.9 中國空軍飛湘北助戰，擊落日轟炸機。圍長沙之日軍獨立第九混成旅團，殘部向汨羅江逃竄。

桂南邕欽路國軍連克那扁、蒲廟各據點。

1.10 晉西臨晉僞軍三百餘人，攜械向國軍投誠。

湘北殘留日軍被國軍包圍於福臨舖一帶，予以痛擊。

1.11 湘北福臨舖殲日軍八千人，生擒近千。

贛北國軍克復馬迴嶺、虬津。

南進日軍佔馬來亞吉隆坡。

1.12 湘北汨羅江兩岸續殲潰退日軍。

南進日軍開始進犯荷印，並在婆羅洲東北之焦那港登陸。

1.14 國軍陸續開入緬甸。

1.15 湘北國軍肅清新牆河以南殘餘日軍，第三次長沙會戰結束。

1.16 日軍侵犯緬甸，進攻米打。

1.18 日軍進攻荷印，焦那港荷軍後撤。

1.19 中國遠征軍（第六軍甘麗初）入緬部隊沿滇緬路南進。

1.22 中國空軍飛炸安南日軍陣地，投彈二十餘噸。

1.24 粵東國軍克復淡水。

1.31 粵東國軍克博羅。

廣東保安七團少將團長李春農，本月在廣東作戰陣亡。

2.2 美人史迪威奉命調中國戰區參謀長。

2.3 粵東激戰，博羅再淪陷。

2.5 蔣委員長偕夫人及王寵東、張道藩、董顯光飛印度加爾各答，英大使卡爾隨行。

2.6 粵南惠陽淪陷。

2.9 入緬國軍擊退日軍自泰國攻緬部隊。

日軍在新加坡登陸。

2.12 皖西國軍克渦陽。

2.15 豫皖邊境國軍告捷，日一將官被國軍擊斃。

2.16 日軍在通明、雷州兩港登陸，佔海康，國軍退客路。

2.17 侵緬日軍渡過薩爾溫江，雙方在比林河激戰。

2.19 中國入緬軍在緬泰邊境，攻擊日軍。

在雷州登陸日軍，進犯遂溪、洋青。

2.25 中國遠征軍（第六軍）全部開入緬甸。

3.1 日軍在爪哇登陸。

3.2 蔣委員長視察緬甸，並在臘戍接見英國魏菲爾將軍。

日軍調七田一郎中將爲駐蒙軍司令官。

3.3 蔣委員長召集入緬部隊高級長官訓話，並指示作戰要點。

3.5 蔣委員長由昆明飛返重慶。史廸威先一日到重慶。

3.7 中國遠征軍第二〇〇師戴安瀾到達緬甸同古，協同英軍作戰，日軍佔仰光、庇古。

3.10 蔣委員長派史迪威爲中國入緬遠征軍總指揮官。

陳納德將軍之「飛虎隊」改編爲美駐華第十四航空隊。

3.11 日軍在浙東象山港登陸。在山東方面進犯菏澤、曹縣一帶邊境。

3.13 入緬中國遠征軍與英軍進入中印公路陣地作戰。

3.15 蔣委員長調任衞立煌爲緬甸遠征軍總司令。

3.17 泰緬邊境戰事，國軍獲勝。

3.19 滇緬路作戰，中國遠征軍羅卓英率第五軍杜聿明、第六軍甘麗初、第六十六軍張軫、第三十六師李志鵬，與日軍第十五軍飯田祥二郎，及第十八師團牟田口廉也、第三十三師團櫻井省三、第五十五師團芮寛、第五十六師團渡邊正夫激戰，日軍準備切斷中印公路，國軍奮戰，持續至六月六日，終獲勝。

緬北尤河鄂克春戰鬪，國軍第五軍杜聿明、第二〇〇師戴安瀾與日軍第五十五師團激戰二晝夜，二十三日，鄂克春被日軍佔領。

3.20 緬境國軍已在西湯前線與日軍作戰。

3.24 緬北同古、葉達西戰鬪，國軍第五軍杜聿明、第二〇〇師戴安瀾、新二十二師廖耀湘與日軍第五十五、五十六、十八師團激戰，日軍使用毒氣，戰事持續十四日，四月八日，國軍退向斯瓦河。

3.25 國軍開入泰國。

3.28 中英軍在緬境東瓜與日軍激戰。

3.29 國民政府令頒「國家總動員法」。蘇聯策動「新疆政變」。

3.30 緬甸東瓜國軍獲捷。

陸軍第十三軍第四師少將高參張榮岡，本月在河南作戰陣亡。

陸軍新編第三十八師（師長孫立人）少將副師長齊學啓，本月在緬甸殉國。

4.1 國軍自緬甸東瓜、同古撤退。

國軍調蔣鼎文爲第一戰區司令長官，兼冀察戰區總司令。

國軍新設遠征軍第一路司令長官部戰鬭序列，任羅卓英爲司令長官。

4.2 滇緬路被日軍封閉。

蔣委員長派羅卓英爲遠征軍第一路司令官。

4.3 日機連日炸浙境麗水、衢縣及贛境玉山等機場。

4.4 國民政府公布「戰時軍律」，並廢止前頒之戰時軍律。

4.6 國軍在東瓜奮戰，殲日軍數千。

蔣委員長偕夫人赴緬甸視察。

4.7 蔣委員長召集各遠征軍將領，討論作戰計畫。

4.8 美空軍第一次飛越喜馬拉雅山駝峯，從事軍品運輸。

4.9 滇境空戰，中國空軍美志願隊擊落日機十架。

緬北斯瓦河戰鬭，國軍新二十二師廖耀湘與日軍第十八師團激戰，至十六日，國軍轉移平滿納地區。

4.10 蔣委員長偕夫人由昆明返重慶。

4.13 日軍佔菲律賓巴丹半島，美國麥克阿瑟退澳洲。

4.15 緬境國軍因英軍撤退，退苗臘。

4.16 緬北仁安羌戰鬭，國軍新三十八師孫立人及英軍與日軍第三十三師團激戰，是日英軍失守仁安羌，國軍前往救援，收復該地，日軍遺屍一千二百具，國軍聲威大震。

4.17 緬北平滿納戰鬭，國軍第五軍杜聿明率九六師余韶、二〇〇師戴安瀾、新二十二師廖耀湘與日軍第十八師團激戰三晝夜，因英軍戰力薄弱，二十日，日軍佔平滿納。

緬北毛奇、羅衣考戰鬪，國軍第六軍甘麗初率第四十九師彭璧生、第九十三師呂國銓、暫五十五師陳勉吾與日軍第十八、五十六師團激戰竟日，至二十六日，羅衣考失守。

4.20 入緬國軍新三十八師孫立人克復油田中心之仁安羌，英軍被救出七千人。

緬北棠古戰鬪， 國軍第二〇〇師戴安瀾與日軍第十八師團激戰，棠古失而復得，戰事慘烈。

4.22 緬境仁安羌及平蠻北部均有劇戰。

4.28 緬北臘戍戰鬪，國軍第六十六軍張軫與日軍第五十六師團激戰，血戰一晝夜，國軍後撤。第六十六軍作戰科科長張致廣陣亡。

4.29 緬北臘戍淪陷。

4.30 蘇浙行動委員會忠義救國軍少將高參劉緯本月於江蘇殉職。

5.1 侵佔臘戍日軍進犯滇邊，國軍放棄瓦城。

國軍總動員會議成立。

5.3 中國空軍猛炸臘戍。

雲南龍陵失陷。

5.4 滇西惠通橋戰鬪，國軍第六十六軍張軫率第三十六師李志鵬、第八十八師胡家驥、預二師顧葆裕與日軍第五十六師團激戰，日軍佔龍陵後，進攻惠通橋，雙方隔江對峙。

陸軍暫編第三十師中將師長朱世勤，在山東單縣作戰殉國。

5.5 緬北八莫淪陷，日軍竄至怒江西岸惠通橋，雙方隔江對峙。

國家總動員法開始實施。

江蘇寶山空戰，中國空軍擊落日機八架。

5.6 緬北日軍進犯滇邊，強渡怒江，國軍放棄畹町。

5.8 緬境日軍侵入密支那。

5.9 滇邊國軍克遮放，怒江日軍全數肅清。

5.11 滇邊騰衝淪陷。

5.12 浙東蕭山日軍南攻，國軍予以阻擊。

5.14 滇邊龍陵、騰衝中日雙方激戰。

5.15 浙贛會戰開始，國軍第三戰區：第二十五集團軍李覺、第十集團軍王敬久、第三十二集團軍上官雲相、第二十三集團軍唐式遵及第九戰區第四軍歐震、第五十八軍孫渡、第七十九軍夏楚中與日第十三軍澤田茂所率第十五、二十二、三十二、七十、百十六師團及十七、二十六、四十、三、三十四、六、四十、六十八師團各一部激戰，日方欲打通浙贛線，用十四萬人兵力，採鉗形攻勢，國軍採消耗戰法。

浙東金華、蘭谿戰鬪，國軍暫九軍馮聖法率暫三十三、暫三十四、暫三十五師；第八十八軍何紹周率新二十一、新三十、暫三十二、第一九二、第六十三、第七十九師與日軍第七十、二十二、十五師團激戰。日軍第七十師團沿奉化，經新昌攻金華，第二十二師團自上虞攻嵊縣，迫金華，第十五師團自蕭山、諸暨攻蘭谿，雙方血戰四晝夜，至二十八日金華、蘭谿相繼失守。

5.16 浙江嵊縣淪陷。

5.17 浙江諸暨失陷。

日軍自緬甸侵犯雲南企圖被粉碎。

蘇俄軍千餘名，強駐新疆哈密，雖經交涉，拒不撤走。

5.19 浙江桐廬失陷。

5.20 浙江浦江陷落。

5.22 浙東衢州戰鬪，國軍第四十九軍王鐵漢、第二十五軍張文清、第八十六軍莫與碩、第二十六軍丁治磐、第七十四軍王耀武率第十六、第六十七、第七十九、第三十二、第四十一、第四十六、第五十一、第五十七、第五十八、第二十六、第一〇五、暫十三、第四十師與日軍第三十二師團井手鐵藏、第十七師團平林盛人、第四十一師團清水規矩、第百十師團飯沼守激戰。

日軍第三十二師團陷壽昌後，向衢州攻擊，激戰四晝夜，日援軍到達，國軍避免決戰，至六月六日突圍放棄衢州。

5.23 閩江口外國軍退出石川島。

滇邊國軍反攻。

浙境戰事激烈，東陽、永康、浦江被日軍侵佔。

5.25 金華城郊國軍擊退來犯敵眾。

史廸威參謀長，未經報告，擅自離開中國遠征軍，由緬甸逃抵印度新德里。

5.26 中國遠征軍第二〇〇師師長戴安瀾於十八日通過佃摩公路時，與日軍激戰重傷，本日在孟密特北不治殉職。

5.28 浙江金華、蘭谿相繼失陷。

日軍第十五師團長酒井直次中將於蘭谿戰鬪中陣亡。

冀中日軍實行「大掃蕩」國軍游擊隊。

5.30 贛東進賢、鷹潭戰鬪，國軍第一〇〇軍施中誠、第三十一軍劉雨卿、第七十五師朱惠榮、第一四七師潘左與日軍第三十四師團大賀茂激戰。

日軍由南昌渡汝河向東攻擊，六月十六日佔鷹潭，八月二十一日被國軍第七十五師克復。

5.31 日軍在溫州灣坎門登陸。

6.1 贛東臨川、滸灣、金谿戰鬪，國軍第七十九軍夏楚中率暫六、第九十八、第一九四師；第一〇〇軍率第十九師與日軍第三師團高橋多賀二激戰，雙方在臨川、同源激戰，五日臨川失守。戰事持續至七月八日。

贛東贛江、樟樹、豐城戰鬪，國軍第五十八軍孫楚率新十、新十一師與日軍岩永支隊、今井支隊、井手支隊激戰，戰事持續至八月二十七日。

江西日軍陷弋陽。

6.2 緬甸國軍克復棠吉。

6.3 浙東日軍進犯衢縣。

6.5 中國遠征軍已集結印度東北邊境整補。

6.7 浙東衢縣淪陷。

贛東撫河、南城、宜黃戰鬪，國軍第七十九軍夏楚中、第四軍歐震、第五十八軍孫楚率第五十九、第九十、第一〇二師與日軍第三師團激戰五晝夜，十二日南城陷落，雙方損失慘重，七月四日國軍再克復宜黃。

6.9 緬北國軍克復梅苗。

6.10 蔣委員長下令將緬甸作戰失職暫編第五十五師師長陳免吾解重慶審辦。

6.15 浙贛國軍退出玉山。

贛東信河沿岸廣豐、上饒、汪二渡戰鬪，國軍第二十六軍丁治磐、一〇〇軍韓文英（代）、及第二十五軍張文清之一〇八師、第二十一軍劉雨卿之一四七師與日軍第三十四師團大賀茂、第二十二師團大成戶三治激戰。日軍損失慘重，佔上饒，至八月十九日國軍收復該地。

浙東麗水、青田戰鬪，國軍暫九軍馮法聖、第八十八軍何紹周之暫三十二師黃權與日軍第七十師團小江旅團作戰，日軍由溫州攻佔麗水。八月二十八日被國軍暫三十二師收復。

6.16 日軍入貴溪，浙贛路全線盡陷。

6.17 浙境國軍克復常山。

6.18 閩日軍犯福州。浙贛路在鷹潭間混戰。

陸軍暫編第四十五師少將師長王鳳山在山西萬泉作戰殉國。

6.19 日軍在浙江臨海縣（臺州灣）登陸。

太行山東南日軍，被國軍阻擊。

6.20 國軍與日軍在廣東蘆包激戰。

6.21 粵漢南段及江西廣豐外圍激戰，豫北安陽、林縣一帶戰事亦劇。

6.22 國軍實施軍需獨立。

6.23 中國空軍轟炸漢口之日軍。贛北國軍攻臨川。

中國遠征軍司令長官羅卓英由印度返重慶述職。

6.29 太行山東南日軍，完全被國軍擊退。

6.30 贛北在鄱陽城郊激戰，晉省陵川外圍吃緊。

陸軍新編第二十九師司令部少將高參黃禎泰，本月在河南作戰殉職。

7.1 日軍調塚田攻中將爲第十一軍司令官，在湘鄂作戰。

7.4 美在中國航空志願隊改組爲第二十三驅逐機隊（屬第十四航空隊），史格特上校任指揮官。

7.6 贛境國軍克宜黃，進迫崇仁。

駐中國境內美機炸漢口、南昌、廣州。

7.8 贛境國軍堅守豐城、樟樹鎭，並克復崇仁。

7.9 贛境國軍克南城、鄱陽。

浙江撫河兩岸日軍動搖，一部退向溫州。

7.13　閩江國軍渡海攻克福斗島。

7.15　浙東國軍克青田。

7.19　國軍分克建德、溫州、瑞安、橫峯、弋陽，並截斷浙贛鐵路。

7.21　晉境國軍克陵川，浙境溫州復淪陷。

7.27　國民政府公布「國家總動員會議組織條例」。

7.28　日陸戰隊由溫州載走十船物資。

7.29　鄂中日軍犯大洪山，被國軍阻擊。贛境國軍攻抵臨川城郊。

8.1　衡陽連日空戰，中國空軍擊落日機十七架。

浙東遂昌、雲和戰鬪，國軍第八十八軍何紹周所轄新二十一師羅君彤、新三十師賈廣文、暫三十二師黃權及第七十九師段霖茂與暫九軍馮法聖，與日軍原田旅團、奈良旅團激戰，當日日軍佔遂昌。攻雲和時被國軍第八十八軍擊退。九月一日，國軍第七十九師克遂昌。

日軍調吉木貞一中將，任第一軍司令官，駐石家莊，指揮山西、冀南軍事。

8.2　日軍犯大洪山被擊退。

8.4　浙東國軍克復湓灣。

8.5　浙東各線國軍反攻，克復永康。

8.7　贛東國軍迫近臨川城。

盟（美）機炸廣州。

8.9　贛東臨川城郊激戰。

8.13　國軍圍殲浙境松陽日軍，仙霞嶺反攻亦告捷。

8.14　浙日軍再入青田、溫州。

8.15　蔣委員長由重慶飛蘭州視察，並處理新疆問題。

8.19　國軍克復上饒、貴溪，並再克溫州。

8.20　贛北國軍克復廣豐。

8.21　浙東國軍再克青田、東鄉。

8.23　浙贛線國軍分別克復玉山、江山、餘江、及鷹潭鎮。

8.24　國軍分克臨川、餘干、常山等地。

蔣委員長由蘭州飛西寧視察。

8.25　江西國軍克都昌。

8.27　江西國軍克進賢。

8.28　浙東國軍克復衢州。

蔣委員長飛酒泉視察。

8.29　浙境國軍克復麗水、松陽。

8.30　浙江國軍克復龍游、蘭谿；粵北克軍田。

蔣委員長飛張掖視察。

蔣夫人攜委員長致盛世才函飛廸化，吳忠信、朱紹良隨行。

山東省保安第十七旅少將旅長竇來庚，本月在山東陣亡。

8.31　沿浙贛路東進國軍，直薄金華、湯溪。

蔣委員長飛武威視察。

9.1　浙東國軍圍攻金華。

浙東國軍克遂昌。

9.2　浙江國軍克永康、烏義。

9.4　浙江金華城郊日軍遭國軍痛擊受重創。

9.6　蔣委員長中正在西安召開軍事會議。

9.11　美國建造供給中國之第一艘運輸艦，在西海岸某港下水。

9.15　浙境國軍再度克復武義城，金華仍在激戰中。

9.16　盛世才平定中共陳潭秋、毛澤民、林基路所發動之政變。

9. 23 蔣委員長手諭第八戰區司令長官朱紹良，令第四十二軍楊得亮轄第四十八師謝義鋒、第一九一師羅澤闓、第七預備師嚴明限期移駐肅州、玉門一帶。

9. 29 緬日軍增至六個師團。

10. 1 國軍渡過金華江。

10. 6 第四屆全國兵役會議在重慶開幕。

10. 8 日軍調下村定中將爲第十三軍司令官，指揮江蘇軍事。

10. 10 蔣委員長下午四時在重慶向全國宣布，英、美自動放棄在華之不平等條約。

10. 12 忠義號戰鬪機二十架，在重慶舉行呈獻命名典禮。

10. 29 鄂西沙市東岑河口之日軍犯羅家場，經國軍痛擊，死傷甚衆，不支潰退。

11. 2 中國空軍夜襲漢口。

11. 15 陸軍暫編第五師少將師長彭士量在湖南石門殉職。

11. 21 鄂中日軍主動出擊。

11. 27 盟機襲廣州，擊落日機，並炸倉庫船舶。

11. 30 軍訓部徐鎭國中將本月殉職。

12. 11 滇西日軍分三路北犯。

12. 12 滇邊北犯日軍遭國軍痛擊。

12. 13 滇西日軍屢圖強渡曲石江，均經國軍擊退。

12. 14 盟機出擊騰衝、龍陵。

12. 17 大別山區郝穴北國軍馳過熊能河擊日軍。

12. 18 日第十一軍司令官塚田攻及高級軍官九人，乘機自南京飛漢口在安徽安慶上空，被國軍挺進部隊擊落斃命，由橫山勇繼任。

12. 19 鄂東黃梅、廣濟戰鬪，國軍第三十九軍劉和鼎率第五十六師孔海鯤及游擊第十六縱隊李九皐、第十七縱隊王藥宇與日軍第六十八師團中山惇激戰。日軍猛攻黃梅、廣濟，二十日國軍退甕門關。

12. 20 緬甸日軍強渡南累河向滇境進犯。

12. 21 日軍陷湖北英山。

12. 22 日軍調橫山勇中將爲第十一軍司令官。

12. 23 鄂東黃土嶺、羅田、甕門關戰鬪，國軍第三十九軍劉和鼎率第五十六師及游擊第十六、十七縱隊與日軍第三師團高橋多賀二激戰。日軍由宋埠攻麻城，三十一日麻城失守，民國三十二年元月二日，黃土嶺亦陷落。

12. 24 滇西南累河畔中日對戰。

鄂東麻城、黃土崗戰鬪，國軍暫五十一師林茂華與日軍第三師團激戰。

皖南潛山、太湖戰鬪，國軍第四十八軍蘇祖馨率第一三八師李英、第一七六師李本一與日軍第六十八師團中山惇、百十六師團武內俊三郎激戰，戰事頗烈，潛山、太湖數度易手，至三十二年元月十一日，國軍收復上述兩地。日軍傷亡近三千人。

12. 25 滑翔機百架在重慶舉行命名典禮。

12. 26 日機犯滇，被國軍擊落數架。

12. 29 大別山麓激戰。國軍攻潛山、太湖。

12. 30 國軍克復潛山、太湖。

12. 31 鄂皖邊境英山失陷。

國軍新設駐印軍總指揮部，任史廸威（美人）爲總指揮。

民國三十二年（一九四三）

1.2　皖西南立煌戰鬪，國軍第七軍張淦率第一七一師曹茂琮、第一七二師鍾紀與日第三師團激戰，戰況慘烈，立煌淪陷，七日被國軍奪回，國軍傷亡慘重。

豫南西路口、新店、商城戰鬪，國軍第八十四軍張光偉率第一七四師牛秉鑫、一八九師張文鴻與日軍第三師團激戰，戰事持續六日，最後在商城附近激戰。

1.4　豫南潢川、光山戰鬪，國軍第七軍張淦率第一四三師黃樵松、一七四師牛秉鑫、一七三師栗廷勛與日軍第三師團激戰，日軍攻潢川、光山，國軍退羅山、信陽。

1.7　國軍收復豫南固始。

1.8　國軍克復大別山區立煌、商城。

1.10　國軍克復豫南潢川。

1.11　中英、中美平等新約分別在重慶、華盛頓簽字。

1.14　泰國助日犯滇被國軍擊退。

1.19　滇西國軍阻日軍於蠻莫之側。

1.31　大別山區恢復原態勢。

2.11　參謀總長何應欽飛印檢閱中國遠征軍。

2.12　滇西日軍分路犯怒江。

2.14　蘇北淮陰戰鬪，國軍第八十九軍顧錫九、第一一二師王秉鉞與日軍獨立第十三混成旅團激戰，日軍欲消滅淮陰國軍根據地，戰事持續一個月又兩天，雙方傷亡都在四千人以上。

2.15　鄂西沔陽、新口、監利戰鬪，國軍第一二八師王勁哉（沔陽）挺進第二縱隊金亦吾（新口），第一四九師趙壁光與日軍第四十六師團主力及第六、三十六、四十師團各一部，約三萬人激戰。日軍欲剷除此一根據地，大規模掃蕩，國軍向後撤退。第一二八師部分降日軍。

2.16 日艦五艘，載兵在廣州灣附近登陸。

2.18 陸軍第七十師（師長劉墉之）少將副師長王立業在山西汾南作戰捐軀。

2.21 日軍進佔廣州灣，獲得法國政府同意，雙方成立聯防協定。

2.25 滇西怒江日軍敗退。

2.27 立法院通過修正兵役法。

2.28 國民政府公布「出征抗敵軍人婚姻保障條例」。

蘇魯豫皖區政治部中將主任周復，本月在山東安邱殉國。

山東挺進軍總指揮部軍事處少將處長胡式禹本月在山東殉職。

陸軍第一三〇師少將參謀長張植桴本月在山東陣亡。

3.1 日軍調田中久一中將為第二十三軍司令官，指揮華南日軍作戰，調喜多誠一中將為第十二軍司令官，指揮魯豫及蘇北軍事。

3.10 美駐華第十四航空隊成立。

蔣委員長中正手著「中國之命運」出版。

鄂中日軍與國軍在公安、石首、華容間混戰。

3.11 日軍調本多政材中將為第二十軍司令官，指揮湘贛作戰。

3.13 美第十四航空隊開始作戰。

3.14 鄂中日軍動搖，向北撤退。

3.17 日機二十四架由鄂襲川，並在梁山以機槍掃射。

3.18 日軍新設緬甸方面軍，任河邊正三中將為司令官，指揮第十五軍本田口廉也、第三十三師團柳田元三、第五十五師團古閑健作戰。

魯蘇戰區所屬江蘇省保安三縱隊少將指揮官王殿華在江蘇泗陽山子頭作戰陣亡。

3. 20 鄂西國軍克復華容。

3. 30 陸軍獨立第六旅少將代旅長李仲寰本月在綏遠包頭作戰殉職。

4. 1 贛縣空戰，在華美機擊落日機七架。

國軍改組遠征軍第一路爲遠征軍司令長官部，調陳誠爲司令長官。

4. 11 晉西太行山、林縣、臨淇、陵川戰鬪，國軍第二十四集團軍龐炳勳率新五軍孫魁元、第四十軍馬法五、第二十七軍劉進與日軍第三十五師團坂西一良、第三十六師團岡本保之及獨立混成第四旅團津田美武、第八旅團吉田峯太郎激戰。日軍準備摧毀國軍太行山根據地，由華北方面軍岡村寧次指揮，戰事非常激烈。龐炳勳、孫魁元皆被俘，新五軍潰散，國軍傷亡四千人，日軍傷亡約五千人，第二十四集團軍總司令部少將處長邵恩三陣亡。

4. 15 中美合作所成立，戴笠爲主任，美人梅樂思爲副主任。

4. 22 中國空軍飛行員首次參加盟機轟炸緬甸之日軍。

4. 25 國軍在太行山區與日軍展開激戰。

4. 30 陸軍第九十六師少將副師長胡義賓本月在緬甸作戰陣亡。

5. 1 湘境空戰，盟機擊落日機六架。

5. 5 鄂西會戰，國軍第二十九集團軍王纘緒（轄第四十四、七十三軍）、第三十三集團軍馮治安（轄第五十九、七十七軍）、第十集團軍王敬久（轄第八十七、九十四軍）、第二十六集團軍周碞（轄第七十五、六十六軍）、第六戰區孫連仲代長官（直轄第三十、七十四、七十九軍）、江防軍吳奇偉（轄第十八、八十六軍）與日軍第十一軍橫山勇第三師團山本三男、第十三師團赤鹿理、第三十九師團澄田睞四郎、第四十師團青木成一、第五十八師團下野一霍及獨立第十七旅團激戰。日軍攻勢甚猛，日稱「江南殲滅作戰」。石牌要塞戰後，日第十三師團長失踪，至六月十二日戰鬪終了。

湘省南縣、安鄉戰鬪，國軍第七十三軍王之斌率第十五、第七十七、新五師與日軍第三、三十四（伴健雄）、四十師團及獨立第十七旅團激戰。日軍由華容、藕池分向南縣、安鄉進攻，激戰一晝夜，國軍後撤。六月三日國軍第七十四軍克安鄉。

5.6 洞庭湖北岸雙方激戰。

5.8 日軍侵佔湘境南縣，黃公弼縣長殉職。

5.10 日軍進攻公安，鄂西會戰慘烈進行。

5.12 湘鄂邊區大堰壋、劉家場戰鬪，國軍第十集團軍王敬久、第八十七軍高卓東、第九十四軍牟廷芳率第四十三師李士林、第一二一師戴之奇、第一一八師王嚴、第二十三師盛逢堯、第五十五師吳克朝、暫三十五師勞冠英、第六十七師羅賢達，與日軍第十三、四十、五十八師團，及獨立第十七旅團激戰，雙方傷亡慘重，國軍西撤。

魯南沂蒙山區戰鬪，國軍于學忠軍，五十一軍周毓英率第一一三師李玉唐、第一一四師黃德興與日軍第三十三師團柳田元三及獨立第五、六旅團作戰。日以飛機輪番轟炸，至十九日，雙方仍對峙中。

5.13 鄂西日軍在洋溪、枝江間強渡成功，公安失守。

5.14 豫北國軍克復林縣。

5.19 軍事委員會發表龐炳勳在太行山作戰被俘。

國軍與日軍在湘鄂邊境激戰。

5. 20 日機二十架襲梁山。

5. 22 鄂西漁洋關戰鬬，國軍第八十七軍高卓東與日軍第十三師團作戰。國軍兵力薄弱，次日放棄漁洋關。

5. 23 鄂西日軍猛攻石牌要塞。

5. 24 湖北宜昌西石牌戰鬬，國軍江防軍吳奇偉、第三十二軍宋肯堂、第十八軍方天率第五、一三九、一四一、十一、十八、三十四、十三、六十七師與日軍第三、三十九師團激戰。日軍在此役受挫，向東撤退。

5. 27 中國空軍少將林偉成參加盟機襲西西里。

5. 28 日軍調上月良夫中將任駐蒙軍司令官。

5. 29 湘鄂戰場美機助國軍總反攻，鄂西克漁洋關。

5. 30 鄂西國軍反襲石牌。

魯蘇戰區總司令部少將王保忠、魏鳳韶本月在山東作戰陣亡

6. 2 鄂東國軍克復長陽、枝江、黃梅。

6. 3 湘省國軍克復南縣。

6. 4 鄂西國軍克復安鄉、公安。

6. 7 鄂西宜都戰鬬，國軍暫六師趙季平、第一九四師龔傳文、第九十八師向敏思、第一二一師戴之奇與日軍第十三師團作戰，國軍夜襲日軍。

6. 8 鄂西國軍克復宜都。

6. 11 鄂西國軍克松滋。

6. 14 鄂西會戰結束，國軍收復公安。

7. 9 晉西太行山、長治、晉城、固縣戰鬬，國軍暫四十五師馬儒魁、第四十六師韓步洲與日軍第三十五、三十六師團作戰。此爲日軍太行山一系列之作戰，持續至九月八日終止。

7. 20　昆明空戰，美機擊落日機十二架。

7. 25　日駐華空軍第三飛行師團長中園盛孝中將，參謀長宮澤太郎中佐，高田增實少佐，在番禺墜機斃命。

8. 1　軍事委員會訂定「抗戰時期前線作戰官兵交寄家書優待辦法」十一條。

國府主席林森逝世，行政院長蔣中正代理國府主席。

8. 3　立法院通過保障出征軍人婚姻條例。

8. 6　滇西北進犯日軍被擊退。

日軍承認空軍居劣勢。

8. 13　滇西惠通橋日軍偷渡怒江，爲國軍擊退。

8. 21　滇騰衝日軍北犯。

8. 23　中、印、緬、美空軍統一指揮，由斯特拉特梅耶任司令。

日機第一批四十七架襲重慶，被擊落二架，第二批二十架在萬縣投彈。

8. 25　美機襲武漢，擊毀日機三十五架。

浙西國軍克臨安。

8. 27　美機再襲武漢，炸毀日機十九架。

浙西國軍克武康。

8. 31　日軍犯閩境三都澳，被擊退。

陸軍第一一四師少將師長黃德興、少將副師長王松元、少將張春炎， 本月在山東作戰殉國。廣西省自衞軍第二旅黃福臣少將，本月在滇殉職。

9. 4　滇西日軍又向怒江兩岸北犯。

9. 20　昆明空戰，美機擊落日機十二架。

10. 1　浙西、蘇南、皖南日軍同時分路進犯，侵佔郎溪、宣城，並一度入繁昌，旋被國軍收復。軍事委員會任孫連仲代第六戰區司令長官。

國民政府成立中美空軍混合團。

皖南日軍入宣城後，復向孫家舖進犯。蘇南日軍入廣德城。浙西日軍入吉安。

10. 5 由宣城進犯日軍被國軍擊退。廣德日軍南犯。

10. 8 蘇、浙、皖邊進犯之日軍，連日被國軍各個擊退。

10. 9 日軍又擾滇邊。

10. 13 滇西日軍侵犯片馬。

10. 16 滇邊怒江西岸激戰。

10. 18 滇邊日軍由片馬進犯至六庫對岸，連日反擊回竄。

10. 22 滇邊瀘水近郊激戰。

10. 23 美機炸緬北密支那日軍。

中國駐印軍新二十二師廖耀湘、新三十八師孫立人，在緬甸與日軍第十五軍牟田口廉也開始作戰，展開國軍緬北反攻。

10. 25 日機炸滇下關，怒江兩岸三路激戰。

10. 28 軍政部學兵總隊少將總隊長李忍濤於印度定疆殉國。

10. 31 第三戰區第二游擊區中將副指揮官張鑾基在浙江作戰陣亡。

11. 2 湘北常德會戰開始，日第十一軍横山勇指揮第三(山本三男)、十三（井上貞衞）、三十九（澄田睞四郎）、六十八（佐久間爲人）、百十六師團（岩永汪），及三十四、四十、三十二師團各一部，與獨立第十七混成旅團，及僞軍第五、十一、十二、十三師，與國軍第九戰區薛岳：李玉堂兵團（第十、九十九軍）、歐震兵團（第五十八、七十二軍）；第六戰區孫連仲：第二十九集團軍王纘緒（第四十四、七十三軍）、第十集團軍王敬久（第六十六、七十九軍）、江防軍吳奇偉（第十八、八十六軍）、二十六集團軍周碞（第七十五、三十二軍）、第三十三集團軍馮治安（第五十九、七十七軍）、王耀武兵團（第七十四、一〇〇軍）展開激戰。日軍欲奪常德，戰事慘烈。至十二月八日，日軍開始後撤，至三十日恢復會戰前態勢。

湘省南縣、安鄉戰鬪，國軍第二十九集團軍第四十四軍王澤濬、第七十三軍汪之斌率第一五〇師許國璋、第一六一師何葆恆、第一六二師孫鸝、第十五師梁祇六、第七十七師韓濬、暫五師郭汝瑰與日軍第六十八師團作戰。日軍自華容向南縣攻擊，三日佔南縣，十一日陷安鄉，國軍退津市、石門。

湘東北公安、煖水街戰鬪，國軍第十集團軍第六十六軍方靖、第七十九軍王甲本率第一八五師石祖黃、一九九師周天健與日軍第三師團作戰，日軍攻擊猛烈，國軍阻擊使其受挫，因連日大雨，國軍向西轉移。

11.3 鄂西公安淪陷。

11.4 中國與美國成立空軍混合大隊，隊長陳納德自兼。

11.5 湖北松滋淪陷。

緬北中國遠征軍攻克寧邊。

11.7 湘境國軍克復南縣。

11.8 國軍在鄂西長江南岸與日軍激戰。

十四航空隊襲厦門，擊沈日艦五艘。

11.9 湘省國軍退出安鄉。

11.10 湘北津市、澧縣、石門戰鬪，國軍第七十三軍汪之斌、第四十四軍王澤濬與日軍第三、十三、六十八、百十六師團激戰。日軍得空中支援，血戰五晝夜，十五日三地皆失陷，國軍第七十三軍損失慘重。

11.14　國軍反攻當陽、宜昌間日軍。

11.15　國軍攻于邦，緬北作戰開始。

11.17　駐華美空軍炸香港日軍事地區。

11.18　國軍第五十七師余萬程在常德外圍與日軍激戰。

國民政府參加開羅會議人員由重慶出發。

11.21　湘北慈利、桃園戰鬪，國軍王耀武第七十三軍第五十一、五十八師，施中誠第七十四軍第十九、六十三師與日軍第十三、三師團激戰。日軍用傘兵，戰事慘烈。二十四日王耀武軍克慈利，二十七日施中誠軍收復桃園。

常德戰鬪，國軍五十七師余萬程與日軍第三、十三、六十八、百十六師團激戰。戰至三十日，全城大火、日軍施放毒氣，雙方巷戰七日。十二月八日，國軍第五十八軍魯道源、新十一師梁德全攻入常德，日軍撤退，國軍第五十七師僅剩五百人，第十、七十三兩軍傷亡亦慘重。

陸軍第一五〇師師長許國璋在澧縣陣亡。

11.23　中、美、英首長舉行開羅會議。

11.25　中美空軍混合大隊炸毁臺灣日機四十七架。

11.26　美羅斯福總統，中蔣中正主席，英邱吉爾首相，發表開羅會議宣言。

11.27　國軍克復桃源。

11.30　國軍克復石門。

湘北德山、常德車站戰鬪，國軍第十軍方先覺，率第三師周慶祥、第一九〇師朱嶽、預十師孫明瑾與日軍第三、六十八師團作戰。國軍爲支援常德會戰，奮勇攻佔德山、常德車站。

蔣主席召集在印國軍萬餘人訓話， 並聽取廖耀湘、孫立人報告，夜十二時半啓程回重慶。

12.1 國軍渡過沅水，入常德協助第五十七師作戰。

湘北國軍克復臨澧。

陸軍預十師少將師長孫明瑾常德會戰爲國殉職。

12.2 常德外圍國軍克德山。

12.3 日軍衝入常德，展開巷戰。

陸軍第五十七師第一六九團團長柴意新在常德作戰陣亡。

12.4 陸軍第十軍第三師第九團少將團長張惠民在常德陣亡。

陸軍預十師陳飛龍少將常德會戰陣亡。

12.6 豫南國軍克復信陽城。

湘北德山、臨澧復陷。

12.9 國軍克復常德。

12.12 國軍肅淸常德潛存日軍。

12.16 國軍掃蕩常德以北臨澧東境殘留日軍。

12.20 湖北國軍克枝江及新安，澧縣在圍攻中。

12.21 湖北國軍迭克南縣、安鄉、津市、澧縣。

12.23 湘北國軍再克松滋。

12.25 湘北國軍克公安。

民國三十三年（一九四四年）

1.1 孫連仲眞除第六戰區司令長官。

1.5 鄂境國軍攻抵藕池口近郊。

1.7 日軍調十川次郎中將爲第六軍司令官，駐東北。

1.8 緬邊國軍已渡過大龍河續攻。

1.10 軍政部教導第一團在渝成立，兵士均係志願從軍之學生。
緬北太洛戰鬪，國軍新二十二師廖耀湘與日軍岡田大隊激戰。國軍在山區密林中，苦行七日，將日軍一大隊包圍殲滅。

1.11 緬境國軍攻克孟通。

1.19 國民政府公布各省保安司令部組織條例。

1.20 緬境國軍佔領胡康河谷附近，並渡過布朗布拉姆河。

1.24 緬境國軍攻佔敏格魯加。

1.29 緬北國軍肅清泰洛東北之日軍，並佔領泰洛。

1.31 國軍在胡康河流域殲滅日軍一聯隊。
陸軍第五軍司令部張劍虹少將本月在雲南龍陵陣亡。
遠征軍司令長官部陳範少將本月在貴州殉職。

2.1 國軍由胡康河谷深入緬境達百英里。

2.3 緬北國軍攻佔臺法加、那加盤。

2.4 國軍掃蕩臺法加以北及以西之日軍。

2.6 緬北國軍將觀音河日軍消滅。

2.7 緬北國軍攻克卡甸渣加。
日軍調內山英太郎爲第十二軍司令官，入河南南陽作戰。

2.9 豫北國軍攻克滑縣。

2.10 蔣委員長中正在南嶽主持第四次南嶽軍事會議。

2.12 贛縣空戰，中國空軍擊落日機八架。
浙東國軍擊沈日艦一艘。

2.13 緬北國軍擊潰塔奈河北峯東班家日軍。胡康河谷方面國軍再向泰洛東北獲有進展。

2.19 緬北國軍切斷臺法加以南至孟關之道路。

2.23 緬北國軍由塔奈河南岸攻克拉征卡。

緬北孟關戰鬬，國軍廖耀湘、孫立人之新二十二、新三十八師及戰車第一營趙震宇與日軍第十八師團田中新一作戰。國軍採迂廻戰術，先後佔領馬高拉樹卡義。

2. 25 緬北國軍迫進孟關。

3. 1 緬北國軍攻佔馬考。

中美空軍混合大隊炸海南島，燬日機三十架。

3. 5 緬北國軍克復孟關。

3. 7 緬北瓦魯班戰鬬，國軍新二十二師廖耀湘、新三十八師孫立人與日軍第十八師團田中新一作戰。國軍獲悉日軍結集瓦魯班，急行軍兩晝夜進攻該地。

3. 9 緬北國軍克瓦魯班。

3. 10 國軍與美軍會合於緬北之胡康區。

緬北傑布山拉班戰鬬，國軍新二十二、新三十八師與日軍第五十六師團松山祐三激戰。國軍採迂廻夾攻，二十九日佔傑布山。

3. 12 晉西國軍克復黑龍關。

3. 13 緬北胡康區戰事國軍與美軍緊縮包圍圈。

3. 15 國軍超越雲南薩爾溫江七百里，與日軍對峙。

3. 16 緬北胡康區國軍迫傑布本山隘。

3. 20 中美聯合軍將緬北胡康河谷之日軍完全肅清。

3. 22 日軍調永津佐比重爲第十三軍司令官，指揮江蘇軍事。

3. 23 國民政府明令公布修正「陸軍撫卹條例」、「海軍撫卹條例」。

3. 24 緬北孟拱河谷國軍與美軍佔夏都塞鎮。

3. 26 緬北中國遠征軍深入孟拱河谷。

3. 28 緬北國軍佔領黃勞陽。

3.29 緬北國軍攻佔拉班。

日軍犯湘鄂各地區。

3.31 軍令部第一廳第一處少將主任參謀孫子高本月在四川殉職。

4.1 陸軍五十師楊文璟自昆明空運至印，參加緬北作戰。

4.3 緬北孟拱河谷中國遠征軍迫拉班區。

4.5 緬境日軍迂廻伊姆法爾。

4.8 日軍調坂西一良中將爲第二十軍司令官，指揮湘南衡陽作戰。

4.10 孟拱河谷國軍佔領瓦康。

4.11 緬北孟拱河谷國軍攻克南卡。

4.12 軍政部規定奬勵出國官兵辦法三項。

4.13 孟拱河谷國軍攻克瓦康丁林。

4.14 孟拱河谷國軍佔領孟古加拉。

4.15 皖南日軍犯南陵。

皖西穎上、阜陽戰鬪，國軍第十五集團軍何柱國率騎二軍廖澤運、騎八師馬步康、暫二旅鮑汝禮與日軍第六十五師團太田米雄激戰，日軍爲策應豫中會戰向皖西攻擊，遭國軍阻擊。

陸軍第十四師（闕漢騫）由昆明飛印，參加緬北作戰。

中國遠征軍由怒江入緬。

4.17 孟拱河谷國軍攻克拉渣。

孟拱河谷西通戰鬪，國軍新二十二、新三十八師與日軍第五十六師團作戰。國軍採輕裝奇襲戰術，斃日軍三千人，獲物資彈藥及車七十五輛，國軍陣亡約三百人。

豫中會戰開始，國軍第一戰區蔣鼎文：第四集團軍孫蔚如（第三十八、九十六兩軍）、第十四集團軍劉茂恩（第十五軍）、第十五集團軍何柱國（騎二軍、騎八師），第十九集團軍陳大慶（暫九軍）、第二十八集團軍李仙洲（第八十五、八十九、暫十九等三軍）、第三十一集團軍王仲廉（第十二、十三、二十九等三軍）、第三十六集團軍李家鈺（第四十七軍）、第三十九集團軍高樹勳（新八軍），及胡宗南之第一、十六、二十七、四十、五十七等軍與日華北方面軍第十二軍內山英太郎激戰。戰事持續二個月，至六月十七日結束，雙方傷亡慘重。

4.18　日軍強渡中牟以西氾濫區。

豫北邙山頭、中牟戰鬬，國軍暫十五軍劉昌義、第八十五軍吳紹周與日軍第三十七師團長野祐一郎、第六十二師團本鄉義男、第百十師團林芳太郎及獨立第九混成旅團激戰。日軍第三十七師團由開封攻中牟，第百十師團及六十二師團渡黃河攻鄭州之邙山頂。雙方激戰。

4.20　中牟日軍向鄭州進犯。

孟拱河谷國軍攻克甘姆加登。

4.21　豫東日軍分犯鄭州、密縣，新鄭、尉氏陷落。

國軍第三十六集團軍總司令陸軍中將李家鈺在河南陝縣之役陣亡，享年五十三歲。

4.22　豫北日軍犯虎牢關，鄭州、洧川淪陷。

4.24　豫東國軍攻克太康縣城。

豫中密縣、登封戰鬬，國軍第八十五軍吳紹周、第三十八軍張耀明、第十三軍石覺、第二十九軍馬勵武與日軍第六十二師團本鄉義男、第百十師團林芳太郎激戰。日軍由鄭州向密縣，登封攻擊，國軍拒於馬駒嶺、虎牢關，激戰數日，密縣失而復得。

4. 25 緬境國軍攻抵茵康加唐。

4. 27 緬境國軍攻抵瓦倫、鑾賓。

豫境虎牢關情況不明。

4. 29 緬境國軍攻克考黎。

緬北密支那戰鬭，國軍新三十師唐守治、第五十師楊文王、第十四師闕漢騫與美軍聯合對日軍第十八師團田中新一、第二師團崗崎淸三郎、第五十五師團花谷正作戰。

4. 30 緬境國軍攻克泰格拉米陽。

5. 1 日軍犯襄城、郟縣、禹縣。

豫中許昌、郾城戰鬭，國軍第八十五軍吳紹周、第八十九軍顧錫九、暫十五軍劉昌義、第十二軍賀粹之、第十三軍石覺、第二十九軍馬勵武與日軍第十二軍內山英太郎、第六十二師團、第百十師團、戰車第三師團（山路秀男）、獨立第九混成旅團、騎四旅團激戰。日軍自密縣攻許昌、郾城，雙方陷於苦戰，許昌失守。陸軍第二十九師少將師長呂公良陣亡。

5. 2 鄭州淪陷。信陽日軍出動。

在緬北國軍攻克澳琪村。

豫西北臨汝戰鬭，國軍第八十五、八十九、暫十五、十二、十三、二十九各軍，與日軍戰車第三師團、騎四旅團激戰。

5. 4 許昌、郾城、禹縣、郟縣一帶激戰。臨汝、確山失陷。並進攻洛陽、龍門。

5. 7 豫中日軍犯魯山，並陷漯河、郾城。

5. 8 豫西北洛陽、龍門戰鬭，國軍第十五軍武庭麟，第十四軍九十四師王連慶與日軍戰車第三師團、騎四旅團、六十三師團、野添旅團激戰。

5.9　豫中日軍陷遂平、魯山。國軍力阻垣曲強渡黃河之日軍。

5.10　中國遠征軍渡怒江，將配合緬北作戰。

5.12　洛陽外圍激戰。

日軍打通平漢路線。

滇西平戞作戰，國軍第七十六師夏德貴、第八十八師胡家驥，與日軍第五十六師團戰鬪，國軍佔平戞，日軍退芒市。

滇西戰鬪，中國遠征軍衞立煌、第十一集團軍宋希濂、第二軍王凌雲、第六軍黃杰、第七十一軍鍾彬、第五十三軍周福成、第五十四軍闕漢騫、第二〇〇師高吉人、砲兵指揮官邵百昌，與日軍第二師團、第十八師團、第五十三師團（武田馨）作戰，日軍藉堅固陣地死守，國軍奮勇進攻，至三十四年元月十九日完全勝利。

5.13　豫南國軍克復遂平。

5.14　日機襲昆明。

豫境宜陽淪陷。國軍克復駐馬店。

5.15　緬北國軍攻克塔倫陽，與蠻賓盟軍會師。國軍與美軍共佔密支那日機場。

5.16　豫境國軍包圍日軍於明港。

緬北國軍包圍日軍於馬拉關。

5.17　豫境洛寧淪陷。

怒江西岸國軍續克馬大塘等據點。

5.18　豫西國軍分克陝縣及西平城。皖境國軍克復亳縣。

5.19　滇西國軍克復片馬。

5.20　豫境國軍克復確山，盧氏淪陷。

5.21　豫西國軍克復魯山；豫東克復長葛、洧川；豫南克復新安店，猛攻明港。

滇西國軍佔飛馬嶺。

5.24 日軍在湖北岳陽、臨湘發動攻勢。

5.25 豫境洛陽淪陷，日軍第六十三師團損失慘重。

5.26 怒江西岸國軍克復界頭。

長衡會戰，國軍第九戰區薛岳；第二十四集團軍王耀武（第七十三、七十四、七十九、一〇〇軍）、李玉堂兵團（第十、四十六、六十二軍）、第二十七集團軍楊森（第二十、四十四軍）、歐震兵團（第二十六、三十七、新二軍）、第三十集團軍王陵基（第五十八、七十二軍）及第四、九十九軍與日第十一軍橫山勇第三師團山本三男、第十三師團赤鹿理、第二十七落合甚久郎、第三十四師團伴健雄、第四十師團青木成一、第五十八師團毛利末廣、第六十四師團船引正之、第六十八師團佐久間爲人、第百十六師團岩永汪及獨立第五、七、十二、十七等混成旅團激戰。至八月八日衡陽陷落結束。

5.27 緬北國軍攻克瓦倫。

湘北日軍分三路南進，配合長衡會戰。

5.28 豫境國軍再克魯山。

滇西國軍克冷水溝。

5.29 鄂境公安淪陷。

緬北國軍攻入沙若奧。

緬北孟河谷迦邁戰鬪，國軍新二十二、新三十八師與日軍第五十六師團作戰，國軍佔迦邁。

5.30 豫境國軍克復嵩縣。

5.31 湘鄂間之新牆河、汨羅江、黃沙街、三江口、關王橋等地均有戰鬪。

緬境國軍進擊瓦緬。

國軍第三十六集團司令部蕭孝澤少將，陸軍第二〇四師司令部陳紹堂少將，本月在豫省分別作戰陣亡。

6. 1 汨羅江兩岸，平江東北及安鄉、南縣等處均有戰鬪。長沙連日疏散市民，準備第四次會戰。

中國遠征軍新二十二師在緬北擊敗日軍第十八師團田中新一之一部。

6. 2 湘北平江、安鄉淪陷。

6. 3 湘北安鄉、漢壽之線正激戰中。

浙東日軍由武義出犯，被國軍擊退。

豫中會戰在魯山、下湯附近激戰。

6. 4 滇西松山戰鬪，國軍第七十一軍新二十八師李士奇、榮一師汪波、第八十三師吳劍平、第一〇三師熊春綬與日軍第五十六師團作戰，國軍五次圍攻，歷時三月，九月七日，始摧毀其核心堡壘。

6. 5 湘鄂間國軍攻克公安，迫近南縣。

豫中舞陽、寶豐戰鬪，國軍第七十八軍賴汝雄、第八十九軍顧錫九與日軍第三十七師團長野祐一郎激戰。

日軍攻舞陽、寶豐，戰況激烈。日軍無進展。

湘東瀏陽戰鬪，國軍第四十四軍王澤濬與日軍第六十八、百十六師團激戰， 日軍強渡撈刀河， 向瀏陽進攻， 雙方激戰九晝夜，日軍分向長沙、醴陵進犯。

6. 6 湘東永和、古港戰鬪，國軍第二十軍楊漢域、第四十四軍王澤濬、七十二軍傅翼指揮一三三、一三四、新二十、一五〇、一

六一、一六二、三十四、新十三、十五、十六、新十、新十一、一八三師與日軍第三、十三師團激戰。國軍採包圍攻勢，攻入古港，及東門市，陸軍第一八三師師長宋建勳負傷，後退瀏陽。

6.7 湘境撈刀河北岸激戰，瀏陽、益陽兩翼相峙。

豫中雙方爭奪嵩縣。

6.8 湘境國軍衝入南縣城垣，在巷戰中。長沙東北外圍激戰。

6.9 怒江西岸國軍攻佔龍陵東北要點鎮安街。

滇西龍陵戰鬪，國軍第八十七、第八十八、榮一、新三十九、第二〇〇等師與日軍第五十六師團作戰。至十一月三日，由第二〇〇師與第三十六師完全佔龍陵。

陸軍第八師少將副師長王師（劍岳）在河南靈寶殉國。

6.12 長沙以東戰線後移。

豫境靈寶城南激戰。

湘北益陽、寧鄉戰鬪，國軍第二十四集團軍王耀武：第七十三軍彭位仁、第九十九軍梁漢明、一〇〇軍李天霞與日軍第四十師團及獨立第十七混成旅團作戰。日軍攻寧鄉、益陽，至十九日，國軍突圍至南寧。

6.14 長沙外圍國軍阻日軍於瀏陽河西。

6.15 湘境國軍阻日軍於株州以北。

豫境國軍攻克靈寶。

6.16 緬西日軍增援龍陵，國軍退守縣城外圍。

豫境汝南、上蔡連日均有戰鬪。

國民政府明令公布「各省防空司令部組織條例」。

6.17 湘東長沙戰鬪，國軍第四軍張德能，指揮第五十九、九十、一〇二師與日軍第三十四、五十八師團作戰，日軍攻佔岳土嶺、紅山頭、岳麓嶺，十八日國軍向永豐突圍。

緬北孟拱戰鬪，國軍新二十二、新三十八師與日軍第五十六師團激戰。國軍攻下三十餘據點，並經兩晝夜克孟拱，解救英軍七十七旅之危。

6. 18　長沙淪陷。

6. 20　湘東萍鄉、醴陵戰鬪，國軍第五十八軍魯道源指揮新十、十一、一八三師與日軍第二十七、六十四師團作戰。國軍後撤，醴陵、株州、淥口、湘潭相繼淪陷。

6. 21　淥口、醴陵以南激戰。

6. 24　湘中南衡陽戰鬪，國軍第十軍方先覺、第六十二軍黃濤、第七十九軍王甲本、第一〇〇軍李天霞、第四十六軍黎行恕與日第十一軍主力在衡陽激戰。日軍攻擊四十八日，國軍第十軍傷亡殆盡，援軍亦在衡陽周圍激戰。至八月八日，衡陽陷落。

6. 25　湘境衡陽被圍，衡山、攸縣、湘鄉戰後淪陷。

緬境國軍攻入孟拱。

滇西騰衝戰鬪，國軍第二十集團軍霍揆章、第五十三軍周福成、第五十四軍闕漢騫指揮第一一六、一五〇、三十六、一九八師與日軍第五十六師團作戰。八月初攻入，九月十四日國軍完全佔領。

6. 28　衡陽外圍全面激戰。

浙西國軍克衢縣。

6. 29　犯衡陽日軍使用芥子毒氣攻城。日軍陷萍鄉，南趨蓮花。

6. 30　衡陽城郊鏖戰。

滇西國軍各路迫近騰衝。

7.1 日軍由廣州北犯，支援衡陽作戰。

7.3 粤中清遠、從化，國軍阻擊日軍。

7.4 衡陽城市郊區及耒陽、永豐戰事激烈。

7.5 衡陽城郊繼續惡戰。

7.6 日軍新設第三十四軍，任佐野忠義中將爲司令官，以漢口爲中心，指揮鄂省軍事。

7.8 衡陽城郊區各方面激戰。

7.10 粤清遠國軍撤守，西江日軍配合衡陽作戰，分別出擊。

7.12 滇西國軍合圍騰衝。

緬境加邁、孟拱間國軍會師。

7.13 印邊日軍潰退。

7.14 日機猛襲芷江機場。

衡陽城郊日軍再使用毒氣猛攻。

7.15 醴陵、耒陽、茶陵、湘鄉各地，連日均有戰事。

7.18 緬北國軍完全佔領孟拱。

7.19 國軍第二十六軍丁治磐進至衡陽城郊，渡過蒸水時，腹背受敵，傷亡慘重。

7.26 國軍攻克耒陽。

蔣主席電第十軍軍長方先覺，嘉勉該部堅守衡陽。

7.30 魯東挺進第三縱隊周致遠少將本月在山東陣亡。

第一戰區豫北挺進軍總司令部韓香齊少將本月在河南陣亡。

豫鄂邊區挺進軍總指揮部政治部少將主任楊振西本月在湖北老河口陣亡。

8.4 緬北國軍攻克密支那。

8. 8　國軍血戰固守四十八日之衡陽，因力盡而淪陷。衡陽近郊血戰。

8. 9　緬北日軍退守拉孟。

8. 12　日機十餘架分九批襲炸西安近郊。

8. 13　湘中國軍克復蓮花。

8. 16　國軍進攻宜昌。

8. 20　湘境耒陽淪陷。

8. 25　棄守長沙之第四軍軍長張德能被處死刑。

日軍組第六方面軍，任岡村寧次大將爲司令官，以漢口爲中心，指揮第十一軍、第二十軍、第三十四軍在華中廣大地區作戰。

日軍調岡部直三郎大將，爲北支那方面軍司令官，接替岡村寧次職務。

8. 26　粵南日軍犯廉江，在巷戰中。

鄂西國軍猛攻當陽。

8. 30　湘境國軍攻入茶陵。

日軍調木村兵太郎中將爲緬甸方面軍司令官，指揮第十五軍、第二十八軍作戰。

9. 1　日軍由衡陽南進，圖攻桂林。

茶陵、醴陵城郊均不斷戰鬪。

9. 7　滇西國軍克復松山。

湘境零陵、東安相繼淪陷。國軍第七十九軍軍長王甲本在冷水灘作戰殉職。

9. 8　桂柳會戰，國軍第四戰區張發奎：第二十七集團軍楊森（第二十、二十六、二十七軍）、第十集團軍夏威（第三十一、四十

六、九十三軍）、第三十五集團軍鄧龍光（第六十二、六十四軍）及湯恩伯、李玉堂等集團軍與日軍第六方面軍岡村寧次第四十師團宮川清三、第百四師團鈴木貞次、第二十二師團平田正判、及第百十六、五十八、三、十三、三十七等師團，獨立混成第二十二、二十三旅團作戰。

桂北黃沙河、全縣戰鬭，國軍第九十三軍陳牧農指揮第十、八師與日軍第五十八師團作戰，十一日國軍放棄黃沙河，十四日全縣失守。

9. 9 粵南廉江淪陷。桂柳會戰開始。

浙東日軍陷溫州。

9. 10 湘境戰事漸移至湘桂邊。

桂柳反攻作戰，國軍第二方面軍張發奎：第四十六軍黎行恕、第六十四軍張弛；第三方面軍湯恩伯；第二十七集團軍楊森、第二十軍楊幹才、第二十六軍丁治磐，與日第十二軍笠原幸雄指揮之第十三、三、二十二、五十八、二十七師團及獨立混成第二十八旅團作戰。國軍反攻時，陷於被動，故遭各個擊破。此後國軍對日軍各據點協同作戰改被動爲主動，迅速奏功。

9. 14 滇西國軍克騰衝，與緬北國軍會合。

桂境全縣淪陷。

桂北興安戰鬥，國軍第九十三軍陳牧農指揮第十師王聲溢、新八師馬叔明與日軍第五十八師團毛利末廣作戰。

9. 16 廣東高安淪陷，全縣日軍陷湘桂路西犯。

9. 20 桂南梧州淪陷。

陸軍第九十三軍軍長陳牧農因失全縣處死刑，由胡棟成任軍長。

桂東平南戰鬬，國軍第三十一軍賀維珍率第一三五師楊贊謨、第三十七軍羅奇、第九十五師何旭初與日軍第二十三師團田中久、第二十二師團平田正判，第百四師團鈴木貞次及獨立混成第二十二、二十三旅團激戰。日軍由梧州、容縣向丹竹，及平南進攻。雙方激戰八晝夜，國軍退象縣。

9.22 日軍改臺灣軍爲第十方面軍，任安藤利吉大將爲司令官。

9.23 桂境灌陽淪陷。

9.25 國防會議決議增設兵役部。

日機襲四川梁山。

9.27 日軍攻福建閩江口。

閩東福州第二次戰鬪，國軍第七十軍陳孔達、第八十師李良榮與日軍獨立第二十六混成旅團作戰。日軍攻佔福州後，對峙至民國三十四年五月，國軍反攻。

9.29 桂境平南淪陷。

9.30 汎東挺進第一縱隊少將副司令洪助非本月在河南作戰陣亡。

10.1 湘西常寧淪陷，湘桂路日軍抵興安附近。

軍事委員會調陳誠爲第一戰區司令長官，衞立煌爲遠征軍司令長官。

10.2 湘境寶慶淪陷。

10.4 湘桂線戰事仍相持於大溶江附近。

桂北松江、大溶江戰鬪，國軍第十師王聲溢、新八師馬叔明與日軍第四十師團宮川清三、第三十七師團長野祐一郎作戰。雙方對峙十日，展開桂林作戰。

10.5 湘境常寧在巷戰中，閩境戰鬪移福州城西北郊，福州陷落。

10.9 蔣主席電羅斯福，由孔祥熙面遞，要求召回史廸威。

10.12 桂境日軍陷桂平。

10.14 國民政府發動知識青年從軍會議， 決定編十萬知識青年遠征軍。

10.17 桂境大溶江及桂南、平南等地均有戰爭。

10.21 緬北國軍集中主力沿密八公路向南進攻。

10.22 軍事委員會公布知識青年從軍徵集辦法。

10.23 任鹿鍾麟爲兵役部長。

10.27 湘桂邊境日軍進犯寧遠。

10.28 湘桂路日軍向桂林外圍進犯。

桂北桂林戰鬪，國軍第三十一軍賀維珍、第一三一師闞維雍、四十六軍黎行恕、第一七〇師許高陽、第九十三軍胡棟成各師與日軍第十三（赤鹿理）、第四十、三十七、五十八師團激戰。日軍使用毒氣，十一月四日佔城南七星岩後，雙方巷戰慘烈。第一三一師師長闞維雍、第一七〇師副師長胡原基、第三十一軍參謀長呂旃蒙、桂林防守司令部參謀長陳濟桓均陣亡。十日，國軍突圍，桂林失守。

10.29 桂境臨川以北激戰，平南以西日軍犯三江圩。

10.30 緬北國軍佔領八莫以北之苗提。

11.1 桂中柳州戰鬪， 國軍第二十六軍丁治磐指揮第四十一師董繼陶、第四十四師蔣修仁與日軍第三、十三師團作戰。柳州陣地被突破，柳州失守，國軍退宜山。

緬北八莫戰鬪，國軍新一軍孫立人，新三十八師李鴻與日軍第二、十八師團激戰。國軍攻擊日軍八莫陣地，激戰月餘，終被擊破，日軍原好三大佐等二千五百人皆被殲。

11.2 滇西國軍克復龍陵。

國民政府明令修正公布「海軍官佐任官條例」。

11.4 桂境永福淪陷。

軍事委員會成立全國知識青年志願從軍編練總監部。

桂東北修仁戰鬬，國軍第二十軍楊漢域指揮一三三師、一三四師與日軍第三師團激戰，至五日，國軍轉移。

11.5 桂境修仁、武宣淪陷。

11.8 桂境雒容、象縣、柳城相繼淪陷。

緬北國軍全部強渡太平江成功。

11.9 桂西宜山戰鬬，國軍第二十軍楊漢域、第四十六軍黎行恕與日軍第三、十三、百四師團作戰，日軍攻勢極猛烈，有犯黔之勢。

11.10 桂林淪陷。汪兆銘卒，年六十二歲。

11.12 知識青年從軍，開始報名。

11.14 緬境國軍攻佔王加蕩。

11.15 桂境宜山淪陷。

緬境國軍佔領八莫城。

11.16 兵役部及戰時生產局均成立。

桂西懷遠戰鬬，國軍第四戰區幹訓團教育長王輝武指揮學員與日軍第三、十三師團作戰，第二十六軍丁治磐趕到參戰。

11.18 桂西北河池、南丹戰鬬，國軍第七十九軍陳素農指揮第一六六師黃淑（代）、第一二一師戴之奇、第一九六師袁滌青與日軍第三、十三師團激戰。激戰二十一日，日軍陷河池。十二月二日到獨山，被國軍所阻。

11.19 滇西國軍第六軍黃杰，及預二師顧葆裕、新三十九師洪行攻克芒市。

11.21 日軍派下村定大將爲北支那方面軍司令官，接替岡部直三郎職務，澄田睞四郎任第一軍司令官。

11. 22 桂境之南寧、賓陽、河池、上林、武林淪陷。

11. 23 日本任岡村寧次繼畑俊六爲中國派遣軍總司令。

日本調根本博中將爲駐蒙軍司令官，上月良夫中將爲第十一軍司令官。

11. 24 滇西國軍克復猛戛。

11. 25 軍事委員會在昆明成立中國戰區陸軍總司令部，任何應欽爲總司令。

11. 27 桂境南丹淪陷。

中國空軍高砲第三指揮部指揮官岑鑑在貴州麻尾陣亡。

日軍調岡部直三郎爲第六方面軍司令官，指揮華中作戰。

11. 29 桂境天寨淪陷。

11. 30 緬境國軍對南坎發動攻勢。

第四戰區幹訓團王輝武少將，本月在廣西懷遠作戰陣亡。

陸軍第二十九集團軍兵站分監部李儉少將，本月在湖南陣亡。

12. 1 滇西國軍克遮放。

12. 2 黔境獨山淪陷。

12. 5 國軍新三十八師李鴻佔緬北南坎。

12. 8 黔境國軍克服獨山。

12. 11 黔南國軍克復六寨。

12. 12 蔣主席接見第十軍軍長方先覺，聽取報告，及脫險經過，並予慰勉。

桂境國軍克復南丹。

蔣委員長內定胡宗南代第一戰區司令長官。

12. 13 桂北國軍克復車河。

太原綏靖公署李成林中將在山西殉國。

12. 15　緬境國軍攻克八莫，進擊黑猛龍。

12. 17　桂境國軍攻克河池西郊之布山。

12. 19　緬境國軍攻克卡提克、卡龍兩據點。

12. 20　知識青年從軍開始入營。

12. 21　國軍攻薄河池城垣，另一隊已迫近金城江。

12. 22　滇緬國軍攻佔邦渣。

12. 23　桂境河池城郊續戰。

緬境國軍迫南坎。

12. 26　滇緬國軍攻佔曼切姆及馬王。

12. 27　滇緬國軍攻佔勞文飛機場並攻克壘允城。

滇西畹町戰鬪，國軍與日軍第五十六師團激戰。

12. 28　緬北國軍攻佔盤康。

12. 30　全國知識青年踴躍從軍，總額已逾十二萬人。

12. 31　陸軍卡瓦山區守備司令部少將司令李文開，本年在江西陣亡。

陸軍騎兵第八師少將副師長盧廣偉，本年在安徽蒙城作戰殉職。

民國三十四年（一九四五年）

1. 1　國軍新設黔桂湘邊區總司令部與滇越邊區總司令部兩戰鬪序列，分任湯恩伯、盧漢爲總司令。

國軍新設第十戰區(豫、皖)戰鬪序列，任李品仙爲司令長官。

軍事委員會設戰時運輸管理局，以俞飛鵬爲局長。

任高樹勳爲冀察戰區總司令。調薩爾登爲駐印軍總指揮，史廸威免職。

1. 9　行政院國務會議決議，後方勤務部改組爲後勤總司令部，隸屬軍政部。

緬北遠征軍攻克芒友。

1. 11 湘粵贛會戰，國軍第三戰區顧祝同、第七戰區余漢謀率第二十五軍黃百韜、第六十三軍張瑞貴、第五十六軍黃國樑、暫二軍沈發藻、第四軍歐震、第四十四軍王澤濬、第五十八軍魯道源、第七十二軍傅翼、第九十九軍梁漢明與日軍第二十七、四十、六十八、百四師團及獨立混成第八、九旅團作戰。

湘北寧遠、藍山戰鬪，國軍暫五十四師徐經濟、新二十師李子亮與日軍第四十師團作戰。日軍由道縣、江華向寧遠、藍山進攻，國軍撤良田、宜章。

1. 12 湘東高隴戰鬪，國軍第五十八軍魯道源與日軍第二十七師團及第三師團一部激戰，日軍由茶陵攻高隴，國軍向贛西蓮花撤退。

胡宗南代第一戰區司令長官。

1. 13 粵漢線樂昌坪石戰鬪，國軍第九十五師何旭初、第六十師黃保德、第一〇二師梁勃、一六〇師莫福如與日軍第四十師團激戰。日軍由藍山攻坪石、樂昌，激戰至十九日轉移。

粵東惠陽戰鬪，國軍獨二十旅及挺進支隊與日軍獨立混成第十一旅團激戰。日軍由增城攻惠陽。

日軍調櫛淵鍹一中將爲第三十四軍司令官，指揮鄂省軍事。

1. 15 緬北中國遠征軍攻克戰略要點南坎城。

國軍新三十師唐守治在緬北南坎與新編第一軍孫立人會師。

贛西蓮花戰鬪，國軍第五十八軍魯道源與日軍第二十七師團激戰，國軍退寧岡。

1. 16 粵東惠陽淪陷。

1.19 粵漢線清遠戰鬪，國軍第一五四師郭永鑣及獨立旅與日軍第百四師團作戰。日軍向淸遠攻擊，國軍向英德撤退。

1.20 滇西國軍克復畹町。

粵漢線曲江戰鬪，國軍第一八七師張光瓊與日軍第百四師團作戰。日軍由英德攻曲江，國軍奮勇抵抗，至二十七日始轉移陣地。

1.21 緬北中國遠征軍攻佔苗斯，與滇西國軍在滇緬路雷多公路連接處會師，何應欽總司令親往主持升旗禮。

1.22 粵漢線豐陽、郴縣戰鬪，國軍暫二軍沈發藻、第九十九軍梁漢明各師，與日軍第六十八師團堤三樹男激戰，日軍由北而南進攻，國軍節節抵抗。

1.23 浙東國軍克復瑞安。

粵漢南段日軍佔樂昌。

贛西日軍第二十七師團陷永新，國軍第七十二軍傅翼、第五十八軍魯道源撤遂川。

粵北海陸豐戰鬪，國軍第一六八師李卓元與日軍獨立混成第十九旅團作戰，日軍由潮汕攻擊，先後佔海陸豐兩地。

日軍調第六軍（原駐東北）十川次郎中將入浙，駐杭州，防禦盟軍沿海登陸。

1.24 緬甸國軍連日攻佔巴丹山及摩塘。

1.25 贛西遂川戰鬪，國軍第一八三師余建勛、四十師陳士章、一〇八師顧宏陽與日軍第二十七師團激戰，日軍猛攻，三十一日佔遂川。

1.26 粵北曲江（韶關）淪陷。

1.27 滇西國軍新三十師與新三十八師攻克芒友，與緬北中國遠征軍會師，中印公路完全貫通。粵漢線宜章、良田戰鬬，國軍第四軍歐震主力、暫五四師、第一〇四師、新二十師與日軍第四十師團、六十八師團激戰，日軍猛攻，宜章、良田均陷，二月二日新二十二師克良田，三日暫五四師克宜章，及十日、十二日又失陷，國軍損失慘重。

1. 28 湘南郴州失陷。

滇緬路新維戰鬬，國軍新三十師唐守治、新三十八師李鴻與日軍第二、五十六師團激戰，國軍猛攻，殲日軍五十六師團大部。

1. 30 贛西遂川淪陷。

軍事委員會新設成都、西昌、贛州行營，任張羣、張篤倫、顧祝同爲主任，顧祝同轄第三、七、九戰區。

1. 31 新疆伊寧在蘇俄策動下失陷。

2. 1 日軍調松井太久郎爲第十三軍司令官，指揮江蘇軍事。

2. 4 贛南贛州戰鬬，國軍第六十三軍張瑞貴、第二十五軍黃百韜，指揮第四十師陳士章、第一八三師余建勛、第一〇二師梁劭、第一〇八師顧宏陽與日軍第二十七、四十，第百四師團激戰，日軍由南雄、遂川猛攻贛州。

2. 6 贛州淪陷。

2. 7 粵漢線郴縣（州）、宜山間國軍克復良田。

2. 9 中國戰區陸軍總司令部在昆明成立，何應欽任總司令。

2. 11 羅斯福、史達林、邱吉爾、雅爾達會議結束，定有秘密協定。

2. 14 緬境中國遠征軍攻克貴街。

緬國軍強渡南河，分別攻佔弄樹、般尼及貴街等地。

2. 17 粵北國軍進入翁源。

2. 22 桂境國軍克復蒙山。

2.23　贛西國軍再克蓮花。

2.24　緬境中國遠征軍三路攻向臘戍。

緬北國軍佔南圖城。

2.26　國民政府明令公布「改善官兵生活辦法」。

2.28　湘境國軍克復茶陵、龍勝。

緬境中國遠征軍攻克芒利。

3.1　山東挺進軍（李延年）第二十三縱隊少將司令蕭健九於山東臨清陣亡。

3.2　緬北國軍攻佔明朗溫塔。

3.3　緬北國軍攻佔曼牧。

3.5　中國入緬遠征軍克臘戍。

3.6　緬甸公路完全收復。

3.7　桂境國軍收復柳城。

3.9　日軍分路圖復芷江機場，湘西會戰展開。

3.11　贛西國軍克復遂川。

3.16　緬甸國軍逼西保。

豫西日軍沿洛寧進犯，豫西鄂北會戰展開。

3.18　湘境國軍攻入安仁。

3.21　日軍四萬餘人，戰車百餘輛，分路向南陽、老河口、襄樊、西峽口進犯。日稱「1號作戰」。

鄂北會戰，國軍第五戰區李宗仁率第二十二集團軍孫震、第三十三集團軍馮治安與日軍第三十九師團佐佐眞之助及獨立混成第五、七、十二等旅團各一部激戰。日軍採分進合擊戰術，戰事持續至四月底。

鄂北南漳戰鬪，國軍第三十三集團軍馮治安率第五十九軍劉振三（第三十八、一八〇、暫五十三師）、六十九軍米文和（第一八一、暫二十八師）、第七十七軍何基灃、與日軍第三十九師團，及獨立混成第五、十一等旅團激戰。國軍強力抵抗，失而復得者再，雙方損失慘重。

3. 22　豫西南陽戰鬪，國軍第六十八軍劉汝珍、第一四三師黃樵松、新八軍胡伯翰與日軍第百十師團木村經廣激戰。國軍第一四三師守南陽七天，損失慘重，四月一日突圍。

豫西會戰，國軍第五戰區李宗仁率第三十一集團軍王仲廉、第二集團軍劉汝明，與日第十二軍鷹森孝第三師團辰已榮一、第十五師團山田清衞、及第百十師團木村經廣，獨立混成第十一旅團，騎兵第四旅團激戰，日軍利用夜間攻擊，戰事持續至五月二十五日。

3. 23　豫西長水鎭戰鬪，國軍第三十八軍張耀明、第九十六軍李興中與日軍第百十師團激戰，是日長水鎭陷落，雙方在附近激戰。

鄂北自忠縣淪陷。

3. 26　鄂北老河口戰鬪，國軍第二十二集團軍孫震率第四十一軍曾甦元、第四十五軍陳鼎勳與日軍第百十師團主力作戰，四月八日日軍佔老河口，二十八日國軍收復。

3. 27　鄂北樊城、襄陽戰鬪，國軍第六十九軍米文和、第五十九軍第三十八師李九思與日軍第三十九師團及獨立混成第五、十一旅團激戰，三十日襄陽樊城失守，四月十日國軍反攻，十六、十八兩日克復兩城。

3. 28　鄂境南漳淪陷。

3. 29　鄂北襄陽淪陷。

3. 30　中國遠征軍與英印軍在喬姆克會師。

3. 31　豫西國軍克復伊陽。

豫西西峽戰鬪，國軍第六十八軍劉汝珍、新八軍胡伯翰、第十五軍武庭麟，與日軍第百十師團激戰。國軍於四月一日突圍。

日軍在山東新設第四十三軍，細川忠康任司令官，指揮山東軍事，原第十二軍調豫西作戰。

4. 1　軍委會任王纘緒爲重慶衞戍總司令。新設漢中行營，任李宗仁爲主任，轄第一、五十，與冀察戰區。

由中國戰區陸軍總司令部所轄，第一、二、三、四方面軍，及昆明防守司令，經三個多月編訓，更新裝備，本日正式編入戰鬪序列，分由盧漢、張發奎、湯恩伯、王耀武任第一、二、三、四方面軍司令長官，杜聿明任昆明防守司令。

第四戰區撤消，併入第二方面軍戰鬪序列；滇越、黔桂湘兩總司令部撤消，併入第一、三方面軍戰鬪序列。

新疆塔城陷聯軍。

4. 2　湘西新寧戰鬪，國軍第四十四師蔣修仁、第五十八師蔡仁傑、第一九三師蕭重光，與日軍第三十四師團，及六十八師團之五十八旅團激戰。日軍由全縣向新寧攻擊，雙方擊戰於珠玉山、武岡、水口、茶山，戰事持續一個月，雙方損失慘重。

湘西會戰，國軍第三方面軍湯恩伯率第二十七集團軍李玉堂：第九十四軍牟庭芳、第二十六軍丁治磐、第九十二軍侯鏡如；第四方面軍王耀武率第十八軍胡璉、第七十三軍彭位仁、第七十四軍施中誠、第一〇〇軍李天霞與日軍第三十四師團伴健雄、第四十七師團渡邊洋、第六十四師團船引正之、第六十八師團堤三樹男、第百六師團菱田元四郎激戰。日軍採山地戰法，國軍固守據點，戰事持續至六月七日，日軍傷亡近二萬人。

4.3 豫西重陽店、魁門關戰鬪，國軍第十一集團軍王仲廉率第八十五軍吳紹周與新二十四師宋子英與日軍第百十師團激戰四晝夜，日軍第百十師團長木村經廣等三千人被擊斃。

4.7 國民政府明令公布「陸軍大學校組織法」。

日軍調笠原幸雄中將爲第十一軍司令官，指揮湘、桂日軍作戰。調鷹森孝爲第十二軍司令官，指揮豫省作戰。

4.8 鄂境國軍克復南漳。

鄂北老河口淪陷。

鄂北茨河市戰鬪，國軍第六十九軍米文和、第四十一軍第一二四師劉公台、第四十八師何奇與日軍第三十九師團及獨立混成第十一旅團激戰。日軍由襄陽向茨河市攻擊，當晚佔領。國軍反攻，十二日克復。

4.9 湘西日軍西犯武崗、江口、新化、國軍第四方面軍王耀武部阻於雪峯山。

湘西邵陽戰鬪，國軍第十五師梁祗六、五十一師周志道、五十七師李琰、第五十八師蔡仁傑、第十九師唐伯寅、第六十三師徐志勗、暫六師趙季平與日軍第四十七、百十六師團及獨立混成第六十六旅團激戰，日軍分四路由資水、山溪、新田舖及黑田向邵陽進攻，雙方頗有傷亡。

4.13 鄂北國軍克復老河口及光化。

4.16 鄂北國軍攻克襄陽、自忠。

豫西國軍攻克西峽。

第七戰區粵桂邊區總指揮部中將總指揮鄒洪於廣東陽山作戰陣亡。

4.18 鄂北國軍克復樊城。

日軍在豫中發動新攻勢。

湘西寧鄉、益陽戰鬪，國軍第十八軍胡璉、第十八師覃道善與日軍第六十四、六十八師團激戰。

日軍由寧鄉、益陽進犯大城橋、桃花江，被國軍所阻退回。

4. 22 桂南國軍克復武鳴。

湖南國軍收復永興。

4. 27 湘西邵陽第二次戰鬪， 國軍第五十一師周志道 、 五十七師李琰、暫六師趙季平、第十一師楊伯濤、第二十八師戴樸、第五十八師蔡仁傑、第一九三師蕭重光、第十三師靳力三與日軍第百十六、八十六師團激戰。雙方在江口、大灣、龍塘舖等地激戰。

桂西都安戰鬪，國軍第四十六軍黎行恕、第一七五師甘成城與日軍第三師團作戰。日軍進佔都安，國軍退柳州、南寧。

4. 29 湘西新寧、武岡戰鬪，國軍第四十四師蔣修仁、五十八師蔡仁傑與日軍第三十四師團作戰 ， 國軍第四十四師渡巫水攻擊新寧，五月六日光復，七日至武岡與五十八師夾擊日軍。

4. 30 湘西武陽 、 茶舖子戰鬪， 國軍第九十四軍牟廷芳第五師李則芬、第一二一師朱敬民、第一九三師蕭重光、五十八師蔡仁傑與日軍第三十四、六十八師團激戰。日軍五月一日克武陽，十四日國軍將日軍主力擊潰於茶舖子附近。

第三戰區突擊隊胡旭盱少將本月在浙江陣亡。

5. 1 湘西國軍克復武陽。

5. 2 蘇聯軍佔柏林，義境德軍全部投降。

5. 3 湘西國軍攻克內鄉。

5. 4 湘西日軍進犯芷江。

5. 5 國軍擊退進窺芷江之日軍。

桂西河池戰鬪，國軍第十九師楊蔭、第一六九師曹王珩、及預二師，與日軍第十三師團激戰，國軍主攻日軍，至十九日佔河池。

5.7 湘西國軍肅清新寧殘餘日軍。

德國無條件投降，在艾森豪總部簽字。

5.8 國軍自湘西方面開始總反攻。

5.9 豫西、鄂北會戰結束。

5.10 湘西國軍克復山門等四大據點。

日軍再犯芷江口。

桂南南寧戰鬪，國軍第六十四軍張弛率第一三一師黃炳歧、第一五六師劉鎭湘、第一五九師劉紹武與日軍第三師團一部作戰。日軍二十七日攻佔南寧。

5.11 閩東日軍勢孤，國軍克復福州。

5.16 美軍佔琉球那覇。

5.19 福建國軍克復長樂。

5.20 國軍克復廣西河池。

5.21 國軍克復廣西金城江。

5.22 閩東國軍克復連江、長門。

桂南國軍收復貴縣，攻入賓陽。

5.23 桂南國軍攻思恩。

桂西宜山戰鬪，國軍第二十九軍孫元良（兼）、預十一師趙琳，與日第十三師團吉田峯太郎激戰，國軍佔思恩後，攻宜山，六月六日克復。

5.26 浙境日軍由永嘉進瑞安。

5.27 湘西日軍大部東撤。

國軍克復廣西南寧。

5. 30 國軍攻克廣西賓陽。

豫鄂會戰，南陽、老河口陷日軍。

桂南龍州戰鬪，國軍第一五六師劉鎭湘與日軍第三師團作戰。

國軍追擊由南寧撤退日軍，七月三日克龍州。

6. 1 桂境國軍克復遷江。

日軍第三十四軍戰鬪序列廢止，改由第六方面軍直轄。

6. 3 國軍在湘西方面已恢復會戰前原態勢。

6. 6 國軍克宜山，日軍由柳州增援，反復爭奪宜山。

6. 8 桂境國軍克復思樂。

6. 9 桂南國軍攻克明江。

6. 14 國民政府公布「空軍勛獎條例」。

國軍克復廣西宜山。

6. 18 浙東國軍克復永嘉。

國軍攻入安南（越南）境內，並佔馬龍寨。

6. 21 國軍攻入廣西柳州之柳江南站。

6. 29 桂中柳州戰鬪，國軍第一七五師甘成城與日軍第二師團一部激戰，國軍由都安，向忻城、大塘拉堡，追擊日軍，是日光復柳州。

6. 30 陸軍第三方面軍軍醫處繆瀓中少將本月在貴州貴陽殉職。

7. 1 軍事委員會任孫連仲爲第十一戰區司令長官，傅作義爲第十二戰區司令長官，劉峙爲第五戰區司令長官，孫蔚如爲第六戰區司令長官。

7. 2 贛南國軍克復信豐，粵南克復化縣。

7. 3 軍事委員會爲簡化機構，下令裁撤各省綏靖公署，並限於本月底結束。

軍事委員會新設宜川行轅，任閻錫山爲主任，轄第二、十一、十二等戰區。贛州行轅改東南行轅，人事轄區未動。

桂境國軍克復憑祥。

7. 5 桂南國軍克復鎮南關。

7. 6 贛南國軍攻克大庾、新城，日軍回竄南康。

7. 7 軍事委員會宣布：八年抗戰，截至現今，共計斃傷日寇及俘虜日寇達二百五十餘萬人，國軍陣亡官兵一百三十餘萬人，負傷一百七十餘萬人，戰局現正轉守爲攻。

桂北桂林戰鬪，國軍第七十一軍陳明仁、第九十一師王鐵麟、第二十九軍孫元良（兼）、第二十軍楊幹才、第一三三師周翰熙及第四方面軍王耀武分四路進攻日軍第十三師團，二十七日克桂林。

7. 10 贛南國軍克復南康。

湖南醴陵二次淪陷。

桂北義寧、全縣戰鬪，國軍第九十四軍牟廷芳、第一二一師朱敬民、第四十三師李士林、第五師李則芬；第二十六軍丁治磐：第四十一師董續陶、第四十四師蔣修仁、第一四六師陳春霖與日軍第十三師團激戰於惠元圩、丁嶺坳，雙方傷亡均重，二十六日國軍克義寧。

7. 15 贛境日軍進犯遂川機場，國軍第六十師奮勇阻擊。

7. 16 桂境國軍克復荔浦，湘中收復益陽。

7. 17 國民政府公布「交通部交通復員準備委員會組織條例」，準備交通復員，配合軍事反攻。

贛南國軍克復贛州。

7. 19 桂境國軍克復良豐。

7. 22 桂境國軍克復百壽。

7. 23　粵北國軍攻克南雄。

7. 24　桂中國軍攻克陽朔，向桂林挺進。

美艦砲擊浙江沿海地帶，長江日軍紛向下游移動。

國軍克復萬安、白沙。

7. 25　桂境國軍攻克永福。

美機三百零五架空前猛襲上海日軍空軍基地。

7. 26　桂境國軍克復義寧。

中美英三國發表波茨坦宣言，命日本無條件投降，否則毀滅。

7. 27　國軍克復廣西桂林。

7. 29　贛境國軍克復吉安。

7. 31　贛西國軍克復宜豐城。

蘇軍助伊寧哈薩克人陷城。

軍事委員會 調查統計局 少將指揮官 范培珉本月在 浙江杭州殉職。

軍事委員會長沙調查組李錦榮少將本月在湖南殉職。

湖南河東縱隊謝鐵南少將本月在湖南作戰陣亡。

8. 1　美第十航空隊自緬甸調來中國作戰。

8. 2　廣西國軍克復靈川，湘西克復新寧，江西克復上高。

8. 4　國軍克復江西吉水。

8. 5　廣西國軍收復恭城。

8. 6　廣西國軍收復灌陽。美軍第一枚原子彈炸廣島。

8. 9　國軍傘兵降落衡陽。

朝鮮劃入中國戰區。

蘇對日宣戰，其軍隊已由三處前線攻入東三省滿州里、呼倫等地。美軍第二枚原子彈炸長崎。

8.10　桂境國軍克復全縣。

蔣主席電陸軍總司令何應欽，指示對各戰區日軍投降應行注意之事項。

蔣中正令國軍照原計畫推進加緊作戰；僞軍在原地維持秩序，聽候改編。

8.11　蔣主席通令全國各部隊，聽候命令，根據盟邦協議，執行受降之一切規定，並電諭陷區地下軍及各地僞軍，各就現駐地點，負責維持地方治安，不得擅自移動。

綏西國軍收復包頭、歸綏。

國軍第十二戰區長官傅作義奉命接收察、綏、熱三省。

日軍派根本博中將爲北支那方面軍司令官，接替下村定職務。

8.14　日本正式投降。

國防最高委員會派令接受各省市人員。

8.15　國民政府通令：全國今年停止徵兵。

國軍進駐廣西蒼梧（梧州）、浙江臨河、山西襄陵。

蔣主席電日本軍最高指揮官岡村寧次，指示六項投降原則。

蘇俄軍繼續佔領察哈爾之張北地區。

中、美、英、蘇正式宣布，接受日本投降。

8.16　日皇裕仁下令日軍停戰。

國民政府派軍令部長徐永昌上將赴菲律賓，代表中國接受日本投降。

國軍克復河南陝縣、淆川，山西水濟、垣曲、浙江峡縣等地。

8.17　國軍收復北平；江西安義；廣東：德慶、雲浮；山西芮城；浙江蒙山、蘭溪、分水；河南汜水、滑縣；綏東，由平綏路推進。

8.18　蔣主席令派陸軍總司令何應欽，負責處理在中國戰區內之全部日軍投降事宜，並規定各戰區受降主官及其受降地區。

國軍收復浙江奉化；河南唐河、滎陽、禹縣、長葛、密縣；安徽合肥、巢縣、宣城；湖南常寧等地。

8. 19 蘇俄軍進佔遼、吉、黑、熱、承德、新武、新民、遼源、龍江等地。

國軍收復河南開封、孟縣；山西太原、長子、運城、洪桐、趙城、汾陽、祁縣、清漈、徐溝、太谷；浙江當陽、吳興、穗清、桐廬、崇德、臨安、新登；安徽蕪湖、鳳台等地。

8. 20 國軍收復河南襄城、商水；廣東樂昌、新會；湖南宜章、永新；湖北蘄春；並接管越北高平。

蘇俄軍繼續佔領哈爾濱、長春、瀋陽等城市。

8. 21 國軍收復山西侯馬、長治、介休；河南上蔡等地。

第二戰區閻錫山奉命擔任山西全省之受降。

8. 22 國軍收復河南汝南、洛寧、宜陽、淅川；湖南攸縣；安徽亳縣。

蘇俄佔領旅順、大連。

8. 23 國軍收復河南澠池、方城；江蘇江蒲等地。

蘇俄佔東北全境。

8. 24 國軍收復洛陽，及南京近郊浦口、下關等地。

蘇俄軍繼續佔領熱河省。

國軍收復河南洛陽、新鄉；山西聞喜、安邑；湖南祁陽等地。

8. 25 國民政府明令公布「陸海空軍軍職人員交待規則」。

國軍收復湖北老河口；河南漯河、臨汝、中牟、扶溝；湖南安仁、郴縣等地。

8. 26 國軍先遣工程隊飛抵南京。

國軍收復河南遂平、新安；綏遠集寧；山西曲沃等地。

8. 27 國軍先遣部隊空運南京、上海，及進入北平、開封。

國軍收復河南寶豐。

8. 28 國軍收復河南許昌等地。

8. 29 國軍收復河南鄭州、孟津、鄧縣、偃師；湖南衡陽；廣東曲江；山西大同；浙江餘杭等地。

蘇俄軍佔旅順軍港。

8. 30 國軍收復河南鞏縣，接收越北老街，設漢口前進指揮所。

8. 31 國軍收復廣州、湖北沙市等地。

9. 1 國軍收復湖北宜昌；湖南耒陽、醴陵等地。

9. 2 國軍收復南京、上海、浙江金華、山東濟南，大軍開始空運凱旋。

9. 3 國軍收復綏遠武川、陶林等地。

抗戰勝利，重慶舉行慶祝勝利大會，蔣主席頒布四項命令與內政方針。

9. 4 國軍收復江西德安，接管越北河內近郊。

國軍設長沙前進指揮所。

9. 5 國軍新六軍空運抵南京。

國軍收復湖北沙洋，登陸越北灘（海防附近）。設杭州前進指揮所。

9. 6 國軍設廣州前進指揮所。

國軍第三方面軍湯恩伯部空運上海。

國軍第四方面軍王耀武部開入長沙。

9. 7 國軍收復徐州、蚌埠、蘭封、湘潭等地。

國軍新一軍進入廣州。

9. 8　國軍收復岳陽、開封等地。

9. 9　國軍第六十四軍收復廣州灣。

國軍收復廣州灣、南昌、汕頭，設北平前進指揮所。

中國戰區陸軍總司令一級上將何應欽代表最高統帥蔣委員長在南京接受日軍投降。

9. 13　蔣主席指示各省區集中統籌黨政軍接收事宜之原則。

9. 14　南昌日軍簽署降書。

9. 15　軍事委員會成立北平、廣州、東北行營，任李宗仁、張發奎、熊式輝爲主任。

9. 16　廣州區日軍簽署降書。

9. 17　國軍登陸臺灣。

9. 18　武漢區日軍投降。

9. 19　南京城郊接收完畢。

國軍精銳部隊開入濟南。

9. 23　國軍向黃河以北地區執行受降。

鄭州、開封、洛陽等地日軍投降。

9. 25　武漢地區日軍繳械。

9. 26　贛北日軍投降，長衡區日軍繳械竣事。

9. 27　中國海軍總司令部接收上海、厦門、青島之日本海軍。

杭州日軍繳械竣事。

9. 28　川康整軍事宜已完成，計裁減一個師、九個旅、十三個團，共編成三軍六師。

9. 29　湖南日軍繳械完畢。

10. 1　國軍進駐京、滬沿線。

吳淞要塞司令部成立。

馬尾海軍學校改稱中央海軍學校。

10. 3 平津日軍解除武裝。

10. 5 國軍李延年部由徐州進至滕縣受降。

綏遠日軍繳械完竣。

北平、天津兩飛機場接收竣事。

10. 6 天津日軍投降。

10. 8 第十一戰區司令長官孫連仲抵北平，主持日軍受降。

10. 10 李延年部到達濟南受降。

孫連仲在北平太和殿主持日軍投降儀式。

10. 12 國軍第九十二軍侯鏡如先遣聯絡組抵北平。

南京區日軍八萬餘人之繳械工作完成。

10. 13 山西日軍五萬餘人全部解除武裝。

10. 14 第十一戰區孫連仲奉令接收華北所屬部隊。

10. 15 首批國軍開抵北平西郊。

空軍飛抵海南島接收。

軍政部成立海軍處。

10. 17 首批國軍由北平運抵天津。

國軍第七十軍開抵臺灣，在基隆登陸。

10. 25 青島日軍簽降完成。

駐臺日軍投降，臺灣光復。

10. 30 國軍在秦皇島登陸。

11. 1 臺澎要塞司令部成立於臺灣左營。

臺灣省軍事接收開始。

11. 10 東北接收發生困難，熊式輝離長春。

11. 11　復員整軍會議在重慶開幕。

11. 16　復員整軍會議閉幕。

國軍出山海關，接收國家主權。

11. 18　侵華日軍被解除武裝後，自塘沽、青島、上海轉送日本（共一、五二八、八八三人，其中軍人軍屬一〇五萬人）。

11. 22　國軍接收東北部隊進駐葫蘆島。

11. 26　國軍進駐錦州。

12. 1　軍政部兵役署正式成立。

12. 29　東北國軍進入熱河。

12. 31　陸軍騎兵第一師少將參謀長蕭俊嶺本年在河南道縣作戰陣亡。

附錄一：

一、日軍在華及緬甸作戰陸軍主要部隊簡表（東北關東軍除外）：

1. 民國二十六年(1937) 7 月：

支那駐屯軍——支那駐屯軍司令部（天津）
田代皖一郎 —支那駐屯步兵旅團（北平）河邊正三
香月清司

2. 民國二十七年(1938)10月：

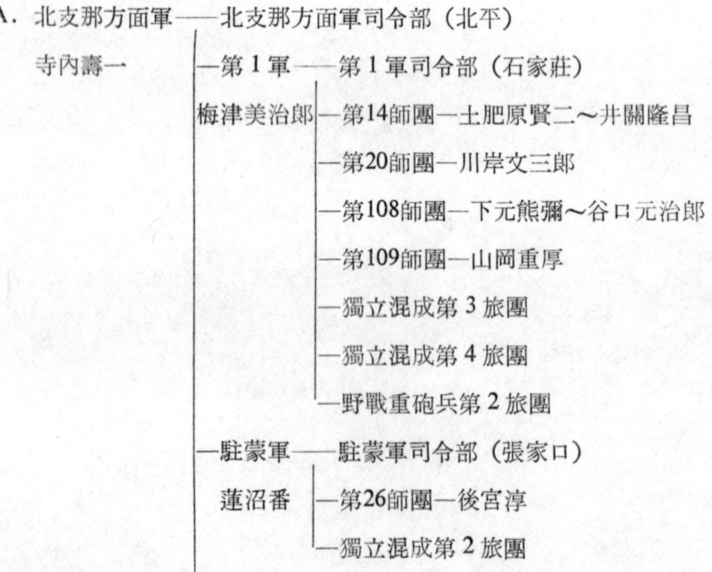

A. 北支那方面軍——北支那方面軍司令部（北平）
寺內壽一
—第 1 軍——第 1 軍司令部（石家莊）
梅津美治郎
—第14師團—土肥原賢二～井關隆昌
—第20師團—川岸文三郎
—第108師團—下元熊彌～谷口元治郎
—第109師團—山岡重厚
—獨立混成第 3 旅團
—獨立混成第 4 旅團
—野戰重砲兵第 2 旅團
—駐蒙軍——駐蒙軍司令部（張家口）
蓮沼番
—第26師團—後宮淳
—獨立混成第 2 旅團

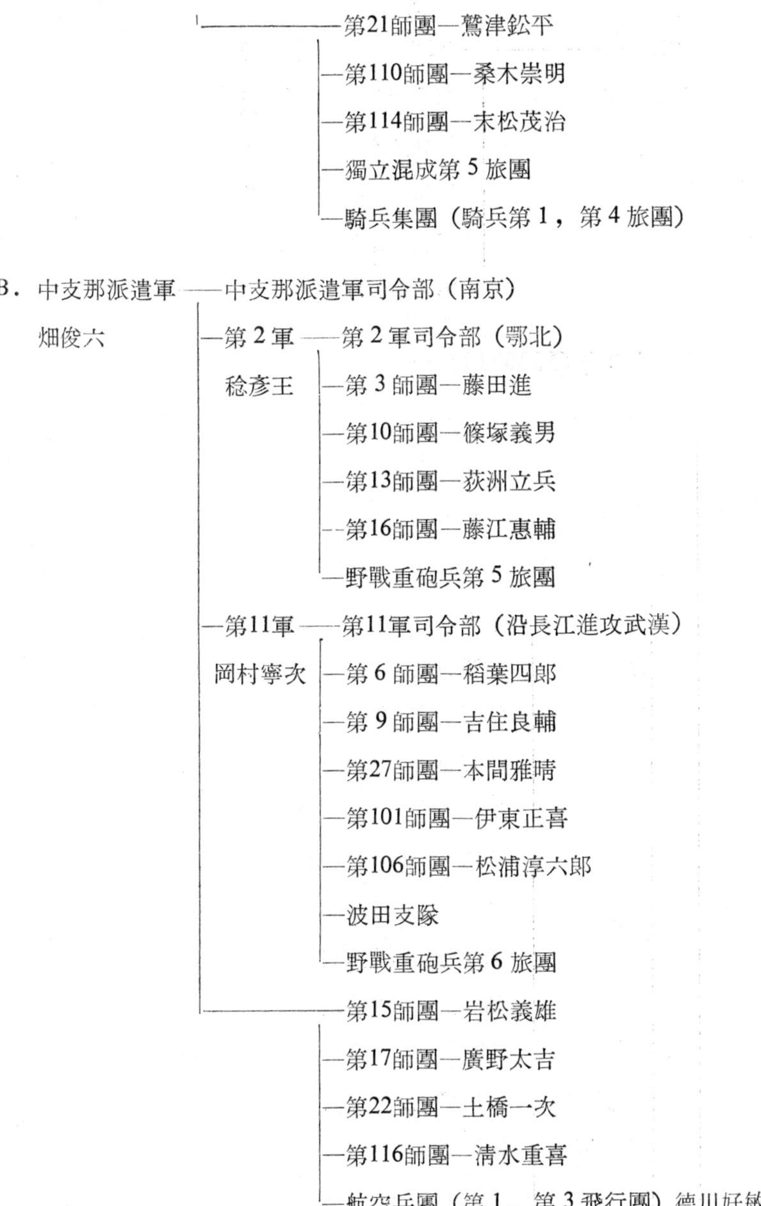
第21師團—鷲津鉛平
—第110師團—桑木崇明
—第114師團—末松茂治
—獨立混成第5旅團
—騎兵集團（騎兵第1，第4旅團）
B．中支那派遣軍 —中支那派遣軍司令部（南京）
畑俊六
—第2軍 —第2軍司令部（鄂北）
稔彥王
—第3師團—藤田進
—第10師團—篠塚義男
—第13師團—荻洲立兵
—第16師團—藤江惠輔
—野戰重砲兵第5旅團
—第11軍 —第11軍司令部（沿長江進攻武漢）
岡村寧次
—第6師團—稻葉四郎
—第9師團—吉住良輔
—第27師團—本間雅晴
—第101師團—伊東正喜
—第106師團—松浦淳六郎
—波田支隊
—野戰重砲兵第6旅團
第15師團—岩松義雄
—第17師團—廣野太吉
—第22師團—土橋一次
—第116師團—清水重喜
—航空兵團（第1、第3飛行團）德川好敏

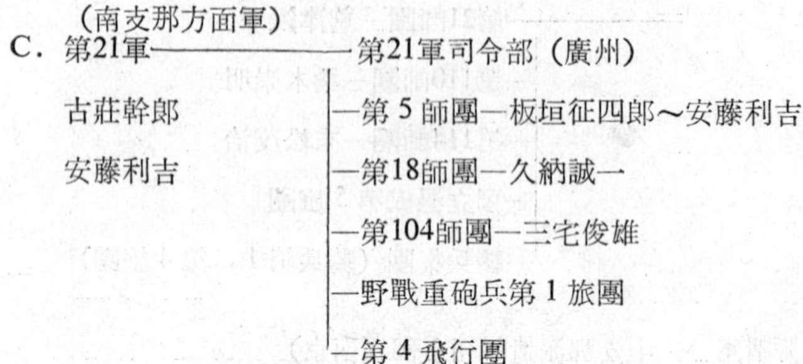
（南支那方面軍）
C．第21軍——第21軍司令部（廣州）
古荘幹郎
安藤利吉
—第5師團—板垣征四郎～安藤利吉
—第18師團—久納誠一
—第104師團—三宅俊雄
—野戰重砲兵第1旅團
—第4飛行團

3. 民國二十八年(1939)10月：

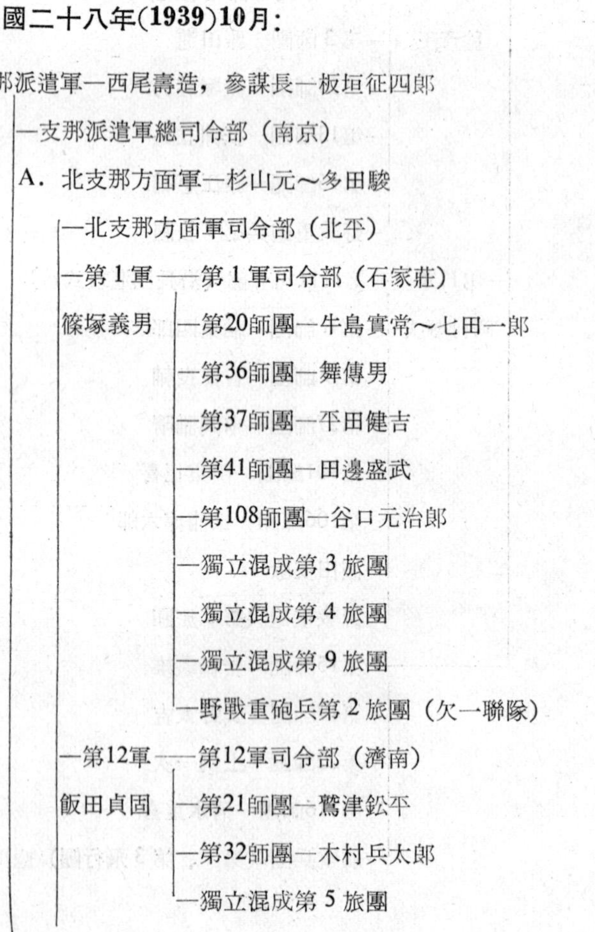
支那派遣軍—西尾壽造，參謀長—板垣征四郎
—支那派遣軍總司令部（南京）
A．北支那方面軍—杉山元～多田駿
—北支那方面軍司令部（北平）
—第1軍——第1軍司令部（石家莊）
篠塚義男
—第20師團—牛島實常～七田一郎
—第36師團—舞傳男
—第37師團—平田健吉
—第41師團—田邊盛武
—第108師團—谷口元治郎
—獨立混成第3旅團
—獨立混成第4旅團
—獨立混成第9旅團
—野戰重砲兵第2旅團（欠一聯隊）
—第12軍——第12軍司令部（濟南）
飯田貞固
—第21師團—鷲津鉛平
—第32師團—木村兵太郎
—獨立混成第5旅團

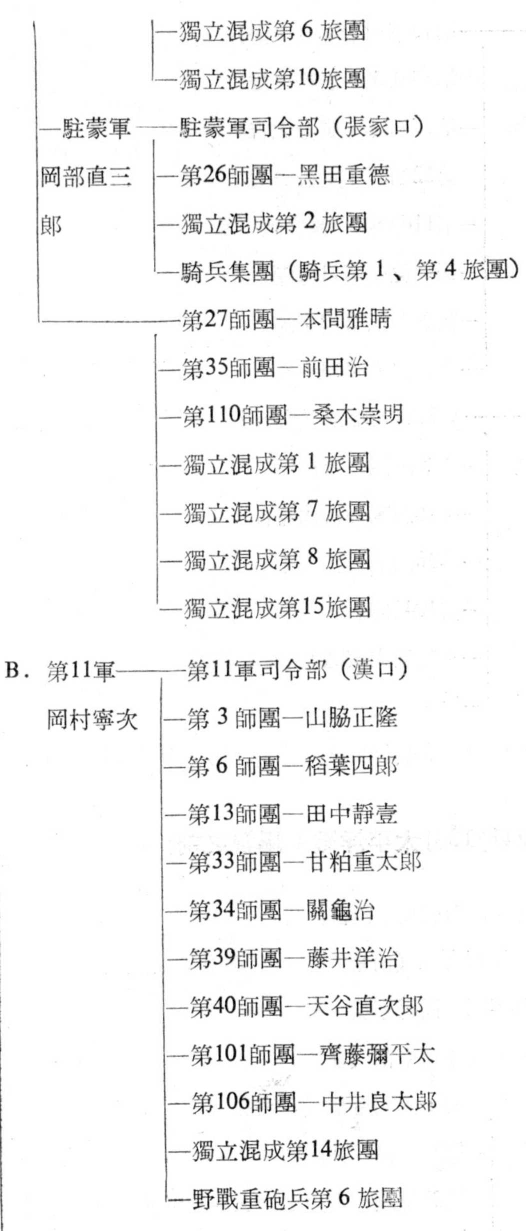

—獨立混成第 6 旅團
—獨立混成第10旅團
—駐蒙軍——駐蒙軍司令部（張家口）
岡部直三郎
—第26師團—黑田重德
—獨立混成第 2 旅團
—騎兵集團（騎兵第 1 、第 4 旅團）
——第27師團—本間雅晴
—第35師團—前田治
—第110師團—桑木崇明
—獨立混成第 1 旅團
—獨立混成第 7 旅團
—獨立混成第 8 旅團
—獨立混成第15旅團

B. 第11軍——第11軍司令部（漢口）
岡村寧次
—第 3 師團—山脇正隆
—第 6 師團—稻葉四郎
—第13師團—田中靜壹
—第33師團—甘粕重太郎
—第34師團—關龜治
—第39師團—藤井洋治
—第40師團—天谷直次郎
—第101師團—齊藤彌平太
—第106師團—中井良太郎
—獨立混成第14旅團
—野戰重砲兵第 6 旅團

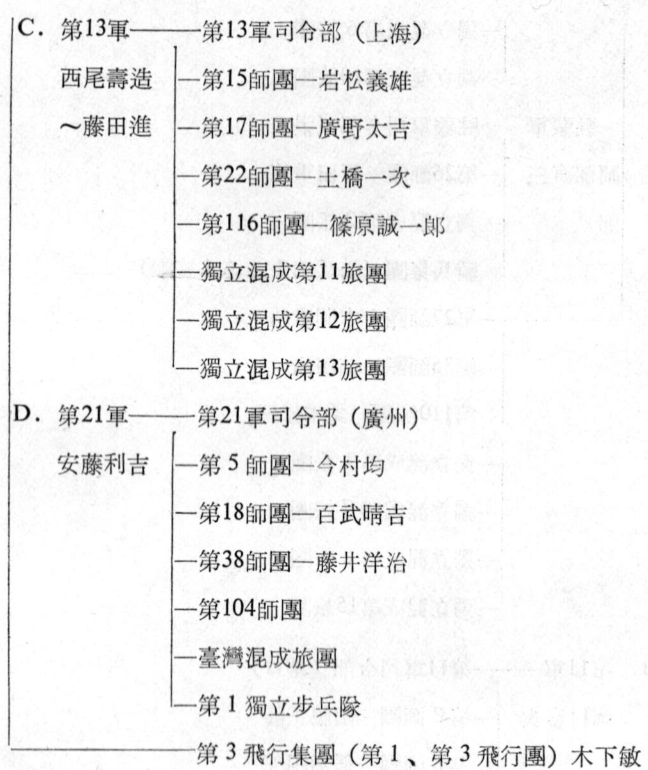

4. 民國三十年(1941)12月太平洋戰爭爆發之前:

支那派遣軍　畑俊六，參謀長　後宮淳

|—支那派遣軍總司令部（南京）

|A．北支那方面軍　岡村寧次

||—北支那方面軍司令部（北平）

||—第1軍——第1軍司令部（石家莊）

||岩松義雄
|||—第36師團—井關仭
|||—第37師團—安達二十三～長野祐一郎
|||—第41師團—清水規矩

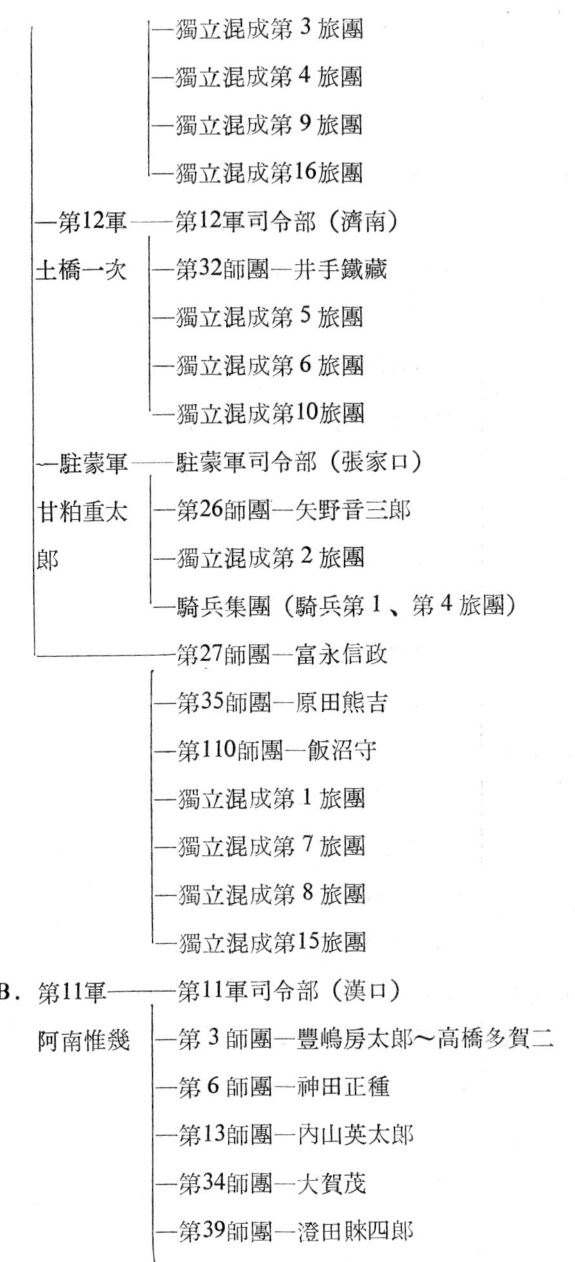

—獨立混成第 3 旅團
—獨立混成第 4 旅團
—獨立混成第 9 旅團
—獨立混成第16旅團

—第12軍——第12軍司令部（濟南）
土橋一次
—第32師團—井手鐵藏
—獨立混成第 5 旅團
—獨立混成第 6 旅團
—獨立混成第10旅團

—駐蒙軍——駐蒙軍司令部（張家口）
甘粕重太郎
—第26師團—矢野音三郎
—獨立混成第 2 旅團
—騎兵集團（騎兵第 1 、第 4 旅團）

—第27師團—富永信政
—第35師團—原田熊吉
—第110師團—飯沼守
—獨立混成第 1 旅團
—獨立混成第 7 旅團
—獨立混成第 8 旅團
—獨立混成第15旅團

B．第11軍——第11軍司令部（漢口）
阿南惟幾
—第 3 師團—豐嶋房太郎～高橋多賀二
—第 6 師團—神田正種
—第13師團—內山英太郎
—第34師團—大賀茂
—第39師團—澄田睞四郎

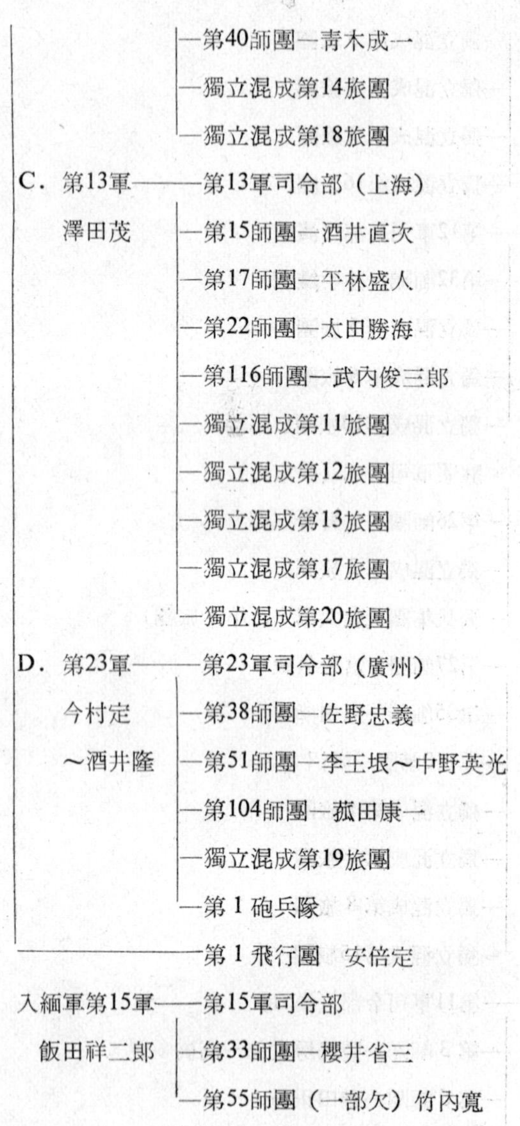

—第40師團—青木成一
—獨立混成第14旅團
—獨立混成第18旅團

C．第13軍———第13軍司令部（上海）
澤田茂
—第15師團—酒井直次
—第17師團—平林盛人
—第22師團—太田勝海
—第116師團—武內俊三郎
—獨立混成第11旅團
—獨立混成第12旅團
—獨立混成第13旅團
—獨立混成第17旅團
—獨立混成第20旅團

D．第23軍———第23軍司令部（廣州）
今村定
～酒井隆
—第38師團—佐野忠義
—第51師團—李王垠～中野英光
—第104師團—菰田康一
—獨立混成第19旅團
—第1砲兵隊

——第1飛行團　安倍定

入緬軍第15軍——第15軍司令部
飯田祥二郎
—第33師團—櫻井省三
—第55師團（一部欠）竹內寬

5. 民國三十三年(1944) 3 月：

支那派遣軍　畑俊六，參謀長　松井太久郎

|—支那派遣軍總司令部（南京）

A．北支那方面軍　岡村寧次

—北支那方面軍司令部（北平）

—第 1 軍——第 1 軍司令部（石家莊）

吉木貞一—第37師團—長野祐一郎

—第62師團—本鄉義男

—第69師團—三浦忠次郎

—獨立混成第 3 旅團

—獨立步兵第 3 旅團

—獨立步兵第10旅團

—獨立步兵第14旅團

—第12軍——第12軍司令部（河南）

喜多誠一—第32師團—石井嘉穗

～內山英—第59師團—細川忠康

太郎　—獨立混成第 5 旅團

—獨立混成第 7 旅團

—獨立步兵第 1 旅團

—獨立步兵第 4 旅團

—獨立步兵第 9 旅團

—騎兵第 4 旅團

—駐蒙軍——駐蒙軍司令部（張家口）

上月良夫—第26師團—佐伯文郎

—獨立混成第 2 旅團

—戰車第 3 師團—山路秀男

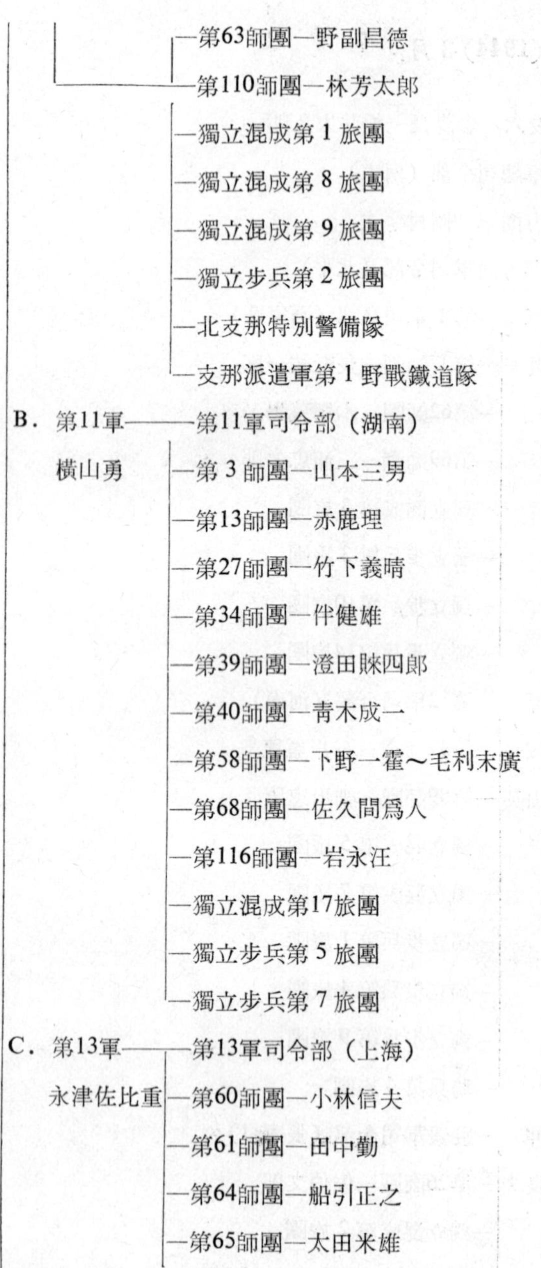
第63師團—野副昌德
第110師團—林芳太郎
獨立混成第1旅團
獨立混成第8旅團
獨立混成第9旅團
獨立步兵第2旅團
北支那特別警備隊
支那派遣軍第1野戰鐵道隊
B．第11軍
橫山勇
第11軍司令部（湖南）
第3師團—山本三男
第13師團—赤鹿理
第27師團—竹下義晴
第34師團—伴健雄
第39師團—澄田睞四郎
第40師團—青木成一
第58師團—下野一霍～毛利末廣
第68師團—佐久間爲人
第116師團—岩永汪
獨立混成第17旅團
獨立步兵第5旅團
獨立步兵第7旅團
C．第13軍
永津佐比重
第13軍司令部（上海）
第60師團—小林信夫
第61師團—田中勤
第64師團—船引正之
第65師團—太田米雄

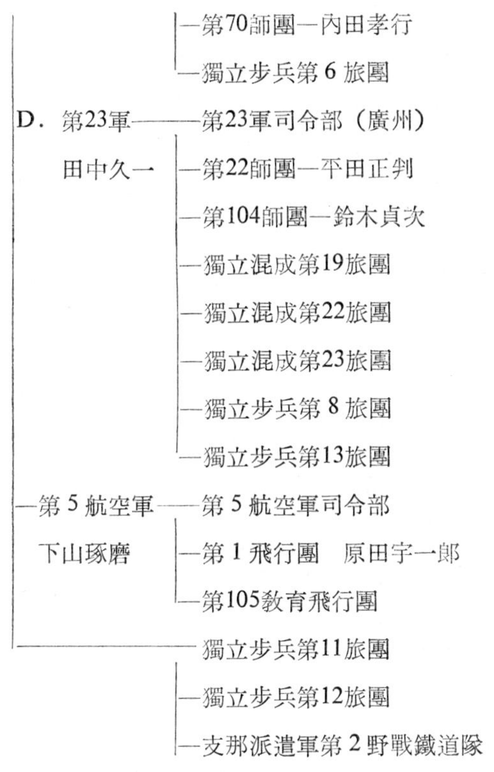

緬甸方面軍（屬日本南方軍戰鬪序列）

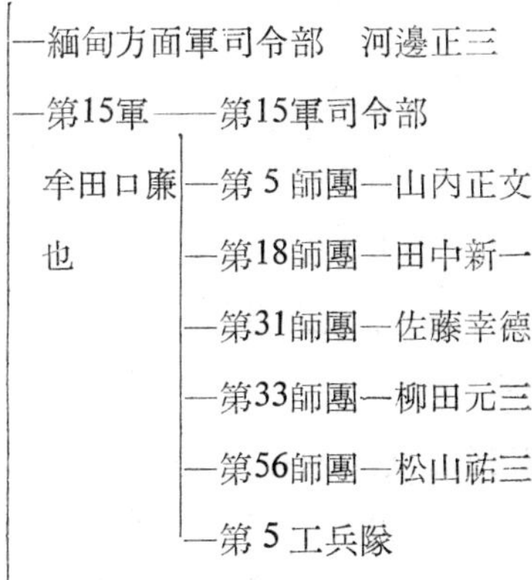

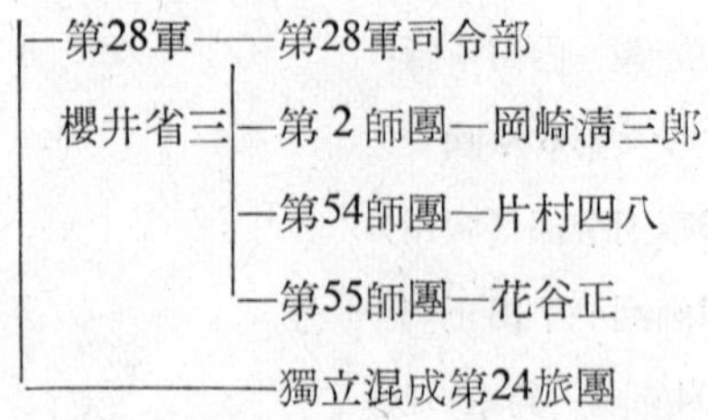

6. 民國三十三年(1944)12月:

支那派遣軍　岡村寧次，參謀長　松井太久郎

—支那派遣軍總司令部

A. 北支那方面軍　岡部直三郎～下村定

—北支那方面軍司令部（北平）

—第１軍——第１軍司令部（石家莊）
　澄田睞四郎
　—第69師團—三浦忠次郎
　—第114師團—三浦三郎
　—獨立混成第３旅團
　—獨立步兵第10旅團
　—獨立步兵第14旅團

—第12軍——第12軍司令部（南陽）
　內山英太郎
　—第110師團—木村經廣
　—第115師團—杉浦英吉
　—第117師團—鈴木啓久
　—戰車第３師團—山路秀男
　—騎兵第４旅團

—駐蒙軍——駐蒙軍司令部（張家口）
　根本博
　—第118師團—內田銀之助
　—獨立混成第２旅團

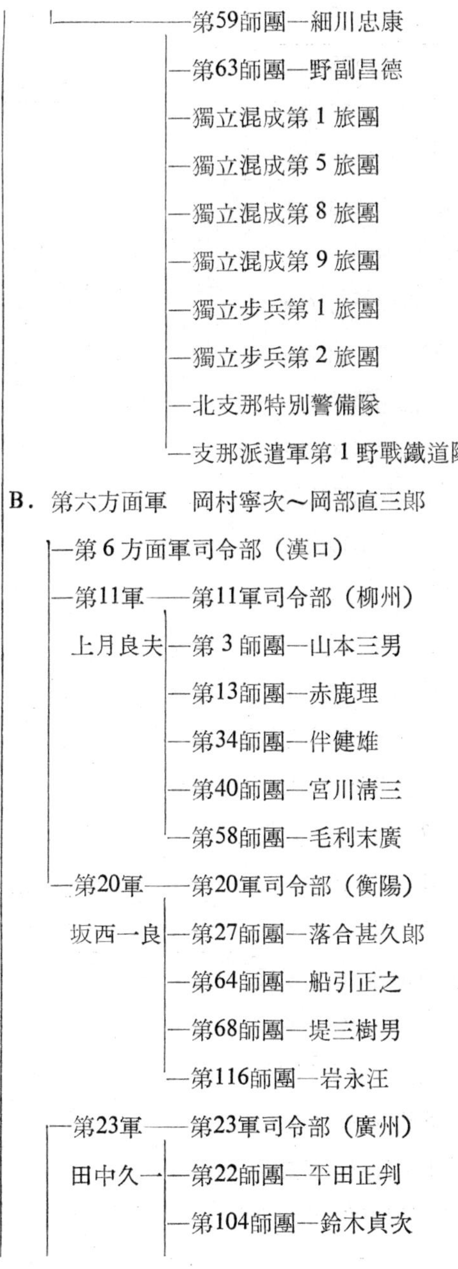

—第59師團—細川忠康
—第63師團—野副昌德
—獨立混成第1旅團
—獨立混成第5旅團
—獨立混成第8旅團
—獨立混成第9旅團
—獨立步兵第1旅團
—獨立步兵第2旅團
—北支那特別警備隊
—支那派遣軍第1野戰鐵道隊

B. 第六方面軍　岡村寧次～岡部直三郎

—第6方面軍司令部（漢口）
—第11軍——第11軍司令部（柳州）
　上月良夫—第3師團—山本三男
—第13師團—赤鹿理
—第34師團—伴健雄
—第40師團—宮川清三
—第58師團—毛利末廣
—第20軍——第20軍司令部（衡陽）
　坂西一良—第27師團—落合甚久郎
—第64師團—船引正之
—第68師團—堤三樹男
—第116師團—岩永汪
—第23軍——第23軍司令部（廣州）
　田中久一—第22師團—平田正判
—第104師團—鈴木貞次

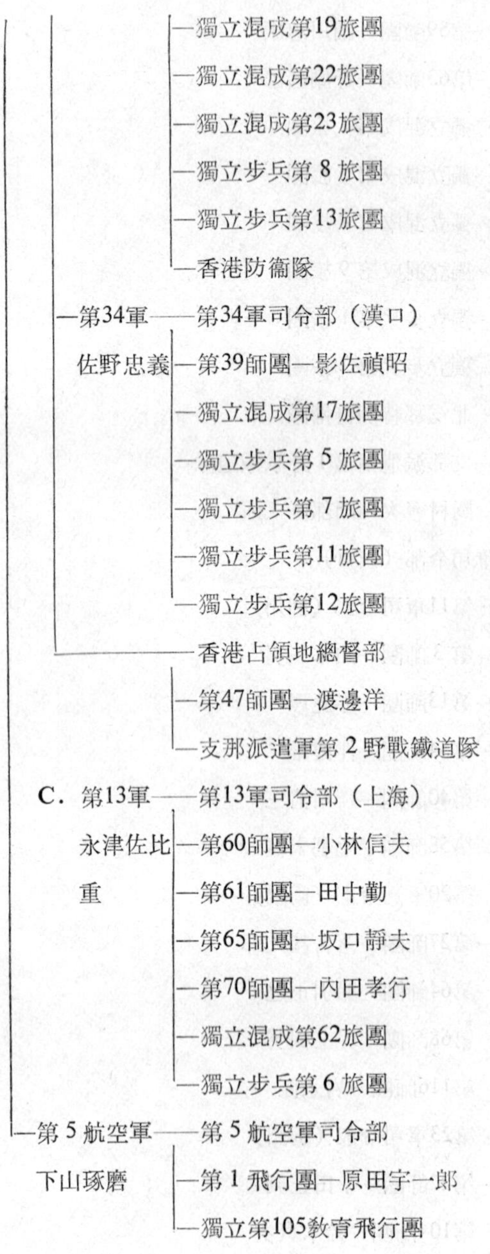
獨立混成第19旅團
獨立混成第22旅團
獨立混成第23旅團
獨立步兵第8旅團
獨立步兵第13旅團
香港防衞隊
第34軍
佐野忠義
第34軍司令部（漢口）
第39師團—影佐禎昭
獨立混成第17旅團
獨立步兵第5旅團
獨立步兵第7旅團
獨立步兵第11旅團
獨立步兵第12旅團
香港占領地總督部
第47師團—渡邊洋
支那派遣軍第2野戰鐵道隊
C．第13軍
永津佐比重
第13軍司令部（上海）
第60師團—小林信夫
第61師團—田中勤
第65師團—坂口靜夫
第70師團—內田孝行
獨立混成第62旅團
獨立步兵第6旅團
第5航空軍
下山琢磨
第5航空軍司令部
第1飛行團—原田宇一郎
獨立第105教育飛行團

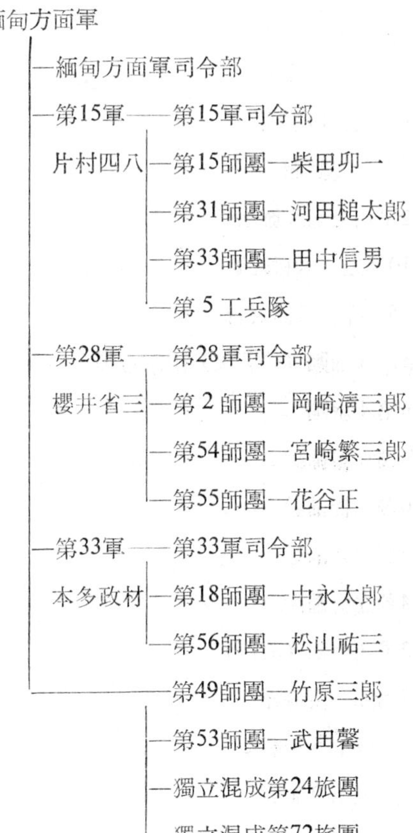

7. 民國三十四年(1945) 8 月日軍投降時:

支那派遣軍　岡村寧次，參謀長　小林淺三郎

- 支那派遣軍總司令部
- A．北支那方面軍　下村定～根本博
  - 北支那方面軍司令部（北平）
  - 第1軍——第1軍司令部（石家莊）
    澄田賚四郎
    - 第114師團—三浦三郎

—獨立混成第 3 旅團
—獨立步兵第10旅團
—獨立步兵第14旅團
—第 5 獨立警備隊
—第12軍——第12軍司令部（鄭州）
鷹森孝 —第110師團—木村經廣
—第115師團—杉浦英吉
—戰車第 3 師團（一部欠）山路秀男
—騎兵第 4 旅團
—第 6 獨立警備隊
—第10獨立警備隊
—第13獨立警備隊
—第14獨立警備隊
—第43軍——第43軍司令部（濟南）
細川忠康—第47師團—渡邊洋
—獨立混成第 5 旅團
—獨立混成第 9 旅團
—獨立步兵第 1 旅團
—第 9 獨立警備隊
—第11獨立警備隊
—第12獨立警備隊
—駐蒙軍——駐蒙軍司令部（張家口）
根本博 —獨立混成第 2 旅團
（兼） —第 4 獨立警備隊
——獨立混成第 1 旅團
—獨立混成第 8 旅團

—獨立步兵第 2 旅團
—第 3 獨立警備隊
—第 7 獨立警備隊
—北支那特別警備隊

B．第 6 方面軍　岡部直三郎
—第 6 方面軍司令部（漢口）
—第11軍——第11軍司令部（南昌）
　笠原幸雄—第58師團—川俣雄人
　　—獨立混成第22旅團
　　—獨立混成第88旅團
—第20軍——第20軍司令部（長沙）
　坂西一良—第64師團—船引正之
　　—第68師團—堤三樹男
　　—第116師團—菱田元四郎
　　—獨立混成第81旅團
　　—獨立混成第82旅團
　　—獨立混成第86旅團
　　—獨立混成第87旅團
　　—第 2 獨立警備隊
——第132師團—柳川悌
　　—獨立混成第17旅團
　　—獨立混成第83旅團
　　—獨立混成第84旅團
　　—獨立混成第85旅團
　　—獨立步兵第 5 旅團
　　—獨立步兵第 7 旅團

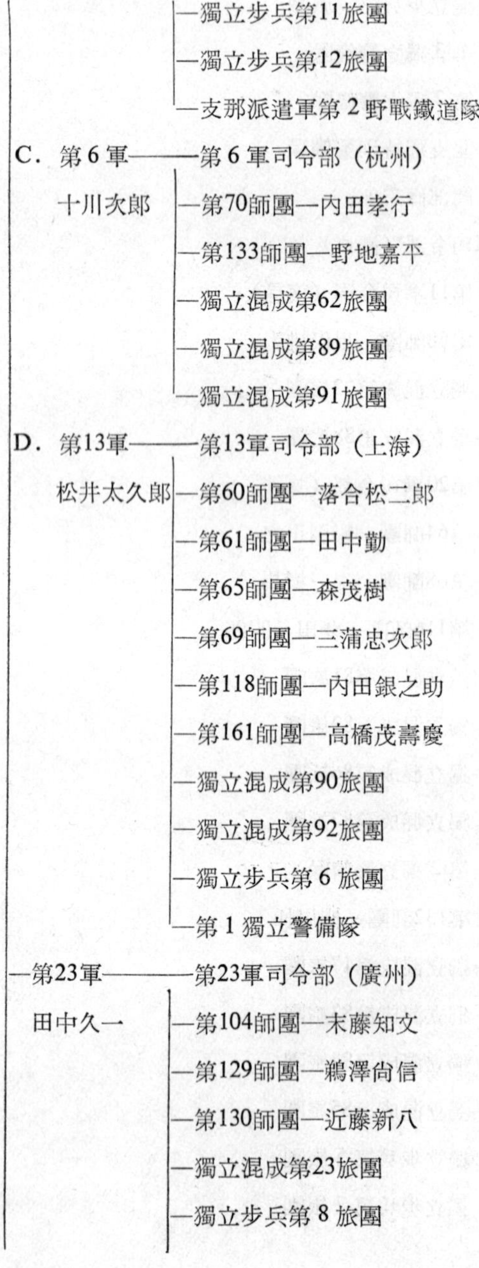

—獨立步兵第11旅團
—獨立步兵第12旅團
—支那派遣軍第2野戰鐵道隊

C. 第6軍———第6軍司令部(杭州)
十川次郎
—第70師團—內田孝行
—第133師團—野地嘉平
—獨立混成第62旅團
—獨立混成第89旅團
—獨立混成第91旅團

D. 第13軍———第13軍司令部(上海)
松井太久郎
—第60師團—落合松二郎
—第61師團—田中勤
—第65師團—森茂樹
—第69師團—三蒲忠次郎
—第118師團—內田銀之助
—第161師團—高橋茂壽慶
—獨立混成第90旅團
—獨立混成第92旅團
—獨立步兵第6旅團
—第1獨立警備隊

—第23軍———第23軍司令部(廣州)
田中久一
—第104師團—末藤知文
—第129師團—鵜澤尙信
—第130師團—近藤新八
—獨立混成第23旅團
—獨立步兵第8旅團

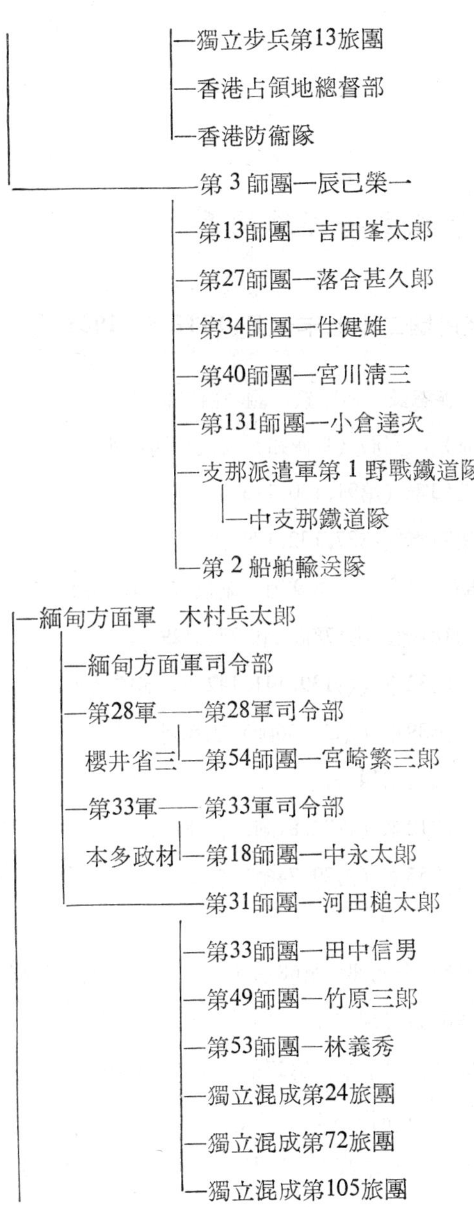

—獨立步兵第13旅團
—香港占領地總督部
—香港防衛隊
第3師團—辰己榮一
—第13師團—吉田峯太郎
—第27師團—落合甚久郎
—第34師團—伴健雄
—第40師團—宮川淸三
—第131師團—小倉達次
—支那派遣軍第1野戰鐵道隊
—中支那鐵道隊
—第2船舶輸送隊
—緬甸方面軍　木村兵太郎
—緬甸方面軍司令部
—第28軍——第28軍司令部
櫻井省三—第54師團—宮崎繁三郎
—第33軍——第33軍司令部
本多政材—第18師團—中永太郎
第31師團—河田槌太郎
—第33師團—田中信男
—第49師團—竹原三郎
—第53師團—林義秀
—獨立混成第24旅團
—獨立混成第72旅團
—獨立混成第105旅團

附錄二：

二、抗戰期間國軍參戰主要部隊簡表

1. 民國二十六年八月至民國二十七年七月(1937. 8～1938. 7)

軍事委員會：蔣中正，參謀總長　何應欽，副　白崇禧

—第一戰區：蔣中正（兼），程潛（平漢路）（民國26年 8 月起）

—第一集團軍 宋哲元
- —第53軍（第91, 130, 116師）萬福麟；
- —第77軍（第37, 132, 179師）馮治安；
- —騎兵第 3 軍（騎 9 師，騎13旅）鄭大章；
- —第181師，第17師，第177師529旅。

—第二十集團軍 商震
- —第32軍（第139, 141, 142師）商震（兼）；
- —第39軍（第34, 56師）劉和鼎；
- —騎兵第14旅。

—第三集團軍 韓復榘～孫桐萱
- —第12軍（第22, 81師，獨28旅）孫桐萱（兼）；
- —第55軍（第29, 74師）曹福林。

—第92軍（第21, 95師）李仙洲；第68軍（第143, 119, 23 師）劉汝明；第90軍（第195, 196師）彭進之；

第91軍（第45, 166師）郜子舉；第27軍（第36, 45, 46師）胡宗南(兼)；第 1 軍（第61, 78師）胡宗南；

第97軍（第94，騎 4 師）朱懷氷；第71軍(第87, 88，預 8 師）王敬久；第69軍（第181，新 6 師）石友三；

第 64 軍（第155, 187，預 9 師）李漢魂；第 59 軍（第 38, 180, 118師，

騎13旅）張自忠；

第40軍（第39師）龐炳勳；

—第一戰區游擊總司令　鹿鍾麟。

—第二戰區：閻錫山，（山西）（民國26年8月起）

—南路軍衞立煌
—第3軍（第7,12師）曾萬鍾；第9軍（第47,54師，獨5旅）郝夢齡～郭寄嶠；第14軍（第85,10師）李默庵；
—第93軍（第83,94師，獨5旅）劉戡；第15軍（第64,65師）劉茂恩；第17軍（第84,21師）高桂滋；
—第19軍（第68,70師）王靖國；第47軍（第104,178師）李家鈺；第61軍（第69,72師）陳長捷；
—第14軍團（第42,169師）馮欽哉（原稱第二十七路軍）。

—北路軍傅作義

—第七集團軍傅作義
—第61軍（第101師，獨7旅，第200旅）陳長捷；
—第35軍（第211,218旅，新6旅）傅作義（兼）；
—騎兵第一軍（騎第1，2師）趙承綬；
—騎兵第2軍（騎3師）何柱國；
—新二師，新5旅。

—第二十一軍團鄧寶珊
—新一軍（第10,11旅）鄧寶珊（兼）；
—挺進軍（騎6師，新騎3師，暫騎第1，2旅）馬占山；第86師；伊盟游擊司令。

—騎兵第6軍（騎7師，新騎4師，綏遠警備旅）門炳岳

—第十八集團軍（第115,120,129師）朱德。

—第六集團軍楊愛源
—第33軍（獨立第3，8旅，第73師）孫楚；
—第34軍（第196,203旅，第71師）楊澄源；
—第66師。

- 第38軍（第17師，警備第二旅）趙壽山；第96軍（第177 師，警備第三旅）李興中；砲兵第21～29團。

- 第三戰區: 馮玉祥、顧祝同（薛岳代）（江浙）（民國26年 8 月起）
  - 第十集團軍 劉建緒
    - 第28軍（第62, 63, 16師）陶廣；
    - 第70軍（第 192, 128, 19 師，浙江保安第 1，2，3 團）李覺；
    - 寧波防守司令（第194師）
    - 溫台防守司令（第107師，暫12旅）
    - 第79師，預10師獨33, 45旅。
  - 第十九集團軍 羅卓英
    - 第 4 軍（第59, 60, 90, 師，暫11旅）吳奇偉；
    - 第18軍（第11, 67, 108師）羅卓英（兼）；
    - 第79軍（第98, 76師）夏楚中；
    - 第25軍（第61師）萬耀煌；
    - 第73軍（第15師）王東原；
    - 第49軍（第105師）劉多荃；
    - 第92軍（第21, 95師）李仙洲；
    - 第16師，獨 6 旅。
  - 第二十三集團軍 唐式遵
    - 第21軍（第144, 145, 146師）唐式遵（兼）；
    - 第50軍（新 7 師，獨13, 14旅）郭勛祺；
    - 第23軍（第147, 148師）潘文華。

- 第四戰區: 何應欽（兼）（兩廣）（民國27年 1 月起）
  - 第十二集團軍 余漢謀
    - 第62軍（第151, 152師）張達；
    - 第63軍（第153, 186師）張瑞貴；
    - 第64軍（第155, 187師）李漢魂；
    - 第65軍（第157, 158師）李振球；
    - 第83軍（第154, 156師）鄧龍光；

—第84軍（第175師，欽廉守備部隊）夏威；
—獨立第 9,20旅，獨立第 1，2 團；
—虎門要塞司令　陳策。

—閩綏靖公署：陳儀（福建）
—第80師，第75師，預 6 師；
—福建保安第 1，2，3 旅，第 4，6，8 團，憲兵第 4 團；
—海軍陸戰隊第 2 旅，馬尾要港司令，厦門要港司令。

—第五戰區：李宗仁（津浦線）（民國26年10月起）
—第三集團軍（由一戰區撤入）于學忠
—第51軍（第113, 114 師，砲六團，安徽三個保安團）于學忠（兼）；
—第12軍（第20, 81師，重迫砲團）孫桐萱；
—第56軍（第22, 74師）谷良民；
—第55軍（第29師獨28旅，重迫砲團）曹福林；
—第三路軍（補充第1，2 旅，獨砲第1，2 團，重迫砲團）。
—第十一集團軍　李品仙（兼）
—第31軍（第131, 135, 138師，砲 1 團）李品仙；
—第68軍（由第一戰區調入）劉汝明；
—山東警察總隊。
—第二十一集團軍　廖磊
—第 7 軍（第171, 170, 172師）周祖晃；
—第48軍（第173, 174, 176 師，安徽保安團二團）廖磊（兼）；
—第31軍（第131, 135, 138 師，安徽保安團一團）韋雲淞；
—新編第 4 軍第 4 支隊
—第二十二集團軍　鄧錫侯
—第41軍（第122, 124師）孫震；
—第45軍（第125, 127師）鄧錫侯～陳鼎勳；

—第二十四集團軍 顧祝同（兼）
　—第57軍（第111, 112師）繆徵流;
　—第89軍（第33, 117師）韓德勤（兼）。
—第二十七集團軍 楊森
　—第20軍（第133, 134師）楊森（兼）;
　—第21軍（第145, 146師）陳萬仞（代）。
—第二集團軍 孫連仲
　—第42軍（第27, 31師）馮安邦;
　—第30軍（第30師，獨44旅）田鎭南。
—第二十六集團軍 徐源泉
　—第10軍（第41, 48師）徐源泉（兼）;
　—第199師。
—第二十軍團 湯恩伯
　—第52軍（第2, 25師）關麟徵;
　—第13軍（第95, 110師）湯恩伯（兼）;
　—第85軍（第4, 89師）王仲廉。
—第二十七軍團 張自忠
　—第59軍（第 180, 38師，騎9師，騎13 旅）張自忠（兼）;
　—第92軍（第21, 13師）李仙洲。
—第三軍團 龐炳勳—第40軍（第39師）龐炳勳（兼）。
—第十九軍團 馮治安—第77軍（第37, 132, 179師）馮治安（兼）。
—第60軍（第182, 183, 184師）盧漢；第46軍（第28, 49, 140, 92 師）樊崧甫;
—第75軍（第6, 139, 93師）周碞，新5師，海軍陸戰隊。

—第八戰區：蔣中正（兼）（寧甘青綏）（民國27年1月起）
　—第十七集團軍 馬鴻逵
　　—第81軍（第35師，獨35旅）馬鴻賓;
　　—第168師，獨10旅，騎第1, 2, 10旅;
　　—寧夏警備第1, 2旅
　—第80軍—（第97師，補充旅）孔令恂;
　—第82軍—（第100師，騎兵旅，補充旅）馬步芳;
　—騎5軍—（騎5師補充旅）馬步青。

—西安行營：蔣鼎文（陝西）
- 第十一軍團 毛炳文—第37軍（第24,43師補充旅）毛炳文（兼）。
- 第十七軍團 胡宗南
  - 第一軍（第1,78師）胡宗南（兼）；
  - 第八軍（第40,102師）黃杰；
  - 第24師，補充旅。
- 第三十一軍團 孫蔚如
  - 第38軍（第17師，陝警備第二旅）孫蔚如；
  - 第96軍（第177師，陝警第三旅）孔從周；
  - 第18集團軍留陝警備旅，陝警第一旅。
- 第76軍（第8,24師）陶時岳；第46軍（第104,28,49師）樊崧甫；第109師；預7師。

—第九戰區（武漢衞戍總司令部民國27年3月至6月）：陳誠（贛，鄂湘）

（民國27年7月起）
- 第一兵團 薛岳
  - 第4軍（第59,90師）吳奇偉（兼）～歐震；
  - 第66軍（第159,160師）葉肇；
  - 第74軍（第40,51,58師）俞濟時。
- 第二兵團 張發奎
  - 第12軍（第20,22,81師）孫桐萱；
  - 第70軍（第19,128師）李覺；
  - 第64軍（第155,187，預9師）李漢魂；
  - 第8軍（第3，預2,11師）李玉堂。
- 第三兵團 孫連仲
  - 第30軍（第30,31師）田鎮南；
  - 第87軍（第198,199師）劉膺古；
  - 第42軍（第27師，獨44旅）馮安邦；
  - 第26軍（第32,44師）蕭之楚。
- 第四兵團 夏威—第84軍（第188,189師）夏威。

- 第二十九集團軍 王纘緒
  - 第44軍（第149, 162師）王纘緒（兼）；
  - 第67軍（第150, 161師）許紹宗；
  - 第86軍（第103, 121師）何知重。
- 第三十集團軍 王陵基
  - 第72軍（新第13, 14師）王陵基（兼）；
  - 第78軍（新第16, 15師）張再。
- 武漢衞戍總司令部：陳誠（兼）羅卓英；
  - 第十五軍團 萬耀煌
    - 第 2 軍（第102, 9 , 93師）李延年；
    - 第75軍（第 6 , 13, 50師）周碞；
    - 第55師：柳際明。
  - 第94軍（第185師）郭懺（兼）。
- 第43軍（第26師）郭汝棟；
- 第73軍（第77師）王東原；
- 第16軍（第53, 167師）李韞珩；第54軍（第14, 18師）霍揆彰；
- 豫鄂湘贛邊區游擊總指揮部。

2. 民國二十七年八月至民國二十九年十二月：

軍事委員會：蔣中正，參謀總長 何應欽，副 白崇禧：

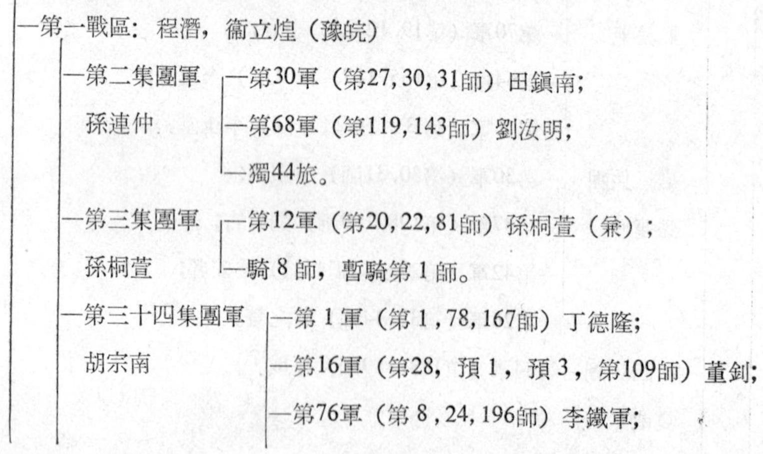

- 第一戰區：程潛，衞立煌（豫皖）
  - 第二集團軍 孫連仲
    - 第30軍（第27, 30, 31師）田鎮南；
    - 第68軍（第119, 143師）劉汝明；
    - 獨44旅。
  - 第三集團軍 孫桐萱
    - 第12軍（第20, 22, 81師）孫桐萱（兼）；
    - 騎 8 師，暫騎第 1 師。
  - 第三十四集團軍 胡宗南
    - 第 1 軍（第 1 , 78, 167師）丁德隆；
    - 第16軍（第28，預 1，預 3，第109師）董釗；
    - 第76軍（第 8 , 24, 196師）李鐵軍；

—第36軍（新34師，暫15,52師）趙錫光；
—第80軍（第165師，新27師）孔令恂；
—暫騎第二師，騎12旅。

—第三十六集團軍—第47軍（第104，第178師）李家鈺（兼）。
李家鈺

—第四集團軍　—第38軍（第17師，新35師）趙壽山；
孫蔚如　—第96軍（第177師，獨47旅）李興中。

—第71軍（第36,87,88師）宋希濂～陳瑞河；
新7軍，暫24,25,26師張人傑；

—第90軍（第53,61,28師）李文；新12軍（第34師，新37師）劉元瑭；

—豫皖邊區游擊總指揮部　孫桐萱：
—騎二軍（騎3，6師，步兵旅）何柱國；
—豫東游擊司令部（自衞軍2，3，4，5路，游擊第9，27縱隊）杜淑；
—游擊第1，2，4，7，24縱隊及各支隊。

—豫南游擊總指揮部（游擊第3，5縱隊，及各支隊）田鎮南；

—豫北游擊司令（指揮各游擊支隊）張喬齡～黄鼎新；

—第一戰區游擊第1～27縱隊，第1～32支隊。

—第二戰區：閻錫山（晉陝）

—第五集團軍　—第3軍（第7，12師）曾萬鍾～唐淮源；
曾萬鍾　—第98軍（第42,169師）武士敏；
—第17軍（第84師，新2師）高桂滋；
—第34師。

—第六集團軍　—第61軍（第69,72師第208旅）陳長捷～呂瑞英；
楊愛源～陳長捷　—第83軍（第204,206旅，獨8旅）杜春沂；
—第7，9游擊縱隊；
—山西省第六、七、九區保安司令。

—第七集團軍 趙承綬
- —第23軍（第73師，暫1師，獨1，2旅，第196旅）劉奉濱；
- —騎1軍（騎第1，2，4師，第200旅，新騎1旅）趙承綬～白儒青～溫懷光；
- —山西第一，二，四，八，十，十一區保安司令。

—第八集團軍 孫楚
- —第34軍（第201,205,218旅）彭毓斌；
- —暫1軍（第66,70師，第214旅）傅存懷；
- —第66師，獨8旅，暫1師；
- —山西第三、五區保安司令。

—第十三集團軍 王靖國
- —第19軍（第68,70師，第210,217旅）孟憲吉～梁培璜；
- —第33軍（第71師，第200,202旅）郭宗汾～于鎮河。

—第十四集團軍 衞立煌～劉茂恩
- —第15軍（第64,65師）武庭麟；
- —第14軍（第83,85,94師，游擊縱隊）陳鐵；
- —第93軍（第10,166，新8師）劉戡。

—第十八集團軍—（第115,120,129師，陝北留守部隊）朱德（林彪，賀龍，劉伯承，蕭勁光）

—第9軍（第47,54師，獨5旅）郭寄嶠～裴昌會；第27軍（第45,46師，預8師）范漢傑；砲兵第23～28團；

第43軍（獨2，3，7旅，第203旅）郭宗汾；新2師，獨1旅，第103旅。

—晉陝綏邊區總司令　鄧寶珊；
- —第22軍（第86師，伊東游擊縱隊）高雙成；
- —新1軍（第10,11旅）鄧寶珊（兼）；

—軍委會第一游擊總司令（察省，張礪生）；

—第二戰區游擊第1～9縱隊，第1～4支隊。

—第三戰區：顧祝同（江南，皖南，浙閩）

- 第二十五集團軍（閩綏靖公署改編）陳儀
  - 第100軍（第75, 80師，新20師）陳琪；
  - 福建保安第 1，2，3，4，5 旅，警備團；
  - 馬尾要港司令；
  - 海軍陸戰隊第二旅。
- 第十集團軍劉建緒
  - 第28軍（第62, 192師）陶廣，兼第一游擊區總指揮（新30師，暫32師）；
  - 第91軍（第63, 192，預10師）宣鐵吾；
  - 錢塘北岸守備部：浙保第 1，2 縱隊，挺進第 1 縱隊，
  - 第10軍（第190，3 師）梁華盛；
  - 溫台寧守備軍俞濟時：暫 9 軍（第194師，暫34, 35師）馮聖法；
  - 浙江自衞第 1，2，3 縱隊
  - 第86軍（第67, 79, 16師）莫與碩；
  - 第88軍（兼21師）范紹增。
- 第三十二集團軍上官雲相
  - 第25軍（第40, 52, 108師）王敬久～張文淸（兼）；
  - 第29軍（第79, 102，預 5 師）陳安寶～劉雨卿；
  - 第49軍（第105, 26，預 9 師）劉多荃；
  - 第70軍（第19, 107師）劉廣濟；
  - 第二游擊區總指揮：上官雲相（兼）新四軍，葉挺獨33旅，忠義救國軍，俞一則。
- 第二十三集團軍唐式遵
  - 第21軍（第146, 147, 148 師，贛保 2 團，海軍佈雷第 2 大隊）陳萬仞；
  - 第50軍（第144, 145，新 7 師，海軍佈雷第 5 大隊）郭勛祺～范子英；
  - 第25軍(第52, 108師，海軍佈雷第 1 大隊)張文淸，
  - 海軍佈雷第 2，3，4 大隊。

- 第四戰區：蔣中正（兼），張發奎代，張發奎：（廣西）
  - 第十六集團軍 蔡廷楷～夏威
    - 第46軍（第170, 175, 新19師）夏威（兼）；
    - 第31軍（第131, 135, 188師）韋雲淞；
    - 獨立第1，2，3，4團。
  - 第十二集團軍 余漢謀
    - 第62軍（第152, 157師，獨9旅）張達～黃濤；
    - 第63軍（第153, 154, 186師）張瑞貴；
    - 第66軍（第151, 160師）葉肇；
    - 獨立第20旅。
  - 第九集團軍 吳奇偉
    - 第54軍（第14, 50, 198師）陳烈；
    - 第52軍（第2, 25, 195師）張耀明；
    - 第6軍（第49, 93，預2師）甘麗初；
    - 預6師，獨9旅，挺進第1，2縱隊，廣東保安第1～5團。
  - 第二十六集團軍 蔡廷楷
    - 第1，2，3挺進縱隊
    - 廣東南路第一，八區游擊指揮官：張炎，鄧世增，
    - 邕寧游擊縱隊司令：黃山楂；
    - 粵桂邊區游擊司令：黃瑞華。
  - 第三十五集團軍 鄧龍光
    - 第64軍（第155, 156, 159師，西江挺進司令）陳公俠；
    - 暫二軍（暫第7，8師）鄒洪。
  - 第65軍（第158, 187師）黃國樑；
    獨12, 13旅，粵保安第1～5旅。
  - 第四戰區第1～6游擊縱隊。
- 第五戰區：李宗仁（皖西，鄂北，豫南）
  - 第三十三集團軍 張自忠
    - 第55軍（第29, 74師）曹福林；
    - 第26軍（第32, 41, 44師）蕭之楚；

—第77軍（第37,132,179師）馮治安；
—第59軍（第38,180師，暫53師，騎9師，騎13旅）張自忠～黃維綱；
—獨立游擊第一支隊　戴煥章。

—第十一集團軍 李品仙～黃琪翔
—第84軍（第173,174,189師）覃聯芳～莫樹杰（代）；
—豫鄂邊區游擊（第1，2，3縱隊）總指揮：鮑剛；
—湖北第三區保安司令；
—戰區游擊第一縱隊。

—第二十二集團軍 孫震
—第41軍（第122,123,124師）孫震（兼）；
—第45軍（第125,127師，新5師）陳鼎勳；
—第一游擊縱隊　曹文彬。

—第二十九集團軍 王纘緒
—第44軍（第149,150師）廖震～王澤濬（代）；
—第67軍（第161,162,149師）許紹宗～佘念慈；
—第128師，新編第14,15,16,17師。

—第三十一集團軍 湯恩伯
—第13軍（第89,110，新1師）張雪中；
—第85軍（第4,23，預11師）王仲廉～李楚瀛；
—第29軍（第193,91師，暫16師）陳大慶；
—第92軍（第21,142師，暫14師）李仙洲；
獨4,15旅。

—第二十一集團軍 李品仙
—第7軍（第171,172師）張淦；
—第48軍（第138,176師）區壽年～蘇祖馨（代）；
—第84軍（第174,189師）莫樹杰。

—豫鄂邊區游擊總司令部 李品仙（兼）
—第1～5，8，9，11～21（共十八個）游擊縱隊
—獨立第1，3～12（共十一個）游擊支隊

- 長江上游江防司令部 郭懺
  - 第94軍（第55,121,185師）郭懺～李及蘭；
  - 第75軍（第6,13，預4師）周碞；
  - 第6軍（第93,49，預2師）甘麗初；
  - 第36軍（第5,96師）姚純；
  - 第39軍（第56師，暫51師）劉和鼎；
  - 第128師，鄂中游擊第5，6，7縱隊。

第六戰區　：陳誠（鄂西，湘北）（民國28年7月起）

- 第十五集團軍 關麟徵
  - 第52軍（第2,25,195師）張耀明；
  - 第37軍（第60,95師）陳沛；
  - 第5軍（榮譽第1師，第200師，新22師）杜聿明；
  - 第70軍（第19師，107師）李覺。
- 第二十集團軍 商震
  - 第2軍（第9,103師）李延年；
  - 第54軍（第14,50,198師）陳烈；
  - 第53軍（第116,130師）周福成；
  - 第87軍（第43,11,118師，新23師）周祥初；
  - 第73軍（第15,77師，暫5師）彭位仁；
  - 第5師，第96師，海軍陸戰隊獨立第1旅。
- 第二十六集團軍 黃琪翔～周碞
  - 第4軍（第59,90,102師）歐震；
  - 第99軍（第92,76,99師）柏輝章；
  - 第75軍（第6,13師，預4師）周碞（兼）；
- 長江上游江防總司令部 郭懺
  - 第18軍（第18,11,199師）彭善；
  - 第8軍（第5,103師）鄭洞國；
  - 第32軍（第139,141師）宋肯堂；
  - 第79軍（第82,98師，暫6師）夏楚中。
- 戰區游擊總指揮 凌兆堯
  - 第1，2縱隊
  - 洞庭湖支隊

—鄂湘川黔南路，北路兩清剿總指揮部。（保安部隊）

—第七戰區：余漢謀（廣東）（民國29年7月起）

—第十二集團軍 余漢謀（兼）
- —第62軍（第151,154,157師）黃濤；
- —第63軍（第152,153,186師）張瑞貴；
- —第65軍（第158,160,187師）黃國樑；
- —東江指揮所（挺進第6縱隊，挺進第1，2支隊）陳驥；
- —獨立第9,20旅，挺進第4縱隊；
- —北江挺進縱隊；
- —瓊崖守備司令。

—暫2軍（暫第7，8師，挺進第3，7，8縱隊）鄒洪

—閩粵贛邊區總司令部（預6師，保安第4，5團，挺進第1，2,10縱隊）香翰屏

—廣東保安司令（保安第1，2，3，6，7，8，9團）李漢魂

—第八戰區：朱紹良（甘、寧、青、綏）

—第十七集團軍 馬鴻逵
- —第81軍（第35師，獨35旅，騎兵團）馬鴻賓；
- —第11軍（第168師，暫9師，獨10旅）馬鴻逵（兼）；
- —騎兵第1，2旅；
- —警備第1，2旅；
- —伊南游擊司令　章文軒。

—綏西部隊（副長官傅作義指揮）
- —第35軍（第101，新31,32師，察游擊司令）傅作義(兼)；
- —騎2軍（騎3，6師）何柱國；
- —第22軍（第86師）高雙成；
- —暫4軍（暫4師，騎4師，游擊第1，3師，綏西游擊縱隊）董其武；
- —暫3軍（暫11師，新騎3師，游擊第2師）孫蘭峯；
- —新26師，騎7師，五臨警備旅；

—綏遠自衞軍總指揮張欽；
—軍委會第一游擊總司令（第1，2，3縱隊，第1旅）張勵生；
—東北挺進軍總司令（新騎第3，5師，暫騎第1，2旅）馬占山；
—騎第5，7師，新騎第1，4師。

—東路指揮部—第80軍（第97，165，新26師）孔令恂
魯大昌

—第82軍（第100師，騎兵三旅，警備旅）馬步芳；騎五軍（騎5師，步兵旅，補充旅）馬步青；
騎6軍（新騎第4師，第5旅，游擊第1，2師）門炳岳；第42軍（第48，191，預7師，新18旅）楊德亮；
—暫編第11師；第97師；新編第26，34師，第18旅；騎兵第7師。

第九戰區：陳誠，薛岳（湖南）

—第三十集團軍 王陵基
—第72軍（新14，15師）王陵基～韓全樸；
—第78軍（新13，16師）夏守勳；

—第二十七集團軍 楊森（兼）
—第20軍（第133，134師）楊漢域；
—第58軍（新10，11師）孫渡；

—第一集團軍 盧漢
—第60軍（第183，184師）安恩溥；
—新3軍（第182，新12師）楊宏光；

—第九集團軍 吳奇偉—第49軍（第105，預9師）劉多荃；

—第十九集團軍 羅卓英—第74軍（第51，57，58師）王耀武；

—湘鄂邊區挺進軍總指揮部（第1～6挺進縱隊，第1～16挺進支隊）樊崧甫～李默庵；

—新6軍（暫編第5，6師）薛岳（兼），

—第一、二游擊區。

第十戰區：蔣鼎文（陝西），28年1月起29年5月止，

—第三十四集團軍—胡宗南

—第16軍（第28師，預1，3師）董釗；

—第1軍（第1，78，167師）陶時岳；

—第90軍（第53，61，109師）李文；

—新第34師，新第10，12旅。

—新第27師，第165師，暫騎第2師，新騎第12旅；

—軍政部特務第四團；

—陝西保安司令部—（陝西保安團）。

—魯蘇戰區：于學忠（魯南，蘇北）（民國28年1月起）

—第51軍（第113，114師）牟中珩；

—第57軍（第111，112師）繆徵流；

—第89軍（第33，117，預6師）李守維（代）；

—魯蘇皖邊區游擊總指揮：李明揚；

—山東游擊總司令沈鴻烈

—新編第4師吳化文，暫12師趙保原，陸戰隊司令楊煥彩；

—游擊第1，2，3，5縱隊；獨第20，21支隊；

—山東縱隊。

—第一游擊區總指揮（第89軍指揮）韓德勤（兼）

—蘇北游擊第1，2縱隊

—蘇北保安團隊

—蘇北第1縱隊

—第二游擊區總指揮李明揚

—第1路（第1，2，3，4縱隊）

—第2路（第5，6，7，8縱隊）

—獨立第1，2支隊

- 魯東游擊總指揮—第2，3，4縱隊
  （第51軍指揮）牟中珩（兼）
- 新第36師；戰區游擊第1縱隊；山東保安司令，特務第2，3團。

—冀察戰區：鹿鍾麟（冀察，魯北）（民國28年1月起）

- 第二十四集團軍 龐炳勳
  - 第40軍（第39，106師，騎14旅）龐炳勳（兼）；
  - 新5軍（暫3，4師）孫魁元。
- 第三十九集團軍 石友三
  - 第69軍（第181，新6師，新4旅，獨13旅）石友三（兼）；
  - 察游擊總司令，獨第3支隊；
  - 游擊指揮官，第1，2，3，4縱隊，獨第2支隊。
- 河北保安司令——（河北保安第1，2，3，4旅）鹿鍾麟（兼）；
- 第97軍（第94師，新24師）朱懷冰；
- 冀察游擊第1，2，3，4，5，6，7，9縱隊，第1～16支隊，冀東游擊第3，4，5支隊；
- 第十八集團軍東進縱隊：呂正操。

—昆明行營：龍雲（雲南）（民國29年7月）

- 第一集團軍 盧漢
  - 第一路
    - 第60軍（第182，184師）安恩溥（兼）；
    - 第1，6旅。
  - 第二路—（第3，7旅）張冲；
  - 第2，4，5旅。

3. 民國三十年五月至三十二年元月：

軍事委員會：蔣中正，參謀總長　何應欽，副　白崇禧

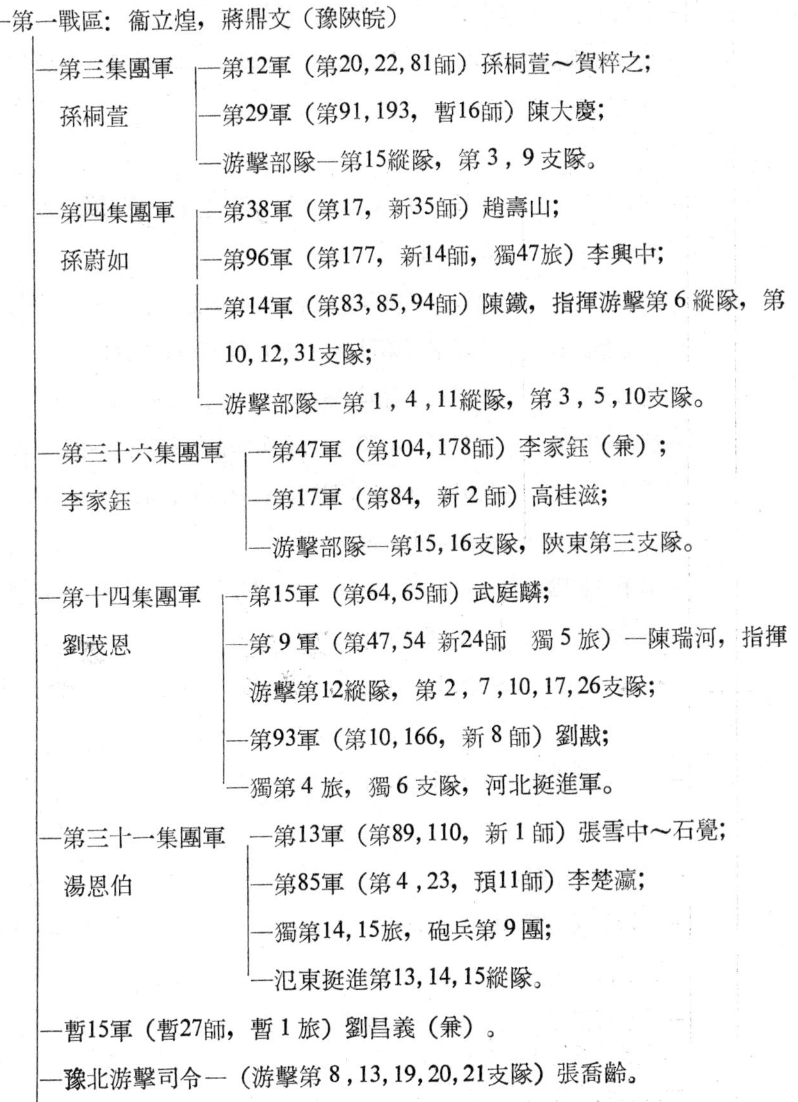

- 第一戰區：衞立煌，蔣鼎文（豫陝皖）
  - 第三集團軍　孫桐萱
    - 第12軍（第20, 22, 81師）孫桐萱～賀粹之；
    - 第29軍（第91, 193，暫16師）陳大慶；
    - 游擊部隊—第15縱隊，第3，9支隊。
  - 第四集團軍　孫蔚如
    - 第38軍（第17，新35師）趙壽山；
    - 第96軍（第177，新14師，獨47旅）李興中；
    - 第14軍（第83, 85, 94師）陳鐵，指揮游擊第6縱隊，第10, 12, 31支隊；
    - 游擊部隊—第1，4，11縱隊，第3，5，10支隊。
  - 第三十六集團軍　李家鈺
    - 第47軍（第104, 178師）李家鈺（兼）；
    - 第17軍（第84，新2師）高桂滋；
    - 游擊部隊—第15, 16支隊，陝東第三支隊。
  - 第十四集團軍　劉茂恩
    - 第15軍（第64, 65師）武庭麟；
    - 第9軍（第47, 54　新24師　獨5旅）—陳瑞河，指揮游擊第12縱隊，第2，7，10, 17, 26支隊；
    - 第93軍（第10, 166，新8師）劉戡；
    - 獨第4旅，獨6支隊，河北挺進軍。
  - 第三十一集團軍　湯恩伯
    - 第13軍（第89, 110，新1師）張雪中～石覺；
    - 第85軍（第4，23，預11師）李楚瀛；
    - 獨第14, 15旅，砲兵第9團；
    - 氾東挺進第13, 14, 15縱隊。
  - 暫15軍（暫27師，暫1旅）劉昌義（兼）。
  - 豫北游擊司令—（游擊第8，13, 19, 20, 21支隊）張喬齡。

—豫東游擊司令—（游擊第９，27縱隊；第３，18支隊；自衞軍第三路）杜淑。

—豫冀邊區—（游擊第５，９，13，16縱隊）杜淑（兼）。

—中條游擊區—（游擊第３，５縱隊）高桂滋（兼）。

—戰區游擊第１，３，４，８，９，11，14，15，20，21，23，25，26縱隊；第１，４，５，６，７，15支隊；獨立第１，６，８支隊。

第二戰區，閻錫山（山西）

—第六集團軍 楊愛源
- —第19軍（第68師，暫37，38師）—劉召棠，指揮游擊第２縱隊；
- —第23軍（第73師，暫39，40師）鍾有德～侯遠村。

—第七集團軍 趙承綬
- —第33軍（第71師，暫41，42師）于鎭河；
- —第34軍（暫43，44，45師）王乾元～張翼。

—第八集團軍 孫楚
- —第43軍（第70師，暫46，47師）趙世鈴～劉效曾；
- —第61軍（第69，72師，暫48師）呂瑞英～梁培璜；
- —游擊第４縱隊。

—第十三集團軍 王靖國
- —第83軍（第66師，暫49，50師）—孫福麟，指揮游擊第１，６縱隊；
- —騎１軍（騎１，２，４師）—溫懷光，指揮游擊第３，５縱隊。

—第十八集團軍—（第115，120，129師）朱德

—第17軍（第84，新２師）高桂滋；

—第80軍（第97，165，新26師）兼陝東河防游擊司令（第１，２，３支隊）孔令恂

—游擊總指揮—（游擊第１～６縱隊，游擊第２，３支隊）楊澄廉 戰區游擊第１～６縱隊，

—河北民軍總指揮 喬明禮。

- 第三戰區：顧祝同（贛浙閩）
  - 第二十五集團軍 陳儀～劉建緒（兼）～李覺
    - 第100軍（第75, 80，新20師）陳琪；
    - 第70軍（第107，預9師）陳孔達；
    - 保安縱隊：黃珍吾；
    - 暫9軍（暫33, 34, 35師）馮聖法；
    - 閩江江防司令—（海軍陸戰隊第二旅，憲兵第四團）李世甲；
  - 第十集團軍 劉建緒～王敬久
    - 第86軍（第67, 79, 16師）莫與碩；
    - 第49軍（第26, 105，暫13師）劉多荃；
    - 溫台寧守備軍（第194師，浙保4團）俞濟時；
    - 第26軍（第32, 41, 44師）丁治磐；
    - 第一游擊區（浙西）陶廣
      - 第28軍（第62, 192師）陶廣（兼）；
      - 暫32師，新30師，皖南別動第1，2，3支隊。
  - 第三十二集團軍 上官雲相～李默庵
    - 第25軍（第40, 52, 108師）張文清；
    - 第二游擊區 上官雲相（兼）～冷欣
      - 第88軍（新21師，暫33師）；
      - 第63師，獨33旅；
      - 忠義救國軍 周偉龍
        - 教導第1，2 總隊第1，2，3團；
        - 第11～16支隊；
        - 蘇常，南京，淞滬行動總隊（梅卓夫，徐禧，阮清源）。
  - 第二十三集團軍 唐式遵
    - 第50軍（第 144, 145師，新7師）范子英～佟毅；
    - 第21軍（第146, 147, 148師）劉雨卿；
    - 鄱陽警備司令：（贛保安第8，16團）周垣

—第1游擊縱隊;
—第2挺進縱隊;
—蘇保第1,2縱隊;
—忠義救國軍,海軍佈雷第1,2,3,5大隊。
—四明山游擊區—浙江保安總隊,要塞守備團,別動第1支隊,第1,2支隊。

—第四戰區:張發奎(廣西)
—第十六集團軍 夏威
—第31軍(第131,135,188師)韋雲淞～賀維珍;
—第46軍(第170,新19師)周祖晃。
—高雷沿海守備指揮官—第155師;
—廉欽沿海守備指揮官—第175師;
—獨立工兵第2團,憲兵第5團,特務團。

—第五戰區:李宗仁(鄂西,豫南,皖北)
—第二十二集團軍 孫震
—第41軍(第122,123,124師)孫震(兼);
—第45軍(第125,127師)陳鼎勳(兼);
—暫1師。
—第二集團軍 孫連仲
—第68軍(第119,143,暫36師)劉汝明;
—第55軍(第29,74師)曹福林;
—第30軍(第27,30,31師)池峯城;
—豫南游擊總指揮—田鎭南,指揮 第3,5,12,13,22縱隊,第2,8,9,10,11,22,27,32支隊,
—鄂北游擊總指揮—(第1,15縱隊)閻廷俊;
—豫鄂邊區總指揮—(第1,7,15縱隊,第3,4 支隊)池峯城,張知行;
—鄂東游擊總指揮—(第16,17,18,19,縱隊)萬倚吾,

—第二十一集團軍（豫鄂皖邊區）李品仙
- —第7軍（第171, 172, 173師）張淦；
- —第48軍（第176, 138師）蘇祖馨；
- —第84軍（第174, 189師）莫樹杰；
- —第39軍（第56，暫51師）劉和鼎。

—第十五集團軍 何柱國
- —第92軍（第21, 142，暫56師）李仙洲；
- —騎2軍（騎3，8師，暫14師）徐梁。

—第128師，暫1師，砲兵指揮官，工兵指揮官，特務團，憲兵第17團。

—第六戰區：陳誠（鄂西，湘北）

—第二十集團軍 商震～霍揆彰
- —第53軍（第116, 130師）周福成；
- —第73軍（第15, 77，暫5師）彭位仁；
- —第82師，海軍陸戰隊第1旅。

—第二十六集團軍 周碞
- —第75軍（第13，預4師）施北衡～柳際明；
- —第32軍（第139, 141, 82師）宋肯堂。

—第二十九集團軍 王纘緒
- —第44軍（第149, 150師）王澤濬；
- —第67軍（第161, 162師）余念慈。

—第三十三集團軍 馮治安
- —第77軍（第37, 132, 179師）馮治安；
- —第59軍（第38, 180，暫53師）黃維綱。

—長江上游江防軍 吳奇偉
- —第8軍（榮譽第1師，第5, 103師）鄭洞國；
- —第94軍（第55, 121, 185師）李及蘭；
- —第18軍（第11, 18, 199，暫34師）方天；
- —第87軍（第43, 118，新23師）—周祥初～高卓東；
- —海軍第二艦隊。

—砲兵指揮官，工兵指揮官，特務第2團，通信第3團。

—游擊部隊—挺進軍第1，2，3，縱隊；獨立洞庭支隊；突擊支隊。

—第七戰區：余漢謀（廣東）

- 第十二集團軍 余漢謀
  - 第62軍（第151, 154, 157師）黃濤；
  - 第63軍（第152, 153, 186師）張瑞貴；
  - 第65軍（第158, 160, 187師）黃國樑；
  - 惠淡守備區（獨 9 旅，保 8 團）陳驥～張光瓊；
  - 教導團，通信兵團。
- 第三十五集團軍 鄧龍光
  - 第64軍（第155, 156, 159師）陳公俠；
  - 暫 2 軍（暫 7，8 師）鄒洪；
  - 廣陽守備區（第 2，7 縱隊）彭林生；
  - 第 3，5 縱隊。
- 閩粵贛邊區總司令 香翰屏
  - 預 6 師，獨25旅，第80師；
  - 潮汕守備區　吳德澤；
  - 海、陸豐守備區林先樑～歐劍域。

- 第八戰區：朱紹良（綏甘寧青）。
  - 胡宗南副長官指揮部隊：
    - 第三十四集團軍 胡宗南
      - 第 1 軍（第 1，78, 167師）韓錫侯～張卓；
      - 第16軍（第109，預 1，3 師）董釗；
      - 第90軍（第28, 53, 61師）李文；
      - 第98軍（第42, 169師）劉希程；
      - 騎 3 軍（騎 3，9 師）郭希鵬。
    - 第三十七集團軍 陶時岳
      - 第36軍（暫15, 52, 59師）劉元塘～羅歷戎；
      - 第80軍（第165師，新27, 37師）王文彥；
      - 新 7 軍（暫24, 25, 26師）彭杰如。
    - 第三十八集團軍 范漢傑
      - 第 3 軍（第 7，12師）周體仁；
      - 第42軍（第48, 191，預 7 師）楊得亮；
      - 第57軍（第 8，97，新34師）丁德隆。
    - 暫騎 2 師，裝甲兵第 2 團，獨工兵第 3 團。

—傅作義副長官指揮部隊:

—第35軍（第101師，新31,32師，砲25團，騎兵團）傅作義（兼）；

—暫三軍（暫11,17師）孫蘭峯;

—暫四軍（暫10師，第203旅）董其武;

—騎四軍（由暫四軍改編而成，轄：新騎第3，4師）董其武;

—伊盟守備軍 陳長捷

—東北挺進軍—（新騎第5，6師）馬占山;

—新26師，騎7師。

—晉陝綏邊區 鄧寶珊

—第22軍（第86師，騎6師）高雙成;

—新11旅，挺進軍步兵縱隊，騎兵第1，2縱隊。

—新編第3師，砲兵第25團。

—陝甘寧邊區總司令 朱紹良（兼）

—第十七集團軍 馬鴻逵

—第81軍（第35師，獨35旅，騎兵團）馬鴻賓;

—第11軍（第168師，暫9,31師，騎1，2旅，砲兵團）馬鴻逵（兼）；

—第42軍（第48,191，預7師）楊德亮;

—第91軍（暫58師，騎10師，新18旅，祁連山林警總隊）韓錫侯;

—第87師，砲兵第3團；通信第四團。

—游擊部隊

—綏西游擊部隊

—第一游擊司令—（游擊第1，2，3師）蘇開元～李作棟;

—第二游擊司令—（游擊第1，3，4師）劉萬春;

- —綏遠自衞軍—（第1，3，5路）張欽；
- —伊東游擊縱隊—第1，2，3支隊　左世允；
- —自衞軍第一路。
- —蒙藏部隊。
- —軍委會第一游擊總司令　張礪生。

第九戰區：薛岳（湘南，桂北）

- —第三十集團軍 王陵基
  - —第72軍（第34，新15師）王陵基（代）；
  - —第78軍（新13,16師）夏首勳～沈久成；
  - —湘鄂贛邊區挺進軍（第4，5，8縱隊）李默庵。
- —第二十七集團軍 楊森
  - —第20軍（第133,134，暫54，新20師）楊漢域；
  - —第58軍（新10,11師）—第6縱隊孫渡；
  - —第4軍（第59,90,102師）—第3，7縱隊歐震～張德能。
- —第十九集團軍 羅卓英(兼)～劉膺古（代）
  - —新3軍（第183，新12師）楊宏光；
  - —第74軍（第51,57,58師）王耀武；
  - —第79軍（第98,194，暫6師）夏楚中；
  - —預5師，贛保安縱隊，游擊第2，3縱隊。
- —第37軍（第60,95,140師）陳沛，第99軍（第92,99,197師）傅仲芳；
- —第10軍（第3,190，預10師）方先覺；第73軍（第15,77，暫5師）彭位仁；
- —突擊隊司令，砲兵指揮官，工兵指揮官，通信指揮官，特務團，憲兵第18團。

—魯蘇戰區：于學忠（魯南，蘇北）

- —第一游擊區（蘇北）韓德勤
  - —第89軍（第33,117師，獨6旅）顧錫九；
  - —蘇北游擊第1路（第1，2縱隊）陳泰運；
  - —蘇北游擊第3路（第5，6縱隊）英春利～丁國卿；

- 第112師，第3，4縱隊。
- 第二游擊區（魯蘇皖邊區）李明揚
  - 第1，2，3，4，7～14（共12個）縱隊；
  - 獨第1～6支隊；
  - 特務支隊。
- 魯省游擊總指揮：于學忠
  - 魯東游擊區 牟中珩
    - 第51軍（第113, 114師）牟中珩；
    - 第2，3，4，5，6 縱隊（厲文禮、秦啓榮、王尚志、丁悖庭、秦毓堂）；
    - 獨24, 25, 26, 28, 29, 30, 34支隊；
    - 暫12師—第9縱隊，獨6支隊。
  - 魯南游擊區 于學忠（兼）
    - 第111師，112師，新4師，新36師，暫12師（常恩多，霍守義，吳化文，劉桂堂，趙保原）；
    - 第1，7，8，9縱隊（張元里、申從周、劉敢陳、閻珂卿）；
    - 獨19, 20, 21, 27, 31, 32, 33支隊。
- 山東游擊總司令：沈鴻烈 海軍陸戰隊，山東保安第二師。

冀察戰區：衞立煌（兼），蔣鼎文（兼）（冀南，魯北，豫北）

- 第二十四集團軍 龐炳勳
  - 第40軍（第39, 106師，獨46旅）龐炳勳～馬法五；
  - 新5軍（暫3，4師）孫魁元；
  - 第27軍（第45, 46，預8師）劉進；
  - 獨2支隊。
- 第三十九集團軍 衞立煌（兼）～高樹勛
  - 第69軍（第181，暫28師）畢澤宇～米文和；
  - 新8軍（新6，29師）高樹勛（兼）。

- 第一游擊區 孫良誠
  - 暫30師，新4旅
  - 第1，2，4，15縱隊
  - 第3支隊
- 太行游擊區 龐炳勳（兼）
  - 第3縱隊
  - 獨第1，2，4，6支隊
- 游擊部隊——第6，7，14縱隊，第3～17支隊。

昆明行營：龍雲（雲南）

- 第一集團軍 盧漢
  - 第6軍（第49，93，暫55師）甘麗初；
  - 第1路 安恩溥（兼）
    - 第60軍（第182，184師）安恩溥；
    - 第1，3旅；
  - 第2路—（第2，4，5旅）張沖；
  - 第7旅、游擊第1，2支隊。
- 第九集團軍 關麟徵
  - 第52軍（第2，25，195師）張耀明；
  - 第54軍（第14，50，198師）覃異之；
  - 游擊第3支隊。
- 第十一集團軍 宋希濂
  - 第66軍（新28，38，39師）張軫；
  - 第71軍（第87，88，36師）陳瑞河～鍾彬；
  - 預2師，第6旅。
- 昆明防守司令 杜聿明（兼）
  - 第5軍（第96，200新，39師）杜聿明；
  - 第2軍（第76，新33師）王淩雲。
- 新29師
- 砲兵第19，41團，工兵第24團，憲兵第13，20團。

魯蘇皖豫邊區：湯恩伯（兼）（民國30年12月1日起）

（由第一、五戰區劃出）

—第三十一集團軍（由第一戰區撥入）湯恩伯
  —第13軍，（第89, 110，新1師）石覺；
  —第29軍（第91, 193，暫16師）陳大慶；
  —第85軍（第4, 23，預11師）李楚瀛；
  —暫15軍（暫27師，暫1旅）劉昌義；
  —獨14, 15旅。
—第十五集團軍（由第五戰區撥入）何柱國
  —第92軍（第21, 142，暫56師）李仙洲；
  —騎2軍（騎3師，暫14, 30, 55師）徐梁；
  —游擊部隊
    —第1，2，3，4，5，6，8，9，10, 14, 21縱隊；
    —獨1，2，3，5，19, 20支隊。
—豫東游擊司令：杜淑
—第一路挺進軍李仙洲
  —第8, 11, 12, 14, 15, 16, 19縱隊
  —獨1支隊
—第二路挺進軍王仲廉—第5，9, 13, 17, 18縱隊
—游擊第6，8, 11縱隊，獨立縱隊。

—遠征軍第一路羅卓英（緬甸）（民國31年4月1日起）（由昆明行營劃出）
—第十一集團軍宋希濂
  —第71軍（第87, 88, 36師）鍾彬；
  —預2師，第6旅。
—第5軍（第96，200，新22師）杜聿明；
—第6軍（第93, 49，暫55師）甘麗初；
—第66軍（新28, 38師）張軫；
—砲兵指揮官。

—駐印軍—史廸威（民國32年1月1日起）
—新1軍（新第22, 38師）邱清泉。

4. 民國三十二年四月至三十三年一月

軍事委員會：蔣中正，參謀總長 何應欽。

—第一戰區：蔣鼎文（豫西，豫南）

—第四集團軍 孫蔚如
- —第29軍（第91, 193，暫16師）馬勵武；
- —第38軍（第17，新35師）趙壽山；
- —第96軍（第177，新14師）李興中；

—第十四集團軍 劉茂恩
- —第69軍（第181，暫28師）米文和；
- —第15軍（第64, 65師）武庭麟；
- —暫4軍（第47，暫4師）謝輔三；

—第三十六集團軍 李家鈺
- —第14軍（第83, 85, 94師）張際鵬；
- —第47軍（第104, 178師）李家鈺～李宗昉；
- —第17軍（第84，新2師）高桂滋；

—第三十九集團軍 高樹勛
- —第9軍（第54，新24師，獨5旅）陳瑞河；
- —新8軍（新6，暫29師）高樹勛～胡伯翰；

—獨4旅。

—第二戰區：閻錫山（山西）

—第六集團軍 楊愛源（兼）
- —第19軍（第68，暫37, 38師）劉召棠；
- —第23軍（第73，暫39, 40師）許鴻林；

—第七集團軍 趙承綬
- —第33軍（第71，暫41, 42師）于鎭河；
- —第34軍（暫43, 44, 45師）張翼；

—第八集團軍 孫楚
- —第43軍（第70，暫46, 47師）劉效曾；
- —第61軍（第69, 72師，暫48師）梁培璜；

—第十三集團軍 王靖國
- —第83軍（第66，暫49, 50師）孫福麟；
- —騎1軍（騎1，2，4師）溫懷光～沈瑞；

—第十八集團軍—第115, 120, 129師，林彪，賀龍，劉伯承；
朱德
—第196旅；
—砲兵司令—砲兵第24, 27, 28團；
—工兵第1，2團，騎兵團，憲兵司令。

—第三戰區：顧祝同（江浙、贛、皖閩）
—第二十五集團軍 李覺
—第49軍（第26, 105，預5師）王鐵漢；
—第26軍（第32, 41, 44師）丁治磐；
—第二十三集團軍 唐式遵
—第28軍（第62, 52, 192師）陶廣；
—第50軍（第144, 148，新7師）佟毅～田鍾毅；
—第21軍（第145, 146, 147師）劉雨卿；
—第三十二集團軍 李默庵
—第88軍（第79新21，暫33師）劉嘉樹；
—獨11旅，暫11旅；
—突擊總隊，第1，2隊；
—第25軍（第40, 108，暫13師）張文淸～黃百韜；
—第70軍（第80, 107，預9師）陳孔達；
—獨工兵第1團，憲兵第8，15團；
—海軍佈雷總隊。

—第四戰區：張發奎（廣西）
—第十六集團軍 夏威
—第31軍（第131, 135, 188師）賀維珍；
—第46軍（第170, 175新19師）黎行恕；
—高雷守備區，鄧鄂；
—砲兵第18團，工兵第8團，憲兵第5團，特務團。

—第五戰區：李宗仁（鄂北　豫鄂皖蘇）
—第二集團軍 劉汝明
—第55軍（第29, 74師）曹福林；
—第68軍（第119, 143，暫36師）劉汝明～劉汝珍；

- 第二十一集團軍（豫鄂皖蘇邊區）李品仙
  - 第7軍（第171, 172, 173師）張淦～徐啓明;
  - 第39軍（第56，暫51師）劉尚志;
  - 第48軍（第138, 176師）蘇祖馨;
  - 第84軍（第174, 189師）張光瑋;
- 第二十二集團軍 孫震
  - 第41軍（第122, 123, 124師）孫震～曾甦元;
  - 第45軍（第125, 127師）陳鼎勳;
- 暫1師，砲兵第16團，戰防砲第17團，工兵第4團，特務團，憲兵第17團。

第六戰區：孫連仲（代）孫連仲（鄂西，湘北）

- 第十集團軍 王敬久
  - 第66軍（第185, 199師）方靖;
  - 第79軍（第98, 194，暫6師）王甲本;
- 第二十六集團軍 周嵒
  - 第75軍（第6, 16，預4師）柳際明;
  - 第32軍（第5, 139, 141師）宋肯堂;
- 第二十九集團軍 王讚緒
  - 第44軍（第149, 150, 161, 162師）趙璧光～陳春霖;
  - 第73軍（第15, 77，暫5師）汪之斌～彭位仁（兼）;
- 第三十三集團軍 馮治安
  - 第59軍（第38, 180，暫53師）黃維綱～劉振三;
  - 第77軍（第37, 132, 179師）馮治安～何基澧;
- 長江上游江防部隊 吳奇偉
  - 第86軍（第13, 67，暫32師）方日英～朱鼎卿;
  - 第18軍（第11, 18，暫34師）方天～羅文廣;
  - 第30軍（第27, 30, 31師）宜巴要塞區，池峯城;
  - 第94軍（第55, 121軍，暫35師）牟廷芳;
  - 巴萬要塞區：萬棟材;
  - 海軍第二艦隊。
- 第87軍（第43, 118，新23師）高卓東;
- 湘鄂川黔邊區 郭思演
  - 江防獨立總隊
  - 各區保安司令

—憲兵第10團
—獨 1 旅
—重迫砲第 4 團，砲兵第 8 團，工兵第 6 團。

—第七戰區：余漢謀（廣西）

—第十二集團軍 余漢謀
—第62軍（第151, 154, 157師）黃濤；
—第63軍（第152, 153, 186師）張瑞貴；
—第65軍（第158, 160, 187師）黃國樑；
—惠淡守備區：張光瓊；

—第三十五集團軍 鄧龍光
—第64軍（第155, 156, 159師）陳公俠
—廣陽守備區：李務滋；

—海、陸豐守備區：歐劍域；
—瓊崖守備司令：王毅；
—暫 2 軍（預 6，暫 7，8 師）古鼎華；
—獨 9 旅，工兵第11團。

—第八戰區：朱紹良（陝西）

—胡宗南指揮部隊（副長官）：

—第三十四集團軍 李延年
—第 1 軍（第 1，78, 167師）張卓；
—第16軍（第109，預 1，2 師）董釗～李正先；
—第90軍（第28, 53, 61師）李文；
—第98軍（第42, 169師）劉程；

—第三十七集團軍 陶時岳
—第36軍（暫15, 52, 59師）羅歷戎；
—第80軍（第165，新27, 37師）王文彥～袁樸；
—新 7 軍（暫24, 25, 26師）彭杰如；

—第三十八集團軍 范漢傑
—第 3 軍（第 7，12，新 3 師）周體仁；
—第57軍（第 8，97，新34師）丁德隆；
—騎 3 軍（騎 9，新騎 7 師）郭希鵬～賀光謙；

—陝東河防砲兵指揮官: 黃正成;

—工兵第3團。

—傅作義指揮部隊（副長官）;

—晉陝綏邊區—第22軍（第86，騎6師）高雙成;

鄧寶珊

—伊盟守備區 —第67軍（新26，騎7師）何文鼎;

陳長捷 —東北挺進軍（新騎第5，6師）馬占山;

—第35軍（第101，新31,32師）傅作義（兼）;

—暫3軍（暫10,11,17師）孫蘭峯;

—騎4軍（新騎3，4師，步兵旅）董其武;

—察省游擊部隊（張礪生部）;

—砲兵第25團;

—盛世才指揮部隊（副長官）（民國32年10月起）

—第128師，暫3師，柳正欣、湯執權;

—騎11師，騎12師，吳熙志、張希良;

—新騎1師、新騎2師，崔穎春、宛凌雲;

—第十七集團軍 —第11軍（第168，暫9，31 師，騎1，2旅）馬鴻逵（兼）～馬敦靜;

馬鴻逵 —第81軍（第35，暫60師，獨35旅，騎兵團）馬鴻賓;

—第三集團軍 —第42軍（第191，預7，新41師）楊德亮;

李鐵軍 —第91軍（新4，暫58，騎10師）周士冕～王晉;

—第四十集團軍 —騎5軍（騎5，暫騎1師）馬步青～馬呈祥;

馬步青 —第82軍（第100，暫61，新騎8師，獨步旅，獨騎旅）馬繼援;

—甘青東路交通司令—騎兵團;

—陸軍混成旅，西北交通警備總隊。

—第九戰區：薛岳（湘南，桂北）
　—第一集團軍副總司令—孫渡
　　—第58軍（新10,11師）魯道源；
　　—新3軍（第183，新12師）楊宏光；
　—第三十集團軍王陵基
　　—第72軍（第34，新15師）傅義；
　　—第78軍（新13,16師）沈久成；
　—第二十七集團軍楊森
　　—第4軍（第59,102,90師）張德能；
　　—第20軍（第133,134，新20師）楊漢域；
　—第10軍（第3,190，預10師）方先覺；第37軍（第60,95,140師）陳沛～羅奇；
　—第99軍（第92,99,197師）梁漢明；
　—暫54師，砲兵第3旅，特務團；
　—工兵第5團，獨立工兵第14團，憲兵第18團。
—冀察戰區：蔣鼎文（兼）
　—第二十四集團軍龐炳勳～蔣鼎文（兼）
　　—第27軍（第45,46，預8師）劉進；
　　—第40軍（第39,106，新40師，獨46旅）馬法五；
　　—新5軍（暫3,4師）孫魁元。
—魯蘇戰區：于學忠（民國三十三年一月撤消）
　—第二十八集團軍李仙洲
　　—第92軍（第21,142，暫56師）侯鏡如；
　　—新36師，暫12師，暫30師；
　—第十九集團軍王仲廉
　　—第89軍（第33,117師，獨6旅）顧錫九；
　　—暫九軍（第111,112暫55師）霍守義；
　—第51軍（第113,114師）：周毓英。
—魯蘇皖豫邊區：湯恩伯（民國三十三年一月撤消）
　—第三十一集團軍湯恩伯～王仲廉
　　—第12軍（第20,22,81師）賀粹之；
　　—第13軍（第4,89，新1師）石覺；

—暫15軍（暫27，新29師，暫1旅）劉昌義；
—暫30，獨14, 15旅。

—第十五集團軍 何柱國
—第92軍（第21, 142，暫56師）侯鏡如；
—騎2軍（騎3師，暫14師）徐梁～廖運澤；
—第85軍（第23, 110，預11師）李楚瀛；
—騎8師，暫第2, 3旅。

—暫55師，工兵第9團。

—昆明行營：龍雲

—第一集團軍（雲南部隊）盧漢
—第一路第60軍（第182, 184師，第8旅）安恩溥；
—第二路（暫20, 21, 22師，第4, 5旅）張冲；
—暫18師，第1, 7旅。

—第五集團軍 杜聿明
—第5軍（第49, 96, 200師）邱清泉；
—第2旅；
—昆明警備司令、暫19師。

—第九集團軍 關麟徵
—第52軍（第2, 25, 195師）趙公武；
—第8軍（第82, 103，榮1師）何紹周。

—山砲兵團，砲兵第41, 49團；工兵團，憲兵第13, 20團。

—暫23師，獨2旅。

遠征軍：陳誠

—第十一集團軍 宋希濂
—第71軍（第87, 88，新28師）鍾彬；
—第2軍（第9, 76，新33師）王凌雲；
—第6旅；
—雲寧守備區

—第二十集團軍 霍揆彰
—第6軍（第93，預2，新39師）黃杰；
—第53軍（第116, 130師，獨1旅）周福成；

—第54軍（第14, 50, 198師）方天；

—砲兵指揮官 邵百昌
　—砲兵第 7，8 團，第10, 13團（各欠 1 營）；
　—重迫砲第 1，2 團（各欠 1 營）。
—工兵第 2 團，憲兵第20團第 2 營。

—駐印軍：史廸威
　—新 1 軍（第195，新22, 38, 30師）鄭洞國；
　—砲兵指揮官（砲兵第 4，5，12團）蔣公權～金鎮；
　—工兵第10, 12團。

5. 民國三十三年十月至三十四年九月：

軍事委員會：蔣中正，參謀總長　何應欽，副　程潛（代）白崇禧；

第一戰區：陳誠，胡宗南代，胡宗南（河南）

—第三十一集團軍王仲廉
　—第85軍（第23, 110，暫55師）吳紹周；
　—第89軍（第33，新 1，暫62師）顧錫九；
　—第78軍（新42, 43, 44師）賴汝雄；

—第四集團軍 孫蔚如～李興中
　—第38軍（第17，新35師）張耀明；
　—第96軍（第177，新14師）李興中；

—第三十六集團軍 劉戡～俞濟時
　—第27軍（第45, 46，暫64師）周士冕～謝輔三；
　—暫 4 軍（第47，暫 4 師）謝輔三；
　—暫 5 軍（新41，預 8 師）李漢章；

—第三十四集團軍 李延年～李文
　—第 1 軍（第 1，78, 167師）張卓～羅列；
　—第16軍（第109，預 1，3 師）李正光；
　—第90軍（第28, 53, 61師）李文～嚴明；

—第三十七集團軍 丁德隆
　—第36軍（暫 1，5，52, 59 師）羅歷戎～李世龍～鍾松；
　—第80軍（第165，新27, 37師）袁樸；
　—新 7 軍（暫24, 25, 26師）彭杰如～吉章簡（代）；

—第三十八集團軍 范漢傑～董釗
  —第3軍（第7,12, 新34師）李世龍～羅歷戎;
  —第57軍（第8，新34師）劉安祺;
  —騎3軍（騎9，新騎7師）賀光謙;
—豫省警備總司令—第15軍（第64,65師）武庭麟; 劉茂恩
—第40軍（第39,106，新40師）馬法五;
—第17軍（第84，新2師）高桂滋，暫2師，騎9師。
—砲兵指揮官—砲兵第11團，重迫砲第3團，戰防砲第52團（欠1營）。
—工兵第3，7，9，13團，通信兵第4團，憲兵第12團。

第二戰區：閻錫山（山西）
—第六集團軍 楊愛源
  —第19軍（第68，暫37,42師）史澤波;
  —第23軍（暫40,46,47師）許鴻林;
—第七集團軍 趙承綬
  —第33軍（第71，暫38,41師）于鎭河;
  —第34軍（第73，暫44,45師）高倬之;
—第八集團軍 孫楚
  —第43軍（第70，暫39,43師）劉效曾;
  —第61軍（第69,72，暫48師）梁培璜;
—第十三集團軍 王靖國
  —第83軍（第66，暫49,50師）孫福麟;
  —騎1軍（騎1，2，4師）沈瑞;
—第十八集團軍—第115,120,129師；林彪，賀龍，劉伯承; 朱德
—第196旅;
—砲兵司令——（砲兵第24,27,28,23團，砲幹團）胡三餘;
—工兵指揮官——（工兵第21,22,23團，太原綏署工兵第1，2團）程繼宗;
—太原綏署騎兵團。
—憲兵司令。

第三戰區：顧祝同（蘇皖贛浙閩）

—第三十二集團軍 李默庵
- —第88軍（第79，新21，暫33師）劉嘉樹；
- —暫11旅；
- —突擊第1縱隊（第1，2，3隊）；

—第二十五集團軍 李覺
- —第49軍（第26, 105，預5師）王鐵漢；
- —第79師；

—第二十三集團軍 唐式遵
- —第28軍（第62, 52, 192師）陶柳；
- —第50軍（第144, 148，新7師）田鍾毅；
- —第21軍（第145, 146, 147師）劉雨卿；

—第25軍（第40, 108, 75師）黃百韜；

—第70軍（第80, 107，預9師）陳孔達；

—突擊第二縱隊（第32，預5師，獨33旅）王克俊；

—海軍佈雷總隊；

—工兵第1, 16團，憲兵第8, 15, 23團。

第四戰區：張發奎（廣西）（民國三十四年1月撤消）

—第十六集團軍 夏威
- —第31軍（第131, 135, 188師）賀維珍；
- —第46軍（第170, 175，新19師）黎行恕；
- —第93軍（第10，新8，暫2師）胡棟成；

—第二十七集團軍
- —總司令指揮 楊森
  - —第20軍（第133, 134，新20師）楊漢域；
  - —第26軍（第32, 41, 44師）丁治磐；
  - —第37軍（第60, 95, 140師）羅奇；
  - —第44軍（第149, 150, 161, 162師）王澤濬；
- —副總司令指揮 李玉堂
  - —第10軍（第3，預10師）李玉堂（兼）；
  - —第62軍（第151, 157, 158師）黃濤；
  - —第79軍（第98, 194，暫6師）方靖；

—高雷守備區鄧鄂

—砲兵第一旅，工兵第8團，憲兵第5團。

第五戰區：李宗仁，劉峙（河南）
- 第二集團軍 劉汝明
  - 第55軍（第22, 29, 74, 81師）曹福林；
  - 第68軍（第119, 143，暫36師）劉汝珍；
- 第二十二集團軍 孫震
  - 第45軍（第125, 127師）陳鼎勳（兼）；
  - 第41軍（第122, 123, 124師）曾甦元；
  - 第47軍（第104, 178師）李宗昉；
  - 第69軍（第181，暫28師）米文和；
- 暫1師；
- 砲兵第9, 16團，戰防砲第57團；
- 工兵第4團，憲兵第17團。

第六戰區：孫連仲，孫蔚如（鄂西湘北）
- 第十集團軍 王敬久
  - 第66軍（第13, 185, 199師）宋瑞珂；
  - 第92軍（第21, 142, 56師）侯鏡如；
- 第二十六集團軍 周碞
  - 第75軍（第6, 16，預4師）柳際明；
  - 第32軍（第139, 141，暫34師）唐永良；
- 第三十三集團軍 馮治安
  - 第59軍（第38, 180，暫53師）劉振三；
  - 第77軍（第37, 132, 179師）何基灃；
- 長江上游江防 吳奇偉
  - 第30軍（第27, 30, 31師）池峯城～魯崇義；
  - 第39軍（第56，暫51師）劉尚志；
- 湘鄂川黔邊區 傅仲芳
  - 第86軍（第13, 67，暫32師）朱鼎卿；
  - 獨1旅，江防獨立總隊；
  - 海軍陸戰隊第1旅；
- 砲兵指揮官—（砲兵第8團，重迫砲第4團）劉倚衡；
- 工兵第6, 17團，通信兵3團；
- 憲兵第10團。

第七戰區：余漢謀（廣東）

—第十二集團軍 余漢謀（兼）
　—第63軍（第152,153,186師）張瑞貴;
　—第65軍（第154,160,187師）黃國樑;
　—獨9,12旅;
　—通信兵團，教導團;
—閩粵贛邊區：香翰屏;
—瓊崖守備司令：王毅;
—工兵第11團，憲兵第16團。

第八戰區：朱紹良（綏寧甘青）

—傅作義指揮部隊（民國三十四年七月一日改成第十二戰區）
　—晉陝綏邊區 鄧寶珊
　　—第22軍（第86，騎6師）高雙成～左世允;
　　—第67軍（新26，騎7師）何文鼎;
　—東北挺進軍—（新騎5,6師）馬占山;
　—晉察綏挺進軍—（暫4，暫騎1旅）張勵生;
　—第35軍（第101，新31,32師）董其武;
　—暫3軍（暫10,11,17師）孫蘭峯;
　—騎4軍（新騎3,4師，步兵旅）袁慶榮;
　—砲兵第25團;
—第十七集團軍 馬鴻逵
　—第11軍（第168，暫9,31師，騎2旅）馬敦靜;
　—第81軍（第35，暫60師，騎兵團）馬鴻賓;
　—砲兵第2團;
—第三集團軍 趙壽山—第91軍（暫58，新4，3，騎10師）王晉;
—第二十九集團軍 李鐵軍
　—新2軍（新45,46師）李鐵軍（兼）;
　—第42軍（第191，預7，新41，暫18師）楊德亮;
—第四十集團軍 馬步芳
　—第82軍（第100，暫61，新騎8師）馬繼援;
　—騎5軍（騎5，暫騎1師）馬呈祥;

—盛世才部隊 —第128，暫3師
—騎11,12師
—新騎1，2師
—騎第7，9師
—砲兵第2團，通信兵第7團，憲兵第22團

第九戰區：薛岳（湘南，桂北）
—第一集團軍 —第58軍（新10,11師）魯道源；
孫渡 —新3軍（第183，新12師）楊宏亮；
—第三十集團軍 —第72軍（第34，新13,15,16師）傅翼；
（湘鄂贛邊區） —第44軍（第150,161,162師）王澤濬；
王陵基（兼）
—第4軍（第59,102師）歐震；
第99軍（第92,99，暫32師）梁漢明；
暫2軍（預6，暫8師）沈發藻；
第60師，第140師。
—工兵第5團，憲兵第18團。

第十戰區：李品仙（皖，鄂，魯）民國三十四年一月成立
—第二十一集團軍 —第7軍（第171,172,173師）徐啓明～鍾紀；
李品仙（兼） —第48軍（第138,176師）蘇祖馨；
—第84軍（第174,189師）張光瑋；
—第十五集團軍 —騎2軍（騎3，暫14師）廖運澤；
何柱國 —第51軍（第113,114師）周毓英；
—騎8師，暫1，2，3旅；
—第十九集團軍 —第12軍（第111,112師）霍守義；
陳大慶 —暫1軍（第33，暫66師）王毓文，（併入97軍）；
—第97軍（暫30，新29師）王毓文；

—山東挺進軍—（暫12師，新36師）李延年；
—暫9軍—（第117師，暫27師）傅立平。

第十一戰區：孫連仲（河北）民國三十四年七月起
—新8軍（新6，第181，暫29師）胡伯翰；
—第30軍（第27, 30, 67師）魯崇義；
—第40軍（第39, 144, 106師）馬法五。

第十二戰區：傅作義（綏察）民國三十四年七月起
—第35軍（第101，新31, 32師）魯英麐；
—暫3軍（暫10, 11, 17師）孫蘭峯～袁慶榮；
—晉陝綏邊區鄧寶珊
—第22軍（第86師）左世允；
—第67軍（新26，騎7師）何文鼎；
—新11旅；
—東北挺進軍—（新騎第5，6師）馬占山；
—晉察綏挺進軍—（暫騎第1旅）張勵生；
—新騎第4師，砲兵第25團。

冀察戰區：陳誠，高樹勛（民國三十四年七月一日，併入第十一戰區）
—新8軍（新6，暫29師）胡伯翰。

—昆明行營
—第一集團軍（民國三十四年一月一日改滇越邊區總司令部）盧漢
—第一路—第60軍（第182, 184師）安恩溥；
—第二路（暫20, 21, 22師）張冲；
—暫18師；
—第五集團軍（昆明防守司令）杜聿明
—第五軍（第49, 96，榮2師）邱清泉；
—昆明警備司令（暫19師）；

- 第九集團軍—第52軍（第 2 , 25, 195師）趙公武；關麟徵
- 暫23師，獨 2 旅；
- 山砲團：砲兵第13, 41, 49團，憲兵第13, 20團。

—遠征軍：衞立煌（緬甸）

- 第十一集團軍 宋希濂
  - 第 2 軍（第 9 , 76，新33師）王淩雲；
  - 第 6 軍（新39，預 2 師）黃杰；
  - 第71軍（第87, 88，新28師）鍾彬；
  - 雲寧守備區：張浩；
- 第二十集團軍 霍揆彰
  - 第53軍（第116, 130師）周福成；
  - 第54軍（第36, 198師）闕漢騫；
- 第 8 軍（第82, 103，榮 1 師）何紹周；
- 第200師；第93師；
- 砲兵第 7 團，工兵第二團，憲兵第20團。

—駐印軍：史廸威，薩爾登（印緬）

- 新 1 軍（新30, 38師）孫立人；
- 新 6 軍（第14, 50，新22師）廖耀湘；
- 第50師潘裕昆；
- 砲兵第 4 , 5 , 12團，重迫砲團；
- 戰車指揮官—（戰車第 1 ～ 6 營）博郎；
- 工兵第10, 12團，通信兵第 6 團，輜汽兵團，輜重兵團。

—黔桂湘邊區：湯恩伯（民國三十四年一月一日戰鬪序列編成，四月一日撤消）

- 第二十四集團軍 王耀武
  - 第73軍（第15, 77，暫 5 師）彭位仁；
  - 第74軍（第51, 57, 58師）施中誠；
  - 第100軍（第19, 63, 75師）李天霞；
  - 第18軍（第11, 18, 55師）胡璉；

—第十集團軍（副）夏楚中
　—第94軍（第121, 5，暫35師）牟廷芳；
　—第87軍（第43, 118，暫 6 師）羅文廣；

—第29軍（第91, 193，預11師）孫元良；第 9 軍（第54, 169，新24師）陳金城；

—第57軍（第 8 , 45, 46師）整編中；第13軍（第 4 , 89，暫16師）石覺；

—砲兵第一旅（兼砲兵指揮官）
　—砲兵第21, 29, 54團
　—砲兵第50團

—工兵第 2 , 8 團。

中國戰區陸軍總司令部，何應欽（昆明）

民國三十四年一月一日戰鬪序列編成，指揮如後：

—遠征軍（詳前）

—黔桂湘邊區（詳前）

—第四戰區暨第二十七集團軍（詳前）

—滇越邊區（詳前昆明行營第一、九集團軍）

—第五集團軍，昆明防守司令（詳前昆明行營第五集團軍）

—第一方面軍，盧漢，由第一、九集團軍（滇越邊區）改編，四月一日戰鬪序列編成：

　—第一路—第60軍（第182, 184師）安恩溥；
　—第二路—第93軍（暫18, 20, 22師）張沖；
　—第52軍（第 2 , 25, 195師）趙公武；
　—第93師，山砲兵團，砲兵團。

第二方面軍，張發奎，由第四戰區改編，四月一日戰鬪序列編成：

　—第46軍（第188, 175，新19師）黎行恕～韓鍊成；
　—第64軍（第131, 156, 159師）張馳；

—第62軍（第151, 95, 157, 158師）黃濤;
—高雷守備區: 鄧鄂;
—憲兵第5團。
—第三方面軍，湯恩伯，由黔桂湘邊區改編，四月一日戰鬪序列編成:
—第二十七集團軍 李玉堂 —第20軍（第133, 134師）楊幹才; —第26軍（第41, 44, 169師）丁治磐;
—第94軍（第121, 43, 5師）牟廷芳;
—第13軍（第4, 89, 54師）石覺;
—第71軍（第87, 91, 88師）陳明仁;
—砲兵第1旅，砲兵第51團。
—第四方面軍，王耀武，由第二十四集團軍（屬黔桂湘邊區）改編，四月一日戰鬪序列編成:
—第73軍（第15, 77, 193師）韓濬;
—第74軍（第51, 57, 58師）施中誠;
—第100軍（第19, 63師）李天霞;
—第18軍（第11, 18, 118師）胡璉;
—砲兵指揮組。
—昆明防守司令部，杜聿明，四月一日重新編組:
—第五軍（第200, 45, 96師）邱清泉;
—第8軍（第166, 103, 榮1師）李彌;
—昆明警備司令—暫19師;
—第48師，裝甲兵第一團。
—漢中行營: 李宗仁，民國三十四年四月一日戰鬪序列編成:
—第一戰區，胡宗南（詳前）
—第五戰區，劉峙（詳前）
—第十戰區，李品仙（詳前）

|—冀察戰區，高樹勛（詳前）

|—直轄部隊

|—第二十八集團軍 李仙洲 —第89軍（第20，新1，暫62師）顧錫九；

—第10軍（第3,42,190師）趙錫田（代）；

—贛州行轅：顧祝同，與漢中行營同日編成：

（七月一日改稱東南行轅，屬中國陸軍總司令部）

|—第三戰區，顧祝同（兼）（詳前）

|—第七戰區，余漢謀（詳前）

|—第九戰區，薛岳（詳前）

—宜川行轅：閻錫山，民國三十四年七月一日戰鬪序列編成：

|—第二戰區（兼）（詳前）

|—第十一戰區，孫連仲（詳前）

|—第十二戰區，傅作義（詳前）

附　記：

一、本表僅限於各地區參戰部隊，而軍事委員會直轄部隊，後方綏靖部隊，各補訓處部隊，交警部隊，重慶衛戍總司令部所屬部隊，皆未列入。

二、每段時間，皆涵蓋一年以上，各集團軍及軍、師變化甚大，且各地調動作戰，本表以所在戰區時間久暫區分排列，除有必要不會重複出現。

三、抗戰初期，戰區與軍之間，有兵團—集團軍—軍團等三級指揮單位，民國二十七年十一月二十七日，第一次南嶽會議後，取消兵團與軍團二級指揮單位，師之下取消旅級指揮單位，改步兵（或騎兵）指揮官。

四、本表所用代字，「新」爲「新編第」，「暫」爲「暫編第」，「獨」爲「獨立第」，「騎」爲「騎兵第」。

五、中國陸軍以步兵爲主，第△師爲步兵第△師，騎兵則寫爲騎第△軍師旅，砲兵無師之編制，工兵無師旅之編制。

中共參加抗戰與破壞抗戰活動紀要

前　　言

一、民國二十六年七月八日，中共毛澤東、朱德、彭德懷、賀龍、林彪、劉伯承、徐向前等，聯名上電國民政府軍事委員會委員長蔣中正稱：「紅軍將士，咸願在委員長領導之下爲國效命，與敵周旋，以達保土衛國之目的。」

二、翌（九）日，彭德懷、賀龍、劉伯承、林彪、徐向前、葉劍英、蕭克、左權、徐東海等統兵人員，又聯名上電蔣委員長稱：「我全體紅軍，願即改名爲國民革命軍，並請授命爲抗日前鋒，與日寇決一死戰。」

三、同月十五日，中共發表，「團結禦侮宣言」：

1. 孫中山先生的三民主義爲中國今日之必需，本黨（中共）願爲其徹底的實現而奮鬪；
2. 取消一切推翻國民黨政權的暴力政策及赤化運動，停止以暴力沒收地主土地政策；
3. 取消現在的蘇維埃政府，實行民權政治，以期全國政權的統一；
4. 取消紅軍名義及番號，改編爲國民革命軍，受國民政府軍事委員會之統轄，並待命出動，擔任抗日前線之職責。

四、同月二十二日，軍事委員會任命國民革命軍第八路軍朱德、彭德懷爲正、副總指揮，中共宣言服從國民政府，參加抗戰。

五、同月二十五日，朱德、彭德懷等通電就職，是日軍事委員會正式發佈命令，將中共部隊編爲國民革命軍第八路軍，轄第一一五師林彪、第一二〇師賀龍、第一二九師劉伯承，總兵額二萬人，歸第二戰區司令長官閻錫山指揮。九月六日改編完成，實約三萬二千人。

六、九月十二日，軍事委員會頒發電令，將第八路軍改爲第十八集團軍，總（副總）指揮改爲總（副總）司令。然中共仍自稱第八路軍。

七、十月二日，蔣委員長任葉挺、項英爲國民革命軍新編第四軍正、副軍長，收編江南殘留共軍。十二日，軍事委員會正式下令成立新四軍，轄第一支隊陳毅、第二支隊張鼎丞、第三支隊張雲逸、第四支隊高敬亭，總兵額一萬人。歸第三戰區顧祝同指揮。

八、抗戰期間，共軍遵行中共中央軍委會主席毛澤東指示：「七分發展、二分應付（對國民黨）、一分抗日」的原則，游而不擊，乘勢作大，自三萬人發展到近五十萬人，終於公開叛亂，引發內戰，給國家民族帶來最大的不幸。

九、當時共軍慣用手法：先用各種管道，通過人情關係，游說淪陷區、戰地，或非淪陷區之正規陸軍、游擊隊、及地方團隊，以達其軍運目的，如遭對方拒絕，即集中兵力以大吃小方式將其擊潰。前者如山西「犧盟會」新兵十二個團被拉走；後者如鹿鍾麟、朱懷冰、石友三、孫良誠、張蔭梧被痛擊，皆是實例。

十、中共乘全國動員抗戰之際，大量訓練黨工人員分派後方、戰地及淪陷區，發展組織，分化破壞政府施政。

十一、中共在佔領區、游擊區、或淪陷區內，殺害國民政府所派官員及其領導之游擊隊與地方武力幹部。建立反國民政府的邊區政府及地方行政組織，直屬於中共中央，推行鬪爭清算、擴軍征糧、種植鴉片、發行貨幣，完全違背其「團結禦侮宣言」。

十二、中共爲反駁其「游而不擊」之譏，於民國三十一年，由中共中央軍委會參謀處公布：「中共軍對日軍襲擊作戰」，共四十四次，刊於《抗日戰爭時期的中國人民解放軍》書內，其中有些是放了幾槍就跑的「作戰」。本文已全部收錄，並註明「共參公布」，以茲識別。

十三、有關共軍襲擊國軍正規部隊、游擊隊、及地方團隊，凡由地方軍政長官呈報中央者，皆在敍述中提及，未提及者，是根據國防部史政局纂修《抗日戰史》與何應欽上將言論集《紀念七七抗戰》中摘要錄出，特予說明不另註釋。

十四、本文是根據近兩三年來國共雙方所公布檔案或資料，整理摘記，雙方記敍文字或不盡相同，但經過比對後，當可發現史實眞相。

十五、今逢抗戰五十周年，將這些眞史摘出，希望它不因中共長時期統治大陸而任其湮沒，亦可使世人知道抗戰時期中共究竟作了些什麼？是否眞正抗日？以及中共口是心非的作法。更可給自由世界以及中華民國臺灣對中共存有幻想的年輕人一種警惕與深思。

十六、〈活動紀要〉與〈史事日誌〉類同，將最重要關鍵部分摘錄出來，給讀者一種明快、簡單、眞實的感受，但不須註釋，如讀者想深入瞭解，可查閱最近兩三年來國共雙方印行或重印（再版）抗戰史料，卽可獲得證明。

活 動 紀 要

民國二十六年

1. 7　中共軍彭德懷部萬人自陝西淳化到三原。

1.10 中共致電中國國民黨三中全會，提出團結禦侮方針五項:

(1) 停止一切內戰，集中國力，一致對外;

(2) 言論、集會、結社之自由，釋放一切政治犯;

(3) 召集各黨、各派、各界、各軍代表會議，集中全國人才，共同救國;

(4) 迅速完成對日抗戰之一切準備工作;

(5) 改善人民的生活。

並提出四項保證:

(1) 在全國範圍內停止推翻國民政府之武裝暴動方針;

(2) 蘇維埃政府改名爲中華民國特區政府，紅軍改名爲國民革命軍，直接受南京中央政府與軍事委員會之指揮;

(3) 在特區政府區域內，實施普選的徹底民主制度;

(4) 停止沒收地主土地之政策，堅決執行抗日民族統一戰線之共同綱領。

請求「合作」，表示投降。

1.13 陝、甘形勢緊張，毛澤東率軍竄據長武。

1.15 中共圖竄山西，閻錫山召各將領商嚴密防堵。

1.21 甘肅國軍克臨澤，中共徐向前部損失頗眾。

1.22 中共徐東海部在陝西商縣襲駒寨與國軍衝突。

2.15 中共致電中國國民黨中央委員會，要求集中國力，團結禦侮，並表示：（一）停止推翻國民政府的武裝暴動方針；（二）「蘇維埃政府」改爲中華民國特區政府，「紅軍」改名國民革命軍，直接受國民政府與軍事委員會指揮。

2.21 中國國民黨五屆三中全會第六次大會，決議「根絕赤禍案」。

3.21 中共宣言，接受中國國民黨第五屆中央執行委員會第三次全體會議，關於「根絕赤禍」決議案之四項建議：

(1) 一國之軍隊，必須統一編制，統一號令，方能收指臂之效，斷無一國家可許主義絕不相容之軍隊同時並存者，故須澈底取消其所謂「紅軍」，以及其他假借名目之武力；

(2) 政權統一，爲國家統一之必要條件，世界任何國家不許一國之內，有兩種政權之存在者，故須徹底取消所謂「蘇維埃政府」及其他一切破壞統一之組織；

(3) 赤化宣傳與以救國救民爲職志之三民主義絕對不能相容，卽與吾國人民生命與社會生活亦極端相背，故須根本停止其赤化宣傳；

(4) 階級鬪爭以一階級利益爲本位，其方法將整個社會分成種種對立之階級，而使之相殺相讎，故必出於奪取民眾與武裝暴動之手段，而社會因以不寧，民居爲之蕩析，故須根本停止其階級鬪爭。

願意與中國國民黨開始談判。

4. 15 毛澤東在延安共黨活動份子會議報告：「中國抗日民族統一戰線在目前階段的任務」，謂目前階段是爭取民主。

5. 3 毛澤東在延安中共全國代表會議上提出報告：「中共在抗日時期的任務」，謂中日矛盾重於國內矛盾，所以要建立抗日民族統一戰線。爲了抗戰，要爲民主和自由而鬪爭，因而應服從國民政府和同意三民主義，但仍由無產階級作政治領導。」

5. 6 軍統局第二處（特務處）戴笠報告，中共向第二十九軍滲透情形。

6. 4 中共代表周恩來到廬山晤蔣委員長，商國民大會代表問題。

7. 7 盧溝橋事變發生。

7. 8 中共通電主武裝保衞華北，建立民主統一戰線，國共兩黨親密合作，抵抗日寇進攻。

同日 毛澤東、朱德、彭德懷、賀龍、林彪、劉伯承、徐向前電蔣委員長，嚴令第二十九軍保衞平津華北，「紅軍」願在委員長領導下，為國效命。

7. 15 中共發表「團結禦侮宣言」。（與本文九月二十二日國民政府所公布者相同）。

7. 23 中共發表「為日本帝國主義進攻華北第二次宣言」，支持蔣委員長廬山談話。

8. 3 軍事委員會委員長電西安行營主任蔣鼎文：查報黃龍山屯墾隊叛變原因。

8. 9 中共軍總司令朱德抵南京，商對日軍事。

8. 15 中共發表「抗日救國十大綱領」。

8. 22 中共宣言服從國民政府，參加抗戰。

8. 23 中共八路軍總指揮朱德，在西安城外六十公里的雲陽鎮主持共軍改編大會。

8. 25 國民政府軍事委員會發布命令，將共軍部隊收編為第八路軍，朱德、彭德懷為正、副總指揮，編入第二戰區，歸閻錫山指揮。

同日 中共中央軍委會（主席毛澤東，副周恩來、朱德）發布將共軍三萬人改編為國民革命軍第八路軍，朱德、彭德懷正副總司令，葉劍英、左權正副參謀長，任弼時、鄧小平政治部正副主任。轄第一一五師，師長林彪、副師長聶榮臻、參謀長周昆、政訓處正副主任羅榮桓、蕭華；第一二〇師，師長賀龍、副師長蕭克、參謀長周士第、政訓處正副主任關向應、甘泗淇；第一二九師，師長劉伯承、副師長徐向前、參謀長倪志亮、政訓處正副主任張浩、宋任窮。

同日 中共中央派周恩來、彭德懷等赴山西與第二戰區司令長官閻錫山商對日軍事。

同日 中共中央在陝北洛川縣馮家村召開政治局擴大會議，決定乘日軍深入後即違抗政府命令自由活動發展。

8. 29 中共中央軍委會華北分會成立，朱德、彭德懷爲正副書記，委員：任弼時、張浩、林彪、聶榮臻、賀龍、劉伯承、關向應。

8. 30 第八路軍第一一五師第三四三旅陳光部渡過黃河，進入山西萬榮縣。

9. 1 第八路軍第一二〇師由關中向山西轉移，第一一五師先遣隊抵候馬嶺。

9. 12 軍事委員會命令第八路軍改爲第十八集團軍，轄第一一五、一二〇、一二九等三師。中共乃自稱第八路軍。

9. 16 朱德、彭德懷、鄧小平、任弼時、左權等率第八路軍總部由陝西韓城縣芝川鎮東渡黃河到達山西榮縣榮河鎮地區。

9. 22 國民政府公佈中共共赴國難宣言，中共向國民政府提出四大諾言：（一）孫中山先生的三民主義爲今日中國所必需，本黨（中共）願爲其澈底實現而奮鬪；（二）取銷一切推翻國民黨政權的暴動政策及赤化運動，停止以暴動沒收地主土地的政策；（三）取銷現在的蘇維埃政府，實行民權政治，以期全國政權的統一；（四）取銷紅軍名義及番號，改編爲國民革命軍，受國民政府軍事委員會之統轄，並待命出動，擔任抗日前線之職責。

9. 23 蔣委員長發表談話，盼中共眞誠一致，爲禦侮救亡而努力。

9. 25 毛澤東發表「國共兩黨統一戰線成立後中國革命的迫切任務」，提示爲實行三民主義與十大綱領而鬪爭。

同日 第十八集團軍一一五師林彪以所部在平型關附近小寨山溝內伏擊日軍第五師團一個陸上運輸隊，日軍傷亡百餘人。（按是役國軍楊愛源、高桂滋、郭宗汾等部隊反攻，造成日軍近二千人之傷亡）。

9. 26 鄧小平在山西五臺縣東冶鎮第八路軍總部指示組織人民武裝。

9. 29 朱德參加第二戰區在五臺縣豆村召開官長會議。

同日 第一二〇師賀龍派出一個支隊，由宋時輪率領，挺進雁北。

10. 2 蔣委員長委任葉挺、項英爲新編第四軍正副軍長，編入第三戰區，歸顧祝同指揮，規定在京蕪間地區游擊。

10. 12 軍事委員會着手改編江南各地共軍所成立之新編第四軍。

10. 18 第八路軍第一二〇師在雁門關之南，襲擊日軍汽車五百餘輛，戰果不詳。（共參公布）

10. 19 第八路軍第一二九師第七六九團陳錫聯部，夜襲陽明堡機場，破壞日機二十四架。（共參公布）

10. 22 第八路軍總部由五臺縣南茹村南移至盂縣柏蘭。

10. 23 康澤（軍委會第二廳廳長，復興總社書記，時在西安擔任中共之第十八集團軍聯絡事宜）報告，中共煽動西安中等以上學校學生向省府請願。

10. 26 第八路軍第一二九師陳賡旅，襲擊娘子關日軍第二十師團輜重部隊，繳獲驛馬三百餘匹，砲彈無數。（共參公布）

10. 29 陝西第一、二兩區之行政督察專員電請緩令第十八集團軍（共軍）接防，防務由地方武力共同維持。

10. 31 彭德懷率第八路軍總部一部分由五臺經定襄、忻縣、太原、榆次，到達壽陽芹泉鎮。

11.2 第八路軍第一二九師三個團，對黃崖底日軍進行襲擊，日軍傷亡七百餘人。（共參公布）

11.4 第八路軍第一一五師第三四三旅伏擊松塔日軍，傷日軍近千，繳獲驛馬七百餘匹，步槍三百多支，活捉日軍三人。（共參公布）

11.7 朱德擅設晉察冀軍區司令部於五臺，聶榮臻為司令員。吞併屠殺河北民軍趙侗等部。

同日 中共建立以太行為依據的晉冀豫根據地。

11.8 西安行營主任蔣鼎文呈報甘肅慶陽等五縣尚有蘇區組織。

11.9 第八路軍第一二九師某部，對土封村日軍進行伏擊，戰果不詳。（共參公布）

11.11 第八路軍由第一二九師深入晉東南太行山區，開闢晉冀豫根據地。

11.12 毛澤東在「延安黨的活動份子會議」上講「上海、太原失陷後抗日戰爭形勢和任務」，提示所謂「無產階級領導」問題，作再叛變準備。

11.26 朱德、周恩來飛抵延安，參加中共中央政治局會議。

是月 中共冀豫晉省委成立，李雪峰任書記，何英才組織部長，徐子榮宣傳部長。

是月 鄧小平在山西孝義兌九峪約見平遙縣「犧盟」特派員李文炯，指示發展武力。

是月 鄧小平在山西汾陽飯庄與第二戰區中共「民族革命戰爭地方總動員委員會」續範亭、程子華、南漢宸、武新亭等人聽取彙報。

12. 5 中共於河北阜平成立「晉察冀邊區政府」。

12. 26 中共宣言：支持蔣委員長抗戰到底主張。

12. 28 中共宣稱：決不改變三民主義，國共團結乃爲增強抗日力量，戰後將以獨立黨與政府合作。

12. 30 八路軍總部由洪洞縣高公村移駐同縣馬牧。

民國二十七年

1. 5 中共中央軍委會調鄧小平接替張浩，爲一二九師政治委員。

1. 8 中共中央政治部決定召集全國共產黨第七屆大會。

1. 9 中共在漢口成立一機關報——新華日報。

1. 10 聶榮臻擅自於阜平召集晉察冀邊區軍政民代表，建立邊區行政委員會，破壞政府行政上之統一。

同日 新華日報正式在漢口出刊。

1. 15 第八路軍總部指示，第一二九師組織東進縱隊，由陳再道率領越過平漢路，進入冀南發展武力。

1. 28 第一二九師游擊大隊深入榆社、武鄉、黎城等地，發展地方武力。

是月 聶榮臻攻擊河北民軍趙雲祥部於新河。

2. 5 項英發表「南方三年游擊戰爭經驗對於當前抗戰的教訓」。

同日 毛澤東對延安新中華報記者談國共關係。

同日 蔣委員長電西安行營主任蔣鼎文，嚴防共黨非法活動。

2. 12 中共冀豫晉省委會議，出席書記李雪峰、組織何英才、宣傳徐子榮，及第一二九師政治部副主任宋任窮等，研究發展武力。

是月 中共冀豫晉省委成立，由李雪峰、徐子榮、何英才、安子文、彭濤組成。

3.14　第八路軍第一一五師一部，對午城、羅田、上下烏合、井溝、張莊等地日軍進行攻擊，將井溝以北山溝日軍第百八師團擊潰。（共參公布）

3.16　第八路軍第一二九師一部，伏擊黎城日軍，消滅由潞城向黎城前進之日軍千餘人。（共參公布）

3.19　第八路軍總部派一二九師宋任窮率騎兵團由太行到冀南發展武力。

3.24　朱德、彭德懷在晉東長治附近召開第十八集團軍將領會議，決定發展共產黨勢力策略。

是月　中共中央北方局書記劉少奇留延安工作，北方局工作由楊尚昆主持。

是月　第一一五師師長林彪因被晉軍誤傷，離職休養，羅榮桓暫代。

是月　第八路軍第一二〇師一部，對晉西日軍連續包圍攻擊，繳獲大砲一門。（共參公布）

是月　下旬，第八路軍第一二九師一部，伏擊由涉縣西進日軍，日軍第百八師團一百八十輛汽車和掩護部隊全部被殲。（共參公布）

4.1　共軍呂正操（原東北軍五十三軍團長）等非法設冀中政治主任公署。

4.16　第八路軍第一二九師徐深吉、葉成煥、韓先楚等部，對馬家莊長樂村一帶日軍進行襲擊，日軍人馬輜重傷毀載道。（共參公布）

4.21　中共中央毛澤東、劉少奇致電劉伯承、徐向前、鄧小平等在河北、山東平原大量發展武力。

4.25　第八戰區副司令長官朱紹良報告：第十八集團軍於鹽池等處，

強收民團槍枝，搶刼居民。

4. 26　朱紹良再報告：第十八集團軍於鹽池、預旺等地，強繳民團槍枝。

同日　蔣委員長致電西安行營主任蔣鼎文、重慶行營代主任賀國光、川康綏靖主任鄧錫侯，告以據報有第十八集團軍僞裝傷兵由陝入川，沿途下車分留各地，希切實取締。

同日　第八路軍總部令徐向前率第七六九團、第七六八團、第五支隊開赴冀南南宮。

是月　中共在山西遼縣成立晉冀豫軍區，司令倪志亮、政委黃鎭。

5. 29　第一二九師宋任窮率騎兵佔冀南永年縣城。

是月　賀龍派王震率第三五九旅開赴恒山地區，闢恒山根據地；宋時輪支隊開赴冀察邊區，開闢平西根據地；賀指揮第六一六團由五寨推進雁北，發展武力。

是月　徐向前率第一二九師、第一一五師各一部挺進冀豫大平原，建立根據地發展武力。

6. 1　蔣鼎文報告，蘇俄飛機降落膚施，決非航線迷失，似應嚴予交涉。

6. 5　江西省政府主席熊式輝報告：贛境共黨及軍隊秘密組織潛伏情形。

6. 10　中共王新亭率第七七一團由太行進抵冀南永年、肥鄉、成安一帶。

6. 12　第八路軍總部在第一二九師成立新三八五旅，轄第七六九團、獨立團、汪乃貴支隊。陳錫聯爲旅長，謝富治爲政治委員。

6. 15　朱德、彭德懷令大青山支隊李井泉推進綏遠，開闢大青山根據地。

6. 18　新四軍第一支隊陳毅部，對衞岡日軍汽車進行偷襲，毀汽車四輛。（共參公布）

是月　中共宋時輪支隊，殺害曾經領導冀東七縣抗日的民軍司令青年黨人洪麟閣。

是月　中旬，第八路軍第一一五師一部，攻擊晉西日軍第百九師團第百八旅團，擊斃旅團長山口少將以下一千二百人，焚毀汽車三十輛。（共參公布）

7. 1　蔣委員長電陝西省政府主席蔣鼎文派員至漢口與林祖涵商討陝北問題。

同日　新四軍第一支隊偵察班，對新豐日軍進行偷襲，燒毀日軍駐地新豐小學一座。（共參公布）

7. 6　第八路軍總部命令宋時輪、鄧華支隊，挺進冀東、平北，建立冀東根據地。

7. 15　第十集團軍總司令劉建緒報告，溫州地區共黨秘密活動情形。

7. 19　蔣委員長致電陝西省政府主席蔣鼎文，令從速規定陝北特區（中共陝甘寧邊區）問題及其範圍權限。

8. 1　中共第六次全國代表大會在延安舉行。

8. 3　劉建緒報告浙省共黨潛伏情形。

8. 14　中共冀南行政公署成立，楊秀峰爲主任，宋任窮爲副主任。

8. 16　貴州省主席吳鼎昌報告，中共湘西青年團引誘青年情形。

8. 20　河北省政府主席鹿鍾麟赴山西屯留故縣鎮，與共軍彭德懷、劉伯承商杜絕衝突事。

8. 21　軍統局副局長戴笠報告，蘇聯派儒朱等來華辦理中蘇共黨與紅軍聯絡事宜。

8.24 戴笠報告：共黨封鎖其邊區政府所屬各鄉村，每軍皆派有第八路軍檢查員，會同當地農民自衞隊，日夜放哨檢查行人，凡出入者，須持第十八集團軍證明文件；如遇國民黨員或公務員無證入界者，即予暗殺，以杜洩漏消息。

8.28 中共在延安成立抗日軍政大學，招訓各地青年。

9.4 中共「陝北邊區副主席」張國燾與毛澤東決裂，自延安到西安。

9.6 張國燾抵漢口，發表「敬告國人書」責毛澤東等人「獨立自主，別立門戶，不以國家民族爲重」，缺乏團結抗戰誠意。

9.14 中共中央政治局密令所屬：「利用抗戰機會，圖謀發展，決不放棄共產主張」。

9.23 中共公布：開除張國燾黨籍。

9.29 行政院長孔祥熙呈報：中共未經中央核准擅設冀南行政主任公署。

同日 中共晉冀察邊區部隊，伏擊張家灣日軍第二十六師團，擊斃聯隊長正亞大佐以下千人。（共參公布）

同日 中共晉冀察邊區部隊，伏擊伯蘭鎮日軍獨立第四混成旅團，擊斃清水部隊長以下六百餘人。（共參公布）

9.30 河北省政府主席鹿鍾麟呈報：中共擅設冀中冀南兩行政主任公署，請示中央如何辦理。

10.2 鹿鍾麟呈報中共醞釀成立冀察熱邊區政府。

10.5 鹿鍾麟再向中央請示如何處理冀南行政主任公署問題。

同日 第一戰區司令長官程潛呈報處理中共冀南行政主任公署原則。

10.15 第一戰區司令長官程潛報告：第十八集團軍以蓬萊、黃縣、掖縣爲北海區，設行政督察專員、警備司令及銀行等。

10.18 劉建緒報告浙省共黨潛伏活動。

同日 第三戰區司令長官顧祝同報告：新四軍軍長葉挺以不易行使職權，頗懷去意，請予慰留。

10.20 山東省政府主席沈鴻烈報告：共軍鯨呑河北，蠶食山東，抗戰其名，攘奪其實，請明定防區，以利抗戰。

10.21 新四軍軍長葉挺報告：以該部內容複雜，性質特殊，更慮部屬秘行未易備知，以致憂憤交侵，舊疾復發，懇請免去軍長職務。

10.23 朱德到漢口謁蔣委員長。

10.28 中共晉冀察邊區部隊，伏擊張家灣日軍獨立第二混成旅團，擊斃旅團長常寛治少將以下三百六十人。（共參公布）

是月 第八路軍戰地記者團在延安成立，由政治部統轄，團員二十一人，分組前往第一一五、第一二〇、第一二九師，及晉察冀軍區採訪。

11.3 中共晉冀察邊區部隊，伏擊五臺日軍第百九師團，擊斃日軍一三五聯隊蚋野大隊長以下五百餘人，俘虜二十一人，繳獲大砲四門。（共參公布）

11.6 中共中央第六次全會通過對於各級黨部工作紀律案，毛澤東在全會上作總結報告。

11.11 鹿鍾麟呈報中共冀南行政主任公署已令行撤銷，但中共復揑造民意希圖保留。

11.15 中共自本日起，派其冀中軍區呂正操、冀南軍區宋任窮兩部，圍攻河北民軍總指揮張蔭梧三個師一個縱隊。

11.19 張蔭梧報告，日僞軍進攻南宮之際，共軍盡行他調，假手敵人以粉碎河北省政府。

是月　中共滲透山東第六區行政專員范築先之抗日游擊隊，乘范築先殉職之際，由徐向前吞併，改爲山東縱隊，派張經武爲司令。

是月　第八路軍在冀中、冀南等地區猛攻國軍及游擊隊。

是月　第八路軍陳賡部開入魯西南館陶。

是月　中共晉冀察邊區部隊，對日軍某部進行攻擊，奪取阜平縣城。（共參公布）

12. 1　第八路軍晉南幹部學校在晉城成立，朱瑞任校長。

12. 10　賀龍令李井泉調第七一五團主力由大青山開赴冀中。

12. 16　沈鴻烈報告，第十八集團軍與民團衝突情形。

12. 19　沈鴻烈報告，第十八集團軍藉口進駐聊城，懇予制止。

12. 20　河北民團總指揮張蔭梧報告，第十八集團軍在冀省專橫情形。

12. 22　賀龍率第一二〇師主力由晉西嵐縣挺進冀中，執行擴軍任務，並鞏固冀中區。

12. 27　沈鴻烈報告，第十八集團軍藉口進駐聊城。

12. 28　尹南游擊司令章文軫報告，第十八集團軍賄放日貨，強派捐款。

12. 30　蔣委員長召見第十八集團軍副總司令彭德懷，嚴令該軍及共黨勿破壞河北行政系統。

同日　第十八集團軍合賀龍及趙成全、呂正操等部與東進縱隊、青年縱隊等，包圍攻擊博野、小店等地區，並襲擊河北抗日民軍張蔭梧、喬明禮等部，爲共黨於河北擴大破壞抗戰與摧殘友軍之始。

是月　中共圍攻冀察戰區冀中游擊司令部於博野。

是月　第八路軍總部任命倪志亮爲晉冀豫軍區司令員，王樹聲副司令員。

是月　朱德、彭德懷令第一一五師陳光，率第三四三旅主力進入山東地區，發展武力。

民國二十八年

1. 1　沈鴻烈報告，第八路軍在魯西收繳保安團隊槍枝，並攻城陷邑驅走縣長。

1. 4　第六十九軍軍長兼冀察戰區副總司令石友三報告，八路軍在冀蹂躪民衆及與冀省府對立情形。

同日　劉伯承、宋任窮由南宮到冀縣與鹿鍾麟會談。

1. 8　中共為爭取石友三，派劉志堅到南宮喬村與其會談。（劉志堅北伐前後曾追隨馮玉祥）

1. 12　程潛報告，第八路軍在冀亂政干紀，阻擾軍事。

同日　鹿鍾麟報告，中共派軍入冀編併地方團隊實行植黨擴軍情形。

1. 14　劉伯承再度與鹿鍾麟會談。

1. 16　鄧小平與石友三會談。

同日　第八路軍總部任命王宏坤為冀南軍區副司令員，冀南軍區與東進縱隊分開，建立軍區機構。

同日　第八路軍在陝北及陝甘寧邊區陽用政府之名，陰行蘇維埃紅軍之實。

1. 17　中共「陝甘寧邊區」參議會開幕，翌日選高崗、張邦英為正副議長，二月四日閉幕，自訂政策及「法律」。

1. 25　程潛報告，八路軍未奉令擅自移入隴海線以北地區。

同日　鄧小平再次與石友三會談。

2. 1　中共晉綏邊區行政會議公布施政綱領， 續範亭任邊區行署主任。

2. 2　晉東第八路軍劉伯承部克遼縣；冀中第八路軍賀龍部擊退自河

開來犯日軍。（共參公布）

2.4 第八路軍第一二〇師對朱灣日軍某部進行伏擊，繳獲大車八十輛。（共參公布）

2.7 朱紹良報告，共軍拒絕騎兵第二軍何柱國部進駐慶陽，乞令制止。

2.13 中共冀中軍政委員會和總指揮部成立，賀龍任書記及總指揮。

2.20 新四軍一部襲擊江寧日軍某部，俘虜日軍二人，繳獲步槍二十支。（共參公布）

2.28 陝北二十三縣民衆代表請求政府撤消陝甘寧邊區政府及綏(德)米（脂）葭（縣）吳（堡）清（澗）警備區。

是月 八路軍總部派彭德懷赴冀南與鹿鍾麟商談解決河北摩擦問題。

是月 共軍郭洪濤部襲擊魯南國軍之軍事委員會別動第五縱隊秦啓榮部，另在山東萊陽派軍殺害國民政府派赴敵後抗日人員中統局第三組組長盧斌。

是月 第八路軍第一二九師陳賡旅，襲擊城固日軍某部，殲滅日軍二中隊。（共參公布）

3.2 第十八集團軍第一一五師抗命自山西進抵魯西鄆城。

3.13 第十八集團軍趙成全部等圍攻河北焉王莊之河北省保安第三旅劉鳳凱部。

3.14 第八戰區司令長官朱紹良電報中央，「八路軍」於甘肅慶陽實行割據，擅組非法團體，殘害人民。

3.15 天水行營主任程潛報告，陝甘邊區民衆請求取締第八路軍特區政府。

同日 程潛報告，陝甘邊區共軍擅組「特區政府」，妄頒法令，勒索錢糧，強抽壯丁等不法情形。

3. 20　蔣委員長委任朱德爲第二戰區副司令長官，朱於二十七日通電就職。

3. 21　沈鴻烈報告，共軍在陵縣乘保安團于治良不備，將其繳械。

3. 23　戴笠報告中共特區政府密令各縣防止國民黨活動。

3. 28　鹿鍾麟報告，第八路軍無誠意合作協同抗敵，且隨時予國軍以乘勢壓迫繳械之威脅。

是月　中共在皖北煽動第五戰區第十四游擊縱隊盛子瑾部叛變投共。

是月　賀龍指揮第七一五團和冀中部隊，擊潰文安柴恩波第二支隊，俘四百餘人。

是月　新四軍某部襲擊虹橋機場，毀日機四架。（共參公布）

4. 7　程潛呈報關於整個河北問題擬具對第八路軍提出之意見。

4. 8　程潛轉呈鹿鍾麟部在冀中情況，中共彭德懷有意規避與彼會面。

同日　三民主義青年團中央團部書記長陳誠，抄呈山東支團部籌備處主任秦啓榮與察哈爾民政廳長畢澤宇，電陳共軍在魯冀襲擊國軍情形。

4. 13　朱紹良報告，第八路軍在鎭原實行生產運動，逼租民田，強奪農具。

4. 20　沈鴻烈報告，秦啓榮部遭受共軍圍攻情形。

4. 23　第八路軍第一二〇師三個團與第三縱隊一部，對齊會日軍第二十七師團渡佳行聯隊進行包圍，日軍傷亡大半，被俘六人。（共參公布）

4. 27　鹿鍾麟報告中共造謠中傷，發動有計劃之摧殘與破壞。

4. 29　劉伯承（第一二九師）部襲擊河北任邱縣國軍游擊隊。

是日　第八路軍第一一五師一部，對進攻陸房日軍進行防禦，激戰三

天，日軍傷亡一千三百人。（共參公布）

5.9 程潛報告，彼致朱德、彭德懷，電告以第十八集團軍在冀作戰應遵照命令，協同動作，不可有自相殘殺之舉，違者按軍法懲處。

5.10 安徽省政府主席廖磊報告，第八路軍、新四軍於宿縣圍攻村莊，掠繳民槍。

5.13 鹿鍾麟報告，第八路軍襲擊張蔭梧部。

5.14 顧祝同報告，新四軍收編管文蔚部開至江與，企圖侵佔江北。

5.15 沈鴻烈報告，第八路軍圍攻辛店等警局，殺人繳械。

5.18 廖磊報告，第八路軍在睢溪扣押聯保主任，勒繳民槍。

5.26 沈鴻烈報告，第八路軍包圍臨冠邱（臨沂、冠縣、邱縣）邊境特區警局，繳械殺人。

5.28 陝西省政府主席蔣鼎文報告，第八路軍包圍栒邑縣府搶掠。

是月 中共晉冀察邊區部隊，對進攻邊區北部上下細腰澗及大龍華之日軍進行防禦戰，日軍遺屍近千。（共參公布）

是月 中共海南游擊隊，襲擊瓊崖日軍某部汽軍一輛，繳獲輕機槍一挺，三八式步槍六支。（共參公布）

是月 彭德懷應河北省主席鹿鍾麟之邀，到冀南會晤，二十六日進行談判。

是月 鄧小平、劉伯承率中共冀中七支隊回擊張蔭梧、趙雲祥、喬明禮、王子耀等部。

6.2 軍統局局長賀耀組、副局長戴笠報告八路軍擴展實情。

6.10 蔣委員長召見周恩來、葉劍英，規誡共軍，應信守諾言，服從政府命令，執行國家法令，解決各地糾紛。

6.12 中共新四軍與國軍楊森部在湖南平江發生衝突。

同日　第二十七集團軍總司令楊森所部特務營，搜擊新四軍非法之平江通訊處，職員被擊斃及處死者十人。

6. 13　彭德懷再晤河北省主席鹿鍾麟，共商解決河北問題。

6. 18　蔣委員長致電陝西省政府主席蔣鼎文、甘肅省政府主席朱紹良，希與周恩來洽商，公平處理陝甘與八路軍之衝突。

6. 21　中共第十八集團軍賀龍、呂正操、劉伯承等部，圍攻河北民軍總指揮張蔭梧於深縣北馬莊，復又幾度截擊於邢臺、贊皇等地，民軍旅長李俠飛等三百餘人陣亡。

6. 28　石友三報告，華北部隊外有強敵，內有共軍襲擊，影響抗戰工作。

6. 30　國民政府頒布「限制異黨（中共）活動辦法」。

是月　中共東江游擊隊某班，襲擊虎門日軍，全班陣亡。（共參公布）

7. 1　鹿鍾麟報告八路軍襲擊張蔭梧部經過。

7. 2　軍令部長徐永昌呈報第十八集團軍與鹿鍾麟、張蔭梧部衝突情形，及擬具辦法表。

7. 5　程潛報告，已派張荔田等赴肇事地點，徹查張蔭梧部與第八路軍衝突事件。

7. 7　中共以第八路軍名義通電，懇嚴懲投降妥協份子，取銷反共反第八路軍活動。

7. 11　程潛報告，第八路軍圍襲山東長清縣政府，槍殺科長及保安隊長。

7. 13　鹿鍾麟報告，中共賀龍師、呂正操部襲擊張蔭梧、喬明禮部情形。

7. 17　鹿鍾麟報告，民政廳職員被共軍俘去，秘書主任慘遭殺害。

8.2 第八路軍第一一五師一部於魯西梁山與日軍第三十二師團長田大隊接觸。（共參公布）

8.8 沈鴻烈報告，第八路軍擅委縣長，圍攻長清縣政府，搶掠一空。

8.10 寧夏省主席、第十七集團軍總司令馬鴻逵報告，中共庇護奸商走私日貨。

同日 張蔭梧致賀耀組，謂第八路軍圍攻該部第二師，槍殺連長劉海泉等人。

8.13 湖北省政府代主席嚴重（立三）報告，新四軍於黃安禮山縣境活動，專收槍枝。

8.14 廖磊報告，新四軍宣傳赤化，吸收青年，稍拂其意，卽加以漢奸頭銜。

8.15 沈鴻烈報告，第八路軍山東縱隊告民衆書，聲稱撤換政府官吏，同時擅自派任縣長，攘奪地方政權。

8.16 監察院于右任院長送河南、山東監察使李嗣璁電，陳述共黨詆譭河北軍政當局，各部隊被共軍解決者時有所聞，非中央速派大軍北上，則河北前途不堪設想。

8.17 程潛報告，第八路軍私自發行紙幣。

同日 廖磊報告，中共向鄉村強索勒派糧食。

8.19 劉伯承赴冀西與鹿鍾麟會談。

8.23 嚴重（立三）報告，新四軍於湖北安陸境內收繳自衞槍枝。

8.24 朱德、彭德懷在山西磚壁八路軍總部電臺，向蔣委員長拍發一封附有證據長電，揭發第六十九軍軍長石友三投日叛國。

8.27 第五戰區司令長官李宗仁報告，新四軍彭雪楓部在淮北擴大勢力，不願抗戰，請調歸建制，在指定游擊區內活動。

8. 30　日軍陷山西長治，未見共軍抵抗。

是月　鄧小平召集第一二九師幹部，研究對付張蔭梧辦法，提出要毫不客氣地打擊張蔭梧、王子耀。

是月　彭德懷令陳賡部入太岳地區發展武力。

9. 3　程潛報告，八路軍襲擊山東游擊第三縱隊秦啓榮部情形。

9. 4　山東省政府主席呈報：中共北方局山東分局宣言撤換行政官吏，民選各級人員，實行委員制與編造童謠煽惑民衆。

9. 6　重慶新華日報刊出九月一日毛澤東談話，謂蘇德之不侵犯協定鞏固了德蘇和平，打擊了日本，援助了中國。

9. 11　毛澤東談國共摩擦問題說：「人不犯我，我不犯人，人若犯我，我必犯人。」

9. 12　程潛報告中共壓迫民衆，捏造事實誣陷石友三部，以期驅逐國軍，開展其冀南統治之陰謀。

9. 25　第八路軍第一二〇師本日起，對進攻陳莊日軍第八混成旅團進行包圍，至三十一日，日軍傷亡一千人。（共參公布）

是月　中共襲擊山東保安第八、二十七旅。

是月　中共包圍解決第二戰區第三游擊師於察哈爾渾源，師長張誠德遇害。

10. 2　廖磊報告：八路軍、新四軍刻在皖中、皖北作擴軍競賽，強繳民槍。

10. 4　鹿鍾麟報告，中共設冀南銀行，發行僞鈔，禁止使用法幣。

10. 7　蔣鼎文報告，中共以多批日貨，經栒邑向各地推銷。

10. 8　張蔭梧報告，查獲中共晉察冀邊區政府密令解決民軍，以粉碎中央政權。

10. 26　邢臺郝瑞員向行政院長孔祥熙報告，晉冀邊區銀行情形。

10.28 第三十四集團軍總司令胡宗南報告，八路軍乘日軍掃蕩之際，向國軍總攻。

是月 張蔭梧針對毛澤東在新華日報就河北問題的談話內容，說明河北國共摩擦眞相。

是月 羅榮桓率部越過津浦路進入魯南；曾恩玉率中共抗日大學學生四百餘人由太行山到達魯西。

11.3 中共楊成武支隊包圍淶源日軍第二混成旅團，擊斃旅團長阿部中將及其所部五百餘人。（共參公布）

11.4 八路軍總部令津浦支隊（孫繼先）改歸山東第一縱隊（張經武）建制。

11.11 新四軍第八團留守處主任王國華，率兵七、八百人截擊河南確山徵送之新兵，並殺害當地之聯保主任和地方人士，遭當地地方武裝所擊潰。

11.18 第四十八軍軍長兼第二十一集團軍副總司令張義純報告，桐城第二游擊大隊第六、七、八中隊，受新四軍煽惑叛變。

11.19 第三十一集團軍總司令湯恩伯報告，中共王震部圍攻綏德專署。

11.20 第十七軍軍長高桂滋呈報，中共於蘇魯、冀察、冀魯、晉察各邊區建立與陝甘邊區相同之特區。

同日 張義純報告，新四軍第四支隊未遵令開回江南，且有第一、三支隊等部由江南開來皖北等情。

同日 李宗仁報告，新四軍在湖北安陸縣境強收合作貸款。

11.26 賀耀組、戴笠報告，陝北綏德第十八集團軍非法情形。

11.28 山西「犧牲大同盟」（閻錫山所組，多爲中共份子）決死隊第二縱隊第二旅，由中共韓鈞（第二旅政治部主任）策動，襲擊第四縱隊。

12. 5　第二戰區司令長官閻錫山報告，獨二旅政治部主任韓鈞鼓動該旅一部在山西隰縣附近叛變。

同日　張義純報告，豫中區游擊支隊長胡普照率部叛變，有併入新四軍模樣。

12. 8　龍雲、薛岳通電抨擊共黨。

12. 9　程潛報告，第十八集團軍於陝西定邊圍襲新一軍陳國賓團情形。

12. 10　第二戰區第六集團軍陳長捷部主力，集結蒲縣、午城、大寧、隰縣、永和、石樓間地區，準備清剿韓鈞叛部。

12. 12　第六集團軍分路向石口、川口、雙池、大麥郊區一帶清剿韓鈞叛逆盤據地區。

12. 15　中共冀中軍區第二十一、第二十二團，分別進入東鹿、寧晉及衡水、景縣地區。

12. 17　甘肅慶陽民衆團體向中央各機關報告，隴東第十八集團軍襲擊寧縣、慶陽之不法情形。

12. 18　第二戰區參謀長楚溪春報告，韓鈞等叛變情形。

12. 19　程潛報告，中共圍剿河北阜城縣團隊及乘寧晉縣團隊與日軍激戰之際偷襲。

同日　寧夏省政府主席馬鴻逵報告，八路軍與鄂旗摩擦情形。

12. 20　鹿鍾麟報告，中共在冀省強迫征糧，拘捕村民。

12. 21　第二戰區閻錫山部攻佔石樓之康城石口，中共韓鈞、張文昂敗走，與晉北晉南之薄一波聯合，晉決死隊（新軍）十團爲中共兼併。（薄爲晉東南第三區行政專員）

同日　程潛報告，第十八集團軍襲擊甘肅合水、鎮原兩縣情形。

12.23 程潛報告，山東臨淄八路軍李人鳳擅委縣長，捕殺縣府人員，以及圍攻劉榮亭部。

同日 第三十四集團軍總司令胡宗南報告，第八路軍在隴東襲擊國軍。

12.25 閻錫山向蔣委員長報告，山西新練之「決死團」十二個團，皆爲共黨煽動叛變。

同日 程潛呈報第八路軍組織秦（甘肅）西抗日行政委員會。

12.26 程潛報告，中共在山東渾城催繳錢糧雜稅，攤派救國捐子彈費。

同日 鹿鍾麟報告，中共糾集民衆，前爲男人，後爲女人，最後爲部隊，到高陽倪家莊聲稱找縣府領糧，查係共黨有計劃之行動。

12.27 中共襲擊山東壽光保安第十六旅。

12.28 鹿鍾麟報告，八路軍於各區縣成立冀南銀行、代辦所，限期吸收法幣。

是月 第十八集團軍徐向前部開至山東，乘國軍與日軍激戰之際，到處圍攻地方團隊及各地民衆自衞組織。

是月 中共襲擊冀察戰區第三游擊支隊孫仲文部於鹽山，繳槍械千餘枝，燒燬村莊八個，人民流離失所，孫仲文被害。

民國二十九年

1.1 共軍劉伯承部圍攻河北威縣之石友三軍。

同日 山東省政府主席沈鴻烈向中央執行委員會報告，第八路軍在魯破壞軍政，擾害人民種種不法的情形。

1.6 中央調查局兼局長朱家驊、副局長徐恩曾報告：皖境共黨對下級中心工作之指示。

1.7 陝西省第二區行政督察專員何紹南報告，淸焉縣府查扣光華商店私收日貨，第十八集團軍武裝干涉，並武力阻糧運綏，就地搜刮。

1.8　軍事委員會調查統計局兼局長賀耀組、副局長戴笠報告：隴東共黨違法情形。

1.12　朱家驊、徐恩曾報告，河北共軍謀阻止中央軍北上。

同日　共軍劉伯承部圍攻正在河北元氏黑水河集中點驗之冀察戰區游擊第四縱隊侯如墉部、第二縱隊夏維禮部、民軍喬明禮部等，造成軍事委員會檢閱官黎惠孚、徐竹齋及受校官兵一千二百餘人被殺害。

1.13　何紹南駁斥朱德、彭德懷對己之誣衊。

1.14　第五戰區政治部主任韋永成報告，與中共華中局友軍工作部長項廼光密談透露中共對國軍內部活動情形。

1.17　石友三報告，第十八集團軍攻擊景縣、阜城、故城、新河各縣。

1.18　賀耀組、戴笠報告，河北共黨擾亂地方情形。

1.19　賀耀組、戴笠報告，晉東南共軍爭奪修械所機械，與駐軍衝突之情形。

同日　鹿鍾麟報告，第十八集團軍發行冀南鈔票與公債，企圖吸收法幣。

1.20　程潛報告，第十八集團軍圍襲軍委會校閱第五組，徐佛觀主任（卽徐復觀教授）逃回，其餘人員失去連絡。

同日　閻錫山與朱德在山西衝突，國防最高委員會下令制止。

同日　閻錫山報告，韓鈞叛變致礙冬季反攻。

1.26　軍委會駐晉人員孫步墀報告，中共重用徐向前人地關係對晉鬬爭。

1.29 中共延安會議，要求以西北陝、甘、寧、新四省爲特區。

1.30 國軍鹿鍾麟部三連，護運印刷機、紙張等物件，在沙河北渡口遭中共軍（原一二九師）包圍繳械，國軍官兵傷亡過半，器械均遭掠去。

同日 陝北共軍占鄜縣，擄走鄜縣縣長，並將保安團隊繳械。

1.31 第六戰區江防軍司令郭懺報告，漢川縣武器均被新四軍收去。

同日 程潛報告，第十八集團軍襲擊國軍日趨極端，意在排除中央勢力，並非局部摩擦。

同日 劉伯承赴冀西對朱懷冰、鹿鍾麟、新二十四師師長張東凱、冀察游擊第二縱隊隊長夏維禮等進行爭取工作。

是月 中共在山西壽陽、楡次，迭次襲擊國軍新編第二師。中共襲擊第二戰區游擊隊黎明部於山西香山大南溝一帶。中共賀龍部襲擊冀察戰區第七游擊縱隊於靈壽，司令趙侗及由重慶派來抗日熱血青年一百二十人均被殺。

2.2 程潛報告河北問題處置後，冀南中共每縣號召代表五人，由八路軍護送赴中央請願保留主任公署。

同日 第五戰區司令長官李宗仁報告，新四軍強繳盱屬牛塔集警備團隊槍枝。

同日 蔣委員長示蔣鼎文、胡宗南，約商西安各銀行設法防止偷運法幣至陝北晉豫等地，與獎勵軍民儲蓄。

同日 第十戰區司令長官兼陝西省政府主席蔣鼎文報告，第八路軍包圍鄜縣縣政府，迫繳保安隊槍械。

2.4 鹿鍾麟報告，中共在冀南強迫行使冀南鈔票，禁止法幣流通。

2.5 蔣鼎文報告，中共決議積極向東發展使陝甘寧邊區與晉察冀邊區打成一片。

2.6 朱家驊、徐恩曾呈報晉察各省共黨騷擾情形。

2.11 軍事委員會別動總隊總隊長康澤報告，共黨在西北動向。

同日 戴笠轉呈胡子謀等之報告，河北中共進攻石友三第六十九軍。

同日 八路軍總部令晉察冀軍區挺進支隊（蕭華）越過正太路進入晉東南地區歸第一二九師（劉伯承）指揮。並下令進攻國軍龐炳勳、朱懷冰、石友三等部。

2.13 李品仙報告，第六區行政督察專員兼第五戰區第十四游擊縱隊司令盛子瑾勾結八路軍叛變。

2.14 八路軍第一一五師殲滅游擊隊孫鶴齡部，佔魯南山區要地白彥。

2.15 程潛報告，第八路軍與石友三部已血戰五晝夜，八路軍傷二千四百餘名，國軍亦傷亡五百名，現仍激戰中。

2.17 「中共陝甘寧邊區主席」林伯渠等誣控陝西第二區專員何紹南並請委任中共之王震為二區專員。

2.20 中央調查統計局致財政部，抄送黎城第十八集團軍偽造法幣報告。

同日 中共抗日大學總校由延安經晉西北、晉察冀，抵晉東南蟠龍鎮。

2.21 第十八集團軍第五支隊在山東招遠襲保安二十七旅時，擄別動總隊四十七梯隊司令趙鼎銘，以鐵絲穿其耳遊街後腰斬。

同日 中共第八路軍進襲山東商河後坊子國軍第二十五旅，旅長孫唐臣受傷被俘；又襲擊惠民國軍第六十二團，俘去官兵數十人。

同日 第八路軍總部指示：民國二十九年全軍再整編五十個團，分配所屬各部隊。

同日 山東陽穀縣特務隊被中共繳械，隊長王成章、指揮員王成式殉難。

同日 駐山東蒙陰六區之縣保安隊被中共繳去步槍三十餘枝。

同日 中共軍第五支隊乘山東日軍犯棲霞之際，全力猛襲招遠縣府及保安第二十七旅徐淑明部，縣長王振熙遇難。

同日 山東茌平特務大隊王青芸部被圍襲，俘去官兵十餘人均被害。

2. 22 程潛報告，中共第十八集團軍襲擊冀南國軍朱懷冰部。

2. 23 中共八路軍偷襲冀南清豐、固城集石友三部、民軍喬明禮部，轉戰大名、濮縣、東明等地，石部等被迫退至黃河南岸。

2. 24 李宗仁報告，中共新四軍在皖東活動，全力出動爭取洪澤湖根據地。

同日 李宗仁報告，第八路軍代表沈連城等與僞維持會會長閔慶雲及日軍代表在平漢路東太庠密商互不侵犯，並利用叛部盛子瑾反抗政府。

2. 29 喬明禮報告，遭第八路軍圍襲及其人員多數被中共所殺情形。

同日 中央社會部抄送財政部，中共在冀南推行冀南銀行紙幣，並於黎城僞造法幣情形。

同日 安徽省政府主席李品仙報告，新四軍乘國軍與江浦日軍激戰時圍攻滁縣縣府。

同日 鹿鍾麟報告，其墮馬受傷，軍政不能親加處理，而共黨猖獗，石友三、朱懷冰兩軍腹背受敵，請准辭職。

是月 中共派陳光、楊勇等部四萬人，圍攻魯西行署所在地歡城。中共襲擊河北鹽山國軍高樹勛部。中共襲擊魯西兩個保安旅。

是月 中共朱德、彭德懷、左權、楊尚昆等，在王家峪八路軍總部與國軍第九十七軍軍長朱懷冰進行談判。

是月 中共晉察冀軍區司令員聶榮臻和冀中第三縱隊司令員呂正操、

政委程子華，率共軍三、四萬人南下，支援太行、冀南，進攻國軍。

3.1 李品仙報告，皖東共軍強繳滁縣、全椒常備隊槍械。

同日 蔣鼎文呈報中共陝北警備旅蕭勁光要脅新任第二區專員包介山不得往綏德到職。

同日 第二戰區游擊司令黎明通電，述晉東南共軍進攻國軍眞相。

3.2 衞立煌報告，第八路軍襲擊第一戰區校閱第二組情形。

3.3 程潛報告，陝北中共王震部圍襲吳堡、義北等處保安團隊，一律繳械，並扣押清澗縣縣長。

同日 李品仙報告，新四軍強繳嘉山縣後備隊槍械。

同日 國軍第九十七軍朱懷冰部在磁縣、武安遭第八路軍第一二九師與呂正操部等四萬餘人包圍，陷於自衞苦戰。

同日 鹿鍾麟報告，共軍企圖截斷朱懷冰軍後路，三面圍攻，一網打盡。

3.5 中共派軍包圍陝北延川縣政府，將其保安團隊繳械。

3.6 中共冀南軍區第六軍分區邢仁甫部，襲駐山東無棣縣東良莊之省保安旅張子良部。

同日 第十八集團軍第一一五師第三四三旅補充團彭雄部襲擊山東費縣六區凹暴村，傷亡民衆九十餘，擄去婦女六十餘，房屋悉行焚燬，糧食衣物刼掠一空。

同日 李品仙報告，新四軍在皖境進擾情形。

同日 魯蘇戰區第三縱隊孫子元部，途經第十八集團軍駐地，派往接洽之副官龍效鼎、張興蘭遭扣留，又遭猛攻。結果力戰衝出，但被擊斃士兵八名，傷十四名，俘去九十六名，被繳步手槍六十餘枝。

3.7　毛澤東發出「關於與國民黨作戰」的指示。

3.8　鹿鍾麟報告，中共以數倍兵力繼向彼及朱懷冰部襲擊。

同日　蔣委員長嚴戒第十八集團軍參謀長葉劍英不應認防地爲己有，以及襲擊友軍，殘殺官吏，搜徵民糧等不法行爲。

同日　中共八路軍與國軍新五軍孫魁元部在冀北上下陳村、塞門、姚村激戰，新五軍整編第四師師長康翔負傷失踪，損失甚衆。

同日　國軍第九十七軍軍長朱懷冰力戰後自林縣東北撤退，沿路處處遭中共伏擊，九日衝出重圍，僅餘官兵不滿千人。冀中南共軍第一一五、第一二九師襲擊孫良誠、高樹勛部，激戰後孫、高向魯西轉進。

3.9　李品仙報告，皖東中共組織暗殺隊，專殺我方官長，召集民衆詆毀政府及軍政長官言論。

同日　衞立煌報告，新四軍由皖北魯西竄擾豫東時，有搜剿民槍圍攻團隊，綁票勒贖情事。

3.11　程潛報告，中共以賀龍、林彪、劉伯承、呂正操各部精銳，追擊朱懷冰部。

同日　鹿鍾麟報告，朱懷冰部南移，行經林縣遭共軍襲擊。

同日　衞立煌報告，鹿鍾麟被中共軍跟踪追擊。

3.12　蔣委員長命衞立煌，限令第十八集團軍所部撤至山西長治、河北邯鄲之線以北。

同日　國軍石友三部因未得援助向菏澤方面潰退。

3.13　鹿鍾麟抵晉城附近之柳樹口外。

3.15　蔣委員長致電陳誠，指示政工人員應嚴防共黨兵運。

3.16　鹿鍾麟報告，中共全力圍襲，華北岌岌可危，請辭本兼各職。

同日　成都警察局長唐毅檢呈於陸雲（即陸容勤）身畔搜出共黨省委

劉道生致陸雲威脅函一件。

同日　李品仙報告，廬江、全椒等地自衞槍枝，爲新四軍繳去情形。

同日　第七戰區司令長官余漢謀報告，第三游擊隊所屬曾生部及第四游擊縱隊王作堯部受中共煽動叛變。

3.17　程潛報告，鹿鍾麟、朱懷冰等部受中共圍攻，鹿部撤抵晉城附近。

3.18　中共艾光標部包圍山東沂水沙地鄉公所，繳去長短槍四十五枝。

同日　蔣鼎文呈報，中共決議打通陝甘寧、晉察綏邊區，抽壯丁，突擊國軍八十六師，分配土地，及暗殺政府公務員。

同日　第十八集團軍東進支隊宋任窮在山東費縣渠邱召集民衆大會，並在東昌組織縣政府。

3.19　第十八集團軍徐冀皓部將山東諜報員吳德明，及陽穀縣府職員九人活埋，又將山東省府駐蒙陰聯絡站副官曹盛章捕去活埋。

3.20　成都行轅保安課長李又生報告「成都搶米風潮經過」。

同日　程潛報告，第十八集團軍留陝部隊之獨立營，接替鄜縣城防與該縣團隊相持之情形。

3.21　沈鴻烈報告，八路軍襲擊秦啓榮部，迫近省府駐地僅有二十里。

同日　中共派津浦縱隊蕭華部，襲擊山東省保安第二十五旅，並將其全部消滅。

3.23　蔣鼎文呈報中共決以武力奪取陝西省一、二兩專區。

3.24　李品仙報告，合肥梁家集及二區石塘等處自衞槍枝，悉被新四軍繳去。

3.25　鹿鍾麟報告，共軍續向彼截擊，其手段之毒辣，請當局勿視爲局部小事，早日決定制共大計。

同日 中共中央政治局會議。

3.26 程潛報告，朱懷冰爲共軍圍襲，朱軍長負傷，已給假醫療。

同日 李宗仁報告，新四軍江北縱隊羅炳輝部在定遠、全椒、含山、和縣、嘉山等縣，襲擊國軍，驅除縣長；魯南新四軍第四游擊支隊彭雪楓部，據泗縣、靈宿、及亳蒙邊境，彼此互相接應。

同日 中共攻佔陝北吳堡縣，並將該縣保安團隊繳械。

3.28 顧祝同報告，中共奉第三國際令限今年底在蘇北組設蘇魯皖豫邊區政府。

3.30 李品仙報告，皖省黃絲灘護堤自衞隊槍枝，爲中共江北縱隊羅炳輝收繳。

同日 蔣鼎文報告，中共以武力侵佔陝北綏德後，並佔領保德、河曲等處，楡林交通全被切斷。

3.31 李宗仁報告，新四軍於安徽方面襲擊國軍校閱委員，羅炳輝股圍攻滁縣施集常備隊並繳械。

是月 第十八集團軍艾光標部，強逼山東莒沂邊區官民認募救國捐，不允則縱火焚燬所居村落，或將縉紳綁去，多被殺害。

是月 中共在山東殺害軍事委員會中央調查統計局特派員陳文彬。

4.1 沈鴻烈報告，八路軍在魯遇日軍不戰而退，乃襲擊保安團隊情形。

4.2 白崇禧報告，新四軍擅組之戰地服務團，在鎭句、寧國一帶強索米糧轉售。

4.3 李品仙報告，中共在泗縣成立皖東北軍政推進委員會。

4.4 程潛報告，中共乘國軍冀察戰區游擊第一縱隊丁樹本部與日軍激戰，在背後擾襲。

同日　程潛報告，河北民軍喬明禮、游擊第四縱隊侯如墉、第六縱隊夏維禮三部，被八路軍摧殘。

4. 6　李宗仁報告，新四軍襲擊國軍，建立共黨組織及地方政府。

同日　閻錫山報告，第八路軍部隊冒充國軍焚燒鄉公所，搶刼商民。

4. 7　郭懺報告，新四軍潛入湖北天門蔣家場，繳去國軍獨立大隊一中隊短槍五十餘枝。

4. 12　安徽省臨時參議會議長江煒等報告，新四軍與八路軍於皖東會合，擴大騷擾。

4. 13　沈鴻烈報告，共軍在魯襲擊國軍，並繳博興保安第八旅周勝芳、魯東焦環洲、嶧縣梁繼璐、招遠第二十七旅徐叔明等部隊槍械，押扣戕害政府人員。

4. 16　第八路軍總部命令其第二縱隊楊得志離晉東南，進入冀魯豫區，同時成立冀魯豫軍區，轄三個軍分區。

同日　沈鴻烈報告，中共八路軍圍襲秦啓榮所部，肆意屠殺。

4. 20　衞立煌報告，騎兵第十四旅第二十八團第二連連長王德武受中共蠱惑刼持團長馬楨與攜械叛變。

4. 22　程潛報告，晉東南犧盟叛逆薄一波等最近動向，其中對日有局部妥協策略。

4. 23　賀耀組、戴笠報告，華中地區中共積極擴展人員、裝備。

同日　閻錫山報告，中共乘國軍與日軍在安澤作戰之際，裴麗生部向國軍襲擊。

同日　李品仙報告，新四軍在鳳臺大肆勒捐，民衆逃避一空。

4. 25　嚴重（立三）報告，共軍圍襲湖北黃坡禮山，李先念股攻擊國軍楊希超部。

4. 28　沈鴻烈報告，八路軍攻陷沂水劉日萱部之駐地尚莊，縱火焚燒及圍攻魯蘇戰區第三縱隊秦啓榮所屬第九支隊。

4. 30 中共軍隊驅逐陝西第二區行政專員何紹南，佔領綏德、米脂、吳堡、清間、葭縣。

是月 國民參政會華北慰勞視察團呈共黨擴充地盤，建立所謂邊區政府情形之報告。

是月 國民參政會華北慰勞視察團報告書，述共軍在河南之抗命違法自我擴張情形。

是月 國民參政會華北慰勞視察團報告書中，述說中共軍在甘肅抗命不法，及侵擾地方政府情形。

是月 彭德懷在梁溝兵工廠視察，指示陳志堅，兵工廠要積極在農村發展，吸收黨員，建立黨支部。

5. 5 蔣鼎文報告，陝北榆林保安隊被八路軍繳械，官兵被扣押。

5. 15 鹿鍾麟報告，所部獨立游擊第四支隊李萬實第三大隊李本卿部被第十八集團軍青年縱隊陳再道解決，李被中共槍決。

5. 17 李宗仁報告，新四軍包庇走私，運糧資日。

同日 閻錫山報告，共軍賀龍襲擊晉西克俄村國軍第七十一師部隊，樊釗師長罹難。

同日 蔣鼎文報告，中共派人在西安附近各縣鄉村，散佈謠言，破壞兵役並妨碍法幣信用。

5. 19 沈鴻烈報告，魯中共軍攻擊山東行署民團及國軍情形。

同日 閻錫山報告，中共配合日軍進攻國軍至十次之多，人民痛恨，將士憤慨。

5. 20 湖北省黨部主任委員苗培成報告，共黨在大別山外圍蠢動計畫。

5. 24 軍委會中央秘書處抄送白寶瑾快電，謂共黨在河北陰謀及第十八集團軍圍攻石友三軍報告。

5. 27　山西省政府報告，中共濫發冀南銀行紙幣，強迫使用；存有法幣者則予殺害，並僞造法幣五元鈔票，冒充國軍使用。

5. 29　朱紹良報告，中共煽動陝西國立第十中學生搶刼倉庫，毆傷教師情形。

6. 7　原佔據冀南之中共軍已移兵黃河南岸，佔領魯西，侵擾豫東皖北，與已渡江北之新四軍互相呼應，向魯蘇皖豫邊區節節進逼。

6. 10　第八路軍總部令其黃河支隊由魯西區南下至洪澤湖西區，接替蘇魯豫支隊防務。

6. 12　中央文化運動委員會主任委員張道藩報告，張渚拘獲共黨宣傳小組長，供稱新四軍各種非法行動。

6. 15　于學忠報告，中共在山東擅設僞組織及自委官吏。

6. 25　李宗仁報告，中共圍攻應山縣政府。

6. 27　衞立煌報告，中共致蘇魯豫支隊訓令，謂華北已行鞏固，極應向華中開展，該支隊已越隴海路向永城移動。

6. 30　第八路軍總部將其冀南軍區一分區劃歸冀中軍區，並將冀南軍區三分區之臨漳、城安等六縣劃歸一分區。

是月　日人籌劃橫斷河北之德石鐵路動工。

7. 1　察哈爾省政府主席石友三呈報中共在冀南濮縣大名地區設立救國會，強迫民眾入會，並實行土地改革等情形。

7. 2　石友三報告，收復濮縣，惟中共將水井填塞，飯鍋打破，碾磨埋移，房垣頹廢，無一人烟，現經光復，百姓來歸，但共軍卻又派人攔截，不准回城。

7. 4　新四軍在安徽強迫收繳民槍七千餘支，機槍廿四挺，並在蘇北先後三次襲擊國軍李明楊部。

7.9 石友三報告，中共第二縱隊楊得志股擊該部高樹勛師馬潤昌旅，並在冀南及魯西各縣，搜刮民槍，強征壯丁。

7.11 騎二軍軍長兼豫皖邊區游擊副總指揮何柱國報告，共軍於豫皖邊區成立豫皖蘇邊區聯防總司令部。以魯紫銘等二十六人爲委員，吳芝圃爲主任，牽制各縣長，統籌中共軍需。

7.12 衞立煌報告，共軍不法情形及圍攻國軍豫省馬欄保一團。

7.13 江蘇省主席韓德勤報告，中共陳毅向泰州駐軍陽示友好，暗施分化，致張公任部、陳石生部等先後叛變。

7.16 軍事委員會命令各軍避免與共軍第十八集團軍及新四軍衝突。同時以提示案四項交周恩來轉朱德等遵行。

同日 魯西國軍新五軍孫殿英、新八軍高樹勛等部受共軍第一一五師彭明治、楊勇、楊尙華、蕭華、陳再道攻擊，退黃河以北。

同日 第八路軍第一縱隊徐向前、朱瑞，山東縱隊張經武、黎玉、王建安等率所部攻擊沈鴻烈。

7.17 石友三報告，中共主力七千人向所轄新六師（高樹勛），及新四旅（孟昭進）在濮縣西南猛犯。

同日 沈鴻烈報告，共軍在山東破壞軍政，襲擊國軍團隊與行政機關，擅設僞組織，私委縣長，調集重兵企圖大舉。

7.19 顧祝同報告，新四軍在江寧縣擄縣長繳槍枝，在皖南桐陵涇縣組抗日會，作宣傳。

7.21 周恩來在重慶與陳嘉庚晤談，謂國共可妥協。

7.24 顧祝同報告，彭德懷、林彪抵蘇北積極向國軍攻擊，圖建立根據地。

同日 周恩來自重慶飛延安，商共軍戰區及編制問題。

7.25 第四十軍軍長龐炳勳報告，中共宋任窮、楊勇股襲擊范縣，並擄去威縣、任縣縣長。

7.28 第二集團軍總司令孫連仲報告，中共企圖以湖北大洪山、桐柏山為根據，擴充實力。

同日 蔣委員長在重慶告訴陳嘉庚，如欲抗戰勝利，須先消滅共黨。陳自訪問西北後，態度即趨媚共。

是月 新四軍擅自渡江北襲擊江蘇省政府主席兼蘇魯戰區副總司令韓德勤所屬蘇北游擊司令陳泰運部。

是月 第三戰區司令長官部政治部編「新四軍違法事實紀要」。

8.1 中共冀南、太行、太岳行政聯合辦事處在黎城縣西井鎮成立，楊秀峰為主任，薄一波、戎子和為副主任，是中共晉冀豫邊區最高政權機關。並由鄧小平、劉伯承、蔡樹藩、李雪峰、楊秀峰、薄一波、戎伍勝七人組成軍政委員會，鄧小平任書記。

8.11 蔣委員長條諭侍從室第一處主任張治中，應通令各戰區司令長官嚴防共軍對國軍之進攻與不時襲擊以及其各種宣傳、兵運、暗算、挑撥等惡劣手段。

8.14 共軍徐向前攻佔山東省府所在地魯村，打擊政府威信。

8.15 李品仙報告，皖省新四軍在全椒、迎風集等地擴展軍隊，設立軍妓，每甲強派青年女子三名，組慰勞隊。

8.17 魯蘇戰區總司令于學忠報告，共軍於魯蘇兩省，均向國軍主動襲擊。

8.20 中共發動「百團大戰」，在彭德懷指揮下，借攻擊日軍各據點、鐵公路交通線、橋樑、隧道、礦場，先後在陽泉、娘子關、壽陽、井陘、陽陘、蔚縣、淶源、東圈堡、揷箭嶺、渾源、靈邱等地區，與日本少數守軍作有限度接觸與破壞工作。

並大量收編國軍敵後游擊隊，獲得大量游擊隊之槍械與裝備，完成初步擴軍工作。

是月　新四軍陷泰興東之黃橋。

是月　中共在山東煽動陸軍第五十七軍一部叛變，軍長繆澂流幾遇害。

9.3　韓德勤報告，新四軍動向並有向日軍請求假道進攻國軍。

同日　韓德勤報告，新四軍攻佔黃橋鎮後仍逐步進犯。

9.8　孫連仲報告，新四軍竄擾豫境。

9.10　韓德勤報告，共軍擴大侵犯蘇北行動。

9.14　沈鴻烈報告，中共徐向前股襲擊魯省府經過。

同日　第六戰區司令長官陳誠報告，新四軍派員至石灰窰與偽軍接洽並以米麥資敵。

9.19　蔣鼎文報告，共黨在陝、甘各地強拉壯丁運送出境，不知下落。

9.22　第八戰區副司令長官傅作義報告，共黨在陝綏各地強拉壯丁，並向富人鬬爭，民衆極爲恐慌。

9.28　韓德勤報告，中共調集大軍，企圖夾攻江蘇省政府及第八十九軍，奪取蘇北，局勢嚴重。

是月　新四軍陷蘇北泰州東之姜堰。

10.1　蘇北國軍第八十九軍軍長李守維進攻泰興黃橋共軍之新四軍。

同日　中共新四軍攻擊八十九軍於江蘇黃橋，軍長李守維、獨立旅旅長翁達、團長秦鵬雲等遇害。

10.4　中共新四軍陳毅及第十八集團軍羅炳輝部猛攻江蘇省主席韓德勤駐地，韓退東台。

同日　陳誠報告，新四軍派人以退伍士兵名義投效，企圖暗殺國軍長官，鼓動士兵叛變。

10.5 新四軍在蘇北黃橋一帶猛攻國軍， 第三十三師師長孫啓人被俘，新四軍佔阜寧。

10.6 第八路軍成立晉西北軍區司令部（後改爲晉綏軍區司令部），賀龍任司令員，續範亭爲副司令員，關向應爲政委，周士第任參謀長，甘泗淇任政治部主任，下設二、三、四、八等四個軍分區。

10.7 衞立煌報告，中共襲擊石友三部及安陽縣團隊。

10.9 沈鴻烈呈報， 中共擅設魯北行政委員會並將德縣、 臨邑、 陵縣、樂陵、商河各縣與河北南皮、鹽山、寧津亂行割併。

10.11 陳誠報告， 鄂省中共李先念等部佔據京山、 安陸、 應山、雲夢、孝感等縣，擅委官吏，另組政府。

10.19 國民政府採第十八集團軍參謀長葉劍英意見，由參謀總長何應欽以皓電下令，著黃河以南之共軍部隊，於民國二十九年十一月底以前一律開赴黃河以北作戰。

同日 何總長應欽、白副總長崇禧致電第十八集團軍總司令朱德、副總司令彭德懷轉新四軍軍長葉挺，命令所屬停止不法行動。

10.20 蔣委員長致第二十九集團軍總司令王纘緒，指示共黨以該集團爲兵運主要對象，希特別注意。

10.21 蔣委員長手令中共部隊，限十一月底（二十九年）以前撤至黃河北岸。

10.23 衞立煌報告，中共企圖沿豫皖邊區向南發展，建立大別山根據地。

10.26 顧祝同報告， 日軍經三里店、 汀涇等處竄擾， 新四軍任其深入，毫無抵抗。

10. 29 朱家驊、徐恩曾報告，山西共黨合作社公然售賣鴉片等情。

10. 31 河北民軍司令喬明禮呈報中共冀南行政區主任由宋任窮繼任。

是月 第八路軍總部「豫北辦事處」成立，主要任務爲建立秘密交通線，護送來往幹部和轉運軍用物資。

11. 4 第三集團軍總司令，兼豫皖邊區游擊總指揮孫桐萱報告，中共冀南行政區主任楊秀峰因提議對中國人不要殘殺太甚，而爲中共免職。

11. 6 衞立煌報告，新四軍在渦北武集設縣政府，豫皖蘇邊區由十八集團軍游擊第二縱隊司令彭雪楓負責。

11. 9 朱德等以佳電呈復何應欽，不接受「中央提示案」（北移案），反另提要求。

11. 14 李品仙報告，中共江北游擊隊於皖北無爲、廬縣、桐城、巢縣等處活動，並設無爲和巢縣聯防辦事處。

11. 15 日軍所修德石鐵路峻工，並舉行通車典禮。

11. 20 李品仙報告，十八集團軍譚友林部，搶刼渦陽趙屯鄉公所。

11. 22 胡宗南報告，衞立煌與中共王明、劉公俠交往情形。

11. 28 顧祝同報告，已限令新四軍於十二月底北開渡江完畢。

11. 29 新四軍配合日軍猛攻江蘇省臨時辦公地——興化。

是月 高樹勛將石友三扣留，並秘密處決。

12. 3 第八路軍總部將石友三被秘密處決情況通知所屬，指示利用這個機會，積極發展統戰工作，特別爭取高樹勛、孫良誠和石友三部屬。

12. 6 陝北洛川、邠縣二區黨政首長及民衆團體報告，中共不守諾言破壞抗戰等罪行。

12. 8 畢澤宇（石友三被處決後，代石爲第六十九軍軍長）報告，共軍乘機進攻第三十九集團軍總部。

同日　何應欽、白崇禧以齊代電致朱德等，斥責其佳電，再令其接受中央提示案。

12.9　蔣委員長命第十八集團軍朱、彭等遵照皓電所示之作戰地境內，共同作戰，克盡職守，毋得再誤。

同日　何應欽、白崇禧下達展期命令，限於十二月卅一日以前，在黃河以南之十八集團軍部隊須移至黃河以北，於長江以南部隊則移至長江以北，三十年一月三十一日以前則移至黃河以北作戰。

12.10　蔣委員長手令朱德、葉挺等，凡在長江以南之新四軍，全部限於本（二十九）年十二月三十一日開到長江以北地區，明（三十）年一月三十一日以前開到黃河以北地區作戰；現在黃河以南之第十八集團軍所有部隊，限本（二十九）年十二月三十一日止開到黃河以北地區，共同作戰。

12.16　賀耀組、戴笠報告，關於新四軍在皖鄂等地鑄造銀幣。

12.18　熊斌報告，中共將米脂高泉溝聯保處之民槍收去。

12.23　政府封閉各地共軍及共黨辦事處。

12.25　蔣委員長召見共黨代表周恩來，告以朱德所部渡河日期，不得再行拖延。

12.31　韓德勤報告，蘇境新四軍似有再犯企圖。

同日　李品仙報告，皖東新四軍以滁縣西之黃埔山、牛頭山爲根據地，向國軍反攻。中共中央書記處向其中原局、東南局、北方局、山東分局、南方局、南委、八路軍、新四軍發出粉碎國民黨軍的戰略部署指示。

是月　隴東各縣中共黨員一千二百八十餘人，通電揭發八路軍製造隴東摩擦眞相。

民國三十年

1.2 顧祝同報告：皖南新四軍雖有部隊北渡，但主力仍在原地構築工事。

1.3 蔣委員長令新四軍北移，並令沿途各軍掩護。

同日 軍事委員會命第十八集團軍正、副總司令朱德、彭德懷速制止該部進襲中央軍校七分校山東總隊，並釋放人員等。

1.4 新四軍不遵令北調，在皖南公開叛變，且乘國軍第四十師南調換防之際，在蘇北三溪附近，集中七團兵力，分三路發動突擊，第四十師倉卒應戰，引起嚴重衝突，中共指責國軍襲擊新四軍。

1.5 第三十四集團軍總司令胡宗南報告：中共第一一五師襲擊中央軍校七分校山東總隊情形。

同日 顧祝同報告：新四軍企圖據守皖南及伸足江北，不願放棄建立華中根據地。

同日 第八路軍總部命令新四旅由冀南出發，南援新四軍。

1.6 第三戰區司令長官顧祝同包圍皖南之新四軍。

1.10 魯蘇戰區總司令于學忠報告：中共襲擊該部時施放毒氣。

同日 華北朝鮮青年聯合會在晉南成立，通過鬬爭綱領「誓志推翻日寇統治，與中國人民共同爲民族解放而奮鬬」。

1.11 韓德勤報告：共軍襲擊贛榆縣，致縣長兼保安旅長董毓珮殉職。

1.12 第三戰區司令長官顧祝同在皖南涇縣解散新四軍，擒其軍長葉挺。

1.13 蔣委員長致孔祥熙函，對第十八集團軍在魯成立北海銀行，擅發僞幣，破壞金融一案應擬定計劃，洽辦具報。

同日　顧祝同報告：新四軍抗命不遵北渡，且集兵企圖消滅國軍，又陰謀叛變。

同日　第三戰區司令長官顧祝同電蔣委員長，報告新四軍叛變經過，及擒獲該軍參謀處長趙凌波所供述陰謀叛變之內情。

1.14　國軍將新四軍第二、第三支隊馮達飛、張正坤約五千人全部繳械。

1.17　軍委會侍從室第二處主任陳布雷向駐蘇大使邵力子說明解散新四軍經過，及政府處置全爲整飭軍紀，對政治與黨派絕無關係。

同日　軍事委員會發表新四軍叛變經過，及撤銷新四軍番號，軍長葉挺革職交軍法審判，依法懲治，副軍長項英潛逃，於太平被其部屬槍殺。

1.18　顧祝同報告：據俘獲之新四軍團長供稱，此次抗命啓釁係項英、袁國平主張最烈。

1.20　中共中央軍委會任命陳毅代新四軍軍長，張雲逸爲副軍長，劉少奇爲政委，賴傳珠爲參謀長，鄧子恢爲政治部主任，重組部隊，實行對抗政府。

同日　財政部呈蔣委員長，報告處理中共北海銀行擅發僞幣情形。

同日　財政部致沈鴻烈，告以十八集團軍在魯成立北海銀行，擅發銀幣，應即禁止收受行使。

同日　財政部致軍委會，覆告共黨光華商店、冀南銀行、北海銀行非法發行鈔票處理情形。

1.22　重慶大公報社論「擁護統一，反對分裂」。

1.25　蔣委員長接見蘇俄大使潘友新，嚴詞告以處置新四軍事，完全為整飭軍紀，絕無其他問題，更無損於抗戰力量。

同日 顧祝同報告：檢獲中共中央對新四軍解散後處置情形緊急通告一份。

1. 27 蔣委員長為新四軍事件發表「整飭軍紀加強抗戰」講演，以表明政府處置之苦心。

同日 國民政府紀念週，蔣委員長講述「制裁新四軍是為了整飭軍紀，加強抗戰。」

同日 第一二〇師賀龍等領導致電中共中央軍委及朱德、彭德懷，要求南下馳援新四軍。

1. 29 重慶大公報社論：〈整肅軍紀準備反攻〉。

1. 30 中共陝甘寧邊區政府佈告關於停止法幣之使用。

同日 沈鴻烈致孔祥熙，陳覆北海銀行非法組織情形，經迭令嚴禁，然共軍凶焰日張，無法徹底取締等情。

1. 31 中共晉冀豫區黨委和太行軍區召開武裝幹部會議，提出新的一年軍區建設任務。

2. 6 胡適在紐約講演中日戰事及「新四軍」之解散問題。

2. 8 李宗仁報告，中共決定調華北第十八集團軍入華中對國軍作戰。

2. 15 毛澤東、陳紹禹等七參政員提出「善後辦法十二項」以要挾政府。

2. 18 中共重編新四軍為七個師，以粟裕、李先念、張雲逸等為師長。

2. 20 民間團體報告，第十八集團軍主力向魯豫蘇皖邊區集中，聲言對抗國軍，赤化江北，破壞抗戰。請再申前令，限其即開往指定地區黃河以北。

2.21 衞立煌接軍委會電，告以第六十九軍（畢澤宇）參謀長康北英爲中共重要份子。

2.24 陝西省政府報告，延安中共邊區政府以時局緊急，防止法幣流出資敵爲由，特訂定辦法，於二月二日佈告實施。

2.26 湯恩伯報告，共軍與日軍確有勾結，並以游擊隊加入日軍，參加作戰。

同日 彭德懷爲保衞根據地，發出加強軍區工作的指示。

3.1 第二屆國民參政會第一次會議在重慶開幕，共黨籍參政員藉故未出席。

3.2 中共參政員毛澤東等向國民參政會提出所謂臨時解決辦法十二條，爲出席會議的先決條作。

同日 董必武、鄧穎超兩參政員亦提出「臨時解決辦法十二項」。

3.3 朱紹良報告，中共以光華商店之貨幣兌換法幣，禁止法幣外流，佈告推行新文字。

3.4 何應欽在國民參政會報告第十八集團軍及新四軍事件。

3.6 蔣委員長在參政會對共黨籍參政員不出席事，說明政府意見與方針，希共黨服從命令，遵守建國綱領，對抗命亂紀必加制裁。

同日 國民參政會決議對共產黨籍參政員毛澤東、董必武等七人所提出席條件予以拒絕，並呼籲共黨參政員共體時艱，堅守民國二十六年九月擁護統一之宣言，出席大會。

3.7 陳布雷致電駐美胡適大使，告以解散新四軍眞相。

3.9 顧祝同報告，新四軍人員分批潛往浙西，有在天目山建立根據地，並向滬杭游擊區擴展陰謀。

3.10 重慶大公報社論：〈關於共產黨問題〉。

同日 中共太行軍區以劉伯承、鄧小平、王樹聲三人名義發布「關於實行全區緊急戒嚴」命令。

3. 11 軍委會致第一戰區長官部，謂中共徐素貞供稱有男女三百餘被派在皖境各軍駐地煽惑叛亂。

同日 中共中央北方局召開會議討論冀南工作，檢查武裝政策。

3. 15 魯南國軍李仙洲部在滕縣、嶧縣與共軍發生衝突。

3. 17 朱紹良報告，中共在邊區掘墓分地，只准光華票流通，禁止法幣使用。

3. 18 李品仙報告，皖東共軍與日軍勾通夾擊國軍。

同日 中共中央發出「打退第二次反共高潮後時局的指示」。

3. 21 熊斌報告，蘇聯飛機載運廣播器材抵達延安。

同日 軍委會辦公廳致電第六戰區司令長官陳誠，告以中共正進行組織川湘鄂蘇維埃邊區政府。

3. 25 政府設「國共關係調整特別委員會」。

3. 26 衞立煌報告，中共冒充龐炳勳部騷擾地方。

3. 28 蔣鼎文報告：中共關中區召開「討何（應欽）大會」，以對抗政府處理新四軍事件。

是月 中共中央軍委會批准以陳光、羅榮桓、蕭華、陳士榘、梁必業組成第一一五師軍政委員會。

是月 賀龍領導晉西北共軍，進行所謂反敵（日）「治安強化」的鬭爭。

4. 1 陳誠報告，中共李先念部在湖北徵丁抽稅，破壞行政系統。

同日 軍委會致電顧祝同，告以共軍暗殺隊在銅陵不法情形。

同日 中共冀南、太行、太岳聯合辦事處聯合頒布「晉冀豫軍區人民武裝抗日自衞隊暫行條例」。

4.2 軍委會電第一戰區司令長官衞立煌，告以共黨利用衞生醫藥人員作煽惑工作，希密切注意。

同日 軍事委員會辦公廳對一戰區長官部通告，中共黃克誠股襲擊國軍根據地，冀省阜寧李圩，殘殺人員，前海防司令顧豹荅殉職。

4.3 朱紹良報告，中共徵收救國公債，大量吸收法幣，實行拉丁文，廢除漢字，徹底消滅中國文化。

4.5 第八戰區副司令長官傅作義呈報中共晉察冀軍區以聶榮臻兼第三縱隊司令；呂正操爲挺進軍司令；蕭克、楊渭、郭天民、黃增勝、陸正湘、鄧華、王瀟江、于權中、常德善、李慶山等分任第一～十軍分區司令。

4.6 胡宗南報告，中共印發僞鈔，禁法幣流通。

4.12 何應欽致衞立煌，告以中共訓練暴殺團暗殺國軍高級軍事長官，請注意。

4.16 中共中央軍委會命令組織華北軍委分會，朱德爲主席。

4.17 王纘緒報告，共軍李先念派嚮導引日兵佔洪山。

4.19 蔣委員長致衞立煌，告以中共化裝中央軍搶刼而後以中共軍名義出現安慰民衆。

4.23 陝西省主席熊斌呈報中共除陝甘寧邊區外，第一一五師駐蘇魯豫邊區，第一二九師駐晉冀豫邊區，第一二〇師駐晉察冀邊區。組設五軍分區：第一（冀西）秦基偉；第二（晉東）張服傅；第三（晉東）李漢夫；第四（太南）石洛本；第五（寧北）魯璋秋。

同日 中共中央軍委會指示「關於軍隊必須吸收和對待專門家政策」。

5.1 八路軍總部、野戰政治部通令所屬發起全華北抵制日貨運動。

5.3 衞立煌報告，中共冒充國軍搶掠及擴充實力。

5.6　財政部覆陳行政院，中共非法擅發公債，應由院令各省政府嚴禁人民購買。

5.9　第三戰區司令長官顧祝同報告：共軍攻佔閩省武平縣，縣長被俘。

5.26　中共之「解放日報」在延安發刊。

5.28　閻錫山報告，陝北中共印發鈔票，兌換法幣券。

5.30　第八路軍總部指示第三八六旅第十七團護送總部砲兵團往延安，在清源縣大凹村斃日軍百餘人。

6.7　中共陳毅、管文蔚兩部，配合日、僞軍，夾擊國軍蘇皖地區游擊第四縱隊陳中柱部，陳中柱因而殉國。

6.9　中共中央軍委會對冀南工作指示「當前鬪爭主要應從政治着手，而不能以軍事進攻爲主」。

是月　劉伯承、鄧小平就晉冀魯豫軍區和地方武裝建設情況向中共中央軍委會報告。

7.8　賀龍召開晉西北軍區第一次人民武裝會議，通過晉西北人民武裝抗日自衞隊暫行條例。

7.11　在日軍大「掃蕩」的形勢下，朱德、彭德懷令冀中地方兵團採取小團大連制，獨立堅持冀中游擊戰爭，發展武力。

7.12　財政部致公債司抄送共黨於隴東攤派公債、販運毒品等情報函。

7.16　第四十二軍軍長楊德亮報告，中共編印新文字課本，迫商人販賣煙土。

7.18　中共第十八集團軍在魯、晉等地區擅自行動，襲擊國軍，軍委會電制止無效。

同日　新四軍蘇北部隊，對日軍第十五、十七師團各乙部進行反掃蕩

戰，至八月二十日，斃傷日、僞軍五千餘人，繳獲步槍二千餘支，輕重機槍二十餘挺，砲二門。（共參公布）

7. 24 行政院代秘書長蔣廷黻致財政部，告以中共邊區政府，強迫發行建設救國公債條例還本付息表各一份。

7. 28 第八路軍總部令：新四旅調回冀南軍區。

7. 31 中共晉冀魯邊區臨參會第十七次會議選出楊秀峰爲邊區政府主席，薄一波、戎子和爲副主席。

是月 八路軍總部由武軍寺移駐麻田鎮。

8. 1 中共第十八集團軍朱德率陳賡、薄一波、孫定國部於晉省馬壁奇襲國軍王靖國、趙少銓部，並強佔馬壁。

同日 第八路軍總部直屬隊在麻田召開大會，第一一五師在臨沭縣蛟龍灣舉行大會，紀念其「建軍節」。

8. 6 第八路軍總部指示以第三八六旅第十六團及決死一縱隊第五十九團組成南進支隊。

8. 11 第八路軍總部命令以第三八六旅、決死一縱隊（後改爲決一旅）及第二一二旅組成太岳縱隊，陳賡爲司令，薄一波爲政委，華占雲爲參謀長，王新亭爲政治部主任。

8. 12 中共晉冀察部隊，對軍糧城日軍某部進行反掃蕩，斃日軍二百餘人。（共參公布）

9. 1 華北「新華日報」報導，八路軍呈請第一戰區司令長官衞立煌補充彈藥。

9. 3 蔣委員長致賀耀組，令查明俄機未經批准，何以飛赴陝北。

9. 11 陳誠報告，中共以抗糧抗丁爲口號，煽動暴動。

9. 15 蔣委員長致賀耀組，指示俄機飛往延安時，應由中國派員領航。

9. 19 熊斌呈中共陝甘寧邊區違法發行建設救國公債條例及還本付息

表各一份。

9.20 日軍於晉北沁河以東與國軍第九十八軍武士敏激戰時，十八集團軍亦進襲國軍，九十八軍四面受敵，損失慘重，軍長武士敏憤而自戕。

9.25 中共晉冀察部隊狼牙山某團之班陣地，反抗日軍圍攻，五名戰士全部犧牲。（共參公布）

10.13 軍委會致送財政部抄送中共發行建設公債及使用光華票情報各一件。

10.17 八路軍總部、野戰政治部號召「發展青年援蘇運動，響應蘇聯青年倡議，結成世界反法西斯統一戰線」。

10.30 陝西省政府致財政部，附送搜獲中共拾元「建設救國債券」一張。

是月 朱德出席延安「東方各民族反法西斯大會」並做總結報告。

11.1 山西省黨部委員武誓彭報告：沁水縣長趙晉英被十八集團軍陳賡旅扣押，並搜捕其他人員，請電朱德制止。

11.7 中共中央軍委會頒發「關於抗日根據地軍事建設的指示」。

11.10 中共晉冀察部隊特務團一部，在黃烟洞對日軍第三十六師團進行反圍攻戰，至十八日殲滅日軍一千餘人。（共參公布）

11.11 軍事委員會命蔣鼎文，就近核辦十八集團軍陳賡扣押沁水縣長及搜捕人員案。

11.21 財政部致陝西、甘肅、寧夏三省政府爲中共發行僞建設救國債券，希嚴禁。

是月 朱德任中共中央軍委副主席兼中共軍總司令。

是月 彭德懷提出加強山東抗日根據地建設意見。

12.6 軍委會致衞立煌，告以中共訓練青年女子組織刺殺隊，專事刺殺軍政長官及公務人員，希防範。

12.11 李宗仁報告，共軍攻擊五河縣政府大肆刼掠。

12.12 中共晉冀魯邊區政府發表就太平洋戰爭告民衆書。

12.17 中共中央發布「關於太平洋戰爭爆發後對敵後抗日根據地工作的指示。」

12.22 李宗仁報告，鄂中共軍集中開往豫鄂邊區活動。

是月 中共東江游擊隊擊退進攻日軍二千人，並在廣九路伏擊日軍，戰果不詳。（共參公布）

民國三十一年

1.8 傅作義報告：陝北及晉北共軍於國軍擊日軍時，彼必故意躲開，使日軍集中兵力攻擊國軍，若國軍勇猛推進則從旁分奪戰果，並在後方擾亂牽制，若頓挫卽乘機襲擊。

1.13 第八路軍總部令太行、太岳兩區所屬部隊，努力生產，克服困難，其生產計劃：旅以上每人生產一百元，團以上每人生產六十元。

1.15 第一二九師師長劉伯承，參謀長李達，政治部主任蔡樹藩，副主任黃鎮，發布「關於實施精兵簡政」的命令。

1.27 第一二九師政委鄧小平指示冀南接受新八旅受襲教訓。

是月 中共中央軍委指示第一一五師統一指揮全山東部隊及山東各軍區。

2.1 毛澤東在其中共黨校開學典禮上作「整頓黨的作風」報告。

同日 第八路軍總部命令，合併其抗大六分校與總校。

2.7 熊斌報告，中共計劃擴軍，除征招外，對國軍部隊盡力拉攏，煽惑收買，伺機譁變。

2. 11 中共中央發出「關於反對主觀主義，教條主義，宗派主義，反對黨八股給各級宣傳部的指示信」，反中央政府。

2. 17 李宗仁報告，共軍張體學等部攻佔廣濟縣，縣長被俘。

2. 18 中共中央軍委會頒發「八路軍、新四軍供給工作條例」。

2. 25 李漢魂報告， 中山大學有少數學生受中共煽動， 企圖釀成風潮。

3. 7 共軍劉伯承部於晉南長治攻擊國軍，並實行殺光、燒光、搶光之「三光政策」。

同日 何應欽知會閻錫山，中共在安澤東南馬壁一帶建立根據地。

3. 12 何應欽致滇緬路督辦曾養甫，告以中共份子潛伏鐵路局之電話電訊室，控制通訊命脈，希會同當地憲警偵破。

3. 14 鄧小平就冀南對日部署，與劉伯承、宋任窮向濟南軍區負責人陳再道、王宏坤、劉志堅提出四點意見。

3. 15 羅榮桓在莒縣以南石板村召開第一一五師連隊政治工作會議，對連隊政治工作的職責、作風和方法等問題，作系統的闡述。

3. 17 軍委會致各戰區，告以中共政治局指示其黨員三十一年中心工作五項，其四爲深入軍隊運動士兵逃跑譁變。

3. 19 中共中央政委鄧小平率第七七二團到太岳區， 並視察該區工作。

3. 26 彭德懷致電閻錫山，重申中共願攜手抗戰的決心和行動。

4. 1 中共晉冀魯邊區政府副主席薄一波、戎子和致電閻錫山，請求制止國軍第六十一軍（梁培璜）行動。

4. 15 中共鄧小平指揮第三八五旅、第三八六旅、決一旅、第二一二旅，對浮山、翼城等地的國軍第六十一軍發動攻擊，國軍傷亡三百九十二人，被俘七百一十八人，並損失大量武器。

是月　中共在山西浮山襲擊國軍第六十一軍梁培璜部及游擊第十挺進縱隊。

5. 1　閻錫山報告，中共由冀豫邊區調集兵力，企圖奪取晉省太岳區政權。

5. 2　閻錫山報告，共軍假抗戰之名擴大自己，襲擊國軍，殘殺民衆，請明令討伐以振軍綱。

5. 5　中共在山東萊陽縣襲擊國軍暫編第十二師趙保原部。

同日　日軍在緬甸登陸後，重慶對外交通斷絕，此後電影不易入口，劇運在成渝及桂林各地興盛一時，惟多左傾，受中共利用。左傾書店、書籍、文人均極活躍，戰時文化運動爲中共分子所掌握。

5. 7　鄧小平同劉伯承、蔡樹藩、李達、宋任窮聯名向冀南發出指示，擴展武力。

5. 13　中共冀中呂正操部兩個連，伏擊無極城日軍某部加道大隊，殲滅日軍騎兵一百八十人。（共參公布）

5. 23　蔣委員長電第二戰區，應令朱德部移向汾（陽）離（石）公路以北地區。

5. 25　第八路軍總部副總參謀長左權，在指揮太行山十字嶺突圍中陣亡。

是月　彭德懷提出堅持冀中抗戰方針，令冀南部隊配合冀中作戰。

6. 3　軍事委員會告福建省主席劉建緒：中共在閩北策動股匪組織贛浙閩邊區抗日旭成義勇隊，在浦城九牧古樓邊界擄殺。

6. 4　中共陝甘寧晉綏聯防軍司令部及財政經濟委員會成立，賀龍任司令員及副主任，統一領導陝甘寧與晉綏兩地區的軍事指揮和財政經濟。

同日 中共冀中呂正操部，對里貴子日軍某部進行反掃蕩，日軍傷亡二百餘人。（共參公布）

6.9 中共冀中呂正操部，對宋莊日軍某部進行反掃蕩，擊斃日軍坂本旅團長以下一千一百人。（共參公布）

6.16 中共中央軍委會，總政治部發出關於軍隊中整頓「三風」與檢查工作的指示。

6.18 八路軍總部令第一二九師馳援太行山南部，林縣縣城一度陷落。

7.11 朱紹良、胡宗南報告，中共奪取政權，擴張地盤，多在省縣邊區，以一旅兵力爲基幹建立根據地。

7.14 華北青年聯合會在太行區召開代表大會，改組「華北朝鮮獨立同盟」，將「朝鮮義勇隊華北支隊」改爲「朝鮮義勇軍華北支隊」。

7.21 傅作義報告，中共以種鴉片煙籌餉爲由，拒絕國軍派隊查巡。

7.26 李宗仁報告，鄂中共軍往河西，企圖恢復襄西根據地，巢南共軍潛至太岳邊境企圖發展武裝擴大組織。

7.28 中央文化驛站榆林分站主任王廷齡報告，共黨在晉西北廣種鴉片情形。

是月 李九思著《中國共產黨與敵僞》發行。

是月 彭德懷覆電中共中央：太行山爲華北抗戰重心，第八路軍總部仍留太行山指揮，不移晉西北。

是月 中共中央政委鄧小平在沁原縣閣寨村向太岳區中共軍政幹部作發展整風運動的報告，並正式發展整風運動。

8.18 中共在延安召開的華北日本兵代表會，通過大會宣言和日本士兵要求書。

8.27 共軍襲擊魯北莒縣，煽動第一一一師常恩多部叛變，並攻擊魯蘇戰區總部。

8.28 湯恩伯報告，中共靈風區保安大隊積極活動，企圖與泗靈共軍取得連絡以鞏固泗境根據地。

同日 第七戰區司令長官余漢謀報告，廣東中共活動情形。

8.29 第八路軍總部任命滕代遠繼左權任八路軍副總參謀長，彭德懷代理中共北方局書記。

是日 鄧小平撰：《太行區國民黨問題研究》。

9.1 中共中央發佈「關於統一抗日根據地黨的領導及調整各組織間關係的決定」。中共成立中共中央北方局太行分局，負責領導太行、冀南、太岳、晉豫（中條）四個區黨委，分局由鄧小平、劉伯承、李雪峰、李大章、蔡樹藩五人組成，鄧爲書記，李大章任副書記。

9.18 朱紹良報告，中共在陝甘擅徵糧鹽及禁止法幣流通與傾銷鴉片。

9.28 第一戰區副司令長官湯恩伯報告，豫東中共強迫民衆納款繳布，泗縣中共實行經濟封鎖，統制民食。

是月 劉少奇在八路軍總部召集軍工部部長劉鼎、兵工工會主任李鑫德、黃崖洞兵工廠教導員熊杰，專題聽取軍工生產報告。

是月 中共晉西北軍區改稱晉綏軍區，賀龍任司令員。

是月 中共中央晉綏分局成立，賀龍任分局委員。

10.2 第四十二軍軍長楊德亮報告，中共關中分區以鴉片抵發薪餉，每人二兩。

10.4 朱紹良報告，中共於隴東推銷鴉片，以慶陽之驛馬關及合水之西華池爲中心，分設土膏店。

同日 第八路軍總部直屬部隊數千人舉行點驗，羅瑞卿主任，滕代遠副總參謀長參加。

10.8 華北日僞實施第五次治安強化運動。

10.13 蔣委員長在西安召見毛澤東代表林彪，林彪極力表示中共擁護抗戰建國，及其對徹底統一，永遠團結之誠意。

10.16 盛世才逮捕在新疆之共黨陳潭秋、毛澤民（新省民政廳長）及林基路等，旋均處死。

10.21 中共中央決定合併中條區與太岳區，薄一波爲太岳區黨委書記，聶眞爲副書記。

10.31 本月中共設立「晉綏行署」，以續範亭爲主任。

是月 中共陝甘寧綏聯防軍司令部與留守兵團司令部合併，賀龍任司令員。

11月 中共新四軍蘇北部隊，對日軍平林師團進行反進攻擊，日軍被擊退。（共參公布）

12.4 傅作義報告，中共與日軍進行交易的情形。

同日 行政院電傅作義，據報前綏省代理民政廳長于純齋引用大批奸僞份子分佈省府各機關，希即嚴密徹查具報。

12.19 孫連仲報告，共軍李先念部強征稅款。

12.23 中共中央北方局發布「關於華北敵後抗日根據地民國三十二年工作方針的指示」。

12.29 蔣委員長致胡宗南，鄧寶珊次女友梅參加中共，近返楡林，希注意並查報。

是月 賀龍指揮第一二〇師及軍區部隊用了三個月時間，擊破駐綏德、隴東、關中的國軍及保安部隊。

民國三十二年

1. 2 閻錫山報告，中共晉西北聯防總部成立暗殺團，專事刺殺我方工作人員。

1. 12 中共第八路軍山東縱隊黃河支隊，偷襲晉南北齊河國軍防地，雙方死亡百五十餘人，國軍武器裝備損失甚多。

1. 15 中共「晉察冀邊區」首屆參議會召開，二百八十八人到會，選出聶榮臻、宋劭文、呂正操等十人爲主席團，劉瀾濤、張蘇、張明遠等九人爲提案審查委員會委員。

1. 25 中共太行分局在河北涉縣溫村召開高級幹部會議，由書記鄧小平主持。

1. 31 新四軍第五師襲擊河南扶縣、箭廠、河鎭國軍。

2. 3 戴笠報告，中共馬思義誘惑回民，密謀倡亂。

2. 7 中央文化驛站石樓支站幹事趙德甫報告，共軍成立老虎團專以慘殺政府公務員爲對象。

2. 10 江西省政府主席曹浩森報告，新四軍第五師一團盤踞陽新縣成立蘇維埃政權。

2. 18 中共魯北徐向前部，進襲歷城西北國軍。

2. 23 湯恩伯報告，汪逆在中日協定會議中，決定取銷其一貫反共政策以取悅蘇聯。

2. 24 第二十八集團軍總司令李仙洲報告，中共在山東部署情形。

2. 27 朱紹良報告，中共發行僞幣與公債，並出售鴉片以吸收法幣。

2. 28 中共軍包圍攻擊蘇魯戰區副總司令兼江蘇省主席韓德勤於漣水，韓直轄二個旅完全被繳械，旅長李仲寰、縱隊指揮官王殿華被殺，部隊損失慘重，韓亦被刼，經交涉始獲釋。

3.3 閻錫山呈報李鼎銘已繼任中共陝甘寧邊區主席，並積極擴軍。

3.11 中共冀南銀行和太行工商局發出對日鬪爭緊急指示，決定組織日共區物資交流。

3.19 蔣鼎文報告，共軍擬於晉冀魯豫邊區，強征十八至卅五歲之壯丁三十萬人入伍，限一月完成。

3.23 國軍第二十四集團軍龐炳勳部，用二十一個團兵力進攻中共太行、太岳根據地。

3.25 傅作義報告，中共在晉西北發起獻金運動，迫死民衆，並禁止法幣，限期兌用僞鈔。

3.27 傅作義查報中共西北局企圖策動成立少數民族區。

同日 湯恩伯報告：韓德勤主席安危關係蘇局，現將部隊東進營救，惟共軍仍集結洪澤湖畔，連日在國軍行動路線擾亂，疲困國軍，日僞又陸續增兵各據點，有掃蕩行動。

3.28 第八集團軍總司令陳長捷呈報，伊盟扎薩克旗保安隊受共黨煽惑，突然暴動。

3.29 馬鴻逵呈報共軍增兵鹽池，嚴密戒備。

3.31 戴笠報告，延安共軍潛入夷邊墾區活動。

4.3 參謀總長何應欽電第十八集團軍總司令朱德，希查明所屬第一一五師襲俘中國國民黨山東省黨部委員李漢三、柳西銘情形，並釋放具復。

4.5 中央委員蕭錚報告，中共淞滬游擊隊，自越錢江南渡盤踞三北，近擴展至奉化、鄞縣、慈谿，企圖竄據四明山為根據地。

4.6 湯恩伯報告：顧錫九第八十九軍於淮東與日僞苦戰，而韓德勤軍亦於泗陽附近爲共軍襲擊，不克救援，請補充彈藥。

4.10 于學忠報告：韓德勤副總司令已脫險。

4. 24 山東省黨部主任委員范予遂報告：魯省的中共對日軍妥協，對國軍乘機襲擊，李漢三委員被刼持。冠縣、臨朐縣書記長被殺害。

4. 28 太行山血戰， 日四萬大軍進攻國軍， 中共十八集團軍坐視不救。

4. 30 山西省政府主席致財政部檢送中共行政公署發行鞏固公債條例。

5. 1 朱紹良報告，中共與汪僞協定以晉陝綏爲防區，戰後以新疆、甘、寧、西藏爲根據地。

5. 3 朱紹良呈報汪逆派安光達飛延安，中共與日僞協定先以晉陝綏爲活動區，戰後以新甘寧藏爲根據地。

5. 12 蔣委員長致胡宗南，以中共收集法幣壓低物價，企圖使出入口平衡，希研究具報。

5. 15 中共新四軍第五師一部，突擊鄂西隨縣與應城邊界之桑樹店國軍第一二七師朱乃瑞第三八一團一部。

5. 18 中共新四軍第五師鄂東區司令羅厚福，偷襲鄂省黃崗、范家崗之挺進第十六縱隊第一支隊第一大隊，激戰一晝夜，國軍死傷甚重。

5. 19 傅作義報告，中共接濟烏旗叛變。朱德並揚言「解放」伊盟。

5. 21 閻錫山報告，中共利用難民在黃縣一帶散佈謠言，企圖激起暴動。

5. 22 湯恩伯報告：宿南共軍將單寨民槍收繳，擴軍征糧。

5. 28 戴笠報告朱德對陝甘綏各省之軍事企圖：

(1) 東出楡林，打通平綏路；

(2) 隴東慶陽方面：積極密助回民反抗中央，逐漸奪取回民領

導權;

(3) 在甘(泉)、鄜(縣)、宜(川)、同(官)、耀(縣)等地,虛張聲勢,防阻中央軍奇襲;

(4) 俟榆林、慶陽各地兵力充實後,相機由同、耀南犯西安。

6. 6 胡宗南報告,日派佐藤政之等二人及汪僞代表一人至延安與朱德、毛澤東會議情形。

是月 國軍李仙洲部入魯接收東北軍于學忠部防地。

7. 1 第八路軍總部命令將冀魯豫軍區三分區劃歸冀南,同原該區清平、衞東等縣,組成冀南軍區第七軍分區。

7. 13 國軍冀察戰區第二十七軍劉進部轉移至太行山區固縣附近,遭共軍伏擊,第八預備師師長陳孝強受傷被俘,團長易惠被共軍俘去。

7. 15 中共太行區舉行反內戰示威大會,劉伯承、楊秀峰號召團結起來,反對內戰。

7. 16 中共新四軍獨立團毛春霖部,襲通許國軍挺進第四縱隊第三支隊。

7. 21 中共第一一五師,偸襲徐州東北小塔山一帶國軍挺進第二十三縱隊韓治隆部,韓被俘,人員武器損失甚重。

8. 4 余漢謀報告,粤省各縣,中共煽動搶糧,應即防範。

8. 6 中共第十八集團軍第一一五師第一團李福澤部襲擊山東安邱縣北輝渠村,山東省政府建設廳長兼魯南行署主任秦啓榮殉職。

8. 10 中共冀魯豫軍區部隊兩個月來襲擊國軍李仙洲部,傷亡二千餘人。

8. 16 朱紹良報告, 中共晉西北行署副主任牛蔭冠, 攜毛澤東親筆函,由興縣赴太原與日本共商討密約。

8.18 八路軍總部調動太行軍區主力，冀南軍區以及冀中警備旅等十三個團，發動林南戰役。

8.23 熊斌報告：中共對米脂縣長高仲謙污辱，被迫離縣，下落不明。

是月 中共中央任命羅榮桓爲山東分局書記。

9.2 熊斌報告：中共扣押米脂縣長高仲謙，並襲擊保安第十二團，殺害綏德、米脂、葭縣等縣公務員及學生。

9.11 胡宗南報告：共黨在延安召開整風會議，有俄人參加。

9.28 徐恩曾報告有關中共潘漢年與日僞勾結情形。

是月 彭德懷、劉伯承回延安參加整風會議。

10.6 中共太行區黨委與北方局，第一二九師與第八路軍總部分別合併，同時撤銷太行分局，保留第一二九師番號，太行、太岳、冀南、冀魯豫等區統歸北方局和八路軍總部管轄，鄧小平代理北方局書記。同時第一二九師與太行軍區分開，李達爲太行軍區司令員，李雪峰爲政委，黃鎭爲副政委兼政治部主任，袁子欽爲政治部副主任。

10.11 蔣鼎文報告，共黨最近四種陰謀中以與日僞妥協爲重點，並在正規部隊中均有蘇聯顧問。

10.13 中國國民黨第五屆十一中全會決議，對共黨仍本寬容政策。

10.19 國防最高委員會決設「憲政實施促進會」，董必武、周恩來被任爲會員，董任常務委員。

10.26 國民參政會第二次大會對第十八集團軍不服命令表示痛惜，並希望中共遵守諾言。

11.13 蔣委員長致顧祝同，告以蘇南中共在宜興城廂一帶組織行動委員會，主要任務爲暗殺國軍高級軍官。

11.17 蔣鼎文報告，日本將國內左傾分子盡量派來中國與中共合作，首領剛野曾到延安與毛澤東會見。

11.26 余漢謀報告，中共設站收稅，封存糧食，迫令賤賣。

11.29 李宗仁報告，中共成立鄂東邊區指揮所。

是月 中共冀魯豫區黨委召開高級幹部會議，書記黃敬作「一九四三年對日鬪爭總結報告」。

12.1 陝西省黨部主委谷正鼎報告，中共在陝西各地煽惑民衆抗糧、抗捐、抗兵役。

12.6 李宗仁報告，共軍計議圍攻安陸以西國軍據點。

12.8 蔣鼎文報告，劉伯承在涉縣舉行反「蔣」大會並宣佈太行區當前任務:

(1) 分三路徵收本年公糧，按季收百分之十;

(2) 增加生產力三至五倍，增加工作三小時;

(3) 每戶徵鐵三至四斤，銅半斤至一斤;

(4) 廣爲宣傳蔣中正、何應欽、白崇禧、胡宗南爲內戰禍首;

(5) 避免對日抗戰;

(6) 養精蓄銳，對國民黨決戰。

12.18 朱紹良報告，中共當前運銷鴉片及強迫人民種植情形。

12.27 李宗仁報告，皖省共軍準備控制淮南路線，切斷路東國軍補給線，攻奪古河，掌握皖東，明年有完成大別山根據地企圖。

是年 中共武裝包庇走私與運送物資資敵（日）。

是年 朱紹良電，中共於三十一年申帑與晉省離石日軍成立軍商協會於離石西柳林鎮，以邊區離石商會會長張明爲主任，中共第三二九旅合作社主任副之，爲期半年，雙方保密。

民國三十三年

1.8　中共中央北方局於麻田召開財經會議，會議進行四天。

1.27　余漢謀報告，中共於廣東東寶地區成立東江縱隊，以梧桐根據地。

2.8　朱德致電閻錫山，請制止梁培璜第六十一軍進攻實爲中共[illegible]第六十一軍之先聲。

同日　中共中央軍委會指示八路軍總部，派冀魯豫軍區司令員楊得志率領第三、第十一、第十六、第十九、第三十二團及回民支隊等開赴延安。

2.18　中共太岳軍區二分區部隊，攻擊浮山以南合鹿地區國軍第六十一軍，國軍陣亡四百餘人。

3.4　傅作義呈報中共晉綏組織名稱及負責人：

晉綏軍區：司令呂正操，副司令周士第，政治委員林楓；一分區司令楊甲瑞，駐興縣、臨縣、離石等地；二分區司令許光遠，駐河曲、保德等地；三分區司令張平化，駐偏關、平魯朔等地；四、七兩分區已裁撤；五分區司令雷任民，駐寧武、五寨神池等地；六分區司令羅黃波，駐岢靜樂等地；八分區司令姚喆，駐文水、交城等地。

3.10　廣東省政府轉陳各縣民衆團體聯陳：中共分子張炎，組人民抗日軍，自稱軍長，圍攻吳川、化縣、廉江等縣，搶刼民槍，誘殺縣長，罪證確鑿，請予明正典刑。

3.14　朱紹良呈報中共邊區本年中心工作及日人四百餘參加邊區工作。

同日　毛澤東指示共軍，如國軍繼續東渡，則給必要打擊，並在國軍佔領區發展政治攻勢與組織工作。

3.23　李宗仁報告：鄂省共軍據京應、安雲等活動，皖省中共以含山、盱眙、無爲、泗縣等處爲勢力範圍，皖中及皖東北有先據洪澤湖地區，相機奪取大別山，恢復以往豫東皖北赤區企圖。

3.25　朱紹良報告，中共動念積極與汪逆妥協，表面服從中央，暗中進行瓦解分化。

同日　傅作義報告：中共令積極推銷烟土。

4.3　余漢謀報告：中共東江縱隊去函陸惠鹽場，恐嚇勒索巨款。

4.4　朱紹良報告：日僞組織與晉西北中共以貨易貨勾搭情形。

同日　朱紹良報告：中共於合水西華池設烟土公司，大量傾銷鴉片。

4.7　傅作義報告：晉西北中共「土改」，迫害農民，強分土地情形。

4.11　余漢謀報告，中共東江會生部派人攜款赴惠陽、海陸豐等處，收買民衆反對政府征兵征實。

4.18　余漢謀報告，惠淡中共武裝搜收客商貨物。

同日　朱紹良報告，中共在綏德廣植鴉片，並公開出售。

4.30　八路軍總部發布備戰與保衞麥收的命令。

5.2　王世杰、張治中、林祖涵在西安開始談判中共問題。

5.6　中共新編獨立第三旅進駐榆林。

5.11　西安會議結束，中共要求擴編共軍爲四軍十二師。

5.25　傅作義報告，中共以石油換取日寇貨物。

6.4　中共中央決定，任命宋任窮爲冀魯豫軍區司令員，王宏坤、楊勇爲副司令員，黃敬爲政委，蘇振華爲副政委。

6.30　中共中央指示太行、太岳軍區，派遣小部隊挺進豫西，開闢河南根據地，同時指示要打擊國軍第六十一軍東渡，消滅其主力。

7.3 李宗仁報告，中共新四軍第五師、第七師各調一部在彭澤加入僞軍，擬溝通梅圻連絡線。

7.10 李宗仁報告：共軍包圍正陽蕭店保公所，並繳地方團隊軍械。

7.28 李宗仁報告：中共企圖佔據津浦路東，平漢路西廣大地區。

7.30 第二集團軍總司令劉汝明報告，中共利用豫鄂邊境內之「黃學會」煽動會匪，赤化民衆建立桐柏山根據地。

8.2 第六戰區司令長官孫連仲報告，中共企圖建立監（利）沙（洋）洪湖及洞庭湖區政權。

8.4 共黨散布八省組織臨時政府，有要求蔣主席退位之謠言。

是月 彭德懷對美軍觀察組詳細介紹「八路軍七年抗戰的歷程和輝煌成果」。

是月 中共中央軍委會決定，具體部署王震率部南下的軍事行動。

9.6 中共中央軍委會指示冀魯豫軍區騎兵團、二十一團在湖西策應新四軍四師，開闢蕭（縣）、永（城）、夏（邑）、宿（縣）等蘇豫皖邊區的工作。

9.8 中共以三十餘團兵力，在汾東攻擊山西浮山附近之國軍第六十一軍梁培璜部，造成重大傷亡。

9.12 李宗仁報告，中共李先念部向巢縣進犯，有建立淮北根據地企圖。

9.15 林祖涵與張治中在參政會席上報告國共和談經過，林首次提出「聯合政府」。

9.15 豫省主席兼警備總司令劉茂恩報告，中共豫鄂邊區新工作計劃與日密訂互不侵犯交換物資等情。

9.16 江西定南共軍刼奪地方槍枝，自稱東南抗日救國軍；會昌共軍廖世材等自稱抗日救國軍，盤據會昌、官年、洞頭、小照等處。

9. 20　閻錫山報告：第十八集團軍趁日軍在前，襲擊國軍後路達九十餘次，懇予辭去第十八集團軍指揮之職，以後中央對「該軍」飭令不再轉達。

9. 24　中國國民黨親共份子、社會親共份子及共黨份子集合，爲成立「聯合政府」製造空氣。

9. 27　徐恩曾報告，魯南共軍謀建立蒙山爲第二延安。

9. 29　中共中央軍委會指示太行入豫部隊，應以嵩山爲樞紐，建立根據地。冀魯豫以一個團的兵力西渡黄河，開闢水西地區。

10. 3　廣東省政府主席李漢魂報告，惠陽中共突襲平海西南門警所，搶刼槍械。

10. 5　軍委會致劉茂恩，告以中共彭修華在皖西活動。

10. 18　中共在豫鄂皖邊區搜購糧食資敵，並強迫人民種植鴉片。

11. 21　蘇北共軍與淮安日軍首領簽訂互不侵犯條約。

是月　賀龍奉中共中央軍委會令，派王震率第三五九旅組成南下支隊，挺進湖南，開闢根據地。

12. 5　貴州獨山失守，重慶震動，至八日國軍克復獨山，日軍撤退，第二十六軍軍長丁治磐電告軍委會。

同日　重慶中共盛傳政府陰謀投降，於克復獨山事，新華日報拒不登載，引起讀者極大反感。

12. 8　周恩來由延安（周於七日攜在重慶協商之條件返延安）致美特使赫爾利，謂延安方面不同意所商條件，彼亦不擬返重慶。

12. 11　蔣委員長致豫鄂皖邊區陳大慶、何柱國，告以中共彭雪楓致函騎八師馬步康師長，冀圖分化。

民國三十四年

1.7　美駐華大使赫爾利致函毛澤東，對其分外要求表示詫異。

1.20　閻錫山呈報，共軍配合日僞軍進犯聞喜堆治村。

1.22　胡宗南報告，延安征撥十歲至十五歲男女四百名分批送俄受訓。

同日　李漢魂報告，中共擅組織粵桂邊區蘇維埃政府。

1.24　周恩來重返重慶。

1.26　國共談判開始。

1.28　余漢謀報告：共軍襲擊廣東高明城。

2.5　蔣委員長致馬鴻逵，告以中共正對所部展開兵運工作。

2.11　張發奎報告，桂境共軍竄擾情況。

2.14　王世杰與周恩來談中共的合法化及參加軍政權問題。

2.16　王世杰、周恩來就關於中共問題之談判經過發表談話，周旋返延安。

2.21　河南省政府主席劉茂恩報告，共軍襲擊伊陽縣。

2.22　閻錫山報告：浪山、太行、太岳地區共軍正積極擴軍。

是月　彭德懷在華北地方軍隊座談會上，將中共七年來所謂抗戰劃分爲三階段：從民國二十六年九月「平型關大捷」到二十九年的「百團大戰」爲發展階段；從「百團大戰」到民國三十一年七月爲「敵後鬪爭的最艱苦」階段；從民國三十一年七月以後爲「根據地的恢復與發展」階段。

3.2　駐蘇大使傅秉常報告毛澤東經其譯送史達林祝賀紅軍第二十七周年。

3.8　第九戰區副司令長官王陵基報告：鄂南共軍竄佔大磨山，並將咸寧自衞大隊解決。

同日　第二方面軍司令官張發奎報告：廣西傅白、陸川、徐聞等處，中共份子收繳民槍，捕殺鄉縣長。

4.4　美駐華大使赫爾利在華盛頓對記者談話，反對以武器供應中共，破壞中國統一。

4.9　何應欽致吳鐵城、陳立夫、朱家驊等，告以西南聯大學生，由中共領導醞釀學潮。

4.10　中央聯秘處致外交部抄送粵省中共發動民衆仇視美軍情報。

4.12　何應欽致吳鐵城、陳立夫、朱家驊，告以西南聯大學生自治會印發對國是意見傳單。

4.13　中共召開七全大會。

4.14　閻錫山呈報，中共擬設立五個突擊軍區，賀龍任總指揮，晉西北由呂正操指揮。

4.19　美駐俄大使哈里曼告國務院，將來蘇俄參加遠東戰爭，必支持中共，甚或在東北、華北建立蘇聯支配的傀儡政府。

4.23　教育部長朱家驊致全國各省教育廳長、大學校長等，以近來各大學學生常有越軌逾分之言論行動，顯為別有用心之徒陰謀指使，希嚴加注意，預為防止。

4.24　朱家驊致西南聯大校長梅貽琦，告以迭接何應欽電，謂聯大學生發表對國是意見傳單，希密切注意。

4.25　中共鼓動聯大學生發出國是意見後，更籌組全國學聯會，決於「五四」示威遊行。

4.26　軍委會致教育部「中共鼓動西南聯大學潮活動情況」。

4.27　朱家驊致龍雲，以聯大學生定於「五四」擴大示威遊行已派員赴昆處理，請惠予協助。

4.28　何雲呈程潛代總長報告，中共擴大豫省根據地情況，建立豫東

（淮北）、豫西（豫鄂皖）、晉冀豫三個解放區。

4. 29　蔣委員長致朱家驊，告以西南聯大學生有約各地學生於五四節動軌外行動企圖，希即迅飭所屬，妥密防範。

4. 30　蔣委員長致朱家驊，以據報成都燕京大學學生發表對時局荒謬主張。

是月　羅榮桓制定山東軍區五、六、七三個月作戰計劃，對國軍展開夏季攻勢。

5. 4　顧祝同報告，中共假冒國軍挺進部隊姦淫刼掠及化裝民衆向美軍哭訴騷擾。

同日　昆明防守司令杜聿明報告，昆明各大、中學學生受中共煽動，以五四運動爲名，集合遊行，目的在與軍警衝突。

同日　何應欽報告，西南聯大等校舉行「五四」青年運動總檢討會，由聞一多、吳晗等作煽動演講。

5. 5　朱家驊覆蔣委員長關於西南聯大及燕京大學事件處理情形。

5. 10　山東省主席何思源轉趙聯羣之報告，謂中共在魯境教育文化活動情形。

5. 13　孫連仲報告：共軍襲擊岳陽，俘去縣長黎自行，並攻擊游擊隊。

5. 14　張發奎報告：中共在桂粵東西南北江各成立司令部。

5. 22　浙江省政府報告，中共上海政治分局長潘漢年藉蘇領館積極活動，謀於盟軍登陸時佔領上海。

5. 24　余漢謀報告：中共葉劍英到中山縣活動。

同日　閻錫山呈報中共將陵川晉城各劃分爲三縣，並設立各種組織與駐軍。

5. 29　余漢謀報告：中共葉劍英在中山縣加強活動並吸收僞軍，企圖建立華南根據地。

5. 30　顧祝同報告：中共於浙西擅設出口稅局並種鴉片十萬畝。

5. 31　陝西省主席祝紹周報告：中共在興縣召開日人在華解放聯盟共產支部會議情形。

6. 3　胡宗南報告：中共代表彭眞與日北平陸軍聯絡部島田大佐談話內容。

6. 20　中共拒絕出席國民參政會。

同日　江蘇省主席王懋功報告：蘇北中共企圖消滅國軍所有部隊以及與日軍旅團長晤談勾結。

同日　中共冀魯豫軍區成立冀南、豫東兩指揮部。冀南指揮部由王宏坤兼任司令員，杜義德任副司令員，彭濤爲副政治委員。豫東指揮部王秉璋任司令員，段君毅任政治委員。

6. 21　朱紹良報告：延安中共近向蘇俄購到大批機槍及彈藥。

6. 23　閻錫山報告：中共於襲擊汾西神符村時施放毒氣。

6. 25　中共在陝北淳化煽動保安團隊叛變，進而呑併各部，佔據淳化縣城及重要鄉鎮，與國軍胡宗南部發生激戰。

6. 26　何柱國、陳大慶報告：魯豫邊區共軍竄擾情形。

6. 29　軍委會致電第三、第一及第十戰區長官，告以敵奸勾結日趨積極，希繼續偵察其發展狀況。

是月　彭德懷任中共中央軍事委員會副主席兼參謀長。

7. 1　參政員褚輔成等一行六人，由重慶飛延安，與中共商團結問題，五日飛返。

7. 10　閻錫山致賈景德、徐永昌，告以如日共合作，華北前途不易收拾，似應早籌適當對策。

7. 14　中統局副局長葉秀峯報告，中共擬收買國軍編餘軍官。

同日　中共太行軍區一分區部隊襲入贊皇城。

7. 16　陝北淳化國共軍衝突。

7. 20　陝北淳化之共軍再襲國軍。

7. 26　中共冀魯豫軍區八分區部隊攻佔陽谷縣城；四分區部隊攻佔廣宗縣城。

7. 31　中共冀魯豫軍區二分區部隊攻佔巨鹿縣城。

是月　賀龍派姚喆率一個騎兵旅和一個步兵團北上大青山，反擊國軍。

8. 11　朱德以「延安總部」名義，連發七道命令，指示各地共軍，全面蠢動，爭城奪地，破壞交通線。並命呂正操、張學詩、萬毅、李運昌及朝鮮義勇軍司令武亭等部開赴東北，配合蘇俄軍作戰。

8. 12　軍事委員會令中共軍勿動候命。

8. 14　日軍正式無條件投降。

同日　劉伯承、鄧小平、滕代遠命令各軍區迅速擴大解放區，立即擴充野戰軍，準備打擊沿平漢、同蒲等鐵路北上國軍。

8. 15　朱德自稱中國解放區抗日軍總司令致日本駐華軍總司令岡村寧次，飭其命令所屬日軍向共軍投降。

同日　戴笠報告：中共要求日軍十萬加入共軍。

8. 16　戴笠報告：日共代表岡野進勸日軍向共軍投降情報。

8. 17　中共以朱德名義向國民政府提出六項非分要求，企圖破壞國家統一。

8. 20　蔣主席再電毛澤東促速至重慶，共定大計，並告以受降辦法，係盟軍總部所規定，未便因朱德一電，破壞信守。

同日　中共中央決定成立晉冀魯豫中央局，鄧小平任書記。並成立晉冀魯豫軍區，劉伯承任司令員，鄧小平任政治委員，滕代遠、王宏坤任副司令員，薄一波任副政治委員，張際春任副政治委員兼政治部主任，李達任參謀長，王新亭任政治部副主任，轄太行、太岳、冀南、冀魯豫四大軍區。

8.22 蔣主席接毛澤東覆電，稱先派周恩來前來晉謁。

8.23 蔣主席三電毛澤東，盼與周恩來同來重慶，商決各種重要問題。

8.24 蔣主席接毛澤東電，願來重慶晉見。

8.25 共軍進入張家口。

同日 中共發表「對目前時局宣言」，仍堅持參加受降。

8.27 中共中央軍委會指示晉魯豫軍區，集中太行、太岳、冀南三軍區主力進行上黨戰役。

8.28 赫爾利、張治中偕毛澤東、周恩來等飛抵重慶談判。

8.29 張羣、張治中、王世杰、邵力子與毛澤東、周恩來、王若飛會談。

8.30 政府各首長與毛澤東、周恩來會商軍政問題。

8.31 中共冀南軍區抽調主力五個團參加上黨作戰。賀龍調呂正操、林楓率三十二團及組建十個團的連以上幹部四百餘人開赴東北。

9.1 憲兵司令張鎮報告，毛澤東向其幹部談話表示，來渝與政府談判係出自蘇俄暗示，且今後蘇俄將更積極支持中共。

9.4 蔣主席接見毛澤東，兩度會談。

同日 晉東南襄陽被共軍攻佔，國軍派空軍曾飛臨支援作戰。

9.6 晉東南共軍陳賡猛犯屯留。

9.7 國軍與共軍在晉東南屯留激戰。

9.8 晉東南屯留國軍反攻，殲共軍千餘人。

9. 9　閻錫山報告：共軍至榆次等地襲擊投降日軍達四十二次，請制止。

9. 11　中共太行軍區部隊向壺關竄擾。

9. 12　晉東南屯留國軍守軍突圍。

9. 13　中共攻陷晉境壺關、屯留。

9. 14　晉省共軍分犯潞城、長治。

9. 15　共軍攻陷長治。

9. 16　潞城國軍撤退。

9. 17　邱清泉報告，昆明共黨及民主同盟操縱教育界情形。

9. 18　第四屆國民參政會舉行紀念「九一八」茶會，毛澤東致詞，感激蔣主席邀其來重慶：「今後當為和平發展，和平建國之新時代，必須團結統一，杜絕內爭，因此各黨派應在國家一定方針之下，蔣主席領導之下，徹底實行三民主義，以建設現代化之新中國。」

9. 23　晉省共軍猛犯長治。

9. 29　軍事委員會辦公廳電外交部情報司，抄送陝甘寧邊區各縣代表霍孟九等請求政府弔民伐罪，解民倒懸電。

10. 2　中央秘聯處致外交部抄送中共圖破壞國民政府與盟國間之感情情報。

10. 5　晉省國軍增援部隊被迫撤退沁縣，遭中共伏擊，失去掌握。

10. 8　晉東南長治，國軍分三路突圍，向高平轉進。

10. 9　軍事委員會致外交部情報司抄送烏魯旗蒙漢代表趙通儒、曹開誠等請求撤銷邊區，解決八路軍武裝，嚴懲朱毛電件。

10. 10　蔣主席與毛澤東會商團結問題。

同日　國民政府與中共商談達四十一日之會議結束，張羣及周恩來代表雙方簽字於「會議紀錄」(世稱雙十會議)。

同日 晉境共軍再犯屯留。

10.11 國共商談四十一日之「會議紀錄」發表,對十二個問題均有結論,要點:(一)在蔣主席領導下長期合作,避免內戰;(二)由國民政府召開政治協商會議;(三)軍隊國家化。

同日 張治中奉命送毛澤東飛返延安。

10.15 中共掘毀扶溝北之黃河堤,黃河泛濫成災,寬二百餘里,長百公里。

10.17 晉東南長治守軍殘部撤至襄陵。

10.20 各地共軍大舉蠢動,魯南、豫北、冀南、蘇北均與國軍發生衝突。

10.21 國軍高樹勛、馬法五兩部向河北南部執行受降接收,遭中共軍阻擊。

10.21 蔣委員長致北平市長熊斌,告以共黨聯絡各僞大學學生滋事,希嚴密預防。

10.24 第十二戰區司令長官傅作義,發表受降後守軍遭中共攻擊詳情。

同日 國軍高樹勛,馬法五部北渡漳河,克磁縣。

10.25 中共呂正操攻佔綏遠陶林。

同日 中共劉伯承部向第十一戰區孫連仲所指揮國軍新八軍(高樹勛)、第四十軍(馬法五)兩部猛撲,磁縣再陷落。

10.26 綏包地區共軍三路猛犯,在卓資山地區與國軍激戰。

同日 中共劉伯承部向漳河北岸國軍猛擊,國軍易攻爲守。

10.27 蔣主席接見閻錫山,聽取山西方面受降經過,及中共非法活動情形。日軍投降後,文水、離石、屯留、潞城、長治、天鎭、陽高、永和、左雲、壺關等縣已遭共軍攻佔。

同日　國民政府接受東北國軍先頭部隊抵葫蘆島，遭岸上共軍射擊。

同日　平漢鐵路北段修復後，復遭中共破壞，沿途三百餘里之鐵軌、枕木、票房均遭拆焚，損失慘重。各地鐵路大半亦遭中共破壞。

同日　國民政府參軍處致胡宗南，告以中共派員企圖混入第三七、三八兩集團軍，從事調查離間活動。

10. 28　綏包地區中共陷卓資山後，續而西犯，旗下營、白塔相繼失守。

10. 29　漳河北岸，國軍第四十軍馬法五部失利，棄趙莊陣地。

同日　第十一戰區國軍在河北磁縣馬頭陣被共軍劉伯承部擊敗，第四十軍軍長馬法五被俘，新八軍軍長高樹勛降共，自稱民主建國軍總司令。

10. 30　國民政府與中共代表商談避免軍事衝突問題。

10. 31　第二戰區司令長官閻錫山發表二十八日至三十一日間，中共襲擊山西各地國軍之經過詳情。

同日　中共軍包圍歸綏。

同日　國軍增援漳河北岸，掩護第四十軍、新第八軍突圍部隊向漳河南岸轉進。

11. 1　賀龍率共軍向大同、歸綏圍攻。

同日　四川省臨時參政會致電毛澤東、朱德，請臨巖勒馬，停止軍事攻擊，履行和平團結統一建國諾言。

11. 2　共軍萬餘人，經歸綏西犯，陷臺閣木、察素齊。

同日　漳河突圍國軍部隊抵漳河南岸集結完畢。

11. 3　交通部長俞飛鵬公布：自日軍投降後，共軍破壞之鐵路共計一四一二公里。

同日　共軍聶榮臻、賀龍、呂正操等部，分向歸綏、卓資山等地進犯。

同日　湖北共軍向棗陽進犯。

11.7　西犯包頭之共軍陷薩拉齊。

同日　軍令部致外交部，告以蘇俄兩架飛機飛抵蘇北淮陰機場，載來共軍軍事顧問八名。

11.8　共軍向晉西各縣積極展開攻勢。

同日　共軍掘潰黃河堤，淹沒河南太康等多縣。

11.9　中共又提出要求：國軍從進展區全部撤退，及國軍從八條鐵路撤退等。

11.10　山東省政府主席何思源發表談話，列述共軍攻擊山東情形，日軍投降後兩個月內，死於共軍之手的軍官士兵達三萬餘人，人民二十餘萬人，至流離失所者在百萬以上。

11.11　共軍進入東北行營所在地長春市，瀋陽共軍準備武裝叛變。

11.12　共軍數度猛攻包頭，均經國軍擊退。

同日　共軍數千人集中長春郊外機場，並進入市區。

11.13　綏遠人民代表杜品三報告共軍圍攻歸綏慘況，二十萬居民瀕於絕境，籲請國人注意。

同日　共軍兩千餘人突入包頭城內，經國軍悉數殲滅。

11.14　美駐華大使赫爾利發表聲明，揭穿中共不軌陰謀。

同日　共軍猛犯包頭，仍未得逞。

11.16　河南共軍四出竄擾，誘迫日軍參加搗亂。

11.18　共軍萬餘人由濮陽西北竄至淇門。

11.24　蒙藏委員會呈行政院，據白雲梯電，稱共黨與蘇俄策動內蒙自治解放情勢嚴重。

11. 26 蔣委員長致傅作義，告以中共派人深入蒙旗策動成立僞蒙古自治委員會。

11. 29 中共滲透昆明學校，以反對內戰，反對美軍干涉內政爲名發生學潮。

11. 30 國軍增援包頭，包圍共軍賀龍部。

12. 2 軍令部致外交部，爲據報外蒙及蘇聯有接濟綏境共軍軍火等情事。

12. 3 圍攻包頭共軍遭國軍擊潰後，再度增援猛撲包頭。

12. 6 共軍約十萬人進犯魯南。

12. 9 中共成立「華中局」，負責指揮黃河以南反抗國軍戰事。

同日 包頭守軍向東追擊共軍。

12. 14 由包頭東進國軍，收復薩拉齊。

12. 16 中共代表周恩來、葉劍英、吳玉章、董必武、鄧穎超、陸定一等飛抵重慶。

12. 17 包頭國軍追擊部隊收復畢克齊。

同日 共黨遣派外圍份子深入各地工廠及公司內，鼓動工人罷工。

12. 21 國軍收復共軍佔據之棗陽。

12. 23 共軍犯綏敗退，歸綏、包頭解圍。

12. 24 東北保安司令杜聿明報告，俄軍在東北接濟共軍彈藥情形。

12. 27 政府與中共代表在重慶商談停止衝突及召開政治協商會議問題。

同日 中共代表提議無條件停止內戰，國共軍隊即駐原防不動。

12. 31 政府代表覆文中共代表，應恢復交通，以便受降遣俘。

滄海叢刊已刊行書目(八)

書名	作者	類別
文學欣賞的靈魂	劉述先	西洋文學
西洋兒童文學史	葉詠琍	西洋文學
現代藝術哲學	孫旗譯	藝術
音樂人生	黃友棣	音樂
音樂與我	趙琴	音樂
音樂伴我遊	趙琴	音樂
爐邊閒話	李抱忱	音樂
琴臺碎語	黃友棣	音樂
音樂隨筆	趙琴	音樂
樂林蓽露	黃友棣	音樂
樂谷鳴泉	黃友棣	音樂
樂韻飄香	黃友棣	音樂
樂圃長春	黃友棣	音樂
色彩基礎	何耀宗	美術
水彩技巧與創作	劉其偉	美術
繪畫隨筆	陳景容	美術
素描的技法	陳景容	美術
人體工學與安全	劉其偉	美術
立體造形基本設計	張長傑	美術
工藝材料	李鈞棫	美術
石膏工藝	李鈞棫	美術
裝飾工藝	張長傑	美術
都市計劃概論	王紀鯤	建築
建築設計方法	陳政雄	建築
建築基本畫	陳榮美 楊麗黛	建築
建築鋼屋架結構設計	王萬雄	建築
中國的建築藝術	張紹載	建築
室內環境設計	李琬琬	建築
現代工藝概論	張長傑	雕刻
藤竹工	張長傑	雕刻
戲劇藝術之發展及其原理	趙如琳譯	戲劇
戲劇編寫法	方寸	戲劇
時代的經驗	汪琪 彭家發	新聞
大衆傳播的挑戰	石永貴	新聞
書法與心理	高尚仁	心理

滄海叢刊已刊行書目(七)

書名	作者	類別
印度文學歷代名著選(上)(下)	糜文開編譯	文學
寒山子研究	陳慧劍	文學
魯迅這個人	劉心皇	文學
孟學的現代意義	王支洪	文學
比較詩學	葉維廉	比較文學
結構主義與中國文學	周英雄	比較文學
主題學研究論文集	陳鵬翔主編	比較文學
中國小說比較研究	侯健	比較文學
現象學與文學批評	鄭樹森編	比較文學
記號詩學	古添洪	比較文學
中美文學因緣	鄭樹森編	比較文學
文學因緣	鄭樹森	比較文學
比較文學理論與實踐	張漢良	比較文學
韓非子析論	謝雲飛	中國文學
陶淵明評論	李辰冬	中國文學
中國文學論叢	錢穆	中國文學
文學新論	李辰冬	中國文學
離騷九歌九章淺釋	繆天華	中國文學
苕華詞與人間詞話述評	王宗樂	中國文學
杜甫作品繫年	李辰冬	中國文學
元曲六大家	應裕康 王忠林	中國文學
詩經研讀指導	裴普賢	中國文學
迦陵談詩二集	葉嘉瑩	中國文學
莊子及其文學	黃錦鋐	中國文學
歐陽修詩本義研究	裴普賢	中國文學
清真詞研究	王支洪	中國文學
宋儒風範	董金裕	中國文學
紅樓夢的文學價值	羅盤	中國文學
四說論叢	羅盤	中國文學
中國文學鑑賞舉隅	黃慶萱 許家鸞	中國文學
牛李黨爭與唐代文學	傅錫壬	中國文學
增訂江皋集	吳俊升	中國文學
浮士德研究	李辰冬譯	西洋文學
蘇忍尼辛選集	劉安雲譯	西洋文學

滄海叢刊已刊行書目(六)

書名	作者	類別
卡薩爾斯之琴	葉石濤	文學
青囊夜燈	許振江	文學
我永遠年輕	唐文標	文學
分析文學	陳啓佑	文學
思想起	陌上塵	文學
心酸記	李喬	文學
離訣	林蒼鬱	文學
孤獨園	林蒼鬱	文學
托塔少年	林文欽編	文學
北美情逅	卜貴美	文學
女兵自傳	謝冰瑩	文學
抗戰日記	謝冰瑩	文學
我在日本	謝冰瑩	文學
給青年朋友的信(上)(下)	謝冰瑩	文學
冰瑩書柬	謝冰瑩	文學
孤寂中的廻響	洛夫	文學
火天使	趙衛民	文學
無塵的鏡子	張默	文學
大漢心聲	張起鈞	文學
回首叫雲飛起	羊令野	文學
康莊有待	向陽	文學
情愛與文學	周伯乃	文學
湍流偶拾	繆天華	文學
文學之旅	蕭傳文	文學
鼓瑟集	幼柏	文學
種子落地	葉海煙	文學
文學邊緣	周玉山	文學
大陸文藝新探	周玉山	文學
累廬聲氣集	姜超嶽	文學
實用文纂	姜超嶽	文學
林下生涯	姜超嶽	文學
材與不材之間	王邦雄	文學
人生小語(一)(二)	何秀煌	文學
兒童文學	葉詠琍	文學

滄海叢刊已刊行書目(五)

書名	作者	類別
中西文學關係研究	王潤華	文學
文開隨筆	糜文開	文學
知識之劍	陳鼎環	文學
野草詞	韋瀚章	文學
李韶歌詞集	李韶	文學
石頭的研究	戴天	文學
留不住的航渡	葉維廉	文學
三十年詩	葉維廉	文學
現代散文欣賞	鄭明娳	文學
現代文學評論	亞菁	文學
三十年代作家論	姜穆	文學
當代臺灣作家論	何欣	文學
藍天白雲集	梁容若	文學
見賢集	鄭彥棻	文學
思齊集	鄭彥棻	文學
寫作是藝術	張秀亞	文學
孟武自選文集	薩孟武	文學
小說創作論	羅盤	文學
細讀現代小說	張素貞	文學
往日旋律	幼柏	文學
城市筆記	巴斯	文學
歐羅巴的蘆笛	葉維廉	文學
一個中國的海	葉維廉	文學
山外有山	李英豪	文學
現實的探索	陳銘磻編	文學
金排附	鍾延豪	文學
放鷹	吳錦發	文學
黃巢殺人八百萬	宋澤萊	文學
燈下燈	蕭蕭	文學
陽關千唱	陳煌	文學
種籽	向陽	文學
泥土的香味	彭瑞金	文學
無緣廟	陳艷秋	文學
鄉事	林清玄	文學
余忠雄的春天	鍾鐵民	文學
吳煦斌小說集	吳煦斌	文學

滄海叢刊已刊行書目㈣

書名	作者	類別
歷史圈外	朱桂	歷史
中國人的故事	夏雨人	歷史
老臺灣	陳冠學	歷史
古史地理論叢	錢穆	歷史
秦漢史	錢穆	歷史
秦漢史論稿	刑義田	歷史
我這半生	毛振翔	歷史
三生有幸	吳相湘	傳記
弘一大師傳	陳慧劍	傳記
蘇曼殊大師新傳	劉心皇	傳記
當代佛門人物	陳慧劍	傳記
孤兒心影錄	張國柱	傳記
精忠岳飛傳	李安	傳記
八十憶雙親 師友雜憶 合刊	錢穆	傳記
困勉強狷八十年	陶百川	傳記
中國歷史精神	錢穆	史學
國史新論	錢穆	史學
與西方史家論中國史學	杜維運	史學
清代史學與史家	杜維運	史學
中國文字學	潘重規	語言
中國聲韻學	潘重規 陳紹棠	語言
文學與音律	謝雲飛	語言
還鄉夢的幻滅	賴景瑚	文學
葫蘆・再見	鄭明娳	文學
大地之歌	大地詩社	文學
青春	葉蟬貞	文學
比較文學的墾拓在臺灣	古添洪 陳慧樺 主編	文學
從比較神話到文學	古添洪 陳慧樺	文學
解構批評論集	廖炳惠	文學
牧場的情思	張媛媛	文學
萍踪憶語	賴景瑚	文學
讀書與生活	琦君	文學

滄海叢刊已刊行書目(三)

書名	作者	類別
不疑不懼	王洪鈞	教育
文化與教育	錢穆	教育
教育叢談	上官業佑	教育
印度文化十八篇	糜文開	社會
中華文化十二講	錢穆	社會
清代科舉	劉兆璸	社會
世界局勢與中國文化	錢穆	社會
國家論	薩孟武譯	社會
紅樓夢與中國舊家庭	薩孟武	社會
社會學與中國研究	蔡文輝	社會
我國社會的變遷與發展	朱岑樓主編	社會
開放的多元社會	楊國樞	社會
社會、文化和知識份子	葉啓政	社會
臺灣與美國社會問題	蔡文輝 蕭新煌 主編	社會
日本社會的結構	福武直 著 王世雄 譯	社會
三十年來我國人文及社會科學之回顧與展望		社會
財經文存	王作榮	經濟
財經時論	楊道淮	經濟
中國歷代政治得失	錢穆	政治
周禮的政治思想	周世輔 周文湘	政治
儒家政論衍義	薩孟武	政治
先秦政治思想史	梁啓超原著 賈馥茗標點	政治
當代中國與民主	周陽山	政治
中國現代軍事史	劉馥 著 梅寅生 譯	軍事
憲法論集	林紀東	法律
憲法論叢	鄭彥棻	法律
師友風義	鄭彥棻	歷史
黃帝	錢穆	歷史
歷史與人物	吳相湘	歷史
歷史與文化論叢	錢穆	歷史

滄海叢刊已刊行書目(二)

書名	作者	類別
語言哲學	劉福增	哲學
邏輯與設基法	劉福增	哲學
知識·邏輯·科學哲學	林正弘	哲學
中國管理哲學	曾仕强	哲學
老子的哲學	王邦雄	中國哲學
孔學漫談	余家菊	中國哲學
中庸誠的哲學	吳怡	中國哲學
哲學演講錄	吳怡	中國哲學
墨家的哲學方法	鐘友聯	中國哲學
韓非子的哲學	王邦雄	中國哲學
墨家哲學	蔡仁厚	中國哲學
知識、理性與生命	孫寶琛	中國哲學
逍遥的莊子	吳怡	中國哲學
中國哲學的生命和方法	吳怡	中國哲學
儒家與現代中國	韋政通	中國哲學
希臘哲學趣談	鄔昆如	西洋哲學
中世哲學趣談	鄔昆如	西洋哲學
近代哲學趣談	鄔昆如	西洋哲學
現代哲學趣談	鄔昆如	西洋哲學
現代哲學述評(一)	傅佩榮譯	西洋哲學
懷海德哲學	楊士毅	西洋哲學
思想的貧困	韋政通	思想
不以規矩不能成方圓	劉君燦	思想
佛學研究	周中一	佛學
佛學論著	周中一	佛學
現代佛學原理	鄭金德	佛學
禪話	周中一	佛學
天人之際	李杏邨	佛學
公案禪語	吳怡	佛學
佛教思想新論	楊惠南	佛學
禪學講話	芝峯法師譯	佛學
圓滿生命的實現 (布施波羅蜜)	陳柏達	佛學
絶對與圓融	霍韜晦	佛學
佛學研究指南	關世謙譯	佛學
當代學人談佛教	楊惠南編	佛學

滄海叢刊已刊行書目(一)

書名	作者	類別
國父道德言論類輯	陳立夫	國父遺教
中國學術思想史論叢 (一)(二)(三)(四)(五)(六)(七)(八)	錢穆	國學
現代中國學術論衡	錢穆	國學
兩漢經學今古文平議	錢穆	國學
朱子學提綱	錢穆	國學
先秦諸子繫年	錢穆	國學
先秦諸子論叢	唐端正	國學
先秦諸子論叢(續篇)	唐端正	國學
儒學傳統與文化創新	黃俊傑	國學
宋代理學三書隨劄	錢穆	國學
莊子纂箋	錢穆	國學
湖上閒思錄	錢穆	哲學
人生十論	錢穆	哲學
晚學盲言	錢穆	哲學
中國百位哲學家	黎建球	哲學
西洋百位哲學家	鄔昆如	哲學
現代存在思想家	項退結	哲學
比較哲學與文化 (一)(二)	吳森	哲學
文化哲學講錄 (一)(二)(三)(四)	鄔昆如	哲學
哲學淺論	張康譯	哲學
哲學十大問題	鄔昆如	哲學
哲學智慧的尋求	何秀煌	哲學
哲學的智慧與歷史的聰明	何秀煌	哲學
內心悅樂之源泉	吳經熊	哲學
從西方哲學到禪佛教 —「哲學與宗教」一集—	傅偉勳	哲學
批判的繼承與創造的發展 —「哲學與宗教」二集—	傅偉勳	哲學
愛的哲學	蘇昌美	哲學
是與非	張身華譯	哲學